工程流体力学

李宝宽 等 编著

科学出版社

北京

内 容 简 介

　　本书被列为辽宁省优秀自然科学学术著作（重点）、东北大学"十四五"规划教材、东北大学精品教材。本书由浅入深、强调基本原理，突出工程案例，特别是附加了学科故事，并附有大量习题。全书共 11 章，包括绪论、流体静力学、伯努利方程、流体运动学、流体流动的积分分析法、流体流动的微分分析法、量纲分析、黏性流体内流、黏性流体外流、可压缩流体、流体机械。

　　本书可作为高等学校能源与动力工程、动力机械、核工程等专业的本科生教材，也可供工程技术人员参考。

图书在版编目（CIP）数据

工程流体力学 / 李宝宽等编著. -- 北京：科学出版社，2024. 8.
ISBN 978-7-03-078961-7

Ⅰ. TB126

中国国家版本馆 CIP 数据核字第 2024GC9925 号

责任编辑：张淑晓　崔慧娴 / 责任校对：杜子昂
责任印制：徐晓晨 / 封面设计：东方人华

科 学 出 版 社 出版
北京东黄城根北街 16 号
邮政编码：100717
http://www.sciencep.com
北京建宏印刷有限公司印刷
科学出版社发行　各地新华书店经销

*

2024 年 8 月第 一 版　开本：787×1092　1/16
2025 年 1 月第二次印刷　印张：44 1/4
字数：1 050 000
定价：168.00 元
（如有印装质量问题，我社负责调换）

前　　言

　　流体力学是一门既经典又不断发展的学科，尽管其基本原理早已建立，但随着工程应用的不断深入及计算技术的不断发展，以及许多新的知识点和教学经验的累积，我们有了新的思路，同时结合一些同行和学生的建议，策划并编写了这部教材。

　　本书以工程应用为抓手，在强化基本概念和基本原理的同时，将最接近实际应用的伯努利定理及相应的理论放到突出的章节，而所给出的例题及习题全部具有工程背景。本书还讲述了若干人类历史上和现实生活中的一些经典流体力学的案例，以此来提高学生对流体力学知识的应用价值的认识，增强学生学习流体力学知识的兴趣。

　　本书共 11 章，分工如下：李宝宽完成第 1、3、4 章，王芳完成第 2、10、11 章，刘中秋完成第 5、6 章，齐凤升完成第 7～9 章，荣文杰完成了附录和插图。

　　本书在撰写过程中，得到了黄雪驰、孙美佳等多名博士、硕士研究生的帮助，在此表示感谢。

　　本书可作为高等学校能源与动力工程专业本科生专业基础课教材，也可作为相关领域的科研和工程技术人员的参考书。

　　由于作者水平有限，书中不足之处在所难免，敬请读者不吝指正。

作　者

2024 年 7 月 21 日

目　　录

第1章 绪 论

流体力学是应用力学的一个主要分支，是关于在静止或运动中的液体和气体行为的学科。自然界、日常生活以及众多工程领域中发生的大量现象，无论直接或间接，几乎都与流体密切相关。

流体流动的条件存在巨大差异，并且强烈依赖于众多描述流体流动的参数，包括流体的物理尺寸 l、速度 V 和压强 p 等。

（1）尺寸 l。任何流动都有一个与之相关的特征长度。例如，对于管道内的流体流动，管道直径就是一个特征长度。管道流包括日常管道中的水流、人体动脉和静脉中的血流以及支气管内的气流等。管道流的尺寸，比如，大到直径为 1.05m、长度为 5500km 的世界上最长石油管道（起自苏联阿尔乔莫夫斯克，至匈牙利、捷克斯洛伐克、波兰和德国），小到直径为 10^{-8}m 的纳米级管道流，这些管道流都具有常规尺寸管道流所没有的重要特征。其他一些流动的特征长度如图 1-1（a）所示。

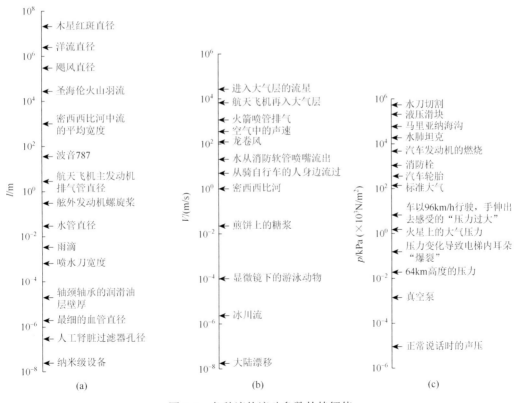

图 1-1 各种流体流动参数的特征值

（a）物理尺寸；（b）流体速度；（c）流体压强

（2）速度 *V*。风速可能涵盖了日常所认知的流体速度范围，比如天气预报报道的从 8km/h 的微风到 160km/h 的飓风或者 400km/h 的龙卷风。地球表面下几乎难以察觉的流体状岩浆流以大约 $2×10^{-8}$ m/s 的速度推动地壳板块漂移，流星以 $3×10^4$ m/s 的速度穿过大气层时的超声速气流，与这些流动相比，日常认知的速度范围很小。一些流动的特征速度如图 1-1（b）所示。

（3）压强 *P*。流体内的压强值有一个极宽的范围，比如汽车轮胎内 241kPa 的压强，"高压 130，低压 90" 的典型人体血压读数，101.3kPa 的标准大气压强等。而推土机液压滑块中 690MPa 的大压强、普通通话中声波产生的 $14×10^{-6}$ kPa 的微小压强，都超出了日常认知的压强值范围。一些流动的特征压强如图 1-1（c）所示。

1.1　流体的属性

首先要探讨一个问题——什么是流体？或者固体和流体之间的区别是什么？对于两者的区别，有一个大致的、模糊的认识，即固体是"硬"的，不容易变形，而流体是"软"的，容易变形。虽然这些观察到的固体和流体之间的差异可以如此描述，但从科学或工程的角度来看并不能令人满意。仔细观察材料的分子结构就会发现，通常认为是固体的物质（钢铁、混凝土等），其分子间距短，分子间内聚力大，使固体能够保持原有形状，不易变形。但是，对于通常认为是流体的物质（水、油等），分子之间的间距较远，分子间的作用力比固体小，分子运动的自由度较大。因此，流体很容易变形，可以倒入容器中或强行通过管道。气体（空气、氧气等）具有更大的分子间距和运动自由度，分子间的内聚力可以忽略不计，因此气体也很容易变形，可以充满任意形状的容器。综上，液体和气体都是流体。

流体故事

在空气中可行的做法在水里可行吗？在 20 世纪，某科研机构研究的潜水艇使用类似于喷气式飞机的机翼、控制装置和推进器。毕竟，水和空气都是流体，因此，人们期望许多关于飞机飞行的原理可以应用到有翼潜艇的航行中。当然，它们也有不同之处。一方面，潜艇必须能承受比艇内压强大近 4826kPa 的外部压强；另一方面，对于商用喷气式飞机飞行的高空，外部压强是 24kPa，而不是标准的海平面压强 101.3kPa，所以为了乘客的舒适性，飞机必须进行内部加压。在这两种情况下，飞行器的最小阻力、最大升力和有效推力的设计都需要考虑流体动力学。在空气中可行的做法从原理上说在水中也可行，但需要考虑物性的差别引起的流动行为的变化。

虽然固体和流体之间的区别可以根据分子结构进行定性解释，但更具体的区别是基于在外力作用下的变形情况。具体来说，流体的定义是：当受到任意大小的剪切应力作用时，会连续变形的物质。如图 1-2 所示，当切向力作用于表面时，会产生剪切应力。当普通的固体（如钢铁）或其他金属受到剪切应力的作用时，最初会发生变形（通常是很小的变形），但不会持续变形。然而，常见的物质，如水、油和空气，则符合流体的定义，即当受到剪切应力作用时会流动。有些材料，如泥浆、焦油、油灰、牙膏等，不易分类，因为如果施加的剪切应力很小，就会表现为固体，但如果应力超过某个临界值，该类物质就会流动。对这类材料的研究称为流变学，不属于经典流体力学的范畴。因此，本书关注的所有流体都符合前面给出的流体定义。

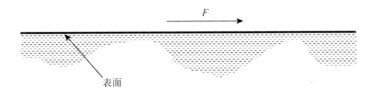

图 1-2 流体表面受力

虽然流体的分子结构对区分一种流体和另一种流体很重要，但在试图描述流体在静止或运动中的属性时，研究单个分子的行为并不适用。相反，通过考虑关注的量的平均值或宏观值来描述流体的属性，其中平均值是在包含大量分子的小体积上评估的。因此，当流体中某点的速度很大时，实际上表示的是该点周围小体积内分子的平均速度。与关注的系统的物理尺寸相比，体积很小，但与分子之间的平均距离相比，体积很大，这是描述流体属性的合理方式吗？答案是肯定的，因为分子之间的间距通常非常小。在正常压强和温度下，气体的分子间距为 10^{-6}mm，液体的分子间距为 10^{-7}mm。每立方毫米的分子数，气体为 10^{18} 个，液体为 10^{21} 个。因此，很明显，在一个非常小的体积中，分子的数量是巨大的，使用这个体积的平均值的想法是合理的。因此，假设关注的所有流体属性（压强、速度等）在整个流体中连续变化，也就是说，把流体当成一种连续介质，这个概念对本书所考虑的所有情况都是有效的。在流体力学中，打破连续概念的一个领域是研究稀薄气体，例如在海拔非常高的地区遇到的气体就是稀薄气体。在这种情况下，空气分子之间的间距会变得很大，连续的概念已经不适用。

1.2 量纲、量纲齐次性和单位

在流体力学的研究中，将遇到各种各样的流体属性，因此有必要建立一个系统来定性和定量地描述这些属性。定性方面的作用是确定特征（如长度、时间、应力和速度）的属性或类型，而定量方面则提供了属性的数值测量。定量描述既需要一个数字，也需要一个标准，以便对各种量进行比较。长度的标准是米，时间的标准是秒，质量的标准是千克。这种标准称为单位，1.3 节将介绍几种常用的单位制。定性描述可以很方便地用一些基本量来表示，如长度 L、时间 T、质量 M 和温度 θ 等。这些基本量可以用来对其他导出量进行定性描述，例如面积 = L^2，速度 = LT^{-1}，密度 = ML^{-3} 等，其中符号 = 用

来表示导出量在基本量方面的量纲。因此，为了定性地描述一个速度 V，可以将其写成

$$V = LT^{-1} \tag{1-1}$$

并说"速度的量纲等于长度除以时间"。基本量也称为基本量量纲。

对于涉及流体力学的各种问题，只需要 L、T、M 这三个基本量量纲。表 1-1 为一些常见物理量的量纲列表。

表 1-1　常见物理量的量纲（国际单位制）

常用量		量纲	SI 单位
几何学量	长度 l	$\dim l = L$	m
	面积 A	$\dim A = L^2$	m^2
	体积 V	$\dim V = L^3$	m^3
	惯性矩 I_z	$\dim I_z = L^4$	m^4
	惯性积 I_{xy}	$\dim I_{xy} = L^4$	m^4
运动学量	时间 t	$\dim t = T$	s
	速度 V	$\dim V = LT^{-1}$	m/s
	重力加速度 g	$\dim g = LT^{-2}$	m/s^2
	体积流量 Q	$\dim Q = L^3 T^{-1}$	m^3/s
	角速度 ω	$\dim \omega = T^{-1}$	rad/s
	角加速度 α	$\dim \alpha = T^{-2}$	rad/s^2
	角应变率 $\dot{\gamma}$	$\dim \dot{\gamma} = T^{-1}$	s^{-1}
物理系数及动力学量	质量 m	$\dim m = M$	kg
	力 F	$\dim F = MLT^{-2}$	N
	力矩 M	$\dim M = ML^2 T^{-2}$	N·m
	密度 ρ	$\dim \rho = ML^{-3}$	kg/m^3
	重度 γ	$\dim \gamma = ML^{-2}T^{-2}$	N/m^3
	黏度 μ	$\dim \mu = ML^{-1}T^{-1}$	Pa·s
	运动黏度 ν	$\dim \nu = L^2 T^{-1}$	m^2/s
	压强 p	$\dim p = ML^{-1}T^{-2}$	Pa
	切应力 τ	$\dim \tau = ML^{-1}T^{-2}$	Pa
	弹性模量 E	$\dim E = ML^{-1}T^{-2}$	Pa
	动量 p	$\dim p = MLT^{-1}$	kg·m/s
	动能 W	$\dim W = ML^2 T^{-2}$	J
	动量矩 L	$\dim L = MLT^{-1}$	kg·m/s
	水头 H	$\dim H = L$	m
	功率 P	$\dim P = ML^2 T^{-3}$	W

　　所有从理论上推导出来的方程都是量纲齐次的，也就是说，方程左边的量纲必须和右边的量纲相同，所有附加的单独项必须具有相同的量纲。所有描述物理现象的方程也必须是量纲齐次的，否则将不同的物理量进行匹配或相加是没有意义的。例如，匀加速物体的速度 V 的方程为

$$V = V_0 + at \tag{1-2}$$

式中，V_0 为初速度；a 为加速度；t 为时间间隔。用量纲形式表示，该方程为

$$LT^{-1} = LT^{-1} + LT^{-2}T \tag{1-3}$$

因此，式（1-2）在量纲上是齐次的。

　　一些方程包含的常数是有量纲的。物体的自由下落距离 d 可以写成

$$d = 4.905t^2 \tag{1-4}$$

而对量纲进行检查可以发现，如果要使方程在量纲上齐次，常数的量纲必须是 LT^{-2}。实际上，式（1-4）是物理学中著名的自由落体方程的特殊形式。

$$d = \frac{gt^2}{2} \tag{1-5}$$

式中，g 为重力加速度。式（1-5）在量纲上是齐次的，适用于任何单位制。对于 $g = 9.81\text{m/s}^2$，该方程可以还原为式（1-4），因此，式（1-4）只对使用米和秒的单位制有效。限定于某一特定单位制的方程可以表示为有限制的齐次方程，而适用于任何单位制的方程则是一般齐次方程。量纲概念也是量纲分析的基础，第 7 章将详细讨论这一问题。

　　例 1.1　有限制的齐次方程和一般齐次方程。

　　已知：如图 1-3 所示，液体流经罐体，常用的确定流经孔口容积率 Q 的公式是

$$Q = 0.61A\sqrt{2gh}$$

式中，A 为孔口的面积；g 为重力加速度；h 为液体在孔口上方的高度。

　　问题：检查这个公式的量纲齐次性。

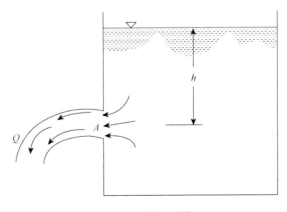

图 1-3　例 1.1 图

解：方程中各项的量纲为 Q = 体积/时间 = L^3T^{-1}，A = 面积 = L^2，g = 重力加速度 = LT^{-2}，h = 高度 = L。将这些代入 Q 的公式后，得到的是量纲形式：

$$(L^3T^{-1}) = (0.61)(L^2)(\sqrt{2})(LT^{-2})^{1/2}(L)^{1/2}$$

或者

$$(L^3T^{-1}) = (0.61\sqrt{2})(L^3T^{-1})$$

从这一结果可以看出，方程在量纲上是齐次的（公式两边的量纲均是 L^3T^{-1}），数字 $0.61\sqrt{2}$ 是无量纲的。

如果想反复使用这种关系，可以把它简化，用标准值 9.81m/s^2 代替 g，并将公式改写为

$$Q = 2.70A\sqrt{h} \tag{1-6}$$

检查一下量纲，就会发现

$$L^3T^{-1} = (2.70)(L^{5/2})$$

并且只有当数字 2.70 的量纲为 $L^{1/2}T^{-1}$ 时，用式（1-6）表示的方程才能在量纲上一致。当方程或公式中出现的数字有量纲时，就意味着该数字的具体数值将取决于所使用的单位制。因此，对于以米和秒为单位的情况，数字 2.70 的单位是 $\text{m}^{1/2}/\text{s}$。只有当 A 以平方米为单位，h 以米为单位时，根据方程（1-6）才能得出 Q 的正确值（单位为 m^3/s）。因此，$Q = 2.70A\sqrt{h}$ 是一个有限制的齐次方程，而原方程是一个一般的齐次方程，对任何一致的单位制都有效。

讨论：快速检查方程中各个项的量纲是一种有用的做法，往往有助于消除错误，也就是说，全部有物理意义的方程在量纲上必须是齐次的。在这个例子中简要地提到了单位，这个重要的话题将在下文中继续讨论。

除了对各种关注的量进行定性描述外，一般还需要对任意给定的量进行定量测量。例如，测量书中一页的宽度为 10 个单位，那么在长度单位没有定义之前，这句话是没有意义的。如果指出长度单位是米，并将米定义为某种标准长度，那么长度的单位制就已经建立起来了（可以给页宽一个数值）。除长度外，其余基本量（力、质量、时间和温度）都必须建立一个单位。目前使用的单位制有多种，本书主要介绍国际单位制（SI）。

1960 年，为了确定统一的计量标准，国际组织在第十一届计量大会中正式采用国际单位制作为国际标准，这种被称为 SI 的单位制已在世界范围内被广泛采纳。在 SI 中，长度的单位是米（m），时间的单位是秒（s），质量的单位是千克（kg），温度的单位是开尔文（K）。请注意，用开尔文单位表示温度时，有度数符号。开尔文温标是一个绝对温标，并通过以下关系与摄氏温度（℃）相联系。

$$T(\text{K}) = t(\text{℃}) + 273.15 \tag{1-7}$$

虽然摄氏温标本身并不是 SI 的一部分，但在使用 SI 单位时，通常的做法是以摄氏度来指定温度。

力的单位为牛顿（N），由牛顿第二定律定义为

$$1\text{N} = (1\text{kg})(1\text{m}/\text{s}^2) \tag{1-8}$$

因此，1N 的力作用在 1kg 的物体上，物体的加速度为 $1m/s^2$。SI 中的标准重力是 $9.807m/s^2$（通常近似为 $9.81m/s^2$），所以 1kg 物体在标准重力下的重量为 9.81N。请注意，重量和质量是不同的，既有定性上的不同，也有定量上的不同。SI 中的做功单位是焦耳（J），是指 1N 力的施力点通过目标距离在力的方向上位移时做的功。因此，

$$1J = 1N \cdot m \tag{1-9}$$

功率的单位是瓦特（W），定义为每秒 1J。因此，

$$1W = 1J/s = 1N \cdot m/s \tag{1-10}$$

表 1-2 给出了形成 SI 单位的倍数和分数的词头。例如，符号 kN 应读作"千牛顿"，代表 10^3N。同样，mm 应读作"毫米"，代表 $10^{-3}m$。

表 1-2 SI 词头

因数	词头名称	符号		因数	词头名称	符号	
		中文	国际			中文	国际
10^{18}	艾［可萨］（exa）	艾	E	10^{-1}	分（deci）	分	d
10^{15}	拍［它］（peta）	拍	P	10^{-2}	厘（centi）	厘	c
10^{12}	太［拉］（tera）	太	T	10^{-3}	毫（milli）	毫	m
10^9	吉［咖］（giga）	吉	G	10^{-6}	微（micro）	微	μ
10^6	兆（mega）	兆	M	10^{-9}	纳［诺］（nano）	纳	n
10^3	千（kilo）	千	k	10^{-12}	皮［可］（pico）	皮	p
10^2	百（hecto）	百	h	10^{-15}	飞［母托］（femto）	飞	f
10^1	十（deca）	十	da	10^{-18}	阿［托］（atto）	阿	a

流体故事

最早的长度单位是以身体各部位的长度为基础的。最早的单位之一是埃及的腕尺，最早在公元前 3000 年左右使用，定义为手臂从肘部到手指头的长度。由于这个长度因人而异，所以通常采用当时皇室成员的脚的长度来"标准化"。1791 年，法国的一个特别委员会提议，将一个新的通用长度单位"米"（meter）定义为地球子午线（北极到赤道）四分之一的距离除以 1000 万。虽然人们对此有争议，但在 1799 年米被认定为标准。随着科技的发展，1983 年，米的长度被重新定义为光在真空中 $1/299792458s$ 的时间内所走过的距离。由此可见，简单的尺子和尺码确实有一段耐人寻味的历史。

例 1.2 SI 单位。

已知：一个总质量为 36kg 的液体罐放在航天飞机设备舱的支架上。

问题：确定当航天飞机以 $4.5m/s^2$ 的加速度向上加速时，油箱在升空后不久对支架施加的力（以 N 为单位），如图 1-4（a）所示。

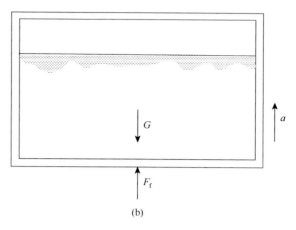

(a)   (b)

图 1-4　例 1.2 图

解：图 1-4（b）为罐体的受力示意图，其中 G 为罐体和液体的重量，F_f 为地面对罐体的支持力。将牛顿第二定律应用于该体，可得

$$\sum \boldsymbol{F} = m\boldsymbol{a}$$

或者

$$F_f - G = ma \qquad (1-11)$$

式中我们把向上作为正方向。由于 $G = mg$，所以式（1-11）可以写成

$$F_f = m(g + a) \qquad (1-12)$$

在将任何数字代入式（1-12）之前，必须采用一个单位制，然后确保所有的数据都用这些单位表示。由于想要的是以 N 为单位的 F_f，所以将使用 SI 单位，因此

$$F_f = 36\text{kg}(9.81\text{m}/\text{s}^2 + 4.5\text{m}/\text{s}^2)$$
$$= 515\text{kg} \cdot \text{m}/\text{s}^2$$

由于 $1\text{N} = 1\text{kg} \cdot \text{m}/\text{s}^2$，因此

$$F_f = 515\text{N}$$

方向是竖直向下的，因为受力示意图上显示的力是支撑物对罐体的作用力，所以罐体对支撑物的作用力大小相等，方向相反。

讨论：注意不要把质量和重量的物理属性互换。

流体故事

单位制统一的重要性。美国航天局的一个航天器"火星气候轨道器"于 1998 年 12 月发射，目的是研究火星的地理和天气模式。该航天器原定于 1999 年 9 月 23 日开始绕火星运行。然而，美国国家航空航天局官员当天很早就与该航天器失去了联系，据说该航天器因过于接近火星表面而破裂或过热。从地球上发出的操纵指令有误，导致轨道器在距离地面 60km 范围内进行扫视，而不是原定的 150km。随后的调查表明，这些错误是由于单位混淆造成的。控制轨道器的一个小组使用了 SI 单位，而另一个小组则使用了 BG 单位（英尺而不是米）。这一高昂的代价说明了使用统一的单位制的重要性。

1.3　流体属性分析

流体力学的研究涉及物理学和其他力学课程中遇到的相同的基本定律。这些定律包括牛顿运动定律、质量守恒定律和热力学第一定律和第二定律。广义流体力学一般可细分为流体静力学和流体动力学，前者是指流体处于静止状态，后者是指流体处于运动状态。在下面的章节中，将详细考虑这两个方面。然而，在继续讨论之前，有必要先定义并讨论与流体行为密切相关的某些流体属性。很明显，不同的流体，属性不同。例如，气体很轻且可压缩，而液体很重且相对不可压缩。糖浆在容器中流动缓慢，但水从同一容器中倒出时流动迅速。为了量化这些差异，使用了某些流体属性。在下面的几个章节中，考虑了在流体行为分析中起重要作用的属性。

1.4　流体质量和重量

1.4.1　密度

流体的密度，用希腊字母 ρ 表示，定义为单位体积的质量。密度通常用于描述流体的质量。在 SI 单位制中，ρ 的单位是 kg/m^3。

不同流体的密度会有很大的不同，对于液体来说，压强和温度的变化一般只对 ρ 值有很小的影响。附录表 B-1 列出了一些常见液体的密度值，图 1-5 说明了水的密度随温度变化而发生微小变化。15℃（288K）时水的密度为 $999kg/m^3$。与液体不同，气体的密度受压强和温度的影响很大，这种差异将在 1.5 节讨论。

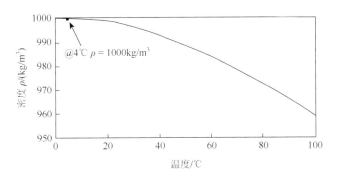

图 1-5　水的密度与温度的关系

比体积 ν 是单位质量的体积，因此是密度的倒数，也就是说

$$\nu = \frac{1}{\rho} \tag{1-13}$$

这一属性在流体力学中不常用，主要用在热力学中。

1.4.2　重度

流体的重度用希腊字母 γ 表示，定义为单位体积的重量。因此，重度与密度的关系通过以下公式来确定

$$\gamma = \rho g \qquad (1\text{-}14)$$

式中，g 是当地的重力加速度。就像密度用来表征流体的质量一样，重度用来表征流体的重量。在 SI 单位制中，γ 的单位为 N/m³。在标准重力（$g = 9.807\text{m/s}^2$）的条件下，15℃（288K）水的重度为 9.80kN/m³。附录表 B-1 列出了一些常见液体的重度值（基于标准重力），关于水的重度见附录表 B-3。

1.4.3　相对密度

流体的相对密度，表示为 SG，定义为流体的密度与某一特定温度下水的密度之比。通常指定温度为 4℃（277K），在此温度下，水的密度为 1000kg/m³。在方程形式中，相对密度表示为

$$SG = \frac{\rho}{\rho_{\text{H}_2\text{O}(4℃)}} \qquad (1\text{-}15)$$

由于它是密度之比，SG 的值与所使用的单位制无关。例如，汞在 20℃（293K）时的相对密度为 13.55。图 1-6 中的数字说明了这一点。

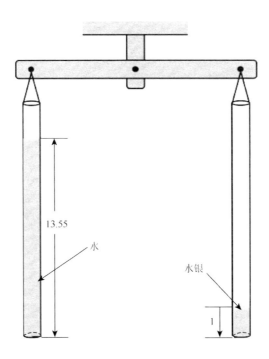

图 1-6　水银密度计算

因此，通过使用式（1-15），可以很容易地以 SI 单位计算出汞的密度：

$$\rho_{Hg} = 13.55 \times 1000 kg/m^3 = 13.55 \times 10^3 kg/m^3 \tag{1-16}$$

显然，密度、重度和相对密度都是相互关联的，已知三者中任何一个，就可以计算出其他两个的值。

1.5　理想气体定律

与液体相比，气体具有很强的可压缩性，气体密度的变化与压强和温度的变化可以通过公式

$$\rho = \frac{p}{RT} \tag{1-17}$$

直接联系起来。式中，p 为绝对压强；ρ 为密度；T 为绝对温度；R 为气体常数。式（1-17）通常被称为理想气体定律，或理想气体的状态方程。众所周知，在正常情况下，当气体不接近液化时，它与理想气体的行为非常接近。

静止状态下流体中的压强定义为浸入流体中的平面上所施加的单位面积的法向力，是由表面受到流体分子的冲击而产生的。从定义来看，压强的量纲为 FL^{-2}，在 SI 单位中用 N/m^2 表示。在热力学关系中，用 T 来表示温度，T 用来表示时间的基本量纲。在 SI 中，$1N/m^2$ 定义为帕斯卡（Pa），压强通常以帕斯卡为单位。理想气体定律中的压强必须用绝对压强来表示，表示为（abs），即相对于绝对零压强来测量。标准海平面大气压（根据国际协定）是 101.33kPa（abs）。对于大多数计算来说，这些压强可以取为 101kPa。在工程中，通常的做法是测量相对于当地大气压的压强，当以这种方式测量时，称为表压强，表示为（gage）。因此，绝对压强可以由表压强加上大气压强值而得到，如图 1-7 所示，在标准大气压下，轮胎中 207kPa（gage）的压强等于 308kPa（abs）。压强是一个特别重要的流体属性，将在第 2 章中详细讨论。

式（1-17）中的气体常数 R，取决于特定的气体，并与气体的分子量有关。几种常见气体的气体常数见附录表 B-2。附录表 B-4 中给出标准大气压下的空气参数。

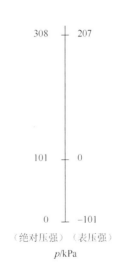

图 1-7　绝对压强与表压强、大气压强关系

例 1.3　理想气体定律。

已知：图 1-8（a）所示的压缩空气罐的容积为 0.024m³，温度为 20℃（293K），大气压为 101.3kPa（abs）。

问题：当罐体在 50psi[①]的压强下充满空气时，测定空气的密度和罐体中空气的重量。

---

① 1psi = 0.155cm⁻²。

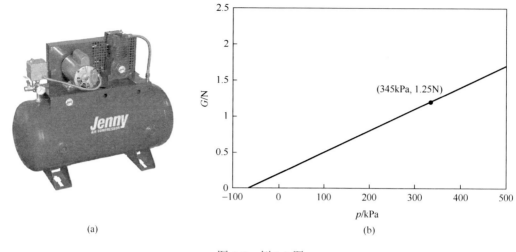

(a)　　　　　　　　　　　(b)

图 1-8　例 1.3 图

解：空气密度可由理想气体定律得到（式（1-17）），即

$$\rho = \frac{p}{RT}$$

故

$$\rho = \frac{345\text{kPa} + 101.3\text{kPa}}{(286.9\text{J}/\text{kg}\cdot\text{K})\left[(20+273)\text{K}\right]}$$

$$= 5.30\text{kg}/\text{m}^3$$

注意，压强和温度都改为绝对值。

空气的重量 G 为

$$G = \rho g \cdot (\cancel{V})$$

$$= (5.30\text{kg}/\text{m}^3)(9.81\text{m}/\text{s}^2)(0.024\text{m}^3)$$

$$= 1.25\text{kg}\cdot\text{m}/\text{s}^2$$

因为 $1\text{N} = 1\text{kg}\cdot\text{m}/\text{s}^2$，所以

$$G = 1.25\text{N}$$

讨论：通过重复计算不同的压强值 p，得到图 1-8（b）所示的结果。请注意，将压强计的压强增加一倍，并不能使水箱中的空气量增加一倍，但将绝对压强增加一倍则可以。因此，在表压强为 690kPa 时，水箱中的空气量不会比表压强为 345kPa 时多一倍。

1.6　黏　　度

密度和重度的属性是衡量液体"重"的标准。然而，很明显，这些属性不足以单独描述流体的行为，因为两种流体（如水和油）可能具有大致相同的密度值，但在流动时的行为完全不同。显然，需要一些额外的属性来描述流体的"流动性"。

为了确定这个属性，考虑一个假设的实验，如图 1-9（a）所示，在这个实验中，在两个非常宽的平行板之间放置一个材料，下板是刚性固定的，但上板可以自由移动。如果在两块板之间放置一个固体，如钢，并如图所示加载力 P，则上板将移动一小段距离 δa（假设固体是机械地连接到板上），垂直线 AB 将通过小角度 $\delta \beta$ 旋转到新的位置 AB'。注意到，为了抵抗所施加的力 P，将在板-液体界面上形成一个切应力 τ，并且为了平衡，$P = \tau A$，式中 A 是上板的有效面积（图 1-9（b））。众所周知，对于弹性固体，如钢，偏转角度 $\delta \beta$（称为切应变）与液体中形成的切应力 τ 成正比。

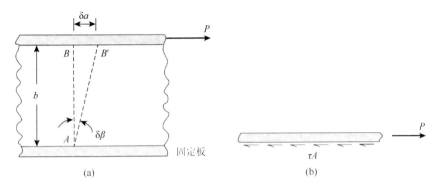

图 1-9　平板位移实验

（a）放置在两块平行板之间的材料变形；（b）作用在上板上的力

如果把固体换成水等液体会怎样？如图 1-10 所示，当力 P 施加在上板上时，它将以速度 U（在初始瞬时运动消失后）连续运动。这种行为符合流体的定义，即如果对流体施加一个切应力，它就会连续变形。仔细观察两块板之间的流体运动会发现，与上板接触的流体以匀速 U 运动，而与下方固定板接触的流体速度为零。如图 1-10 所示，两块板之间的流体以速度 $u = u(y)$ 运动，其速度以 $u = Uy/b$ 呈线性变化。因此，在板块之间的流体中形成了一个速度梯度，即 $\mathrm{d}u/\mathrm{d}y$。在这种特殊情况下，速度梯度是一个常数，因为 $\mathrm{d}u/\mathrm{d}y = U/b$。在更复杂的流动情况下，如图 1-11 所示，情况并非如此。流体"黏"在固体边界上是流体力学中一个非常重要的现象，通常被称为无滑移条件。所有流体，包括液体和气体，都满足这一条件。

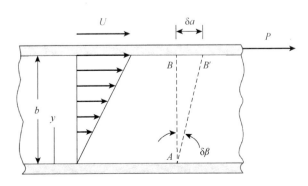

图 1-10　流体放置在两块平行板之间的行为

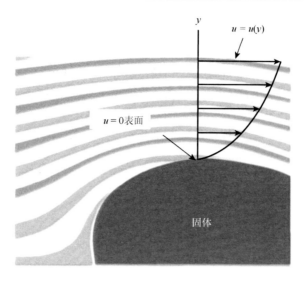

图 1-11　流体在固体近壁面流动行为

在一小段时间 δt 内，流体中的一条假想的垂直线 AB 会旋转一个角度 $\delta\beta$，所以

$$\tan\delta\beta \approx \delta\beta = \frac{\delta a}{b} \qquad (1\text{-}18)$$

由于 $\delta a = U\delta t$，因此有

$$\delta\beta = \frac{U\delta t}{b} \qquad (1\text{-}19)$$

注意到，在这种情况下，$\delta\beta$ 不仅是力 P 的函数（控制 U），而且是时间的函数。因此，像对固体所做的那样，试图将切应力 τ 与 $\delta\beta$ 联系起来是不合理的。相反，考虑的是 $\delta\beta$ 的变化速度，并定义角变形速率 $\dot\gamma$ 为

$$\dot\gamma = \lim_{\delta t\to 0}\frac{\delta\beta}{\delta t} \qquad (1\text{-}20)$$

在本例中

$$\dot\gamma = \frac{U}{b} = \frac{\mathrm{d}u}{\mathrm{d}y} \qquad (1\text{-}21)$$

继续这个实验就会发现，当切应力 τ 随着 P 的增加而增加时（回顾 $\tau = P/A$），切变率也会成正比地增加，也就是

$$\tau \propto \dot\gamma \qquad (1\text{-}22)$$

或者

$$\tau \propto \frac{\mathrm{d}u}{\mathrm{d}y} \qquad (1\text{-}23)$$

这一结果表明，对于常见的流体，如水、油、汽油、空气等，其切应力和切变率（速度

梯度）可以用以下形式的关系来表示：

$$\tau = \mu \frac{\mathrm{d}u}{\mathrm{d}y} \tag{1-24}$$

式中比例常数用希腊字母 μ 表示，称为绝对黏度、动力黏度，或简称为黏度，根据式（1-24），切应力 τ 与切变率 $\mathrm{d}u/\mathrm{d}y$ 的关系应该是线性的，斜率代表黏度，如图 1-12 所示。黏度的实际值取决于特定的流体，对于特定的流体，黏度也高度依赖于温度，如图 1-12 中水的两条直线所示。切应力与切变率（也称角变形率）呈线性关系的流体，以牛顿（1643—1727）的名字命名为牛顿流体。大多数常见的流体，包括液体和气体，都是牛顿流体。

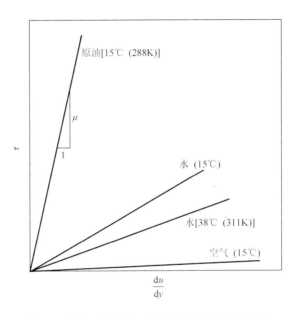

图 1-12　常见流体的切应力随切变率的线性变化

流体故事

　　一种极度黏稠的液体。沥青是焦油的衍生物，曾用于防水船。在高温下，它很容易流动。在室温下，它像固体，甚至可用锤子敲碎。然而，它是一种液体。1927 年，Parnell 教授将一些沥青加热后倒入漏斗中。从那时起，它就可以在漏斗中自由流动（或者说，慢慢滴落），但这个流量相当小。2000 年第 8 滴滴落，由于摄像头在关键时刻出现故障，因此无法记录到过程。2014 年第 9 滴滴落，全天候监控的网络摄像头记录了全过程。在此之前，没有人目睹过沥青滴落的情况。据估计，沥青的黏度约是水的 1000 亿倍。

　　切应力与切变率不呈线性关系的流体被定义为非牛顿流体。最简单、最常见的非牛顿流体如图 1-13 所示。切应力与切变率曲线图的斜率代表表观黏度，即 μ_{ap}。对于牛顿流体，表观黏度与黏度相同，与剪切速率无关。

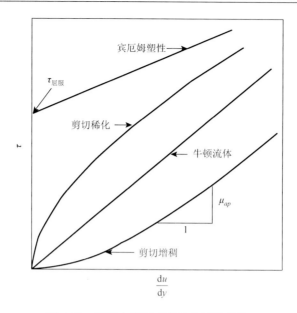

图 1-13　切应力随切变率的非线性变化

　　对于剪切稀化流体，表观黏度随着剪切速率的增加而降低，流体被剪切得越快，黏度越低。许多胶体悬浮液和聚合物溶液都是剪切稀化型的。例如，乳胶漆不会从刷子上滴落，因为剪切率小，表观黏度大；但是，它却能顺利地流到墙上，因为墙面和刷子之间的漆层很薄，导致剪切率大，表观黏度小。

　　对于剪切稠化流体来说，表观黏度随着剪切速率的增加而增加，流体被剪切得越快，黏度越大。这类流体的常见例子包括水与玉米淀粉混合物及流沙。因此，从流沙中清除物体的难度随着清除速度的增加而急剧增加。

　　图 1-14 所示是宾厄姆（Bingham）塑性流体，它既不是流体也不是固体。这种材料可以承受有限的、非零切应力而不发生流动，但一旦超过屈服应力，它就会像流体一样流动。牙膏和蛋黄酱是常见的宾厄姆塑料材料的例子。如图 1-14 所示，蛋黄酱可以堆放在面包片上，但当刀子增加的应力超过屈服应力时，蛋黄酱就会顺利地流动成薄薄的一层。

图 1-14　宾厄姆塑性流体

从式（1-24）可以很容易地推断出黏度的量纲为 FTL^{-2}。因此，在 SI 单位中，黏度的单位为 $N·s/m^2$。常见液体和气体的黏度值列于附录图 B-1 中，从图中发现液体之间的黏度差异很大。黏度受压强影响较小，压强的影响通常被忽略。如附录图 B-1 所示，黏度对温度非常敏感。例如，当水的温度从 20℃ 变化到 38℃（293～311K）时，密度降低了不到 1%，但黏度却降低了约 40%。因此，在确定黏度时必须特别注意温度。

附录图 B-1 更详细地显示了不同流体的黏度是如何变化的，以及对于给定的流体来说，黏度是如何随温度变化的。从该图中可以看出，液体的黏度随着温度的升高而降低，而对于气体来说，温度的升高会引起黏度的增加。温度对液体和气体黏度影响的这种差异可以再次追溯到分子结构的不同。液体分子间距紧密，分子间有很强的内聚力，相邻层液体之间的相对运动阻力与这些分子间力有关。随着温度的升高，内聚力减小，运动阻力也相应减小。由于黏度是这种阻力的指标，因此，温度升高，黏度就会减小。然而，在气体中，分子间距很大，分子间的作用力可以忽略不计。在这种情况下，由于相邻层之间气体分子的动量交换，产生了相对运动的阻力。当分子通过随机运动从整体速度低的区域输送到整体速度高的区域时，分子混合，就会产生有效的动量交换，从而抵抗层间的相对运动。随着气体温度的升高，分子的随机运动随着黏度的增加而增加。

温度对黏度的影响可以用两个经验公式近似地表示。对于气体来说，苏士兰（Sutherland）方程可以表示为

$$\mu = \frac{CT^{3/2}}{T + S} \tag{1-25}$$

式中，C 和 S 是经验常数；T 是绝对温度。因此，如果已知两个温度下的黏度，就可以确定 C 和 S。或者，如果已知两个以上的黏度，则可以通过某种类型的曲线拟合算法将数据与式（1-25）相关联。

对于液体，已经使用的经验公式是

$$\mu = De^{B/T} \tag{1-26}$$

式中，D 和 B 为常数；T 为绝对温度。这个方程常被称为安德雷德（Andrade）方程。与气体一样，至少知道两个温度下的黏度，才能确定两个常数。

例 1.4　黏度和无量纲数。

已知：在研究管道黏性流动时，一个重要的无量纲变量组合称为雷诺数（Re），定义为 $\rho VD/\mu$，其中，ρ 为流体密度，V 为平均流体速度，D 为管道直径，μ 为流体黏度。如图 1-15 所示，黏度为 $0.38N·s/m^2$、重度为 0.91 的牛顿流体以 2.6m/s 的速度流过直径为 25mm 的管道。

问题：用 SI 单位确定雷诺数的值。

解：流体密度由重度计算得出

$$\rho = SG\rho_{H_2O(4℃)} = 0.91(1000kg/m^3) = 910kg/m^3$$

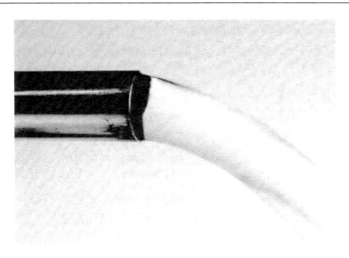

图 1-15　例 1.4 图

从雷诺数的定义来看

$$Re = \frac{\rho V D}{\mu} = \frac{(910\mathrm{kg/m^3})(2.6\mathrm{m/s})(25\mathrm{mm})(10^{-3}\mathrm{m/mm})}{0.38\mathrm{N\cdot s/m^2}}$$
$$= 156(\mathrm{kg\cdot m/s^2})/\mathrm{N}$$

由于 $1\mathrm{N} = 1\mathrm{kg\cdot s/m^2}$，所以雷诺数是无单位的，即 $Re = 156$。

　　讨论：无量纲在流体力学中起着重要的作用，雷诺数以及其他重要的无量纲数的意义将在第 7 章中详细讨论。需要注意的是，在雷诺数中，实际上重要的是 μ/ρ，这个比值被定义为运动黏度。

　　例 1.5　牛顿流体切应力。

　　已知：如图 1-16（a），给定牛顿流体在两个固定宽度的平行板之间流动，其速度分布为

$$u = \frac{3V}{2}\left[1 - \left(\frac{y}{h}\right)^2\right]$$

式中，V 是平均速度。该流体的黏度为 $2\mathrm{N\cdot s/m^2}$，$V = 0.6\mathrm{m/s}$，$h = 5\mathrm{mm}$。

　　问题：（a）求作用在底壁上的切应力；（b）求作用在平行于壁并穿过中心线（中平面）的平面上的切应力。

　　解：对于这种类型的平行流动，切应力由式（1-24）获得

$$\tau = \mu \frac{\mathrm{d}u}{\mathrm{d}y} \tag{1-27}$$

因此，如果速度分布 $u = u(y)$ 已知，则可以通过计算速度梯度 $\mathrm{d}u/\mathrm{d}y$ 来确定所有点的切应力。对于给定的分布

$$\frac{\mathrm{d}u}{\mathrm{d}y} = -\frac{3Vy}{h^2} \tag{1-28}$$

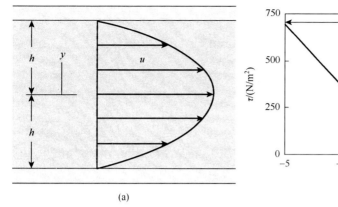
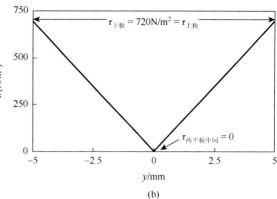

图 1-16 例 1.5 图

（a）沿着底壁 $y = -h$，可以得到（依据式（1-28））

$$\frac{\mathrm{d}u}{\mathrm{d}y} = \frac{3V}{h}$$

因此切应力为

$$\tau_{底壁} = \mu\left(\frac{3V}{h}\right) = \frac{(2\,\mathrm{N\cdot s/m^2})(3)(0.6\,\mathrm{m/s})}{(5\mathrm{mm})(1\mathrm{m}/1000\mathrm{mm})}$$
$$= 720\mathrm{N/m^2}$$

这种应力会给墙壁带来阻力。由于速度分布是对称的，沿上壁的切应力具有相同的大小和方向。

（b）沿着 $y = 0$ 的中平面，遵循式（1-28）

$$\frac{\mathrm{d}u}{\mathrm{d}y} = 0$$

因此切应力是

$$\tau_{中平面} = 0$$

讨论：从式（1-28）看到，速度梯度（切应力）随 y 呈线性变化，在这个特定的例子中，从通道中心的 0 变化到壁面的 $720\mathrm{N/m^2}$，如图 1-16（b）所示。对于更一般的情况，实际变化取决于速度分布的属性。

黏度经常出现在流体流动问题中，与密度结合在一起

$$\nu = \frac{\mu}{\rho} \tag{1-29}$$

这个比率称为运动黏度，并用希腊字母 ν 表示。运动黏度的量纲是 L^2/T，国际单位是 $\mathrm{m^2/s}$。附录表 B-1 和表 B-2 给出了一些常见液体和气体的运动黏度值，附录表 B-3 和表 B-4 中给出了不同温度下水和空气的动力黏度和运动黏度，附录图 B-1 和图 B-2 也给出了常见流体的动力黏度和运动黏度随温度的变化。

1.7　流体的可压缩性

1.7.1　流体的体积模量

在考虑某一特定流体的特性时，需要回答的一个重要问题是：如何做到以下几点？当压强发生变化时，给定质量流体的体积（以及密度）是否容易改变，即流体的可压缩性如何？通常用来描述可压缩性的一个属性是体积模量 E_v，定义为

$$E_v = -\frac{\mathrm{d}p}{\mathrm{d}V / V} \qquad (1\text{-}30)$$

式中，$\mathrm{d}p$ 是体积 V 产生的体积差变化所需的压强差。如图 1-17 所示，由于压强的增加将导致体积的减小，所以包含负号。由于给定质量流体的体积减小，根据公式 $m = \rho V$，将导致密度增加。式（1-30）也可以表示为

$$E_v = \frac{\mathrm{d}p}{\mathrm{d}\rho / \rho} \qquad (1\text{-}31)$$

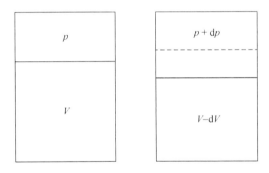

图 1-17　体积模量

体积模量的量纲为压强，FL^{-2}。在 SI 单位中，E_v 的单位通常用 $\mathrm{N/m^2}$（Pa）表示。体积模量的数值越大，表明流体是相对不可压缩的，也就是说，需要很大的压强变化才能产生很小的体积变化。例如，在大气压和温度为 15℃（288K）的情况下，需要 21.5MPa 的压强才能将单位体积的水压缩 1%。这个结果代表了液体的可压缩性。由于需要如此大的压强才能使体积发生变化，液体在大多数实际工程应用中被认为是不可压缩的。当液体被压缩时，体积模量会增加，但接近大气压的体积模量通常是最重要的。尽管气体的体积模量也可以确定，但体积模量一般用于描述液体的可压缩性。

1.7.2　气体的压缩和膨胀

当气体被压缩（或膨胀）时，压强与密度的关系取决于过程的性质。如果压缩或膨胀是在恒温条件下进行的（等温过程），那么由式（1-17）可知

$$\frac{p}{\rho}=常数 \tag{1-32}$$

如果压缩或膨胀是无摩擦的，没有与周围环境进行热量交换（等熵过程），则

$$\frac{p}{\rho^k}=常数 \tag{1-33}$$

式中，k 是恒定压强下的比热 c_p 与恒定体积下的比热 c_V 之比（即 $k=c_p/c_V$）。这两个比热与气体常数 R 有关，通过公式 $R=c_p-c_V$ 来计算 R。如同理想气体定律一样，式（1-32）和式（1-33）中的压强都必须用绝对压强来表示。附录表 B-2 列出了一些常见气体的 k 值，附录表 B-4 列出了空气在一定温度范围内的 k 值。等温和等熵条件下的压力-密度关系见图 1-18。

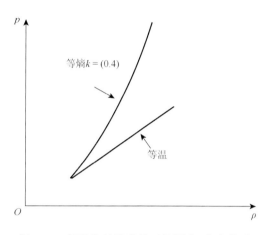

图 1-18 等温和等熵条件下的压力-密度关系

流体故事

水射流的效果与爆破相似，通常液体可以作为不可压缩的流体来处理。然而，在某些应用中，液体的可压缩性对设备的运行起着关键作用。例如，人们开发了一种使用压缩水的水脉冲发生器，用于采矿作业。它通过产生与火药等传统炸药相当的效果使岩石破裂。该装置利用储存在充水蓄能器中的能量，产生超高压水脉冲，通过直径为 10～25mm 的放水阀喷出。在所使用的超高压下（300～400MPa，或称 3000～4000 个大气压），水被压缩 10%～15%。当压强容器内的快开阀打开时，水就会膨胀并产生水柱，与目标材料撞击后产生类似于传统炸药的爆炸力。用水射流开采可以消除使用传统化学炸药所产生的各种危害，如与炸药的储存和使用有关的危害，以及产生需要大量通风的有毒气体副产品等。

有了与压强和密度相关的明确方程，气体的体积模量就可以通过式（1-32）式（1-33）中获得导数 $\mathrm{d}p/\mathrm{d}\rho$ 并将结果代入式（1-31）中来确定。由此可见，对于一个等温过程

$$E_{\mathrm{v}}=p \tag{1-34}$$

而对于一个等熵过程

$$E_{\mathrm{v}} = kp \tag{1-35}$$

在这两种情况下，体积模量都直接随压强变化。对于空气来说，在标准大气条件下，$p = 101.3\mathrm{kPa}$，模量为 $142\mathrm{kPa}$。将其与相同条件下的水（$E_{\mathrm{v}} = 2150\mathrm{MPa}$）进行比较，可以看出空气的可压缩性大约是水的 15000 倍。因此，在处理气体时，需要更多关注可压缩性对流体属性的影响。然而，正如后面的章节将进一步讨论的那样，如果压强变化较小，气体通常可以作为不可压缩的流体来处理。

例 1.6　气体的等熵压缩。

问题：在绝对压强为 101.3kPa 的情况下，$0.03\mathrm{m}^3$ 的空气被图 1-19（a）所示的轮胎泵等熵压缩成 $0.015\mathrm{m}^3$。求最后的压强。

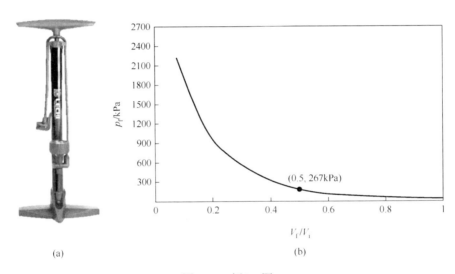

（a）　　　　　　　　　　　　　　（b）

图 1-19　例 1.6 图

解：对于等熵压缩

$$\frac{p_{\mathrm{i}}}{\rho_{\mathrm{i}}^{k}} = \frac{p_{\mathrm{f}}}{\rho_{\mathrm{f}}^{k}}$$

其中，下标 i 和 f 分别指初始状态和最终状态。由于我们关注的是最终压强 p_{f}，它遵循公式

$$p_{\mathrm{f}} = \left(\frac{\rho_{\mathrm{f}}}{\rho_{\mathrm{i}}}\right)^{k} p_{\mathrm{i}}$$

当体积 V 减少一半时，密度必须增加一倍，因为气体的质量 $m = \rho V$ 保持不变。因此，对于空气来说，$k = 1.40$。

$$p_{\mathrm{f}} = (2)^{1.40}(101.3\mathrm{kPa}) = 267\mathrm{kPa(abs)}$$

讨论：通过计算最终体积与初始体积之比，即 $V_{\mathrm{f}}/V_{\mathrm{i}}$，可以得到图 1-19（b）所示的结果。注意到，尽管空气通常被认为是容易压缩的，但需要相当大的压强才能显著地减小给定空气的体积，就像在汽车发动机中那样，压缩比为 $V_f/V_i = 1/8 = 0.125$。

1.7.3　声速

流体可压缩性的另一个重要结果是，在流体中某一点引入的干扰以有限的速度传播。例如，如果流体在管道中流动，出口处的阀门突然关闭（从而产生局部扰动），由于阀门关闭产生的压强增加需要一定的时间才能传播到上游位置，所以上游不会瞬间感受到阀门关闭的影响。同样，扬声器的振膜在振动时也会引起局部的扰动，而振膜运动所产生的微小压强变化会以有限的速度在空气中传播。这些微小扰动的传播速度称为声速 c，声速与流体介质的压力和密度的变化有关，具体公式为

$$c = \sqrt{\frac{dp}{d\rho}} \tag{1-36}$$

或用式（1-31）定义的体积模量来计算

$$c = \sqrt{\frac{E_v}{\rho}} \tag{1-37}$$

由于扰动较小，热传递的效果可以忽略不计，因此假定该过程是等熵的。式（1-36）中使用的压强-密度关系是等熵过程的关系。

例 1.7　声速和马赫数。

问题：一架喷气式飞机在海拔 10500m 处以 885km/h 的速度飞行，温度为–54℃，比热为 $k = 1.40$。确定在规定高度上飞机的速度 V 与声速 c 的比值。

解：由式（1-39）可计算出声速为

$$c = \sqrt{kRT} = \sqrt{(1.40)[(286.9\text{J}/(\text{kg}\cdot\text{K})](-54+273.15)\text{K}} = 297\text{m}/\text{s}$$

空气速度为

$$V = \frac{(885\text{km}/\text{h})(1000\text{m}/\text{km})}{3600\text{s}/\text{h}} = 246\text{m}/\text{s}$$

比率为

$$\frac{V}{c} = \frac{246\text{m}/\text{s}}{297\text{m}/\text{s}} = 0.828$$

讨论：V/c 即为马赫数（Ma）。如果 $Ma<1.0$，飞机是以亚声速飞行，而 $Ma>1.0$，则是以超声速飞行。马赫数是研究气体高速流动的一个重要的无量纲数。通过重复计算不同温度下的马赫数，得到图 1-20 所示的结果。由于声速随温度的升高而增大，所以在飞机速度不变的情况下，马赫数随温度的升高而减小。

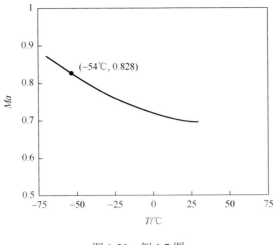

图 1-20　例 1.7 图

对于经历等熵过程的气体，$E_v = kp$（式（1-35）），所以

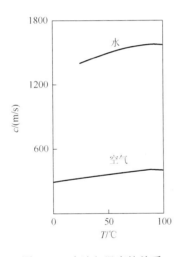

图 1-21　声速与温度的关系

$$c = \sqrt{\frac{kp}{\rho}} \qquad (1\text{-}38)$$

利用理想气体定律，可知

$$c = \sqrt{kRT} \qquad (1\text{-}39)$$

因此，对于理想气体，声速与绝对温度的平方根成正比。例如，空气在 15℃（288K）时，$k = 1.40$，$R = 286.9\text{J/(mol·K)}$，则 $c = 340\text{m/s}$。空气中各种温度下的声速可参见附录表 B-4。式（1-37）也适用于液体，E_v 的值可以用来确定液体的温度和液体中的声速。对于 20℃（293K）的水，$E_v = 2.19\text{GN/m}^2$，$\rho = 998.2\text{kg/m}^3$，声速 $c = 1481\text{m/s}$。由图 1-21 可知，水里的声速比空气中的声速高得多。如果一种流体真的是不可压缩的（$E_v = \infty$），那么声速将是无限的。不同温度下的水中声速可参见附录表 B-3。

1.8　蒸气压强

生活中可以观察到，水、汽油等液体只要放在向大气开放的容器中就会蒸发。蒸发的发生是因为表面的一些液体分子有足够的动量克服分子间的内聚力而逃入大气。如果将容器封闭，表面上方留有一小块空气空间，并将这一空间抽空形成真空，则由于分子逸出形成的蒸气，会在空间中形成压强。当达到平衡条件，使离开表面的分子数等于进入表面的分子数时，称蒸气为饱和状态，蒸气对液体表面所施加的压力称为蒸气压 p_v。

同样，如图 1-22 所示，在不让任何空气进入容器的情况下，移动一个完全充满液体的容器的端部，液体和端部之间的空间就会以等于蒸气压的压强充满蒸气。

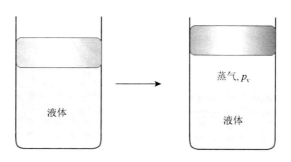

图 1-22　蒸气压强

由于蒸气压的发展与分子活动密切相关，所以某种液体的蒸气压值取决于温度。水在不同温度下的蒸气压值，见附录表 B-3，一些常见液体在室温下的蒸气压值见附表 B-1。

当流体中的绝对压强达到蒸气压时，流体就开始沸腾，即在流体团内形成蒸气泡。正如在厨房里经常观察到的那样，在标准大气压下，当温度达 100℃（373K）时，水就会沸腾，也就是说，水在 100℃（373K）时的蒸气压是 101.3kPa（abs）。然而，如果试图在更高的海拔，比如海拔 9000m（珠穆朗玛峰的近似高度），大气压为 30kPa（abs）的地方将水煮沸，发现当温度约为 69℃（342K）时，水将开始沸腾。在这个温度下，水的蒸气压为 30kPa（abs）。沸腾温度是海拔的函数，如图 1-23 所示。因此，在给定的压强作用于流体时，可以通过提高温度引起沸腾，或者在给定的流体温度下通过降低压强引起沸腾。

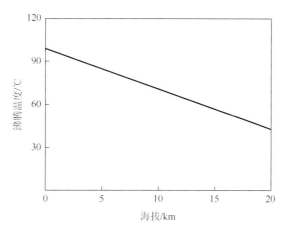

图 1-23　沸腾温度与海拔的关系

在流体中，由于流体的运动，有可能形成很低的压强，如果压强降低到蒸气压强，就会发生沸腾。例如，这种现象可能发生在流经阀门或泵的不规则、狭窄的通道中。当蒸气泡在流动流体中形成时，会被冲到压强较高的区域，在那里它们会以足够的强度突然溃灭，导致结构损坏。流体中气泡的形成和随后的塌缩，称为"气蚀"，是一种重要的流体流动现象，将在第 3 章和第 7 章中对其进行进一步讨论。

1.9　表　面　张　力

在液体和气体之间的界面上，或在两种不相溶的液体之间，液体表面产生的力使其表面得像一张"皮肤"或"膜"一样在液体质量上延伸。虽然这样的表面实际上并不存在，但这种概念上的类比可以解释几种常见的现象。例如，一根钢针或剃须刀片，如果轻轻放在水面上，就会漂浮在水面上，因为表面产生的张力可以支撑它。小水银滴放在光滑的表面上会形成球体，因为表面的内聚力倾向于将所有的分子紧密地聚集在一起。同样，在液体中也会形成离散的气泡。

这类表面现象是由于作用在流体表面的液体分子上的内聚力不平衡所致。流体团内部的分子被相互吸引的分子所包围，然而沿表面的分子受到一个向内部的合力。这种沿表面的不平衡力的明显物理结果是形成假设的皮肤或膜。拉力被认为是在平面上沿表面的任意线作用。沿着表面上任何一条线的单位长度上的分子吸引强度称为表面张力，用希腊字母 σ 表示。对于给定的液体来说，表面张力取决于温度以及它在界面上所接触的其他液体，表面张力的量纲为 FL^{-1}，SI 单位为 N/m。如图 1-24 所示，表面张力随着温度的升高而减小。

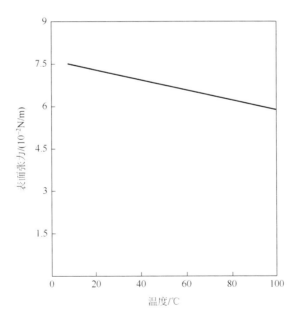

图 1-24　表面张力与温度的关系

流体故事

水黾是池塘、河流、湖泊上常见的昆虫，它们似乎在水中"行走"。水黾的典型长度约为 1cm，它们可以在 1s 内走完 100 个体长的长度。人们早已认识到，是表面张力使水黾不至于沉入水中。一直以来，令人疑惑的是，它们是如何以如此高的速度运动的。它们不能刺穿水面，否则就会下沉。来自麻省理工学院（MIT）的一个数学家和工程师团队应用传统的流动可视化技术和高速视频来详细研究水黾的运动，发现昆虫腿部的每一次划动都会在水面上形成凹陷，水下的旋涡足以推动它前进，正是旋涡的后向运动推动了水黾的前进。为了进一步证实他们的解释，麻省理工学院的团队建立了一个名为 Robostrider 的水黾工作模型，当它在水面上移动时，会产生表面波纹和水下涡流，水上生物（如水黾）提供了一个由表面张力主导的有趣世界。

如果将球形液滴切成两半（图 1-25），边缘因表面张力而产生的力为 $2\pi R\sigma$。这个力必须由作用在圆形区域 πR^2 上的内部压强 p_i 和外部压强 p_e 之间的压强差 Δp 平衡，因此

$$\Delta p\pi R^2 = 2\pi R\sigma \tag{1-40}$$

或者

$$\Delta p = p_i - p_e = \frac{2\sigma}{R} \tag{1-41}$$

从这个结果可以看出，水滴内部的压强大于水滴周围的压强。（在相同直径、相同温度的情况下，一个水泡内部的压强是否会和一滴水滴内部的压强相同？）

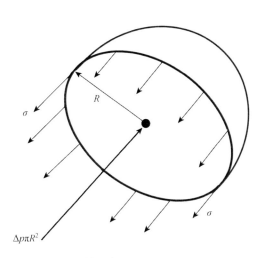

图 1-25 作用在二分之一液滴上的力

在常见的与表面张力有关的现象中，有一种是毛细管中液体的上升（或下降）。如果将一根开口的小管子插入水中，管内的水位就会如图 1-26（a）所示，管外的水位将升高。在这种情况下，有一个液-气-固界面。对于图示的情况，管壁和液体分子之间存在着一种作用力（黏附力），这种作用力足以克服分子之间的相互吸引力（凝聚力），并将其拉上管壁。因此，液体润湿了固体表面。

高度 h 受表面张力 σ、管子半径 R、液体重度 γ 和液体与管子之间接触角 θ 的影响。

从图 1-26（b）所示示意图看出，由于表面张力引起的垂直力等于 $2\pi R\sigma\cos\theta$，重力为 $\gamma\pi R^2 h$，这两个力必须相等才能达到平衡，所以

$$\gamma\pi R^2 h = 2\pi R\sigma\cos\theta \tag{1-42}$$

因此，高度由以下关系给出：

$$h = \frac{2\sigma\cos\theta}{\gamma R} \tag{1-43}$$

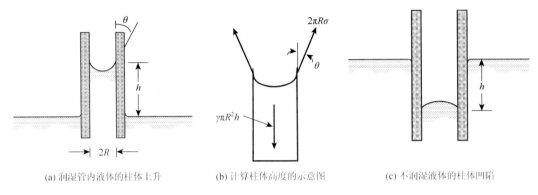

(a) 润湿管内液体的柱体上升　　　　(b) 计算柱体高度的示意图　　　　(c) 不润湿液体的柱体凹陷

图 1-26　小管中毛细管作用的影响

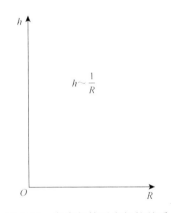

图 1-27　高度与管子半径的关系

接触角是液体和表面张力的函数。水与洁净玻璃接触的角度为 $\theta\approx 0°$。由式（1-43）可知，高度与管子半径成反比。因此，如图 1-27 所示，随着管子半径的减小，管内液体因毛细管作用而上升的幅度越来越大。

如果分子对固体表面的黏附力比分子之间的内聚力弱，液体就不会润湿表面，如图 1-26（c）所示，放在非润湿液体中的管子的液面实际上会被压低。水银是一个很好的例子，当它与玻璃管接触时，它是一个不湿润的液体。对于非湿润液体来说，当接触角大于 90°时，汞与洁净玻璃接触的角度为 $\theta\approx 130°$。

表面张力效应在许多流体力学问题中起着作用，包括液体在土壤和其他多孔介质中的流动、薄膜的流动、液滴和气泡的形成以及液体射流的破裂。例如，表面张力是漏水的水龙头形成液滴的主要因素，如图 1-28 所示。与液-气、液-液、液-气-固界面有关的表面现象是极其复杂的，对它们进行更详细、更严格的讨论已经超出了本书的范围。幸运的是，在许多流体力学问题中，以表面张力为属性的表面现象并不重要，因为惯性力、重力和黏性力更为重要。

例 1.8　毛细管的上升管。

图 1-28　水龙头液滴表面张力

问题：压强有时可以通过测量垂直管中液体柱的高度来确定。洁净玻璃管的直径是多少，才能使管内水在 20℃时由于毛细管作用（与管内压强相反）的上升幅度小于 $h = 1.0\text{mm}$？

解：从式（1-43）可知：

$$h = \frac{2\sigma\cos\theta}{\gamma R}$$

因此

$$R = \frac{2\sigma\cos\theta}{\gamma h}$$

水温 20℃（从附录图 B-1），$\sigma = 0.0728\text{N/m}$，$\gamma = 9.789\text{kN/m}^3$，由于 $\theta \approx 0°$，对于 $h = 1.0\text{mm}$ 的情况，

$$R = \frac{2(0.0728\text{N/m})(1)}{(9.789\times10^3\,\text{N/m}^3)(1\text{mm})(10^{-3}\,\text{m/mm})} = 0.0149\text{m}$$

而最小所需的管子直径 D 为

$$D = 2R = 0.0298\text{m} = 29.8\text{mm}$$

讨论：通过重复计算不同的毛细管上升值 h，得到图 1-29 所示的结果。请注意，当允许的毛细管上升值减小时，管子的直径必须显著增加，虽然有一些毛细效应存在，但可以通过使用足够大直径的管子将其减小。

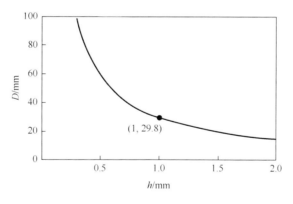

图 1-29　例 1.8 图

流体故事

随着油轮的大量运输，人们对石油泄漏非常关注。正如 1989 年威廉王子湾著名的埃克森-瓦尔迪兹石油泄漏事件那样，石油泄漏会造成灾难性的环境问题。最近的一个例子是 2010 年发生在墨西哥湾的漏油事件。人们对油类泄漏的扩散速度给予了极大的关注，这并不奇怪。当油类泄漏时，大多数油类往往会水平扩散成光滑湿滑的表面，称为漂浮层。影响浮油扩散能力的因素有很多，包括泄漏量大小，风速和

风向，以及油类的物理属性。这些属性包括表面张力、相对密度和黏度。表面张力越大，溢出物就越有可能留在水中。由于油的相对密度小于 1，所以油会漂浮在水面，但如果油中较轻的物质蒸发，油的相对密度就会增加。若挥发的程度越高，油的黏度越大，停留在一个地方的倾向就越大。

1.10　本章总结

本章考虑了定量和定性描述流体属性的方法。对于定量描述，本书使用国际（SI）单位制。在定性描述中引入了量纲的概念，其中基本量纲（如长度 L、时间 T 和质量 M）用来对各种相关的量进行描述。量纲的使用有助于检查方程的通用性，同时也是第 7 章中详细讨论的强大的量纲分析工具的基础。

本章定义了各种重要的流体性质，包括流体密度、重度、相对密度、黏度、体积模量、声速、蒸气压和表面张力，介绍了理想气体定律，将常见气体的压强、温度和密度联系起来，同时简要讨论了气体的压缩和膨胀。

本章重点内容如下：

（1）掌握表 1-1 中所列术语的含义，并理解相关概念。

（2）确定常见物理量的量纲。

（3）判断一个方程是一般方程还是限定齐次方程。

（4）使用 SI 单位制。

（5）用流体的密度、重度或相对密度这三者中的任意一个量，计算出其他两个量。

（6）用式（1-30）和式（1-31）表示气体被压缩或膨胀时的压强和密度。

（7）利用黏度的概念来计算简单流体流动中的切应力。

（8）用式（1-38）计算液体的声速，用式（1-39）计算气体的声速。

（9）利用蒸气压的概念来判断液体是否会发生沸腾或空化现象。

（10）利用表面张力的概念解决涉及液-气或液-固-气界面的简单问题。

重度　　　　　　　　　　　　　$\gamma = \rho g$　　　　　　　　　　　　（1-14）

相对密度　　　　　　　　　$SG = \dfrac{\rho}{\rho_{H_2O(4℃)}}$　　　　　　　（1-15）

理想气体定律　　　　　　　$\rho = \dfrac{p}{RT}$　　　　　　　　　　（1-17）

牛顿流体切应力　　　　　　$\tau = \mu \dfrac{du}{dy}$　　　　　　　　（1-24）

体积模数　　　　　　　　　$E_v = -\dfrac{dp}{dV/V}$　　　　　　　（1-30）

理想气体中的声速　　　　　$c = \sqrt{kRT}$　　　　　　　　　（1-39）

管内毛细管上升高度　　　　$h = \dfrac{2\sigma\cos\theta}{\gamma R}$　　　　　　　（1-43）

习 题

1-1 风吹向建筑物的力 F，由 $F = C_D \rho V^2 A / 2$ 给出，其中 V 是风速，ρ 是空气密度，A 是建筑物的横截面积，C_D 是一个常数，称为阻力系数。请确定阻力系数的量纲形式。

1-2 确定在 MLT 系统中下列物理量的量纲形式：（a）质量×速度，（b）力×体积，（c）动能÷面积。

1-3 确定在 MLT 系统中下列物理量的量纲形式：（a）体积，（b）加速度，（c）质量，（d）惯性矩（面积），（e）功。

1-4 确定在 MLT 系统中下列物理量的量纲形式：（a）力×加速度，（b）力×速度÷面积，（c）动量÷体积。

1-5 确定下列物理量在 MLT 系统中的量纲形式：（a）角速度，（b）能量，（c）惯性矩（面积），（d）功率，（e）压力。

1-6 确定下列物理量在 MLT 系统中的量纲形式：（a）频率，（b）应力，（c）应变，（d）扭矩，（e）功。

1-7 如果 u 是速度，x 是长度，t 是时间，确定以下物理量的量纲形式（在 MLT 系统中）：（a）$\dfrac{du}{dt}$，（b）$\dfrac{\partial^2 u}{\partial x \partial t}$，（c）$\int (\partial u / \partial x) dx$。

1-8 确定下列物理量在 MLT 系统中的量纲形式：（a）加速度，（b）应力，（c）力矩，（d）体积，（e）功。

1-9 如果 p 是压力，V 是速度，ρ 是流体密度，确定下列物理量在 MLT 系统中的量纲形式：（a）p / ρ，（b）$pV\rho$，（c）$p / \rho V^2$。

1-10 如果 P 是力，x 是长度，确定以下物理量的量纲形式（在 MLT 系统中）：（a）$\dfrac{dP}{dx}$，（b）$\dfrac{\partial^3 P}{\partial x^3}$，（c）$\int P dx$。

1-11 如果 V 是速度，l 是长度，ν 是一个流体性质（运动黏度），其量纲为 $L^2 T^{-1}$，下列哪种组合是无量纲？

（a）$Vl\nu$ （b）Vl / ν （c）$V^2 \nu$ （d）$V / l\nu$

1-12 如果 V 是速度，请确定 Z、α 和 G 的量纲，并检查这个公式的量纲齐次性。

$$V = Z(\alpha - 1) + G$$

1-13 液体缓慢地流过管道，其体积流速 Q 由下式给出：

$$Q = \frac{\pi R^2 \Delta p}{8 \mu l}$$

式中，R 为管道半径，Δp 为沿管道的压降，μ 为流体黏度（$FL^{-2}T$），l 为管道长度。$\pi / 8$ 的量纲是什么？这个方程在量纲上是齐次的吗？解释一下。

1-14 单位重量的流体流经连接在软管上的喷嘴，能量损失可以用下式估计：

$$h = (0.04 - 0.09)(D / d)^4 V^2 / 2g$$

式中，h 为单位重量的能量损失，D 为软管直径，d 为喷头直径，V 为软管中的流体速度，g 为重力加速度。这个方程在任何单位制中都成立吗？解释一下。

1-15 动脉部分堵塞（称为主动脉瓣狭窄）时的压力差 Δp 可用下式近似表示：

$$\Delta p = K_v \frac{\mu V}{D} + K_u \left(\frac{A_0}{A_1} - 1 \right)^2 \rho V^2$$

式中，V 为血流速度，μ 为血液黏度（$\text{ML}^{-1}\text{T}^{-1}$），$\rho$ 为血液密度（ML^{-3}），D 为动脉直径，A_0 为无阻塞动脉的面积，A_1 为阻塞面积。确定常数 K_v 和 K_u 的量纲，这个方程在任何单位制下都能成立吗？

1-16 假设流体中的声速 c 取决于弹性模量 E_v，量纲为 $\text{ML}^{-1}\text{L}^{-2}$。$\rho$ 为流体密度，声速表达式为 $c = (E_v)^a(\rho)^b$。如果这是一个量纲齐次的方程，那么 a 和 b 的大小是多少？与声速的标准公式是否一致？

1-17 用长度公式来估算流过长度为 B 的水坝的体积流量 Q，其表达式为

$$Q = 1.70 B H^{3/2}$$

式中，H 为坝顶以上的水深（称为水头）。当 B 和 H 都以 m 为单位时，由此公式可求得 Q，单位为 m^3/s。常数 1.70 是否为无量纲？如果使用 m 和 s 以外的单位，这个公式还能成立吗？

1-18 对在液体中缓慢运动的球形粒子施加力 P，其表达式为

$$P = 3\pi \mu D V$$

其中，μ 是流体黏度，量纲为 FL^{-2}T；D 是颗粒直径；V 是颗粒速度。常数 3π 的量纲是什么？可以把这个方程归为一般的量纲齐次性方程吗？

1-19 在某些类型的流体流动问题中，一个重要的无量纲数是弗劳德（Froude）数，定义为 $V / \sqrt{gl}$，其中 V 是速度，g 是重力加速度，l 是长度。确定 $V = 3\text{m/s}$，$g = 9.81\text{m/s}^2$ 和 $l = 0.6\text{m}$ 时的弗劳德数的值。用 SI 单位的 V、g、和 l 重新计算弗劳德数，解释计算结果的意义。

1-20 一罐油的质量为 365kg。（a）确定其在地球表面的重量（以 N 为单位）。（b）月球表面的引力大约是地球表面的六分之一，如果位于月球表面，其质量（kg）和重量（N）是多少？

1-21 某物体在地球表面的重量为 300N。当该物体位于重力加速度为 1.92m/s² 的行星上时，请确定该物体的质量（kg）和重量（N）。

1-22 某种喷气燃料的密度为 775kg/m³，试确定其重度和相对密度。

1-23 水力计是用来测量液体相对密度的。对于某种液体来说，水力计的读数表明其相对密度为 1.15。该液体的密度和重度是多少？请用 SI 单位表示。

1-24 某液体的重度为 1366N/m³，试求其密度和相对密度。

1-25 一个开放的硬壁圆柱形罐体中装有 0.1m³ 的水，温度为 5℃。在 24h 内，水温从 5℃ 到 30℃ 不等。请利用附录 B 中的数据来确定水的体积将发生多大的变化。对于直径为 0.6m 的水箱，相应的水深变化是否会非常明显？解释一下。

1-26 一个登山者从海平面上开始登山时，氧气罐里有 4.45N 的氧气，重力加速度为 9.81m/s²。当他到达珠穆朗玛峰峰顶时，重力加速度为 9.78m/s²，氧气罐中的氧气重量是多少？假设没有从氧气罐中取出氧气。

1-27 某罐汽水的容量为 355mL。满罐汽水的质量为 0.369kg，而空罐的重量为 0.153N。请确定汽水的重度、密度和相对密度，用 SI 单位表示。

1-28 在 20℃≤T≤50℃ 范围内，水的密度 ρ 随温度 T 的变化情况见题表 1-28。

题表 1-28

密度/(kg/m³)	998.2	997.1	995.7	994.1	992.2	990.2	988.1
温度/℃	20	25	30	35	40	45	50

利用这些数据确定一个经验公式，其形式为 $\rho = c_1 + c_2 T + c_3 T^2$，可用于预测所示范围内的密度，并将预测值与给出的数据进行比较。42.1℃时水的密度是多少？

1-29 如果将 1 杯密度为 1005kg/m³ 的奶油变成 3 杯打发奶油，求打发奶油的重度和相对密度。

1-30 将一种液体倒入有刻度的圆柱体中，发现其体积为 500mL，重 8N。请确定其重度、密度和相对密度。

1-31 如果空气在室温 20℃，罐内绝对压强为 200kPa（abs），求 2m³ 罐内空气的质量。

1-32 将氮气在 400kPa 的绝对压强下压缩到密度为 4kg/m³，确定其温度（℃）。

1-33 春日期间火星表面的温度和压强分别为-50℃和 900Pa。（a）如果假设火星大气层的气体常数等同于二氧化碳的气体常数，请确定这些条件下火星大气层的密度。（b）将（a）部分的答案与温度为 18℃、压强为 101.6kPa（abs）的春日地球大气层的密度进行比较。

1-34 体积为 0.081m³ 的轮胎，在压强为 180kPa、温度为 21℃的情况下充满空气。试确定空气的密度和轮胎中空气的重量。

1-35 一个压缩空气罐中装有 5kg 空气，温度为 80℃，罐上的压力表读数为 300kPa。请确定气罐的容积。

1-36 一个硬质罐中装有空气，压强为 620kPa，温度为 15℃。当温度升高到 43℃时，压力将增加多少？

1-37 当温度为 25℃时，罐中所含氧气的密度为 2.0kg/m³。如果大气压为 97kPa，请确定气体的压强。

1-38 题图 1-38 所示是在各种体育赛事中使用的充氦气的飞艇。如果其体积为 1926m³，温度和压力分别为 27℃和 98kPa，请确定其内氦气的吨数。

题图 1-38

1-39 对于 15℃流动的水，产生 1.0N/m² 的切应力所需的速度梯度是多少？

1-40 利用附录 B 中的数据确定汞在 24℃时的动力黏度。

1-41 在题图 1-41 中展示了一种毛细管黏度计。对于这种装置，将要测试的液体吸入管中至顶部蚀刻线上方的高度，获得液体排到底部蚀刻线的时间。然后从公式 $\nu = KR^4 t$ 中获得运动黏度 ν（以 m²/s 为单位），其中 K 为常数，R 为毛细管的半径（以 mm 为单位），t 为排液时间（以 s 为单位）。当用

20℃下的甘油作为特定黏度计的校准液时,排液时间为1430s;当用密度为970kg/m³的液体在同一黏度计中测试时,排液时间为900s。这种液体的动力黏度是多少?

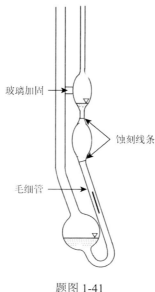

玻璃加固

蚀刻线条

毛细管

题图 1-41

1-42　用如题图 1-41 所示毛细管黏度计测定一种软饮料的黏度。对于该装置,运动黏度 ν 与给定数量的液体流过一个小毛细管所需要的时间 t 成正比,即 $\nu = Kt$。由普通汽水和减肥汽水得到如题表 1-42 所示数据,并给出相应的测量重度。根据这些数据,普通汽水的绝对黏度 μ 比减肥汽水的绝对黏度 μ 大多少个百分比?

题表 1-42

	普通汽水	减肥汽水
t/s	377.8	300.3
SG	1.044	1.003

1-43　求温度为 60℃时水与空气的动力黏度之比,将该值与相应的运动黏度之比进行比较。假设空气处于标准大气压下。

1-44　液体的运动黏度和重度分别为 $3.5 \times 10^{-4} \text{m}^2/\text{s}$ 和 0.79。请以国际单位制求该液体的动力黏度。

1-45　液体的密度为 945kg/m³,动力黏度为 131.67N·s/m²。求其运动黏度。

1-46　氧气在 20℃、150kPa(abs)时的运动黏度为 0.104St[①]。求氧气在此温度和压力下的动力黏度。

1-47　水在平面附近流动,得到平行于该平面的水流速度 u,在该平面上方不同高度 y 处的测量结果。在对数据进行分析后,实验室技术人员报告说,$0 < y < 0.1\text{m}$ 范围内的速度分布由以下公式给出:

① $1\text{St} = 10^{-4}\text{m}^2/\text{s}$。

$$u = 0.81 + 9.2y + 4.1 \times 10^3 y^3$$

式中，y 的单位是 m，u 的单位是 m/s。（a）这个公式在任何单位制中都成立吗？（b）这个等式正确吗？并给出解释。

1-48　在平均速度为 3m/s，温度为 30℃的条件下，分别计算流过直径为 4mm 管道的水和空气的雷诺数。假设空气处于标准大气压。

1-49　15℃时，SAE 30 号油以 1.5m/s 的平均速度流过直径为 5cm 的管道。求雷诺数的值。

1-50　对于 Sutherland 方程（式（1-25）），使用标准大气压下空气的值：$C = 1.458 \times 10^{-6} \, \mathrm{kg} / (\mathrm{m} \cdot \mathrm{s} \cdot \mathrm{K}^{1/2})$ 和 $S = 110.4\mathrm{K}$，计算空气在 10℃和 90℃下的黏度。

1-51　利用题表 1-51 给出的空气在 0℃、20℃、40℃、60℃、80℃和 100℃的温度下的黏度值，以确定 Sutherland 方程（式（1-25））中出现的常数 C 和 S。（提示：把公式改写成以下形式：

$$\frac{T^{3/2}}{\mu} = \left(\frac{1}{C}\right)T + \frac{S}{C}$$

画出 $T^{3/2}/\mu$ 与 T 的关系，从这条曲线的斜率和截距可以得出 C 和 S。）

题表 1-51

$T/℃$	0	20	40	60	80
$\mu /(\mathrm{Pa \cdot s})$	1.71×10^{-5}	1.82×10^{-5}	1.87×10^{-5}	1.97×10^{-5}	2.07×10^{-5}

1-52　流体的黏度在流体流动的过程中起着非常重要的作用。黏度的值，不仅取决于具体的液体，还取决于液体的温度。有实验表明，当液体在恒定的驱动压力作用下，以低速 V 通过小型水平管时，速度由公式 $V = K/\mu$ 给出，在这个公式中，K 是与给定管道和压力相关的常数，μ 是动态黏度。对于某种特定的液体，黏度由 Andrade 的方程（式（1-26））给出，$D = 0.000023\mathrm{N \cdot s/m}^2$，$B = 2222\mathrm{K}$。假设所有其他因素不变，那么，当液体温度从 4℃上升到 37℃时，速度将增加多少百分比？

1-53　对于某种液体，4℃时 $\mu = 0.0034\mathrm{N \cdot s/m}^2$，66℃时 $\mu = 0.009\mathrm{N \cdot s/m}^2$。利用这些数据求 Andrade 的方程（式（1-26））中的常数 D 和 B，求在 27℃时该液体的黏度。

1-54　对于图 1-9 所示平行板结构，发现若平行板间距离为 2mm，当以 1m/s 的速度拉动上板时，上板产生 150Pa 的切应力。试测定板间流体的黏度，用国际单位制表示。

1-55　如图 1-55 所示，上方两块平板平行于固定的下平板。顶板位于固定平板上方 b 处以速度 V 牵引，另一块薄板位于固定平板上方 cb 处（其中 $0 < c < 1$）以速度 V_1 移动，速度 V_1 是由其顶部和底部的流体对其施加的黏性剪切力决定的。顶部的流体的黏性是底部流体的 2 倍。在 $0 < c < 1$ 的情况下，画出比值 V_1/V 关于 c 的函数。

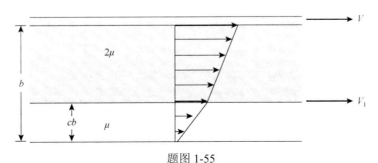

题图 1-55

1-56　有许多流体表现出非牛顿行为。对于给定的流体，牛顿行为和非牛顿行为之间的区别通常是基于测量剪切应力和角变形速率。假设血液的黏度是通过测量剪切应力 τ 和角变形速率 $\mathrm{d}u/\mathrm{d}y$ 来确定的，这些数据来自于用合适的黏度计测试的小型血液样本。根据题表 1-56 给出的数据，确定血液是牛顿流体还是非牛顿流体。

题表 1-56

$\tau/(\mathrm{N/m^2})$	0.04	0.06	0.12	0.18	0.30	0.52	1.12	2.10
$\dfrac{\mathrm{d}u}{\mathrm{d}y}\Big/\mathrm{s^{-1}}$	2.25	4.50	11.25	22.5	45.0	90.0	225	450

1-57　如题图 1-57 所示，雪橇在冰面和滑道之间的一层薄薄的水平水面上滑动。当雪橇的速度为 15m/s 时，水对运动员施加的水平力等于 5.3N。两个雪橇板与水接触的总面积为 0.007m²，水的黏度为 $168\times10^{-5}\mathrm{N\cdot s/m^2}$。试求出雪橇板下水层的厚度。假设水层中的速度呈线性分布。

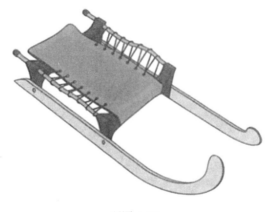

题图 1-57

1-58　如题图 1-58 所示，一根直径为 25mm 的轴被拉过一个圆柱形轴承，填充在轴和轴承之间 0.3mm 间隙的润滑剂是运动黏度为 $8.0\times10^{-4}\mathrm{m^2/s}$、重度为 0.91 的油。求以 3m/s 的速度拉动轴所需的力 P。假设间隙中的速度分布是线性的。

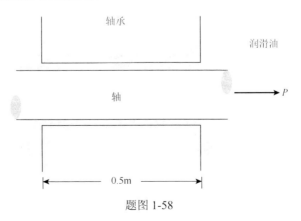

题图 1-58

1-59　直径为 13.92cm、长度为 24.13cm 的活塞以速度 V 通过垂直管道向下滑动,下滑运动受到活塞与管壁之间油膜的阻力。油膜厚度为 0.005cm,活塞重 0.23kg。若油的黏度为 0.766N·s/m,试估算 V。假设间隙中的速度分布是线性的。

1-60　如题图 1-60 所示,一个 10kg 的滑块从一个光滑的倾斜面滑下。如果滑块与斜面之间的 0.1mm 间隙中含有 15℃ 的 SAE30 号油,请计算滑块的极限速度。假设间隙中的速度分布是线性的,且滑块与油的接触面积为 0.1m^2。

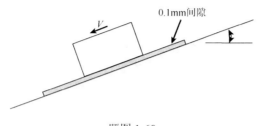

题图 1-60

1-61　一层甘油沿倾斜的平板向下流动,速度分布如题图 1-61 所示。其中 h = 0.75cm, α = 20°,求表面速度 U。平板表面作用的重量分量由沿平板表面产生的剪切力来平衡,假设板宽为单位长度。

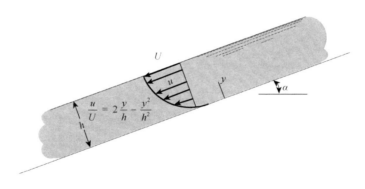

题图 1-61

1-62　如题图 1-62 所示,拟采用一种新型计算机驱动器,圆盘以 10000r/min 的速度旋转,读盘头高出圆盘表面 0.012mm,估计圆盘与读盘头之间的空气对读盘头的剪切力。

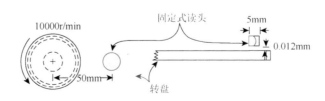

题图 1-62

1-63　两个 15cm 长的同心圆柱体之间充满了甘油（ $\mu = 407 \times 10^{-3} \mathrm{N \cdot s/m^2}$ ），内圆柱体的半径为 7.6cm，圆柱体之间的间隙宽度为 0.25cm。求内缸以 180r/min 的转速旋转所需的扭矩和功率。假设间隙中的速度分布是线性的。

1-64　题图 1-64 所示为某电子仪器轴上使用的枢轴轴承，黏度为 $\mu = 0.479\mathrm{N \cdot s/m^2}$ 的油充满旋转轴与固定基座之间 0.0025cm 的间隙。当轴以 5000r/min 的速度旋转时，求轴上的摩擦力矩。

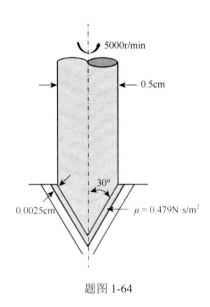

题图 1-64

1-65　如题图 1-65 所示，在固定的底板上放置一块直径为 30cm 的圆板，两板之间的间隙为 0.25cm，圆板间充满甘油。圆板以 2r/min 的速度缓慢旋转，计算所需的扭矩。假设间隙中的速度分布是线性的，旋转板边缘的剪应力可以忽略不计。

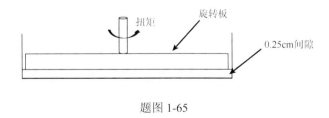

题图 1-65

1-66　汽车减振器可阻隔因路面崎岖而引起的振荡，请描述温度变化如何影响减振器的工作。

1-67　血液样本在 37℃ 时，剪切应力为 0.52N/m²，对应的剪切应变为 200s⁻¹。测定血液的黏度，并与相同温度下水的黏度进行比较。

1-68　声波以 1500m/s 的速度穿过液体，该液体的重度为 1.5。请确定该液体的体积模数。

1-69　一个立方体容器在 4℃ 时完全注满水并密封，然后将水加热到 38℃。请确定当水达到这一温度时容器中产生的压力。假设容器的体积保持不变，水的体积模量值保持不变，等于 2.1GPa。

1-70　在测定一种液体的体积模数的实验中发现，当绝对压力从 103MPa 变为 21MPa 时，体积从 167.8cm² 减小到 166.13cm²。请确定这种液体的体积模量。

1-71　估计将单位体积的汞体积减小 0.1%所需增加的压力（kPa）。

1-72　在一个硬质容器中装有 1m³ 体积的水，请估算当活塞施加 35MPa 的压力时，水的体积的变化。

1-73　确定在（a）空气、（b）氦气和（c）天然气（甲烷）中 20℃时的声速。

1-74　计算在（a）汽油、（b）汞和（c）海水中的声速。

1-75　空气由一个装有活塞的气缸封闭，连接在气缸上的压力计显示初始读数为 172kPa。当活塞将空气压缩到原来体积的三分之一时，测定压力计的读数。假设压缩过程是等温的，当地大气压为 101.3kPa。

1-76　如果压缩过程中没有发生变形，也没有传热（等熵过程），重复题 1-75 的问题。

1-77　二氧化碳在 30℃和 300kPa 的绝对压力下，等温膨胀到绝对压力 165kPa。请测定该气体的最终密度。

1-78　氧气在 30℃和 300kPa 绝对压力下等温膨胀至 120kPa 的绝对压力。请确定气体的最终密度。

1-79　在 21℃和标准大气压 101.3kPa（abs）的条件下，将天然气进行等压压缩至新的绝对压力 483kPa。请确定该气体的最终密度和温度。

1-80　比较 101kPa 时空气的等熵体积模量（abs）和相同压力下水的等熵体积模量。

1-81　有这样的假设：如果某种流体的密度变化小于 2%，就可以认为该流体的流动是不可压缩的流动。如果空气流经某管子，在温度相同的情况下，其中一段的气压为 62kPa，而下游一段的气压为 59kPa，这种流动可以认为是不可压缩的吗？（假设在标准大气压下）

1-82　与高速流动有关的一个重要的无量纲数是马赫数，定义为 V/c，其中 V 是物体（如飞机或弹丸）的速度，c 是物体周围流体的声速。对于一个以 1290km/h 的速度在 10℃（标准大气压）的空气中飞行的弹丸，马赫数的值是多少？

1-83　喷气式客机的飞行高度一般在 0～12200m，利用附录中的数据在图上说明声速在这一范围内的变化情况。

1-84　如果将水的压强增加到相当于 304MPa，水的体积会减少多少百分比？

1-85　登山过程中，观察到煮饭用的水在 90℃的温度下沸腾，而不是海平面上标准的 100℃。根据题图 1-85，登山者适宜在什么高度准备饭菜？

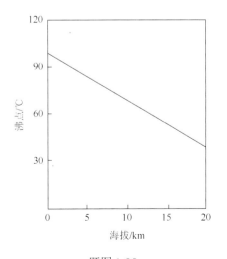

题图 1-85

1-86　估算一下，如果流体是四氯化碳，在 20℃时，为了避免气蚀，在泵的入口处可以形成的最小绝对压力（Pa）。

1-87　当温度为 70℃的水流过一段汇聚的管道时，压力沿流动方向减小。试估算一下在不引起气蚀的情况下可以形成的最小绝对压力。当不引起气蚀时，其最小压力不能低于 70℃水的饱和蒸气压。

1-88　在什么大气压下，水会在 35℃时沸腾？

1-89　当一个直径为 2mm 的管子插入一个敞开的罐子中的液体中时，可以观察到液体上升到比液体自由表面高出 10mm 的位置。液体与管子的接触角为零，液体的重度为 $1.2 \times 10^4 N/m^3$。请确定该液体的表面张力值。

1-90　将一根直径为 2mm 的开口管插入乙醇锅中，再将一根直径为 4mm 的类似管子插入水锅中。由于毛细管的作用，在哪根管子中液柱上升的高度将是最大的？（假设两个管子的接触角相同）

1-91　用喷头在 20℃下形成四氯化碳小液滴。如果液滴的平均直径是 200μm，那么液滴内外的压力差是多少？

1-92　直径为 12mm 的水柱垂直排放到大气中。由于表面张力，水柱内部的压力将略高于周围的大气压力，请确定这个压力差。

1-93　对于一个直径为 7.5cm 的肥皂泡，肥皂泡内的压力与大气压力之差是多少？假设在 21℃时，肥皂膜的表面张力是水的 70%。

1-94　将一根直径为 3mm 的干净玻璃管垂直插入 20℃的汞盘中，管中的汞柱将被压低多少？

1-95　将一根打开的干净玻璃管垂直插入水锅中（$\theta = 0°$），如果管中的水位要上升一个管径（考虑表面张力），需要多大的管径？

1-96　在直径为 0.6cm 的干净试管中，求水在 15℃时由于毛细管作用而上升的高度。如果直径减小到 0.03cm，其高度是多少？

第2章　流体静力学

流体静力学主要研究流体在静止或平衡状态下的力学规律，通常把地球选作惯性参考坐标系。当流体相对于惯性参考坐标系无运动时，称流体处于静止（或平衡）状态。当流体相对于某非惯性参考坐标系无运动，而相对于惯性参考坐标系有运动时，称流体处于相对静止（或相对平衡）状态。流体处于静止或相对静止状态时，切向应力等于零。由于此时不存在切应力，流体的受力分析变得简单，可以简化许多实际问题。

2.1　静止流体中的压强及其性质

根据流体定义，静止流体内不存在切应力，因而表面力只有垂直于作用面的压力。作用于流体单位面积上的压力称为压强。

流体静压强有两个重要特性：

第一个特性是流体静压强的方向沿作用面的内法线方向。由于流体具有流动性，流体受任何微小剪切力作用都将连续变形。因此，流体处于静止或平衡状态时，不存在剪切力和拉力，唯一的作用力是内法线方向的压强。

第二个特性是静止流体中任一点静压强的大小与其作用面在空间的方位无关，即静止流体中任一点各方向上静压强均相等。下面对特性二进行证明，如图 2-1 所示。

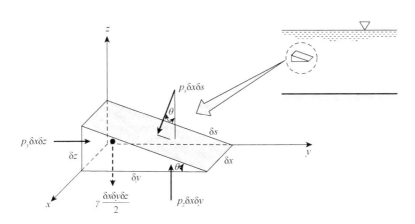

图 2-1　作用在任意截面上的力

根据牛顿第二定律，列出 y 轴和 z 轴的运动方程

$$\sum F_y = p_y \delta x \delta z - p_s \delta x \delta s \sin\theta = \rho \frac{\delta x \delta y \delta z}{2} a_y \qquad (2\text{-}1)$$

$$\sum F_z = p_z \delta x \delta y - p_s \delta x \delta s \cos\theta - \gamma \frac{\delta x \delta y \delta z}{2} = \rho \frac{\delta x \delta y \delta z}{2} a_z \qquad (2\text{-}2)$$

式中，p_s，p_y，p_z 是控制面上的平均压强；γ 和 ρ 分别是流体的重度和密度；a_y 和 a_z 是加速度。根据其几何关系，有

$$\delta y = \delta s \cos\theta, \quad \delta z = \delta s \sin\theta \qquad (2\text{-}3)$$

因此，上述运动方程可改写为如下形式：

$$p_z - p_s = (\rho a_z + \gamma)\frac{\delta z}{2} \qquad (2\text{-}4)$$

在角度 θ 保持不变的情况下，对 δx，δy，δz 取极限可得

$$p_y = p_s, \quad p_z = p_s \qquad (2\text{-}5)$$

得到 $p_s = p_y = p_z$，可以看出压强在各个方向上都相等。

　　结论：静压强的大小和方向与在空间上的方位无关，静止流体内任意点的压强大小在各方向是相等的。如图 2-2 所示，水杯底部和侧壁连接处的压强是相同的。不难证明，对于其他惯性力作用的相对静止流体内也可得到相同的结果。虽然同一点的静压强大小在各方向是相等的，但不同点的静压强大小却不一定相同。由于流体可以看成是连续介质，所以静压强是空间坐标的连续函数，即 $p = p(x, y, z)$。

图 2-2　水杯底部和侧壁连接处的压强

2.2　流体静力学基本方程

　　当流体静止时，质点之间没有相对运动，黏性作用无法表现。因此，在静止流体中不存在切应力，压强是唯一的表面应力，它的大小与作用方向无关。当流体静止时，作用在流体上的力包括质量力和压强。下面建立它们之间的平衡关系。

　　为分析流体中各点压强变化，从流场中任取一个边长分别为 δx、δy、δz 的矩形控制体，如图 2-3 所示。作用在控制体上的力包括压强作用产生的表面力和控制体重力引起的体积力。如果将控制体中心处的压强设为 p，则各个面的平均压强可以用 p 及其导数表示。

y 方向的表面力合力为

$$\delta F_y = \left(p - \frac{\partial p}{\partial y}\frac{\delta y}{2} \right)\delta x\delta z - \left(p + \frac{\partial p}{\partial y}\frac{\delta y}{2} \right)\delta x\delta z \tag{2-6}$$

或

$$\delta F_y = -\frac{\partial p}{\partial y}\delta x\delta y\delta z \tag{2-7}$$

类似地，x 方向和 z 方向的表面力合力分别表示为

$$\delta F_x = -\frac{\partial p}{\partial x}\delta x\delta y\delta z , \quad \delta F_z = -\frac{\partial p}{\partial z}\delta x\delta y\delta z \tag{2-8}$$

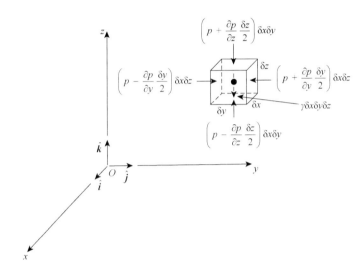

图 2-3　作用于控制体上的表面力和体积力

作用于控制体上的表面力可以用矢量形式表示为

$$\delta F_s = \delta F_x\hat{\boldsymbol{i}} + \delta F_y\hat{\boldsymbol{j}} + \delta F_z\hat{\boldsymbol{k}} \tag{2-9}$$

或

$$\delta F_s = -\left(\frac{\partial p}{\partial x}\hat{i} + \frac{\partial p}{\partial y}\hat{j} + \frac{\partial p}{\partial z}\hat{k} \right)\delta x\delta y\delta z \tag{2-10}$$

式中，$\hat{i}, \hat{j}, \hat{k}$ 分别表示沿坐标轴方向的单位矢量。上式中括号部分可以用压强梯度矢量表示，即

$$\frac{\partial p}{\partial x}\hat{i} + \frac{\partial p}{\partial y}\hat{j} + \frac{\partial p}{\partial z}\hat{k} = \nabla(p) \tag{2-11}$$

在这里

$$\nabla(\ ) = \frac{\partial(\ )}{\partial x}\hat{i} + \frac{\partial(\ )}{\partial y}\hat{j} + \frac{\partial(\ )}{\partial z}\hat{k} \tag{2-12}$$

符号 ∇ 代表梯度。因此，作用于单位体积的表面力可以表示为

$$\frac{\delta F_s}{\delta x \delta y \delta z} = -\nabla p \qquad (2\text{-}13)$$

控制体的重力为 $-\gamma \delta x \delta y \delta z \hat{k}$，式中负号代表重力方向是竖直向下。根据牛顿第二定律有

$$\sum \delta F = \delta m a \qquad (2\text{-}14)$$

式中，$\sum \delta F$ 代表作用于控制体的合力；a 代表控制体的加速度；δm 代表控制体的质量，可以表示为 $\rho \delta x \delta y \delta z$。由此可见

$$\sum \delta F = \delta F_s - \gamma \delta x \delta y \delta z \hat{k} = \delta m a \qquad (2\text{-}15)$$

或

$$-\nabla p \delta x \delta y \delta z - \gamma \delta x \delta y \delta z \hat{k} = \rho \delta x \delta y \delta z a \qquad (2\text{-}16)$$

因此

$$-\nabla p - \gamma \hat{k} = \rho a \qquad (2\text{-}17)$$

式（2-17）为无剪切应力时的流体运动方程，即欧拉平衡方程。

2.3　压强变化

对于静止流体 $a = 0$，式（2-17）可以化为

$$\nabla p + \gamma \hat{k} = 0 \qquad (2\text{-}18)$$

可用分式形式表示

$$\frac{\partial p}{\partial x} = 0, \quad \frac{\partial p}{\partial y} = 0, \quad \frac{\partial p}{\partial z} = -\gamma \qquad (2\text{-}19)$$

这些等式表明压强与 x 或 y 方向无关。由于 p 与 z 方向有关（图 2-4），式（2-19）可以改写为常微分方程

$$\frac{\mathrm{d}p}{\mathrm{d}z} = -\gamma \qquad (2\text{-}20)$$

式（2-20）是计算静止流体压强的基本方程。其中，负号表明在静止流体中，压强会随位置向上移动而减小；γ 是随位置变化而发生变化的函数，所以它不仅适用于密度恒定的流体（如液体），也适用于密度随高度变化的流体（如空气或其他气体）。

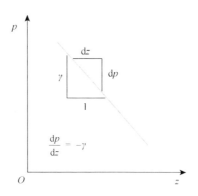

图 2-4　压强与 z 方向的关系曲线

2.3.1   不可压缩流体

密度恒定为常数的流体被称为"不可压缩流体"。一般来说，液体密度的变化可以忽略，因此可以假设液体的密度或重度是恒定的。在这种情况下，式（2-20）可以改写为

$$\int_{p_1}^{p_2} \mathrm{d}p = -\rho g \int_{z_1}^{z_2} \mathrm{d}z \tag{2-21}$$

同时积分有

$$p_2 - p_1 = -\rho g(z_2 - z_1) \tag{2-22}$$

或

$$p_1 - p_2 = \rho g(z_2 - z_1) \tag{2-23}$$

式中，p_1 和 p_2 分别代表垂直高度 z_1、z_2 处的压强，如图 2-5 所示。

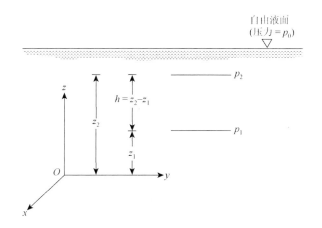

图 2-5   自由液面静止流体中压强变化

式（2-23）可以简写为

$$p_1 - p_2 = \rho g h \tag{2-24}$$

或

$$p_1 = \rho g h + p_2 \tag{2-25}$$

这种压强分布通常称为静压分布。式中，h 为距离高度，即垂直高度差 $z_2 - z_1$。可以看出静止不可压缩流体中压强与高度成线性关系。

从式（2-6）也可以看出，两点之间的压强差可以用距离 h 表示，由于

$$h = \frac{p_1 - p_2}{\rho g} \tag{2-26}$$

　　在这种情况下 h 称为水头，即压强变化为 $p_1 - p_2$ 时，密度为 ρ 液柱的高度。例如，压强差为 69kPa 时，可以用压头的形式表示为 7.04m 水柱($\rho = 1000\text{kg}/\text{m}^3$) 或 518mm 汞柱($\rho = 13600\text{kg}/\text{m}^3$)；或者一个横截面积为 6.45cm^2，高度为 7.04m 的水柱重 45N，如图 2-6 所示。

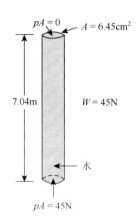

图 2-6　水柱压强示意图

流体故事

　　长颈鹿的血压：长颈鹿通过其长长的脖子可以轻松吃到距地面 6m 处高的树叶，同时也可以低头饮水，是由于这种高度的变化在其循环系统中会产生显著的静压效应。为了确保在这种高度变化下脑部的血液供应，长颈鹿必须维持较高水平的心脏血液供应，大约是人类的 2.5 倍。为了防止小腿高压区的血管破裂，长颈鹿的下肢覆盖有一层厚实而紧致的皮肤，类似于弹性绷带或战斗机飞行员的抗压衣。此外，上颈部的瓣膜可以防止长颈鹿低头时血液倒流至头部。还有人认为，长颈鹿肾脏中的血管具有特殊机制，可以调节血压，以适应头部运动引起的压力变化。

　　表压强 p 对应于自由表面处的压强(该压强通常指大气压强)，因此，如果令式(2-25)中 $p_2 = p_0$，则位于自由液面下任意高度 h 处，压强 p 可以表示为

$$p = \rho gh + p_0 \tag{2-27}$$

此式是在重力作用下均质不可压缩静止流体中的压强计算公式。它表明静止流体中任一点的静压强由两部分组成：一部分是自由表面上的压强 p_0，另一部分是深度为 h、密度为 ρ 的流体所产生的压强 ρgh。这说明静止流体中任意点都受到自由表面压强 p_0 的相同作用，自由表面压强 p_0 的任何变化都会引起流体内所有流体质点压强的同样变化。

　　由式(2-7)和式(2-8)可见，均质不可压缩静止流体中的压强取决于参考平面，它不受到盛放流体容器的形状及尺寸的影响。如图 2-7 所示，尽管容器形状十分不规则，直线 AB 上各点压强均相等。沿直线 AB 的实际压强值仅取决于高度 h、表面压力 p_0 及流体密度 ρ。

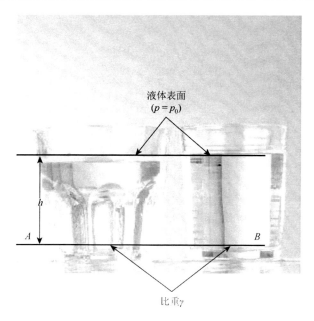

图 2-7　不同形状容器内的流体压强

例 2.1　压强和高度的关系。

已知：一个埋在地下的汽油储罐发生泄漏，水已渗入图 2-8 所示的深度。汽油的密度为 $\rho = 680 \text{kg/m}^3$。

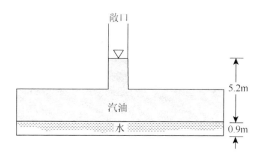

图 2-8　例 2.1 图

问题：求汽油/水交界面及罐底部的压强。（用 N/m^2，N/mm^2 表示压强，并用米水柱表示压头）

解：静止流体压强可由下式得出：

$$p = \rho g h + p_0$$

p_0 为汽油上部自由表面的压强，则汽油/水交界面压强为

$$
\begin{aligned}
p_1 &= \rho g h + p_0 \\
&= (680 \text{kg/m}^3)(9.8 \text{m/s}^2)(5.2 \text{m}) + p_0 \\
&= 34.7 + p_0 (\text{kN/m}^2)
\end{aligned}
$$

如果 p_0 为大气压强，则

$$p_1 = 34.7\text{kN/m}^2$$

$$p_1 = \frac{34.7\text{kN/m}^2}{10^6\,\text{mm}^2/\text{m}^2} = 0.035\text{N/mm}^2$$

$$\frac{p_1}{\rho_{\text{H}_2\text{O}}\,g} = \frac{34.7\text{kN/m}^2}{(1000\text{kg/m}^3)(9.8\text{m/s}^2)} = 3.54\text{m}$$

注意：这相当于一个高为 3.54m 和横截面积为 1m² 的水柱重 34.7kN。

现在可以用同样的方法确定容器底部压强，即

$$p_2 = \rho_{\text{H}_2\text{O}}\,g h_{\text{H}_2\text{O}} + p_1$$

$$= (1000\text{kg/m}^3)(9.8\text{m/s}^2)(0.9\text{m}) + 34.7\text{kN/m}^2$$

$$= 43.5\text{kN/m}^2$$

$$p_2 = \frac{43.5\text{kN/m}^2}{10^6\,\text{mm}^2/\text{m}^2} = 0.044\text{N/mm}^2$$

$$\frac{p_2}{\rho_{\text{H}_2\text{O}}\,g} = \frac{43.5\text{kN/m}^2}{(1000\text{kg/m}^3)(9.8\text{m/s}^2)} = 4.44\text{m}$$

讨论：如果用绝对压强表示，必须在原有结果的基础上加入当地大气压强。如无特别说明，本书都采用绝对压强。测压仪大多数与大气相通或是处于大气环境中，因此测量出的一般是绝对压强与大气压强之差，这一点要特别注意。

对于液压千斤顶（图 2-9（a）），升降机、压力机、液压控制装置等，其内部相同液面处压力相等，基本原理可以参见图 2-9（b）。可以通过改变封闭系统的活塞内液压油的高度来改变整个系统的压强。施加一个力 F_1 于左边活塞，它可以传递至右边活塞产生力 F_2，由于作用在活塞表面的压强 p 都是相等的（相同高度），所以遵循 $F_2 = (A_2 / A_1)F_1$ 原则。活塞面积 A_2 比 A_1 大得多，这样给较小的活塞施加较小的力，较大的活塞上就会形成较大的力。这种作用力通过某种类型的机械装置手动产生，如液压千斤顶。当两点

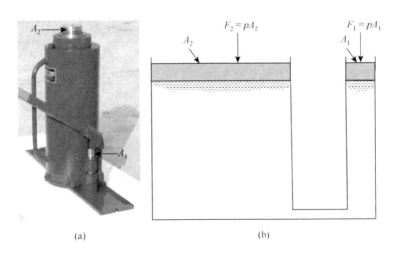

（a）　　　　　　　　　　　　（b）

图 2-9　（a）液压千斤顶；（b）流体压力的传递

位置固定时，一点的压强变化必引起另一点压强的相同变化。在密封的充满液体的连通器内，一点的压强变化可瞬时传递到整个连通器内的各个角落，这就是帕斯卡（B.Pascal）在 1653 年发现的静压强传递原理，也称为帕斯卡原理。

2.3.2　可压缩流体

通常认为气体为可压缩流体，因为气体的密度会随着压强和温度的变化发生显著变化，但是液体可压缩性很小。例如水的体积模量为 $K = 2 \times 10^9 \, \text{N} / \text{m}^2$，当压强增加 1 标准大气压（约 $10^5 \, \text{N} / \text{m}^2$）时，水的相对密度变化为 0.005%，完全可以忽略。其他液体与水相似，因此一般情况下液体作为不可压缩流体模型处理，即认为 ρ 为常数。这将给流动分析和计算带来极大便利。只有在水中发生爆炸、管道内发生水击等极少数情况下，才考虑水的压缩性。

气体的可压缩性约是水的 5000 倍，一般情况下必须考虑气体的可压缩性。在气体动力学中，气体密度是一个重要的状态参数。通常认为，空气、氧气及氮气等为可压缩流体。由于气体的密度很小，其竖直方向压强梯度也很小。对于气体而言，即使相距几百米，压强仍可以保持一个常数。也就是说，可以忽略海拔变化对储罐、管道等压强的影响。但是对于那些高度和方向变化较大的情况，则必须考虑密度的变化。理想气体状态方程为

$$\rho = \frac{p}{RT} \tag{2-28}$$

式中，p 是绝对压强；R 是气体常数；T 是绝对温度。与式（2-20）相结合，可以得到

$$\frac{\mathrm{d}p}{\mathrm{d}z} = -\frac{gp}{RT} \tag{2-29}$$

分离变量后，可得

$$\int_{p_1}^{p_2} \frac{\mathrm{d}p}{p} = \ln \frac{p_2}{p_1} = -\frac{g}{R} \int_{z_1}^{z_2} \frac{\mathrm{d}z}{T} \tag{2-30}$$

式中，g 和 R 是常数。重力加速度 g 会随海拔发生变化，但其变化量很小，通常取海拔变化范围内的平均值。

如果假定高度 z_1 变化到 z_2，温度为常数 T_0，即等温状态，则从式（2-30）可以看出

$$p_2 = p_1 \exp \left[-\frac{g(z_2 - z_1)}{RT_0} \right] \tag{2-31}$$

该方程描述了大气保温层中压强与海拔的关系。如图 2-10 所示，当海拔变化为 3000m 时，恒温（等温）和等密度（不可压缩）的结果依然很相近。对于非等温条件，如果已知温度与海拔关系，也可遵循类似的步骤。

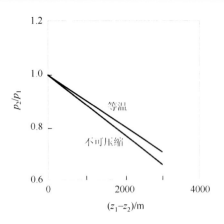

图 2-10　压强与高度差的关系

例 2.2　不可压缩、等温条件下压强与高度变化关系。

已知：2010 年，世界最高建筑——坐落于阿联酋迪拜的迪拜塔（图 2-11）竣工。这座建筑的高度为 828m。

问题：

（a）假设空气温度为常温 15℃（288K），计算迪拜塔顶部 828m 处压强比；

（b）假设空气为不可压缩，压强为 $p=101.3\text{kPa}$，密度为 $\rho=1.2\text{kg/m}^3$（空气在标准海平面情况下）时，压强比为多少？并与（a）的计算结果进行比较。

解：

（a）对于空气为等温且可压缩流体时，可以应用式（2-30），得到

$$
\begin{aligned}
\frac{p_2}{p_1} &= \exp\left[-\frac{g(z_2-z_1)}{RT_0}\right] \\
&= \exp\left\{-\frac{(9.8\text{m/s}^2)(828\text{m})}{(286.572\text{J/(kg}\cdot\text{K}))(288\text{K})}\right\} \\
&= 0.906
\end{aligned}
$$

（b）假设空气是不可压缩流体，可以应用式（2-23），得到

$$
p_2 = p_1 - \gamma(z_2-z_1)
$$

或

$$
\begin{aligned}
\frac{p_2}{p_1} &= 1 - \frac{\rho g(z_2-z_1)}{p_1} \\
&= 1 - \frac{(1.2\text{kg/m}^3)(9.8\text{m/s}^2)(828\text{m})}{101.3\text{kPa}} = 0.904
\end{aligned}
$$

讨论：这两个计算结果相近。这是由于建筑物顶部和底部的压强差很小，流体密度变化也很小。从地面到建筑物顶部，压强大概减小了 10%，也就是说一个很小的压强差就能支撑起 828m 高的空气柱。同样可以验证以前的论述，即对于空气或其他气体来说，

即便是相距几百米，由于海拔变化引起的压强差是极小的，因此输送气体的垂直管道、储气罐顶部和底部之间的压强差都可以忽略不计。

图 2-11　迪拜塔

2.4　标准大气压

大气压的变化跟高度有关，它随高度的增加而减小。在理想情况下，一般能够直接测量出压强与海拔的关系。若考虑温度等影响因素，则通常无法直接测量。1644 年物理学家托里拆利提出了"标准大气压"的概念，定义其值为 101.325kPa，记作 1atm。目前广泛应用的标准大气压值是中纬度地区全年大气压的平均值。海平面处标准大气压的几个重要参数列于表 2-1 中。标准大气压下温度随海拔变化的曲线如图 2-12 所示，可知对流层温度随海拔下降而降低，平流层为常数，高度继续升高时温度逐渐增加。

表 2-1　海平面处标准大气压参数（海平面处重力加速度 $g = 9.807\text{m/s}^2$）

性质	SI 值
温度，T	288.15K（15℃）
压强，p	101.325kPa（abs）
密度，ρ	1.225kg/m³
重度，γ	12.014N/m³
黏度，μ	$1.789 \times 10^{-5}\text{N·s/m}^2$

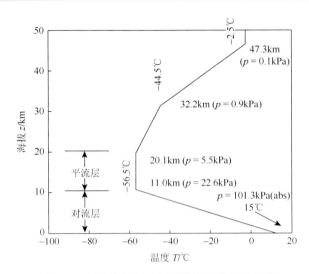

图 2-12　标准大气压下温度随海拔变化的曲线

例如，对流层海拔约 11km，温度与海拔的关系如下：

$$T = T_a - \beta z \tag{2-32}$$

式中，T_a 是海平面处($z = 0$)的温度；β 是温度随海拔变化率。对于对流层的标准大气压而言，$\beta = 0.0065 \text{K/m}$。

将式（2-32）代入式（2-30）得

$$p = p_a \left(1 - \frac{\beta z}{T_a}\right)^{g/R\beta} \tag{2-33}$$

2.5　压强的测量

压强是流体的重要特性之一，用于测量压强的设备和技术有很多。因为使用基准不同，压强也有不同的表示方法，即绝对基准和相对基准。绝对基准是以完全真空、压强等于零时为起算点，这样算得的压强值称为绝对压强。相对基准是以当地大气压强为起算点，这样算得的压强为相对压强（又称表压强）。绝对压强总是正的，但表压强可能是正的或负的，这取决于压强与当地大气压的差值。负压也称为真空度。例如，当地大气压强约为 101.3kPa，绝对压强为 69kPa，可以称为表压强−32.3kPa 或者真空度 32.3kPa。如图 2-13 所示为相对压强和绝对压强的关系。

压强的计量单位有三种：应力单位、工程大气压和液柱高度。

（1）应力单位。从压强定义出发，以单位面积上所受的压力表示。SI 制中取 $1\text{N/m}^2 = 1\text{Pa}$，$1\text{bar} = 10^5\text{Pa}$，工程单位制中是 kgf/cm^2（千克力/厘米^2）。因为 $1\text{kgf} = 9.81\text{N}$，故工程单位制与 SI 制以应力单位表示的压强之间的关系是 $1\text{kgf/cm}^2 = 9.81 \times 10^4 \text{Pa}$。

（2）工程大气压。工程大气压是用大气压的倍数来表示的。国际规定：1 标准大气压为 101325Pa，即相当于 760mm 水银柱。用工程单位制表示时，它等于 1.03323kgf/cm^2，为了便于计算，取 kgf/cm^2 作为单位，称为工程大气压，以 atm 表示。

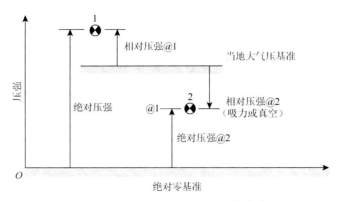

图 2-13　相对压强和绝对压强的关系

$$1\text{atm} = 1\text{kgf/cm}^2 = 98066\text{Pa} \approx 98100\text{Pa}$$

（3）液柱高度。压强也可以用某种液体的液柱高度表示。根据前面的讨论可知，某点的压强，包括绝对压强、表压强和真空度，均可用与其相当的液柱高度来表示。例如，一个标准大气压可用 760mm 水银柱表示。在本书中，除非特别注明绝对压强，否则都是指相对压强。例如，100kPa 是相对压强，而 100kPa（abs）是绝对压强。注意，压强差与参考值无关，因此这种情况下没有特别的记号。

通常依靠水银气压计测量大气压强，其最简单的形式如图 2-14 所示。它由一根一端封闭、一端开口的玻璃管和盛有水银的容器组成，玻璃管浸没在容器中。管内最初充满水银（倒置开口端向上），接着将它翻转（开口端向下），放置在盛放水银的容器中。水银柱达到平衡位置时，水银柱的重量加上蒸气产生的压强与大气压强平衡，因此

$$p_{\text{atm}} = \rho g h + p_{\text{蒸气}} \tag{2-34}$$

式中，ρ 为水银的密度。由于蒸气压强非常小，其影响可以忽略不计。水银是气压计中最常用的流体，温度为 20℃时，$p_{\text{蒸气}} = 0.00016\text{kPa}$，因此 $p_{\text{atm}} \approx \rho g h$。以高度 h 来表示大气压，单位是 mm 汞柱。注意，如果用水代替水银，对于 101.3kPa 的大气压而言，水柱的高度大约是 10.4m，而不是 760mm 汞柱。

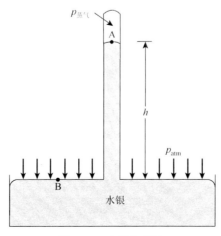

图 2-14　水银气压计

1644 年意大利的数学家、物理学家托里拆利（Evangelista Torricelli）首先发明了水银气压计。他在给其好友里奇的信中详细叙述了实验过程，取两根一端开口的玻璃管 A、B，长度均为 1.02m，其中 A 管顶端为一玻璃球，B 管则是均匀的；将两管灌满水银，用纸板堵住开口端，然后倒过来将纸板与开口端一同浸入一水银池内的液面以下，撤去纸板此时可看见管内顶部的水银下落，留出部分空间，而下面大部分仍充满水银。为了证明两管上部空间为真空，可在水银池内水银面以上注满清水，这时将玻璃管慢慢提起，当玻璃管的开口端升到水银上面的水中时，管中水银急速泻出，而水却猛然进入，直至管顶。这充分证明了原先管内水银柱上面的部分的确为真空。这一实验还证明，管内的水银柱和水柱都不是被真空的力所吸引住的，而是被管外水银面上的空气重量所产生的压力托住的。因为如果真空对水银柱有吸引力，那么由于 A 管顶部为圆球，其真空要比B 管大，吸力自然比 B 管大，因而 A 管内水银柱应高于 B 管，但实际上两管水银柱同样高。可见水银柱上方的真空对水银柱并无吸引力，水银柱的支持全靠管外大气的压力。上述实验是托里拆利的重大科学贡献，它证实了真空和大气压力的存在及空气确实是有重量的。国际科技界为纪念托里拆利在研究大气压力方面做出的贡献，将一种大气压单位命名为托。一托等于 1mm 高的汞柱所产生的压强。

例 2.3 大气压强。

已知：一个山地湖的平均温度为 10℃，最大深度 40m，大气压强为 598mm。

问题：确定湖最深处的绝对压强（单位：Pa）。

解：湖中任意深度 h 处的压强可由下式表示：

$$p = \rho g h + p_0$$

式中，p_0 为自由表面处的压强，即

$$\frac{p_0}{\rho_{Hg} g} = 598mm = 0.598m$$

并且，由于

$$\rho_{Hg} = 13.6 \times 10^3 kg/m^3$$

$$p_0 = (0.598m)(13.6 \times 10^3 kg/m^3)(9.8m/s^2) = 79.7kN/m^2$$

在 10℃时，$\gamma_{H_2O} = 9.804kN/m^3$，因此

$$p = (9.804kN/m^3)(40m) + 79.7kN/m^2$$
$$= 392kN/m^2 + 79.7kN/m^2$$
$$= 471.7kPa(abs)$$

讨论：这个例子表明，计算压强时需要特别注意单位，确保使用同一单位制。

流体故事

大气压力是天气状况中最重要的指标之一。一般来说，压力下降或低压通常表示天气不佳，而压力上升或高压则表示天气好。要确定特定位置的大气压力值，必须知道其相对于海平面的高度。1914 年，气象学家开始使用"巴"（bar）来表示大气压，定义为 $10^5 N/m^2$。标准海平面的压强约为 $1.0133 \times 10^5 N/m^2$。一般情况下，大

气压强接近于 1bar[①]。然而，对于极端天气如龙卷风、飓风和台风等，大气压值可能会发生显著变化。1979 年 10 月 12 日，太平洋上发生了"泰培台风"（typhoon Tip），这是有记录以来最低海平面气压值，仅为 87kPa（65cm 汞柱）。

2.6　液体测压计

根据流体静力学原理，可以通过液柱高度或者高度差来反映压强或者压强差的大小，由此人们设计了各种形式的液柱测压计和压差计，常见的有单管测压计、U 形管测压计及倾斜管测压计等。

单管测压计是最简单的测压计，如图 2-15 所示。血压计，即用于测量血压的传统仪器，是基于此原理制造的一种常见仪器。利用式（2-27），可得

$$p = \rho g h + p_0 \tag{2-35}$$

已知压强 p_0 和高度差 h，就可以得到均质流体中任意高度处的压强。在静止流体中，压强随流体质点位置下移而增大随流体质点位置上移而减小。将该方程应用于图 2-15 中的测压计，当高度为 h_1 时可以得到

$$p_A = \rho_1 g h_1 \tag{2-36}$$

式中，ρ_1 代表液体的密度。由于竖直管顶部是开口的，因此压强 p_0 可以设定为 0（相对压强）。高度 h_1 表示从自由液面到点（1）的垂直高度。由于点（1）和点 A 在相同高度处，所以 $p_A = \rho_1 g h_1$。测压计是一种简单且准确的压力测量装置，但其存在以下几个缺点；只有当容器内压强大于大气压强时，才可以使用（否则空气会被吸入系统中）；被测压强不能过大，以确保液柱高度不超出量程；容器中待测的流体只能是液体而不能是气体。

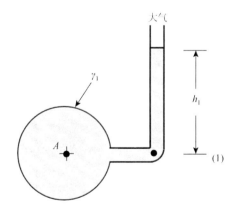

图 2-15　单管测压计图

2.6.1　U 形管测压计

另一种广泛使用的测压计为 U 形管测压计。它由一根带有刻度且透明开口的 U 形管

[①] 1bar = 10^5Pa = 1dN/mm^2。

组成，管中盛有密度比较大的工作液体，如水银。如图 2-16 所示，利用式（2-27）可以确定不同高度下的压强 p_A。点 A 和点（1）的压强相同，点（1）到点（2）压强增加 $\gamma_1 h_1$。由于在连续、静止的流体中，相同高度的压强相等，因此点（2）与点（3）压强相等。注意：不是同一连续流体，不能简单地从点（1）直接跳到右边管中同一高度的点。自由液面处与点（3）的压强差为 $\rho_2 g h_2$。这些变化可以用等式的形式表示

$$p_A + \rho_1 g h_1 - \rho_2 g h_2 = 0 \tag{2-37}$$

因此，压强 p_A 可以用液柱高度表示

$$p_A = \rho_2 g h_2 - \rho_1 g h_1 \tag{2-38}$$

U 形管测压计的一个主要优点是，其测量液体种类与待测流体不同。例如，图 2-16 中 A 中的流体可以是气体或液体。如果 A 中含有气体，则气柱 $\rho_1 g h_1$ 的影响基本可以忽略，因此 $p_A \approx p_2$，式（2-38）写为

$$p_A = \rho_2 g h_2 \tag{2-39}$$

因此，对于一定压强，高度 h_2 仅取决于测压计内测量液的密度 ρ_2。如果压强 p_A 很大，可以用密度高的测量液（如水银），这样可以保证一个合理的液柱高度（不至于太长）。如果压强 p_A 很小，可以使用密度低的测量液（如水），目的是保证一个相对较高的液柱高度（为便于读数）。

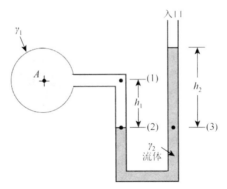

图 2-16   简单 U 形管测压计

例 2.4   简单 U 形管测压计。

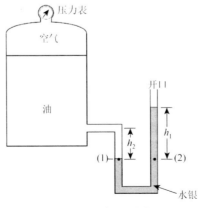

图 2-17   例 2.4 图

已知：如图 2-17 所示，一个储罐中包含压缩空气和油 (SG$_{oil}$ = 0.90)。将一个水银 U 形管测压计 (SG$_{Hg}$ = 13.6) 连接至储罐。液柱高度为 h_1 = 91.4cm，h_2 = 15.2cm，h_3 = 22.9cm。

问题：确定压力表的压力读数（N/cm^2）。

解：按照测压计系统计算原则，从左边储罐中空气/油交界面处开始，右边开口端压强为 0 处结束。液位（1）的压强为

$$p_1 = p_{air} + \rho_{oil}g(h_1 + h_2)$$

该压强与液位（2）压强相等，这两个点在静止的均质流体中处于同一高度。当从液位（2）移动到自由液面时，压强减小了 $\rho_{Hg}gh_3$。因此，方程可以表示为

$$p_{air} + \rho_{oil}g(h_1 + h_2) - \rho_{Hg}gh_3 = 0$$

或

$$p_{air} + SG_{oil}\rho_{H_2O}g(h_1 + h_2) - SG_{Hg}\rho_{H_2O}gh_3 = 0$$

代入已知条件，可得

$$p_{air} = -0.9 \times (1000\text{kg/m}^2)(9.8\text{m/s}^2)\left(\frac{91.4+15.2}{100}\text{m}\right)$$
$$+ 13.6 \times (1000\text{kg/m}^2)(9.8\text{m/s}^2)(22.9/100\text{m})$$

整理后得

$$p_{air} = 21\text{kPa}$$

因此，测压计读数为

$$p_{gage} = \frac{21\text{kPa}}{10^4\text{cm}^2/\text{m}^2} = 2.1\text{N/cm}^2$$

讨论：压强是测压计中水银高度和油柱高度（包括储罐内和管道内）的函数。假设相对压强仍为 2.1N/cm^2，测压计内用油取代水银。计算表明，此时注油管内高度 h_3 = 3.44m，而不是原来高度 h_3 = 22.9cm。

U 形管测压计也广泛应用于测量两点之间的压强差。如图 2-18 所示，测压计连接两个容器 A 和 B。A 点压强为 p_A，其值记为 p_1。点（2）压强增加了 ρ_1gh_1。压强 p_2 与 p_3 相等。从点（3）移动到点（4），压强减少了 ρ_2gh_2。从点（4）向上移动到点（5）时，压强减少了 ρ_3gh_3。因为点（5）和点 B 在相同高度，可得 $p_5 = p_B$。因此，

$$p_A + \rho_1gh_1 - \rho_2gh_2 - \rho_3gh_3 = p_B$$

可以从 B 开始回到 A，也能得到同样的结果。在任何情况下，压强都是

$$p_A - p_B = \gamma_2h_2 + \gamma_3h_3 - \gamma_1h_1$$

注意：一定要确保单位制一致！

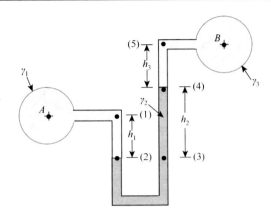

图 2-18　差动式 U 形管测压计

例 2.5　U 形管测压计。

已知：如图 2-19 所示，管道挡板可以确定管道体积流量 Q。设置挡板使管道产生压降 $p_A - p_B$，该压降与流量公式 $Q = K\sqrt{p_A - p_B}$ 有关，式中 K 为常数，取决于管道和挡板结构。通常用差动式 U 形管测压计测量压降。

问题：

（a）确定 $p_A - p_B$ 的方程。

（b）如果 $\rho_1 = 1000\text{kg/m}^3, \rho_2 = 1.6 \times 10^4 \text{kg/m}^3, h_1 = 1.0\text{m}, h_2 = 0.5\text{m}$，压降 $p_A - p_B$ 的值是多少？

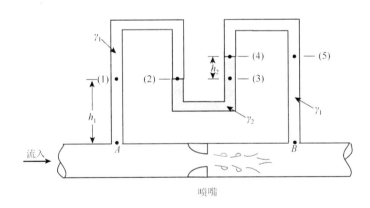

图 2-19　例 2.5 图（a）

解：

（a）虽然管道内流体是流动的，但是测压计中流体处于静止状态。从点 A 到点（1），压强减少了 $\rho_1 g h_1$，且等于点（2）和点（3）处的压强。点（3）到点（4），压强进一步减少了 $\rho_2 g h_2$，且点（4）和点（5）处的压强相等。点（5）到点 B，压强增加了 $\rho_1 g(h_1 + h_2)$。因此列等式可以得到

$$p_A - \rho_1 g h_1 - \rho_2 g h_2 + \rho_1 g(h_1 + h_2) = p_B$$

或

$$p_A - p_B = h_2(\rho_2 - \rho_1)g$$

讨论：需要注意的是高度差 h_2 非常重要。压差计可以放在管道上方任意高度处，但是 h_2 值保持不变。

（b）由已知条件，可得压降值为

$$p_A - p_B = (0.5\text{m})(15.6\text{kN/m}^3 - 9.80\text{kN/m}^3)$$
$$= 2.90\text{kPa}$$

讨论：通过改变测压计液体的密度 ρ_2，可以得到图 2-20 所示的结果。注意，当测压计流体密度与管内流体相近时，即便很小的压强差也可以测量出来。

结果可改写为 $h_2 = \dfrac{p_A - p_B}{\rho_2 - \rho_1}$。可以看出：只要 $\rho_2 - \rho_1$ 足够小，即使 $p_A - p_B$ 也很小，h_2 的值可以足够大，从而得到准确的读数。

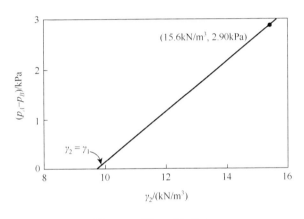

图 2-20　例 2.5 图（b）

通过上述各种液柱式测压计测定压强的例题，可归纳其计算步骤如下：

（1）从一端（或分界面，假如路线连续）开始用统一的单位（例如帕）和适当的符号写出该点的压强。

（2）用相同的单位将从该点到下一个分界面引起的压强变化相加。相加时注意走向，若向上，取负号；若向下，则取正号；遇等压面平移。

（3）连续相加直到另一端，写出等号，并在等式右边写出该点的压强。

2.6.2　倾斜管测压计

为了提高测量精确度，测量较小的流体压强往往采用倾斜管测压计，如图 2-21 所示。将 U 形管测压计一条腿倾斜角度 θ，沿倾斜管测量读数 l_2。压强差 $p_A - p_B$ 可以表示为

$$p_A + \rho_1 g h_1 - \rho_2 g l_2 \sin\theta - \rho_3 g h_3 = p_B \tag{2-40}$$

或

$$p_A - p_B = \rho_2 g l_2 \sin\theta + \rho_3 g h_3 - \rho_1 g h_1 \tag{2-41}$$

注意：点（1）、（2）之间的压强差是由垂直方向的高度引起的，可以用 $l_2\sin\theta$ 表示。因此，对于相对较小的角度，即使是较小的压强差，也可以使斜管的差值 l_2 读数变大。倾斜管测压计通常用于测量非常小的气体压强差。如果管道 A 和 B 中存在气体，则

$$p_A - p_B = \rho_2 g l_2 \sin\theta \tag{2-42}$$

或

$$l_2 = \frac{p_A - p_B}{\rho_2 g \sin\theta} \tag{2-43}$$

式中，气柱 h_1 和 h_3 的影响可以忽略不计。

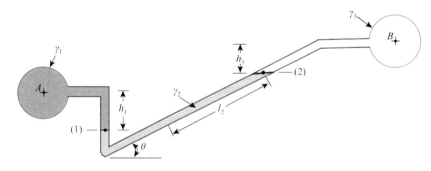

图 2-21　倾斜管测压计

图 2-22 给出了 l_2 与 $\dfrac{1}{\sin\theta}$ 的关系，可以看出倾斜管测压计的读数 l_2（在给定压强差下）相比于传统 U 形管测压计要稍大一些。

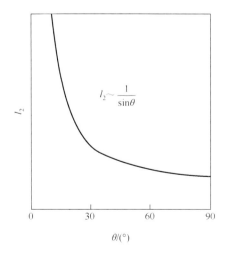

图 2-22　l_2 与 $\dfrac{1}{\sin\theta}$ 的关系

2.7　机械和电子测压计

液体测压计已经被广泛使用。但是当压强很高或随时间快速变化时，就需要使用其他类型的压力测量仪器，比如机械测压计和电子测压计。

最常见的机械测压计是波登测压计（Bourdon pressure gage），如图 2-23 所示。其测量原理是压力作用在其弹性结构发生形变，形变程度反映了压强的大小。该测压计中的基本机械元件是中空弹性曲管（波登管）。随着管内压力的增加，管趋向于变直，微小的形变可以转化为表盘上指针的运动，便于直接读出数据。由于是管外侧（大气压）和管内侧之间的压强差导致了管的移动，因此测压计的读数为表压。波登测压计使用时必须校准，以便刻度盘读数可以直接以适当的单位（如帕斯卡）指示压强。仪表上的零读数表明测量的压强等于当地大气压。这种类型的测压计可用于测量负压（真空）和正压。

图 2-23　波登测压计

另一种用于测量大气压强的机械式气压计是无液压力计（aneroid manometer）。最常见的是金属盒测压计。它主要是由一种波纹状表面的真空金属盒组成，为了不使金属盒被大气压压扁，用弹性钢片向外拉着它，若大气压增加，则盒盖凹进去一些；若大气压减小，则弹性钢片就把盒盖拉起来一些。盒盖的变化通过传动机构传给指针，使指针偏转。从指针下面刻度盘上的读数，可知道当时大气压的值。它使用方便，便于携带，但测量结果不够准确。如果无液测压计刻度盘上标注不是大气压值，而是高度值，则为航空及登山用的高度计。它常被用于液化石油气瓶。

还有将压强转换为电信号来测量压强的设备，比如压力传感器（pressure transducer）。它能感受压力信号，并能按照一定的规律将压力信号转换成电信号。它由弹簧管、指针和磁芯等组成，如图 2-24 所示。压力传感器的磁芯连接到波登管的自由端，这样当施加压力时，管端产生的运动使磁芯穿过线圈并产生输出电压。这个电压是压强的线性函数，可以记录在示波器上，也可以在计算机上数字化存储或处理。按不同的测试压力类型，压力传感器可分为表压传感器、差压传感器和绝压传感器。

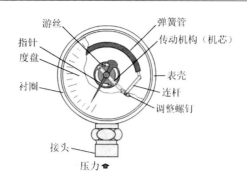

图 2-24　波登测压计内部结构

流体故事

　　轮胎压力监测系统：给车辆轮胎适当充气不仅有助于延长胎面使用寿命，更重要的是能有效预防因轮胎充气不足而导致的交通事故。一般的胎压监测系统规定，当轮胎充气不足超过 25%时，系统将向驾驶员发出警告，车主可根据自身需求自主选择安装此系统。典型的轮胎压力监测系统安装在轮胎内部，包括压力传感器（通常为压阻式或电容式传感器）和发射器。有关胎压信息和轮胎充气不足时发出的警告都可以直接显示在车辆仪表盘上。系统的设计和开发目标包括适应各种环境条件（如热、冷、振动），同时具备小尺寸和低成本的特性。

　　波登管压力传感器的缺点是仅限于测量静态或缓慢变化（准静态）的压强。由于弹簧管质量相对较大，当压强快速变化时，它就不能得出准确结果。为此，提出了一种利用薄弹性膜片作为传感器元件的技术。随着压力的变化，膜片发生偏转，这种偏转可以转化为电压。它可以准确地感应到膜片中产生的小应变，并提供与压强成比例的输出电压，进而准确测量压力大小，并且适用于静态和动态压力工况。图 2-25 所示为可用于测量动脉血压应变的压力传感器。一般动脉血压的量值较小，且周期变化大约为 1Hz。虽然应变压力传感器具有非常好的频率响应（高达 10kHz），但对于更高频率响应，膜片需要由压电晶体代替。根据要求，这种类型的传感器可用于测量高频、高压压强。

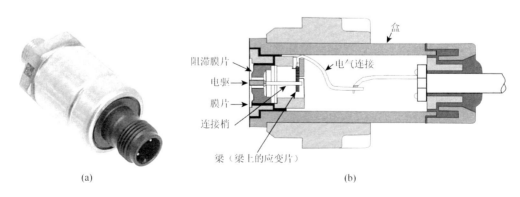

图 2-25　（a）典型压力传感器实物图；（b）典型压力传感器装置示意图

2.8　平壁压力分析

　　水利工程中的水坝、水闸、船闸，以及流体机械的外壳和部件等壁面，既有平面也有曲面。设计中常需要知道流体对这些壁面的作用力的大小及其作用点。流体总压力的计算实质上是求受压面上分布力的合力问题。

　　当物体浸没在流体中时，物体表面会受到压力的作用。当设计储罐、船舶和水坝等水利结构时，确定压力是非常重要的。对于静止流体，由于不存在剪切应力，压力必垂直于物体表面。对于不可压缩流体，压强随高度线性变化。例如充满液罐的底部（图 2-26（a）），合力的大小为 $F_R = pA$，其中 p 是底部的均压，A 是底部的面积。对于上部开口储罐，其压强为 $p = \rho gh$。如果大气压力作用在底部的两侧，那么底部合力仅由储罐中的液体产生。由于压强恒定且均匀分布在底部，因此合力作用于质心。如图 2-26（b）所示，这种情况下储罐侧壁的压力分布不均匀。

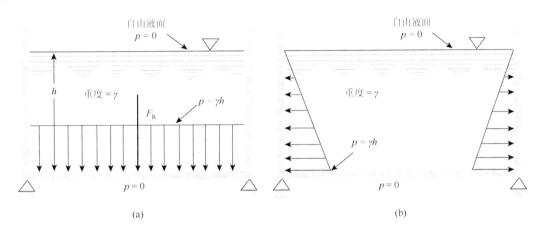

（a）　　　　　　　　　　　　　　　　　（b）

图 2-26　（a）储罐底部压强和压力分布；（b）储罐两侧压强分布

　　设一斜平壁位于静止液体中，如图 2-27 所示。假设自由液面处为大气，即斜平面在 O 处与自由液面相交，并与自由液面成 θ 角。建立以 O 为原点的 x-y 坐标系，x 轴垂直于斜平面，y 轴沿斜平面向下。在斜平面上取任一形状的面积 A，确定作用于该斜平面合力的大小、方向和位置。现计算该面积 A 的上表面所受液体的总压力。一般情况下平壁的两面均受到大气压强的作用，其合力为零。因此，在计算液体对平壁的总压力时，可不必考虑大气压强的作用，用表压强表示即可。

　　在面积 A 上任取一微分面积元 dA，面积元的纵坐标为 y，淹深为 $h = y\sin\theta$。面积元上的压强合

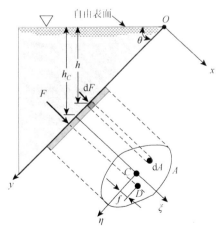

图 2-27　静止流体中的斜平壁

力垂直指向面元，大小为

$$dF = \gamma y \sin\theta dA \tag{2-44}$$

对面积 A 积分可得总压力

$$F = \gamma \sin\theta \int_A y dA \tag{2-45}$$

式中，右端的积分在几何上称为面积 A 对于 x 轴的面积一次矩，可表示为

$$\int_A y dA = y_C A \tag{2-46}$$

式中，y_C 为面积 A 的形心 C 的纵坐标，因此式（2-46）可以进一步简化为

$$F = \gamma y_C \sin\theta A = \gamma h_C A = p_C A \tag{2-47}$$

式中，h_C 为形心的淹深；p_C 为形心的压强。式（2-47）表明，作用于面积 A 的总压力等于形心压强乘以面积，方向为垂直指向面积。

均质静止液体对平壁的总压力作用点 D 为压强合力作用点，称为压强中心。由于压强在深度方向线性增长，均质静止液体对斜平壁的压强中心不可能与形心重合，而应在形心以下。用力矩合成方法确定压强中心位置时一般用积分法，对形状简单的平壁可用几何法。

1. 积分法

按力矩合成法则，作用于面积 A 上各微分面积元 dA 上的压力对 Ox 轴的力矩积分应等于总压力对 Oz 轴的力矩

$$F y_D = \int_A y dF = \gamma \sin\theta \int_A y^2 dA \tag{2-48}$$

通过式（2-47）可得

$$y_D = \frac{\int_A y^2 dA}{y_C A} = \frac{I_x}{y_C A} \tag{2-49}$$

式中，$I_x = \int_A y^2 dA$ 为面积 A 对 Ox 轴的面积二次矩（惯性矩）。为计算 I_x，以形心 C 为原点建立一辅助坐标系 $C\xi\eta$，ξ 轴和 η 轴分别平行于 x 轴和 y 轴。利用平行轴定理

$$I_x = y_C^2 A + I_\xi \tag{2-50}$$

式中，I_ξ 为面积 A 对 C 轴的惯性矩。为了简化惯性矩计算，还可引入回转半径 r_ξ，即把 A 的面积集中于离 $C\xi$ 轴距离为 r_ξ 处，对 $C\xi$ 轴的惯性矩与 I_ξ 相同

$$I_\xi = r_\xi^2 A \tag{2-51}$$

将式（2-51）和式（2-50）分别代入式（2-49）可得

$$y_D = y_C + e \tag{2-52}$$

$$e = \frac{I_\xi}{y_C A} = \frac{r_\xi^2}{y_C} \tag{2-53}$$

式中，e 为压强中心对形心的纵向偏心矩。同理可得

$$x_D = x_C + f \tag{2-54}$$

$$f = \frac{I_{\xi\eta}}{y_C A} = \frac{1}{y_C A} \int_A xy dA \tag{2-55}$$

式中，f 为压强中心对形心的横向偏心矩；$I_{\xi\eta}$ 为面积 A 对 $C\xi$ 和 $C\eta$ 轴的惯性积。$I_{\xi\eta}$ 反映了面积关于 $C\xi$ 和 $C\eta$ 轴的不对称性，当面积关于其中任何一轴对称时，$I_{\xi\eta}=0$，即 $f=0$。

2. 几何法

对位于均质静止液体内一边平行于自由液面的矩形平壁，可用几何法求压强中心。设矩形平壁长×宽 $=l\times b$，b 边与自由液面平行，l 边与水平线夹角为 θ。因 y 方向宽度相等，面积分 $\int_A y\mathrm{d}A$ 可化为线积分 $b\int_l y\mathrm{d}y$，求压强合力即为求平面线性平行力系的合力，直接用几何方法求解。

图 2-28 为一矩形平壁侧视图，$AB=l$，b 边与自由液面平行，A 点淹深为 l。压强分布构成一梯形图，将其分为两部分之和：矩形部分和三角形部分。矩形部分的合力大小为 $F_1=\rho ghlb$，作用点为 AB 中点；三角形部分的合力大小为 $F_2=\rho g\dfrac{l}{2}(\sin\theta)lb$，作用点为 AB 的下三分点。设矩形平壁的压强中心为 D，位置由下式确定（对 A 点取矩）：

$$AD=\frac{F_1\frac{1}{2}l+F_2\frac{2}{3}l}{F_1+F_2}=\frac{h\frac{1}{2}l+\frac{1}{2}l(\sin\theta)\frac{2}{3}l}{h+\frac{1}{2}l\sin\theta}=\frac{3hl+2l^2\sin\theta}{6h+3l\sin\theta}\qquad（2\text{-}56）$$

压强中心对形心的纵向偏心距为

$$e=AD-\frac{1}{2}l=\frac{l^2\sin\theta}{6(2h+l\sin\theta)}\qquad（2\text{-}57）$$

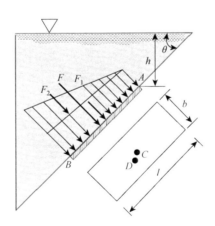

图 2-28　一矩形平壁侧视图

2.9　曲壁压力分析

由于流体压强总是垂直于物面，作用在曲壁上的流体静压强构成非平行力系或称为空间力系。在流体静力学中，求作用于曲壁上静压强空间力系合力的方法是：向各坐标方向投影，沿各坐标方向分别按平行力系合成总压力坐标分量，再将 3 个分量合成。任

意三维曲壁的静压强空间力系一般不共点，可合成为一个总压力和一个总力偶；但工程

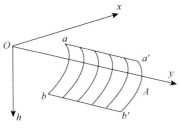

上曲壁多为二维曲壁，如圆柱面、抛物线柱面等，均质液体作用在二维曲壁上的静压强可合成为一个总压力。

　　在具有自由液面的均质液体中建立坐标系 $Oxyh$ ，如图 2-29 所示， Oxy 平面处于自由液面中， h 轴垂直向下。一柱形曲面 A 的母线垂直于 Oxh 平面，两者之交线 ab 代表曲面的特征，求解作用于曲面 A 的总压力，可归结为分析作用于 ab 曲线单位宽度的静压力合力。下面以二维曲壁储液罐为例推导总压力公式。

图 2-29　坐标系中的曲面 A

1. 二维曲壁总压力

　　在图 2-30 中，设曲壁 ab 是储液罐壁的一部分，左侧盛水，建立坐标系 Oxh 。水中任一点的纵向坐标 h 即代表其淹深。

　　在曲线 ab 上任取一微分面积元 $\mathrm{d}A$ （宽度为 1），水平和垂直方向投影面积分别为 $\mathrm{d}A_x$ 和 $\mathrm{d}A_h$ ，其形心淹深均为 h 。作用在 $\mathrm{d}A$ 上液体压力的分量式为

$$\mathrm{d}F_x = \rho g h \mathrm{d}A_x, \quad \mathrm{d}F_h = \rho g h \mathrm{d}A_h \tag{2-58}$$

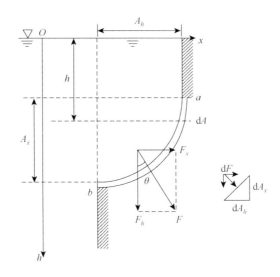

图 2-30　曲壁 ab 上的力

1）总压力的水平分量

　　将 $\mathrm{d}F_x$ 在曲壁的水平方向投影面积 A_x 上积分，可得总压力的水平分量

$$F_x = \int_{A_x} \mathrm{d}F_x = \rho g \int_{A_x} h \mathrm{d}A_x = \rho g h_{xC} A_x \tag{2-59}$$

式中， h_{xC} 为 A_x 形心的淹深。式（2-59）表明均质液体对二维曲壁总压力的水平分量等于曲壁在该方向投影面积上的总压力。水平分力的作用线通过投影面积的压强中心，方向指向曲壁。

若曲壁在水平方向的投影有重叠部分，如图 2-31 中 ab 曲线中的 cdb 段，cd 和 bd 的水平分力大小相等，方向相反，合力为零，总压力水平分力由 ac 段决定。

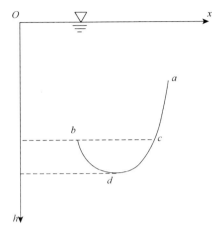

图 2-31　曲壁在水平方向的投影

2）总压力的垂直分量

将 $\mathrm{d}F_h$ 在曲壁的垂直方向投影面积 A_h 上积分，可得总压力的垂直分量

$$F_h = \int_{A_h} \mathrm{d}F_h = \rho g \int_{A_h} h\mathrm{d}A_h = \rho g \tau_\mathrm{p} \qquad (2\text{-}60)$$

其中

$$\tau_\mathrm{p} = \int_{A_h} h\mathrm{d}A_h \qquad (2\text{-}61)$$

称为压力体。图 2-30 中曲面 ab、投影面 a、b 点投影线及与直壁围成的区域为压力体的容积（宽度为 1），压力体内液体的重量为 $\rho g \tau_\mathrm{p}$。因此，式（2-61）表示均质液体对曲壁总压力的垂直分量等于与曲壁对应的压力体内液体的重量。垂直分力的作用线通过压力体的重心。

3）总压力大小与作用线

均质液体对二维曲壁总压力的水平分量 F_x 的作用线与垂直分量 F_h 的作用线交于一点，总压力作用线通过该点，并与垂直线方向的夹角为 θ。

$$F = \sqrt{F_x^2 + F_h^2}, \quad \tan\theta = \frac{F_x}{F_h} \qquad (2\text{-}62)$$

2. 关于压力体的讨论

在图 2-30 中，设曲壁 ab 是储液罐的一部分，但在其右侧盛水，其他条件均如前。总压力的水平分量和垂直分量分别为

$$F_x' = -\rho g h_{xC} A_x, \quad F_h' = \rho g \tau_\mathrm{p}' = -\rho g \tau_\mathrm{p} \qquad (2\text{-}63)$$

式（2-59）和式（2-60）仅差一个负号。这里压力体 τ_p' 的容积与 τ_p 的容积相等但压力体内无液体，因此可称为虚压力体，并规定：$\tau_\mathrm{p}' = -\tau_\mathrm{p}$，表示总压力的垂直分量的作用方向为 h 轴负方向（向上）。

式（2-61）计算的是压力体体积大小，压力体的虚实由大气压面与壁面的相对位置决定。一种判别方法建议为：当液体与压力体位于曲壁同侧时，压力体取正，表示垂直分力方向向下；当液体与压力体位于曲壁异侧时，压力体取负，表示垂直分力方向向上。

3. 三维曲壁

作用在三维曲面上的总压力是分别作用在 3 个坐标投影面上 3 个分力的合力。图 2-32 是位于直角坐标系角区的三维曲面 ABC 浸没于液体中，3 个投影面分别为 OAB，OAC，OBC。对任意的三维曲壁，作用在 3 个投影面上的 3 个分力并不共点，而是构成空间一般力系，可简化为 1 个合力和 1 个合力偶，任意的三维曲壁在工程上应用很少。

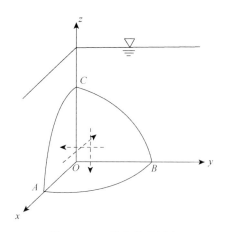

图 2-32　三维曲壁的压力

2.10　浮力、浮选和稳定性

2.10.1　阿基米德原理

当静止物体完全浸没在流体中时（如图 2-33 所示的热气球），或只有部分物体被浸没时，作用在物体上的力称为浮力。如图 2-34 所示，压力随深度增加而增加，物体下方产生的压力大于上方产生的压力，因此形成一个竖直向上的力。

图 2-33　热气球

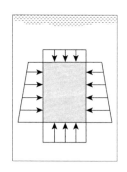

图 2-34　物体所受压力

如图 2-35（a）所示，任意形状体积为 V 的物体浸入流体中，可以通过 2.9 节求解曲面上力的方法确定该力。将物体包裹成平行六面体，如图 2-35（b）所示。请注意 F_1、F_2、F_3 和 F_4 仅仅是施加在平面上的力（为了简单起见，x 方向上的力没有显示出来），W 是阴影中的流体重量，F_B 是物体对流体施加的力。x 方向的力 F_3 和 F_4 都是相等的，可以抵消。可列出 z 方向流体平衡方程：

$$F_B = F_2 - F_1 - W \tag{2-64}$$

如果流体的比重是恒定的，那么

$$F_2 - F_1 = \gamma(h_2 - h_1)A \tag{2-65}$$

其中，A 为平行六面体水平面积。式（2-64）可以写成

$$F_B = \gamma(h_2 - h_1)A - \gamma\left[(h_2 - h_1)A - V\right] \tag{2-66}$$

简化后，得到浮力的表达式

$$F_B = \gamma V \tag{2-67}$$

其中，γ 是液体的比重；V 是液体的体积。图 2-36 给出了物体的比重（或密度）与周围流体的比重（或密度）之间的关系。浮力（也就是流体作用在物体上的力）的方向，与重力所示的方向相反。因此，浮力的大小等于物体排开液体的重量，方向为垂直向上。为了纪念阿基米德（公元前 287—前 212），这个定理被称为阿基米德原理。他是古希腊力学家和数学家，第一个提出流体静力学基本思想。

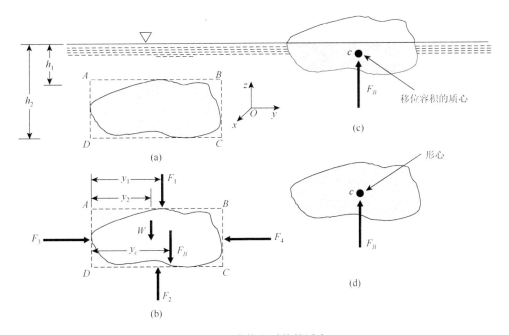

图 2-35　潜体和浮体的浮力

图 2-36　物体的比重与周围流体的比重之间的关系

浮力作用线的位置可以通过各力的力矩相对于某一轴的总和来确定，如图 2-35（b）所示。例如，通过点 D 并垂直于纸面的轴，对其力矩求和：

$$F_B y_c = F_2 y_1 - F_1 y_1 - W y_2 \qquad (2\text{-}68)$$

对不同的力进行替换：

$$V y_c = V_T y_1 - (V_T - V) y_2 \qquad (2\text{-}69)$$

式中，V_T 为总体积 $(h_2 - h_1)A$。式（2-69）右边第一项是阴影体积 V_T 相对 x-z 平面的一次矩，如图 2-35（a）所示。y_c 是体积质心的 y 坐标。同样，浮力的 x 坐标与质心重合。因此，得出浮力通过体积的质心，如图 2-35（c）所示。浮力所通过的点称为浮力中心。

当液体自由液面以上流体的比重远远小于物体浸没的流体时，上面的结果也同样适用。这时物体只有部分浸没在水中，即浮体，如图 2-35（d）所示。由于自由液面上的流体通常是空气，因此在实际应用中这一条件是满足的。

流体故事

　　将混凝土扔进池塘或湖里，会很快沉入水底。然而，如果将混凝土制成独木舟的形状，它就能够漂浮起来。这是因为当独木舟在水中时，它所受到的浮力与其自身重力相等，所以独木舟能够稳定地浮在水面上。通过合理设计，可以利用这种垂直的浮力来平衡独木舟和乘客的重量——独木舟漂浮。每年中国大学代表队都会参加由土木工程和建筑大师协会主办的混凝土划艇比赛。通常情况下，土木工程专业的学生利用计算机辅助设计独木舟，要求混凝土含量至少达到 90%。成绩包括四个部分：设计报告、口头报告、最终产品和比赛表现。

　　浮力的作用并不局限于固体和流体之间的相互作用。只要存在密度差，就会存在浮力。如果图 2-35（c）中，阴影部分是密度为 ρ_1 的流体，则向下的重力为 $W = \rho_1 g V$。如果阴影面积与周围液体的密度相同，则顶替流体体积产生的浮力为 $F_B = \gamma V = \rho_1 g V$。在这种情况下，流体体积的重量与作用在体积上的浮力完全平衡，所以合力为零。如果流体体积的密度为 ρ_2，W 和 F_B 就会不平衡，将会有一个向上或向下的合力，方向取决于 ρ_2 与周围流体密度的差值。请注意，这种差异可能是由两种密度不同的流体造成的，也可能是同一流体内部的温度差异造成的。例如，火中的烟会上升是因为它比周围的空气更轻（烟的温度更高）。

2.10.2　稳定性

另一个与潜体或浮体相关、有趣而重要的问题是物体的稳定性。如图 2-37 所示，如果物体在发生移动后可以回到平衡状态，则该物体处于稳定的平衡状态；反之，如果它移动（即使是轻微的）后回到一个新的平衡状态，则处于不稳定的平衡状态。由于浮力和重力中心不一定重合，因此潜体和浮体的稳定性问题尤其重要。例如，如图 2-38 所示，物体的重心在浮力中心下方，如果物体从平衡位置开始旋转，就会产生一个由重量 W 和浮力 F_B 组成的力偶，它使物体旋转回到原来的位置。因此，这种结构的物体是稳定的。如图 2-39 所示，如果物体的重心位于浮力中心上方，重物与浮力形成的力偶会使物体倾覆，并移动到一个新的平衡位置。因此，完全浸没的物体，其重心高于浮力中心，处于不稳定的平衡位置。

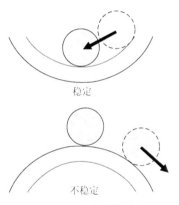

图 2-37　物体的稳定性

随遇平衡：平衡时重心与浮心重合。当物体倾斜时，既不发生恢复，也不发生倾覆，物体以任何姿态达到平衡状态。只有在均质液体中的均质潜体才有可能达到随遇平衡。

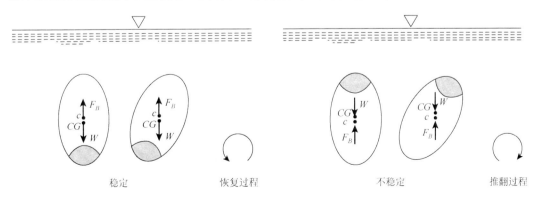

图 2-38　完全沉浸在重心之下的身体重心的稳定性　　图 2-39　完全浸入的身体重心在质心上的稳定性

对于浮体来说，稳定性问题更为复杂。因为随着浮体的旋转，浮力中心的位置可能发生变化。如图 2-40 所示，即使重心在浮力中心之上，像大型游船这样的浮体也可以保持稳定。因为当物体旋转时，浮力 F_B 改变，通过新淹没体积的质心，与重量 W 结合，形成一对力偶，使物体回到原来的平衡位置。然而，对于图 2-41 所示，高又长的物体，一个较小的转动就可能引起浮力和重量形成旋转力偶。

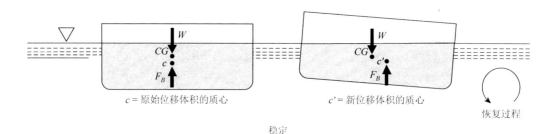

图 2-40　浮体的稳定性

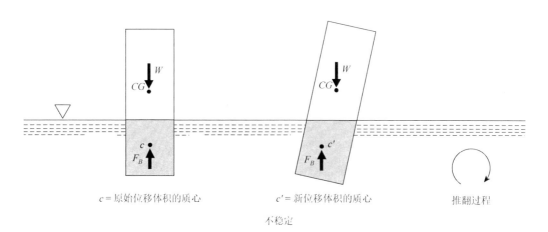

图 2-41　浮体的不稳定性

从这些简单的例子可以清楚地看出，确定潜体或浮体的稳定性是困难的，因为其依赖于几何形状和物体的重量。虽然较窄的皮艇和较宽的游艇都是稳定的，但是皮艇比游艇更容易倾覆。例如由阵风或洋流引起的外力，可能会使问题进一步复杂化。显然，稳定性问题在船舶、潜艇、深海潜水器等设计中是非常重要的，造船工程师在工作中需要特别考虑这些重要因素。

2.11　液体的相对平衡

虽然本章中前面部分的研究对象是静止流体，但运动方程（2-17）也可以应用于运动中的流体，唯一的限制条件是无剪切应力。建立 z 轴垂直向上的直角坐标系，式（2-17）分量形式可表示为

$$-\frac{\partial P}{\partial x} = \rho a_x, \quad -\frac{\partial P}{\partial y} = \rho a_y, \quad -\frac{\partial P}{\partial z} = \rho a_z \qquad (2\text{-}70)$$

当流体做刚体运动时,不产生剪切应力。例如,如果一个装有流体的容器沿着直线加速,流体将作为刚体做直线运动(在最初的晃动运动消失后),每个质点具有相同的加速度。由于每个质点具有相同的加速度,重力就消失了。由于不存在变形,也就不存在剪应力,因此,式(2-17)适用。同样,如果流体在一个绕固定轴旋转的容器中,那么流体将作为刚体随容器旋转,同样可以应用式(2-17)得到整个运动流体的压力分布。这两种情况(刚体匀速运动和刚体旋转)的分析结果将在下面给出。严格地说,与具有刚体运动的流体有关的问题并不是"流体静力学"问题,但它们包括在本章中,因为这类情况产生的压力与静止流体压力类似。

2.11.1　线性运动

如图 2-42 所示,一个装有液体的开口容器,该容器以恒定加速度 a 沿直线运动。由于 $a_x = 0$,从式(2-70)的第一项可知,x 方向上的压力梯度为零($\partial p/\partial x = 0$),在 y 和 z 方向上为

$$\frac{\partial P}{\partial y} = -\rho a_y \qquad (2\text{-}71)$$

$$\frac{\partial P}{\partial z} = -\rho(g + a_z) \qquad (2\text{-}72)$$

位于 y, z 和 $y + \mathrm{d}y$, $z + \mathrm{d}z$ 的两个相邻点之间的压力变化可以表示为

$$\mathrm{d}p = \frac{\partial p}{\partial y}\mathrm{d}y + \frac{\partial p}{\partial z}\mathrm{d}z \qquad (2\text{-}73)$$

或者用式(2-72)和式(2-73)的结果来表示:

$$\mathrm{d}p = -\rho a_y \mathrm{d}y - \rho(g + a_z)\mathrm{d}z \qquad (2\text{-}74)$$

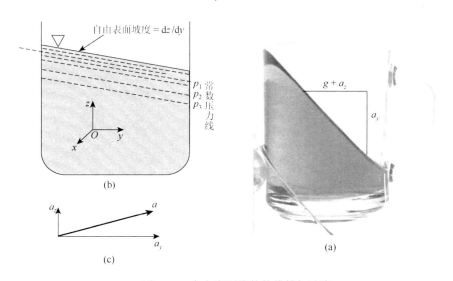

图 2-42　自由表面液体的线性加速度

压力沿直线为定值，即 $\mathrm{d}p = 0$，因此由式（2-74）可以得出

$$\frac{\mathrm{d}z}{\mathrm{d}y} = -\frac{a_y}{g + a_z} \qquad (2\text{-}75)$$

这种关系可由图 2-43 来说明。沿自由表面的压力是恒定的，因此对于图 2-44 所示的加速运动，当 $a_y \neq 0$ 时，自由表面将发生倾斜。此外，可以看出所有等压线与自由表面平行。

对于 $a_y = 0$，$a_z \neq 0$ 的特殊情况，即流体在垂直方向上加速，由式（2-75）可知自由表面是水平的。但是，由式（2-72）可知，压力分布不是静态平衡，可由下式给出：

$$\frac{\mathrm{d}p}{\mathrm{d}z} = -(g + a_z) \qquad (2\text{-}76)$$

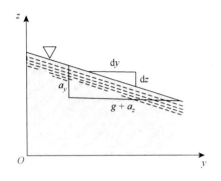

图 2-43　直线加速度

对于密度恒定的流体，这个方程表明压力随深度线性变化，但这种变化是重力和运动加速度的共同作用 $\rho(g + a_z)$，而不是简单的比重 ρg。因此，装有液体的水箱在加速上升的电梯里，其底部压力将升高。值得注意的是，对于自由下落的流体（$a_z = -g$），三个坐标方向上的压力梯度为零，这意味着如果该流体周围的压力为零，则整个压力为零。漂浮在轨道上的航天飞机（自由落体的一种形式）中的橙汁"水滴"的压力为零，使液体聚集在一起的唯一作用力是表面张力。

例 2.6　匀加速油罐车。

已知：某油罐车的油箱截面如图 2-44 所示。矩形油箱上部与大气相连，油比重 $SG = 0.65$。压力传感器位于其右侧。油箱做加速度恒定为 a_y 的线性运动。

问题：

（a）确定压力传感器处的加速度 a_y 和压力（N/m²）。

（b）试确定最大加速度，保证油箱水位线高于压力传感器。

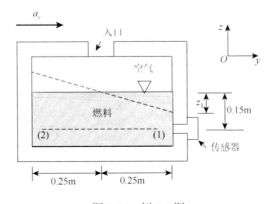

图 2-44　例 2.6 图

解：

（a）当水平加速度恒定时，油箱以刚体的形式运动，由式（2-75）可知，油箱内部自由表面的斜率为

$$\frac{dz}{dy} = -\frac{a_y}{g}$$

因为 $a_z = 0$，所以对于任意的 a_y，由容器右侧液体的深度变化量 z_1 可得

$$-\frac{z_1}{0.25m} = -\frac{a_y}{g}$$

即

$$z_1 = (0.25m)\left(\frac{a_y}{g}\right)$$

由于在竖直 z 方向上没有加速度，沿壁面的压力是静压变化的，如式（2-72）所示。因此，传感器处的压力由关系式给出

$$p = \gamma h$$

其中，h 为压力传感器上方的燃油深度，因此

$$p = (0.65)(9800N/m^3)\left[0.15m - (0.25m)(a_y/g)\right]$$

$$= 955.5 - 1592.5\frac{a_y}{g}$$

对于 $z_1 < 0.15m$，P 的单位是 N/m^2。

（b）$(a_y)_{max}$ 的限制值可以由下式决定：

$$0.15m = (0.25m)\left[\frac{(a_y)_{max}}{g}\right]$$

即

$$(a_y)_{max} = \frac{3}{5}g$$

对于标准重力加速度，

$$(a_y)_{max} = \left(\frac{3}{5}\right)(9.81m/s^2) = 5.9m/s^2$$

讨论：注意在这个例子中水平层的压力不是恒定的，因为 $\partial p/\partial y = -\rho a_y \neq 0$，例如 $p_1 \neq p_2$。

2.11.2　刚体旋转

如图 2-45（a）所示，在初始"启动"瞬态后，罐内流体将作为刚体随罐体旋转，罐内流体以恒定角速度 ω 绕轴心旋转，可知距离旋转轴 r 处，流体质点的加速度大小与 $r\omega^2$ 相等，方向与旋转轴方向相同。由于流体质点的运动路径是圆形，所以使用柱坐标 r、θ 和 z 是很方便的。柱坐标下的压力梯度 ∇p 可以表示为

$$\nabla p = \frac{\partial p}{\partial r}\hat{e}_r + \frac{1}{r}\frac{\partial p}{\partial \theta}\hat{e}_\theta + \frac{\partial p}{\partial z}\hat{e}_z \tag{2-77}$$

可知

$$a_r = -r\omega^2 \hat{e}_r, \quad a_\theta = 0, \quad a_z = 0 \tag{2-78}$$

得出

$$\frac{\partial p}{\partial r} = \rho r \omega^2, \quad \frac{\partial p}{\partial \theta} = 0, \quad \frac{\partial p}{\partial z} = -\gamma \tag{2-79}$$

结果表明，对于这种类型的刚体旋转，压力是两个变量 r 和 z 的函数，因此压强差为

$$dp = \frac{\partial p}{\partial r} dr + \frac{\partial p}{\partial z} dz \tag{2-80}$$

即

$$dp = \rho r \omega^2 dr - \gamma dz \tag{2-81}$$

在水平面上（$dz = 0$），由式（2-81）可知 $\dfrac{dp}{dr} = \rho \omega^2 r$，$\rho \omega^2 r$ 大于 0。因此，如图 2-45（c）所示，由于离心加速度，压力在径向方向增大。

沿等压面，如自由面时 $dp = 0$，由式（2-79）（取 $r = \rho g$）

$$\frac{dz}{dr} = \frac{\omega^2 r}{g} \tag{2-82}$$

积分后可得等压面方程

$$z = \frac{\omega^2 r^2}{2g} + C \tag{2-83}$$

其中，C 为常数。由该方程可知，这些等压面为抛物线形，如图 2-45（b）所示。

对公式（2-81）积分后，可得

$$\int dp = \rho \omega^2 \int r dr - \gamma \int dz \tag{2-84}$$

即

$$p = \frac{\rho \omega^2 r^2}{2} - \gamma z + C \tag{2-85}$$

积分常数可以用任意一点的压强求得。由此可知，压力随距离旋转轴的距离而变化，但在一定半径下，压力在垂直方向上发生线性变化，如图 2-46 所示。

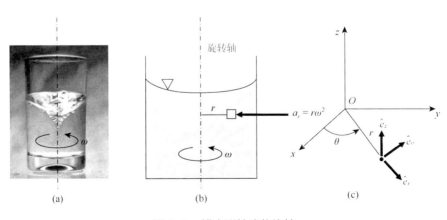

图 2-45 罐内刚性液体旋转

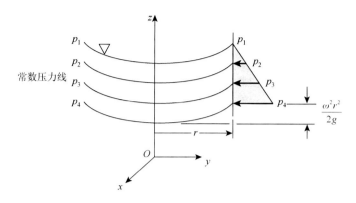

图 2-46　旋转液体内的压力分布

例 2.7　旋转罐内液体自由液面形状。

已知：上方开口圆柱体以角速度 ω 旋转，用液位计测量流体旋转引起的液位变化 $H - h_0$，如图 2-47 所示。

问题：确定液位变化量与角速度之间的关系。

解：利用式（2-46）可求出罐内任意位置距离自由液面高度 h 为

$$h = \frac{\omega^2 r^2}{2g} + h_0$$

油箱中流体的初始体积 V 为

$$V_i = \pi R^2 H$$

通过图 2-47 所示的微元体，可以得到油箱内的液体体积。取任意半径 r，其体积为

$$dV = 2\pi r h dr$$

因此，总体积为

$$V = 2\pi \int_0^R r \left(\frac{\omega^2 r^2}{2g} + h_0 \right) dr = \frac{\pi \omega^2 R^4}{4g} + \pi R^2 h_0$$

由于罐内液体的体积必须保持恒定（假设没有溢出到罐顶），因此可得

$$\pi R^2 H = \frac{\pi \omega^2 R^4}{4g} + \pi R^2 h_0$$

即

$$H - h_0 = \frac{\omega^2 R^2}{4g}$$

讨论：结果表明，虽然高度与转速的关系不是线性的，但确实可以用高度变化来确定转速。

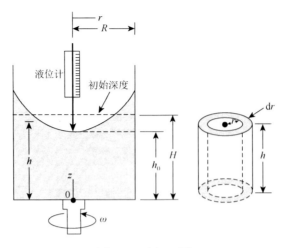

图 2-47　例 2.7 图

流体故事

液体镜面反射望远镜（LMT）是利用旋转使液体形成抛物面形状来作为主镜进行天文观测的望远镜。水银是唯一在常温下呈液态的金属，具有良好的反光性，因此是液体望远镜的理想材料。目前最大的 LMT 位于英国大学哥伦比亚号，直径达 6ft[①]，转速为 7r/min。制作水银反射式望远镜非常简单，仅需 45s 即可形成该望远镜的凹面。技术人员先将水银注入一个抛物面形状的盘子中，使其覆盖盘子大部分表面。随后旋转盘子，使水银在离心力作用下散开，形成 1～2mm 厚的抛物面薄膜。与普通玻璃镜望远镜相比，LMT 的主要优势之一是成本较低。水银反射式望远镜的主要缺陷是只能垂直观测上方天空的一小块区域，不能倾斜，否则水银可能溢出。因此，其观测的天空区域相对狭窄，就像"坐井观天"。

2.12　本 章 总 结

在本章中，先讨论了静止流体中的压力变化，以及这种类型的压力变化导致的后果。结果表明，对于静止不可压缩流体，其压力随深度呈线性变化。这种类型的变化通常称为静水压力分布。对于处于静止状态的可压缩流体，压力分布通常不是流体静力的，但式（2-20）仍然有效，如果指定了有关比重变化的附加信息，则可用于确定压力分布。然后，讨论了绝对压力和表压之间的区别，介绍了用于测量大气压力的压力计，详细分析了利用静态液柱的压力测量装置——液体压力计，并简要介绍了机械和电子测压计；建立了确定作用在与静流体接触的平面上的流体合力的大小和位置的方程；讲述了作用在与静态流体接触的曲面上的合成流体力的大小和位置的一般方法。另外，对于水下或浮体，回顾了浮力的概念和阿基米德原理的应用。

本章重点内容如下：

---

① 1ft = 3.048×10^{-1} m。

（1）计算静止不可压缩流体各点压力。

（2）如果给定比重，可用式（2-20）计算静止时可压缩流体内各点压力。

（3）理解静压力分布概念，可以使用各种类型的压力计确定压力大小。

（4）计算作用在平面上的静流体合力的大小、方向和位置。

（5）用阿基米德原理计算作用在浮体或沉体上的流体静力。

（6）根据式（2-17）分析流体的简单刚体直线运动或旋转运动。

本章中一些重要的方程如下：

静止流体中的压力梯度

$$\frac{\mathrm{d}p}{\mathrm{d}z} = -\gamma \tag{2-20}$$

静止不可压缩流体的压力变化

$$p_1 = \rho g h + p_2 \tag{2-25}$$

平面上的流体静压力

$$F = \gamma h_C A \tag{2-47}$$

刚体旋转压力梯度

$$\frac{\partial p}{\partial r} = \rho r \omega^2, \quad \frac{\partial p}{\partial \theta} = 0, \quad \frac{\partial p}{\partial z} = -\gamma \tag{2-79}$$

习　题

2-1　连接两个储水池的两根管子，如题图 2-1 所示。左边管子是直管，右边管子是圆锥体，顶部是底部的四倍。锥体的底部面积等于直管的底部面积。在两种情况下，水的高度是一样的。管子底部压强 p_1 和压强 p_2 之间的关系是（　　）。

　　A. $p_2 = 4 p_1$　　　B. $p_2 = 2 p_1$　　　C. $p_2 = \frac{1}{2} p_1$　　　D. $p_2 = p_1$　　　E. $p_2 = \frac{1}{3} p_1$

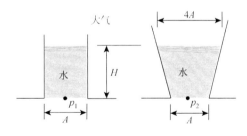

题图 2-1

2-2　如题图 2-2 所示，是一个充满液体的系统。左边管子活塞横截面积为 A_1，受力为 F_1。右边管子活塞横截面积为 A_2，是横截面积 A_1 的两倍，受力为 F_2。活塞失重，两个液位一样高。力 F_1 和 F_2 之间的关系是（　　）。

　　A. $F_2 = F_1$　　　B. $F_2 = 4 F_1$　　　C. $F_2 = 2 F_1$　　　D. $F_2 = \frac{1}{2} F_1$　　　E. $F_2 = \frac{1}{4} F_1$

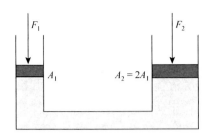

题图 2-2

2-3　对于静止的流体，作用在该流体上的力为（　　　）。

　　A. 重力、剪切力和法向力　　　　　　B. 重力和法向力

　　C. 重力和剪切力　　　　　　　　　　D. 法向力和剪切力

2-4　水箱内充满液体，上面连接大气。下列哪项准确地代表了油箱右边的绝对压力分布？

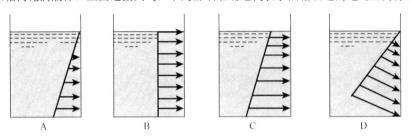

　　　A　　　　　　　B　　　　　　　C　　　　　　　D

　　2-5　如题图 2-5 所示，一根电线连接到一块浸入水中的金属块上。当金属块被慢慢地拉出水面时，最能正确描述金属丝上的力与时间之间关系的是（　　　）。

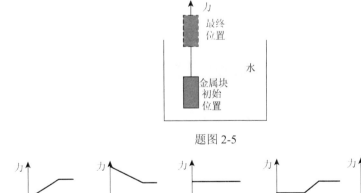

题图 2-5

　　A　　　　　B　　　　　C　　　　　D　　　　　E

2-6　压力表的读值是（　　　）。

　　A. 绝对压强　　　　　　　　　　　　B. 绝对压强与当地大气压的差值

　　C. 绝对压强和当地大气压的和　　　　D. 当地大气压与绝对压强的差值

2-7　相对压强是指该点的绝对压强与（　　　）的差值。

　　A. 标准大气压　　　　　　　　　　　B. 当地大气压

C. 工程大气压　　　　　　　　　　D. 真空压强

2-8　在重力作用下静止液体中,等压面是水平面的条件是(　　)。

A. 同一种液体　　　　　　　　　　B. 不连通

C. 相互连通　　　　　　　　　　　D. 同一种液体,相互连通

2-9　一个 5m 高的封闭水箱,水深 4m,罐体顶部充满空气,罐体顶部的压力表显示压力为 20kPa。确定水对水箱底部施加的压力。

2-10　东方明珠塔底部的气压计读数为 76.12cmHg。当把气压计放置在离东方明珠塔底座 152m 高的观景台上时,读数是多少?

2-11　如题图 2-11 所示的管道中含有水、油和未知的流体。请确定未知流体的密度。

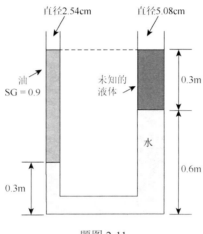

题图 2-11

2-12　如题图 2-12 所示,一封闭水箱上部压强 $p_0 = 85\text{kN/m}^2$,求水面下 $h = 1\text{m}$ 点 C 处的绝对压强、相对压强和真空压强。已知当地大气压 $p_a = 98\text{kN/m}^2$,$\rho = 1000\text{kg/m}^3$。

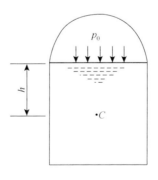

题图 2-12

2-13　某压差计如题图 2-13 所示,已知 $h_A = h_B = 1\text{m}$,$\Delta h = 0.5\text{m}$,求 $p_A - p_B$。

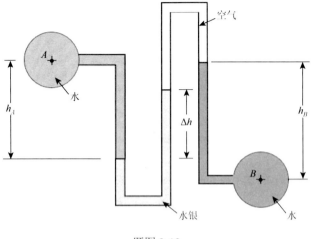

题图 2-13

2-14　装满水的锥台形容器盖上施加作用力 $P = 4\text{kN}$，容器的尺寸如题图 2-14 所示。$D = 2\text{m}$，$d = 1\text{m}$，$h = 2\text{m}$，试求 A、B、C、D 各点的相对压强和容器底面上的总压力（相对压力）。

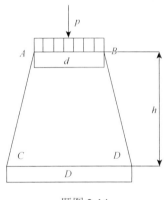

题图 2-14

2-15　如题图 2-15 所示为一封闭水箱，其自由液面上压强为 $p_0 = 25\text{kN/m}^2$，试问水箱中 A、B 两点的绝对压强、相对压强和真空度为多少？已知 $h_1 = 5\text{m}$，$h_2 = 2\text{m}$。

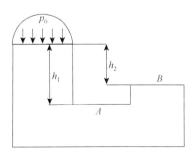

题图 2-15

2-16　有两个相互连通的容器，如题图 2-16 所示。已知水的重度为 $\gamma_{\text{水}} = 9800 \text{N} / \text{m}^3$，水深 $h_1 = 1.0\text{m}$，$h_2 = 1.25\text{m}$，试求另一种液体的重度。

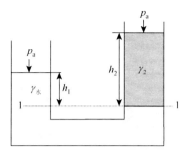

题图 2-16

2-17　如题图 2-17 所示为一开口水箱，自由表面处大气压强为 $p_a = 98\text{kN} / \text{m}^2$，水箱右下侧连接一封闭测压管，今用抽气机将管中的空气抽干净（即为绝对真空），求测压管水面高出自由液面的高度。

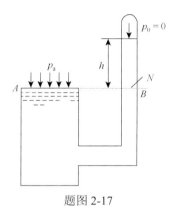

题图 2-17

2-18　如题图 2-18 所示，一封闭容器水面的绝对压强为 $p_0 = 85\text{kN} / \text{m}^2$，中间玻璃管两端是开口的。当无空气通过玻璃管进入容器，又无水进入玻璃管时，试求玻璃管应伸入水面下的深度 h。

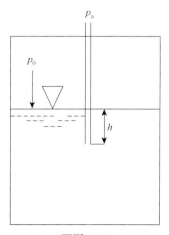

题图 2-18

2-19　如题图 2-19 所示，1、2 两块压力表读数分别为–0.49N/cm^2 与 0.49N/cm^2，压力表 2 距地高度为 $Z = 1m$，求水深 h。

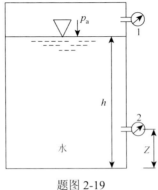

题图 2-19

2-20　如题图 2-20 所示为一测量重度的仪器，水箱的右边装一测压管，用于测量水柱的高度，容器的左边装一 U 形管，管内装被测液体。若测得测压管高于水面的高度为 h，被测液体的高度为 H，试求被测液体的重度。如果测量 CCl_4 的重度，已知 $h = 32cm$，$H = 20cm$，试求 CCl_4 的重度和比重。

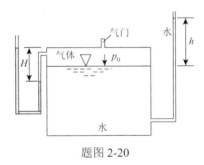

题图 2-20

2-21　如题图 2-21 所示为一复式水银压差计，用来测水箱中的表面压强 p_0，试根据图中读数（单位：m）计算水箱中表面的绝对压强 p_{abs} 和压力表读数。

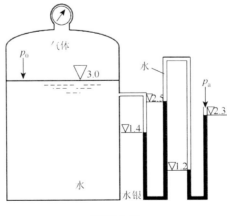

题图 2-21

2-22 如题图 2-22 所示的 U 形压力计，已知容器 A 中的压力表读数 $p_g = 0.25\text{Pa}$，$h_1 = 0.3\text{m}$，$h_2 = 0.2\text{m}$，$h_3 = 0.25\text{m}$。酒精的比重为 0.8，试求容器 B 中的空气压强 p_{rB}。

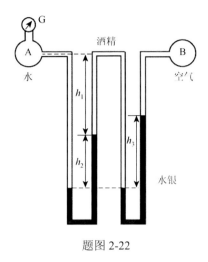

题图 2-22

2-23 如题图 2-23 所示，矩形闸门 AB 宽 1.0m，左侧油深 $h_1 = 1\text{m}$，水深 $h_2 = 2\text{m}$，油的比重为 0.795，闸门倾角 $\alpha = 60°$，试求闸门上的液体总压力。

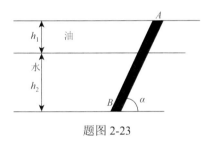

题图 2-23

2-24 若将题 2-23 中的闸门倾角 α 更改为 45°，试求闸门上的液体总压力，并比较总压力相较于倾角为 60°时如何变化。

2-25 试求题 2-23 中液体总压力作用点位置。

2-26 如题图 2-26 所示，在桌面上有两个装有相同类型液体的敞开式水箱，它们有相同的底部面积，但形状不同。当两个储罐中液滴的深度 h 相同时，两储罐底部的液体压力是相同的。然而，桌子表面对两个储罐施加的力是不同的，因为每个储罐的重量是不同的，怎么解释这个令人震惊的悖论？

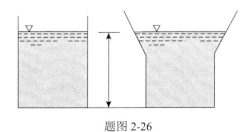

题图 2-26

2-27　如题图 2-27 所示，5.5m 长的轻型闸门是四分之一圆，铰链在 H 处，若确定水平力 P，需要将闸门保持在适当的位置。忽略铰链处的摩擦力和闸门的重量。

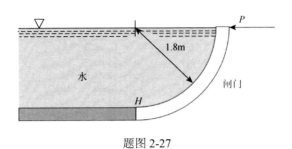

1.8m

水

闸门

P

H

题图 2-27

2-28　如题图 2-28 所示，4m 长的弧形闸门位于水库的一侧，试确定水压在闸门上的水平和垂直分力。

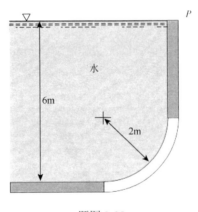

P

水

6m

2m

题图 2-28

2-29　某空载船由内河出海时，吃水减少了 20cm，接着在港口装了一些货物，吃水增加了 15cm。设最初船的空载排水量为 1000 吨，问该船在港口装了多少货物。设吃水线附近船的侧面为直壁，海水的密度为 $\rho = 1026\text{kg/m}^3$。

2-30　一个物体的体积是 0.4dm^3，完全浸没在水中，它受到的浮力是多少？如果这个物体重 4N，它在水中是上浮、下沉，还是悬浮？

2-31　将体积为 100cm^3 的实心小球放入水中，静止后有 1/4 体积露出水面，求：（1）该小球受到的浮力；（2）该小球的密度。

2-32　汽车在准备停下来时，汽车杯架上的玻璃杯中的水面相对于水平路面倾斜 15°，试确定汽车减速过程中的加速度。

2-33　以 24.6m/s 的速度行驶的一辆卡车的平台上有一个开着的油箱。卡车在 5s 内均匀减速至完全停下，试确定在减速期间油面的坡度。

2-34　题图 2-34 中的 U 形管部分充满水，并绕 $a\text{-}a$ 轴旋转。试确定使水在管子底部开始汽化的角速度（A 点）。

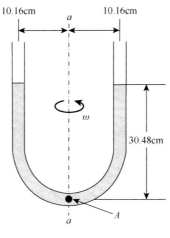

题图 2-34

第3章 伯努利方程

本章将详细讨论牛顿第二定律（$F = ma$）在流体中的应用，主要介绍依据牛顿第二定律导出的著名的伯努利方程，并将其应用于各种流动。虽然这个方程是流体力学中最古老的方程之一，并且其推导过程中涉及的假设很多，但可以有效地用于预测和分析各种流动情况。如果在应用该方程时没有考虑到限制条件，就会出现严重错误。

学习本章所涉及的流体力学基本分析方法有助于深入理解流体力学原理，同时也为学习后面内容打下了良好的基础。

3.1 牛顿第二定律

当一个流体质点从一个位置移动到另一个位置时，通常会经历加速或减速过程。根据牛顿第二运动定律，作用在该流体质点上的力必须等于其质量乘以加速度：

$$F = ma \tag{3-1}$$

本章考虑的是无黏性流体的运动，即假设流体的黏度为零。如果流体的黏度为零，那么其热导率也为零，不可能有热传导（辐射除外）。

每一种流体在受到应变位移影响时都会产生剪切应力，所以实际上不存在无黏性流体。对于许多流动情况，黏性效应与其他效应相比影响较小。在这种情况下求近似值，通常可以忽略黏性效应。例如，在流动的水中产生的黏性力比压强差引起的力小几个数量级。但是，对于其他液体的流动情况，黏性效应可能是最主要的。同样，与气体流动有关的黏性效应往往可以忽略不计。

假设流体运动只受压力和重力的影响，并检验牛顿第二定律对流体质点的适用形式：

$$(对质点的净压力) + (对质点的净重力) = (质点质量) \times (质点加速度)$$

压强、重力和加速度之间相互作用，常用于解决流体力学问题。为了将牛顿第二定律应用于流体，必须定义一个适当的坐标系来描述流动。在一般情况下，流动是三维且非定常的，所以需要三个空间坐标和时间来描述。如图 3-1 所示有许多可用的坐标系，包括最常用的直角坐标系 (x, y, z) 和圆柱坐标系 (r, θ, z)。通常情况下，具体的流动几何形状决定了哪种坐标系最合适。

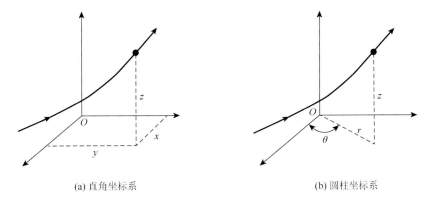

(a) 直角坐标系   (b) 圆柱坐标系

图 3-1 坐标系

本章关注二维运动，如图 3-2（a）所示 x-z 平面上的流动，显然可以选择用 x 和 z 方向上的加速度和力的分量来描述流动，所得方程常常称为直角坐标系中的欧拉运动方程的二维形式。

正如在物理学研究中所做的，每个流体质点的运动都用其速度矢量来描述，V 被定义为质点的速度。质点的速度是一个有大小（$V = |\boldsymbol{V}|$）和方向的矢量。质点移动时会遵循特定的路径，而路径的形状受制于质点的速度。质点沿路径的位置是其初始位置和沿路径速度的函数。如果是定常流动（即在流场中的某一特定位置的物理量不随时间变化），每个连续通过给定点 [如图 3-2（a）中的点（1）] 的质点将遵循相同的路径，在这种情况下质点的运动路径是 x-z 平面上的一条固定线。在点（1）两边经过的相邻质点将遵循自己的路径，其形状可能与经过点（1）的路径形状不同，x-z 平面内充满了这样的路径。

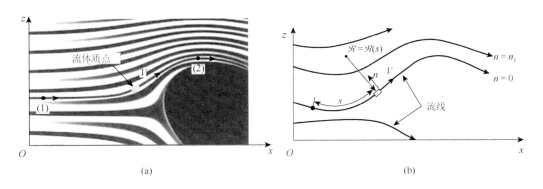

图 3-2 （a）在 x-z 平面上的流动；（b）以流线和法线为坐标的流动

对于定常流动，每个质点沿着它的路径运动，速度矢量与路径相切。在流场中与速度矢量相切的线称为流线。在许多情况下，如图 3-2（b）所示的流线用"流线"坐标来描述流动是最容易的。质点的运动用其从某个起点沿流线所走的距离 $s = s(t)$ 和流线的局部曲率半径 $\mathscr{R} = \mathscr{R}(s)$ 来描述。沿流线的距离与质点的速度 $V = \mathrm{d}s/\mathrm{d}t$ 有关，曲率半径与流线的形状有关。如图 3-2（b）所示，除了沿流线 s 的切向坐标外，还要用到沿流线法向 n 的坐标。

为了将牛顿第二定律应用于沿流线流动的质点，必须用流线坐标写出质点的加速度。根据定义，加速度是质点速度关于时间的变化率，$a = \mathrm{d}V/\mathrm{d}t$。对于在 $x\text{-}z$ 流速平面上的二维流动 $a_s = \mathrm{d}V/\mathrm{d}t = (\partial V/\partial s)(\mathrm{d}s/\mathrm{d}t) = (\partial V/\partial s)V$，加速度有两个部分，一个是流线切向加速度 a_s，另一个是法向加速度 a_n。

流线加速度产生的原因是质点的速度通常沿流线变化，$V = V(s)$。例如，在图 3-2（a）中，在点（1）处的速度可能是 15m/s，在点（2）处的速度可能是 30m/s，因此，利用链式法则，得到加速度的 s 分量为 $a_s = \mathrm{d}V/\mathrm{d}t = (\partial V/\partial s)(\mathrm{d}s/\mathrm{d}t) = (\partial V/\partial s)V$。上式中，速度是距离随时间的变化速率 $V = \mathrm{d}s/\mathrm{d}t$。流线加速度是速度随流线距离的变化率 $\partial V/\partial s$ 乘以速度 V。由于 $\partial V/\partial s$ 可以是正值、负值或零，因此流线加速度可以是正值（加速）、负值（减速）或零（恒速）。

加速度的法向分量，即离心加速度，是根据质点的速度和其路径的曲率半径给出的。因此，$a_n = V^2/\mathscr{R}$，式中 V 和 $\mathscr{R}$ 均可沿流线变化。这些加速度的方程是从动力学或物理学中对质点运动的研究中得到的。

因此，在 s 和 n 方向上的加速度分量，即 a_s 和 a_n，由下式给出：

$$a_s = V\frac{\partial V}{\partial s}, \quad a_n = \frac{V^2}{\mathscr{R}} \tag{3-2}$$

式中，$\mathscr{R}$ 为流线的局部曲率半径；s 是沿着流线从任意初始点开始测量的距离。在一般情况下，沿流线有加速度（因为质点速度沿其路径变化，即 $\partial V/\partial s \neq 0$），且加速度垂直于流线（因为质点不是直线流动，即 $\mathscr{R} \neq \infty$）。各种类型的流动和与其相关的加速度如图 3-3 所示。对于不可压缩的流动，速度与流线间距成反比。因此，收敛的流线产生正向的流线加速度。为了产生这个加速度，必须在流体质点上作用一个不为零的力。

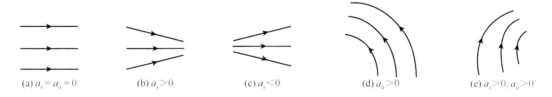

(a) $a_s = a_n = 0$　　　(b) $a_s > 0$　　　(c) $a_s < 0$　　　(d) $a_n > 0$　　　(e) $a_s > 0, a_n > 0$

图 3-3　各种类型的流动和与其相关的加速度

为了确定一个给定流动所需要的力（或反过来说，确定在给定力的作用下会产生怎样的流动），需要考虑如图 3-4 所示的一个小流体微元。将流体微元从周围环境中移出，并将周围环境对流体微元的作用通过适当的力 F_1，F_2 等表示。在本例中，假设重要的力是重力和压力。其他力，如黏性力和表面张力可忽略不计。假定重力加速度 g 是恒定的，在负 z 方向上垂直作用，与流线的法线方向成 θ 角。

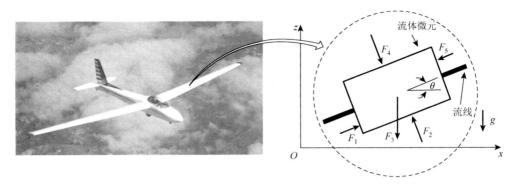

图 3-4　流场中的小流体微元的分离

3.2　沿流线切线方向的伯努利方程

如图 3-5 所示，流体微元在平面内的尺寸为 δs 乘 δn，垂直平面的尺寸为 δy。沿流线和法线的单位向量分别用 $\hat{s}$ 和 $\hat{n}$ 表示。对于定常流动，牛顿第二定律沿流线 s 方向的分量可以写成

$$\sum \delta F_s = \delta m a_s = \delta m V \frac{\partial V}{\partial s} = \rho \delta \mathcal{V} V \frac{\partial V}{\partial s} \tag{3-3}$$

式中，$\sum \delta F_s$ 表示作用在流体微元上的所有力沿 s 方向上的分量之和；流体微元的质量为 $\delta m = \rho \delta \mathcal{V}$；$s$ 方向的加速度为 $V \frac{\partial V}{\partial s}$。在这里，流体微元的体积为 $\delta \mathcal{V} = \delta s \delta n \delta y$。式（3-3）适用于可压缩和不可压缩的流体。也就是说，在整个流场中，密度不必是恒定的。

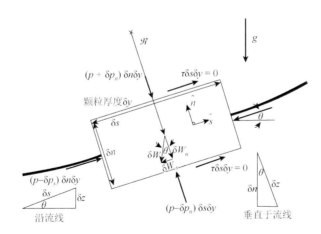

图 3-5　一个流体微元的示意图，其中重要的力是压力和重力

流体微元上的重力（重量）可以写成 $\delta W = \gamma \delta \mathcal{V}$，式中 $\gamma = \rho g$ 是流体的重度（N/m^3）。因此，流线方向上重力的分量是（W 为重力符号）

$$\delta W_s = -\delta W \sin\theta = -\gamma \delta \mathcal{V} \sin\theta \tag{3-4}$$

如果流线在某点是水平，那么 $\theta = 0$，沿流线的流体微元的重力分量对其在该方向上的加速度没有产生作用。

由于流体重量的原因，在整个静止的流体中，压强不是恒定的（$\nabla p \neq 0$）。同样，在流动的流体中，压强通常也不是恒定的。一般来说，对于定常流动，$p = p(s, n)$。如图 3-5 所示，如果将流体微元中心的压强表示为 p，那么其垂直于流线两个端面的压强平均值分别为 $p + \delta p_s$ 和 $p - \delta p_s$。由于流体微元足够"小"，可以对压强场进行单项泰勒级数展开，得到

$$\delta p_s \approx \frac{\partial p}{\partial s}\frac{\delta s}{2} \tag{3-5}$$

因此，如果 δF_{ps} 是流体微元在流线方向上的净压力，则有

$$\delta F_{ps} = (p - \delta p_s)\delta n\delta y - (p + \delta p_s)\delta n\delta y = -2\delta p_s\delta n\delta y$$
$$= -\frac{\partial p}{\partial s}\delta s\delta n\delta y = -\frac{\partial p}{\partial s}\delta V \tag{3-6}$$

请注意，压强 p 的实际值并不重要。产生净压力的原因是整个流体中不为零的压强梯度 $\nabla p = \partial p/\partial s\hat{s} + \partial p/\partial n\hat{n}$ 为流体微元提供了净压力。因为流体是非黏性的，所以黏性力 $\tau\delta s\delta y$ 为零。

因此，图 3-5 中所示的流体微元在流线方向上的净力由下式给出：

$$\sum \delta F_s = \delta W_s + \delta F_{ps} = \left(-\gamma \sin\theta - \infty\frac{\partial p}{\partial s}\right)\delta V \tag{3-7}$$

结合式（3-3）和式（3-7），可得到沿流线方向的运动方程：

$$-\gamma \sin\theta - \frac{\partial p}{\partial s} = \rho V\frac{\partial V}{\partial s} = \rho a_s \tag{3-8}$$

共同的流体微元体积系数 δV 出现在上式中力和加速度的部分。这说明了一个事实，即重要的是流体密度（单位体积的质量），而不是流体微元本身的质量。

式（3-8）的物理解释是：流体微元速度的变化是通过沿流线的压强梯度和流体微元重量的组合来实现的。对于流体静止的情况，压力和重力之间的平衡使得流体微元的速度不会产生变化——式（3-8）的右侧为零，流体微元将保持静止。在流动的流体中，压力和重力不一定会平衡——力的不平衡提供了适当的加速度，从而使流体微元运动。

例 3.1　沿流线的压强变化。

已知：如图 3-6（a）所示，考虑沿水平流线 A-B 在半径为 a 的球体前的无黏性、不可压缩、定常流动。基于流体绕球理论，沿流线的流体速度如图 3-6（b）所示，为

$$V = V_0\left(1 + \frac{a^3}{x^3}\right)$$

问题：确定在球体前无穷远处的点 A（$x_A = -\infty$, $V_A = V_0$）沿流线到球面点 B（$x_B = -a$, $V_B = 0$）的压强变化。

解：由于流动是定常的无黏性的，所以式（3-8）是有效的。此外，由于流线是水平的，故 $\sin\theta = \sin0° = 0$，沿流线的运动方程可简化为

$$\frac{\partial p}{\partial s} = -\rho V\frac{\partial V}{\partial s}$$

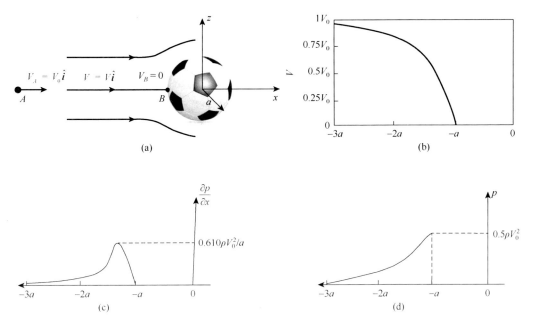

图 3-6　例 3.1 图

在给定速度沿流线变化的情况下，加速度项为

$$V\frac{\partial V}{\partial s}=V\frac{\partial V}{\partial x}=V_0\left(1+\frac{a^3}{x^3}\right)\left(-\frac{3Va^3}{x^4}\right)$$

$$=-3V_0^2\left(1+\frac{a^3}{x^3}\right)\frac{a^3}{x^4}$$

因为沿流线 A-B 的两个坐标是相同的，这里用 x 代替 s，因此沿流线方向 $V\partial V/\partial s<0$。流体从球体前方远处速度为 V_0 处减速到球体"前端"（$x=-a$）速度为零处。

　　因此，要产生给定的运动，就需要沿流线的压强梯度为

$$\frac{\partial p}{\partial x}=\frac{3\rho a^3V_0^2(1+a^3/x^3)}{x^4}$$

这种变化如图 3-6（c）所示。可以看出，从点 A 开始，压强沿流动方向增加（$\partial p/\partial x>0$），最大的压强梯度（$0.610\,\rho V_0^2/a$）发生在球体稍前方（$x=-1.205a$）。如图 3-6（b）所示，正是压强梯度使流体速度从 $V_A=V_0$ 减速到 $V_B=0$。

　　沿流线的压强分布可以通过上式从 $x=-\infty$ 处的 $p=0$ 积分得到，压强 p 的分布如图 3-6（d）所示，积分结果为

$$p=-\rho V_0^2\left[\left(\frac{a}{x}\right)^3+\frac{(a/x)^6}{2}\right]$$

　　讨论：由于 $V_B=0$，因此 B 是一个滞止点，在该点的压强，是沿流线的最高压强（$p_B=\rho V_0^2/2$）。注意，压强和压强梯度与流体的密度成正比，这表示流体惯性与其质量成正比。

流体故事

雨滴并不总是典型的水滴形状,只有当雨滴从窗户上流下时,才会具有典型的水滴形状。雨滴的实际形状是雨滴大小的函数,是表面张力和施加在雨滴上的气压之间平衡的结果。因为表面张力效应(与雨滴大小成反比)战胜了由雨滴运动引起并施加在其底部的动压,半径小于 0.5mm 的小雨滴具有球形。随着液滴尺寸的增大,液滴下降速度加快,压强增大导致液滴变平。例如,2mm 的液滴会被压扁成汉堡形状,稍大一点的水滴底部是凹下去的。当半径大于约 4mm 时,底部的凹陷增加,水滴会变成一个倒置的袋子,底部周围有一个环形的水圈,这个环形水圈最后会碎裂成更小的水滴。

式(3-8)可以重新排列并整合。

首先,注意到在图 3-5 中沿流线 $\sin\theta = \mathrm{d}z/\mathrm{d}s$,也可以写成 $V\mathrm{d}V/\mathrm{d}s = \frac{1}{2}\mathrm{d}(V^2)/\mathrm{d}s$。最后,沿流线 n 的值是常数($\mathrm{d}n = 0$),所以 $\mathrm{d}p = (\partial p/\partial s)\mathrm{d}s + (\partial p/\partial n)\mathrm{d}n = (\partial p/\partial s)\mathrm{d}s$。因此,如图 3-7 所示,沿给定的流线 $p(s,n) = p(s)$,$\partial p/\partial s = \mathrm{d}p/\mathrm{d}s$。这些推导与式(3-8)相结合,就可以得到以下沿流线有效的结果:

$$-\gamma\frac{\mathrm{d}z}{\mathrm{d}s} - \frac{\mathrm{d}p}{\mathrm{d}s} = \frac{1}{2}\rho\frac{\mathrm{d}(V^2)}{\mathrm{d}s} \tag{3-9}$$

这可以简化为

$$\mathrm{d}p + \frac{1}{2}\rho\mathrm{d}(V^2) + \gamma\mathrm{d}z = 0 \quad (沿流线方向) \tag{3-10}$$

式中,对于恒定的重力加速度,可以化简为

$$\int\frac{\mathrm{d}p}{\rho} + \frac{1}{2}V^2 + gz = C \quad (沿流线方向) \tag{3-11}$$

式中,C 为积分常数,由流线上某点的条件决定。

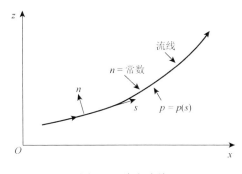

图 3-7　给定流线

在一般情况下,因为密度可能不是恒定的,不可能对压强项进行积分,因此,不能从积分符号中去除。为了进行积分,必须具体了解密度如何随压强变化,但这并不是容易确定的。

例如,对于理想气体来说,密度、压强和温度的关系为 $\rho = p/RT$,式中 R 是气体常数。要想知道密度如何随压强变化，还必须知道温度的变化。现在，假设密度和重度是恒定的（不可压缩的流动）。在附加的假设中，密度保持不变（对于液体和速度不是太高的气体来说是一个很好的假设）。式（3-11）假设对于定常、无黏性、不可压缩流动的简单表示如下：

$$p + \frac{1}{2}\rho V^2 + \gamma z = 常数 \quad （沿流线方向） \tag{3-12}$$

这就是著名的伯努利方程。1738 年伯努利（Daniel Bernoulli，1700—1782）发表了《流体动力学》，在这本书中首次出现了这个著名方程的等价形式。为了正确地使用它，必须始终记住在其推导中使用的基本假设：①假定黏性效应忽略不计；②假定流动定常；③假定流动是不可压缩的；④假定该方程沿流线适用。在式（3-12）的推导中，假设流动发生在一个平面上（x-z 平面），一般来说，只要方程是沿流线的，这个方程对平面和非平面（三维）流动都有效。

下面将通过多个例子来说明如何正确使用伯努利方程，并说明在推导该方程时违反基本假设会导致的错误结论。如果在沿流线的某一位置知道足够的流动信息，就可以求得伯努利方程中的积分常数。

例 3.2 伯努利方程。

已知：考虑如图 3-8 所示，一个在静止空气中运动的自行车手周围的空气流速 V_0。

问题：确定点（1）和点（2）之间的压强差。

图 3-8　例 3.2 图

解：以地面为固定坐标系时，自行车手骑行时的空气为非定常流动。但是，在以自行车为固定坐标系时，空气以定常速度 V_0 朝着自行车手流动。由于伯努利方程的使用仅限于定常流动，因此选择以自行车为固定坐标系。如果伯努利方程的假设（定常，不可压缩，无黏性）是有效的，则沿着通过点（1）和点（2）的流线，可以应用式（3-12）得到

$$p_1 + \frac{1}{2}\rho V_1^2 + \gamma z_1 = p_2 + \frac{1}{2}\rho V_2^2 + \gamma z_2$$

认为点（1）位于自由流中，因此 $V_1 = V_0$，而点（2）位于自行车手的鼻子的顶端，并假定 $Z_1 = Z_2$ 和 $V_2 = 0$。因此，点（2）处的压强比点（1）处的压强大，压强差为

$$p_2 - p_1 = \frac{1}{2}\rho V_1^2 = \frac{1}{2}\rho V_0^2$$

讨论：在例 3.1 中因为沿流线的速度分布 $V(s)$ 是已知的，通过对压强梯度项积分获得了相似的结果。伯努利方程是 $F = ma$ 的一个广义的积分方程。要确定 $p_2 - p_1$，不需要了解详细的速度分布，仅需要点（1）和点（2）的边界条件。当然，需要知道沿流线的 V 值，以确定在点（1）和点（2）之间的压强。

如果自行车手正在加速或减速，则流动将是非定常的（即 V_0 不是常数），上述分析将是不正确的，因为公式（3-12）仅限于定常流动。

流场中两点之间的流体速度差 V_1 和 V_2，通常可以通过适当的几何约束来控制。例如，灌溉软管喷嘴的设计是为了使喷嘴出口处的速度比它与软管相连的入口处的速度高。如伯努利方程所示，软管内的压强必须大于出口处的压强（对于恒定的高度，如果式（3-12）有效，速度的增加需要压强降低），正是这个压降加速了水通过喷嘴的速度。同样，翼型的设计也是为了使其上表面的流体速度（平均值）大于其下表面的速度平均值。因此，根据伯努利方程可以看出下表面的平均压强比上表面的平均压强大，从而产生浮升力。

3.3　沿流线法线方向的伯努利方程

在本节中，将研究牛顿第二定律在流线法线方向上的应用。在许多流动中，流线是相对笔直的，流动基本上是一维的，与沿流线切线方向的参数变化相比，沿法线方向的参数变化通常可以忽略。但是，在许多其他情况下，可以通过考虑 $F = ma$ 沿流线法线方向来获得有价值的信息。例如，龙卷风中心破坏性的低压区域可以通过在龙卷风近似圆形的流线上应用牛顿第二定律来解释。

再次考虑如图 3-5 和图 3-9 所示的流体微元上的力平衡。这一次考虑法线分量 n，并将牛顿第二定律写为

$$\sum \delta F_n = \frac{\delta m V^2}{\mathscr{R}} = \frac{\rho \delta V V^2}{\mathscr{R}} \tag{3-13}$$

式中，$\sum \delta F_n$ 表示作用在流体微元上所有力在 n 方向上的分量之和；δm 是流体微元质量。假设流动是定常的，法向加速度为 $a_n = V^2 / \mathscr{R}$，式中 $\mathscr{R}$ 为流线的局部曲率半径。这个加速度是流体微元沿弯曲路径运动时由于速度方向的变化而产生的。

再次假设重要的力只有压力和重力。重力（重量）在法线方向上的分量为

$$\delta W_n = -\delta W \cos\theta = -\gamma \delta V \cos\theta \tag{3-14}$$

如果流线在某点是垂直的，则 $\theta = 90°$，而且流体微元重力中没有与流动方向垂直的分量对其在该方向的加速度有影响。

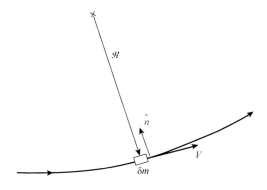

图 3-9　流体微元上的速度方向

如果流体微元的中心压强为 p，那么它在流体微元顶部和底部的数值分别为 $p + \delta p_n$ 和 $p - \delta p_n$，式中 $\delta p_n = (\partial p / \partial n)(\delta n / 2)$。因此，如果 δF_{pn} 是流体微元在法线方向上的净压力，那么可以得出

$$\delta F_{pn} = (p - \delta p_n)\delta s \delta y - (p + \delta p_n)\delta a \delta y = -2\delta p_n \delta s \delta y$$

$$= -\frac{\partial p}{\partial n}\,\delta s \delta n \delta y = -\frac{\partial p}{\partial n}\delta \mathcal{V} \tag{3-15}$$

因此，图 3-5 所示的流体微元上法线方向的净力由下式给出：

$$\sum \delta F_n = \delta W_n + \delta F_{pn} = \left(-\gamma \cos\theta - \frac{\partial p}{\partial n}\right)\delta \mathcal{V} \tag{3-16}$$

结合式（3-13）和式（3-16），并根据流线的法线方向有 $\cos\theta = \mathrm{d}z/\mathrm{d}n$（图 3-5），得到以下沿法线方向的运动方程：

$$-\gamma \frac{\mathrm{d}z}{\mathrm{d}n} - \frac{\partial p}{\partial n} = \frac{\rho V^2}{\mathcal{R}} \tag{3-17}$$

式（3-17）的物理解释是：通过适当组合压强梯度和垂直于流线的流体微元重量来实现流体微元流动方向的变化（即弯曲路径 $\mathcal{R} < \infty$）。较大的速度和密度或者较小的运动曲率半径需要较大的力来产生运动。例如，如果忽略重力（通常对气体流动这样处理），或如果流动在水平（$\mathrm{d}z/\mathrm{d}n = 0$）平面上，则式（3-17）变为

$$\frac{\partial p}{\partial n} = -\frac{\rho V^2}{\mathcal{R}} \tag{3-18}$$

这表明压强随着远离曲率中心而增加（因为 $\rho V^2 / \mathcal{R}$ 是正数 n 的正方向指向弯曲流线的"内部"，所以 $\mathrm{d}p/\mathrm{d}n$ 是负数）。因此，龙卷风外面的压强（典型的大气压）比龙卷风中心附近的压强大（那里可能会出现危险的低部分真空）。这个压强差是平衡离心加速度所必需的，离心加速度与流体运动的弯曲流线有关。

例 3.3　沿流线法线方向的压强变化。

已知：图 3-10（a）、（b）表示两个具有圆形流线的流场。速度分布分别为

情况 a：

$$V(r) = (V_0/r_0)r$$

情况 b：

$$V(r) = \frac{V_0 r_0}{r}$$

式中，V_0 是 $r = r_0$ 处的速度。

问题：确定每种情况的压强分布 $p = p(r)$，给定条件：当 $r = r_0$ 时，$p = p_0$。

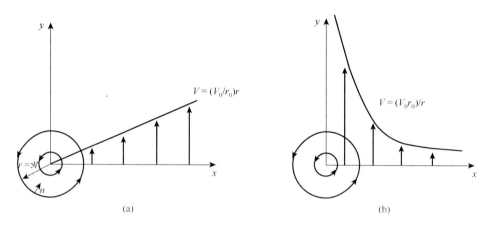

图 3-10 例 3.3 图

解：假设流动是定常、无黏性的、不可压缩的，流线在水平面内（$dz/dn = 0$）。由于流线是圆形的，坐标 n 指向与径向坐标相反的方向，$\partial/\partial n = -\partial/\partial r$，曲率半径为 $\mathscr{R} = r$。因此，式（3-18）变为

$$\frac{\partial p}{\partial r} = \frac{\rho V^2}{r}$$

对于情况（a），可以得到

$$\frac{\partial p}{\partial r} = \rho (V_0/r_0)^2 r$$

而由情况（b）得到

$$\frac{\partial p}{\partial r} = \frac{\rho (V_0 r_0)^2}{r^3}$$

对于这两种情况，由于 $\partial p/\partial r > 0$，所以压强随着 r 的增加而增加。已知 $r = r_0$ 时压强 $p = p_0$，对 r 进行积分，得到

对于情况（a）：

$$p - p_0 = (\rho V_0^2/2)[(r/r_0)^2 - 1]$$

对于情况（b）：

$$p - p_0 = (\rho V_0^2/2)[1 - (r/r_0)^2]$$

压强分布如图 3-11 所示。

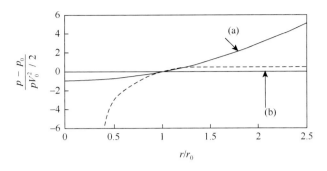

图 3-11　例 3.3 图（c）

讨论：因为速度分布不同，在（a）和（b）的情况下，平衡离心加速度所需的压强分布是不一样的。事实上，对于情况（a），压强随着 $r \to \infty$ 无限制地增加，而对于情况（b），压强随着 $r \to \infty$ 接近一个有限值。然而，每种情况下的流线模式是相同的。

在物理学上，情况（a）代表了刚体旋转（如一罐水在转盘上被"旋转"），情况（b）代表自由涡流（近似于龙卷风、飓风或排水管中的水涡，即"浴缸涡流"）。

如果将式（3-17）乘以 dn 且 s 是常数，那么利用 $\partial p / \partial n = dp / dn$，并在流线上（$n$ 方向）进行积分，可以得到

$$\int \frac{\mathrm{d}p}{\rho} + \int \frac{V^2}{\mathcal{R}} \, \mathrm{d}n + gz = 常数 \quad （沿流线方向） \tag{3-19}$$

为了完成上述积分，必须知道密度是如何随压强和温度变化的，流体速度和曲率半径是如何随 n 变化的。对于不可压缩的流体，密度是常数，并且涉及压强项的积分仅给出 p/ρ。然而，仍然需要对式（3-19）中的第二项进行积分。在不知道 n 在 $V = V(s, n)$ 和 $\mathcal{R} = \mathcal{R}(s, n)$ 中的关系的情况下，这个积分不能完成。

因此，牛顿第二定律适用于定常的、无黏性的、不可压缩流动的最终形式为

$$p + \rho \int \frac{V^2}{\mathcal{R}} \, \mathrm{d}n + \gamma z = 常数 \quad （沿流线方向） \tag{3-20}$$

与伯努利方程一样，必须注意，用该方程时不要违反推导它时所涉及的假设。

3.4　沿总流的伯努利方程

在前两节中，建立了在相当严格的限制条件下制约流体运动的基本方程。尽管对这些流动施加了许多假设，但可以很容易地用来分析各种流动。对这些方程的物理解释将有助于理解所涉及的过程。为此，重写了方程（3-12）和方程（3-20），并对其进行物理解释。如图 3-12 所示，沿着流线和法线应用 $F = ma$ 的结果是：

$$p + \frac{1}{2}\rho V^2 + \gamma z = 常数 \quad （沿流线方向） \tag{3-21}$$

和

$$p + \rho \int \frac{V^2}{\mathcal{R}} \, \mathrm{d}n + \gamma z = 常数 \quad （沿法线方向） \tag{3-22}$$

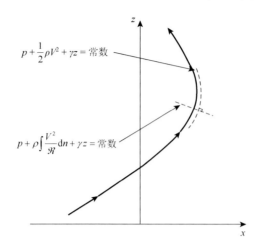

$$p + \frac{1}{2}\rho V^2 + \gamma z = 常数$$

$$p + \rho \int \frac{V^2}{\mathcal{R}}\mathrm{d}n + \gamma z = 常数$$

图 3-12　沿着流线和法线应用 $F = ma$

为了得到这些方程，做了以下基本假设：流动是定常，流体是无黏性和不可压缩的。实际上，这些假设都不完全成立。违反一个或多个假设是导致实际情况与使用伯努利方程得到的解不相等的常见原因。但因为流动是近乎定常和不可压缩的，流体的行为就近乎无黏性，许多实际情况都可以使用方程（3-21）和方程（3-22）来充分建模。

伯努利方程是通过沿流线坐标方向的运动方程积分得到的。要产生加速度，必须有一个不平衡的力，其中只有压力和重力被认为是重要的。因此，在流动中涉及三个过程质量乘加速度（$\rho V^2 / 2$）、压强（p）和重量（γz）。

对运动方程进行积分得到的式（3-21），实际上对应于动力学研究中经常使用的功能原理（参见标准动力学文献）。这个原理来自于对物体运动方程的一般积分，其方式与 3.2 节中对流体微元的积分非常相似。在一定的假设条件下，功能原理可以写成如下的形式：

作用在流体微元上的所有力对流体微元所做的功 = 流体微元动能的变化

伯努利方程就是这一原理的数学陈述。

当流体微元运动时，重力和压强都会对流体微元做功。一个力所做的功等于流体微元移动的距离与移动方向上的力的分量的乘积。式（3-21）中的 γz 和 p 分别与重力和压力所做的功有关。剩下的项 $\rho V^2 / 2$，显然与流体微元的动能有关。事实上，推导伯努利方程的另一种方法是使用热力学第一和第二定律（能量方程和熵方程），而不是牛顿第二定律。在适当的限制条件下，一般的能量方程可以简化为伯努利方程。伯努利方程的另一种等效形式是将式（3-12）中的每一项除以重度 γ，得到

$$\frac{p}{\gamma} + \frac{V^2}{2g} + z = 常数 \quad （在流线上） \tag{3-23}$$

该等式中的每项都以单位重量的能量或长度（米）为单位，并代表某种类型的水头。

z 与流体微元的势能有关，称为位置水头。p/γ 称为压强水头，表示产生压强 p 所需

的流体高度。速度项 $V^2/2g$ 是速度水头，表示流体要从静止状态达到速度 V 时所需自由下落（忽略摩擦）的垂直距离。伯努利方程指出，压强水头、速度水头和位置水头的总和沿流线是恒定的。

例 3.4 动能、势能和压能。

已知：考虑从图 3-13（a）所示的注射器中流出的水。如图 3-13（b）所示，施加在柱塞上的力 F 将在注射器内的点（1）处产生大于大气压的压强。水从针头点（2）处以相对较高的速度流过，并到达其轨迹的顶端点（3）。

问题：利用伯努利方程讨论流体在点（1）、点（2）、点（3）的能量。

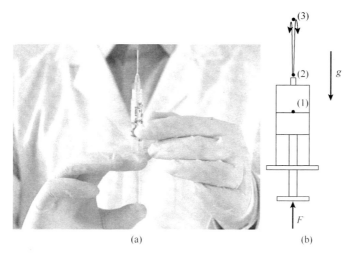

(a)   (b)

图 3-13 例 3.4 图

解：如果假设定常、无黏性的、不可压缩的流动的伯努利方程近似有效，就可以用水的总能量分配来解释流动。根据式（3-21），三种能量（动能、重力势能和压强势能）或水头（速度水头、位置水头和压强水头）的总和必须保持不变。表 3-1 显示了图 3-13（b）中所示的三点上每一种能量的相对大小。

表 3-1 利用伯努利方程分析在（1）、（2）和（3）点的流体能量

位置	流体能量		
	动能 $\rho V^2/2$	重力势能 γz	压强势能 P
1	小	0	大
2	大	小	0
3	0	大	0

当流体从一个位置流向另一个位置时，这种运动会导致每种能量大小的变化。考虑这种流动的另一种方法如下：点（1）和点（2）之间的压强梯度产生了一个加速度，使

流体从（1）流向（2），将水从针孔中喷出；作用点（2）和点（3）之间的流体微元上的重力产生减速，使水在飞行轨迹的顶端滞止。

讨论：如果摩擦（黏性）效应很重要，则在点（1）和点（3）之间会损失能量，并且对于给定的 p_1，水将无法达到图 3-13（b）中所示的高度。这种摩擦可能会出现在针头上（请参见第 8 章关于管内流动的部分）或在水流与周围空气之间（请参见第 9 章关于外部流动的部分）。

流体故事

箭鱼，就像海底水枪一样能够击落停留在叶子上的昆虫。它们的鼻子伸出水面，对着猎物喷射出高速的水柱，将猎物击落在水面上，然后将猎物捕获作为美餐。它们的水枪的枪管是由它们的舌头抵住嘴巴顶部的凹槽形成的。箭鱼咬紧腮帮，水就会通过管子被引导出来，并通过舌头来改变水流方向。箭鱼在鳃内能产生足够大的压头，使射流能达到 2~3m，但精确度只有 1m 左右。最近的研究表明，箭鱼非常善于计算猎物的落点。在 100 毫秒内（反应速度是人类的两倍），箭鱼已经提取了预测猎物落水点所需的所有信息。不需要进一步观察，它就能直接冲向落水点。

加速任何质量的流体微元都需要一个净力。对于定常流动，加速度可以解释为两个不同的现象——沿流线的速度变化和当流线弯曲时的方向变化。沿流线的运动方程的积分解释了速度的变化（动能变化），并得出伯努利方程。对流线法线的运动方程进行积分，可以得到离心加速度（$V^2/\mathcal{R}$），从而得到式（3-22）。

当流体微元沿着弯曲的路径运动时，需要一个指向曲率中心的净力。在对公式（3-22）有效的假设下，这个力可能是重力或压力，或者是两者的合力。在许多情况下，流线几乎是直的（$\mathcal{R} = \infty$），所以离心效应可以忽略不计，即使流体在运动，整个流线上的压强变化也仅仅是由于重力作用引起的。

例 3.5 流动中的压强变化。

已知：如图 3-14（a）所示，水在一个弯曲的、起伏的滑坡中流动。作为这种流动的近似值，考虑图 3-14（b）所示的无黏性、不可压缩的定常流动。从 A 到 B 段的流线是直线，而从 C 到 D 段的流线则是圆形路径。

问题：请描述点（1）、点（2）和点（3）、点（4）之间的压强变化情况。

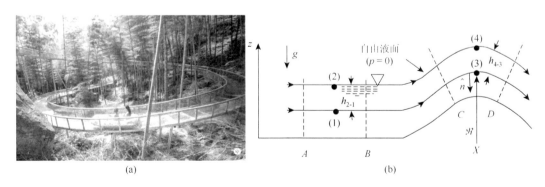

图 3-14　例 3.5 图

解：在上述假设和从 A 到 B 的部分 $\mathscr{R} = \infty$ 的情况下，式（3-22）变成了

$$p + \gamma z = 常数$$

该常数可以通过 $p_2 = 0$（表压），$z_1 = 0$，$z_2 = h_{2-1}$ 计算两个位置的已知变量来确定：

$$p_1 = p_2 + \gamma(z_2 - z_1) = p_2 + \gamma h_{2-1}$$

请注意，由于流线的曲率半径是无限的，所以垂直方向的压强变化与流体静止时的压强变化相同。

然而，如果在点（3）和（4）之间应用式（3-22），可得到（使用 $\mathrm{d}n = -\mathrm{d}z$）

$$p_4 + \rho \int \frac{V^2}{\mathscr{R}}(-\mathrm{d}z) + \gamma z_4 = p_3 + \gamma z_3$$

又因为 $p_4 = 0$ 且 $z_4 - z_3 = h_{4\text{-}3}$，上式变为

$$p_3 = \gamma h_{4\text{-}3} - \rho \int_{z_3}^{z_4} \frac{V^2}{\mathscr{R}}\mathrm{d}z$$

为了求解积分，必须知道 V 和 $\mathscr{R}$ 随 z 的变化情况。即使没有这些详细的信息，也应注意到积分有一个正值。因此，在（3）处的压强比静压 $\gamma h_{4\text{-}3}$ 小，在数值上等于 $\rho \int_{z_3}^{z_4}(V^2/\mathscr{R})\mathrm{d}z$。弯曲的流线所产生的这种较低的压强对于加速弯曲路径周围的流体是必要的。

讨论：请注意，在点（1）到点（2）或点（3）到点（4）的流线上没有应用伯努利方程（式（3-21）），而是使用了式（3-22），跨流线（而不是沿流线）应用伯努利方程可能会导致严重的误差。

3.5　静压、滞止压、动压和总压

与伯努利方程相关的一个有用概念是滞止压。滞止压是流动流体中的动能转化为"压强上升"而产生的（如例 3.2 所示）。

式（3-21）中伯努利方程的每一项都具有单位面积上的力，单位为帕斯卡（Pa）。第一项 p 是流体流动时的实际热力学压强。为了测量其值，可以随流体一起移动，相对于运动的流体是"静态"的，因此，通常将其称为静压。如图 3-15 中点（3）的位置所示，测量静压强的另一种方法是在平面上钻一个孔并固定一个压强计管。如例 3.5 所示，在点（1）处流动的流体中的压强为 $p_1 = \gamma h_{3\text{-}1} + p_3$，与静止的流体相同。根据第 2 章的压强计，已知 $p_3 = \gamma h_{4\text{-}3}$，因此，由于 $h_{3\text{-}1} + h_{4\text{-}3} = h$，所以 $p_1 = \gamma h$。

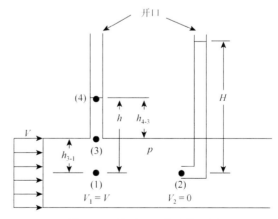

图 3-15　静压和滞止压的测量

式（3-22）中的第三项，γz 被称为静水压强。

伯努利方程中的第二项，即 $\rho V^2/2$ 被称为动压。如图 3-15 所示，通过考虑插入到水

流中并指向上游的小管末端的压强可以理解动压的概念。初始运动消失后，流体将运动到管中高度为 H 处。管内的流体，包括其尖端的流体（2），将是静止的。也就是说，$V_2 = 0$，或者点（2）是滞止点。

如果将伯努利方程应用在点（1）和点（2）之间，通过使用 $V_2 = 0$ 并假设 $z_1 = z_2$，发现

$$p_2 = p_1 + \frac{\rho V_1^2}{2} \tag{3-24}$$

因此，滞止点的压强比静压 p_1 大 $\rho V_1^2 / 2$ （数值对应动压的大小）。

可以证明，放置在流动流体中的任何静止物体上都有一个滞止点。一些流体在物体"上方"流动，而一些在物体"下方"流动。分界线（或三维流动的面）称为滞止流线，并以主体上的滞止点为终点。如图 3-16（a）所示，对于对称的物体（如棒球）的滞止点明显在物体的顶端或前端。对于其他流动，如图 3-16（b）所示的水对汽车射流，汽车上也有一个滞止点。

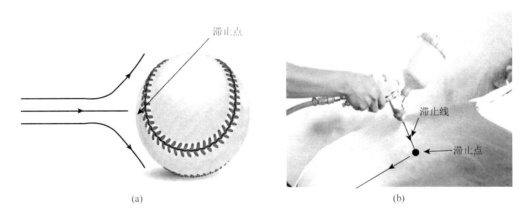

图 3-16　滞止点

如果忽略高度效应，那么滞止压强 $p + \rho V^2 / 2$，是沿给定流线可获得的最大压强，它表示所有动能转化为压强的增加。静压、静水压强和动压之和称为总压，p_T。伯努利方程说明，总压强沿流线保持不变。也就是

$$p + \frac{1}{2}\rho V^2 + \gamma z = p_T = 常数 \quad （沿流线方向） \tag{3-25}$$

同样，必须注意，在推导这个方程时使用的是满足限制条件的流体。

流体故事

为了正常工作，我们的眼睛需要一定量的内部压强，正常范围为 $10\sim20$mmHg。压强由进入和离开眼睛的流体之间的平衡确定。如果眼压高于正常水平，则会损害离开眼睛的视神经，导致视野丧失，称为青光眼。眼内压强的测量可以通过几种不同的非侵入性类型的仪器来完成，当施加力时，所有这些仪器都可以测量眼球的轻

微变形。一些方法使用物理探针和眼睛前部接触，施加已知大小的力并测量变形；一种非接触式方法是使用经过校准的空气吹向眼睛，空气吹向眼球所产生的滞止压会导致眼球轻微变形，其大小与眼球内的压强相关。

已知流体中静压和滞止压强的值就可以计算出流体的速度，这就是皮托管的原理。如图 3-17 所示，将两根同心管连接到两个压强计（或差压计）上，这样就可以确定 p_3 和 p_4 的值（或差值 p_3-p_4）。中心管测量其开端处的滞止压强。如果高度变化可以忽略不计，则

$$p_3 = p + \frac{1}{2}\rho V^2 \tag{3-26}$$

式中，p 和 V 为点（2）上游流体的压强和速度。外管在距尖端适当距离处开几个小孔，使其测量静压。如果点（1）和点（4）之间的高度差影响可以忽略不计，则

$$p_4 = p_1 = p \tag{3-27}$$

将两个公式结合

$$p_3 - p_4 = \frac{1}{2}\rho V^2 \tag{3-28}$$

转换为

$$V = \sqrt{2(p_3 - p_4)/\rho} \tag{3-29}$$

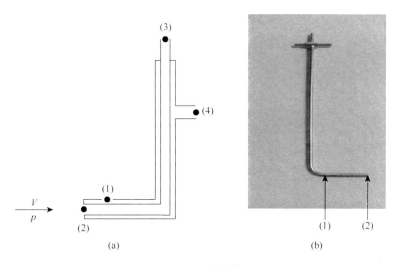

图 3-17　皮托管

皮托管的实际形状和尺寸差别很大。图 3-18 所示为用于确定飞机空速的典型皮托静压探头。

(a) 示意图　　　　　　　　　　　　(b) 照片

图 3-18　飞机皮托静压探头

流体故事

　　尽管皮托管是一种用于测量飞机速度的简单设备，但许多飞机事故都是由不正确的皮托管读数引起的。这些事故多数是由于皮托管的一个或多个孔被堵住而没有显示正确的压强。造成这种堵塞的两个最常见的原因是，飞行员（或地勤人员）忘记移开皮托管的保护盖，或者昆虫在标准目视检查无法检测到的管内筑巢。由皮托管造成的最严重事故是波音 757 坠毁，该事故发生在飞机从多米尼加共和国波多黎各普拉塔起飞后不久。不正确的空速数据会自动送入计算机，从而使自动驾驶仪改变迎角和发动机功率，导致飞机失速，然后坠入加勒比海，机上所有的人员死亡。

　　例 3.6　皮托管。

　　已知：如图 3-19 所示，一架飞机在标准大气中以 322km/h 的速度在 3048m 的高空飞行。

　　问题：确定飞机前方远处点（1）的压强、飞机机头滞止点（2）的压强和机身上连接的皮托静压探头所显示的压强差。

图 3-19　例 3.6 图（a）

解：已知给定高度下的静压为 $p_1 = 7.012 \times 10^4 \, \mathrm{N/m^2}$，同时密度为 $\rho = 0.9093 \, \mathrm{kg/m^3}$。如果流动是定常的、无黏性的、不可压缩的，并且忽略高度变化，则

$$p_2 = p_1 + \frac{\rho V_1^2}{2}$$

在 $V_1 = 322 \, \mathrm{km/h} = 89 \, \mathrm{m/s}$ 和 $V_2 = 0$ 的情况下（因为坐标系是固定在飞机上的），得到

$$p_2 = 7.012 \times 10^4 \, \mathrm{N/m^2} + (0.9093 \, \mathrm{kg/m^3})(89^2 \, \mathrm{m^2/s^2}) / 2$$
$$= (7.012 \times 10^4 + 3601) \, \mathrm{N/m^2}$$

因此，皮托管显示的压强差为

$$p_2 - p_1 = \frac{\rho V_1^2}{2} = 3601 \, \mathrm{N/m^2}$$

讨论：假设流动是不可压缩的，密度从点（1）到点（2）都保持不变，但由于 $\rho = p/RT$，压强的变化将导致密度的变化。对于这种速度相对较低的情况，绝对压强的比值接近 1（即 $p_1 / p_2 = (7.012 \times 10^4 \, \mathrm{N/m^2}) / (7.012 \times 10^4 + 3601) \, \mathrm{N/m^2} = 0.951$），因此密度变化可以忽略不计。然而，通过重复计算速度 V_1，得到图 3-20。通常商业客机的飞行速度为 750～900km/h，压强比是密度变化的重要因素。在这种情况下，必须使用可压缩流动概念来获得准确的结果。

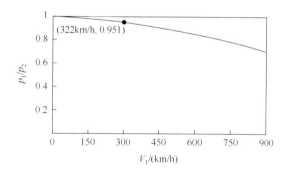

图 3-20　例 3.6 图（b）

皮托管是一种简单的、相对廉价的测量流体速度的方法。它的使用取决于测量静压和滞止压的能力，应准确获得这些数值。例如，准确测量静压要求流体的动能在测量点不转化为压强的增加。这就要求测量孔光滑，没有毛刺或瑕疵。如图 3-21 所示，这种不光滑的测量孔会导致测量的压强大于或小于实际静压。

此外，沿物体表面的压强与测量点的静压不同，其滞止点的数值可能小于自由流的静压。图 3-22 显示了皮托管的典型压强变化。显然，测压口的位置正确很重要，以确保测量的压强是静压。

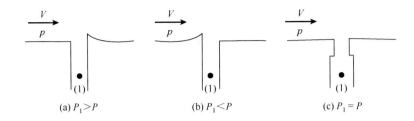

图 3-21　正确和错误的静压水头设计

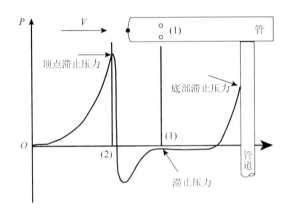

图 3-22　皮托管的典型压强变化

　　实际上，很难将皮托管直接对准流动方向。任何错位都会产生一个非对称的流场，可能会导致误差。通常情况下，偏角可达 12°～20°，其结果与完全对准时的结果误差小于 1%。一般来说，测量静压比测量滞止压更困难。

　　确定流动方向及其速度的一种方法是使用如图 3-23 所示的寻向皮托管。在一个小圆筒钻入三个测压口，装上小管，并与三个压强传感器相连。圆筒旋转，直到两个侧孔的压强相等，从而表明中心孔指向上游。然后，从中心孔测量滞止压。两个侧孔位于一个特定的角度 $\beta = 29.5°$，以便测量静压，速度则由 $V = [2(p_2 - p_1)/\rho]^{1/2}$ 得到。

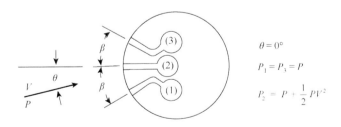

图 3-23　寻向皮托管的横截面

　　上述讨论适用于不可压缩的流动。静压、动压、滞止压和总压的概念在各种流动问题中广泛应用。这些结论在本书的其余部分会得到更充分的运用。

3.6　伯努利方程的应用举例

本节将说明伯努利方程的各种应用。对于定常、无黏性的、不可压缩的流动，流线上的任意两点（1）和（2）之间，伯努利方程可以用以下形式表示

$$p_1 + \frac{1}{2}\rho V_1^2 + \gamma z_1 = p_2 + \frac{1}{2}\rho V_2^2 + \gamma z_2 \qquad （3\text{-}30）$$

显然，如果六个变量中的五个是已知的，那么剩下的一个就可以确定。在许多情况下，有必要引入其他方程，如质量守恒方程。这些因素将在本节中简要讨论，在第 5 章中进行更详细的讨论。

3.6.1　自由射流

流体从大型罐中流出是流体力学中最古老的问题之一。在现代，这种流动包括从咖啡壶中流出咖啡，如图 3-24 所示，基本原理如图 3-25 所示，其中流体射流以 V 的速度从直径为 d 的喷嘴（一种可以使流体加速的装置）中流出。

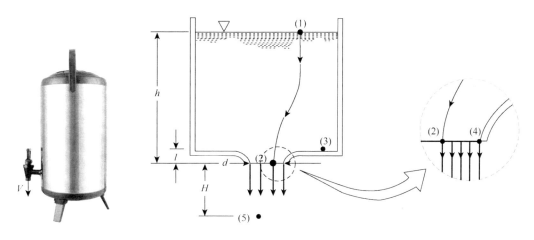

图3-24　从咖啡壶中流出咖啡　　　　　　图 3-25　流体从罐中垂直流出

将式（3-30）应用在图 3-25 中所示流线上的点（1）、点（2），有

$$\gamma h = \frac{1}{2}\rho V^2 \qquad （3\text{-}31）$$

考虑到实际情况：$z_1 = h$，$z_2 = 0$，罐很大（$V_1 \cong 0$），流体表面与大气相通（表压 $p_1 = 0$），流体以“自由射流”（$p_2 = 0$）的形式流出，得到

$$V = \sqrt{2\frac{\gamma h}{\rho}} = \sqrt{2gh} \qquad （3\text{-}32）$$

可以根据式（3-22），通过在点（2）和点（4）之间的流线上施加 $F = ma$ 看出：射流出口压强等于周围大气的压强（$p_2 = 0$）。假设喷嘴尖端的流线是直的（$\mathscr{R}=\infty$），则 $p_2 = p_4$，又因为点（4）在射流表面，与大气接触，所以 $p_4 = 0$，因此 $p_2 = 0$。由于点（2）是喷嘴出口平面上的任意点，因此该平面上的压强均等于大气压强。从物理学方面考虑，由于速度的法向（即水平面）方向上没有重力或加速度分量，因此该方向上的压强是相等的。

一旦离开喷嘴，流体继续以表压为 0 的自由射流形式下落（$p_5 = 0$），如将式（3-30）应用在点（1）和点（5）之间，速度可表达为

$$V = \sqrt{2g(h + H)} \tag{3-33}$$

式中的 H 如图 3-25 所示，是下落的流体与喷嘴出口的距离。

也可以通过在点（3）和点（4）之间，利用 $z_4 = 0$，$z_3 = l$，通过伯努利方程得到式（3-32）。同样的 $V_3 = 0$，因为点（3）远离喷嘴，根据流体静力学，可以得到 $p_3 = \gamma(h-l)$。

根据物理学或动力学中的知识，如图 3-26 所示，任何物体从静止状态跌落到真空中，经过一段距离 h，将获得速度 $V = \sqrt{2gh}$。同样的离开喷口的水流也如图 3-27 所示。这与忽略黏性（摩擦）效应时，流体质点的所有势能都被转换成动能的事实相符合。如前文所述，点（1）处的位置水头转换为点（2）处的速度水头。观察图 3-25，会发现点（1）和点（2）处的压强相同（同为大气压）。

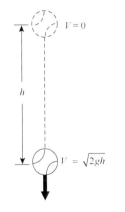

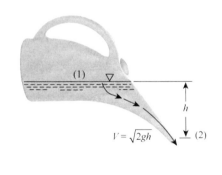

图 3-26　物体从静止跌落到真空　　　　　　　图 3-27　离开喷口的水流

对于图 3-28（a）中的水平喷嘴，中心线处的流体速度 V_2 由于高度的差异，略大于顶部 V_1，略小于底部 V_3。一般来说，$d \ll h$，如图 3-28（b）所示，可以将中心线上的速度合理地看成是"平均速度"。

如果出口不是光滑、轮廓良好的喷嘴，而是如图 3-29 所示的锐角边孔，则射流直径 d_j 将小于孔直径 d_h。这种现象称为缩颈效应，这是由于流体无法转动图 3-29 中虚线所示的 90° 角造成的。

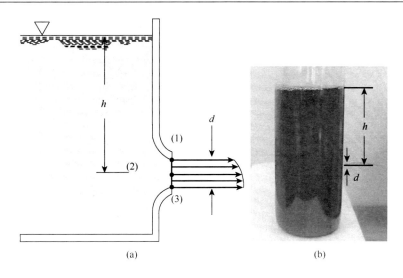

图 3-28　从罐中流出的水平流

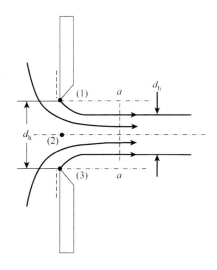

图 3-29　锐角边孔的缩颈效应

由于出口平面中的流线是弯曲的（$\mathscr{R} < \infty$），因此通过出口平面时的压强不是恒定的。需要一个无限大的压强梯度，使流体转动一个"尖角"（$\mathscr{R}=0$）。最高压强出现在中心线（2）处，最低压强 $p_1 = p_3 = 0$ 出现在射流边缘。因此，在出口平面处，具有直流线和恒定压强的匀速假设是无效的。然而，如图 3-28 所示，在 $d_j \ll h$ 的情况下，在缩孔平面 a-a 截面内，等速假设是有效的。

缩颈系数是出口几何形状的函数。一些典型结构以及实验获得的缩颈系数的典型值如图 3-30 所示，缩颈系数 $C_c = A_j/A_h$，式中 A_j 和 A_h 分别是缩颈处的射流面积和孔的面积。

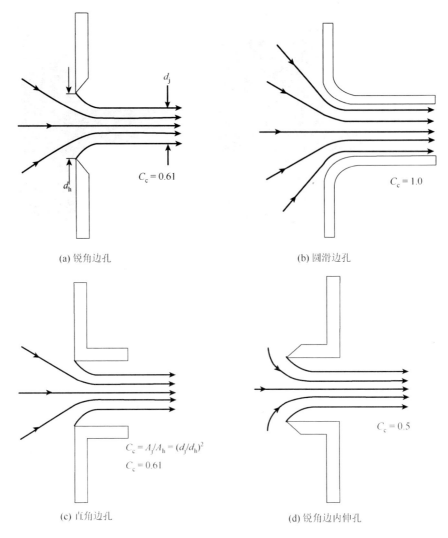

图 3-30　各种圆孔出口对应的局部流型和缩颈系数

流体故事

　　虽然棉花糖和玻璃棉绝缘部分由完全不同的材料制成，用途也完全不同，但它们是由类似的工艺制成的。棉花糖，发明于 1897 年，由糖纤维组成；玻璃棉，发明于 1938 年，由玻璃纤维组成。在棉花糖机中，糖被熔化，然后在离心力的作用下流过一个旋转的"碗"中的许多小孔。一旦流出小孔，稀薄的液态糖流就会很快冷却，并成为固体线，被收集在棍子或圆锥体上。制造玻璃棉绝缘材料有点复杂，但基本过程是相似的。液态玻璃被迫通过微小的孔口，以非常细的玻璃流的形式迅速流出凝固，由此产生缠绕在一起的柔性纤维，形成一种有效的绝缘材料——玻璃棉。绝缘是因为纤维之间的微小空气"空腔"抑制了电子运动。虽然钢棉看起来像棉花糖或玻璃棉，但它的制作过程完全不同。实心钢丝被拉到开有凹槽的切割刀片上，长而细的钢线被凹槽剥掉，形成了钢棉。

3.6.2　有限空间内流动

在许多情况下，流体被机械地限制在一个装置内。这种情况包括可变直径的喷嘴和管道，由于不同截面的流动面积不同，流体速度会发生变化。对于这些情况，有必要使用质量守恒（连续性方程）的概念以及伯努利方程。为了满足本章的需要，可以使用一种简化形式的连续性方程，该方程的参数可以直观地得到。考虑一种流体流过一个固定容积（如注射器），该容积有一个入口和一个出口，如图 3-31（a）所示。如果流动是定常的，即固定容积内没有额外的流体积聚，则流体流入固定容积的质量必须等于流体流出固定容积的质量（否则，质量将不守恒）。

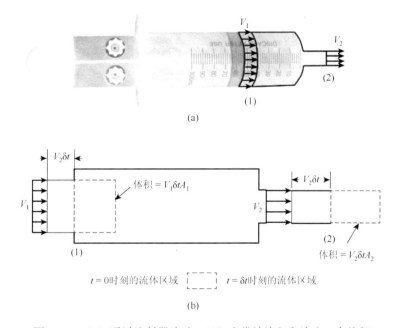

图 3-31　（a）通过注射器流动；（b）定常地流入和流出一个体积

出口的质量流量为 $\dot{m}$（kg/s），通过公式 $\dot{m} = \rho Q$ 得到，式中 Q（m^3/s）是体积流量。如果出口截面面积为 A，且流体以平均速度 V（垂直于出口截面）流出，在 δt 的时间内流出的流体体积为 $VA\delta t$，等于长度为 $V\delta t$ 且截面积为 A 的体积（图 3-31（b））。因此，体积流量（单位时间内流过某截面的流体体积）为 $Q = VA$，所以 $\dot{m} = \rho VA$。为了保证质量守恒，流入质量必须等于流出质量。如果入口指定为（1），出口指定为（2），则 $\dot{m}_1 = \dot{m}_2$。因此，质量守恒要求

$$\rho_1 V_1 A_1 = \rho_2 V_2 A_2 \tag{3-34}$$

如果密度保持不变，那么 $\rho_1 = \rho_2$，上面的方程就是不可压缩的：

$$A_1 V_1 = A_2 V_2 \quad 或 \quad Q_1 = Q_2 \tag{3-35}$$

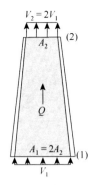

图 3-32   不可压缩流的进出口速度与
进出口面积的关系

例如，图 3-32 所示出口面积是入口面积的一半，因为 $V_2 = A_1 V_1 / A_2 = 2V_1$，所以出口速度是进口速度的两倍。例 3.7 演示了伯努利方程和质量守恒方程（连续性方程）的使用。

例 3.7   重力驱动的储罐流量。

已知：直径为 $d = 0.01\text{m}$ 的新鲜饮料从直径为 $D = 0.20\text{m}$ 的冷却器中稳定地流出，如图 3-33（a）和（b）所示。

问题：假设冷却器中饮料深度保持 $h = 0.20\text{m}$ 恒定，确定从瓶子进入冷却器的流量 Q。

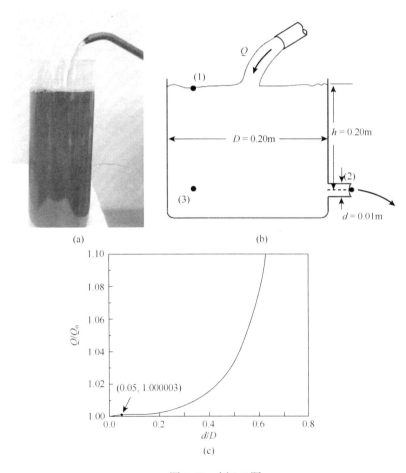

图 3-33   例 3.7 图

解：将定常、无黏性、不可压缩流动的伯努利方程应用在点（1）和点（2）之间：

$$p_1 + \frac{1}{2}\rho V_1^2 + \gamma z_1 = p_2 + \frac{1}{2}\rho V_2^2 + \gamma z_2$$

假设 $p_1 = p_2 = 0$，$z_1 = h$ 以及 $z_2 = 0$，上式变为

$$\frac{1}{2}V_1^2 + gh = \frac{1}{2}V_2^2$$

虽然液面保持不变（h = 常数），但由于罐体内流体的流动，在截面（1）上存在平均速度 V_1。由式(3-35)可知，对于定常的不可压缩流动，质量守恒要求 $Q_1 = Q_2$，式中 $Q = AV$。因此，$A_1V_1 = A_2V_2$，即

$$\frac{\pi}{4}D^2V_1 = \frac{\pi}{4}d^2V_2$$

因此

$$V_1 = \left(\frac{d}{D}\right)^2 V_2$$

联立上式，可以得到

$$V_2 = \sqrt{\frac{2gh}{1-(d/D)^4}} = \sqrt{\frac{2(9.81\text{m/s}^2)(0.20\text{m})}{1-(0.01\text{m}/0.20\text{m})^4}} = 1.98\text{m/s}$$

因此

$$Q = A_1V_1 = A_2V_2 = \frac{\pi}{4}(0.01\text{m})^2(1.98\text{m/s}) = 1.56\times10^{-4}\text{m}^3/\text{s}$$

讨论：在这个例子中，没有忽略水箱中表面水的动能（$V_1 \neq 0$）。如果水箱直径与射流直径相比较大（$D \gg d$），则 $V_1 \ll V_2$，此时 $V_1 \approx 0$ 的假设是合理的。通过计算假设 $V_1 \neq 0$ 时的流量 Q，与假设 $V_1 = 0$ 时的流量 Q_0 之比，可以得出该假设带来的误差。这个比为

$$\frac{Q}{Q_0} = \frac{V_2}{V_2|_{D=\infty}} = \frac{\sqrt{2gh/[1-(d/D)]^4}}{\sqrt{2gh}} = \frac{1}{\sqrt{1-(d/D)^4}}$$

如图 3-33（c）中所示，当 $0 < d/D < 0.4$ 时，$1 < Q/Q_0 \leq 1.01$，假设 $V_1 = 0$ 带来的误差小于 1%。对于本题，$d/D = 0.01\text{m}/0.20\text{m} = 0.05$，由此可见，$Q/Q_0 = 1.000003$。因此，假设 $V_1 = 0$ 往往是合理的。

请注意，本题分别使用位于管道自由液面和出口处的点（1）和点（2）解决了此问题，这样做很方便（因为在这些点上的大部分变量都是已知的）。同样也可以选择其他点，在这些点上进行计算会得到同样的结果。例如，考虑点（1）和点（3）处，如图 3-33（b）所示，在位于足够远的地方点（3）处，$V_3 = 0$ 且 $z_3 = z_2 = 0$。因为是静水压强，且离出口足够远，所以 $p_3 = \gamma h$。使用伯努利方程在点（2）和点（3）之间得到的结果与在点（1）和点（2）之间得到的结果完全相同。唯一不同的是，点（1）处的位置水头 $z_1 = h$ 变为点（3）处的压强水头 $p_3/\gamma = h$。如例 3.8 所示，动能的变化往往伴随着压强的变化。

例 3.8　压强驱动的罐装出流。

已知：如图 3-34 所示，空气从罐体中稳定地流出，通过直径 $D = 0.03\text{m}$ 的软管，从直径 $d = 0.01\text{m}$ 的喷嘴排出到大气中。罐内压强保持恒定，为 3.0kPa（表压），外界大气为标准温度和压强。

问题：确定（a）流量，（b）软管中的压强。

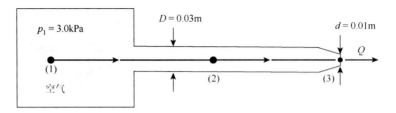

图 3-34 例 3.8 图（a）

解：

（a）假设流动是定常、无黏性、不可压缩的，可以将伯努利方程应用在沿点（1）到点（2）再到点（3）的流线上：

$$p_1 + \frac{1}{2}\rho V_1^2 + \gamma z_1 = p_2 + \frac{1}{2}\rho V_2^2 + \gamma z_2 = p_3 + \frac{1}{2}\rho V_3^2 + \gamma z_3$$

假设 $z_1 = z_2 = z_3$（水平软管），$V_1 = 0$（大罐），$p_3 = 0$（自由射流），有

$$V_3 = \sqrt{\frac{2p_1}{\rho}}$$

以及

$$p_2 = p_1 - \frac{1}{2}\rho V_2^2$$

根据理想气体状态方程，利用绝对压强和热力学温度，得到罐内空气的密度为

$$\rho = \frac{p_1}{RT_1} = \frac{\left[(3.0 + 101)\text{kN}/\text{m}^2\right](10^3\,\text{N}/\text{kN})}{(286.9\,\text{N}\cdot\text{m}/(\text{kg}\cdot\text{K}))(15 + 273)\text{K}} = 1.26\text{kg}/\text{m}^3$$

因此，得到

$$V_3 = \sqrt{\frac{2\times(3.0\times10^3\,\text{N}/\text{m}^2)}{1.26\,\text{kg}/\text{m}^3}} = 69.0\,\text{m}/\text{s}$$

及

$$Q = A_3 V_3 = \frac{\pi}{4}d^2 V_3 = \frac{\pi}{4}(0.01\text{m})^2(69.0\text{m}/\text{s}) = 0.00542\text{m}^3/\text{s}$$

讨论 1：V_3 的值由 p_1 的值（以及伯努利方程中所作的假设）决定，与喷嘴的"形状"无关。罐体内的压强水头 $p_1/\gamma = (3.0\text{kPa})/[(9.81\text{m}/\text{s}^2)(1.26\text{kg}/\text{m}^3)] = 243\text{m}$，换算成出口处的速度水头 $V_3^2/2g = (69.0\text{m}/\text{s})^2/(2\times9.81\text{m}/\text{s}^2) = 243\text{m}$。在伯努利方程中使用的压强为表压（$p_3 = 0$），而在用理想气体状态方程计算密度时需要使用绝对压强。

（b）软管内的压强可由伯努利方程和连续性方程（式（3-19））得到

$$A_2 V_2 = A_3 V_3$$

因此

$$V_2 = A_3 V_3 / A_2 = \left(\frac{d}{D}\right)^2 V_3 = \left(\frac{0.01\text{m}}{0.03\text{m}}\right)^2 (69.0\text{m}/\text{s}) = 7.67\text{m}/\text{s}$$

根据伯努利方程，有

$$p_2 = 3.0 \times 10^3 \text{N/m}^2 - \frac{1}{2}(1.26 \text{kg/m}^3)(7.67 \text{m/s})^2 = (3000 - 37.1) \text{N/m}^2 = 2963 \text{N/m}^2$$

讨论 2：在不考虑黏性效应的情况下，整个软管内的压强是相等的，等于 p_2。从物理上来说，压强从 p_1 到 p_2 再到 p_3 的减小，加速了空气的流动，使其动能从罐内的零增加到软管内的中间值，最后在喷嘴出口处达到最大值。由于喷嘴出口处的空气速度是软管中空气速度的 9 倍，所以大部分的压降发生在喷嘴截面（$p_1 = 3000 \text{N/m}^2$，$p_2 = 2963 \text{N/m}^2$，以及 $p_3 = 0$）。

从理想气体状态方程可知，由于从点（1）到点（3）的压强变化并不大（即绝对压强比：$(p_1 - p_3)/p_1 = (3 - 0)/101 = 0.03$），所以密度变化也不大。因此，对于这个问题，不可压缩的假设是合理的。如果罐体内空气的压强相当大，或者黏性效应很重要，那么使用伯努利方程是不正确的。

通过对不同的喷嘴直径 d 进行计算，得到图 3-35 和图 3-36 所示的结果。随着喷嘴的扩大（即 d 越大），流量变大。注意，如果喷嘴直径与软管直径相同（$d = 0.03 \text{m}$），则整个软管内的压强等于大气压（表压为 0）。

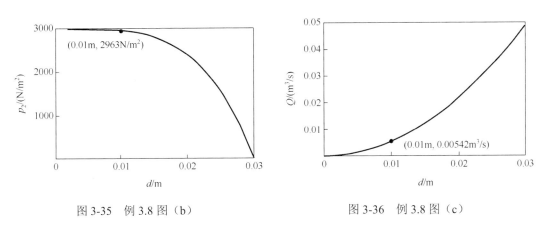

图 3-35　例 3.8 图（b）　　　　　图 3-36　例 3.8 图（c）

流体故事

　　吸入器这个词往往让人想到治疗哮喘或支气管炎的方法。目前研究人员正在开发一种吸入装置，不仅能治疗呼吸道疾病，还能提供治疗糖尿病和其他病症的药物，通过喷洒使其通过肺部，到达血液中。其原理是使喷雾液滴足够细小，渗透到肺部的小囊，即肺泡，在那里进行血液和外界之间的交换。这是通过使用激光加工的喷嘴来实现的，喷嘴中包含一系列非常细小的孔洞，使液体分裂成微米级雾状液滴。该装置适合装在手部，即在手上装上一个一次性的条状物，该条状物包含密封在层压塑料泡内的药液和喷嘴。通过一个电动活塞，驱动液体从其储液器中流出，通过喷嘴并进入呼吸系统。服用药物时，患者通过设备和压差传感器的吸入器进行呼吸，当患者的呼吸达到接受药物的最佳状态时，活塞会自动触发。

　　在许多情况下，动能、压强和重力的综合作用非常重要。例 3.9 将说明这一点。

例 3.9　变截面管道中的流量。

已知：水流经管道减速器，如图 3-37 所示。点（1）、点（2）处的静压是用倒置的 U 形管压强计测得的，内有重度为 SG 的油，SG 小于 1。

问题：确定压强计的读数 h。

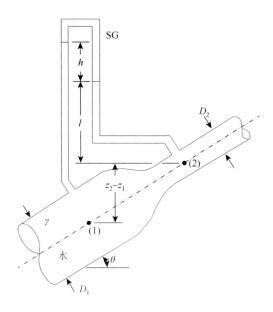

图 3-37　例 3.9 图

解：在定常、无黏性、不可压缩流动的假设下，伯努利方程可写为

$$p_1 + \frac{1}{2}\rho V_1^2 + \gamma z_1 = p_2 + \frac{1}{2}\rho V_2^2 + \gamma z_2$$

如果假设这两个位置的速度曲线是均匀的，而且流体是不可压缩的，连续性方程（式（3-35））提供了 V_1 和 V_2 之间的第二种关系：

$$Q = A_1 V_1 = A_2 V_2$$

结合这两个方程，得到

$$p_1 - p_2 = \gamma(z_2 - z_1) + \frac{1}{2}\rho V_2^2\left[1 - (A_2/A_1)^2\right]$$

这个压强差是由压强计测量的，可以用第 2 章中压强公式来确定，因此有

$$p_1 - \gamma(z_2 - z_1) - \gamma l - \gamma h + \mathrm{SG}\gamma h + \gamma l = p_2$$

即

$$p_1 - p_2 = \gamma(z_2 - z_1) + (1 - \mathrm{SG})\gamma h$$

正如第 2 章所讨论的，这个压强差既不是单纯的 γh，也不是 $\gamma(h + z_1 - z_2)$。联立上式，得出如下结果：

$$(1 - \mathrm{SG})\gamma h = \frac{1}{2}\rho V_2^2\left[1 - \left(\frac{A_2}{A_1}\right)^2\right]$$

由于 $V_2 = Q/A_2$，有

$$h = (Q/A_2)^2 \frac{1-(A_2/A_1)^2}{2g(1-\mathrm{SG})}$$

讨论：高度差 z_1-z_2 是不需要的，因为伯努利方程中高度项的变化正好消去了压强计方程中的高度项。然而，压强差 p_1-p_2，由于高度差 z_1-z_2，取决于角度 θ。因此，对于给定流量，压强计测量的压强差 p_1-p_2 将随 θ 的变化而变化，但压强计的读数 h 不受 θ 的影响。一般来说，速度的增加伴随着压强的降低。例如，流过飞机机翼顶面的空气平均速度比流过底面的平均速度快。因此，底部的净压强比顶部的大——机翼会产生升力。

如果速度差很大，压强差也会很大。对于气体流动，可能会带来压缩效应。对于液体的流动，可能会导致空化，即当液体压强降低到蒸气压强时，液体会"沸腾"，这是一种潜在的危险情况。

如第 1 章所述，蒸气压 p_v，是液体中形成蒸气泡的压强，是液体开始沸腾时的压强。显然，这个压强取决于液体的种类和温度。例如，在标准大气压 101.3kPa 下，水在 100℃（373K）时沸腾，如果压强为 3.5kPa，水在 27℃（300K）时沸腾，即在 27℃（300K）时，$p_v = 3.5$kPa，在 100℃（373K）时，$p_v = 101.3$kPa（见附录表 B-3 和表 B-4）。

从伯努利方程可知，增加流速是使流动的液体产生空化的一种方式。如果液体速度增加（例如，如图 3-38 所示，通过减少流动面积），则压强会降低。这种压强的降低（加速液体通过收缩截面所需的压降）可以足够大，从而使液体中的压强降低到其蒸气压强。空化的一个简单例子可以用普通的灌溉橡皮管来实现。如果橡皮管"打结"，则流动截面会以如图 3-38 所示的方式缩小。若流动截面缩小，则水流通过这个缩小截面的速度变大。在流动截面急剧缩小的情况下，水流会发出清晰的"嘶嘶"声，这种声音是空化造成的。

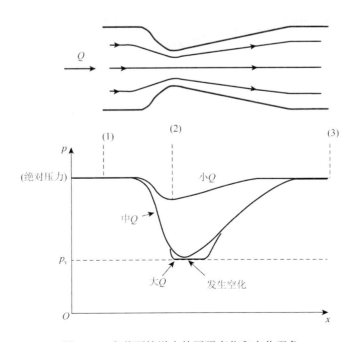

图 3-38　变截面管道中的压强变化和空化现象

在这种情况下，流体会发生沸腾（尽管温度不一定很高），形成蒸气泡，然后当流体进入压强较高（速度较低）的区域时，蒸气泡会溃灭。这个过程会产生动态效应（内爆），在气泡附近造成非常大的压强瞬变。这种压强瞬变会造成高达 689MPa 的压强差。如果气泡在靠近固体边界的地方溃灭，一段时间后，它们会对空化区域的固体表面造成损害。图 3-39 所示为螺旋桨的尖端空化，在这种情况下，螺旋桨的高速旋转产生了相应的低压。显然，要消除空化的损害，需要正确地设计和使用设备。

图 3-39　螺旋桨的尖端空化现象

例 3.10 虹吸和空化。

已知：如图 3-40（a）所示，只要虹吸管的末端点（3）低于容器中液体的自由表面点（1），并且虹吸管的最大高度点（2）高度"不太大"，就可以从容器中虹吸液体。本题考虑在 15℃（288K）时，水从一个大水箱中通过恒定直径的虹吸管进行虹吸，如图 3-40（b）虹吸管末端距罐底 1.5m，大气压为 101.3kPa。

问题：确定虹吸管的最大高度 H，使水可以被虹吸而不发生空化。

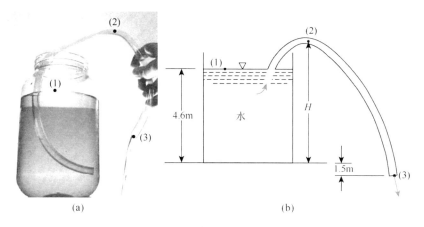

图 3-40　例 3.10 图

解：如果流动是定常、无黏性、不可压缩的，可以将伯努利方程应用在沿点（1）到点（2）再到点（3）的流线上，得到

$$p_1 + \frac{1}{2}\rho V_1^2 + \gamma z_1 = p_2 + \frac{1}{2}\rho V_2^2 + \gamma z_2 = p_3 + \frac{1}{2}\rho V_3^2 + \gamma z_3$$

以罐底为基准面，有 $z_1 = 4.6\text{m}$，$z_2 = H$，$z_3 = -1.5\text{m}$，同时，$V_1 = 0$（大罐），$p_1 = 0$（开口罐），$p_3 = 0$（自由射流），由连续性方程可知 $A_2 V_2 = A_3 V_3$，由于虹吸管直径不变，$V_2 = V_3$，因此，由上式可确定虹吸管中流体的速度为

$$V_3 = \sqrt{2g(z_1 - z_3)} = \sqrt{2(9.8\text{m/s})\left[4.6\text{m} - (-1.5\text{m})\right]} = 10.9\text{m/s} = V_2$$

在点（1）和点（2）之间使用伯努利方程，则管道最高点的压强 p_2 为

$$p_2 = p_1 + \frac{1}{2}\rho V_1^2 + \gamma z_1 - \frac{1}{2}\rho V_2^2 - \gamma z_2 = \gamma(z_1 - z_2) - \frac{1}{2}\rho V_2^2$$

从附录表 B-3 可以看出，水在 15℃（288K）时的蒸气压为 1.765kPa。因此，要发生空化，系统中的最低压强为 $p = 1.765\text{kPa}$，这个最低压强将出现在虹吸管最高点。由于使用的是点（1）的表压（$p_1 = 0$），所以也应该使用点（2）的表压。因此，$p_2 = 1.765 - 101.3 = -99.9\text{kPa}$，代入上式，有

$$99.3\text{kPa} = (430.2\text{kPa})(4.6 - H)\text{m} - \frac{1}{2}(1001.21\text{kg/m}^3)(10.9\text{m/s})^2$$

即

$$H = 8.6\text{m}$$

讨论：请注意，全程使用绝对压强（$p_2 = 1.765\text{kPa}$，$p_1 = p_3 = 101.3\text{kPa}$），可以得到同样的结果。点（3）的高度越低，流速越大，H 的值越小。

也可以利用点（2）和点（3）之间的伯努利方程，$V_2 = V_3$，得到相同的 H 值，这样就不必利用点（1）和点（3）之间的伯努利方程来确定 V_2。

上述结果与虹吸管的直径和长度无关（黏性效应可忽略时）。需要对虹吸管（或管道）进行适当的设计，以确保其不会因虹吸管内外的巨大压强差（真空）而坍塌。

利用附录表 B-1 中列出的流体特性，对不同流体进行计算，得到图 3-41 所示的结果，H 的值是液体的重度 γ 和蒸气压 p_v 的函数。

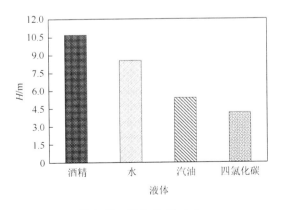

图 3-41　例 3.10 图（c）

3.6.3 流速测量

利用伯努利方程的原理，已经开发出许多类型的装置来测量流体速度和流量。3.5 节中讨论的皮托管就是一个例子。下面所讨论的例子包括测量管道或导管中流体流速的装置和测量明渠中流体流速的装置。在本章中，将考虑"理想"流量计——无黏性、可压缩和其他"现实情况"效应的流量计。

测量通过管道流量的有效方法是在管道上放置某种类型的限流装置。如图 3-42 所示，测量管道内低速高压上游段（1）和高速低压下游段（2）的压强差。图中展示了三种常用的流量计：孔板流量计、喷嘴式流量计和文丘里流量计。这些流量计都是基于相同的物理原理——速度增加导致压强降低。它们之间的区别在于成本、精度，以及其理想化流量假设与实际情况的契合程度。

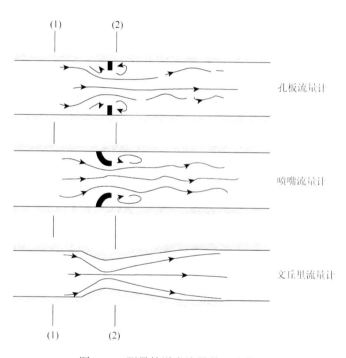

图 3-42   测量管道中流量的限流装置

假设在点（1）和点（2）之间的流动是水平的（$z_1 = z_2$）、定常、无黏性、不可压缩的，伯努利方程变为

$$p_1 + \frac{1}{2}\rho V_1^2 = p_2 + \frac{1}{2}\rho V_2^2 \qquad (3\text{-}36)$$

（非水平流的影响可以很容易地纳入伯努利方程中的高度变化 $z_1 - z_2$）

假设（1）和（2）段的速度曲线是均匀的，连续性方程（式（3-35））可以写成

$$Q = A_1 V_1 = A_2 V_2 \qquad (3\text{-}37)$$

式中，A_2 为截面（2）处的面积（$A_2 < A_1$）。这两个方程相结合可求出理论流量：

$$Q = A_2 \sqrt{\frac{2(p_1 - p_2)}{\rho\left[1 - (A_2/A_1)^2\right]}} \qquad (3\text{-}38)$$

因此，如图 3-43 所示，对于给定的流动几何形状（A_1 和 A_2），如果测量了压强差 p_1-p_2，就可以确定流量。由于推导公式（3-38）时使用的假设和实际情况不同，实测流量会比这个理论流量小。根据所使用的几何形状，差异可以小到 1%~2% 或大到 40%。

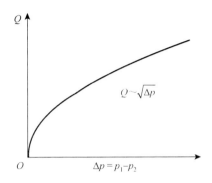

图 3-43　压强差与流量的关系

例 3.11　文丘里流量计。

已知：煤油（SG = 0.85）流经图 3-44 所示的文丘里流量计，流量为 0.005~0.050m³/s。
问题：确定测量这一流量范围所需的压强差 p_1-p_2 的范围。

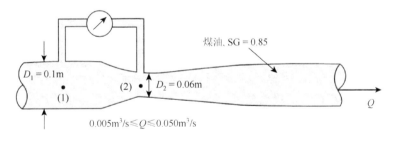

图 3-44　例 3.11 图（a）

解：假设流动是定常、无黏性和不可压缩的，那么流速和压强之间的关系由公式（3-38）给出，可以写为

$$p_1 - p_2 = \frac{Q^2 \rho\left[1 - (A_2/A_1)^2\right]}{2A_2^2}$$

流动流体的密度为

$$\rho = \mathrm{SG}\rho_{\mathrm{H_2O}} = 0.85(1000\mathrm{kg/m^3}) = 850\mathrm{kg/m^3}$$

面积比为

$$A_2/A_1 = (D_2/D_1)^2 = (0.06\text{m}/0.10\text{m})^2 = 0.36$$

最小流量时的压强差为

$$p_1 - p_2 = (0.005\text{m}^3/\text{s})^2 (850\text{kg/m}^3) \frac{(1-0.36^2)}{2\left[(\pi/4)(0.06\text{m})^2\right]^2} = 1160\text{N/m}^2 = 1.16\text{kPa}$$

同理，最大流量时的压强差为

$$p_1 - p_2 = (0.05)^2 (850) \frac{(1-0.36^2)}{2\left[(\pi/4)(0.06)^2\right]^2} = 1.16\times 10^5\,\text{N/m}^2 = 116\text{kPa}$$

因此

$$1.16\text{kPa} \leqslant p_1 - p_2 \leqslant 116\text{kPa}$$

讨论：这些值代表了在定常、无黏性、不可压缩的条件下的压强差。这里求出的理想结果与流量计的几何形状——孔板、喷嘴或文丘里流量计无关（图 3-42）。

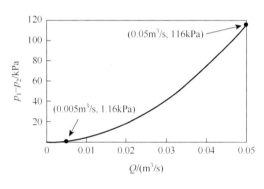

从式（3-38）中可以看出，流量随压强差的平方根而变化。因此，如图 3-45 所示，流量增加 10 倍，压强差增加 100 倍。在测量流量数值范围很宽的情况下，这种非线性关系会带来困难。在这样的情况下，测量需要压强传感器具有很宽的测量范围。另一种方法是并联使用两个流量计，一个用于测量较大的流量范围，另一个用于测量较小的流量范围。

其他基于伯努利方程的流量计，用于测量水槽和灌溉沟渠等明渠中的流量。下面将假定在定常、无黏性、不可压缩的情况下对

图 3-45 例 3.11 图（b）

其中的两种装置，即水闸和尖顶堰的流量进行讨论。

图 3-46（a）所示的水闸通常用于调节和测量开阔河道中的流量。如图 3-46（b）所示，流量 Q 是水深的函数。将伯努利方程和连续性方程应用在点（1）和点（2）之间，可以很好地逼近实际流量。假设远离闸门的上游和下游速度分布足够均匀。

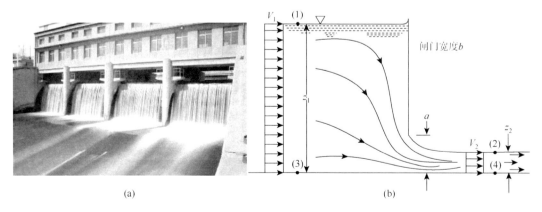

(a)　　　　　　　　　　　　　　　(b)

图 3-46 水闸的几何形状

因此，将伯努利方程应用在自由液面上点（1）和点（2）的之间，可得

$$p_1 + \frac{1}{2}\rho V_1^2 + \gamma z_1 = p_2 + \frac{1}{2}\rho V_2^2 + \gamma z_2 \qquad (3\text{-}39)$$

另外，如果闸门与通道的宽度相同，即 $A_1 = bz_1$，$A_2 = bz_2$，则依连续性方程，有

$$Q = A_1V_1 = bV_1z_1 = A_2V_2 = bV_2z_2 \qquad (3\text{-}40)$$

因为有 $p_1 = p_2 = 0$，可以通过上述方程得到流量

$$Q = z_2b\sqrt{\frac{2g(z_1 - z_2)}{1 - (z_2/z_1)^2}} \qquad (3\text{-}41)$$

当 $z_1 \gg z_2$ 时，这个结果可化简为

$$Q = z_2b\sqrt{2gz_1} \qquad (3\text{-}42)$$

这个结果说明，如果深度比 z_1/z_2 大，则闸门上游流体的动能可以忽略不计，而流体在下降$(z_1{-}z_2) \approx z_1$ 的高度后的速度约为 $V_2 = \sqrt{2gz_1}$。

因为点（3）和点（4）之间的流线是直线，故可以通过利用点（3）和点（4）之间的伯努利方程，并利用 $p_3 = \gamma z_1$ 和 $p_4 = \gamma z_2$ 得到式（3-41）。在这个方法中，得到的是点（3）和点（4）的压强差，而不是点（1）和点（2）的势能差。

推导得到式（3-41）使用的是下游深度 z_2 而非闸门开口 a。根据有关于孔板流量的讨论（图 3-22），由于流体不能转动 $90°$ 的角，缩颈系数 $C_c = z_2/a$ 小于 1。通常，在深度比 $0 < a/z_1 < 0.2$ 的范围内，C_c 约为 0.61；对于较大的 a/z_1 值，C_c 值将迅速增加。

例 3.12　水闸。

已知：水从图 3-47 所示的水闸下流过。

问题：每单位宽度河道的大致流量。

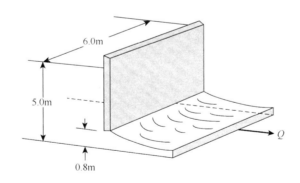

图 3-47　例 3.12 图（a）

解：在定常、无黏性、不可压缩流动的假设下，可以通过式（3-41）得到 Q/b，即单位宽度的流量为

$$\frac{Q}{b} = z_2\sqrt{\frac{2g(z_1 - z_2)}{1 - (z_2/z_1)^2}}$$

在本题中 $z_1 = 5.0\text{m}$，$a = 0.80\text{m}$，因此 $a/z_1 = 0.16 < 0.20$，而可以假设缩颈系数

$C_c = 0.61$。因此，$z_1 = C_c a = 0.61(0.80\text{m}) = 0.488\text{m}$，可以得到流量

$$\frac{Q}{b} = (0.488\text{m})\sqrt{\frac{2(9.81\text{m/s}^2)(5.0\text{m} - 0.488\text{m})}{1 - (0.488\text{m}/5.0\text{m})^2}} = 4.61\text{m}^2/\text{s}$$

讨论：如果考虑 $z_1 \gg z_2$ 而忽略上游流体的动能，将得到

$$\frac{Q}{b} = z_2\sqrt{2gz_1} = 0.488\text{m}\sqrt{2(9.81\text{m/s}^2)(5.0\text{m})} = 4.83\text{m}^2/\text{s}$$

在这种情况下，由于深度比相当大（$z_1/z_2 = 5.0/0.488 = 10.2$），所以考虑或不考虑 V_1，Q 的差异不是太显著。因此，与闸门下游的流体动能相比，忽略闸门上游的流体动能通常是合理的。

通过对比不同的流速深度 z_1 进行计算，得到图 3-48 所示的结果。注意，流量与流深不成正比。举例来说，因为洪水的原因，上游深度从 $z_1 = 5\text{m}$ 增加到 $z_1 = 10\text{m}$，单位宽度的河道流量只是从 $4.61\text{m}^2/\text{s}$ 增加到 $6.67\text{m}^2/\text{s}$。

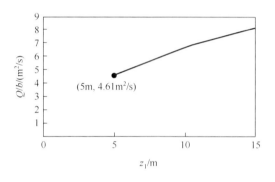

图 3-48　例 3.12 图（b）

另一种用于测量开阔河道中流量的装置是堰。图 3-49 是一个典型的矩形尖顶堰。对于这种装置，液体流过堰板顶部的流速取决于堰板高度 P_w、渠道宽度 b 和堰板顶部以上的水头 H。即使实际流量相当复杂，应用伯努利方程也可以得到预期流量的简单近似值。

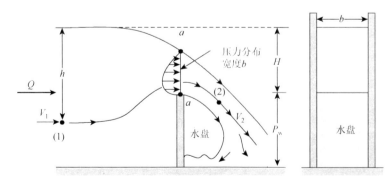

图 3-49　矩形尖顶堰的示意图

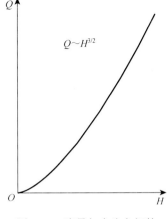

图 3-50　流量与水头之间的
函数关系

在点（1）和点（2）之间，压强和重力场使流体从速度 V_1 加速到速度 V_2。在点（1），压强仍为 $p_1 = \gamma h$，而在点（2），压强基本为大气压，$p_2 = 0$。流体穿过堰板顶部正上方的弧形流线（截面 $a\text{-}a$），压强从顶面的大气压变为某个最大值，然后在下表面再次变为大气压强。压强分布如图 3-49 所示，这样的压强分布，再加上流线曲率和重力，导致在这一截面上产生相当不均匀的速度分布。这种速度分布可以通过实验或更先进的理论来获得。

现在采用一种非常简单的方法，假设堰流在许多方面与具有自由流线的孔型流类似。在这种情况下，认为堰顶的平均速度与 $\sqrt{2gH}$ 成正比，矩形堰的流动面积与 Hb 成正比。因此，可以得出

$$Q = C_1 Hb\sqrt{2gH} = C_1 b\sqrt{2g}H^{3/2} \qquad (3\text{-}43)$$

式中，C_1 是一个待定的常数。

伯努利方程的简单应用为分析相对复杂的堰流量提供了一种方法，得到了 Q 与 H 之间的函数关系（如图 3-50 所示，$Q \sim H^{3/2}$），但系数 C_1 的值是未知的。无论多先进的分析方法也不能预测其精确值，要用实验来确定 C_1 的值。

例 3.13　堰。

已知：水流过三角堰，如图 3-51 所示。

问题：根据使用伯努利方程的简单分析，确定流量与深度 H 的关系。如果 $H = H_0$ 时的流量为 Q_0，请估计当深度增加到 $H = 3H_0$ 时的流量。

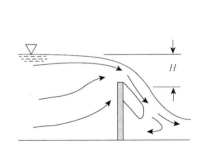
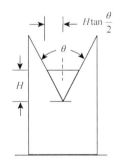

图 3-51　例 3.13 图

解：在假设流动是定常、无黏性、不可压缩的情况下，由式（3-32）可以合理地假设流体通过三角堰板缺口的平均速度与 $\sqrt{2gH}$ 成正比。另外，深度为 H 的流动面积为 $H[H\tan(\theta/2)]$。根据上述分析得到

$$Q = AV = H^2 \tan\frac{\theta}{2}\left(C_2\sqrt{2gH}\right) = C_2 \tan\frac{\theta}{2}\sqrt{2g}H^{5/2}$$

式中，C_2 为未知常数，有待实验确定。

因此，深度从 H_0 增加到 $3H_0$，流量增加的倍数为

$$\frac{Q_{3H_0}}{Q_{H_0}} = \frac{C_2 \tan(\theta/2)\sqrt{2g}(3H_0)^{5/2}}{C_2 \tan(\theta/2)\sqrt{2g}(H_0)^{5/2}} = 15.6$$

讨论：请注意，对于三角堰，流量与 $H^{5/2}$ 成正比，而对于之前讨论的矩形堰，流量与 $H^{3/2}$ 成正比。三角堰可以精确地用于很大的流量范围。

3.7　伯努利方程的水力学意义

正如在 3.4 节中所讨论的那样，伯努利方程实际上是一个能量守恒方程，表示一个定常、无黏性、不可压缩的流体流动的能量分配。能量守恒方程是，当流体从一个部分流向另一个部分时，流体的各种能量的总和保持不变。利用水力坡度线（HGL）和能量梯度线（EGL）的概念，可以对伯努利方程进行有效的解释。这些讨论对流动进行了几何上的解释，通常可以有效地掌握所涉及的基本过程。

对于定常、无黏性、不可压缩的流动，总能量沿流线保持不变。将式（3-12）中的每一个项除以重度 $\gamma = \rho g$，引入"水头"的概念，得到如下形式的伯努利方程：

$$\frac{p}{\gamma} + \frac{V^2}{2g} + z = 常数（沿流线方向）= H \qquad (3-44)$$

这个方程中每一项的单位都是 m，并代表某种类型的水头。伯努利方程指出，压强水头、速度水头和位置水头的总和沿一条流线是恒定的。这个常数称为总水头 H，如图 3-52 所示。

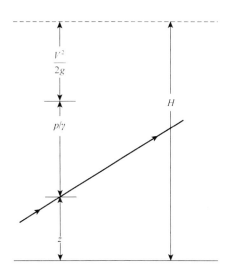

图 3-52　压强水头、速度水头、位置水头以及总水头

能量梯度线表示流体可用的总水头。如图 3-53 所示，能量梯度线的高度可以通过皮托管测量滞止压强得到。皮托管末端的驻点提供了流量总压头（或能量）的测量值。另一方面，与所示测压管相连的静态测压口的压强水头和位置水头的总和 $p/\gamma + z$，通常称为测压管水头，测压管水头不测量速度水头。

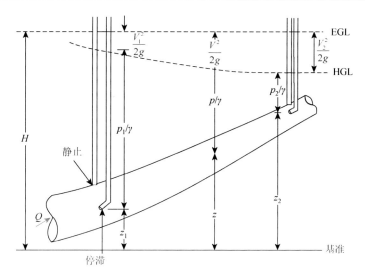

图 3-53　能量梯度线（EGL）和水力坡度线（HGL）

根据式（3-44），总水头沿流线保持恒定（前提是伯努利方程的假设有效）。因此，如图 3-53 所示，用皮托管测量流线任何其他位置的总水头都相等。但是，位置水头、速度水头和压强水头可能沿流线变化。

由一系列皮托管提供的高度轨迹称为能量梯度线（EGL），由一系列测压管水头提供的轨迹称为水力坡度线（HGL）。在伯努利方程的假设下，能量梯度线是水平的。如果流体速度沿流线变化，水力坡度线就不会是水平的。如果黏性效应很明显（通常是在管流中），由于流体沿流线流动时有能量损失，总水头不会保持恒定不变。这意味着能量梯度线不再是水平的。

图 3-54 所示为大型储流罐的能量梯度线和水力坡度线。如果流动是定常、无黏性和不可压缩的，那么能量梯度线是水平的，并且在罐内液体自由液面的高度上（因为罐内液体自由液面的速度和压强为零）。水力坡度线位于能量梯度线下方，相距一个速度水头

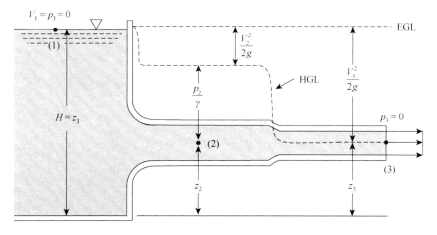

图 3-54　从储流罐中流出流体的能量梯度线和水力坡度线

$V^2/2g$ 的距离。因此，管道直径的变化而引起的流体速度的变化会导致水力坡度线高度的变化。在管道出口处，压强水头为 0（gage），故管道的高度与水力坡度线重合。

管道到水力坡度线的距离表示管道内的压强，如图 3-55 所示。如果管道高度位于水力坡度线以下，则管道内压强为正值（高于大气压）；如果管道位于水力坡度线以上，则管道内的压强为负值（低于大气压）。因此，管道比例图和水力坡度线可用于指示管道内的正压强或负压强区域。

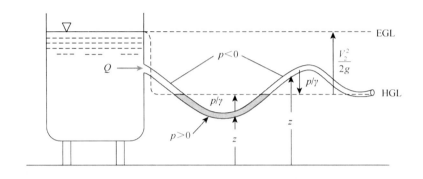

图 3-55 能量梯度线和水力坡度线的应用

例 3.14 能量梯度线和水力坡度线。

已知：如图 3-56 所示，通过直径恒定的虹吸管从水箱中虹吸出水，在虹吸管的位置（1）处中发现一个小孔。

问题：当使用虹吸管时，水是否会从虹吸管中泄漏，或空气是否会泄漏到虹吸管中，从而导致虹吸管发生故障？

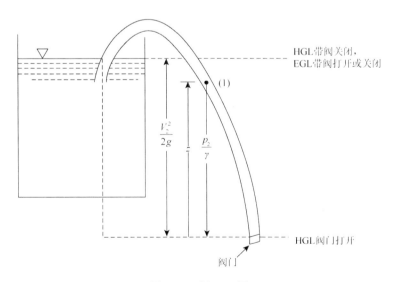

图 3-56 例 3.14 图

解：空气是否会漏入虹吸管中或水是否会从虹吸管中漏出取决于（1）处虹吸管内的压强是小于还是大于大气压强。利用能量梯度线和水力坡度线的概念可以很容易地确定发生了什么。在定常、无黏性、不可压缩流的假设下，总水头是恒定的，因此能量梯度线是水平的。

由于虹吸管直径是恒定的，因此根据连续性方程（AV = 常数），虹吸管中的水流速度始终是恒定的。因此，水力坡度线在能量梯度线以下，相距一个恒定的距离 $V^2/2g$，如图 3-56 所示。由于虹吸管末端的压强为大气压强，因此水力坡度线与虹吸管出口末端的高度相同。在水力坡度线以上的任何点处，虹吸管内的液体压强将低于大气压强。

因此，空气将通过孔（1）泄漏到虹吸管中。

讨论：实际上，黏性效应可能无法忽略，这使得这个简单的分析（能量梯度线水平）不正确。不过，如果虹吸管"直径不太小"、"长度不太长"、流体"黏性不太大"、流量"不太大"，上述结果可能非常准确。如果不满足这些假设中的任何一个，则需要进行更详细的分析（见第 8 章）。如果关闭虹吸管末端，使流量为零，则水力坡度线将与能量梯度线重合（始终有 $V^2/2g = 0$），在（1）处的压强将大于大气压强，水将通过孔（1）泄漏。上述关于水力坡度线和能量梯度线的讨论仅限于无黏性、不可压缩流动的理想情况。另一个限制条件是流场中没有能量的"源"或"汇"，也就是说，没有泵或透平机械。第 5 章和第 8 章讨论了由这些装置引起的能量梯度线和水力坡度线概念的变化。

3.8 伯努利方程应用的限制条件

正确使用伯努利方程需要密切注意推导过程中使用的假设。在本节中，将回顾其中一些假设，并考虑错误使用公式的后果。

3.8.1 可压缩性的影响

其中一个主要假设是流体是不可压缩的。虽然这对大多数液体流动来说是合理的，但在某些情况下，它可能会给气体流动带来相当大的误差。

从 3.7 节中看到，当密度保持不变时，滞止压强 p_{stag} 与静压 p_{static} 之差 $\Delta p = p_{stag} - p_{static} = \rho V^2/2$。如果动压强与静压强相比不太大，则两点之间的密度变化不大，流动可视为不可压缩。然而，由于动压强随 V^2 而变化，假设流体不可压缩的误差随着流体速度的平方而增加，如图 3-57 所示。为了考虑可压缩性，必须回到公式(3-11)。当 ρ 不恒定时，正确地积分 $\int \mathrm{d}p/\rho$ 项。

理想气体的温度沿流线保持恒定，这是一个简单而特殊的可压缩流动情况。考虑 $p = \rho RT$，式中 R 是常数

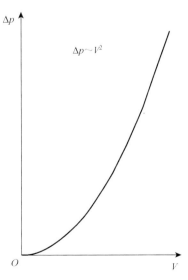

图 3-57 压强差与速度的关系

（一般来说，p，ρ 和 T 都会变化）。对于定常、无黏性、等温的流动，式（3-11）变为

$$RT\int\frac{\mathrm{d}p}{\rho}+\frac{1}{2}V^2+gz=常数 \tag{3-45}$$

式中使用了 $\rho=p/RT$，很容易整合压强项，如果 z_1，p_1 和 V_1 在流线上的某些位置是已知的，那么压强就很容易得到，即

$$\frac{V_1^2}{2g}+z_1+\frac{RT}{g}\ln\left(\frac{p_1}{p_2}\right)=\frac{V_2^2}{2g}+z_2 \tag{3-46}$$

式（3-46）是不可压缩伯努利方程的无黏等温类比。在压强差较小的情况下，$p_1/p_2=1+(p_1-p_2)/p_2=1+\varepsilon$，$\varepsilon\ll1$，式（3-46）变为不可压缩的标准伯努利方程。这可以通过使用 $\ln(1+\varepsilon)\approx\varepsilon$ 的等价无穷小来证明。式（3-46）在实际应用中的使用受到无黏流动假设的限制，因为大多数等温流动都伴随着黏性效应。

一个更常见的可压缩流动情况是理想气体的等熵（恒熵）流动。这种流动是可逆绝热过程——"无摩擦或热传递"在许多物理情况下是近似的。对于理想气体的等熵流动，其密度和压强有关：$p/\rho^k=C$，式中 k 为比热比，C 是一个常数，因此，式（3-11）中的积分 $\int\mathrm{d}p/\rho$ 可以用下式计算。密度可以用压强表示为 $\rho=p^{1/k}C^{-1/k}$，因此公式（3-11）变为

$$C^{1/k}\int p^{-1/k}\mathrm{d}p+\frac{1}{2}V^2+gz=常数 \tag{3-47}$$

压强项可以在流线上的点（1）和点（2）之间进行积分，并在任何一点计算常数 $C\left(C^{1/k}\int_{p_1}^{p_2}p^{-1/k}\mathrm{d}p=C^{1/k}\left(\frac{k}{k-1}\right)\left[p_2^{(k-1)/k}-p_1^{(k-1)/k}\right]\right)$ 得到

$$C^{1/k}\int_{p_1}^{p_2}p^{-1/k}\mathrm{d}p=C^{1/k}\left(\frac{k}{k-1}\right)\left[p_2^{(k-1)/k}-p_1^{(k-1)/k}\right]=\left(\frac{k}{k-1}\right)\left(\frac{p_2}{\rho_2}-\frac{p_1}{\rho_1}\right) \tag{3-48}$$

因此，对于可压缩的、等熵的、定常流动的理想气体，式（3-11）的最终形式为

$$\left(\frac{k}{k-1}\right)\frac{p_1}{\rho_1}+\frac{V_1^2}{2}+gz_1=\left(\frac{k}{k-1}\right)\frac{p_2}{\rho_2}+\frac{V_2^2}{2}+gz_2 \tag{3-49}$$

可压缩等熵流动（式（3-49））和不可压缩等熵流动（伯努利方程，式（3-12））的结果有明显的相似之处。唯一不同的是乘以压力项的 $[k/(k-1)]$ 系数和密度（$\rho_1\neq\rho_2$）不同。在"低速流动"的限制下，这两个结果完全相同，由下面可以看出。

考虑 3.5 节中的滞止点流动来说明不可压缩和可压缩流动结果的区别。式（3-49）可以用无量纲形式写成

$$\frac{p_2-p_1}{p_1}=\left[\left(1+\frac{k-1}{2}Ma_1^2\right)^{k/k-1}-1\right] \tag{3-50}$$

其中，（1）表示上游条件，（2）表示滞止条件。假设 $z_1=z_2,V_2=0$，并将 $Ma_1=V_1/c_1$ 表示为上游马赫数，即流体速度与声速之比，其中声速为 $c_1=\sqrt{kRT_1}$。

如果用压强比和马赫数来描述不可压缩的流动结果，那么这种可压缩结果和不可压缩结

果之间的比较也许是最容易看到的。因此，将伯努利方程中的每个项 $\left(\rho V_1^2/2 + p_1 = p_2\right)$ 除以 p_1 并使用理想气体定律 $p_1 = \rho RT_1$，得到以下结果：

$$\frac{p_2 - p_1}{p_1} = \frac{V_1^2}{2RT} \tag{3-51}$$

由于 $Ma_1 = V_1/\sqrt{kRT_1}$，可写为

$$\frac{p_2 - p_1}{p_1} = \frac{kMa_1^2}{2} \quad （不可压缩） \tag{3-52}$$

式（3-50）和式（3-52）在图 3-58 中绘制出。在 $Ma_1 \to 0$ 的低速极限中，两个结果都是一样的。这可以表示为 $(k-1)Ma_1^2/2 = \tilde{\varepsilon}^2/2$，并使用二项式展开 $(1+\tilde{\varepsilon})^n = 1 + n\tilde{\varepsilon} + n(n-1)\tilde{\varepsilon}^2/2 + \cdots$，其中 $n = k/(k-1)$。式（3-50）可写成

$$\frac{p_2 - p_1}{p_1} = \frac{kMa_1^2}{2}\left(1 + \frac{1}{4}Ma_1^2 + \frac{2-k}{24}Ma_1^4 + \cdots\right) \quad （可压缩） \tag{3-53}$$

对于 $Ma_1 \ll 1$ 来说，可压缩的流动结果与式（3-53）一致。不可压缩方程和可压缩方程在马赫数为 $Ma_1 = 0.3$ 情况下的一致性在 2% 以内。对于较大的马赫数，两个结果之间的差异会增大。

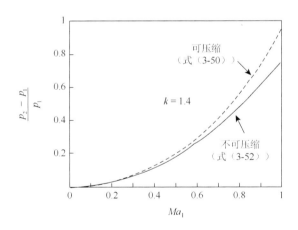

图 3-58　不可压缩和可压缩（等熵）流动的压强比与马赫数的函数关系

因此，一个经验法则是，只要马赫数小于 0.3，理想气体的流动可以被认为是不可压缩的。在标准空气中（$T_1 = 15℃(288\ K)$，$c_1 = \sqrt{kRT_1} = 340\text{m/s}$），这相当于速度 $V_1 = Ma_1 c_1 = 0.3 \times 340\text{m/s} = 102\text{m/s} = 367\text{km/h}$。

例 3.15　可压缩流动-马赫数。

已知：图 3-59 所示的喷气机在标准大气中以马赫数为 0.82 的速度在 10km 的高度飞行。

问题：如果流动是不可压缩的，确定其机翼前缘的滞止压强（流动认为是可压缩的、等熵的）。

图 3-59　例 3.15 图

解：已知 $p_1 = 26.5\text{kPa}$（绝对压强），$T_1 = -49.9\text{℃}$，$\rho = 0.414\text{kg/m}^3$，$k = 1.40$。因此，如果假设是不可压缩流动，式（3-52）给出

$$\frac{p_2 - p_1}{p_1} = \frac{kMa_1^2}{2} = 1.40\frac{(0.82)^2}{2} = 0.471$$

或者

$$p_2 - p_1 = 0.471(26.5\text{kPa}) = 12.5\text{kPa}$$

另一方面，如果假设是等熵流动，则式（3-50）给出了

$$\frac{p_2 - p_1}{p_1} = \left[1 + \frac{1.40-1}{2}(0.82)^2\right]^{1.4/(1.4-1)} - 1 = 0.555$$

或者

$$p_2 - p_1 = 0.555(26.5\text{kPa}) = 14.7\text{kPa}$$

讨论：当 Ma 为 0.82 时，压缩性效应是很重要的。根据可压缩性流动计算，压强大约是 $14.7/12.5 = 1.18$ 倍。对于马赫数大于 1 的情况（超声速流动），不可压缩和可压缩流动结果之间的差异往往不仅是定量上的，而且是定性上的。请注意，如果飞机以 $Ma = 0.30$（而不是 $Ma = 0.82$）的速度飞行，则不可压缩流动的对应值为 $p_2 - p_1 = 1.670\text{kPa}$，可压缩流动的对应值为 $p_2 - p_1 = 1.707\text{kPa}$。这两个结果之间的差异约为 2%。

3.8.2　非定常伯努利方程

伯努利方程（式（3-12））的另一个限制是假设流动是定常的。对于这样的流动，在给定的流线上，速度只是 s 的函数，即沿流线的位置。也就是说，沿流线 $V = V(s)$，对于非定常流动，速度也是时间的函数，因此，沿一条流线 $V = V(s,t)$。因此，当取速度对时间的导数来获得流速的加速度时，得到的是 $a_s = \partial V/\partial t + V\partial V/\partial s$，而不是像定常流动那样只得到 $a_s = V\partial V/\partial s$。对于定常流动，加速度是由于质点的位置变化引起的速度变化（$V\partial V/\partial s$ 项），而对于非定常流来说，在特定位置上的速度随时间的变化会产生额外的加速度（$\partial V/\partial t$ 项）。这些影响将在第 4 章中详细讨论。最终的效果是，除非做出额外的假设，否则包含非定常项 $\partial V/\partial t$ 后，运动方程就不容易被积分。

伯努利方程是通过对牛顿第二定律（式（3-10））中沿流线的分量进行积分得到的。当积分时，加速度对方程的贡献，即 $\frac{1}{2}\rho d(V^2)$ 项，产生了伯努利方程中的动能项。如果重复上述式（3-10）的步骤，并加入非定常项（$\partial V/\partial t \neq 0$），则可得到以下结果：

$$\rho\frac{\partial V}{\partial t}ds + dp + \frac{1}{2}\rho d(V^2) + \gamma dz = 0 \quad （沿流线方向）\qquad（3-54）$$

对于不可压缩的流动，可以很容易地在（1）和（2）点之间进行积分，从而得到

$$p_1 + \frac{1}{2}\rho V_1^2 \gamma z_1 = \rho\int_{s_1}^{s_2}\frac{\partial V}{\partial t}ds + p_2 + \frac{1}{2}\rho V_2^2 + \gamma z_2 \quad （沿流线方向）\qquad（3-55）$$

式（3-55）是伯努利方程的非定常形式，适用于非定常、不可压缩、无黏性流动，除了涉及局部加速度 $\partial V/\partial t$ 的积分外，它与定常流动的伯努利方程相同。一般来说，评估这个积分是不容易的，因为这个沿流线的变化 $\partial V/\partial t$ 是未知的。

例 3.16　非定常流动的 U 形管。

已知：如图 3-60 所示，将不可压缩的、非黏性的液体置于垂直的、直径不变的 U 形管中。当从如图 3-60 所示的非平衡位置释放时，液柱将以特定的频率振荡。

问题：确定这个频率。

解：振荡频率可以通过式（3-55）计算，如图 3-60 所示。设点（1）和点（2）位于 U 形管两边的汽-水界面，$z = 0$ 对应这些界面的平衡位置。因此，$p_1 = p_2 = 0$，如果 $z_2 = z$，则 $z_1 = -z$。一般来说，z 是时间的函数，$z = z(t)$。对于一个恒定直径的管子，在任何时刻，流体的速度在整个管子里是恒定的 $V_1 = V_2 = V$。在公式（3-55）中积分项代表非定常作用，可写为

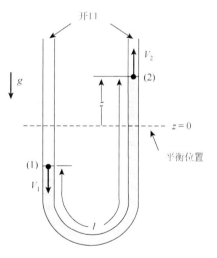

$$\int_{s_1}^{s_2}\frac{\partial V}{\partial t}ds = \frac{dV}{dt}\int_{s_1}^{s_2}ds = l\frac{dV}{dt}$$

式中，l 为液柱的总长度，如图 3-60 所示。因此，式（3-27）可写成

$$\gamma(-z) = \rho l\frac{dV}{dt} + \gamma z$$

由于 $V = dz/dt$，$\gamma = \rho g$，因此可以写成描述简谐运动的二阶微分方程：

图 3-60　例 3.16 图

$$\frac{d^2 z}{dt^2} + \frac{2g}{l} = 0$$

其解 $z(t) = C_1\sin(\sqrt{2g/l}t) + C_2\cos(\sqrt{2g/l}t)$，常量 C_1 和 C_2 的值取决于液体在 $t = 0$ 时的初始状态（速度和位置）。

$$\omega = \sqrt{2g/l}$$

讨论：这个频率取决于柱子的长度和重力加速度（非常类似于钟摆的摆动），这个摆动的周期（完成一次摆动所需的时间）为 $t_0 = 2\pi\sqrt{l/2g}$。在一些非定常流动情况下，可以通过适当选择坐标系使流动变得稳定。例 3.17 说明了这一点。

例 3.17 非定常或定常流动。

已知：如图 3-61 所示，一艘潜艇在 50m 深处，速度 $V_0 = 5.0\text{m/s}$，在海水中运动（SG = 1.03）。

问题：确定滞止点的压强（2）。

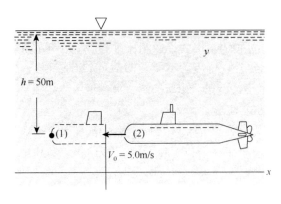

图 3-61　例 3.17 图

解：在固定于地面的坐标系中，流动是非定常的。例如，潜艇处于初始位置时，（1）处的水速为零，但当艇头（2）到达（1）处的瞬间，该处的速度变成 $V_1 = -V_0\hat{i}$。因此 $\partial V_1/\partial t \neq 0$，并且流动是非定常的。在（1）和（2）之间应用定常流动的伯努利方程会得到错误的结果，即 $p_1 = p_2 + \rho V_0^2/2$，根据这个结果，静压大于滞止压强——这是伯努利方程的错误使用。

可以对流动采用非定常分析（这不在本书范围内），或者重新定义坐标系，使其固定在潜艇上，给出相对于这个系统的定常流动。正确的方法是：

$$p_2 = \frac{\rho V_1^2}{2} + \gamma h = \left[(1.03)(1000)\text{kg/m}^3\right](5.0\text{m/s})^2/2 + (9.8\times10^3\,\text{N/m}^3)(1.03)(50\text{m})$$

$$= (12875 + 504700)\text{N/m}^2 = 517.575\text{kPa}$$

与例 3.2 中的讨论类似。

讨论：如果潜艇在加速，$\partial V_0/\partial t \neq 0$，则在上述任何一个坐标系中，流动都是非定常的，将使用伯努利方程的非定常流动形式。一些非定常的流动可以被视为"准定常"，并使用定常流动的伯努利方程进行近似求解。在这些情况下，定常流动结果可以在每个瞬间应用，就像流动是定常的一样。装满液体的罐子的缓慢排水是这种类型流动的一个例子。

3.8.3　旋转效应

伯努利方程的另一个限制是它是沿流线适用的。伯努利方程跨流线的应用（即从一条流线上的某一点到另一条流线上的某一点）可能会导致相当大的误差，这取决于所涉及的特定流动条件。一般来说，伯努利常数在不同的流线上会有不同的变化。然而，在某些限制条件下，这个常数在整个流场中是相同的。例 3.18 说明了这个事实。

例 3.18　在流线上使用伯努利方程。

已知：考虑图 3-62 所示通道中的均匀流动，垂直压强计管中的液体是静止的。

问题：讨论伯努利方程在点（1）和（2）、点（3）和（4）、点（4）和（5）之间的使用。

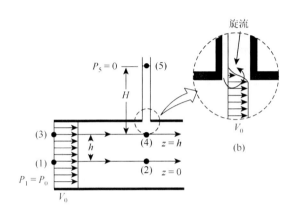

图 3-62　例 3.18 图

解：流动是定常的、无黏性的和不可压缩的，在点（1）和点（2）之间写出的式（3-12）给出了

$$p_1 + \frac{1}{2}\rho V_1^2 + \gamma z_1 = p_2 + \frac{1}{2}\rho V_2^2 + \gamma z_2 = 常数 = C_{12}$$

由于 $V_1 = V_2 = V_0$ 和 $z_1 = z_2 = 0$，可见 $p_1 = p_2 = p_0$，而这个流线的伯努利常数 C_{12} 则由以下公式给出：

$$C_{12} = \frac{1}{2}\rho V_0^2 + p_0$$

沿（3）到（4）的流线，注意到 $V_3 = V_4 = V_0$，$z_3 = z_4 = h$。如例 3.5 所示，在流线上应用 $F = ma$，得到 $p_3 = p_1 - \gamma h$，因为流线是直线和水平的。上述结果与应用于（3）和（4）之间的伯努利方程相结合，表明 $p_3 = p_4$，沿此流线的伯努利常数与沿流线之间的伯努利常数相同，即 $C_{34} = C_{12}$，或者

$$p_3 + \frac{1}{2}\rho V_3^2 + \gamma z_3 = p_4 + \frac{1}{2}\rho V_4^2 + \gamma z_4 = C_{34} = C_{12}$$

类似的推导表明，图 3-62 中任何流线的伯努利常数都是相同的。因此，$p + \frac{1}{2}\rho V^2 + \gamma z = 常数$ 贯穿始终。

再从例 3.5 中可以回顾

$$p_4 = p_5 + \gamma H = \gamma H$$

如果在（4）到（5）的流线上应用伯努利方程，得到的结果不正确，$H = p_4/\gamma + V_4^2/2g$。正确的结果是 $H = p_4/\gamma$。

从上面看到，对于从点（1）到点（2）和从点（3）到点（4）可以应用沿流线伯努利方程，但从点（4）到点（5）不可以。其原因是，当通道内流动是"无旋"时，压强管中的静止流体和通道管内的流动流体之间是"有旋"的。由于整个通道的流线是均匀的，可以看到流体质点在移动时是没有旋转的，流动是"无旋"流动。然而，从图 3-62 中可以看出，点（4）到点（5）之间存在很薄的剪切层，层中流体质点相互作用并旋转，这就产生了"有旋"流动。一个更完整的分析将表明，如果流动是"有旋的"，沿流线伯努利方程是不适用的（见第 6 章）。如例 3.18 所示，如果流动是"无旋的"（流体质点在移动时不会"旋转"），使用跨流线的伯努利方程是合适的。然而，如果流动是"有旋的"（流体质点在移动时会"旋转"），则伯努利方程的使用仅限于沿着一条流线流动。无旋流动和有旋流动之间的区别往往是非常微妙和混乱的。这些问题将在第 6 章中进行更详细的讨论。

3.8.4　其他限制

伯努利方程的另一个限制是流动是非黏性的。正如第 3.4 节所讨论的那样，伯努利方程实际上是牛顿第二定律沿流线的积分。在没有黏性效应的情况下，所考虑的流体系统是一个守恒系统，系统的总能量保持不变。如果黏性效应很重要，系统就是非守恒的（耗散的），会出现能量损失。

对使用伯努利方程的最后一个基本限制是，在方程应用的流线两点之间的系统中没有机械装置（泵或透平机械）。这些设备代表能量的源或汇。由于伯努利方程实际上是能量方程的一种形式，因此必须对其进行修改，以包括泵或透平机械（如果存在）。

本章研究了由相对简单分析所控制的定常的、非黏性、不可压缩的流体流动情况。许多流动可以通过使用这些理论进行充分分析。然而，由于受到相当严格的限制，许多其他的流动不能被分析。对这些基本概念的理解，将为本书后续内容的学习打下坚实的基础。

3.9　本 章 总 结

在本章中，首先讨论了非黏性、不可压缩流体定常流动的几个方面。牛顿第二定律 $F = ma$，应用于由压力和重力（重量）引起的流动，黏性效应被认为可以忽略不计。经常使用的伯努利方程描述了压强、高度和速度沿流线变化的简单关系。一个类似的但较少使用的方程也可以用来描述这些参数在流线上的变化。

然后，介绍了滞止点的概念和相应的滞止压强，以及静压、动压、总压的概念及其相关水头。

最后，讨论了伯努利方程的几种应用。在某些流动情况下，如使用皮托静压管测量流体速度或液体从罐体中以自由射流的形式流动，仅利用伯努利方程就足以进行分析。

在其他情况下，如在管子和流量计中的密闭流动，有必要同时使用伯努利方程和连续性方程。连续性方程是对流体流动时质量守恒这一事实的陈述。

本章重点内容如下：

（1）掌握表 3-1 中术语的含义，并理解相关概念。

（2）解释伯努利方程中压强、高度和速度项的来源，以及它们与牛顿第二运动定律的关系。

（3）将伯努利方程应用于简单的流动情况，包括皮托管、自由射流、密闭流动和流量计。

（4）利用质量守恒的概念（连续性方程）结合伯努利方程解决简单的流动问题。

（5）在流线的法线方向应用牛顿第二定律，用于定常的、非黏性的、不可压缩的流动。

（6）利用压强、位置、速度和总水头的概念来解决各种流量问题。

（7）解释并使用静压、滞止压、动压和总压的概念。

（8）利用能量梯度线和水力坡度线的概念来解决各种流量问题。

（9）解释使用伯努利方程的各种限制。

本章的一些重要方程：

流线加速度和法向加速度

$$a_s = V \frac{\partial V}{\partial s}, \quad a_n = \frac{V^2}{\mathscr{R}} \tag{3-2}$$

沿着流线的力平衡，以保证定常的不黏性流动

$$\int \frac{\mathrm{d}p}{\rho} + \frac{1}{2}V^2 + gz = C \quad （沿流线方向） \tag{3-11}$$

伯努利方程

$$p + \frac{1}{2}\rho V^2 + \gamma z = 常数 \quad （沿流线方向） \tag{3-12}$$

在没有重力的情况下，对流线的压力梯度是正常的

$$\frac{\partial p}{\partial n} = -\frac{\rho V^2}{\mathscr{R}} \tag{3-18}$$

对定常的、非黏性的、不可压缩的流线的法向力平衡

$$p + \rho \int \frac{V^2}{\mathscr{R}} \mathrm{d}n + \gamma z = 常数（沿法线方向） \tag{3-22}$$

皮托静压管的速度测量法

$$V = \sqrt{2(p_3 - p_4)/\rho} \tag{3-29}$$

自由落体速度

$$V = \sqrt{2\frac{\gamma h}{\rho}} = \sqrt{2gh} \tag{3-32}$$

连续性方程

$$A_1 V_1 = A_2 V_2 \quad 或 \quad Q_1 = Q_2 \tag{3-35}$$

流量计公式

$$Q = A_2 \sqrt{\frac{2(p_1 - p_2)}{\rho \left[1 - (A_2 / A_1)^2 \right]}} \tag{3-38}$$

水闸方程

$$Q = z_2 b \sqrt{\frac{2g(z_1 - z_2)}{1 - (z_2 / z_1)^2}} \tag{3-41}$$

总方程

$$\frac{p}{\gamma} + \frac{V^2}{2g} + z = 常数（沿流线方向） = H \tag{3-44}$$

习　　题

3-1　水在水平管道中以 30m/s^2 加速需要多大的沿流线压强梯度 $\mathrm{d}p/\mathrm{d}s$。

3-2　在垂直管道中以 9m/s^2 的加速度向上加速使得水流动，需要多大的沿着流线的压强梯度 $\mathrm{d}p/\mathrm{d}s$？如果是向下流动，答案是什么？

3-3　如题图 3-3 所示，不可压缩的流体定常地流过一个圆柱体。沿着分割流线（ $-\infty \leqslant x \leqslant -a$ ）的流体速度为 $V = V_0(1 - a^2/x^2)$，其中 a 为圆柱体的半径，V_0 为上游速度。

（a）确定沿此流线的压强梯度；

（b）如果上游压强为 p_0，将压强梯度整合后得到对于 $-\infty \leqslant x \leqslant -a$ 段的压强 $p(x)$；

（c）从（b）中结果可以看出，正如伯努利方程预期的那样，停滞点（ $x = -a$ ）的压强为 $p_0 + \rho V_0^2/2$。

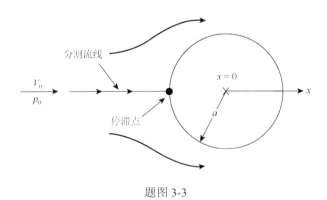

题图 3-3

3-4　如题图 3-4 所示，容器中的水和龙卷风中的空气在半径为 r、速度为 V 的水平圆形流线上流动。确定下列情况所需的径向压强梯度 $\mathrm{d}p/\mathrm{d}r$。

（a）流体为水，$r = 0.08\text{cm}$，$V = 0.02\text{m/s}$。

（b）流体为空气，$r = 7.6\text{m}$，$V = 322\text{km/h}$。

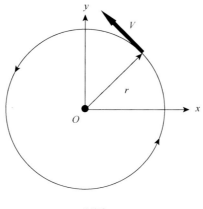

题图 3-4

3-5　有些动物在不具备流体力学知识的情况下，就学会了利用伯努利效应。例如，如题图 3-5 所示一个典型的草原犬洞穴有两个入口——平坦的前门和堆积的后门。当风以速度 V_0 吹过前门时，由于土丘的存在，吹过后门的平均速度大于 V_0。假设穿过后门的风速为 $1.07V_0$。对于风速为 6m/s 的风，产生的压强差 p_1-p_2 为多少时才能为洞穴内提供新鲜气流？

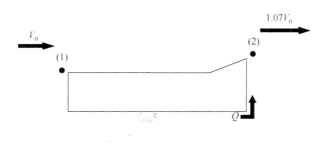

题图 3-5

3-6　风以 64km/h 的速度吹过一座房子，当风流向屋顶并越过屋顶时，速度会加快。如果海拔影响可以忽略不计，请确定：

（a）如果吹向房子自由流的压强为 101.3kPa，速度为 96.6km/h，屋顶位置的压强为多少，并说明这种效应是倾向于把屋顶推倒在房子上，还是倾向于抬起屋顶？

（b）假设窗户是一个停滞点，面向风的窗户上的压强为多少？

3-7　确定产生相当于 10mm 汞的停滞压强所需的空气速度。

3-8　水以 8m/s 的速度流过一个大的敞口水箱底部的孔。假设黏性效应可以忽略不计，测定水槽中水的深度。

3-9　水从题图 3-9 所示建筑一楼的水龙头流出，最大速度为 6m/s。对于稳定的惯性流，求地下室水龙头和二楼水龙头的最大水速（假设每层楼高为 3.6m）。

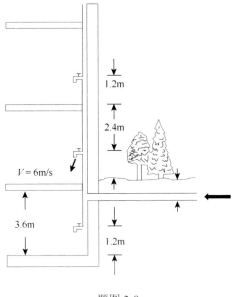

题图 3-9

3-10   含有危险物质的实验室通常保持在略低于环境压强的压强下，这样污染物可以通过排气系统过滤，而不是通过门周围的裂缝泄漏。如果这样一个房间的压强比周围房间的压强低 0.254cm 水柱，那么空气将以多大的速度从一个开口进入房间？假设黏性效应可以忽略不计。

3-11   如题图 3-11 所示，两个水箱中的水流相互撞击。如果黏性效应可以忽略不计，A 点为停滞点，请确定高度 h。

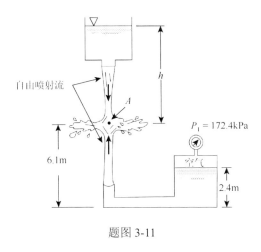

题图 3-11

3-12   如题图 3-12 所示，在一个铁罐上打了几个孔，其中哪幅图表示水离开孔洞时的速度变化？请说明你的选择理由。

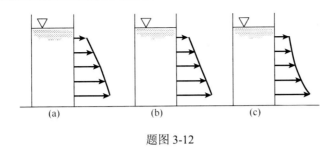

题图 3-12

3-13　如题图 3-13 所示，水从加压罐中流出，通过直径为 15cm 的管道，从直径为 5cm 的喷嘴中流出，并在喷嘴上方上升 6m。如果水流稳定、无摩擦、不可压缩，请确定水箱中的压强。

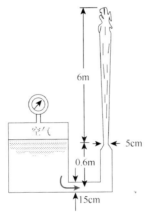

题图 3-13

3-14　如题图 3-14 所示的大型加压罐中稳定地流出一种不黏稠、不可压缩的液体，出口处的速度为 12m/s。求罐内液体的重度。

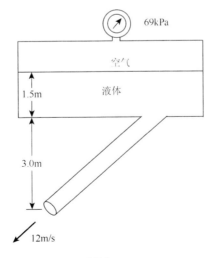

题图 3-14

3-15 空气稳定地流过直径为 10.2cm 的水平管道，并通过直径为 7.6cm 的喷嘴进入大气。喷嘴出口处的速度为 45.72m/s。如果黏性效应可以忽略不计，请确定管道内的压强。

3-16 一个直径为 2.86cm 的消防软管喷嘴，根据一些消防规范，喷嘴必须能够提供至少 946L/min 的流量，如果喷嘴连接在一个直径为 7.62cm 的软管上，喷嘴上游必须保持多大的压强才能提供这个流量？

3-17 如题图 3-17 中所示直径为 1.90cm 的出水口流出的水，在出水口上方上升了 7.1cm，请确定流量。

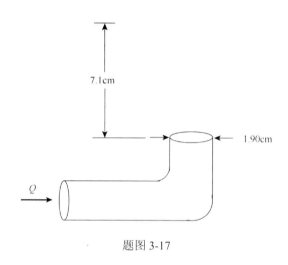

题图 3-17

3-18 水稳定地流过题图 3-18 所示的大水箱。请确定水深 h_A。

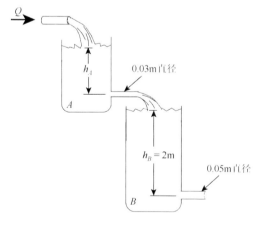

题图 3-18

3-19 水（假定为非黏性和不可压缩的）在题图 3-19 所示的垂直变截面管道中稳定地流动。如果每个压强计的压强读数为 50kPa，请确定流量。

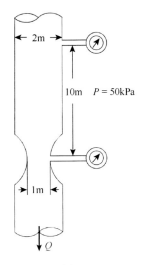

题图 3-19

3-20　如题图 3-20 所示，空气被吸入一个用于测试汽车的风洞。

（a）测定试验段中速度为 97km/h 的压强计读数，h_v。注意压强计中水面上有 2.5cm 的油柱。

（b）测定汽车前部的滞留压强与试验段的压强之差。

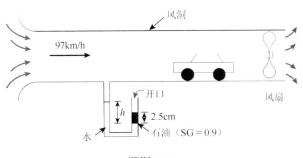

题图 3-20

3-21　天然气（甲烷）从直径为 7.6cm 的煤气主管道中流出，经过直径为 2.5cm 的管道，以 2.8m³/h 的速度进入炉子的燃烧器。如果 2.5cm 管道中的压强要比大气压大 15.2cm 的水，且黏性效应可忽略不计，请确定主管道中的压强。

3-22　如题图 3-22 所示，小直径高压液体射流可用于切割各种材料。如果黏性效应可以忽略不计，请估算出产生直径为 0.1mm、速度为 700m/s 的水射流所需的压强，并确定流量。

3-23　水（假设无摩擦和不可压缩）从一个大水箱中稳定流动，并通过一个垂直的恒定直径的管道流出，如题图 3-23 所示。若水箱中的空气被加压到 50kN/m²，请确定：

（a）水上升的高度 h；

（b）管道中的水速；

（c）管道水平部分的压强。

3-24　水（假定为非黏性和不可压缩的）以 3m/s 的速度从题图 3-24 所示的大水箱中稳定地流动。求覆盖在水箱中的轻质液体层（重度 = 8kN/m³）的深度 H。

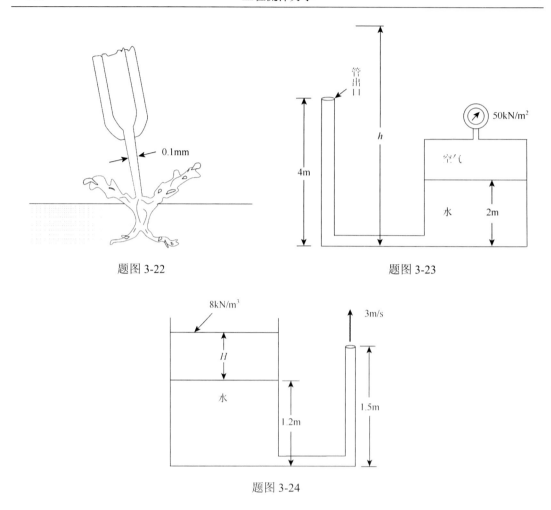

题图 3-22   题图 3-23

题图 3-24

3-25 水流通过题图 3-25 所示的管道收缩，对于给定的 0.2m 的压强计液位差，请确定流量是小管道直径 D 的函数。

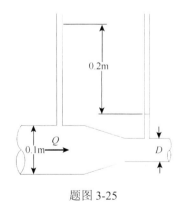

题图 3-25

3-26 水流通过题图 3-26 所示的渐缩管，压力计中的液位高度差为 0.2m，请确定流量 Q 与管道直径 D 之间的函数关系。

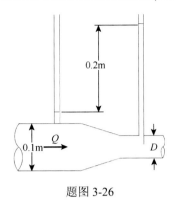

题图 3-26

3-27　煤油从直径为 0.15m 的管道进入直径为 0.10m 的管道，每根管道煤油的流量为 0.12m³/s，请确定速度压头的变化量。

3-28　四氯化碳在直径可变的管道中流动，黏性影响可以忽略不计。在管道中的 A 点处，压强和速度分别为 138kPa 和 9m/s；在管道中的 B 点处，压强和速度分别为 159kPa 和 4m/s。请问 A 点和 B 点哪点的高度更高，比另外一点高出多少。

3-29　如题图 3-29 所示，水以恒定的流量 Q 向上流动，进入直径变化的管道。若黏性效应忽略不计，试确定直径 $D(z)$，使得管道内水流的压力始终与 D_1 处的压强相等，即 $p(z) = p_1$。

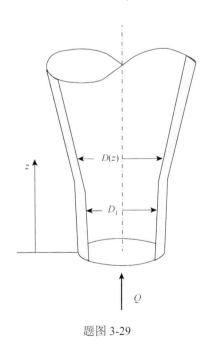

题图 3-29

3-30　水流从水龙头中流出，在下降 50cm 时水流的直径从 50mm 减小到 20mm，试确定流量 Q。

3-31　如题图 3-31 所示，气压计中的水柱高度为 9.2m，现要从水箱中虹吸水，请确定在不发生空化的前提下最大的 h 值。提示：气压计封闭端的压强等于蒸气压。

3-32　如题图 3-32 所示，从水箱中虹吸出水，试确定流量和 A 点（驻点）的压强。

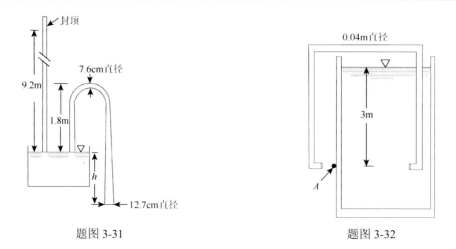

题图 3-31　　　　　　　　　　　题图 3-32

3-33　如题图 3-33 所示，使用直径为 50mm 的塑料管从大水箱中虹吸出水，管子能承受的最大压强差为 30kPa，若忽略黏性效应，试确定在管子能承受的压强差前提下，h 的最小值。

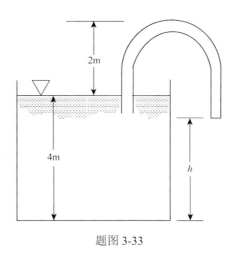

题图 3-33

3-34　如题图 3-34 所示，使用内径为 20mm，长 10m 的软管排放水槽中的水，若黏性效应可忽略，试求软管中水的流量。

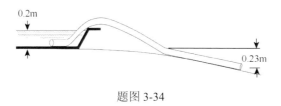

题图 3-34

3-35　如题图 3-35 所示，水从一个封闭的大水箱中稳定地流出，水银压力机的液柱高度为 2.5cm，黏性效应可忽略不计。试确定：

（a）水流的体积流量；

（b）水箱中液面上方空气的压强。

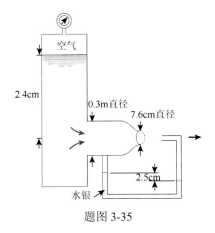

题图 3-35

3-36 二氧化碳的流量为 $4.2\times10^{-2}\mathrm{m}^3/\mathrm{s}$，从直径为 7.6m 的管道流入直径为 3.8cm 的管道之中，在 7.6m 的管道中时，二氧化碳的压力和温度分别为 138kPa（表压）和 49℃，如果忽略黏性效应，并假设二氧化碳不可压缩，试确定 3.8cm 管道中的压力。

3-37 如题图 3-37 所示，重度为 0.83 的油在管道中流动，黏性效应可忽略，试确定流量。

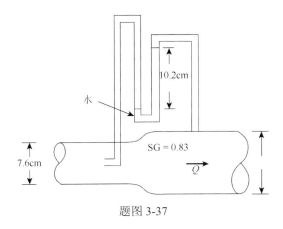

题图 3-37

3-38 如题图 3-38 所示，水在截面积可变的管道中流动，黏性效应可忽略不计，流量为 $0.5\mathrm{m}^3/\mathrm{s}$，压力计中的流体密度为 $600\mathrm{kg/m}^3$，试确定压力计的读数 H。

3-39 如题图 3-39 所示，试确定管道中水的流量。

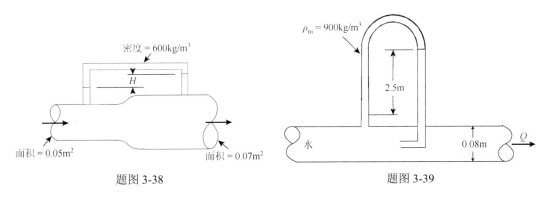

题图 3-38   题图 3-39

3-40　如题图 3-40 所示，压力计中的液体重度为 1.07，假设流体是无黏性的，不可压缩的，试确定流体分别为以下物质时的体积流量 Q。

（a）水；

（b）汽油；

（c）空气。

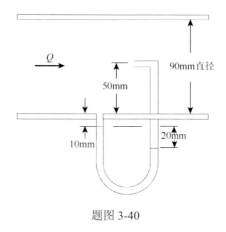

题图 3-40

3-41　如题图 3-41 所示，水在管道中稳定流动，黏性效应可忽略不计，薄壁管直径为 10.2cm，管壁能承受的最大压强为 69kPa，试确定在管壁承受范围内的最大 h 值。

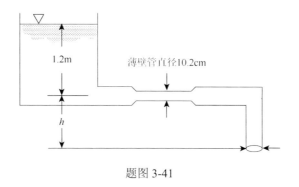

题图 3-41

3-42　20℃的氦气以 0.30kg/s 的质量流量流过直径为 0.30m 的水平管道，压强（表压）为 200kPa。如果管径减小到 0.25m，试确定压强差。假设氦气无黏性、不可压缩。

3-43　通过 20.32cm 的管道从湖中抽水，体积流量为 2.8m³/s，黏性效应可忽略，试确定在湖面上方 1.8m 处的管道中的压强。

3-44　如题图 3-44 所示，大气压为 98.7kPa，温度为 27℃，若黏性效应可忽略不计，试确定飞机尖端驻点的压强；如果测试段的空气速度为 50m/s，试确定测量测试段静压的压力计读数 h。

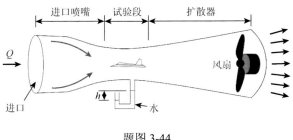

题图 3-44

3-45 如题图 3-45 所示，空气流过装置，如果空气的流量足够大，收缩段的压力会足够小，使得水被吸入管中，忽略压缩性和黏性效应，试确定能够将水吸入管中的最小流量 Q 和（1）处的压强。

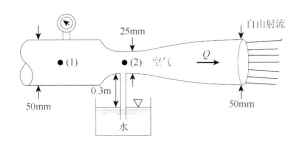

题图 3-45

3-46 如题图 3-46 所示，水从开口水箱中稳定流出，忽略黏性效应，试确定流量 Q 和压力计读数 h。

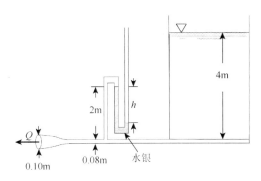

题图 3-46

3-47 一个 0.5L 的玻璃器皿可在 20s 内被水龙头中流出的水装满，水龙头的出口直径为 15.2cm，试确定当水流接触到离水龙头出口距离 35.6cm 的玻璃器皿底部时水流直径。

3-48 如题图 3-48 所示，空气稳定地流过一个恒定宽度的汇流-分流矩形通道。出口处的通道高度和出口速度分别为 H_0 和 V_0。通道的形状应使水被抽到管道上的距离 d 与沿通道壁的静压龙头的距离成线性关系，即 $d = (d_{max}/L)x$，其中 L 为通道长度，d_{max} 为最大水深（最小通道高度时：$x = L$）。请确定高度 $H(x)$，作为 x 和其他重要参数的函数。

3-49 如果忽略黏性效应，并且油箱很大，请确定题图 3-49 所示油箱的流量。

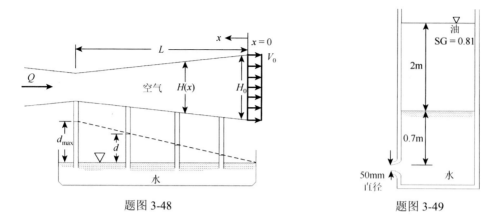

题图 3-48　　　　　　　　　　　　　　题图 3-49

3-50　水在题图 3-50 所示的管道中稳定地向下流动，损失可以忽略不计，请确定流速。

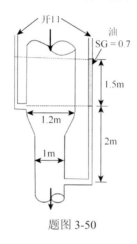

题图 3-50

3-51　如题图 3-51 所示，水从一个大的敞口水箱中稳定地流出，并通过一根直径为 7.6cm 的管道排入大气。如果 A 和 B 处的压力表指示的压力相同，请确定 A 处管道变窄部分的直径 d。

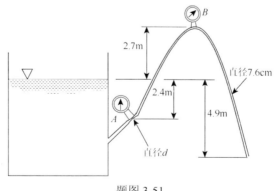

题图 3-51

3-52　如题图 3-52 所示，水从一个大水箱流出。大气压力为 100kPa，蒸气压力为 11.06kPa。如果忽略黏性效应，气蚀在什么高度 h 开始？为了避免气蚀，D_1 应该增加还是减少？为了避免气蚀，D_2 应该增加还是减少？解释一下。

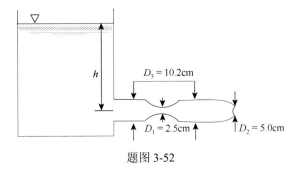

题图 3-52

3-53　水以 8L/min 的速度流入题图 3-53 所示的水槽。如果排水管关闭，水最终会流过溢出的排水孔，而不是水槽的边缘。若忽略黏性效应，需要多少个直径为 1.0cm 的排水孔来确保水不会溢出边缘？

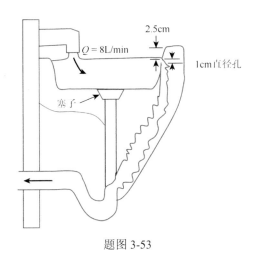

题图 3-53

3-54　从题图 3-54 所示的储罐中产生 $2.5 \times 10^{-3} \mathrm{m}^3/\mathrm{s}$ 的流量需要多大的压力？

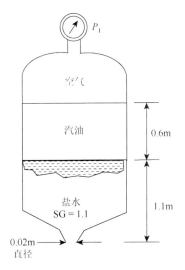

题图 3-54

3-55　如题图 3-55 所示，储罐上的排气口关闭，储罐加压以增加流量。当通风开始时，需要多大压力才能产生两倍的流量？

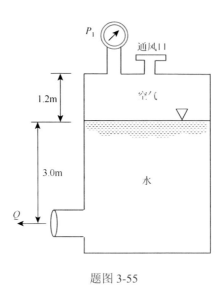

题图 3-55

3-56　如题图 3-56 所示，将水从水箱中抽取出来。如果忽略黏性影响，请确定水的流量和点（1）、（2）和（3）的压力。

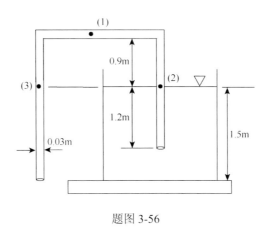

题图 3-56

3-57　如题图 3-57 所示，将水从一个大水箱中吸出并通过直径为 5.08cm 的管道排放到大气中，管子的末端在水箱以下 0.9m 处，如果黏性影响可以忽略不计，已知大气压力为 101.3kPa，水蒸气压力为 1.8kPa。

（a）确定从水槽流出的体积流量。

（b）当超过一定高度时水可以被吸而不会出现空化现象，试确定最大高度 H。

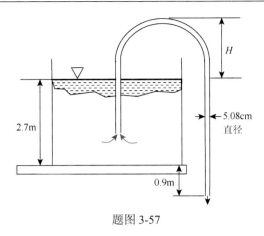

题图 3-57

3-58　请确定如题图 3-58 示的压力计读数 h。

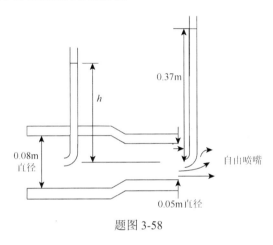

题图 3-58

3-59　如题图 3-59 所示，水在管道中稳定地流动，忽略黏性效应，请确定水不从 A 处打开的垂直管道流出的最大流量。

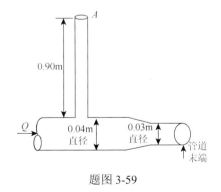

题图 3-59

3-60　如题图 3-60 所示，JP-4 燃料（SG = 0.77）在直径为 15.2cm 的管道中以 4.6m/s 的速度流过文丘里流量计，如果忽略黏性影响，试确定在与文丘里流量计喉部相连的开管中燃料的标高 h。

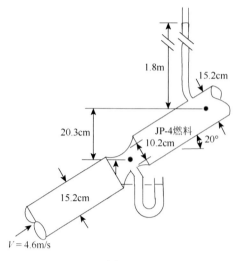

题图 3-60

3-61 水被认为是一种非黏性的不可压缩流体,若在如题图 3-61 所示结构中流动稳定,试确定 h。

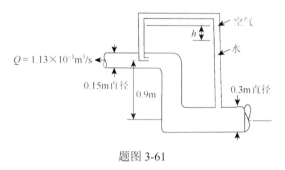

题图 3-61

3-62 如果收缩系数为 $C_c = 0.63$,确定通过题图 3-62 所示的潜流孔口的流量。

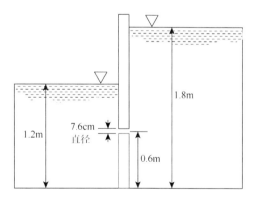

题图 3-62

3-63 如题图 3-63 所示,由两块木板组成一个三角形截面的长水槽,两块木板的连接处还留有 0.254cm 的缝隙。如果最初水深是 0.6m,那么需要多长时间,水深才能降到 0.3m?

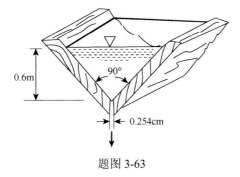

题图 3-63

3-64　如题图 3-64 所示，水通过水平的支管流动，试确定截面（3）处的压力。

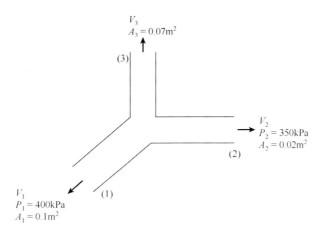

题图 3-64

3-65　水流过如题图 3-65 所示水平的 Y 形装置，如果管道（1）中的流量和压力分别为 $Q_1 = 6.5 \times 10^{-2} \mathrm{m}^3$，$p_1 = 7.9 \mathrm{kN/m}^3$，假设水流在管道（2）和管道（3）之间均匀分配，试确定管道（2）和管道（3）中的压力 p_2 和 p_3。

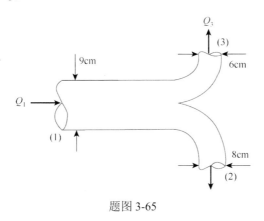

题图 3-65

3-66　如题图 3-66 所示，水从支管中流过，如果忽略黏性影响，试确定截面（2）和截面（3）处的压力。

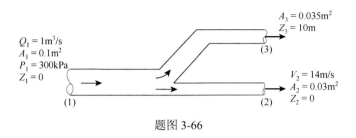

题图 3-66

3-67　如题图 3-67 所示，水的流量为 $0.3m^3/s$。如果黏性效应可以忽略不计，请确定第（2）段的水速、第（3）段的压力和第（4）段的流量。

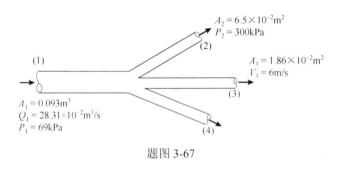

题图 3-67

3-68　水从一个大水箱中流过一根大管子，大管子分成两根小管子，如题图 3-68 所示，如果黏性效应可以忽略不计，请确定从水箱中流出的流量和（1）点的压力。

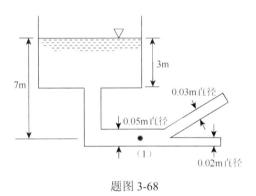

题图 3-68

3-69　假定空气是不可压缩和无黏的，它流入户外烹饪烧烤架通过 9 个直径为 1.0cm 的孔，如题图 3-69 所示。如果以流量为 $6.24 \times 10^{-4} m^3/s$ 进入烤架，需要保持正确的烹饪条件，请确定烤架内孔附近的压力。

3-70　如题图 3-70 所示，气垫车是通过将空气强行送入由车体外围裙边形成的腔室来支撑的。空气通过裙边下端与地面（或水）之间的 7.6cm 间隙逸出。假设飞行器重 44.4kN，形状基本为 9m×20m 的长方形，舱室的体积足够大，因此舱室内空气的动能可以忽略不计，确定支持飞行器所需的流量 Q。如果离地间隙减小到 5.1cm，需要的流量是多少？如果车辆重量减少到 22.2kN，而离地间隙保持在 7.6cm，则需要多大的流量？

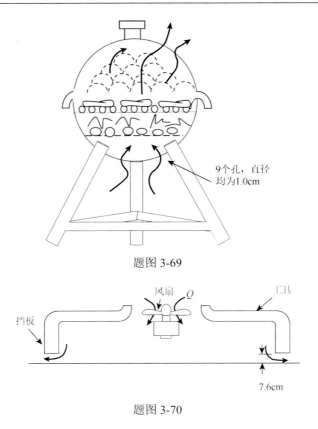

题图 3-69

题图 3-70

3-71　如题图 3-71 所示的管道中，用一个锥形塞子来调节气流。空气离开锥体边缘时，厚度均匀为 0.02m，若黏性影响可忽略不计，流量为 0.50m³/s，请确定管道内的压力。

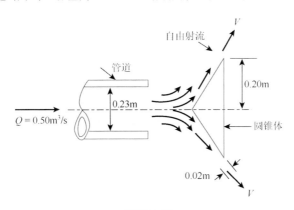

题图 3-71

3-72　如题图 3-72 所示，水从一个喷嘴稳定地流入一个大水箱，然后水从水箱中以直径射流的形式流出。如果水箱中的水位保持不变，黏性效应可以忽略不计，试确定 d 值。

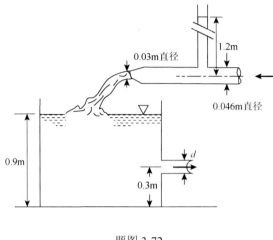

题图 3-72

3-73　如题图 3-73 所示，一个小卡片被放在一个线轴的顶部，无法通过线轴中心的孔吹气来将卡片吹离线轴，吹得越猛，卡就越难"粘住"卷轴。事实上，通过用力吹气，可以保持卡片靠在卷轴上，卷轴倒置。请解释这个现象。（注意：可能需要使用图钉来防止卡片从卷轴上滑落。）

3-74　观察表明，从题图 3-74 所示的漏斗中吹乒乓球是不可能的。事实上，通过吹气可以将球保持在倒置的漏斗中，如题图 3-74（b）所示。越用力吹进漏斗，球就越难保持在漏斗里。请解释这个现象。

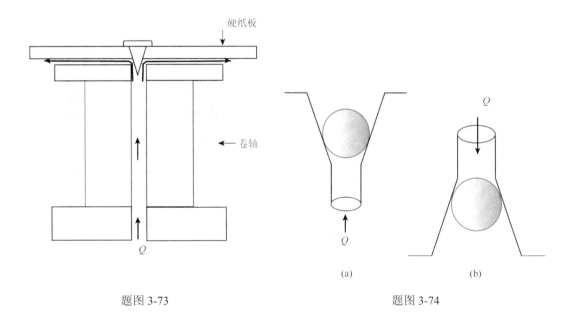

题图 3-73　　　　　　　　　　　　题图 3-74

3-75　水在一个 2.0m 宽的矩形通道中流动，如题图 3-75 所示，上游深度为 70mm。当水通过通道底部上升 10mm 的部分时，水面上升 40mm。如果黏性影响可以忽略不计，流速是多少？

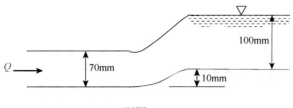

题图 3-75

3-76　最小直径为 7.6cm 的文丘里流量计用于测量通过直径为 10.2cm 的管道的水流量。如果流量为 $1.4 \times 10^{-2} \mathrm{m}^3/\mathrm{s}$，且黏性影响可忽略不计，请确定流量计所附压力表指示的压强差。

3-77　如果存在理想条件，通过题图 3-77 所示的文丘里流量计确定流量。

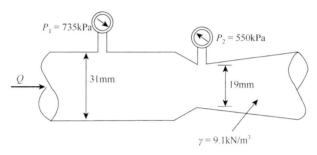

题图 3-77

3-78　如果在理想条件下，通过题图 3-78 中孔板流量计的流量为 113L/min 海水，$P_1 - P_2 = 16.34 \mathrm{kPa}$，那么需要多大直径的孔板？收缩系数假设为 0.63。

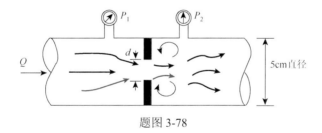

题图 3-78

3-79　水道中的流速有时通过使用一种叫做文丘里水槽的装置来确定。如题图 3-79 所示，该器件仅由通道底部的凸起组成。如果在题图 3-79 所示的条件下，水面下沉 0.07m，那么每条河道宽度的流量是多少？假设速度是均匀的，黏性效应可以忽略不计。

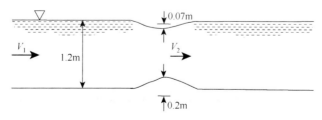

题图 3-79

3-80　水在题图 3-80 所示的倾斜闸门下流动。如果闸门宽 2.4m，请确定流速。

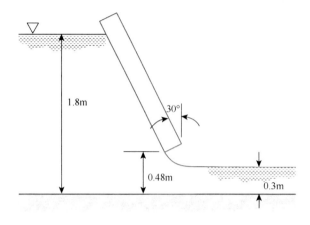

题图 3-80

3-81　水在直径为 0.15m 的垂直管道中以 0.2m³/s 的速度流动，在 25m 的高度处压力为 200kPa。在 20m 和 55m 的高度处测定速度压头和压力压头。

3-82　题表 3-82 列出了两架飞机的典型飞行速度。在这些条件中的哪一个条件下，用不可压缩的伯努利方程来研究与它们的飞行有关的空气动力学是合理的？解释一下。

题表 3-82

飞机	飞行速度/(km/h)	
	空中平稳速度	着陆速度
波音 787	913	214
F-22 战斗机	1960	250

第4章 流体运动学

本章将围绕流体力学三要素中的"运动"展开讨论，暂时不涉及力的作用，包括流体运动的速度、加速度以及对流体运动规律的描述方法。

4.1 速 度 场

一般来说，流体是流动的。也就是说，分子从空间的一点到另一点的净运动是时间的函数。如第 1 章所述，流体含有很多分子，难以解释单个分子的运动。而采用连续性假说，认为流体是由相互作用的流体质点以及与周围环境作用的流体质点组成的，每个流体质点都包含许多分子。因此，可以用流体质点的运动而非单个分子的运动来描述流体的流动。这种运动可以用流体质点的速度和加速度来描述。

如连续性假设所介绍的那样，流体中的质点紧密地堆在一起。因此，在某一时刻，任何流体属性（如密度、压强、速度和加速度）的描述都可以表示成流体位置的函数。这种将流体属性作为空间坐标函数的表示方式称为流场表示。当然，具体的场在不同时间的表示可能是不同的。因此，为了描述流体的流动，必须确定各种参数的函数，不仅有空间坐标（例如 x、y、z），还有时间 t。因此，为了指定一个房间的温度 T，必须指定整个房间（从地板到天花板，从墙到墙）在白天或晚上任何时间的温度场 $T = T(x, y, z, t)$。

速度场是最重要的流体变量之一，

$$V = u(x, y, z, t)\hat{\boldsymbol{i}} + v(x, y, z, t)\hat{\boldsymbol{j}} + w(x, y, z, t)\hat{\boldsymbol{k}}$$

式中，u，v，w 分别表示 x，y，z 方向的速度。根据定义，质点速度是该质点位置矢量的时间变化率。如图 4-1 所示，质点 A 相对于坐标系的位置由其位置矢量 r_A 给出，r_A 是时间的函数。通过质点的时间导数得到了该位置的速度，$\mathrm{d}r_A/\mathrm{d}t = V_A$。写出所有质点的速度，可以得到速度场的矢量表达 $V = V(x, y, z, t)$。流体速度 V 的大小表示为 $|V| = (u^2 + v^2 + w^2)^{1/2}$。

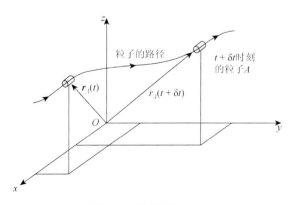

图 4-1 质点位置矢量

流体故事

将两张相隔很短时间拍摄的弹力球的照片叠加在一起，并在球的两幅图像之间画一个箭头，这个箭头代表球的速度（位移/时间）的近似值。粒子图像测速仪（PIV）使用这种技术来提供给定的流动截面的瞬时速度场。研究的流体中植入了许多微米大小的粒子，这些粒子足够小，能够跟随流体；但又足够大，能够反射光被相机捕获。流动是由双脉冲激光器的光片照亮的。数字相机在同一图像上捕获两个光脉冲，从而可以跟踪粒子的运动。通过使用适当的计算机软件对双图像进行逐个像素的查询，可以跟踪粒子的运动，并确定在给定的流动截面中速度的两个组成部分。通过两台摄像机的立体布置，可以确定速度的三个分量。

例 4.1 速度场表示法。

已知：速度场为 $V = (V_0 / l)(-x\hat{i} + y\hat{j})$，其中 V_0 和 l 是常数。

问题：在流场的什么位置速度等于 V_0？用箭头画出 $x_0 \geq 0$ 的速度场草图。

解：速度的 x、y、z 分量由 $u = -V_0 x / l$，$v = V_0 y / l$ 和 $w = 0$ 给出，所以流体速度 V 为

$$V = (u^2 + v^2 + w^2)^{1/2} = \frac{V_0}{l}(x^2 + y^2)^{1/2} \tag{4-1}$$

如图 4-2（a）所示，在以原点为中心，l 为半径的圆上的任意位置为 $\left[(x^2 + y^2)^{1/2} = l\right]$，速度为 $V = V_0$。

如图 4-2（b）所示，流体速度相对于 x 轴的方向用 $\theta = \arctan(v/u)$ 给出。对于这种流动

$$\tan\theta = \frac{v}{u} = \frac{V_0 y / l}{-V_0 x / l} = \frac{y}{-x} \tag{4-2}$$

因此，沿 x 轴，得到 $\tan\theta = 0$，故 $\theta = 0°$ 或 $\theta = 180°$。同样，沿 y 轴得到 $\tan\theta = \pm\infty$，所以 $\theta = 90°$ 或 $\theta = 270°$。另外，对于 $y = 0$，得到 $V = (-V_0 x / l)\hat{i}$，而对于 $x = 0$，得到 $V = (V_0 y / l)\hat{j}$。这表明，$V_0 > 0$ 时，如图 4-2（a）所示，流动的方向是沿 y 轴远离原点，沿 x 轴朝向原点。

通过确定 x-y 平面上其他位置的 V 和 θ，可以勾画出如图 4-2 所示的速度场。例如，在直线 $y = x$ 上，速度相对于 x 轴成 45°（$\tan\theta = v/u = -y/x = -1$）。在原点 $x = y = 0$ 时，$V = 0$，所以这个点是一个滞止点。流体离原点越远，流动速度越快。通过对速度场的仔细研究，可以明确有关流动的大量信息。

讨论：本例中给出的速度场近似于图 4-2（c）所示标志中心附近的流动，当风吹向标牌时，一些从标牌上方流过，一些从标牌下方流过，产生一个滞止点。

4.1.1 欧拉和拉格朗日描述

在分析流体力学问题时，一般有两种方法。第一种方法为欧拉法，可使用上面提到的场的概念。在这种情况下，流体运动是通过必要的属性（压强、密度、速度等）以空间和时间的函数给出的。通过这种方法，可以获得关于流体流过空间中固定点时流动情况的信息。第二种方法为拉格朗日法，跟踪单个流体质点的移动，并确定与这些质点相关的流体特性如何随时间变化。也就是说，流体质点被"标记"或被识别，并在移动时确定其属性。

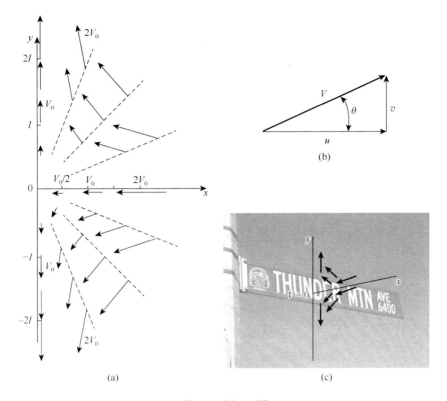

图 4-2　例 4.1 图

　　如图 4-3 所示，从烟囱排烟的例子中可以看出这两种分析流体流动方法的不同。在欧拉法中，可以在烟囱顶部（0 点）安装一个温度测量装置，并记录下烟囱的温度。该点的温度是时间的函数。在不同时刻，有不同的流体质点通过固定装置。因此，可以获得该位置 $(x = x_0, y = y_0, z = z_0)$ 的温度 T 为时间的函数，即 $T = T(x_0, y_0, z_0, t)$。使用许多固定在不同位置的温度测量装置将提供温度场 $T = T(x, y, z, t)$。一旦知道质点位置是时间的函数，就可以知道质点温度是时间的函数。在拉格朗日法中，把温度测量装置连接到一个特定的流体质点（质点 A）上，并记录该质点移动时的温度，从而可以获得该质点与时间相关的温度函数形式，该函数表达式为 $T_A = T_A(t)$。使用很多这样的测量装置标记各个流体质点，将这些流体质点的温度作为时间的函数。如果有足够的欧拉形式的信息，拉格朗日描述可以从欧拉描述中得出，反之亦然。

　　例 4.1 提供了流动的欧拉描述。对于拉格朗日描述，需要确定每个质点从一个点流向另一个点的速度，作为时间的函数。

　　在流体力学中，无论是实验还是分析研究，通常使用欧拉法来描述流动比较容易。然而，在某些情况下，用拉格朗日法更方便。例如，一些计算流体力学的方法是基于确定的单个流体质点的运动，所以用拉格朗日法描述运动。同样，在一些实验中，单个流体质点被"标记"，并在整个运动过程中被跟踪，可以用拉格朗日法描述。同样，使用 X 射线不透明染料也可以追踪动脉中的血液流动，并获得流体运动的拉格朗日描述。

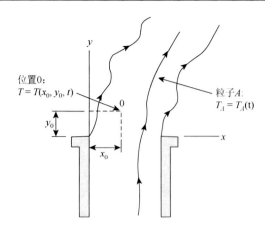

图 4-3　　流动流体温度的欧拉描述和拉格朗日描述

下面关于生物的例子也可以说明欧拉描述和拉格朗日描述之间的区别。每年有成千上万的鸟在它们的夏季栖息地和冬季栖息地之间迁徙。鸟类学家通过研究这些迁徙获得了各种重要信息,所得信息是鸟类在它们的迁徙路线上通过某一特定位置的速度(鸟速),这对应于欧拉描述——"流速"在给定位置作为时间的函数,不需要追踪个别鸟来获得此信息。另一种是通过给某些鸟贴上无线电发射机并沿着它们的迁徙路线运动,这符合拉格朗日描述——给定质点的"位置"作为时间的函数。

4.1.2　一维、二维和三维流动

一般来说,流体流动是一个相当复杂的、三维的、与时间相关的现象。在许多情况下,可以做出简化的假设,使问题更容易理解。其中一种简化是将实际流动近似为更简单的一维或二维流动。在任何流动情况下,速度场包含了三个速度分量(例如 u、v 和 w)。当三维流动特性对其产生的物理效应非常重要时,有必要对其三维特性进行分析,忽略一个或两个速度分量将对实际流动产生相当大的影响。例如,通过机翼的气流是复杂的三维流动。通过研究图 4-4 中流体流过模型机翼的照片,对这种流动的三维结构有一个直观的感受,利用流动可视化技术使流动可见。

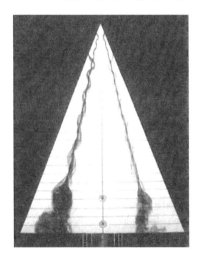

图 4-4　经过三角翼的复杂三维
流体流动可视化

在许多情况下,其中一个速度分量可能比其他两个分量小。在这种情况下,忽略较小的分量并假设为二维流动可能是合理的。也就是说,$V = u\hat{i} + v\hat{j}$,其中 u 和 v 是 x 和 y(可能还有时间 t)的函数。有时可以进一步简化流动分析,假设其中两个速度分量忽略不计,使速度场近似为一维流场,也就是 $V = u\hat{i}$。

4.1.3　定常和非定常流动

在前面的讨论中，假设了定常流动，即空间中某一点的速度不随时间变化，$\partial V / \partial t = 0$。在现实中，几乎所有的流动都是非定常的，也就是说速度确实随时间而变化。由于非定常流动通常比定常流动更难分析，因此，往往在不影响结果准确性的前提下做出定常流动的假设。在各种类型的非定常流中，有非周期性流、周期性流和真正的随机流。在分析中是否包含一种或多种非定常性，并非一目了然。

一个非周期性、非定常流动的例子是关闭水龙头以停止水的流动。通常，这种非定常流动的过程是很常见的，由于非定常效应而形成的力是不需要考虑的。然而，如果水龙头突然被关闭，非定常效应就会变得很重要（就像在这种情况下管道的撞击所产生的"水锤"效应一样）。

在其他流动中，非定常流动可能是周期性的，以近乎相同的方式一次又一次地发生。将空气和汽油的混合物定期喷入汽车发动机的气缸就是这样一个例子。非定常流动具有一定的规律性和可重复性，它们在发动机的运转中非常重要。

流体故事

高速射流刀适用于切割各种材料，如皮革制品、拼图、塑料、陶瓷和金属等。通常，压缩空气被用来产生从一个小喷嘴喷出的连续水流。当射流冲击要切割的材料时，在材料表面产生一种高压（滞止压强），从而切割材料。这种液体射流切割器在空气中工作得很好，但如果射流必须穿过液体，在外科手术中就很难控制。研究人员开发了一种新的脉冲射流切割工具，可以让外科医生对浸泡在液体中的组织进行显微手术。该系统使用的不是稳态的水射流，而是非稳态流体。喷嘴内的高能放电瞬间将微射流的温度提高到约 10000℃，这会在喷嘴中产生一个迅速膨胀的蒸气泡，并从喷嘴中喷出一股微小的流体射流。每次放电都会产生一个单一的、短暂的射流，在材料上造成一个微小切口。

定常或非定常流动的定义是在空间固定点观察流体特性的行为。对于定常流动，任何一个点所具有的流体属性（如速度、温度、密度等）都与时间无关。然而，即使是在定常流动中，对于一个给定的流体质点来说，这些属性的值可能会随着时间的推移而改变。

4.1.4　流线、脉线和迹线

虽然流体运动相当复杂，但可以应用各种概念帮助流场可视化和分析。为此，下文将讨论流线、脉线和迹线在流动中的作用。流线常用于分析工作中，而脉线和迹线常用于实验工作中。

流线是一条处处都与速度场相切的线。如果流动是定常的，那么固定点上的任何值（包括速度方向）都不会随时间而改变，所以流线是空间中的固定线。对于非定常流动，流线可能会随着时间的推移而改变形状。流线是通过对既定线与速度场相切的方程进行积分而得到的。二维流线的斜率 $\mathrm{d}y/\mathrm{d}x$ 必须等于速度矢量与 x 轴所成的角的正切值，或者说

$$\frac{\mathrm{d}y}{\mathrm{d}x}=\frac{v}{u} \tag{4-3}$$

如果已知速度场是 x 和 y 的函数（如果流速是非定常的，则也是 t 的函数），那么这个方程可以被积分，从而得到流线的方程。对于非定常流动，目前实验室不能通过实验生成流线。如下文所讨论的那样，将染料、烟雾或其他示踪剂注入流动中，进行观察可以得到有用的信息，但对于非定常流动来说，得到的并不是有关流线的必要信息。

例 4.2　给定速度场的流线图。

已知：思考例 4.1 中所讨论的二维定常流 $V=(V_0/l)(-x\hat{\boldsymbol{i}}+y\hat{\boldsymbol{j}})$。

问题：确定该流动的流线。

解：由

$$u=(-V_0/l)x \quad \text{和} \quad v=(V_0/l)y \tag{4-4}$$

因此，流线是由方程的解给出的

$$\frac{\mathrm{d}y}{\mathrm{d}x}=\frac{v}{u}=\frac{(V_0/l)y}{-(V_0/l)x}=\frac{y}{x}$$

其中变量可以分离，对方程进行积分得到

$$\int\frac{\mathrm{d}y}{y}=-\int\frac{\mathrm{d}x}{x}$$

或

$$\ln y=-\ln x+C$$

因此，沿着流线 $xy=C$，式中 C 是一个常数。

通过使用不同的常数 C 值，可以绘制 x-y 平面上的流线，图 4-5 绘制了 $x\geqslant0$ 的流线。该图与图 4-2（a）的比较说明了流线与速度场相切。

讨论：仅仅通过流线的形状并不能完全确定一个流线。例如，$V_0/l=10$ 时的流线与 $V_0/l=-10$ 时的流线形状相同。但是，这两种情况下的流动方向是相反的。图 4-5 中代表流动方向的箭头对 $V_0/l=10$ 是正确的，因为从公式（4-4）中可以看出，$u=-10x$ 和 $v=10y$，即从右向左流动。

脉线是在某一时间通过某一固定点的流体质点组成的线。脉线与其说是一种分析工具，不如说是一种实验工具。如果流速一定，每一个连续注入的流体质点都会精确地跟在前一个流体质点的后面，形成一条脉线，这条脉线与通过注入点的脉线完全相同。

对于非定常流动，不同时间注入同一点的流体质点不需要遵循相同的路径，一张被标记的流体照片将显示

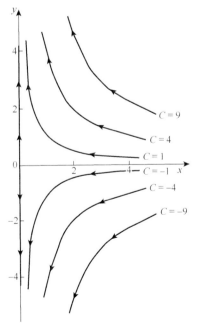

图 4-5　例 4.2 图

该瞬间的脉线，但它不一定与该时间通过注入点的流线一致，也不一定与不同时间通过同一注入点的流线一致（见例 4.3）。

迹线是流体质点的运动轨迹。迹线采用了拉格朗日描述，它可以在实验室里通过标记一个流体质点（给一个小的流体元素染色）并拍摄一张其运动的曝光照片来产生。

流体故事

人们早就知道，大量的物质是通过空气中的尘埃从一个地方运送到另一个地方的。据估计，每年有 20 亿吨尘埃进入大气层中。科学家们开始了解这一现象的影响——不仅是运输的吨数，而且运输的物质类型也很重要。除了我们称之为"尘埃"的普通惰性物质外，现在已知的还有各种有害的物质。危险材料和生物体的移动也利用这些颗粒。卫星图像揭示了沙漠中的土壤及其他物质，在风暴产生的强风作用下以惊人的速度形成颗粒。一旦这些微小颗粒升空，它们可能会飞行数千公里，穿越海洋，最终沉积在其他大陆上。为了所有人的健康和安全，我们必须更好地了解横跨海洋的"空中桥梁"，并了解这种物质运输的后果。

如果流动是定常的，标记质点所走的路径（迹线）将与先前通过注入点的所有其他质点所形成的线（脉线）相同。对于这种情况，这些线与速度场相切。因此，迹线、流线和脉线对于定常流动来说是相同的，而对于非定常流动来说，这三类线都不相同，人们经常会看到如图 4-3 所示的由烟雾或染料注入而形成，描述流动"流线"的图片。然而，对于定常流动来说，两者是相同的，只是在命名上有区别。

例 **4.3**　流线、迹线和脉线的比较。

已知：如图 4-6（a）所示，水从摆动的缝隙中流出，产生的速度场由 $V = u_0\sin[\omega(t - y/v_0)]\hat{i} + v_0\hat{j}$ 表示，其中 u_0、v_0 和 w 是常数，因此，y 方向的速度分量保持不变（$v = v_0$），$y = 0$ 处的 x 方向速度与摆动喷头的速度相吻合，在 $y = 0$ 处，$u = u_0\sin(\omega t)$。

问题：

（a）确定在 $t = 0$，$t = \pi/(2\omega)$ 时通过原点的流线。

（b）确定质点在原点处，在 $t = 0$，$t = \pi/2$ 时的迹线。

（c）讨论通过原点的脉线形状。

解：

（a）由于 $u = u_0\sin[\omega(t - y/v_0)]$，由式（4-3）可知，流线是由下式的解给出的

$$\frac{\mathrm{d}y}{\mathrm{d}x} = \frac{v}{u} = \frac{v_0}{u_0\sin[\omega(t - y/u_0)]}$$

式中，变量可以分离，对方程进行积分得到

$$u_0\int\sin\left[\omega\left(t - \frac{y}{v_0}\right)\right]\mathrm{d}y = v_0\int\mathrm{d}x$$

或

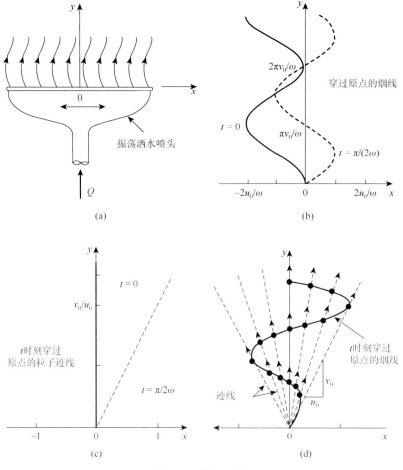

图 4-6 例 4.3 图

$$u_0(v_0 / \omega)\cos\left[\omega\left(t - \frac{y}{v_0}\right)\right] = v_0 x + C \tag{4-5}$$

式中，C 是一个常数。对于 $t=0$ 处通过原点（$x=y=0$）的流线，由式（4-5）可得 C 的值为 $C = u_0 v_0 / \omega$。因此，该流线的方程为

$$x = \frac{u_0}{\omega}\left[\cos\left(\frac{\omega y}{v_0}\right) - 1\right] \tag{4-6}$$

同样，在 $t = \pi / 2\omega$ 时，对于通过原点的流线，式（4-5）给出 $C = 0$，因此，该流线的方程为

$$x = \frac{u_0}{\omega}\cos\left[\omega\left(\frac{\pi}{2\omega} - \frac{y}{v_0}\right)\right] = \frac{v_0}{\omega}\cos\left(\frac{\pi}{2} - \frac{\omega y}{v_0}\right)$$

或

$$x = \frac{u_0}{\omega}\sin\left(\frac{\omega y}{v_0}\right) \tag{4-7}$$

讨论：图 4-6（b）中绘制的这两条流线并不一样，因为流动是非定常的。例如，在原点处 $(x=y=0)$，$t=\pi/2\omega$ 时速度为 $V=v_0\hat{\boldsymbol{j}}$；$t=0$ 时速度为 $V=u_0\hat{\boldsymbol{i}}+v_0\hat{\boldsymbol{j}}$。因此，流线通过原点的速度随时间变化。同样，整个流线的形状也是时间的函数。

（b）质点的迹线（质点的位置作为时间的函数）可以从速度场和速度的定义中获得。由于 $u=\mathrm{d}x/\mathrm{d}t$，$v=\mathrm{d}y/\mathrm{d}t$，得到

$$\frac{\mathrm{d}x}{\mathrm{d}t}=u_0\sin\left[\omega\left(t-\frac{y}{v_0}\right)\right] \quad \text{和} \quad \frac{\mathrm{d}y}{\mathrm{d}t}=v_0$$

对 y 进行积分（因为 $v_0=$ 常数），可以得到 y 方向的迹线为

$$y=v_0t+C_1 \tag{4-8}$$

式中，C_1 是一个常数。已知 $y=y(t)$ 的关系，则 x 方向的迹线为

$$\frac{\mathrm{d}x}{\mathrm{d}t}=u_0\sin\left[\omega\left(t-\frac{v_0+C_1}{v_0}\right)\right]=-u_0\sin\left(\frac{C_1\omega}{v_0}\right)$$

这可以积分成迹线的 x 分量：

$$x=-\left[u_0\sin\left(\frac{C_1\omega}{v_0}\right)\right]t+C_2 \tag{4-9}$$

式中，C_2 是一个常数。对于在 $t=0$ 时处于原点的质点 $(x=y=0)$，式（4-8）和式（4-9）给出了 $C_1=C_2=0$，因此，迹线是

$$x=0，\quad y=v_0t \tag{4-10}$$

同样，对于在 $t=\pi/2\omega$ 时处于原点的质点，式（4-8）和式（4-9）给出 $C_1=-\pi v_0/2\omega$，$C_2=-\pi u_0/2\omega$。因此，该质点的迹线为

$$x=u_0\left(t-\frac{\pi}{2\omega}\right) \quad \text{和} \quad y=v_0\left(t-\frac{\pi}{2\omega}\right) \tag{4-11}$$

通过绘制 $t\geqslant0$ 的 $x(t)$、$y(t)$ 值的位置图，或从式（4-11）中去掉参数 t，可得出迹线为

$$y=\frac{v_0}{u_0}x \tag{4-12}$$

讨论 1：如图 4-6（c）所示，由式（4-10）和式（4-12）给出的迹线是由原点出发的射线。由于流动是非定常的，所以迹线和流线不重合。

（c）在 $t=0$ 时，通过原点的脉线是之前（$t<0$）通过原点的质点在 $t=0$ 处的轨迹。脉线的大致形状如图 4-6（d）所示，每一个流经原点的质点都沿直线运动（迹线是指从原点出发的射线），其斜率在 $\pm v_0/u_0$ 之间。不同时间通过原点的质点位于距原点不同距离的射线上。其最终结果是，在原点不断注入的脉线形状如图 4-6（d）所示。由于非定常流动，脉线将随着时间的变化而变化，尽管它将始终具有振荡、蜿蜒的特征。

讨论 2：类似的脉线是由花园软管喷头的水流在喷头轴线的正方向上来回摆动给出的。在这个例子中，流线、迹线和脉线都不重合。如果是定常流动，这些线都会重合。

4.2　加 速 度 场

如 4.1 节所述，可以通过（1）跟随单个质点（拉格朗日描述）或（2）在空间中保持固定，并观察经过的不同质点来描述流体运动（欧拉描述）。无论哪种情况，为了应用牛顿第二定律（$F = ma$），都要以适当的方式描述质点加速度。对于不常使用的拉格朗日方法，可以像固体动力学中一样，用 $a = a(t)$ 描述每个流体质点的加速度。对于欧拉描述，将加速度场描述为位置和时间的函数，而非跟随任何特定的质点。这类似于用速度场 $V = V(x, y, z, t)$ 来描述流动，而不是特定质点的速度。本节将讨论如何在速度场已知的情况下获得加速度场。

质点的加速度是其速度的时间变化率。对于非定常流动，空间中某一给定点的速度可能随时间而变化，从而产生一部分流体加速度。此外，流体质点可能会出现加速度，因为它在空间中从一点流向另一点时速度会发生变化。例如，水在定常条件下流经花园中软管喷嘴（从软管中流出的流量不变），当它从软管中相对较低的速度变为喷嘴顶端相对较高的速度时，将经历一个加速度。

4.2.1　质点导数

如图 4-7 所示，考虑一个流体质点沿其迹线运动。一般来说，质点 A 的速度表示为 V_A，是其位置和时间的函数，即

$$V_A = V_A(r_A, t) = V_A[x_A(t), y_A(t), z_A(t), t]$$

式中，$x_A = x_A(t)$，$y_A = y_A(t)$，$z_A = z_A(t)$ 定义了运动的质点的位置。根据定义，质点的加速度是其速度的时间变化率。由于速度可能是位置和时间的函数，它的值可能会因为时间的变化以及质点位置的变化而变化。因此，利用链式微分法则得到质点 A 的加速度，表示为 a_A：

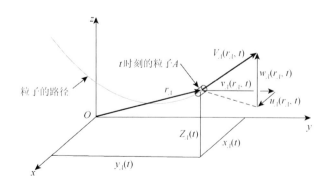

图 4-7　质点 A 在时间 t 的速度和位置

$$\boldsymbol{a}_A(t) = \frac{\mathrm{d}V_A}{\mathrm{d}t} = \frac{\partial V_A}{\partial t} + \frac{\partial V_A}{\partial x}\frac{\mathrm{d}x_A}{\mathrm{d}t} + \frac{\partial V_A}{\partial y}\frac{\mathrm{d}y_A}{\mathrm{d}t} + \frac{\partial V_A}{\partial z}\frac{\mathrm{d}z_A}{\mathrm{d}t} \qquad (4\text{-}13)$$

利用质点速度分量由 $u_A = \mathrm{d}x_A/\mathrm{d}t$，$v_A = \mathrm{d}y_A/\mathrm{d}t$，$w_A = \mathrm{d}z_A/\mathrm{d}t$ 给出，式（4-13）变成

$$\boldsymbol{a}_A = \frac{\mathrm{d}V_A}{\mathrm{d}t} + u_A\frac{\partial V_A}{\partial x} + v_A\frac{\partial V_A}{\partial y} + w_A\frac{\partial V_A}{\partial z}$$

由于上述内容对任何质点都有效，所以可以放弃对质点 A 的引用，从速度场中得到加速度场，表示如下：

$$\boldsymbol{a} = \frac{\mathrm{d}V}{\mathrm{d}t} + u\frac{\partial V}{\partial x} + v\frac{\partial V}{\partial y} + w\frac{\partial V}{\partial z} \qquad (4\text{-}14)$$

这是一个向量结果，它的标量分量可以写为

$$a_x = \frac{\mathrm{d}u}{\mathrm{d}t} + u\frac{\partial u}{\partial x} + v\frac{\partial u}{\partial y} + w\frac{\partial u}{\partial z}$$

$$a_y = \frac{\mathrm{d}v}{\mathrm{d}t} + u\frac{\partial v}{\partial x} + v\frac{\partial v}{\partial y} + w\frac{\partial v}{\partial z} \qquad (4\text{-}15)$$

$$a_z = \frac{\mathrm{d}w}{\mathrm{d}t} + u\frac{\partial w}{\partial x} + v\frac{\partial w}{\partial y} + w\frac{\partial w}{\partial z}$$

式中，a_x，a_y 和 a_z 是加速度的 x，y 和 z 分量。

上述结果通常可简写成

$$\boldsymbol{a} = \frac{\mathrm{D}V}{\mathrm{D}t}$$

其中运算符

$$\frac{\mathrm{D}(\ )}{\mathrm{D}t} = \frac{\partial(\ )}{\partial t} + u\frac{\partial(\ )}{\partial x} + v\frac{\partial(\ )}{\partial y} + w\frac{\partial(\ )}{\partial z} \qquad (4\text{-}16)$$

称为质点导数，质点导数运算符经常使用的速记符号是

$$\frac{\mathrm{D}(\ )}{\mathrm{D}t} = \frac{\partial(\ )}{\partial t} + (V \cdot \nabla)(\ ) \qquad (4\text{-}17)$$

速度矢量 V 和梯度算子 $\nabla(\ ) = \partial(\ )/\partial x\hat{\boldsymbol{i}} + \partial(\ )/\partial y\hat{\boldsymbol{j}} + \partial(\ )/\partial z\hat{\boldsymbol{k}}$（一个矢量算子）为笛卡儿坐标中出现的空间导数项提供了一个方便的符号。请注意，符号 $V \cdot \nabla$ 表示算子 $V \cdot \nabla(\ ) = u\partial(\ )/\partial x + v\partial(\ )/\partial y + w\partial(\ )/\partial z$。

质点导数概念在涉及各种流体参数的分析中非常有用。任何变量的质点导数是指给定质点的变量随时间变化率。例如，考虑一个与给定流场相关的温度场 $T = T(x,y,z,t)$，确定一个流体质点 A 在温度场中运动时温度的时间变化率。如果速度 $V = V(x,y,z,t)$ 是已知的，可以应用链式微分法则来确定温度的变化率为

$$\frac{\mathrm{d}T_A}{\mathrm{d}t} = \frac{\partial T_A}{\partial t} + \frac{\partial T_A}{\partial x}\frac{\mathrm{d}x_A}{\mathrm{d}t} + \frac{\partial T_A}{\partial y}\frac{\mathrm{d}y_A}{\mathrm{d}t} + \frac{\partial T_A}{\partial z}\frac{\mathrm{d}z_A}{\mathrm{d}t}$$

这可以写成

$$\frac{\mathrm{D}T}{\mathrm{D}t} = \frac{\partial T}{\partial t} + u\frac{\partial T}{\partial x} + v\frac{\partial T}{\partial y} + w\frac{\partial T}{\partial z} = \frac{\partial T}{\partial t} + \boldsymbol{V}\cdot\nabla\boldsymbol{T}$$

如在测定加速度时出现了质点导数算子 $\mathrm{D}(\ )/\mathrm{D}t$。

例 4.4　沿流线的加速度。

已知：如图 4-8（a）所示，不可压缩、无黏性的流体定常地流过一个半径为 R 的网球。根据流动分析，流体沿流线 $A\text{-}B$ 的速度由以下公式给出：

$$\boldsymbol{V} = u(x)\hat{\boldsymbol{i}} = V_0\left(1 + \frac{R^3}{x^3}\right)\hat{\boldsymbol{i}}$$

式中，V_0 为球体前方的上游速度。

问题：确定流体质点沿此流线流动时经历的加速度。

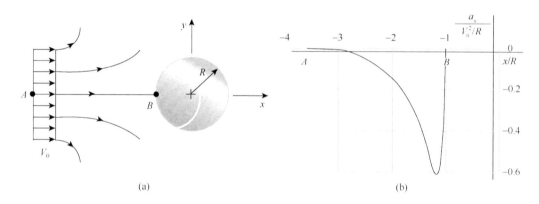

图 4-8　例 4.4 图

解：沿着流线 $A\text{-}B$ 只有一个速度分量（$v = w = 0$），所以由式（4-13）可知

$$\boldsymbol{a} = \frac{\mathrm{d}\boldsymbol{V}}{\mathrm{d}t} + u\frac{\partial\boldsymbol{V}}{\partial x} = \left(\frac{\mathrm{d}u}{\mathrm{d}t} + u\frac{\partial u}{\partial x}\right)\hat{\boldsymbol{i}}$$

或

$$a_x = \frac{\mathrm{d}u}{\mathrm{d}t} + u\frac{\partial u}{\partial x}, \quad a_y = 0, \quad a_z = 0$$

由于流动是定常的，空间中某一点的速度不随时间变化。因此，$\mathrm{d}u/\mathrm{d}t = 0$。在给定的沿流线的速度分布下，加速度变成

$$a_x = u\frac{\partial u}{\partial x} = V_0\left(1 + \frac{R^3}{x^3}\right)V_0[R^3(-3x^{-4})]$$

或

$$a_x = -3\left(V_0^{\,2}/R\right)\frac{1 + (R/x)^3}{(x/R)^4}$$

讨论：沿着流线 A-B（$-\infty \leqslant x \leqslant -R$ 和 $y=0$），加速度只有一个 x 分量，而且是负的（减速）。因此，流体从其上游在 $x=-\infty$ 处速度为 $V=V_0\hat{\pmb{i}}$，减速到其滞止点在 $x=-R$ 处，速度为 $V=0$，即球的"鼻子"处。a_x 沿流线 A-B 的变化如图 4-8（b）所示。这与例 3.1 中使用加速度的分量得到的结果是一样的，$a_x = V\partial V/\partial s$。绝对值最大的加速度出现在 $x=-1.205R$，其值为 $a_{x,\,\max} = -0.610V_0^2/R$。注意，这个最大加速度随着速度的增加和尺寸的减小而减小。如表 4-1 所示，这个加速度的值可能相当大。例如，对于投掷的棒球来说，$a_{x,\,\max} = -1.24\times10^4\text{m/s}^2$ 的数值约是重力加速度的 1500 倍。

一般来说，对于流线上除 A-B 以外的流体质点，加速度的三个分量（a_x、a_y 和 a_z）都不为零。

表 4-1　例 4.4 表

物体	V_0/(m/s)	R/m	$a_{x,\,\max}$/(m/s^2)
上升的热气球	0.3	1.2	−0.046
棒球	6	0.24	93.0
足球	25	0.037	-1.2×10^4
网球	30	0.032	-1.8×10^4
高尔夫球	60	0.021	-1.1×10^5

4.2.2　非定常效应

从式（4-16）可以看出，质点导数公式包含两项，即涉及时间导数 $[\partial(\ )/\partial t]$ 的项和涉及空间导数 $[\partial(\ )/\partial x, \partial(\ )/\partial y$ 和 $\partial(\ )/\partial z]$ 的项。时间导数部分表示为局部导数，它们表示非定常流动的影响。如果涉及的参数是加速度，那么 $\partial V/\partial t$ 部分称为局部加速度。对于定常流动，时间导数在整个流场中为零，$[\partial(\ )/\partial t = 0]$ 局部效应消失。从物理学上讲，如果流动是定常的，在空间的某一固定点上，流动参数不会发生变化。但是，当一个流体质点移动时，这些参数可能会发生变化。

如果流动是非定常的，它在任何位置的参数值（如速度、温度、密度等）可能会随着时间的变化而变化。例如，一杯未搅拌的（$V=0$）咖啡会因为向周围环境传热而冷却。也就是说，$\mathrm{D}T/\mathrm{D}t = \partial T/\partial t + V\cdot\nabla T = \partial T/\partial t < 0$。同样，由于流动的非定常效应，流体质点可能具有非零的加速度。考虑恒定的直管道中的流动，如图 4-9 所示。假设流动在整个管道中是均匀的，即 $V=V_0(t)\hat{\pmb{i}}$ 在管道中的所有点的加速度的值取决于 V_0 是增加的，$\partial V_0/\partial t > 0$，还是减少的，$\partial V_0/\partial t > 0$。除非 V_0 与时间无关（V_0 恒等于常数），否则会有一个加速度，即局部加速度。因此，加速度场 $\pmb{a} = \partial V_0/\partial t\hat{\pmb{i}}$，在整个流动过程中是均匀的，尽管它可能会随着时间的变化而变化（$\partial V_0/\partial t$ 不一定是常数）。速度的空间变化（$u\,\partial u/\partial x$，$v\,\partial v/\partial y$ 等）导致的加速度在这种流动中消失，因为 $\partial u/\partial x = 0$，$v = w = 0$。

$$\pmb{a} = \frac{\partial V}{\partial t} + u\frac{\partial V}{\partial x} + v\frac{\partial V}{\partial y} + w\frac{\partial V}{\partial z} = \frac{\partial V}{\partial t} = \frac{\partial V_0}{\partial t}\hat{\pmb{i}}$$

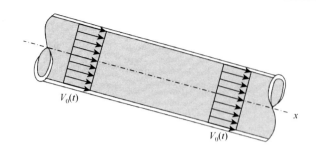

图 4-9　恒定直管道中的均匀、非定常流动

4.2.3　对流效应

由空间导数所代表的质点导数（式（4-16））的部分被称为对流导数，它表示与流体质点相关的流动属性可能因质点从空间中的一点到空间中另一点的运动而变化。例如，花园软管喷嘴入口处的水流速度与出口处的方向和速度不同。无论流动是定常的还是非定常的，质点的参数都会发生变化。

这是由于质点在空间中的运动，参数值中有一个梯度 $\nabla(\ ) = \partial(\ )/\partial x\hat{\boldsymbol{i}} + \partial(\ )/\partial y\hat{\boldsymbol{j}} + \partial(\ )/\partial z\hat{\boldsymbol{k}}$。由 $(\boldsymbol{V}\cdot\nabla)\boldsymbol{V}$ 给出的加速度称为对流加速度。

如图 4-10 所示，流体质点流经加热器时，其温度会发生变化。进入加热器的水始终为相同的低温，而离开加热器的水始终为相同的高温。流动是定常的。然而，每个流体质点的温度 T 在通过加热器时都会升高，$T_{out} > T_{in}$。因此，由于温度全导数中有对流项，$\mathrm{D}T/\mathrm{D}t = 0$，即 $\partial T/\partial t = 0$，但沿流线有一个非零的温度梯度，因此 $u\partial T/\partial x \neq 0$。一个流体质点以指定的速度 u 沿着这条非恒定温度的路径（$\partial T/\partial x \neq 0$）运动，即使流速定常（$\partial T/\partial x = 0$），其温度也会以 $\mathrm{D}T/\mathrm{D}t = u\partial T/\partial x$ 的速度随时间变化。

流体的加速度也涉及相同类型的过程。如图 4-11 所示，考虑在可变面积管道中的流动。假设流动是一维定常的，速度在流动方向上有增有减。当流体从截面（1）流向截面（2）时，其速度从 V_1 增加到 V_2。因此，即使 $\partial V/\partial t = 0$，流体质点的加速度为 $a_x = u\partial u/\partial x$。对于 $x_1 < x < x_2$，$\partial u/\partial x > 0$，$a_x > 0$，为流体加速；对于 $x_2 < x < x_3$，$\partial u/\partial x < 0$，$a_x < 0$，为流体减速。如果 $V_1 = V_3$，即使 x_2 与 x_1、x_3 与 x_2 之间的距离不同，加速度的增大与减小也能平衡。

质点导数的概念可以用来确定质点运动时任何相关参数的时间变化率。它的使用并不只限于流体力学。使用质点导数概念的基础是参数的场描述 $P = P(x,y,z,t)$，以及质点在该场中的速度 $\boldsymbol{V} = \boldsymbol{V}(x,y,z,t)$。

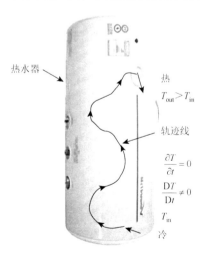

热水器

热
$T_{out} > T_{in}$

轨迹线

$\dfrac{\partial T}{\partial t} = 0$

$\dfrac{\mathrm{D}T}{\mathrm{D}t} \neq 0$

T_{in}

冷

图 4-10　热水器的稳态运行

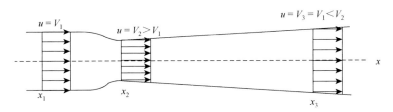

图 4-11 可变面积管道中的均匀定常流动

例 4.5 给定速度场的加速度。

问题：思考例 4.2 中讨论的二维定常流场，确定该流动的加速度场。

解：一般来说，加速度为

$$\boldsymbol{a} = \frac{D\boldsymbol{V}}{Dt} = \frac{\partial \boldsymbol{V}}{\partial t} + (\boldsymbol{V} \cdot \nabla)\boldsymbol{V} = \frac{\partial \boldsymbol{V}}{\partial t} + u\frac{\partial \boldsymbol{V}}{\partial x} + v\frac{\partial \boldsymbol{V}}{\partial y} + w\frac{\partial \boldsymbol{V}}{\partial z} \tag{4-18}$$

式中，速度由 $\boldsymbol{V} = (V_0/l)(-x\hat{\boldsymbol{i}} + y\hat{\boldsymbol{j}})$ 给出， $u = -(V_0/l)x$， $v = (V_0/l)y$。对于定常的 $[\partial(\ )/\partial t = 0]$ 二维 $[w = 0$ 和 $\partial(\ )/\partial z = 0]$ 流动，式（4-18）变成

$$\boldsymbol{a} = u\frac{\partial \boldsymbol{V}}{\partial x} + v\frac{\partial \boldsymbol{V}}{\partial y}$$

$$= \left(u\frac{\partial u}{\partial x} + v\frac{\partial u}{\partial y}\right)\hat{\boldsymbol{i}} + \left(u\frac{\partial v}{\partial x} + v\frac{\partial v}{\partial y}\right)\hat{\boldsymbol{j}}$$

对于这种流动，加速度由以下公式给出：

$$\boldsymbol{a} = \left[\left(-\frac{V_0}{l}\right)(x)\left(-\frac{V_0}{l}\right) + \left(\frac{V_0}{l}\right)(y)(0)\right]\hat{\boldsymbol{i}} + \left[\left(-\frac{V_0}{l}\right)(x)(0) + \left(\frac{V_0}{l}\right)(y)\left(\frac{V_0}{l}\right)\right]\hat{\boldsymbol{j}}$$

或

$$a_x = \frac{V_0^2 x}{l^2}, \quad a_y = \frac{V_0^2 y}{l^2}$$

讨论：流体在 x 和 y 两个方向上都有加速度。由于流动是定常的，所以不存在局部加速度——流体在任何给定点的速度在时间上都是恒定的。然而，由于存在对流加速度，从质点迹线上的一点到另一点的速度会发生变化。在这种流动中，流体速度（大小）和流向随质点的位置而改变（见图 4-2（a））。对于这种流动，从以下表达式中可以看出，在以原点为圆心的圆上，加速度的大小是恒定的，

$$|\boldsymbol{a}| = \left(a_x^2 + a_y^2 + a_z^2\right)^{1/2} = \left(\frac{V_0}{l}\right)^2 \left(x^2 + y^2\right)^{1/2} \tag{4-19}$$

另外，加速度矢量的方向与 x 轴成 θ 角，其中

$$\tan\theta = \frac{a_y}{a_x} = \frac{y}{x}$$

这个角和从原点到点 (x, y) 的射线形成的角是一样的。因此，加速度沿从原点出发的射线方向，其大小与到原点的距离成正比。对于第一象限的流动，加速度矢量（从式（4-19））和速度矢量（从例 4.1）如图 4-12 所示。注意 $\boldsymbol{a}$ 和 $\boldsymbol{V}$ 与 x 轴和 y 轴是不平行的（这就是流体弯曲路径的原因），并且加速度和速度在原点（ $x = y = 0$ ）都是零。

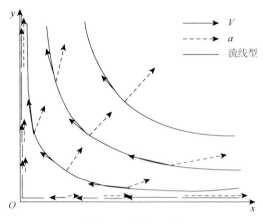

图 4-12　例 4.5 图

例 4.6　质点导数。

问题：流体流过一个二维的喷嘴，为定常流动。如图 4-13 所示，喷嘴形状由以下公式给出：

$$y / l = \pm 0.5 / [1 + (x / l)]$$

如果黏性力和重力可以忽略不计，则速度场为

$$u = V_0 [1 + x / l], \quad v = -V_0 y / l \tag{4-20}$$

压强场为

$$p - p_0 = -\left(\rho V_0^2 / 2\right)\left[\left(x^2 + y^2\right) / l^2 + 2x / l\right]$$

式中，V_0 和 p_0 分别是原点的速度和压强。注意，流体速度在流经喷嘴时增加。例如，沿中心线（$y = 0$），在 $x = 0$ 处 $V = V_0$，在 $x = l$ 处 $V = 2V_0$。作为 x 和 y 的函数，确定流体质点流过喷嘴时所受到的压强的时间变化率。

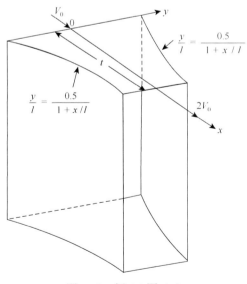

图 4-13　例 4.6 图（a）

解：在这种定常流动中，任何给定的、固定的点的压强随时间的变化率为零。然而，流经喷嘴的质点所受到的压强随时间的变化率由压强的质点导数给出，并不为零。因此，

$$\frac{\mathrm{D}p}{\mathrm{D}t}=\frac{\partial p}{\partial t}+u\frac{\partial p}{\partial x}+v\frac{\partial p}{\partial y}=u\frac{\partial p}{\partial x}+v\frac{\partial p}{\partial y} \tag{4-21}$$

其中，压强梯度的 x 和 y 分量可写为

$$\frac{\partial p}{\partial x}=-\frac{\rho V_0^2}{l}\left(\frac{x}{l}+1\right) \tag{4-22}$$

和

$$\frac{\partial p}{\partial y}=-\frac{\rho V_0^2}{l}\left(\frac{y}{l}\right) \tag{4-23}$$

结合式（4-20）、式（4-21）、式（4-22）和式（4-23），得到

$$\frac{\mathrm{D}p}{\mathrm{D}t}=V_0\left(1+\frac{x}{l}\right)\left(-\frac{\rho V_0^2}{l}\right)\left(\frac{x}{l}+1\right)+\left(-V_0\frac{y}{l}\right)\left(-\frac{\rho V_0^2}{l}\right)\left(\frac{y}{l}\right)$$

或

$$\frac{\mathrm{D}p}{\mathrm{D}t}=-\frac{\rho V_0^2}{l}\left[\left(\frac{x}{l}+1\right)^2-\left(\frac{y}{l}\right)^2\right] \tag{4-24}$$

讨论：图 4-14（a）给出了喷嘴内的等压线，以及一些有代表性的流线。当流体质点沿其流线流动时，它将移动到压强越来越低的区域。即使流动是定常的，任何给定质点的压强随时间的变化率都是负的。这一点可以从式（4-24）中得到验证，当在图 4-14（b）中绘制时，可以看出，对于喷嘴内的任何一点 $\mathrm{D}p/\mathrm{D}t<0$。

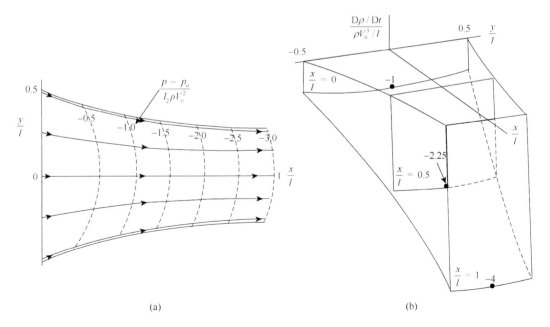

(a)　　　　　　　　　　(b)

图 4-14　例 4.6 图

4.2.4 流线坐标

在许多流动中，使用以流线定义的坐标系很方便。图 4-15 是一个定常二维流动的例子。这种流动可以用笛卡儿坐标系（或其他坐标系，如 r，θ 极坐标系）或流线坐标系来描述。在流线坐标系中，流动是用沿流线的坐标（记作 s）和流线的法线坐标（记作 n）来描述的（沿流线的切向坐标记作 s，沿流线的法向坐标记作 n）。如图 4-15 所示，这两个方向的单位向量分别用 $\hat{s}$ 和 $\hat{n}$ 表示。需要注意的是，不要将坐标距离 s（标量）与沿流线方向的单位向量 $\hat{s}$ 混淆。

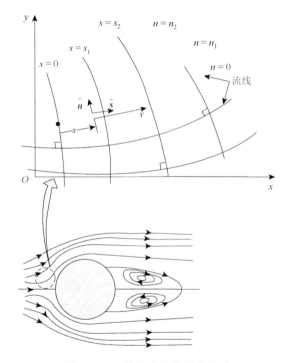

图 4-15 二维流动的流线坐标系

在任意一点上，s 和 n 的方向都是垂直的（s 和 n 的方向相互垂直），但常数 s 或常数 n 表示的线不一定是直线。如果不知道实际的速度场（也就是流线），就不可能构建这个流动网络。在许多情况下，可以作适当的简化假设，使这种信息的缺乏不致造成太大困难。使用流线坐标系的主要优点之一是速度总是与 s 方向相切，即

$$V = V\hat{s}$$

这使得描述流体质点加速度和求解流动方程的过程变得简单。

对于定常的二维流动，可以确定加速度为

$$\boldsymbol{a} = \frac{\mathrm{D}V}{\mathrm{D}t} = a_s\hat{s} + a_n\hat{n}$$

式中，a_s 和 a_n 分别是加速度的切向分量和法向分量。如果流线是弯的，质点的速度和它

的流动方向都可能从一个点变到另一个点。一般来说，对于定常流动，速度和流动方向都是位置的函数，即 $V = V(s,n)$ 和 $\hat{s} = \hat{s}(s,n)$。对于一个给定的质点，s 的值随着时间的变化而变化，但 n 的值仍然固定不变，因为质点沿着由 $n =$ 常数定义的流线流动（回忆一下，流线和迹线在定常流动中重合）。因此，应用链式微分法则得到

$$a = \frac{\mathrm{D}(V\hat{s})}{\mathrm{D}t} = \frac{\mathrm{D}V}{\mathrm{D}t}\hat{s} + V\frac{\mathrm{D}\hat{s}}{\mathrm{D}t}$$

或

$$a = \left(\frac{\partial V}{\partial t} + \frac{\partial V}{\partial s}\frac{\mathrm{d}s}{\mathrm{d}t} + \frac{\partial V}{\partial n}\frac{\mathrm{d}n}{\mathrm{d}t}\right)\hat{s} + V\left(\frac{\partial \hat{s}}{\partial t} + \frac{\partial \hat{s}}{\partial s}\frac{\mathrm{d}s}{\mathrm{d}t} + \frac{\partial \hat{s}}{\partial n}\frac{\mathrm{d}n}{\mathrm{d}t}\right)$$

该式可以通过这样一个事实来简化，即对于定常流动，速度在给定的点上没有任何变化，所以 $\partial V / \partial t$ 和 $\partial \hat{s} / \partial t$ 都是零。另外，沿流线的速度为 $V = \mathrm{d}s / \mathrm{d}t$，而质点保持在其所在的流线上（$n =$ 常数），使 $\mathrm{d}n / \mathrm{d}t = 0$。因此，

$$a = \left(V\frac{\partial V}{\partial s}\right)\hat{s} + V\left(V\frac{\partial \hat{s}}{\partial s}\right)$$

$\partial \hat{s} / \partial s$ 的值表示在极限 $\delta s \to 0$ 下沿流线的单位矢量 $\partial \hat{s}$ 的变化量，∂s 是沿流线每次变化的距离。$\hat{s}$ 的大小是恒定的（$|\hat{s}| = 1$，它是一个单位向量），但如果流线是弯曲的，那么它的方向是可变的。从图 4-16 可以看出，$\partial \hat{s} / \partial s$ 的大小等于该点的流线曲率半径 $\mathcal{R}$ 的倒数。图 4-16 所示的两个三角形（AOB 和 $A'O'B'$）是相似三角形，所以 $\delta s / \mathcal{R} = |\delta \hat{s}| / |\hat{s}| = |\delta \hat{s}|$，或者 $|\delta \hat{s} / \delta s| = 1 / \mathcal{R}$。同理，在极限 $\delta s \to 0$ 下，可以看出 $\delta \hat{s} / \delta s$ 的方向是沿流线法向方向的。这就是

$$\frac{\partial \hat{s}}{\partial s} = \lim_{\delta s \to 0} \frac{\partial \hat{s}}{\partial s} = \frac{\hat{n}}{\mathcal{R}}$$

因此，定常二维流动的加速度可以用其切向分量和法向分量来表示，其形式为

$$a = V\frac{\partial V}{\partial s}\hat{s} + \frac{V^2}{\mathcal{R}}\hat{n} \quad \text{或} \quad a_s = V\frac{\partial V}{\partial s}, \quad a_n = \frac{V^2}{\mathcal{R}} \qquad (4-25)$$

式中，$a_s = V\partial V / \partial s$ 表示沿流线的对流加速度；$a_n = V^2 / \mathcal{R}$ 表示流体运动的离心加速度；单位向量 $\hat{n}$ 从流线指向曲率中心方向。

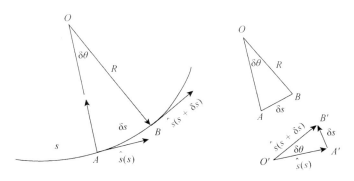

图 4-16　沿着流线的单位向量 $\hat{s}$ 与流线曲率半径 $\mathcal{R}$ 的关系

4.3 控制体和系统

流体是一种运动相对自由并与周围环境相互作用的物质，流体的行为受基本物理定律的支配，这些定律由一组适当的方程来近似表达。质量守恒定律、牛顿运动定律、热力学定律等构成了流体力学分析的基础。有多种方法可以将这些定律应用到流体中，包括系统分析法和控制体分析法。根据定义，系统（system）是一个可以移动、流动或与周围环境相互作用，具有固定属性的物质的集合。另外，控制体（control volume，CV）是指一个空间中的体积，流体可以流经该体积。

系统是一个具体的、可识别的物质的量。它可能由一种含相对较大数量的物质组成（如地球大气层中的所有空气），也可能是一个无限小的尺寸（如一个单一的流体质点）。在任何情况下，构成系统的分子都会以某种方式被"标记"，这样就可以在移动的过程中不断地被识别。系统可以通过各种方式与周围环境相互作用，也可能不断地改变大小和形状，但总是包含相同的物质。这些物质的行为可以通过对该系统应用适当的控制方程来进行研究。

研究静力学和动力学的重要概念之一是微元控制体。也就是说，确定一个微元控制体，将它与周围环境隔离开，并运用牛顿运动定律对其施加等效作用代替周围环境对它的作用。在这种情况下的微元控制体是系统，是在与周围环境相互作用时所遵循的物质的一部分。在流体力学中，识别和跟踪一定量的物质往往是相当困难的。一般来说，控制体可以是一个移动的体积，不过对于本书考虑的大多数情况，只使用固定的、不可变形的控制体。因为流体流经控制体，所以控制体内的物质可以随着时间的变化而变化。同样，体积内物质的量也可以随时间变化。控制体本身是一个特定的几何实体，与流动的流体无关。

控制体和控制面（控制体的表面）的例子如图 4-17 所示。如图 4-17（a）所示，流体流经管道，固定控制面由管道内表面、出口端截面（2）、穿过管道的截面（1）组成。控制面的一部分是管道上的物理表面，而其余部分只是空间中穿过管道的面。另一个控制体是图 4-17（b）所示的围绕喷气发动机的矩形表面，如果装有发动机的飞机静静地停在跑道上，由于发动机在其内部的作用，空气就会流经这个控制体，在时间 $t = t_1$，发动机内部的空气已经通过发动机，在时间 $t = t_2$ 时处于控制体之外。如果飞机在移动，控制体相对于飞机上的观察者是固定的，但相对于地面上的观察者来说，它是移动的。在任何一种情况下，空气都会按照指示流经发动机及其周围。

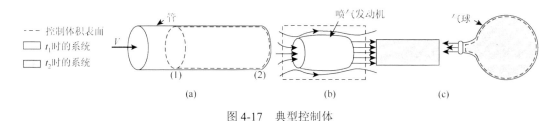

图 4-17 典型控制体

（a）固定控制体；（b）固定和移动的控制体；（c）变形控制体

图 4-17（c）所示的放气气球提供了一个变形控制体的例子，随着时间的增加，控制体减小。如果不抓紧气球，它就会变成一个移动的、变形的控制体，在房间里飞舞。本书分析的大部分问题都可以使用固定的、不变形的控制体来解决，但在某些情况下，需要使用一个移动的、可变形的控制体。

系统和控制体之间的关系类似于拉格朗日和欧拉流动描述之间的关系。在系统或拉格朗日描述中，跟随流体并观察其运动时的行为。在控制体或欧拉描述中，保持静止，观察流体在固定位置的行为。所有控制流体运动的定律都是以系统分析法的基本形式来说明的。例如，"系统的质量保持不变"，或"系统动量的时间变化率等于作用在系统上的所有力之和"。注意这些语句中的描述是"系统"，而不是"控制体"，要利用控制体分析法中的控制方程来重新表述这些规律。为此，在 4.4 节介绍雷诺输运定理。

4.4　雷诺输运定理

需要用系统概念（考虑了给定质量的流体）和控制体概念（考虑了给定体积的流体）来描述流体运动的规律。要做到这一点，需要一个分析工具来实现从用系统表示变为用控制体表示。雷诺输运定理（Reynolds transport theorem）提供了这个工具。

所有的物理定律都是用各种物理参数来说明的。速度、加速度、质量、温度和动量只是其中几个比较常见的参数。用 B 代表这些（或其他）流体参数中的任何一个，b 代表单位质量的该参数的量，为

$$B = mb$$

式中，m 是有关流体部分的质量。例如，如果 $B = m$，可知 $b = 1$。每单位质量的质量是 1。如果 $B = mV^2/2$，则 $b = V^2/2$，是单位质量的动能。参数 B 和 b 可能是标量或矢量。因此，如果 $\boldsymbol{B} = m\boldsymbol{V}$，则单位质量的动量 $\boldsymbol{b} = \boldsymbol{V}$。（单位质量的动量就是速度。）

参数 B 被称为广延量，参数 b 为强度量。B 的值与考虑的物质的质量成正比，而 b 的值与质量的大小无关。一个系统在给定的瞬间所拥有的广延量 B_{sys}，可以通过将系统中每个流体质点的相关量相加来确定。对于尺寸为 $\delta\Psi$、质量为 $\rho\delta\Psi$ 的无穷小流体质点来说，这个求和（在极限 $\delta\Psi \to 0$ 下）是对系统中所有质点的 $\delta B = b\rho\delta\Psi$ 求和，写成积分形式为

$$B_{\text{sys}} = \lim_{\delta\Psi \to 0} \sum_i b_i\left(\rho_i \delta\Psi_i\right) = \int_{\text{sys}} \rho b\, \mathrm{d}\Psi$$

积分的极限涵盖了整个系统——通常是一个移动的体积。

大多数流体运动规律都涉及系统广延量的时间变化率——动量的时间变化率和质量的时间变化率等。因此，经常会遇到这样的项

$$\frac{\mathrm{d}B_{\text{sys}}}{\mathrm{d}t} = \frac{\mathrm{d}\left(\int_{\text{sys}} \rho b\, \mathrm{d}\Psi\right)}{\mathrm{d}t} \tag{4-26}$$

要在控制体中使用这些定律，必须得到一个控制体内广延量 B_{CV} 的时间变化率的表达式：

$$\frac{\mathrm{d}B_{\mathrm{CV}}}{\mathrm{d}t} = \frac{\mathrm{d}\left(\int_{\mathrm{CV}}\rho b \mathrm{d}\forall\right)}{\mathrm{d}t} \tag{4-27}$$

式中，积分限用 CV 表示，涵盖了所关注的控制体。虽然式（4-26）和式（4-27）看起来非常相似，但是其物理含义却大不相同。在数学上，用积分限的差异来表示。回顾一下，控制体是一个空间中的体积（在大多数情况下是静止的，若移动，可以独立于系统移动）。另外，系统是一个可识别的质量集合，它随着流体的移动而移动（实际上它是流体的一个指定部分）。即使对于控制体和系统在空间中瞬间占据相同体积的情况，$\mathrm{d}B_{\mathrm{sys}}/\mathrm{d}t$ 和 $\mathrm{d}B_{\mathrm{CV}}/\mathrm{d}t$ 这两个量也不一定相同。雷诺输运定理给出了系统广延量时间变化率与控制体广延量时间变化率之间的关系，即式（4-26）和式（4-27）之间的关系。

例 4.7　控制体和系统的时间变化率。

已知：系统和控制体的时间变化率如图 4-18（a）所示，流体从灭火器罐中流出。

问题：如果 B 代表质量，讨论 $\mathrm{d}B_{\mathrm{sys}}/\mathrm{d}t$ 和 $\mathrm{d}B_{\mathrm{CV}}/\mathrm{d}t$ 之间的区别。

解：由 $B=m$ 是系统质量，可得 $b=1$，式（4-27）可写为

$$\frac{\mathrm{d}B_{\mathrm{sys}}}{\mathrm{d}t} = \frac{\mathrm{d}m_{\mathrm{sys}}}{\mathrm{d}t} = \frac{\mathrm{d}\left(\int_{\mathrm{sys}}\rho \mathrm{d}\forall\right)}{\mathrm{d}t}$$

和

$$\frac{\mathrm{d}B_{\mathrm{CV}}}{\mathrm{d}t} = \frac{\mathrm{d}m_{\mathrm{CV}}}{\mathrm{d}t} = \frac{\mathrm{d}\left(\int_{\mathrm{CV}}\rho \mathrm{d}\forall\right)}{\mathrm{d}t}$$

在物理上，这些分别代表系统内质量和控制体内质量的时间变化率。选择系统为阀门打开时罐内的流体（$t=0$），控制体为罐体本身，如图 4-18（b）所示。在阀门打开后很短的时间内，系统的一部分已经移动到了控制体之外，如图 4-18（c）所示，控制体是固定的。控制体的积分限是固定的，而系统的积分极限是关于时间的函数。

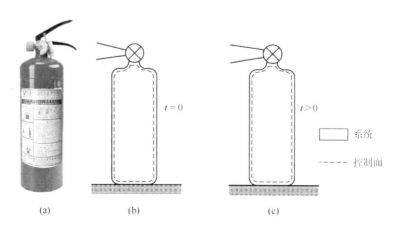

图 4-18　例 4.7 图

显然，如果质量要守恒（流体运动的基本定律之一），则系统中流体的质量是恒定的，所以

$$\frac{\mathrm{d}\left(\int_{\mathrm{sys}}\rho\mathrm{d}\mathcal{V}\right)}{\mathrm{d}t}=0$$

另一方面，一些流体已经通过罐体上的喷嘴从控制体流出。因此，罐（控制体）内物质的质量随时间减少：

$$\frac{\mathrm{d}\left(\int_{\mathrm{CV}}\rho\mathrm{d}\mathcal{V}\right)}{\mathrm{d}t}<0$$

控制体中质量减少速度的实际数值将取决于流体流经喷嘴的速度（即喷嘴的大小和流体的速度和密度）。显然，$\mathrm{d}B_{\mathrm{sys}}/\mathrm{d}t$ 和 $\mathrm{d}B_{\mathrm{CV}}/\mathrm{d}t$ 的含义是不同的。本例中，$\mathrm{d}B_{\mathrm{CV}}/\mathrm{d}t<\mathrm{d}B_{\mathrm{sys}}/\mathrm{d}t$。其他情况下可能有 $\mathrm{d}B_{\mathrm{CV}}/\mathrm{d}t>\mathrm{d}B_{\mathrm{sys}}/\mathrm{d}t$。

4.4.1　雷诺输运定理的推导

对于通过固定控制体的一维流动，如图 4-19（a）所示的变截面管道，可以很容易地得到与系统概念和控制体概念相关的雷诺输运定理的简化形式，认为控制体是指如图 4-19（b）所示的在截面（1）和截面（2）之间的管道内的静止体积。考虑的系统是流体在某个初始时间 t 占据的控制体。在时间 $t+\delta t$ 时系统已略微向右移动。在时间 t 内，与控制面的截面（2）重合的流体质点已经向右移动了 $\delta l_2=V_2\delta t$ 的距离，其中 V_2 为流体通过截面（2）时的速度。同样，最初在截面（1）处的流体已经移动了一段距离 $\delta l_1=V_1\delta t$，其中 V_1 为截面（1）处的流体速度。假设流体在这些表面的法线方向上流过截面（1）和（2），V_1 和 V_2 在截面（1）和截面（2）上是常数。

如图 4-19（c）所示，将从时间 t 到 $t+\delta t$ 的控制体的流出量表示为体积 II，流入量表示为体积 I，控制体本身表示为 CV。因此，在 t 时刻的系统由 CV 段的流体组成；也就是说，在 t 时刻，"SYS = CV"。在 $t+\delta t$ 时刻，系统由相同的流体组成，这些流体现在占据了 CV–I+II 的部分，即在 $t+\delta t$ 时刻，"SYS = CV–I+II"。控制体始终保持为 CV。

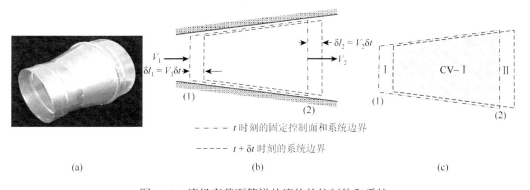

图 4-19　流经变截面管道的流体的控制体和系统

如果 B 是系统的一个广延量，那么系统在 t 时刻的值为

$$B_{\text{sys}}(t) = B_{\text{CV}}(t)$$

此时系统和控制体内的流体是一样的，其在 $t + \delta t$ 时刻的值为

$$B_{\text{sys}}(t + \delta t) = B_{\text{CV}}(t + \delta t) - B_{\text{I}}(t + \delta t) + B_{\text{II}}(t + \delta t)$$

系统中参数 B 在时间区间 δt 内的变化量 δB_{sys} 除以该时间区间后得到

$$\frac{\delta B_{\text{sys}}}{\delta t} = \frac{B_{\text{sys}}(t + \delta t) - B_{\text{sys}}(t)}{\delta t} = \frac{B_{\text{CV}}(t + \delta t) - B_{\text{I}}(t + \delta t) + B_{\text{II}}(t + \delta t) - B_{\text{sys}}(t)}{\delta t}$$

利用在初始时刻 t 的条件 $B_{\text{sys}}(t) = B_{\text{CV}}(t)$，将上式重新写成如下形式：

$$\frac{\delta B_{\text{sys}}}{\delta t} = \frac{B_{\text{CV}}(t + \delta t) - B_{\text{CV}}(t)}{\delta t} - \frac{B_{\text{I}}(t + \delta t)}{\delta t} + \frac{B_{\text{II}}(t + \delta t)}{\delta t} \tag{4-28}$$

在极限 $\delta t \to 0$ 下，式（4-28）左侧等于系统内 B 的时间变化率，表示为 $\mathrm{D}B_{\text{sys}} / \mathrm{D}t$。用质点导数符号 $\mathrm{D}(\ )/\mathrm{D}t$ 来表示这个时间变化率，以强调这个项的拉格朗日特性。（回顾 4.2.1 节，任何量 P 的质点导数 $\mathrm{D}P / \mathrm{D}t$ 代表了该量与给定流体质点沿途移动时的时间变化率。）同样，$\mathrm{D}B_{\text{sys}} / \mathrm{D}t$ 表示与系统（给定部分流体）相关的参数 B 沿途移动时的时间变化率。

在极限 $\delta t \to 0$ 下，由式（4-28）右侧的第一项可以看出是控制体内 B 的时间变化率

$$\lim_{\delta t \to 0} \frac{B_{\text{CV}}(t + \delta t) - B_{\text{CV}}(t)}{\delta t} = \frac{\partial B_{\text{CV}}}{\delta t} = \frac{\partial \left(\int_{\text{CV}} \rho b \, \mathrm{d}V \right)}{\delta t} \tag{4-29}$$

式（4-28）右侧的第三项表示广延量 B 从控制体流过控制面的速率。在从 $t = 0$ 到 $t = \delta t$ 这段时间内，流过截面（2）的流体体积由 $\delta V_{\text{II}} = A_2 \delta l_2 = A_2 (V_2 \delta t)$ 得出。因此，区域 II（即流出区域）内 B 的量是其单位体积的量 ρb 乘以体积：

$$B_{\text{II}}(t + \delta t) = (\rho_2 b_2)(\delta V_{\text{II}}) = \rho_2 b_2 A_2 V_2 \delta t$$

式中，b_2 和 ρ_2 是 b 和 ρ 在截面（2）上的定值。该参数从控制体 B_{out} 中流出速率由以下公式给出

$$\dot{B}_{\text{out}} = \lim_{\delta t \to 0} \frac{B_{\text{II}}(t + \delta t)}{\delta t} = \rho_2 A_2 V_2 b_2 \tag{4-30}$$

同理，在时间间隔 δt 内，B 从截面（1）流入控制体的量与区域 I 的量相对应，由单位体积的量乘以体积求出：$\delta V_{\text{I}} = A_1 \delta l_1 = A_1 (V_1 \delta t)$。因此，

$$B_{\text{I}}(t + \delta t) = (\rho_1 b_1)(\delta V_{\text{I}}) = \rho_1 b_1 A_1 V_1 \delta t$$

式中，b_1 和 ρ_1 是 b 和 ρ 在截面（1）上的定值。因此，B 流入控制体 B_{in} 的速率由以下公式给出

$$\dot{B}_{\text{in}} = \lim_{\delta t \to 0} \frac{B_{\text{I}}(t + \delta t)}{\delta t} = \rho_1 A_1 V_1 b_1 \tag{4-31}$$

结合式（4-28）、式（4-29）、式（4-30）和式（4-31），系统与控制体的 B 的时间变化率之间的关系由以下公式给出：

$$\frac{\mathrm{D}B_{\text{sys}}}{\mathrm{D}t} = \frac{\partial B_{\text{CV}}}{\partial t} + \dot{B}_{\text{out}} - \dot{B}_{\text{in}} \tag{4-32}$$

或

$$\frac{DB_{sys}}{Dt} = \frac{\partial B_{CV}}{\partial t} + \rho_2 A_2 V_2 b_2 - \rho_1 A_1 V_1 b_1 \tag{4-33}$$

这是雷诺输运定理在与图 4-19 所示流动相关的限制性假设下的一个形式，该假设包含具有一个入口和一个出口的固定控制体，控制体以垂直于截面（1）和（2）的速度穿过入口和出口时具有均匀的属性（密度、速度和参数 b）。请注意，系统中 B 的时间变化率（式（4-32）左侧或式（4-26）中的量）不一定与控制体内 B 的时间变化率（式（4-33）右侧第一项或式（4-27）中的量）相同，因为控制体内 B 的流入速率（$\rho_1 A_1 V_1 b_1$）和流出速率（$\rho_2 A_2 V_2 b_2$）不需要相同。

例 4.8 雷诺输运定理的应用。

已知：再次考虑图 4-18 所示的灭火器的流动，把广延量换成系统质量（$B=m$，系统质量，或 $b=1$）。

问题：写出针对该流动的合理的雷诺输运定理形式。

解：同样，把灭火器看作是控制体，系统是 $t=0$ 时刻在其内部的流体。在这种情况下，流体没有经入口（截面（1））流入控制体积（$A_1=0$），但是有一个出口（截面（2））。雷诺输运定理式（4-33）和 $b=1$ 时的式（4-27）可以写为

$$\frac{Dm_{sys}}{Dt} = \frac{\partial \left(\int_{CV} \rho d\Psi \right)}{\partial t} + \rho_2 A_2 V_2 \tag{4-34}$$

讨论：如果再进一步，使用基本的质量守恒定律，可以将这个方程的等号左侧设为零（系统中的质量是守恒的），并将式（4-34）改写为以下形式：

$$\frac{\partial \left(\int_{CV} \rho d\Psi \right)}{dt} = -\rho_2 A_2 V_2 \tag{4-35}$$

这个结果的物理解释是：灭火器中流体质量随着时间减少的速率，与出口的质量流量 $\rho_2 A_2 V_2$ 大小相等，方向相反。请注意式（4-35）中两个项的单位（kg/s）。如果图 4-18 所示的控制体有一个入口和一个出口，则式（4-35）将变为

$$\frac{\partial \left(\int_{CV} \rho d\Psi \right)}{dt} = \rho_1 A_1 V_1 - \rho_2 A_2 V_2 \tag{4-36}$$

此外，如果流动是定常的，则式（4-36）的左侧将为零（控制体中的质量（不随时间变化）在时间上是恒定的），式（4-36）将成为

$$\rho_1 A_1 V_1 = \rho_2 A_2 V_2$$

这是质量守恒定律的一种形式——进入和离开控制体的质量流量是相等的。

式（4-33）是雷诺输运定理的简化形式，现在对更普遍的条件进行推导。图 4-20 所示为一个一般的、固定的控制体，流体流过它。流场可能是相当简单的，也可能涉及相当复杂的、非定常的、三维的流场，如血液流经心脏的情况。在任何情况下，又认为系统是在初始时刻 t 时控制体内的流体（将初始时刻 t 时控制体内的流体看成一个系统）。

不久之后，一部分流体（区域Ⅱ）已经从控制体中流出，其余流体（区域Ⅰ，不属于原系统的一部分）已经进入控制体。

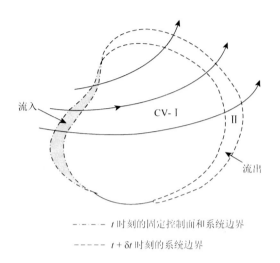

图 4-20　控制体和系统，用于流经一个任意的、固定的控制体

考虑一个流体广延量 B，并寻求确定与系统相关的 B 的变化率如何与控制体内 B 在任何瞬间的变化率相关。通过重复对图 4-19 所示的简化控制体所做的精确步骤，可以看到，只要对 B_{out} 和 B_{in} 的解释正确，式（4-32）也能适用于一般情况。一般来说，控制体包含最少（或最多）一个进口和一个出口。如图 4-21 所示，一个典型的管道系统可能包含多个入口和出口。

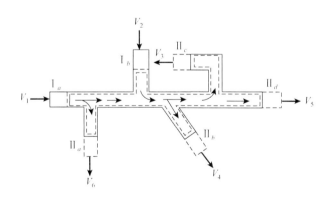

图 4-21　有多个入口和出口的局部控制体

在这种情况下，认为所有的入口都集中在一起（ $Ⅰ = Ⅰ_a + Ⅰ_b + Ⅰ_c + \cdots$ ），所有的出口也都集中在一起（ $Ⅱ = Ⅱ_a + Ⅱ_b + Ⅱ_c + \cdots$ ）。

$\dot{B}_{out}$ 表示 B 从控制体内的净流出量。它的值是通过对在控制面上划分出的区域Ⅱ和控制体部分上尺寸为 δA 的每一个无限小面积单元积分而产生的。这个表面表示为 CS_{out}。如图 4-22 所示，在时间间隔 δt 内，通过每个区域单元的流体体积由 $\delta V = \delta l_n \delta A$ 给出，其中，$\delta l_n = \delta l \cos\theta$ 为体积元的高度（垂直于 δA），θ 为速度矢量与表面的外法线 $\hat{n}$ 的夹角。因此，由于 $\delta l = V\delta t$，在时间间隔 δt 内参数 B 穿过区域单元 δA 的量由以下公式给出：

$$\delta B = b\rho\delta V\!\!\!\!\!\!/ = b\rho(V\cos\theta\delta t)\delta A$$

B 从控制体中的面积单元 δA 流出的速率记作 $\delta \dot{B}_{\text{out}}$，为

$$\delta \dot{B}_{\text{out}} = \lim_{\delta t \to 0}\frac{\rho b\delta V\!\!\!\!\!\!/}{\delta t} = \lim_{\delta t \to 0}\frac{(\rho bV\cos\theta\delta t)\delta A}{\delta t} = \rho bV\cos\theta\delta A$$

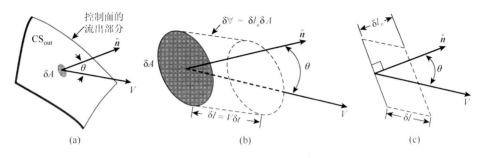

图 4-22　流过控制面的典型部分

通过对控制面的整个流出部分 CS_{out} 进行积分，得到

$$\dot{B}_{\text{out}} = \int_{\text{CS}_{\text{out}}}\mathrm{d}\dot{B}_{\text{out}} = \int_{\text{CS}_{\text{out}}}\rho bV\cos\theta\mathrm{d}A$$

$V\cos\theta$ 的值是面积单元 δA 的法向分量，根据点积的定义，可以写成 $V\cos\theta = V\cdot\hat{n}$。因此，流出速率的另一种替代形式是

$$\dot{B}_{\text{out}} = \int_{\text{CS}_{\text{out}}}\rho bV\cdot\hat{n}\mathrm{d}A \tag{4-37}$$

以类似的方式，通过考虑控制面的流入部分 CS_{in}，如图 4-23 所示，发现 B 流入控制体的速率为

$$\dot{B}_{\text{in}} = -\int_{\text{CS}_{\text{in}}}\rho bV\cos\theta\mathrm{d}A = -\int_{\text{CS}_{\text{in}}}\rho bV\cdot\hat{n}\mathrm{d}A \tag{4-38}$$

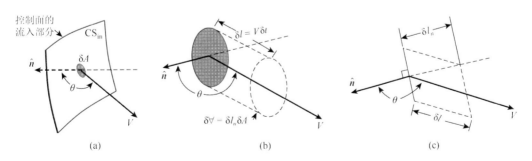

图 4-23　流过控制面的典型部分

因此，如图 4-24 中显示，$-90°<\theta<90°$ 为流出区域（V 的法向分量为正值，$V\cdot\hat{n}>0$）。对于流入区域 $90°<\theta<270°$（V 的法向分量为负值，$V\cdot\hat{n}<0$）。因此，$\cos\theta$

的值在控制面的 CV_{out} 部分为正，在 CV_{in} 部分为负。在控制面的其余部分，没有流入或流出，导致这些部分的 $V \cdot \hat{n} = V\cos\theta = 0$。因此，参数 B 在整个控制面的净通量（流量）为

$$\dot{B}_{out} - \dot{B}_{in} = \int_{CS_{out}} \rho b V \cdot \hat{n} \mathrm{d}A - \left(-\int_{CS_{in}} \rho b V \cdot \hat{n} \mathrm{d}A\right) = \int \rho b V \cdot \hat{n} \mathrm{d}A \qquad (4\text{-}39)$$

式中积分区间是在整个控制面。

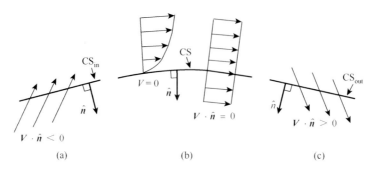

图 4-24　控制面的部分可能的速度分布

（a）流入；（b）无流过表面；（c）流出

将式（4-32）和式（4-39）联立，得到

$$\frac{\mathrm{D}B_{sys}}{\mathrm{D}t} = \frac{\partial B_{CV}}{\partial t} + \int_{CS} \rho b V \cdot \hat{n} \mathrm{d}A$$

将 $B_{CV} = \int_{CV} \rho b \mathrm{d}V$ 代入可得到不同的形式：

$$\frac{\mathrm{D}B_{sys}}{\mathrm{D}t} = \frac{\partial}{\partial t} \int_{CV} \rho b \mathrm{d}V + \int_{CS} \rho b V \cdot \hat{n} \mathrm{d}A \qquad (4\text{-}40)$$

式（4-40）是固定的、不变形控制体的雷诺输运定理的一般形式。

4.4.2　物理解释

由式（4-40）给出的雷诺输运定理在流体力学（以及其他领域）中得到了广泛的应用。尽管数学表达式看起来比较复杂，但如果对其中的概念有实际的了解，就会发现它是一个相当简单、容易使用的工具。其目的是在控制体思想和系统思想之间建立一种联系。

式（4-40）左侧是系统的一个任意广延量的时间变化率，可以代表质量、动量、能量或角动量的时间变化率，取决于参数 B 的选择。

因为系统是运动的，而控制体是静止的，所以控制体内参数 B 的时间变化率不一定等于系统内参数 B 的时间变化率。式（4-40）右侧的第一项表示流体流过控制体时，控制体内 B 的时间变化率。由于 b 是单位质量的 B 的量，所以 $\rho b \mathrm{d}V$ 是单位体积 $\mathrm{d}V$ 中 B 的量。因此，整个控制体内积分 ρb 的时间导数就是控制体内 B 在一定时间内的时间变化率。

式（4-40）中的最后一项代表 B 在整个控制面上的净流量。在控制面的一部分上，B

正在被带出控制体（$V \cdot \hat{n} > 0$）。在其他部分上，它被带入控制体（$V \cdot \hat{n} < 0$）。在控制面的其余部分，由于 $bV \cdot \hat{n} = 0$，所以 B 不会在表面上传输，因为 $b=0$，$V=0$，或者 V 在这些位置与表面平行。通过区域元素 δA 的质量流量，由 $\rho V \cdot \hat{n} \delta A$ 给出，流出为正，流入为负。每一个流体质点或流体质量都带有一定量的 B，由单位质量的 B，即 b 与质量的乘积给出。该 B 在整个控制面的传输速率由式（4-40）的面积积分项给出。根据具体情况，整个控制面的净速率可能是负的、零或正的。

4.4.3　与质点导数的关系

在 4.2.1 节中讨论了质点导数的概念，质点导数的运算符为

$$D(\ )/Dt = \partial(\ )/\partial t + V \cdot \nabla(\ ) = \partial(\ )\partial t + u\partial(\ )\partial x + v\partial(\ )/\partial y + w\partial(\ )/\partial z$$

对这一导数的物理解释是，它提供了与特定流体质点流动时相关联的流体属性（温度、速度等）的时间变化率。该质点的参数值可能因为非定常效应[$\partial(\ )/\partial t$ 项]或与质点运动相关的效应[$V \cdot \nabla(\ )$ 项]而改变。

研究式（4-40），可以发现雷诺输运定理也有同样的物理解释。涉及控制体积分的时间导数项代表了与控制体内的参数值可能随时间变化这一事实有关的非定常效应。对于定常的流动，这种效应消失，因为流体流经控制体，但控制体内的任何 B 的量在时间上是恒定的。另一项涉及控制面积分，代表与系统流过固定控制面相关的对流效应。这两个项的总和给出了系统参数 B 的变化率。这与质点导数的解释是一致的。

$$D(\ )/Dt = \partial(\ )/\partial t + V \cdot \nabla(\ )$$

其中，非定常效应和对流效应的总和给出了流体质点参数的变化率。如 4.2 节所述，质点导数算子可以应用于标量（如温度）或矢量（如速度），雷诺输运定理也是如此。所关心的特殊参数 B 和 b 可以是标量或矢量。

因此，质点导数和雷诺输运定理方程都代表了从拉格朗日观点（跟随质点或跟随系统）转移到欧拉观点（观察空间中某一位置的流体或观察固定控制体中发生的情况）的方法。质点导数（式（4-16））实质上是有限大小（或积分）雷诺输运定理（式（4-40））的无穷小（或导数）等价物。

4.4.4　定常效应

考虑到定常流动 $\left[\partial(\ )/\partial t = 0\right]$，所以式（4-40）可化为

$$\frac{DB_{\text{sys}}}{Dt} = \int_{\text{CS}} \rho b V \cdot \hat{n} dA \tag{4-41}$$

在这种情况下，如果要改变与系统相关的 B（等号左侧是非零项），那么 B 流入控制体的速度与流出控制体的速度相比一定会出现净差。也就是说，$\rho b V \cdot \hat{n}$ 在控制面流入部分的积分与控制面流出部分的积分不相等，并且方向相反。

考虑通过"黑匣子"控制体的定常流动，如图 4-25 所示。如果参数 B 是系统的质量，

则式（4-41）的左侧为零（系统的质量守恒将在 5.1 节中详细讨论）。因此，进入箱体的质量流量必须与流出箱体的质量流量相同，式（4-41）的右侧代表通过控制面的净流量。另一方面，假设参数 B 是系统的动量，系统的动量不一定是恒定的。事实上，根据牛顿第二定律，系统动量的时间变化率等于作用在系统上的合力 F。在一般情况下，式（4-41）左侧的项是非零的。因此，右侧所代表的控制面动量的净通量将不等于 0，进入控制体的动量不一定与控制体内的动量相同。

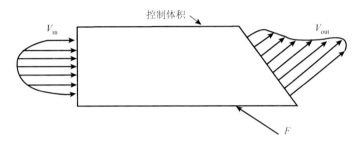

图 4-25　流过控制体的定常流动

对于定常流动，控制体内的 B 的量不随时间变化。与系统相关的量可能随时间变化，也可能不变化，这取决于所考虑的特定参数和所涉及的流动情况。与控制体相关联的 B 和与系统相关联的 B 之间的差是由 B 通过控制面的速率 $\int_{\mathrm{CS}} \rho b V \cdot \hat{n} \mathrm{d}A$ 确定的。

4.4.5　非定常效应

考虑非定常流动 $\left[\partial(\ )/\partial t \neq 0\right]$，必须保留式（4-40）中的所有项。从控制体的角度来看，系统内参数 B 的量可能会发生变化，因为固定控制体内的 B 的量可能会随着时间的变化而变化 $\left[\partial\left(\int_{\mathrm{CV}} \rho b \mathrm{d}V\right)\Big/\partial t\ \text{项}\right]$，而且在控制面上可能有该参数的净非零流量 $\left(\int_{\mathrm{CS}} \rho b V \cdot \hat{n} \mathrm{d}A\ \text{项}\right)$。

对于参数 B 的流入速率与其流出速率完全平衡的特殊非定常情况，可得 $\int_{\mathrm{CS}} \rho b V \cdot \hat{n} \mathrm{d}A = 0$，式（4-40）可化为

$$\frac{\mathrm{D}B_{\mathrm{sys}}}{\mathrm{D}t} = \frac{\partial}{\partial t} \int_{\mathrm{CV}} \rho b \mathrm{d}V \tag{4-42}$$

对于这种情况，任何与系统相关的 B 的变化率都等于控制体内 B 的变化率。控制体如图 4-26 所示，系统为 t_0 时刻此体积内的流体。假设流动是一维的 $V = V_0 \hat{i}$，其中 $V_0(t)$ 是时间的函数，密度是常数。在任意瞬间，系统中的所有质点都具有相同的速度。让 B = 系统动量 = $mV = mV_0\hat{i}$，其中 m 为系统质量，所以 $b = B/m = V = V_0\hat{i}$，即流体流速。出口[截面（2）]的动量流出的大小与进口[截面（1）]的动量流入的大小相同。但是，流出量的方向与流入量的方向相反，因为对于流出有 $V \cdot \hat{n} > 0$，对于流入有 $V \cdot \hat{n} < 0$。沿控制体两

侧有 $V \cdot \hat{n} = 0$。因此，在截面（1）上有 $V \cdot \hat{n} = -V_0$，在截面（2）上有 $V \cdot \hat{n} = V_0$，而且 $A_1 = A_2$，得到

$$\int_{\mathrm{CS}} \rho b V \cdot \hat{n} \mathrm{d}A = \int_{\mathrm{CS}} \rho \left(V_0 \hat{i}\right)(V \cdot \hat{n}) \mathrm{d}A = \int_{(1)} \rho \left(V_0 \hat{i}\right)(-V_0) \mathrm{d}A + \int_{(2)} \rho \left(V_0 \hat{i}\right)(V_0) \mathrm{d}A = -\rho V_0^2 A_1 \hat{i} + \rho V_0^2 A_2 \hat{i} = 0$$

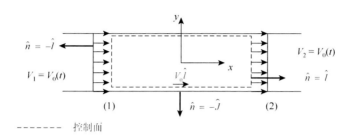

图 4-26　通过定直径管道的非定常流动

可见，对于这种特殊情况，式（4-42）是有效的。系统动量的时间变化率与控制体内动量的时间变化率相同。如果 V_0 在时间上是恒定的，那么系统动量的时间变化率为零，对于这种特殊的情况，雷诺输运定理中的每个项都是零。

考虑流经图 4-27 所示的可变面积管道。在这种情况下，流体速度在截面（1）处与截面（2）处并不相同。因此，从控制体流出的动量不等于流入的动量，所以式（4-41）中的对流项 $\rho V(V \cdot \hat{n})$ 在控制面上的积分不为零。

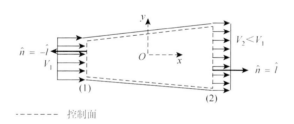

图 4-27　通过可变面积管道

4.4.6　移动的控制体

对于流体力学中的大多数问题，控制体可以被认为是流体流经的固定体积。然而，在某些情况下，如果允许控制体移动或变形，就会简化分析。最普遍的情况是控制体可以移动、加速和变形。正如人们所期望的那样，这些控制体的使用会变得相当复杂。

利用一个以恒定速度运动的无变形控制体，可以容易地分析一些重要问题。这样的例子如图 4-28 所示，速度为 V_1 的水流撞击以恒定速度 V_0 运动的叶片。确定水对叶片的作用力 F 可能有意义。这样的问题经常发生在透平机械中，流体（如水或蒸汽）撞击一系列经过喷嘴的叶片。为了分析这样的问题，使用一个移动的控制体是有利的，将得到应用于这种控制体的雷诺输运定理。

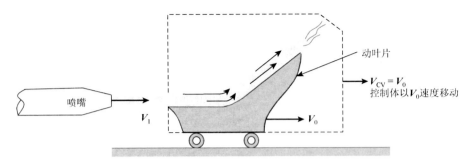

图 4-28　可动控制体示例

考虑一个以恒定速度移动的控制体，如图 4-29 所示，控制体的形状、大小和方向不随时间变化，只是以恒定的速度V_{CV}平移。在一般情况下，控制体的速度和流体的速度是不一样的。固定和移动控制体的主要区别是相对速度 W 携带流体通过移动控制面，而绝对速度 V 携带流体通过固定控制面。相对速度是指流体相对于移动的控制体的速度，即在控制体上的观察者看到的流体速度。绝对速度是静止的观察者在固定坐标系中看到的流体速度。

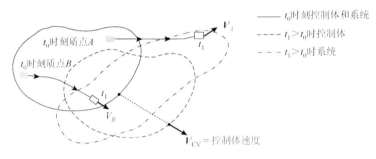

图 4-29　典型可动控制体和控制系统

绝对速度和相对速度之差就是控制体的速度，即 $V_{CV} = V - W$ ，或者

$$V = W + V_{CV} \tag{4-43}$$

由于速度是一个矢量，所以在已知绝对速度和控制体速度的情况下，必须使用矢量加法，如图 4-30 所示，才能得到相对速度。因此，如果水以 $V_1 = 30\hat{i}$ m/s 的速度离开图 4-28 中的喷嘴，而叶片的速度为 $V_0 = 6\hat{i}$ m/s（与控制体相同），那么当观察者处于叶片位置时，水以 $W = V - V_{CV} = 24\hat{i}$ m/s 的速度接近叶片。一般来说，绝对速度 V 和控制体速度 V_{CV} 的方向不会相同，所以相对速度和绝对速度的方向不同（图 4-30）。

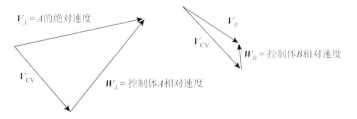

图 4-30　绝对速度和相对速度关系

　　移动、不变形的控制体的雷诺输运定理可以用与固定控制体雷诺输运定理相同的方式来推导。如图 4-31 所示，需要考虑的是，相对于移动控制体，观察到的流体速度是相对速度，而不是绝对速度。一个固定在移动控制体上的观察者可能不知道他是相对于某个固定坐标系在移动。如果按照推导出式（4-40）（固定控制体的雷诺输运定理）的过程，只要将该方程中的绝对速度 V 替换为相对速度 W，就可以得到移动控制体的相应结果。因此，对于以恒定速度运动的控制体，雷诺输运定理由以下公式给出

$$\frac{\mathrm{D}B_{\mathrm{sys}}}{\mathrm{D}t} = \frac{\partial}{\partial t} \int_{\mathrm{CV}} \rho b \mathrm{d}V\!\!\!\!/ + \int_{\mathrm{CS}} \rho b W \cdot \hat{\boldsymbol{n}} \mathrm{d}A \tag{4-44}$$

式中相对速度由式（4-43）给出。

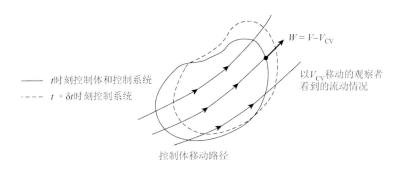

图 4-31　观察者随控制体移动所看到的控制体和系统

4.4.7　控制体的选择

　　空间中的任何体积都可视为控制体。它的大小可能是有限的，也可能是无限小的，这取决于要进行分析的类型。在大多数情况下，控制体是一个固定的、不变形的体积。在某些情况下，控制体是以恒定速度运动的。

　　在流体力学中选择合适的控制体与在动力学或静力学中选择一个合适的微元控制体非常相似。在动力学中，选择感兴趣的物体，并用微元控制体代表该物体，然后对该物体应用相应的控制定理。解决一个给定的动力学问题的难易程度往往依赖于在微元控制体中选择使用的特定对象。同样，解决一个给定的流体力学问题的难易程度往往依赖于所用控制体的选择。只有通过实践才能培养出"最佳"控制体的选择技巧。

　　一个典型问题的解决需要确定流场中某点的速度、压强和力等参数。通常最好确保该点位于控制面，而不是"埋"在控制体内。然后，未知数将出现在雷诺输运定理的对流项（表面积分）中。如果可能的话，控制面应与流体速度垂直，这样式（4-40）中的通量项中的角 θ （$V \cdot \hat{\boldsymbol{n}} = V \cos\theta$）为 0° 或 180°，可以简化解决过程。

　　图 4-32 说明了三种可能与流经管道有关的控制体。如果问题是确定点（1）的压强，选择控制体（a）比（b）好，因为点（1）位于控制面上。同样，控制体（a）比（c）好，因为在控制体（a）流动垂直于控制体的入口和出口部分。这些控制体的选择都没有错，但（a）更容易使用。

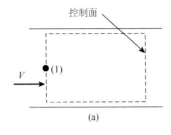 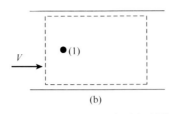 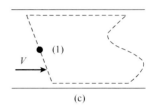

图 4-32　流过管道的各种控制体

4.5　本 章 总 结

本章先考虑了流体运动学的几个基本概念，即讨论流体运动的各个方面，而不考虑产生这种运动所需的力；介绍了在一个流动中表示流场的概念和描述流动的欧拉和拉格朗日方法，以及速度场和加速度场的概念。

然后，介绍了一维、二维或三维流动的特性，以及定常或非定常的流动，同时还介绍了流线、迹线和脉线的概念。流线是与速度场相切的线，如果流动是定常的，则流线与迹线和脉线重合。对于非定常流动，它们不一定是相同的。

当一个流体质点移动时，它的属性（即速度、密度、温度）可能会发生变化。这些属性的时间变化率可以通过使用质点导数来获得，其中包括非定常效应（固定位置的时间变化率）和对流效应（由于质点从一个位置运动到另一个位置而产生的时间变化率）。

最后，介绍了控制体和系统的概念，并发展出雷诺输运定理。利用这些概念，可以用控制体（通常是固定的体积，流体流经的地方）来分析流动，而控制定理则用系统（流体流动的部分）来说明。

本章重点内容如下：

（1）掌握表 4-1 中术语的含义，并理解相关的概念。

（2）理解表示流动的场的概念，以及欧拉和拉格朗日描述流动的方法之间的区别。

（3）解释流线、迹线、脉线间的区别。

（4）计算和绘制给定速度场的流线图。

（5）利用质点导数的概念，结合其非定常效应和对流效应，确定流体属性的时间变化率。

（6）以给定的速度场确定一个流动的加速度场。

（7）了解系统和控制体的属性和区别。

（8）从物理和数学角度解释雷诺输运定理中涉及的概念。

本章一些重要的公式：

流线方程

$$\frac{\mathrm{d}y}{\mathrm{d}x} = \frac{v}{u} \tag{4-3}$$

加速度

$$\boldsymbol{a} = \frac{\mathrm{d}V}{\mathrm{d}t} + u\frac{\partial V}{\partial x} + v\frac{\partial V}{\partial y} + w\frac{\partial V}{\partial z} \tag{4-14}$$

质点导数

$$\frac{\mathrm{D}(\ )}{\mathrm{D}t}=\frac{\partial(\ )}{\partial t}+(\boldsymbol{V}\cdot\nabla)(\ ) \tag{4-17}$$

加速度的流向和法向分量

$$a_{s}=V\frac{\partial V}{\partial s}\ ,\quad a_{n}=\frac{V^{2}}{\mathscr{R}} \tag{4-25}$$

雷诺输运定理（约束形式）

$$\frac{\mathrm{D}B_{\mathrm{sys}}}{\mathrm{D}t}=\frac{\partial B_{\mathrm{CV}}}{\partial t}+\rho_{2}A_{2}V_{2}b_{2}-\rho_{1}A_{1}V_{1}b_{1} \tag{4-33}$$

雷诺输运定理（一般形式）

$$\frac{\mathrm{D}B_{\mathrm{sys}}}{\mathrm{D}t}=\frac{\partial}{\partial t}\int_{\mathrm{CV}}\rho b\mathrm{d}V\!\!\!\!-+\int_{\mathrm{CV}}\rho b\boldsymbol{V}\cdot\hat{\boldsymbol{n}}\mathrm{d}A \tag{4-40}$$

相对和绝对速度

$$\boldsymbol{V}=\boldsymbol{W}+\boldsymbol{V}_{\mathrm{CV}} \tag{4-43}$$

习　　题

4-1　流场的速度场为 $V=(3y+2)\hat{\boldsymbol{i}}+(x-8)\hat{\boldsymbol{j}}+5z\hat{\boldsymbol{k}}\,\mathrm{m/s}$，其中 x、y 和 z 的单位为 m。试确定原点（$x=y=z=0$）和 y 轴（$x=z=0$）处的流体速度。

4-2　流场的速度场为 $V=2x^{2}t\hat{\boldsymbol{i}}+[4y(t-1)+2x^{2}t]\hat{\boldsymbol{j}}\,\mathrm{m/s}$，其中 x 和 y 的单位是 m，t 的单位是 s。对于 x 轴上的流体质点，确定流动的速度和方向。

4-3　二维速度场为 $u=1+y$ 和 $v=1$。试确定通过原点的流线方程。

4-4　流场为 $V=(5z-3)\hat{\boldsymbol{i}}+(x+4)\hat{\boldsymbol{j}}+4y\hat{\boldsymbol{k}}\,\mathrm{m/s}$，其中 x、y、z 的单位是 m。试确定在原点 $(x=y=z=0)$ 和在 x 轴 $(y=z=0)$ 上的流体速度。

4-5　速度场为 $V=20y/(x^{2}+y^{2})^{1/2}\hat{\boldsymbol{i}}-20x/(x^{2}+y^{2})^{1/2}\hat{\boldsymbol{j}}\,\mathrm{m/s}$，其中 x 和 y 的单位是 m。试分别确定沿 x 轴和 y 轴时流体各点的速度；在点 $(x,y)=(5,0)$ 和 $(5,5)$ 和 $(0,5)$ 处和 x 轴的夹角是多少？

4-6　速度场的分量为 $u=x+y$，$v=xy^{3}+16$ 和 $w=0$。试确定流场中滞止点 $(V=0)$ 的位置。

4-7　在二维流动中，速度的 x 和 y 分量分别是 $u=2y\,\mathrm{m/s}$ 和 $v=0.9\,\mathrm{m/s}$，其中 y 的单位是 m。试确定流线方程。

4-8　流场为 $u=-V_{0}y/(x^{2}+y^{2})^{1/2}$ 和 $v=V_{0}x/(x^{2}+y^{2})^{1/2}$，其中 V_{0} 为常数。在流场中速度等于 V_{0} 的地方是什么？试确定流线方程并讨论这种流动的各种特性。

4-9　速度场由 $V=x\hat{\boldsymbol{i}}+x(x-1)(y+1)\hat{\boldsymbol{j}}$ 给出，其中 u 和 v 的单位是 m/s，x 和 y 的单位是 m。请确定流场的流线，并将此流线与通过原点的流线进行比较。

4-10　速度场的 x 和 y 分量由 $u=x^{2}y$ 和 $v=-xy^{2}$ 给出。试确定流线方程，并与例 4.2 中的方程进行比较。这个问题的流线和例 4.2 中的流线一样吗？解释一下。

4-11　除了大气中通常的水平速度分量（"风"）外，还经常有垂直气流（热气流），如题图 4-11 所示，这是由于不均匀加热空气而产生的浮力效应造成的。假设速度场区域近似为：在 $0<y<h$ 时，$u=u_{0}$，$v=v_{0}(1-y/h)$；在 $y>h$ 时，$u=u_{0}$，$v=0$。请确定流线方程。

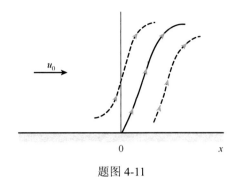

题图 4-11

4-12 如题图 4-12 所示，飞行中的飞机在机翼尾端附近产生旋涡流。在某些情况下，这种流动可以近似为速度场 $u = -Ky/(x^2 + y^2)$ 和 $v = Kx/(x^2 + y^2)$，其中 K 是一个常数，取决于与飞机相关的各种参数（重量，速度），x 和 y 是从旋涡中心测量的。证明：

（a）对于这种流动，速度与到原点的距离成反比，也就是 $V = K/(x^2 + y^2)^{1/2}$。

（b）流线是圆。

题图 4-12

4-13 对于任何定常流动，流线和脉线是相同的，但对于大多数非定常流动来说，是不相同的。请描述一个在非定常流场中流线和脉线是相同的流场。

4-14 速度场由 $u = cx^2$ 和 $v = cy^2$ 给出，其中 c 为常数。试确定加速度的 x 和 y 分量。流场中哪个点的加速度为零？

4-15 确定速度分量为 $u = -x, v = 4x^2y^2$ 和 $w = x - y$ 的三维流动的加速度场。

4-16 三维速度场为 $u = 2x, v = -y, w = z$。试确定加速度场。

4-17 水在等径管道中以匀速流动，流速为 $V = (8/t + 5)\hat{j}$ m/s，其中 t 的单位是 s。试确定 $t = 1$s，2s 和 10s 时加速度。

4-18 如题图 4-18 所示的分流管内空气流速 $V_1 = 4t$ m/s，$V_2 = 2t$ m/s，其中 t 的单位是 s。

（a）确定点（1）和点（2）的局部加速度。

（b）这两点之间的平均对流加速度是负的，零，还是正的？解释一下。

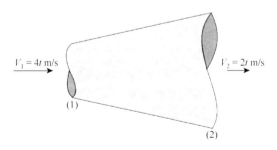

题图 4-18

4-19　水在管道中流动，速度每 20s 增加两倍。$t = 0$ 时，$u = 1.5\text{m/s}$，$V = u(t)\hat{i} = 5(3^{t/20})\hat{i}$ m/s。试确定 $t = 0\text{s}$、10s、20s 时的加速度。

4-20　当阀门打开时，某一管道中的水流速度是 $u = 10(1-\text{e}^{-t})$，$v = 0$，$w = 0$，其中 u 以 m/s 为单位，t 以 s 为单位。试确定水的最大速度和最大加速度。

4-21　如题图 4-21 所示管道中的水流速度为 $V_1 = 0.50t$ m/s 和 $V_2 = 1.0t$ m/s，其中 t 以 s 为单位。确定点（1）和（2）处的局部加速度。这两点之间的平均对流加速度为负的，零，还是正的？解释一下。

$V_1 = 0.50t$ m/s　　　　　　　　　　　　　　$V_2 = 1.0t$ m/s

(1)　　　　　　　　　　　　　　　　　　　　(2)

题图 4-21

4-22　如题图 4-22 所示，沿 x 轴的流体速度从 A 点的 6m/s 变化到 B 点的 18m/s，速度是沿流线距离的线性函数。试确定 A 点、B 点和 C 点的加速度。假设水流稳定。

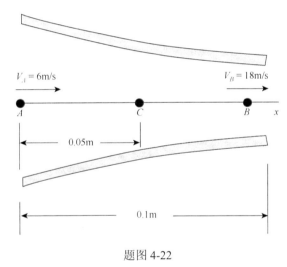

$V_A = 6\text{m/s}$　　　　　　　　　　$V_B = 18\text{m/s}$

A　　　　　　　　C　　　　B　x

0.05m

0.1m

题图 4-22

4-23　一个流体沿 x 轴流动，速度为 $V = x/t\,\hat{i}$，其中 x 的单位为 m，t 的单位为 s。

（a）绘制 $0 \leqslant x \leqslant 10\text{m}$ 和 $t = 3\text{s}$ 的速度；

（b）绘制 $x = 7\text{m}$ 和 $2 \leqslant t \leqslant 4\text{s}$ 的速度；

（c）确定局部和对流加速度；

（d）证明流动中任何流体颗粒的加速度为零；

（e）物理上解释在这个非定常流动中粒子的速度在整个运动过程中是如何保持恒定的。

4-24　如题图 4-24 所示，沿着驻点流线流动的流体粒子在接近驻点时会降低速度。从驻点流线上游 $s = 0.2\text{m}$，$t = 0\text{s}$ 开始流动的粒子位置近似为 $s = 0.2\text{e}^{-0.5t}$，其中 t 以 s 为单位，s 以 m 为单位。

（a）确定沿着流线流动的流体粒子的速度，该速度为时间的函数，$V_\text{p}(t)$。

（b）确定流体速度，该速度为沿流线位置的函数，$V = V(s)$。

（c）确定沿流线的流体加速度，加速度为位置的函数，$a_s = a_s(s)$。

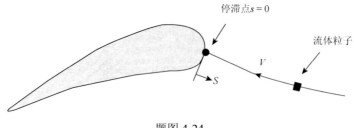

题图 4-24

4-25　一个喷嘴，以线性方式将流体从 V_1 加速到 V_2，$V = ax + b$，其中 a 和 b 是常数。假设流量恒定，在 $x_1 = 0$ 时 $V_1 = 10\text{m/s}$，在 $x_2 = 1\text{m}$ 时 $V_2 = 25\text{m/s}$，请确定（1）和（2）点的局部加速度、对流加速度和流体加速度。

4-26　重复习题 4-25，假设水流不稳定，当 $V_1 = 10\text{m/s}$ 和 $V_2 = 25\text{m/s}$ 时，已知 $\partial V_1 / \partial t = 20\text{m/s}^2$ 和 $\partial V_2 / \partial t = 60\text{m/s}^2$。

4-27　如题图 4-27 所示，汽车排气管中的排气速度随时间和距离的变化而变化，由于发动机运行的周期性以及与发动机之间距离的阻尼效应，假设速度为 $V = V_0[1 + ae^{-bx}\sin(\omega t)]$，其中 $V_0 = 2.4\text{m/s}$，$a = 0.05$，$b = 0.66\text{m}^{-1}$，$\omega = 50\text{rad/s}$。计算在 $0 \leqslant t \leqslant \pi/25$ 内，$x = 0\text{m}$，0.3m，0.6m，0.9m，1.2m，1.5m 处的流体加速度。

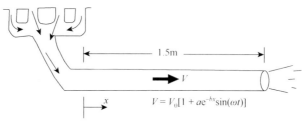

题图 4-27

4-28　水流过堤坝的表面，如题图 4-28 所示，坝面由两个半径分别为 3.0m 和 6.0m 的圆弧组成。如果沿流线 A-B 的水流速度约为 $V = (2gh)^{1/2}$，其中距离 h 如图所示，则绘制法向加速度关于沿流线距离的函数曲线，$a_n = a_n(s)$。

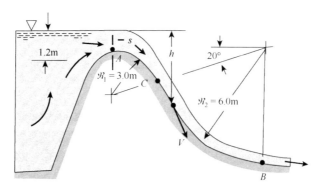

题图 4-28

4-29 水流以 V 的速度流过堤坝顶部，如题图 4-29 所示。如果点（1）处法向加速度的大小等于重力加速度 g，请确定该点速度。

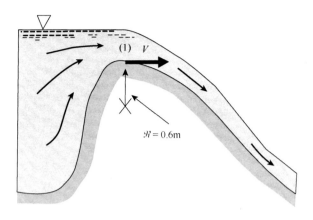

题图 4-29

4-30 水流过闸门，如题图 4-30 所示。如果 $V_1 = 3\text{m/s}$，点（1）处的法向加速度是多少？

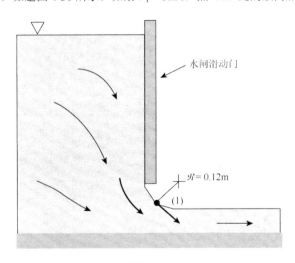

题图 4-30

4-31 假设飞机翼尖涡旋的流线（见题图 4-12）可以用半径为 r 的圆来近似，其速度为 $V = K/r$，其中 K 是常数。请确定该流动的切线加速度 a_s 和法向加速度 a_n。

4-32 流体以上游速度 $V_0 = 40\text{m/s}$ 流过球体，如题图 4-32 所示。理论表明，流体沿球体前部的速度为 $V = \frac{3}{2}V_0\sin\theta$。如果球体半径为 $a = 0.20\text{m}$，请确定 A 点处的切向和法向加速度分量。

4-33 如题图 4-33 所示，通过喷嘴的稳定流的速度分量为 $u = -V_0 x/l$ 和 $v = V_0[1 + (y/l)]$，其中 V_0 和 l 是常数。请确定点（1）处加速度大小与点（2）处加速度大小之比。

4-34 水流过题图 4-34 所示的弯曲软管，速度为 $V = 3t$ m/s，其中 t 以 s 为单位。对于 $t = 2\text{s}$，请确定：（a）沿切向的加速度分量，（b）垂直于流线的加速度分量，以及（c）净加速度（大小和方向）。

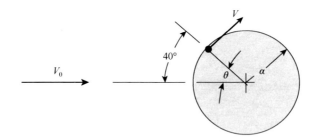

题图 4-32

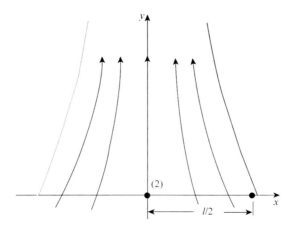

题图 4-33

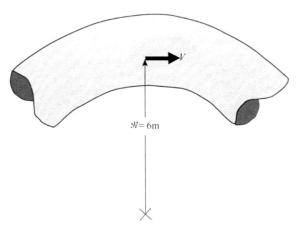

题图 4-34

4-35 确定速度分量为 $u = c(x^2-y^2)$ u 和 $v = -2cxy$ 的流动沿 x 和 y 方向的加速度分量,其中 c 是常数。如果 $c > 0$,点 $x = x_0 > 0$ 和 $y = 0$ 处的粒子是加速还是减速?解释一下。如果 $x_0 < 0$,结果是什么?

4-36 当渠道中的闸门被打开时,水流沿着渠道流向闸门的下游,当 $0 \leqslant t \leqslant 20\text{s}$ 时,速度逐渐增大,由式 $V = 1.2(1 + 0.1t)$ m/s 给出, t 的单位是 s。当 $t > 20\text{s}$ 时,速度恒为 $V = 3.6$m/s。考虑弯曲河道中流线

曲率半径为 15m 的位置。当 $t = 10$s 时，求出：（a）沿流线的加速度分量，（b）垂直于流线的加速度分量，（c）净加速度（大小和方向）。再次求解当 $t = 30$s 时的结果。

4-37　水稳定地流过题图 4-37 所示的漏斗。在整个漏斗的大部分区域，水流大致呈放射状（沿起点为 O 的射线），流速为 $V = c / r^2$，其中 r 是径向坐标，c 是常数。如果 $r = 0.1$m 时速度是 0.4m/s，求出点 A 和 B 处的加速度。

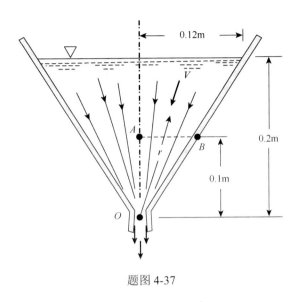

题图 4-37

4-38　水流通过二维水槽底部的狭缝，如题图 4-38 所示。在整个槽中，水流大致呈放射状（沿起点 O 的射线），流速为 $V = c / r$，其中 r 是径向坐标，c 是常数。如果 $r = 0.1$m 时速度是 0.04m/s，求出点 A 和 B 处的加速度。

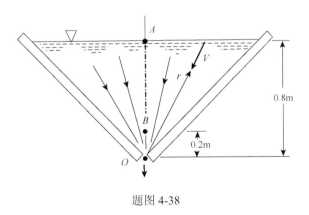

题图 4-38

4-39　空气从管道流入两个平行圆盘之间的区域，如题图 4-39 所示。圆盘间隙中的流体速度近似为 $V = V_0 R / r$，其中 R 是圆盘的半径，r 是径向坐标，V_0 是圆盘边缘的流体速度。求出当 $V_0 = 1.5$m 和 $R = 0.9$m 时 $r = 0.3$m、$r = 0.6$m 和 $r = 0.9$m 处的加速度。

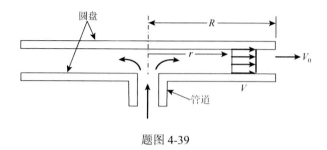

题图 4-39

4-40 空气从圆盘和圆锥体之间的区域流入管道,如题图 4-40 所示。圆盘和圆锥体之间间隙中的流体速度近似为 $V = V_0 R^2 / r^2$,其中 R 为圆盘的半径,r 是径向坐标,V_0 是圆盘边缘的流体速度。求出当 $V_0 = 1.5\text{m}$ 和 $R = 0.6\text{m}$ 时 $r = 0.15\text{m}$ 和 $r = 0.6\text{m}$ 的加速度。

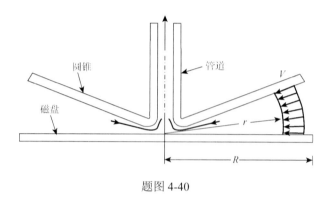

题图 4-40

4-41 空气稳定地流过一根长管,速度为 $u = 15 + 0.5x$,其中 x 是沿着管道的长度,单位是 m,u 的单位是 m/s。由于热量传入管道,管道内的空气温度 $T = 300 + 10x$ (℃)。当空气微元流过 $x = 1.5\text{m}$ 处的截面时,求出其温度变化率。

4-42 气体沿 x 轴流动,速度 $V = 5x$ m/s,压力 $p = 10x^2$ N/m²,其中 x 的单位是 m。

(a)确定固定位置 $x = 1$ 处压力随时间的变化率。

(b)确定流过 $x = 1$ 的流体微元的压力随时间的变化率。

(c)解释为什么在不用任何方程的情况下(a)和(b)的答案不同。

4-43 假设排气管中的排气温度可近似为 $T = T_0(1 + a\text{e}^{-bx})[1 + c\cos(\omega t)]$,其中 $T_0 = 100$℃,$a = 3$,$b = 0.03\text{m}^{-1}$,$c = 0.05$,$\omega = 100\text{rad/s}$。如果排气速度恒为 3m/s,求出当 $t = 0$ 时 $x = 0$ 和 $x = 4$ 处流体微元的温度随时间的变化率。

4-44 一个人早上 9 点从家里出发,骑车去 64km 外的海滩。由于海面上有微风吹来,海滩的温度一整天保持在 15℃。在这个人家里,温度随时间线性上升,从上午 9 点的 15℃ 上升到下午 1 点的 27℃。假设温度随骑车者家和海滩之间的位置呈线性变化。在下列条件下,测定骑车人观察到的温度变化率:

(a)在上午 10 点骑车以 16km/h 的速度穿过离家 16km 的小镇。

(b)中午,在离家 48km 的一个休息站吃午饭。

(c)下午 1 点,以 32km/h 的速度抵达海滩。

4-45 流体中温度的分布由 $T = 10x + 5y$ 得出。x 和 y 分别是坐标的横轴和纵轴,单位都是 m,T 的单位是℃。求出（a）以 $u=20\text{m/s}$ ，$v=0$ 水平移动或（b）以 $u=0$ ，$v=20\text{m/s}$ 垂直移动的流体微元的温度随时间的变化率。

4-46　水流匀速通过一个方形截面的管道，如题图 4-46 所示，速度为 $V=20\text{m/s}$ 。考虑 $t=0$ 时沿 $A-B$ 线的流体微元。当 $t=0.2\text{s}$ 时，确定这些微元的位置，用线 $A'-B'$ 表示。使用 $A-B$ 线和 $A'-B'$ 线之间区域的流体体积来确定管道中的流量。对最初沿 $C-D$ 线、$E-F$ 线的流体微元再次求解此问题。

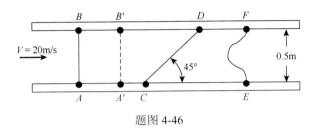

题图 4-46

4-47　如题图 4-47 所示，如果穿过管道的速度剖面在 0 到 20m/s 之间呈线性，则再次求解 4-46 中的问题。

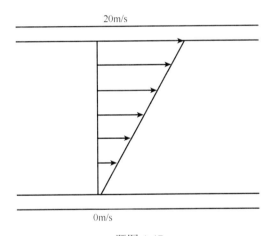

题图 4-47

4-48　如题图 4-48 所示，在水闸下游区域，水可能形成逆流区域。假设速度剖面由两个均匀区域组成，一个区域的速度 $V_a=3.0\text{m/s}$ ，另一个区域的速度 $V_b=0.9\text{m/s}$ 。如果通道宽度为 6.0m，请确定截面（2）上控制面部分水的净流量。

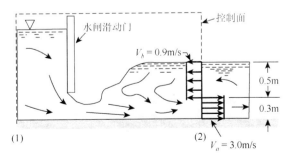

题图 4-48

4-49 在时间 $t=0$ 时，空罐（完全真空，$p=0$）上的阀门打开，空气冲入。如果油箱的容积为 V_0，且油箱内的空气密度随时间增加 $\rho = \rho_\infty(1-\mathrm{e}^{-bt})$，其中 b 是常数。请确定储罐内质量随时间变化的速率。

4-50 从微积分中可以得到积分的时间导数的公式（莱布尼茨规则），该积分包含被积函数和积分极限中的时间：

$$\frac{\mathrm{d}}{\mathrm{d}t}\int_{x_1(t)}^{x_2(t)} f(x,t)\mathrm{d}x = \int_{x_1}^{x_2} \frac{\partial f}{\partial t}\mathrm{d}x + f(x_2,t)\frac{\mathrm{d}x_2}{\mathrm{d}t} - f(x_1,t)\frac{\mathrm{d}x_1}{\mathrm{d}t}$$

$$f(x_2,t)\frac{\mathrm{d}x_2}{\mathrm{d}t} - f(x_1,t)\frac{\mathrm{d}x_1}{\mathrm{d}t}$$

讨论这个公式是如何与系统中某一性质总量的时间导数和雷诺输运定理相关联的。

4-51 如题图 4-51 所示，一层油沿着垂直板流下，速度为 $V=\left(V_0/h^2\right)\left(2hx-x^2\right)\hat{\boldsymbol{j}}$，其中 V_0 和 h 是常数。假定板的宽度是 b。

（a）证明：流体粘在板上，层边缘的剪应力（$x=h$）为零。

（b）确定表面 AB 的流量。

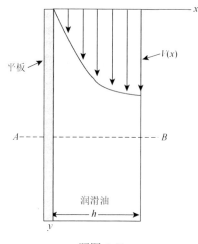

题图 4-51

4-52 水以 3m/s 的速度匀速流过题图 4-52 所示 2m 宽、0.5m 高的矩形渠道。

（a）对式（4-37）进行积分，取 $b=1$，以求通过控制体截面 CD 的质量流量（kg/s）。

（b）取 $b=1/\rho$，ρ 为密度，重复部分（a）的内容。对（b）部分答案的物理解释进行表述。

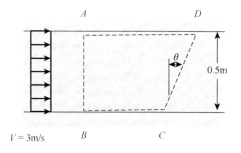

题图 4-52

4-53　风以题图 4-53 所示的近似速度剖面吹过场地。取参数 b 与速度相等,使用公式(4-37)确定通过垂直面 *A-B* 的动量流量,深度为朝纸面内部的单位距离。

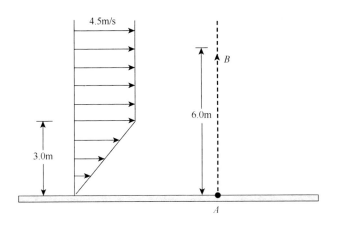

题图 4-53

4-54　水以 $V=10\text{m/s}$ 的速度从喷嘴流出,并收集在一个容器中,该容器以 $V_{CV}=2\text{m/s}$ 的速度朝喷嘴移动,如题图 4-54 所示。移动控制面由容器的内表面组成。该系统包括 $t=0$ 时容器中的水和 $t=0$ 时喷嘴和储罐之间恒定直径流中的水。在时间 $t=0.1\text{s}$ 时,系统的哪些体积保持在控制体之外?在此期间,有多少水流入控制体?再次求解 $t=0.3\text{s}$ 时的这些问题。

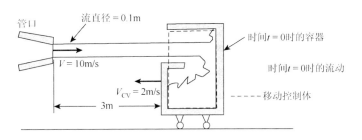

题图 4-54

第 5 章　流体流动的积分分析法

5.1　系统、控制体和输运公式

　　系统是指一群确定的流体质点，在运动过程中系统的形状、体积、表面积等可以不断改变，但始终包含着这些确定的流体质点。控制体（CV）是指流场中某一确定的空间区域，它的形状是根据流体流动情况和边界选定的，其边界面称为控制面（CS）。流体系统作进入控制体或穿过控制体的流动。

　　雷诺输运定理是联系系统和控制体概念的关键工具，通过雷诺输运定理可以有效描述流场中广延量的分布和运动规律，当广延量分别为质量密度、动量、动量矩、能量时，输运公式分别转变为连续性方程、动量方程、动量矩方程和能量方程。

5.2　连续性方程

5.2.1　连续性方程的推导

　　流体运动遵循质量守恒定律。按拉格朗日的观点可以表述为：流体系统所包含的流体质量在运动过程中保持不变。按欧拉的观点可以表述为：若流体的密度不变，则进入控制体的流体质量与离开控制体的流体质量相等。通常将后者称为流体运动的连续性原理，它是质量守恒定律在流体运动中的特殊体现。连续性原理常常用于解决工程上涉及流体速度、密度、过流截面积的问题。下面进行连续性方程的推导。

　　一个流体系统中所有流体质点物理量的总和（对系统积分）称为系统物理量。系统物理量随时间的变化率称为系统导数。因此，系统的质量守恒定律可以表述为"质量的系统导数等于零"，即

$$\frac{\mathrm{D}M_{\mathrm{sys}}}{\mathrm{D}t} = 0 \tag{5-1}$$

式中，系统质量 M_{sys} 通常表示为

$$M_{\mathrm{sys}} = \int_{\mathrm{sys}} \rho \, \mathrm{d}\overline{V} \tag{5-2}$$

式（5-2）的积分范围是整个系统，表明系统质量等于系统内所有流体质点的密度与体积乘积之和。

　　如图 5-1 所示，对于一个流体系统和一个固定的控制体，应用雷诺输运方程（4-40），设其中的 $B =$ 质量，$b = 1$，可以得到

$$\frac{\mathrm{D}}{\mathrm{D}t}\int_{\mathrm{sys}}\rho\,\mathrm{d}\overline{V}=\frac{\partial}{\partial t}\int_{\mathrm{CV}}\rho\,\mathrm{d}\overline{V}+\int_{\mathrm{CS}}\rho V\cdot\hat{n}\,\mathrm{d}A \qquad (5\text{-}3)$$

即

$$\begin{array}{c}\text{系统质量的时间}\\\text{变化率}\end{array}=\begin{array}{c}\text{控制体内质量}\\\text{的时间变化率}\end{array}+\begin{array}{c}\text{通过控制体表面}\\\text{的净质量流量}\end{array}$$

式（5-3）中，$\dfrac{\partial}{\partial t}\displaystyle\int_{\mathrm{CV}}\rho\,\mathrm{d}\overline{V}$ 为控制体内流体质量的时间变化率，对于固定控制体，它是由控制体内流体质量随时间变化引起的，称为系统质量的当地变化率，反映了流场的不定常性；$\displaystyle\int_{\mathrm{CS}}\rho V\cdot\hat{n}\,\mathrm{d}A$ 为通过控制面的净质量流量，称为系统质量的迁移变化率，反映了流场的不均匀性。系统质量的时间变化率可以表示为系统质量的当地变化率与迁移变化率之和。

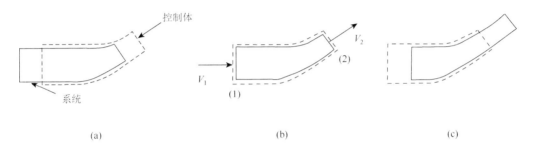

图 5-1　三个不同时刻的系统和控制体

（a）在 $t-\delta t$ 时刻的系统和控制体；（b）时间重合时的系统和控制体；（c）$t+\delta t$ 时刻的系统和控制体

流动定常时，流体的所有物性参数都不随时间变化，因此系统质量的当地变化率为零，即

$$\frac{\partial}{\partial t}\int_{\mathrm{CV}}\rho\,\mathrm{d}\overline{V}=0$$

如图 5-2 所示，迁移项中被积函数 $V\cdot\hat{n}\,\mathrm{d}A$ 为垂直于控制面的速度分量 V 与流通面积 $\mathrm{d}A$ 的乘积，表示通过面积 $\mathrm{d}A$ 的体积流量。$V\cdot\hat{n}$ 为正时表示流体流出控制体，$V\cdot\hat{n}$ 为负时表示流体流入控制体。$\rho V\cdot\hat{n}\,\mathrm{d}A$ 表示通过 $\mathrm{d}A$ 的质量流量，沿整个控制面积分，可得

$$\int_{\mathrm{CS}}\rho V\cdot\hat{n}\,\mathrm{d}A$$

即得到通过控制面的净质量流量，根据定义有

$$\int_{\mathrm{CS}}\rho V\cdot\hat{n}\,\mathrm{d}A=\sum\dot{m}_{\mathrm{out}}-\sum\dot{m}_{\mathrm{in}} \qquad (5\text{-}4)$$

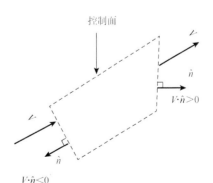

图 5-2　流体流入和流出控制体

式中，$\dot{m}$ 为质量流量。上式若为正则表示净质量流量流出控制体，若为负则表示净质量流量流入控制体。

结合式（5-1）和式（5-3）可以得到如下方程：

$$\frac{\partial}{\partial t}\int_{CV}\rho\,\mathrm{d}\bar{V}+\int_{CS}\rho V\cdot\hat{n}\,\mathrm{d}A=0 \tag{5-5}$$

该方程为固定控制体的质量守恒方程，通常称为连续性方程。该式表明，由于质量守恒，控制体内质量随时间的变化率与通过控制面的净质量流量之和必然为零。实际上，令流入和流出控制体的质量流量之差等于控制体内的质量变化速率，也可以得到同样的结果。

宏观地看，对于面积为 A 的控制面，通过该面积的质量流量 $\dot{m}$ 常表示为

$$\dot{m}=\rho Q=\rho AV \tag{5-6}$$

式中，ρ 是流体密度；Q 是体积流量；V 是流体速度垂直于面积 A 的分量。由于

$$\dot{m}=\int_{A}\rho V\cdot\hat{n}\,\mathrm{d}A$$

因此，式（5-6）中的 ρ 和 V 实际上是流体的平均密度和控制面 A 上的平均流速。对于不可压缩流体，密度 ρ 为常数。对于可压缩流体，通常假定密度 ρ 在任意微元体积内是均

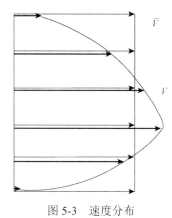

匀分布的，仅在不同微元体之间发生变化。如图 5-3 所示，式（5-6）中流体速度是垂直于控制面 A 的速度分量的平均值 $\bar{V}$，该平均值的定义为

$$\bar{V}=\frac{\int_{A}\rho V\cdot\hat{n}\,\mathrm{d}A}{\rho A} \tag{5-7}$$

若速度 V 在控制面 A 上是均匀分布的，则有

$$\bar{V}=\frac{\int_{A}\rho V\cdot\hat{n}\,\mathrm{d}A}{\rho A}=V \tag{5-8}$$

图 5-3　速度分布

这时平均符号（横杠）是可以省略的，而当流动截面上速度分布不均匀时，必须使用平均速度，则平均符号不能省略。

5.2.2　固定不变形控制体

对于固定不变形控制体，由于微分体积元 $\mathrm{d}V$ 不随时间变化，连续性方程当地项中对时间的偏导数可移至积分号之内，即

$$\int_{CV}\frac{\partial\rho}{\partial t}\mathrm{d}V+\int_{CS}\rho V\cdot\hat{n}\,\mathrm{d}A=0$$

根据高斯公式，迁移项可改写为 ρV 的散度对控制体的体积分，即

$$\int_{CS}\rho V\cdot\hat{n}\,\mathrm{d}A=\int_{CV}\nabla\cdot(\rho V)\mathrm{d}V$$

因此有

$$\int_{CV}\left[\frac{\partial\rho}{\partial t}+\nabla\cdot(\rho V)\right]\mathrm{d}V=0$$

由于控制体任意，且积分必须为零，因此必然有

$$\frac{\partial \rho}{\partial t} + \nabla \cdot (\rho V) = 0$$

上式为连续性方程的微分形式。

在流体力学应用中，固定不变形的控制体是最为常用的，以下是固定不变形控制体连续性方程的应用实例。

例 5.1　不可压缩定常流动。

在密闭空间中，工人面临呼吸空气（氧气）时吸入其他气体（如二氧化碳）的危险。为防止这种情况，需要对狭窄的空间进行通风。目前业界尚无明确的通风标准，普遍采纳的有效通风标准为每 3min 完成一次完全换气。假设一名工人正在一个高度为 3m，横截面为 1.8m×1.8m 的矩形水箱罐体内进行维护操作。新鲜空气通过直径为 0.2m 的软管进入，并通过罐壁上直径为 0.1m 的小孔排出。假定流动定常且不可压缩，试求：

（a）该水箱所需的体积交换率（m^3/min）；

（b）以该交换率进入和离开油箱的空气速度（m/min）。

解：

（a）由题可知完全换气体积等于罐体的容积 V：

$$V = (3m) \times (1.8m) \times (1.8m) = 9.72m^3$$

因此，一次完全换气需要 $10.19m^3$ 的空气。

每 3min 必须进行一次完全换气，因此所需的流量 Q 为

$$Q = \frac{9.72m^3}{3min} = 3.24m^3/min$$

（b）可以使用式（5-5）的连续性方程来计算入口和出口的流速：

$$\frac{\partial}{\partial t} \int_{CV} \rho dV + \sum \rho_{out} V_{out} A_{out} - \sum \rho_{in} V_{in} A_{in} = 0$$

将罐体内的空间视为控制体，A_{in} 为软管横截面积，A_{out} 为出口横截面积。假定流动定常且不可压缩，则

$$\frac{\partial}{\partial t} \int_{CV} \rho dV = 0$$

且

$$\rho_{out} = \rho_{in}$$

因此可以简化为

$$V_{out} A_{out} - V_{in} A_{in} = 0$$

整理上式，求解 V_{out} 和 V_{in}：

$$V_{out} = \frac{Q}{A_{out}} = \frac{3.24m^3/min}{\left(\frac{\pi}{4}\right)(0.1m)^2} = 412.5m/min$$

$$V_{in} = \frac{Q}{A_{in}} = \frac{3.24m^3/min}{\left(\frac{\pi}{4}\right)(0.2\ m)^2} = 103.1m/min$$

讨论：在这个例子中，假设流动是定常不可压缩的，从而使问题得到简化。对工程师而言，合理的假设十分重要。另外，值得注意的是，出入口的速度与其几何条件直接相关。若出口的空气速度过大导致灰尘扬起，可以通过增大出口直径来降低气流速度。气流速度和直径之间的关系如图 5-4 所示，气流速度与直径的平方成反比。

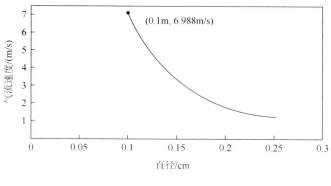

图 5-4　例 5.1 图

例 5.2　速度非均匀分布的流动。

如图 5-5 所示，不可压缩黏性流体以速度为 U 的均流由左侧入口进入半径为 R 的圆管。根据壁面不滑移条件，圆管壁面上速度为零，速度剖面随着流动进行不断变化，直到下游某截面处达到充分发展，速度剖面发展为幂函数形式并不再变化，试利用定常流动连续性方程求充分发展的速度剖面表达式。

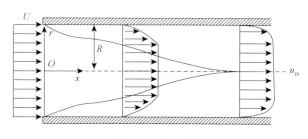

图 5-5　例 5.2 图

解：设充分发展后的速度剖面表达式为

$$u = u_m \left(1 - \frac{r}{R}\right)^n, \quad n \neq -1, -2 \tag{5-9}$$

式中，u_m 为速度剖面上的最大速度，位于截面中心，即圆管轴线上；指数 n 通常取 $n = 1/7 \sim 1/10$。由于流体不可压缩，根据连续性原理，任意剖面上流体流量应该相等：

$$\int_A U \, \mathrm{d}A = \int_0^R u_m \left(1 - \frac{r}{R}\right)^n 2\pi r \, \mathrm{d}r \tag{5-10}$$

由积分公式可得

$$\pi R^2 U = \frac{-2\pi u_{\mathrm{m}} R}{n+1} \int_0^R r \, \mathrm{d}\left(1-\frac{r}{R}\right)^{n+1}$$

$$= \frac{-2\pi u_{\mathrm{m}} R}{n+1}\left[r\left(1-\frac{r}{R}\right)^{n+1}\Bigg|_0^R - \int_0^R \left(1-\frac{r}{R}\right)^{n+1} \mathrm{d}r \right]$$

$$= \frac{-2\pi u_{\mathrm{m}} R^2}{n+1} \int_0^R \left(1-\frac{r}{R}\right)^{n+1} \mathrm{d}\left(1-\frac{r}{R}\right) = \frac{R^2}{(n+1)(n+2)}$$

取 $n=1/7$ 时，$u_{\mathrm{m}} = 1.224U$，或 $U = 0.8167u_{\mathrm{m}}$。

例 5.3　不定常流动。

在图 5-6（a）所示的沟渠中，建筑工人正在安装新的水管。沟长 3m，宽 1.5m，深 2.4m，由于靠近交叉路口，路面车辆排放的二氧化碳以 0.2831m^3/min 的流量进入沟渠。由于二氧化碳的密度大于空气，因此会沉降到沟渠底部，逐渐取代工人呼吸所需的空气。假设空气和二氧化碳的混合可以忽略，试：

（a）估算沟渠中二氧化碳深度的变化率 $\partial h / \partial t$，以 m/min 为单位；

（b）计算二氧化碳高度达到 1.8m，完全淹没工人所需的时间 $t_{h=6}$。

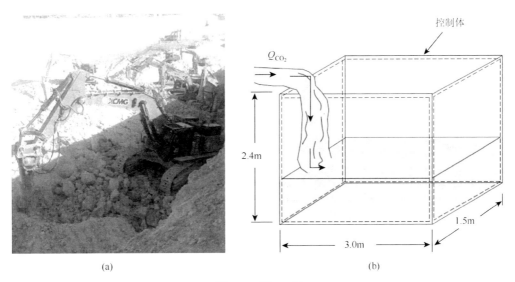

图 5-6　例 5.3 图

解：

（a）选择图 5-6（b）中虚线所包围的控制体，该控制体包含了沟渠中的空气和从街道流入沟渠的二氧化碳。将式（5-5）、式（5-6）应用于该控制体，可得

$$\frac{\partial}{\partial t}\int \rho_{\mathrm{air}} \, \mathrm{d}V_{\mathrm{air}} + \frac{\partial}{\partial t}\int_{\substack{\mathrm{CO}_2 \\ \mathrm{volume}}} \rho_{\mathrm{CO}_2} \, \mathrm{d}V_{\mathrm{CO}_2} - \dot{m}_{\mathrm{CO}_2} + \dot{m}_{\mathrm{air}} = 0 \qquad (5\text{-}11)$$

式中，$\dot{m}_{\mathrm{CO}_2}$ 和 $\dot{m}_{\mathrm{air}}$ 分别是流入控制体的二氧化碳质量流量和流出控制体的空气质量流量。

式（5-11）中的两个积分分别表示控制体内的空气和二氧化碳的总质量，前两项之和是控制体内所有流体质量的时间变化率。

　　空气和二氧化碳质量的时间变化率均不为零，但空气质量是守恒的，控制体内空气质量的时间变化率必然等于流出控制体的空气质量流量，因此将式（5-5）和式（5-6）应用于空气和二氧化碳，得到

对于空气：

$$\frac{\partial}{\partial t}\int_{\substack{air\\volume}}\rho_{air}\,\mathrm{d}V_{air}+\dot{m}_{air}=0$$

对于二氧化碳：

$$\frac{\partial}{\partial t}\int_{\substack{co_2\\volume}}\rho_{CO_2}\,\mathrm{d}V_{CO_2}=\dot{m}_{CO_2} \tag{5-12}$$

控制体中二氧化碳的体积为

$$\int_{\substack{co_2\\volume}}\rho_{CO_2}\,\mathrm{d}V_{CO_2}=\rho_{CO_2}[h\times(3.0\mathrm{m})\times(1.5\mathrm{m})] \tag{5-13}$$

结合式（5-12）和式（5-13），可得

$$\rho_{CO_2}(15m^2)\frac{\partial h}{\partial t}=\dot{m}_{CO_2}$$

由于 $\dot{m}=\rho Q$，有

$$\frac{\partial h}{\partial t}=\frac{Q_{CO_2}}{15\mathrm{m}^2}$$

因此，

$$\frac{\partial h}{\partial t}=\frac{0.2831\mathrm{m}^3/\mathrm{min}}{4.64\mathrm{m}^2}=0.061\mathrm{m}/\mathrm{min}$$

　　（b）要计算二氧化碳高度达到 $h=1.8\mathrm{m}$ 并淹没工人所需的时间，只需要将目标高度除以二氧化碳高度的时间变化率即可，即

$$t_{h=6}=\frac{1.8\mathrm{m}}{0.06\mathrm{m}/\mathrm{min}}=30\mathrm{min}$$

　　讨论：由本例可知，在沟渠这样的密闭空间内，二氧化碳积累会在短时间内危及工人的生命，当工人感觉到窒息时可能已经无法自行逃生。因此，此类沟渠的通风换气十分重要。

　　此外，由 $V=Qt$ 可获得问题（b）的答案。当深度为1.8m时，沟渠中的二氧化碳体积（忽略沟渠内的工人和设备）为 $V=1.5\mathrm{m}\times3.0\mathrm{m}\times1.8\mathrm{m}=8.5\mathrm{m}^3$。因此，在 $Q=0.3\mathrm{m}^3/\mathrm{min}$ 的流量下，$t_{h=6}=8.5\mathrm{m}^3/(0.3\mathrm{m}^3/\mathrm{min})=30\mathrm{min}$，与前面的答案一致。

　　上述实例展示了质量守恒定律在固定不变形控制体上的应用。总结如下：点积 $V\cdot\hat{n}$ 为正表示流量流出控制体，为负表示流量流入控制体。当流动定常时，控制体内流体质量的时间变化率为零：

$$\frac{\partial}{\partial t}\int_{CV}\rho\,\mathrm{d}V=0$$

因此通过控制面的净质量流量 $\dot{m}$ 也为零：

$$\sum\dot{m}_{out}-\sum\dot{m}_{in}=0 \tag{5-14}$$

若该定常流动是不可压缩的，则通过控制面的净体积流量 Q 也为零：

$$\sum Q_{\text{out}} - \sum Q_{\text{in}} = 0 \qquad\qquad (5\text{-}15)$$

此外，从时间平均的角度来看非定常但周期性变化的流动可以认为是定常的。当流动非定常时，控制体内流体质量的瞬时变化率不一定为零。

$$\frac{\partial}{\partial t}\int_{\text{CV}}\rho \mathrm{d}V$$

表示控制体中流体质量的时间变化率，其值为正时，表示控制体内的质量正在增加；其值为负时，表示控制体内的质量正在减少。

当流速在控制面上均匀分布时（一维流动），

$$\dot{m} = \rho A V$$

式中，V 是垂直于截面积 A 的速度分量。

当速度在控制面的开口上分布不均匀时，

$$\dot{m} = \rho A \overline{V} \qquad\qquad (5\text{-}16)$$

式中，$\overline{V}$ 是垂直于截面区域 A 的速度分量的平均值。

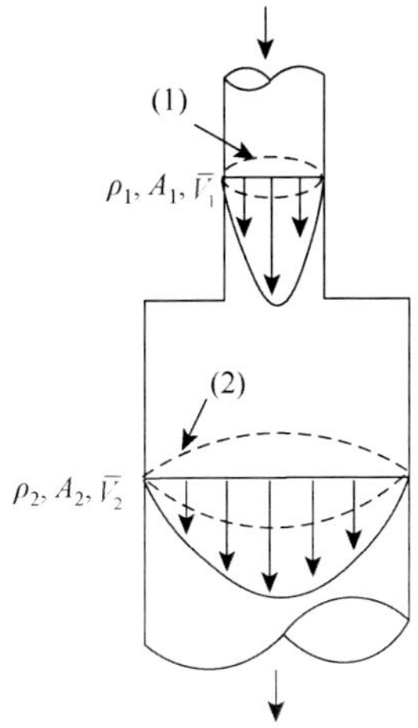

如图 5-7 所示，对于定常流动，

$$\dot{m} = \rho_1 A_1 \overline{V_1} = \rho_2 A_2 \overline{V_2} \qquad\qquad (5\text{-}17)$$

图 5-7　不同控制面上的质量流量

对于不可压缩流动，

$$Q = A_1 \overline{V_1} = A_2 \overline{V_2} \qquad\qquad (5\text{-}18)$$

对于涉及多股流体通过控制体的定常流动，

$$\sum \dot{m}_{\text{in}} = \sum \dot{m}_{\text{out}}$$

流体故事

　　在家庭中，卫生间用水约占室内用水的 40%。为了节约用水，新标准规定每次冲水只能用 6L 水，而旧标准允许最多使用 13L 水。现代生产的马桶，用水量通常是 4.8L。这些都是普通的冲水马桶，不是低冲水马桶。在一个典型的三口之家中，每人每天上 4 次卫生间，如果每次使用 13L 水，每年就要用大约 57m³ 的水。而如果使用每次只需要 6L 水的马桶，年用水量能减少到 26.3m³。显然，每次只需 6L 水的马桶能更有效地节约水资源。但是，设计一种既用水量少又能冲洗干净的马桶并不容易。目前主要有两种类型：一种是靠重力驱动，水在重力作用下流动，通过涡流和虹吸作用形成排放点；另一种是压力驱动，流量较大但时间较短，用水量相对较小。

5.2.3　运动不变形控制体

　　实际工程中，当物体在流场中运动时，采用固定于移动物体上的控制体更有利于研究流体相对于物体的运动，例如飞机上的涡轮发动机，海上航行船只的排气烟囱或运动汽车的汽油箱等。使用运动的控制体时，流体与运动控制体之间的相对速度是一个关键变量。相对速度 W 是观察者随控制体移动而看到的流体速度，控制体速度 V_{CV} 是从固定坐标系看到的控制

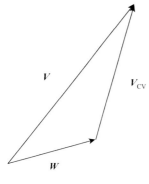

图 5-8　速度矢量

体速度，绝对速度 V 是固定坐标系中的固定观察者看到的流体速度。如图 5-8 所示，这些速度满足矢量方程：

$$V = W + V_{cv} \tag{5-19}$$

由于连续性方程不涉及惯性力，因此无论是匀速运动的控制体（惯性系）还是加速运动或旋转运动的控制体（非惯性系），当系统和一个运动、不变形控制体重合时，将雷诺输运方程（式（4-40））中的绝对速度 V 替换为相对速度 W，即可得到运动控制体形式的连续性方程：

$$\frac{D M_{sys}}{D t} = \frac{\partial}{\partial t} \int_{CV} \rho d \mathcal{V} + \int_{CS} \rho W \cdot \hat{n} d A \tag{5-20}$$

实际上，式（5-20）可适用于做任意运动的变形控制体，具有一般意义。因为在推导输运公式时，迁移项中微元流量 $(V \cdot \hat{n}) d A$ 中的 V 是流体质点相对于控制面的速度，在运动控制体中该速度即为相对速度 W，因此式（5-20）适用于各种类型的控制体。由式（5-1）和式（5-20），可以得到运动、不变形控制体上的连续性方程，即

$$\frac{\partial}{\partial t} \int_{CV} \rho d \mathcal{V} + \int_{CS} \rho W \cdot \hat{n} d A = 0 \tag{5-21}$$

例 5.4　运动控制体的可压缩流动。

一架飞机以 971km/h 的速度前进，如图 5-9（a）所示，发动机的有效进气面积为 $0.80m^2$，空气密度为 $0.736kg/m^3$。观察者相对于地球静止，发动机的废气以 1050km/h 的速度排放，发动机有效排气面积为 $0.558m^2$，废气密度为 $0.515kg/m^3$，试求：进入发动机的燃料质量流量（单位：kg/h）。

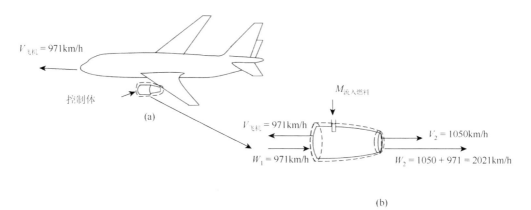

图 5-9　例 5.4 图

解：选择随飞机一起移动的发动机为控制体，见图 5-9（b），包括发动机内部结构及其中的流体。将式（5-21）应用于上述控制体，可得

$$\frac{\partial}{\partial t} \int_{CV} \rho d \mathcal{V} + \int_{CS} \rho W \cdot \hat{n} d A = 0 \tag{5-22}$$

运动控制体内质量流量的时间平均值是稳定的，故第一项等于零。假设流场是一维流动，

由式（5-22）可得

$$-\dot{m}_{流入燃料} - \rho_1 A_1 W_1 + \rho_2 A_2 W_2 = 0$$

或写为

$$\dot{m}_{流入燃料} = \rho_2 A_2 W_2 - \rho_1 A_1 W_1 \tag{5-23}$$

运动控制体的进气速度 W 等于飞机的速度 971km/h，此时地面上的观察者注意到废气正以 1050km/h 的速度从发动机中排出，则废气相对于运动控制体的速度 W_2 可以由式（5-19）确定：

$$W_2 = V_2 - V_{飞机} = 1050\text{km/h} - (-971\text{km/h}) = 2021\text{km/h}$$

则由式（5-23）可知，

$$\dot{m}_{流入燃料} = (0.515\text{kg}/\text{m}^3)(0.558\text{m}^2)(2021\text{km}/\text{h})(1000\text{m}/\text{km})$$
$$- (0.736\text{kg}/\text{m}^3)(0.80\text{m}^2)(971\text{km}/\text{h})(1000\text{m}/\text{km})$$
$$= (580775 - 571725)\text{kg}/\text{h}$$
$$= 9050\ \text{kg/h}$$

讨论：燃料的质量流量是通过两个几乎相等的大数之差求得的，需要 W_2 和 W_1 的精确值来获得准确的 $\dot{m}_{流入燃料}$ 值。

例 5.5　相对速度。

图 5-10 所示为旋转洒水器示意图。洒水器臂长 $R = 150\text{mm}$，管道横截面积 $A = 40\text{mm}^2$，喷口偏转角 $\theta = 30°$，水流量 $Q = 1200\text{mL/s}$，已知洒水器旋转角速度 $\omega = 500\text{r/min}$。试求：

（a）水流相对于洒水器的流速；

（b）洒水器出口水流的绝对速度。

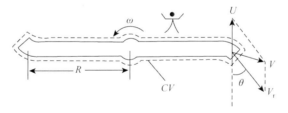

图 5-10　例 5.5 图

解：

（a）选取图 5-10 中虚线所示的控制体，该控制体包围洒水器并与洒水器一起旋转。在控制体的角度观察，水流沿管道以相对速度 W 沿管道作定常直线流动，根据连续性方程，有

$$\sum (\rho WA)_{\text{in}} = \sum (\rho WA)_{\text{out}} \tag{5-24}$$

由于流体密度、管道横截面积不变，因此

$$\rho W_1 A + \rho W_2 A = \rho Q \tag{5-25}$$

式中，W_1 和 W_2 分别为两臂管道内水流的相对速度，由于两臂对称性，有

$$W_1 = W_2 = W$$

式（5-25）化为

$$2WA = Q$$

因此水流的相对速度为

$$W = \frac{Q}{2A} = \frac{1200 \times 10^{-6}\,\mathrm{m^3/s}}{2(40 \times 10^{-6}\,\mathrm{m^2})} = 15\,\mathrm{m/s}$$

（b）由题述可知，洒水器出口牵连速度为

$$U = \omega R = \frac{2\pi(500\,\mathrm{r/min})}{60\,\mathrm{s/min}}(0.15\,\mathrm{m}) = 7.85\,\mathrm{m/s}$$

绝对速度 V 为牵连速度 U 与相对速度 W 的矢量和，由余弦定理，绝对速度大小为

$$V = \sqrt{W^2 + U^2 - 2WU\cos\theta}$$
$$= \sqrt{(15\,\mathrm{m/s})^2 + (7.85\,\mathrm{m/s})^2 - 2(15\,\mathrm{m/s})(7.85\,\mathrm{m/s})\cos 30°}$$
$$= 9.1\,\mathrm{m/s}$$

讨论：当使用运动不变形控制体时，之前用于固定不变形控制体的点积符号仍然适用。另外，如果运动控制体内的流量稳定，或周期性变化，其时间平均值稳定，那么控制体内质量的时间变化率为零，在连续性方程中需要使用相对于控制体参考系的相对速度。

5.2.4　变形控制体

有时使用可变形控制体可以简化问题从而得到解决方案。变形控制体涉及体积大小的变化和控制面的变化，因此可以使用运动控制体的雷诺输运方程，由式（4-40）和式（5-1）可得

$$\frac{\mathrm{D}M_{\mathrm{sys}}}{\mathrm{D}t} = \frac{\partial}{\partial t}\int_{\mathrm{CV}} \rho\,\mathrm{d}V + \int_{\mathrm{CS}} \rho W \cdot \hat{n}\,\mathrm{d}A = 0 \tag{5-26}$$

式中，右侧第一项中时间变化率通常不等于零，因为控制体随时间发生变化；第二项中流过控制面的净质量流量必须用相对速度 W（即相对于控制面的速度）来确定。

与运动不变形控制体不同，由于控制体可变形，控制面的速度不一定分布均匀，也不一定与控制体的速度 V_{CV} 一致。对于变形的控制体有

$$V = W + V_{\mathrm{CS}} \tag{5-27}$$

式中，V_{CS} 是固定观察者看到的控制面速度。在流体穿过控制面的地方需确定相对速度 W。下面用两个示例说明连续性原理在变形控制体上的应用。

例 5.6　变形控制体。

如图 5-11（a）所示，使用注射器进行接种，柱塞的横截面积为 500mm²，注射器中的液体以 300cm³/min 的速度注入。通过柱塞的泄漏率是针头流出量的 0.1 倍。试问：应以多大的速度推进柱塞？

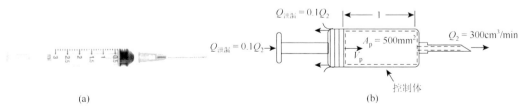

图 5-11　例 5.6 图

解：选择图 5-11（b）中虚线所示部分作为控制体，控制面截面（1）随柱塞移动。严格来说，因为存在泄漏，所以结果会存在误差，但两者的差别很小，故误差可忽略不计，即

$$A_1 = A_p \tag{5-28}$$

将式（5-26）应用于该控制体，可得

$$\frac{\partial}{\partial t}\int_{CV}\rho\,\mathrm{d}V + \dot{m}_2 + \rho Q_{泄漏} = 0 \tag{5-29}$$

虽然 $Q_{泄漏}$ 和通过横截面积 A_2 的流量是稳定的，但由于控制体越来越小，所以控制体中流体质量的时间变化率不为零。上式左边第一项满足

$$\int_{CV}\rho\,\mathrm{d}V = \rho(lA_1 + V_{针管}) \tag{5-30}$$

式中，l 是控制体的变化长度（见图 5-11）；$V_{针管}$ 是针管体积。对时间求导后，有

$$\frac{\partial}{\partial t}\int_{CV}\rho\,\mathrm{d}V = \rho A_1\frac{\partial l}{\partial t} \tag{5-31}$$

此外，

$$-\frac{\partial l}{\partial t} = V_p \tag{5-32}$$

式中，V_p 是柱塞速度。结合式（5-29）、式（5-31）式（5-32），得到

$$-\rho A_1 V_p + \dot{m}_2 + \rho Q_{泄漏} = 0 \tag{5-33}$$

由式（5-6）可知，

$$\dot{m}_2 = \rho Q_2 \tag{5-34}$$

故式（5-33）变成

$$-\rho A_1 V_p + \rho Q_2 + \rho Q_{泄漏} = 0 \tag{5-35}$$

求解式（5-35）中的 V_p，可得

$$V_p = \frac{Q_2 + Q_{泄漏}}{A_1} \tag{5-36}$$

由于 $Q_{泄漏} = 0.1\,Q_2$，因此式（5-36）变成

$$V_p = \frac{Q_2 + 0.1Q_2}{A_1} = \frac{1.1Q_2}{A_1}$$

$$V_p = \frac{1.1\times(300\mathrm{cm}^3/\mathrm{min})}{500\mathrm{mm}^2}\left(\frac{1000\mathrm{mm}^3}{\mathrm{cm}^3}\right) = 660\mathrm{mm}/\mathrm{min}$$

5.3　动量和动量矩方程

5.3.1　动量方程的推导

工程实际中常会遇到流体与固体边界相互作用的计算问题，这类问题可以通过动量方程求解。应用雷诺输运定理和牛顿第二定律可以推导出适用于控制体内流体的动量方程。流体系统的牛顿第二定律可以表述为

系统动量的时间变化率 = 作用在系统上的所有外力之和

由于动量是质量乘以速度，所以质量为 $\rho \mathrm{d} V$ 的流体质点所具有的动量为 $V\rho \mathrm{d}V$，整个系统的动量为 $\int_{\mathrm{sys}} V\rho \mathrm{d}V$，根据牛顿第二定律：

$$\frac{\mathrm{D}}{\mathrm{D}t}\int_{\mathrm{sys}} V\rho \mathrm{d}V = \sum F_{\mathrm{sys}} \tag{5-37}$$

任何满足以上描述的参考系或坐标系均称为惯性系。固定的坐标系是惯性系，以恒定速度沿直线运动的坐标系也是惯性系，据此可进一步推导控制体方程。当控制体在某一时刻与系统重合时，作用在系统上的合力与作用在控制体上的合力（见图 5-12）是重合的，即

$$\sum F_{\mathrm{sys}} = \sum F_{\text{对应的控制体}} \tag{5-38}$$

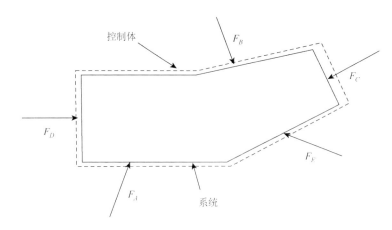

图 5-12　作用在系统和控制体上的外力

当上述控制体为固定不变形的控制体时，根据雷诺输运公式（式（4-40）），设式中的 b 为速度（即单位质量的动量），B_{sys} 为系统动量，可以得到

$$\frac{\mathrm{D}}{\mathrm{D}t}\int_{\mathrm{sys}} V\rho \mathrm{d}V = \frac{\partial}{\partial t}\int_{\mathrm{CV}} V\rho \mathrm{d}V + \int_{\mathrm{CS}} V\rho \mathrm{d}V \tag{5-39}$$

即

系统动量的变化率 = 控制体动量的变化率 + 通过控制面的净动量

式（5-39）指出，系统动量的时间变化率可以表示为控制体内动量的时间变化率与控制面上动量净通量之和。动量流动与质量流动类似，当流体质点通过控制面进入或离开控制体时，会引起动量的输入或输出。

对于固定不变形控制体，结合式（5-37）、式（5-38）和式（5-39）可以得到牛顿第二定律表达式：

$$\frac{\partial}{\partial t}\int_{\mathrm{CV}} V\rho \mathrm{d}V + \int_{\mathrm{CS}} V\rho V\cdot \hat{n}\mathrm{d}A = \sum F_{\text{控制体}} \tag{5-40}$$

式（5-40）称为动量方程。

式（5-40）中涉及的力包括作用在控制体上的体积力和作用在控制面上的表面力。本

章中，体积力仅考虑重力；表面力是指控制面外侧的物体或流体对控制面内侧流体的作用力，例如与流体接触的壁面对流体施加的反作用力。

5.3.2　动量方程的应用

在讲述动量方程的应用时，为了简单起见，首先讨论固定不变形控制体，然后再讨论惯性的运动不变形控制体，本节不考虑变形控制体和加速（非惯性）控制体。如果一个控制体是非惯性的，则需要考虑所涉及的加速度分量。

惯性控制体的动量方程是一个矢量方程（式（5-40））。在工程应用中常采用矢量方程沿正交坐标分解得到的分量式，例如 x、y、z（直角坐标系）或 r、θ、x（圆柱坐标系）。首先考虑定常、不可压缩流动。

例 5.7　流动方向变化。

如图 5-13（a）所示，水平射流以 $V = 3\mathrm{m/s}$ 匀速从喷嘴喷出，撞击曲面并转过一个角度。试求：重力和黏性效应忽略不计时保持叶片静止所需的锚固力。

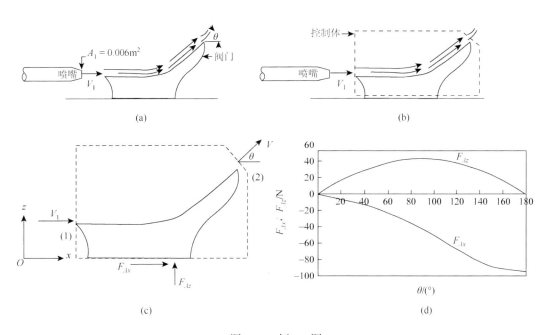

图 5-13　例 5.7 图

解：选择一个包括物体和水的控制体，见图 5-13（b）和（c），并将动量方程应用于这个固定控制体。流体由截面（1）进入控制体，由截面（2）离开控制体。对于该控制体，式（5-40）的 x 和 z 分量式为

$$\frac{\partial}{\partial t}\int_{\mathrm{CV}} u\rho \mathrm{d}V + \int_{\mathrm{CS}} u\rho V \cdot \hat{n}\, \mathrm{d}A = \sum F_x$$

和

$$\frac{\partial}{\partial t}\int_{CV} w\rho \, \mathrm{d}V + \int_{CS} w\rho V \cdot \hat{n}\mathrm{d}A = \sum F_z$$

即

$$u_2\rho A_2 V_2 - u_1\rho A_1 V_1 = \sum F_x \tag{5-41}$$

和

$$w_2\rho A_2 V_2 - w_1\rho A_1 V_1 = \sum F_z \tag{5-42}$$

式中，$V = u\hat{i} + w\hat{k}$；$\sum F_x$ 和 $\sum F_z$ 分别是作用在控制体上的合力在 x 和 z 方向的分量。根据所考虑的特定流动情况和所选择的坐标系，x 和 z 方向的速度分量 u 和 w 的值可以是正值、负值或零。在本例中，入口和出口处的流量都是沿正方向的。

水在大气压下以自由射流的形式流过控制体。控制体外为大气压强，因此控制体表面的净压力为零。如果忽略水和物体的重量，控制体受力的水平和垂直分量分别为 F_{Ax} 和 F_{Az}。

在忽略重力和黏性效应的情况下，由于 $P_1 = P_2$，流体的速度保持不变，因此 $V_1 = V_2 = 3\mathrm{m/s}$，在截面（1）处，$u_1 = V_1$，$w_1 = 0$，在截面（2）处，$u_2 = V_1\cos\theta$，$w_2 = V_1\sin\theta$。

根据以上条件，式（5-41）、式（5-42）可以写成

$$V_1\cos\theta\rho A_2 V_1 - V_1\rho A_1 V_1 = F_{Ax} \tag{5-43}$$

和

$$V_1\sin\theta\rho A_2 V_1 - \rho A_1 V_1 = F_{Az} \tag{5-44}$$

根据连续性方程，有 $A_1 V_1 = A_2 V_2$，对于不可压缩流动，则有 $A_1 = A_2$。因此

$$F_{Ax} = -\rho A_1 V_1^2 + \rho A_1 V_1^2\cos\theta = -\rho A_1 V_1^2(1-\cos\theta) \tag{5-45a}$$

$$F_{Az} = -\rho A_1 V_1^2\sin\theta \tag{5-45b}$$

根据已知条件计算可得

$$F_{Ax} = -(10^3)\mathrm{kg/m^3}(0.006\mathrm{m^2})(3.0\mathrm{m/s})^2(1-\cos\theta)$$
$$= -54(1-\cos\theta)\mathrm{kg\cdot m/s^2}$$
$$= -54(1-\cos\theta)\mathrm{N}$$
$$F_{Az} = (1000\ \mathrm{kg/m^3})(0.006\ \mathrm{m^2})(3.0\ \mathrm{m/s})^2\sin\theta$$
$$= 54\sin\theta\ \mathrm{N}$$

讨论：F_{Ax} 和 F_{Az} 是 θ 的函数，如图 5-13（d）所示，当 $\theta = 0°$，即曲面不使水流转向时，曲面受到的合力为零，无黏性流体只是沿着叶片滑动，没有对其产生任何力的作用；当 $\theta = 90°$ 时，$F_{Ax} = -54\mathrm{N}$，$F_{Az} = 54\mathrm{N}$，为了将水流方向从水平变为垂直，曲面必须逆时针转动一定角度，此时曲面推动水做功，所受合力不为零；当 $\theta = 180°$ 时，射流逆向流动，那么 $F_{Ax} = -103.6\mathrm{N}$，$F_{Az} = 0\mathrm{N}$，此时的作用力是 $\theta = 90°$ 时的两倍。由上述结果可知，流动在水平方向上的动量变化需要水平方向的合力不为零。

注意，曲面受到的合力式（5-6）可以用质量流量 $\dot{m} = \rho A_1 V_1$ 表示：

$$F_{Ax} = -\dot{m}V_1(1-\cos\theta)$$

$$F_{Az} = \dot{m}V_1\sin\theta$$

在本例中，尽管流体受到的力仅引起运动方向的变化，但流体动量也因此发生了变化。

例 5.8 重量、压力和速度变化。

如图 5-14（a）所示，弯管以恒定速度 $v_c = 60\text{m/s}$ 沿水平方向运动，弯管入口方向水平，出口方向与水平线呈 $\theta = 10°$ 夹角。一股水流以绝对速度 $v_0 = 120\text{m/s}$ 进入弯管，转向后由出口流出，流动截面积 $A_0 = 0.001\text{m}^2$，试求：

（a）水流对弯管的反作用力；

（b）水流对弯管做功功率。

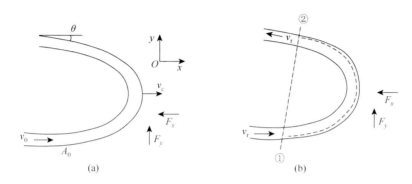

图 5-14 例 5.8 图

解：

（a）从弯管观察，水流为定常流动，选取图 5-14（b）中虚线所示的控制面，流体从截面（1）流入，从截面（2）流出，相对速度 $W = V - U$，F_x、F_y 为弯管对水流的作用力。由动量方程可得

$$-F_x = \rho W A(-W\cos\theta - W) = -\rho(V-U)^2 A(\cos\theta + 1)$$

即

$$
\begin{aligned}
F_x &= \rho(V-U)^2 A(\cos\theta + 1) \\
&= (1000\text{kg/m}^3)(120\text{m/s} - 60\text{m/s})^2(0.001\text{m}^2)(\cos10°+1) \\
&= 7145\text{N} \\
F_y &= \rho(V-U)^2 A\sin\theta \\
&= (1000\text{kg/m}^3)(120\text{m/s} - 60\text{m/s})^2(0.001\text{m}^2)(\sin10°) \\
&= 625\text{N}
\end{aligned}
$$

（b）水流对弯管所做的功率为

$$P = F_x U = (7145\text{N})(60\text{m/s}) = 428700\text{N}\cdot\text{m/s} = 428.70\text{kW}$$

这些例子表明，可以迫使流体在运动过程中发生转向、加速或减速、速度廓线的变化。发生上述三种变化要求流体受到的合外力不为零；不发生上述任何一种变化时流体受力平衡，合外力为零。

本书考虑了压力、黏性剪切力和重力等典型作用力，也会涉及某种类型的约束，如引导流体流动的叶片、通道或导管。流体流动可以驱动叶片、通道或导管发生移动，从而产生动力。

控制体的选择很重要。若要确定固定某设备或结构所需的力，通常将该设备及其包围的流体同时纳入控制体；若要确定流体对设备的作用力，则只需将流体纳入控制体。

5.3.3　动量矩方程的推导

5.2 节利用牛顿第二运动定律建立了力与线性动量通量之间的关系。动量方程适用于流体的直线或一般曲线运动。当流体绕定轴旋转时，采用动量矩方程通常比动量方程更方便。在惯性坐标系下，将流体系统的动量和作用力对转轴取矩，可以推导出关于系统的动量矩方程，再结合输运公式将其转化为控制体形式。

将牛顿第二运动定律应用于流场中一个质点，可以得到

$$\frac{\mathrm{D}}{\mathrm{D}t}(V\rho\delta\Psi)=\delta F_{质点} \tag{5-46}$$

式中，V 是在惯性参考系中测量的质点速度；ρ 为质点密度；$\delta\Psi$ 是无限小的质点体积；$\delta F_{质点}$ 是作用在质点上的合力。若在式（5-46）两侧对惯性坐标系原点建立力矩，可得

$$\boldsymbol{r}\times\frac{\mathrm{D}}{\mathrm{D}t}(V\rho\delta\Psi)=\boldsymbol{r}\times\delta F_{质点} \tag{5-47}$$

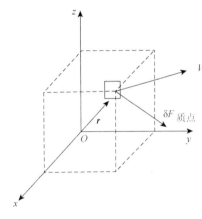

图 5-15　惯性坐标系

式中，$\boldsymbol{r}$ 是从惯性坐标系的原点到流体质点的位置矢量（图 5-15）。此时，

$$\frac{\mathrm{D}}{\mathrm{D}t}[(r\times V)\rho\delta\Psi]=\frac{\mathrm{D}r}{\mathrm{D}t}\times V\rho\delta\Psi+r\times\frac{\mathrm{D}(V\rho\delta\Psi)}{\mathrm{D}t} \tag{5-48}$$

并且

$$\frac{\mathrm{D}r}{\mathrm{D}t}=V \tag{5-49}$$

又

$$V\times V=0 \tag{5-50}$$

结合式（5-47）、式（5-48）、式（5-49）和式（5-50），得到

$$\frac{\mathrm{D}}{\mathrm{D}t}[(r\times V)\rho\delta\Psi]=r\times\delta F_{质点} \tag{5-51}$$

式（5-28）适用于系统中任意质点。令式（5-51）两边对系统中所有质点求和：

$$\int_{sys}\frac{\mathrm{D}}{\mathrm{D}t}[(r\times V)\rho\mathrm{d}\Psi]=\sum(r\times F)_{sys} \tag{5-52}$$

式中

$$\sum r\times\delta F_{质点}=\sum(r\times F)_{sys} \tag{5-53}$$

此时，

$$\frac{\mathrm{D}}{\mathrm{D}t}\int_{sys}(r\times V)\rho\mathrm{d}\Psi=\int_{sys}\frac{\mathrm{D}}{\mathrm{D}t}[(r\times V)\rho\mathrm{d}\Psi] \tag{5-54}$$

由于微分和积分的顺序可以交换，根据式（5-52）和式（5-54）可以得到

$$\frac{\mathrm{D}}{\mathrm{D}t}\int_{\text{sys}}(r\times V)\rho\mathrm{d}\mathcal{V}=\sum(r\times F)_{\text{sys}} \tag{5-55}$$

上式可以表示为

$$\text{系统动量矩的时间导数} = \text{作用在系统上的外部扭矩之和}$$

扭矩的计算公式为 $T=r\times F$ 。某时刻系统与控制体重合，作用在系统和控制体上的扭矩相同：

$$\sum(r\times F)_{\text{sys}}=\sum(r\times F)_{\text{CV}} \tag{5-56}$$

对于与固定不变形控制体重合的系统，由雷诺输运公式（式（4-40））可得

$$\frac{\mathrm{D}}{\mathrm{D}t}\int_{\text{sys}}(r\times V)\rho\mathrm{d}\mathcal{V}=\frac{\partial}{\partial t}\int_{\text{CV}}(r\times V)\rho\mathrm{d}\mathcal{V}+\int_{\text{CS}}(r\times V)\rho V\cdot\hat{n}\mathrm{d}A \tag{5-57}$$

可以表示为

$$\text{系统动量矩的导数} = \text{控制体动量矩的导数} + \text{通过控制面的动量矩流量}$$

而对于固定不变形的控制体，结合式（5-55）、式（5-56）和式（5-57）可以得到控制体形式的动量矩方程：

$$\frac{\partial}{\partial t}\int_{\text{CV}}(r\times V)\rho\mathrm{d}\mathcal{V}+\int_{\text{CS}}(r\times V)\rho V\cdot\hat{n}\mathrm{d}A=\sum(r\times F)_{\text{控制体}} \tag{5-58}$$

5.3.4　动量矩方程的应用

控制体形式的动量矩方程是求解流体旋转机械（如风扇、离心泵、涡轮机、压缩机等）中流动问题的基本公式。应用动量矩方程时可以根据实际情况对式（5-58）做出合理的简化。

当流体做定常流动时，动量矩随体导数中的当地项为零，因此只有迁移项，式（5-58）化为

$$\int_{\text{CS}}(r\times V)\rho V\cdot\hat{n}\mathrm{d}A=\sum(r\times F)_{\text{控制体}}$$

当流体绕一固定轴旋转时，常将由转轴产生的力矩 T_{s} 单独列出，称为轴矩：

$$\sum(r\times F)_{\text{控制体}}=\sum(r\times F)+T_{\text{s}}$$

将式（5-58）应用于定轴旋转的流体机械时，在一般情况下，流体的重力和表面力（黏性切应力）对转轴的力矩与轴矩相比可以忽略不计，而且在正常运行时流动可视为定常的，因此式（5-58）可简化为

$$\int_{\text{CS}}(r\times V)\rho V\cdot\hat{n}\mathrm{d}A=T_{\text{s}}$$

上式称为定轴匀速旋转流场的动量矩方程，常用于涡轮机械。

旋转式洒水器如图 5-16 所示，水流从支臂的入口"截面（1）"到出口"截面（2）"，流动过程中方向和大小发生变化，并对洒水器施加了一个扭矩，使其沿图示方向发生旋转。选择图 5-16 所示的圆盘形固定不变形控制体，该控制体包含了洒水器及洒水器内的水流。当洒水器旋转时，控制体中的流场是不定常的、周期性变化的，但平均值是定常的。通过动量矩方程（式（5-58））的轴向分量可以分析这种流动。为便于分析，做出如下假设和简化：

（1）假设流动是一维的，则在任意截面上平均速度都是一致的。

（2）将流动限定为定常流动或平均定常（变化是周期性的）流动，这样，对于定常流动的任意时刻，或对于平均定常流动，有

$$\frac{\partial}{\partial t}\int_{\mathrm{CV}}(r\times V)\rho\mathrm{d}V=0$$

（3）只对式（5-42）的轴向分量进行分析。

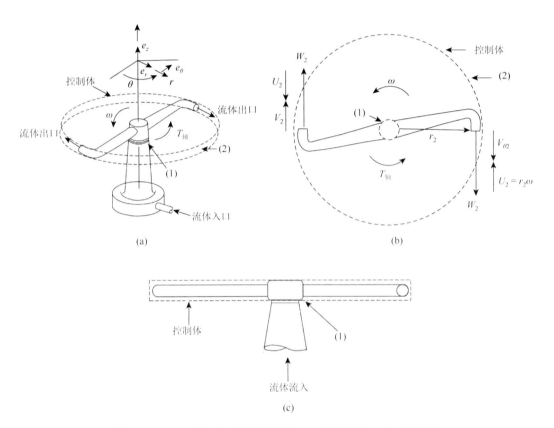

图 5-16　（a）旋转式洒水器示意图；（b）俯视图；（c）侧视图

式（5-58）中的迁移项 $\int_{\mathrm{CS}}(r\times V)\rho V\cdot\hat{n}\mathrm{d}A$ 仅在有流体穿过的区域非零，因此控制面上只有出、入口区域迁移项非零，而在其他区域，由于 $V\cdot\hat{n}=0$，迁移项均为零。水由入口截面（1）处沿轴向进入控制体，因此截面（1）上 $r\times V$ 平行于截面（1），即轴向分量为零，进而可知截面（1）上的轴向动量通量为零。水分别从截面（2）上的两个喷嘴离开控制体。对于出口处的水流，$r\times V$ 的轴向分量大小为 $r_2V_{\theta 2}$，其中 r_2 是从旋转轴到喷嘴中心线的半径，$V_{\theta 2}$ 是从固定、不变形控制体的参考系上观察到的出口流速的切向分量。绝对速度 V 是出口处相对于固定控制面测得的流速，而从喷嘴观察到的出口流速为相对速度 W。绝对速度 V 和相对速度 W 通过矢量关系联系在一起：

$$V=W+U \tag{5-59}$$

式中，U 是喷嘴相对于固定控制面移动的速度。

式（5-58）中迁移项 $\int_{\text{CS}}(r\times V)\rho V\cdot\hat{n}\mathrm{d}A$ 的值可以是正值或负值，当流体流入控制体时，$V\cdot\hat{n}$ 为负，当流体流出控制体时，$V\cdot\hat{n}$ 为正。可以通过右手法则确定 r、V 和 $r\times V$ 的相对方向以及 $r\times V$ 的符号。右手拇指沿旋转轴的正方向，此时其余手指则沿着旋转方向卷曲，如图 5-17 所示。类似地，$r\times V$ 的轴向分量可以通过半径与旋转轴的乘积 $r\hat{e}_r$ 和绝对速度的切向分量 $V_\theta\hat{e}_q$ 来确定。对于图 5-16 中的洒水器，有

$$\left[\int_{\text{CS}}(r\times V)\rho V\cdot\hat{n}\mathrm{d}A\right]_{\text{轴}}=(-r_2V_{\theta 2})(+\dot{m})\tag{5-60}$$

式中，$\dot{m}$ 是通过两个喷嘴的总质量流量，无论喷头是否旋转，质量流量都相同。$r\times V$ 轴向分量前的代数符号可以通过以下方式确定：如果 V_θ 和 U 方向相同，则使用"＋"；如果 V_θ 和 U 方向相反，则使用"–"。

接下来分析动量矩方程（式（5-58））的转矩项 $\left[\sum(r\times F)_{\text{控制体}}\right]$。法向力和切向力作用于流体产生的净扭矩非常小，通常可以忽略不计。因此，对于洒水器有

$$\sum[(r\times F)_{\text{控制体}}]_{\text{轴}}=T_{\text{轴}}\tag{5-61}$$

注意，这里假设 $T_{\text{轴}}$ 为正，这相当于假设 $T_{\text{轴}}$ 与旋转方向相同。

由式（5-60）和式（5-61）可知，动量矩方程（式（5-42））的轴向分量为

$$-r_2V_{\theta 2}\dot{m}=T_{\text{轴}}\tag{5-62}$$

由式（5-62）可知 $T_{\text{轴}}$ 为负数，这意味着轴矩实际上与洒水器旋转方向相反，如图 5-17 所示，在所有的涡轮装置中，轴矩 $T_{\text{轴}}$ 都是阻碍旋转的。

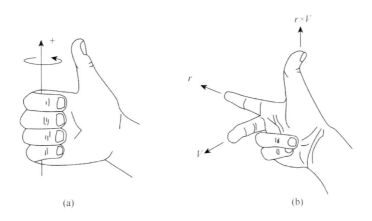

图 5-17　右手法则

可以通过轴矩 $T_{\text{轴}}$ 与轴转速 ω 的乘积来计算与轴矩 $T_{\text{轴}}$ 做功的速率，即轴功率 $\dot{W}_{\text{轴}}$。根据式（5-62）得到

$$\dot{W}_{\text{轴}}=T_{\text{轴}}\omega=-r_2V_{\theta 2}\dot{m}\omega\tag{5-63}$$

由于喷头的线速度 U 可表示为 $r_2\omega$，因此式（5-63）可以表示为

$$\dot{W}_{\text{轴}}=-U_2V_{\theta 2}\dot{m}\tag{5-64}$$

设单位质量的轴功为 $w_{\text{轴}}=\dot{W}_{\text{轴}}/\dot{m}$，将式（5-64）除以质量流量 $\dot{m}$ 得到

$$\dot{w}_\text{轴} = -U_2 V_{\theta 2} \tag{5-65}$$

式（5-63）、式（5-64）和式（5-65）中，轴功为负代表控制体对外输出功，即流体对轴做功。

本例中应用的原理可以推广应用于大多数几何形状简单的涡轮机流量计算。

例 5.9　动量矩。

如图 5-18（a）所示，水以 1000mL/s 的稳定速率通过底座进入旋转的草坪洒水器。每个喷嘴的出口面积为 30mm²，水流沿切线方向流出。喷嘴中心线到旋转轴的距离为 200mm，试求：

（a）确定使洒水喷头保持静止所需的阻力矩；

（b）确定喷头以 500rpm[①] 的恒定速度旋转时产生的阻力矩；

（c）如果未施加阻力矩，请确定洒水器的速度。

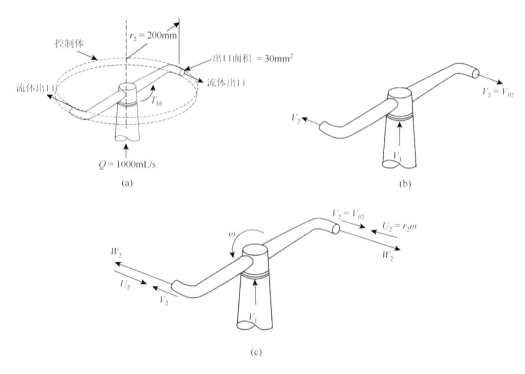

图 5-18　例 5.9 图

解：采用图 5-18（a）所示的盘形固定、不变形控制体，仅考虑阻碍旋转的扭矩 $T_\text{轴}$。

（a）当喷头保持静止时，流体进入和离开控制体的速度如图 5-18（b）所示。因此，由式（5-62）可得

$$T_\text{轴} = -r_2 V_{\theta 2} \dot{m} \tag{5-66}$$

由于控制体是固定且不变形的，且出口水流沿切向流出，即

$$V_{\theta 2} = V_2 \tag{5-67}$$

---

① 1rpm = 1r/min。

由式（5-66）和式（5-67）可得

$$T_{轴} = -r_2 V_2 \dot{m} \tag{5-68}$$

由连续性可得 $V_2 = 16.7 \text{m/s}$，由式（5-68）可知：

$$\dot{m} = Q\rho = \frac{(1000\text{mL/s})(10^{-3}\,\text{m}^3/\text{L})(999\text{kg/m}^3)}{(1000\text{ml/L})}$$

$$= 0.999\text{kg/s}$$

可以得到

$$T_{轴} = -\frac{(200\text{mm})(16.7\text{m/s})(0.999\text{kg/s})[1(\text{N/kg})/(\text{m/s}^2)]}{(1000\text{mm/m})}$$

或

$$T_{轴} = -3.34\text{N}\cdot\text{m}$$

（b）当洒水器以 500rpm 的恒定速度旋转时，控制体内的流场是非定常的，但具有周期性，因此，从时间平均的意义上来看流动是定常的。流体进入和离开控制体的流速如图 5-18（c）所示。由式（5-59）求得喷嘴处水流的绝对速度 V_2 为

$$V_2 = W_2 - U_2 \tag{5-69}$$

式中

$$W_2 = 16.7\text{m/s}$$

喷嘴的线速度 U_2 为

$$U_2 = r_2\omega \tag{5-70}$$

应用动量矩方程的轴向分量（式（5-62））又可得到式（5-68）。由式（5-69）和式（5-70）可知：

$$V_2 = 16.7\text{m/s} - r_2\omega$$

$$= 16.7\text{m/s} - \frac{(200\text{mm})(500\text{rev/min})(2\pi\,\text{rad}/\text{rev})}{(1000\text{mm/m})(60\text{s/min})}$$

或

$$V_2 = 16.7\text{m/s} - 10.5\text{m/s} = 6.2\text{m/s}$$

因此，利用式（5-68），在 $\dot{m} = 0.999\,\text{kg/s}$ 的情况下可以得到

$$T_{轴} = -\frac{(200\text{mm})(6.2\text{m/s})(0.999\text{kg/s})[1(\text{N/kg})/(\text{m/s}^2)]}{(1000\text{mm/m})}$$

或

$$T_{轴} = -1.24\text{N}\cdot\text{m}$$

讨论：喷头旋转产生的阻力矩远小于使喷头保持静止所需的阻力矩。

（c）若不向洒水器施加阻力矩，旋转速度将稳定在一个最大值。将式（5-68）、式（5-69）和式（5-70）应用于控制体，得到

$$T_{轴} = -r_2(W_2 - r_2\omega)\dot{m} \tag{5-71}$$

对于无阻力矩的情况，由式（5-71）可得

$$0 = -r_2(W_2 - r_2\omega)\dot{m}$$

因此

$$\omega = \frac{W_2}{r_2} \tag{5-72}$$

只要流体的质量流量 $\dot{m}$ 保持不变，无论洒水器的旋转速度 ω 如何，每个出口处流体的相对速度 W_2 都是相同的。因此，由式（5-72）可以得到

$$\omega = \frac{W_2}{r_2} = \frac{(16.7\text{m/s})(1000\text{mm/m})}{(200\text{mm})} = 83.5\text{rad/s}$$

或

$$\omega = \frac{(83.5\text{rad/s})(60\text{s/min})}{2\pi\ \text{rad/rev}} = 797\text{rpm}$$

在此条件下（$T_{轴} = 0$），水流进入和离开控制体时角动量均为零。

讨论：流动方向改变迫使洒水器发生旋转，从而实现限定范围洒水。

用不同角速度 ω 重复计算并绘图，结果如图 5-19 所示。可以看出，旋转产生的阻力矩大小小于保持转子静止所需的扭矩。因此，即使没有阻力矩，转子的最大速度也是有限的。

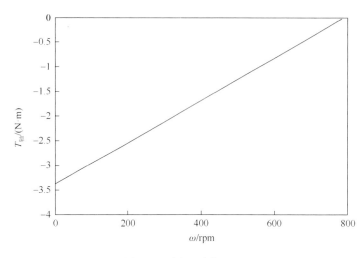

图 5-19　例 5.9 图（d）

流体故事

在飞机机翼设计过程中包含了大量流体力学知识。飞机机翼的气动设计基于伯努利定律和涡旋动力学等原理。伯努利定律说明了流体在速度增加时压力降低的关系，这意味着当机翼上表面的气流速度增加时，压力下降，从而产生升力。同时设计过程中还会考虑到边界层效应和迎角效应。边界层是紧贴在机翼表面的气流层，其特性对机翼升力和阻力有显著影响。通过控制边界层的流动，可以减小摩擦阻力，提高机翼效率。迎角是指机翼与飞行方向之间的夹角，它会影响机翼表面气流的流向和速度分布。设计时需考虑不同迎角下的气动性能，以确保机翼在各种飞行条件下都能提供足够的升力。流体力学知识在飞机机翼设计中的应用涵盖了从基本原理到复杂模拟的广泛领域，这些技术和理论可以帮助工程师优化飞机机翼的性能，提高飞行效率和安全性。

将动量矩方程（式（5-58））应用于更一般的三维流动，采用图 5-20 中的分析方法，有

$$T_{\text{轴}} = (-\dot{m}_{\text{in}})(\pm r_{\text{in}} V_{\theta\text{in}}) + \dot{m}_{\text{out}}(\pm r_{\text{out}} V_{\theta\text{out}}) \qquad (5\text{-}73)$$

$V \cdot \hat{n}$ 的符号仍然根据下述原则确定："$-$"表示进入控制体的质量流量 $\dot{m}_{\text{in}}$，"$+$"表示流出控制体的质量流量 $\dot{m}_{\text{out}}$。rV_{θ} 的符号取决于 $(r \times V)_{\text{轴}}$ 的方向，一个较为简单的方法是比较 V_{θ} 的方向和速度 U，如图 5-20（b）所示，如果 V_{θ} 和 U 方向相同，那么 rV_{θ} 积为正值；如果 V_{θ} 和 U 方向相反，则 rV_{θ} 积为负值。如果 $T_{\text{轴}}$ 和 ω 方向相同，则 $T_{\text{轴}}$ 的符号为"$+$"，否则为"$-$"。

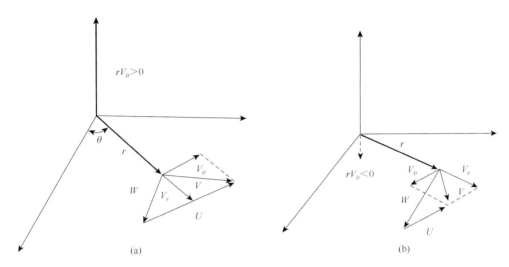

图 5-20　动量矩分析

轴功率 $\dot{W}_{\text{轴}}$ 与轴矩 $T_{\text{轴}}$ 的关系为

$$\dot{W}_{\text{轴}} = T_{\text{轴}}\omega \qquad (5\text{-}74)$$

因此，利用式（5-73）和式（5-74），设 $T_{\text{轴}}$ 为正，得到

$$\dot{W}_{\text{轴}} = (-\dot{m}_{\text{in}})(\pm r_{\text{in}}\omega V_{\theta\text{in}}) + \dot{m}_{\text{out}}(\pm r_{\text{out}}\omega V_{\theta\text{out}}) \qquad (5\text{-}75)$$

利用 $r\omega = U$ 得到

$$\dot{W}_{\text{轴}} = (-\dot{m}_{\text{in}})(\pm U_{\text{in}} V_{\theta\text{in}}) + \dot{m}_{\text{out}}(\pm U_{\text{out}} V_{\theta\text{out}}) \qquad (5\text{-}76)$$

当 U 和 V_{θ} 方向相同时，UV_{θ} 符号为"$+$"；当 U 和 V_{θ} 方向相反时，UV_{θ} 符号为"$-$"。另外，由于式（5-75）和式（5-76）中设 $T_{\text{轴}}$ 为正，因此当 $\dot{W}_{\text{轴}}$ 为正值时，外界对流体做功（如泵）；当 $\dot{W}_{\text{轴}}$ 为负值时，流体对外做功（如涡轮）。

可以由轴功率 $\dot{W}_{\text{轴}}$ 推导单位质量流体做的轴功 $W_{\text{轴}}$，根据质量守恒，有

$$\dot{m} = \dot{m}_{\text{in}} = \dot{m}_{\text{out}}$$

将式（5-76）除以质量流量 $\dot{m}$ 得到

$$w_{\text{轴}} = -(\pm U_{\text{in}} V_{\theta\text{in}}) + (\pm U_{\text{out}} V_{\theta\text{out}}) \qquad (5\text{-}77)$$

例 5.10　如图 5-21（a）所示，风机的叶片转子外径为 30cm，内径为 25cm。从入口到出口处每个叶片的高度是恒定的 2.5cm。流量是周期性变化的，一周期内流量平均值为

6.5m³/min，叶片入口空气的绝对速度方向沿径向，叶片出口方向与切线方向呈 30°，转子以 1725r/min 的恒定速度旋转。试估计运行风扇所需的功率。

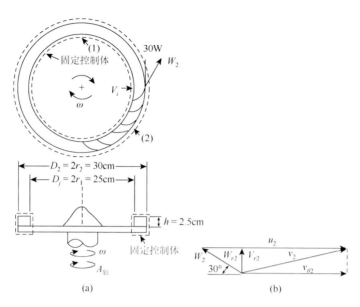

图 5-21　例 5.10 图

解：选择一个固定且不变形的控制体，包括旋转叶片和叶片内的流体，如图 5-21（a）中的虚线所示。在这个控制体内的流动是周期性的，因此从时间平均的意义上看是定常的。唯一需要考虑的扭矩是电动机提供的驱动扭矩 $T_{轴}$。假设入口和出口都是均流。通过将式（5-76）应用于图 5-21 中控制体可以求得轴功率为

$$\dot{W}_{轴} = -\dot{m}_1(\pm U_1 V_{\theta 1}) + \dot{m}_2(\pm U_2 V_{\theta 2}) \tag{5-78}$$

$$U_1 = 0 \quad （V_1 \text{是径向的}）$$

由式（5-78）可知，计算风扇功率需要质量流量 $\dot{m}$、转子出口叶片速度 U_2、叶片出口流体切向速度 $V_{\theta 2}$。质量流量 $\dot{m}$ 由式（5-6）求得

$$\dot{m} = \rho Q = \frac{(1.2\text{kg/m}^3)(6.5\text{m}^3/\text{min})}{(60\text{s/min})} \tag{5-79}$$

$$= 0.13\text{kg/s}$$

转子出口叶片速度 U_2 为

$$U_2 = r_2 \omega \frac{(15\text{cm})(1725\text{rpm})(2\pi \text{ rad/rev})}{(100\text{cm/m})(60\text{s/min})} \tag{5-80}$$

$$= 27\text{m/s}$$

采用式（5-59）计算风机转子出口处的流体切向速度 $V_{\theta 2}$：

$$V_2 = W_2 + U_2 \tag{5-81}$$

式（5-81）的矢量关系如图 5-21（b）中的"速度三角形"所示。由图 5-21（b）可知：

$$V_{\theta 2} = U_2 - W_2 \cos 30° \tag{5-82}$$

要从式（5-82）解出 $V_{\theta2}$，除了已知的 U_2 的值，还需要知道 W_2 的值：

$$W_2\sin30° = V_{r2} \tag{5-83}$$

式中，V_{r2} 是 w_2 或 V_2 的径向分量。同样，利用式（5-6），得到

$$\dot{m} = \rho A_2 V_{r2} \tag{5-84}$$

或

$$A_2 = 2\pi r_2 h \tag{5-85}$$

式中，h 为叶片高度，联立式（5-84）和式（5-85）得

$$\dot{m} = \rho 2\pi r_2 h V_{r2} \tag{5-86}$$

将式（5-83）和式（5-86）相加得

$$
\begin{aligned}
W_2 &= \frac{\dot{m}}{\rho 2\pi r_2 h\sin30°} = \frac{\rho Q}{\rho 2\pi r_2 h\sin30°} \\
&= \frac{Q}{2\pi r_2 h\sin30°}
\end{aligned}
\tag{5-87}
$$

将已知值代入式（5-87），得

$$
\begin{aligned}
W_2 &= \frac{(6.5\text{m}^3/\text{min})(100\text{cm/m})(100\text{cm/m})}{(60\text{s/min})2\pi(15\text{cm})(2.5\text{cm})\sin30°} \\
&= 9.2\text{m/s}
\end{aligned}
\tag{5-88}
$$

利用式（5-78）求得的 W_2，得

$$
\begin{aligned}
V_{\theta2} &= U_2 - W_2\cos30° \\
&= 27.1\text{m/s} - (9.2\text{m/s})(0.866) = 19\text{m/s}
\end{aligned}
\tag{5-89}
$$

利用式（5-78）可得

$$\dot{W}_{\text{轴}} = \dot{m}U_2 V_{\theta2} = \frac{(0.13\text{kg/s})(27\text{m/s})(19\text{m/s})}{[(\text{kg}\cdot\text{m/s}^2)/\text{N}](\text{m}\cdot\text{N/W}\cdot\text{s})} \tag{5-90}$$

在这两种情况下均有

$$\dot{W}_{\text{轴}} = 0.067\text{kW}$$

式中，$U_2 V_{\theta2}$ 为" + "，因为 u_2 和 $V_{\theta2}$ 方向相同。因此，在给定条件下风扇轴需要传递的功率为 0.067kW。在理想情况下，所有这些能量都会进入流动的空气中。然而，由于流体摩擦，这些能量只有一部分会对空气产生实际影响，其大小取决于风扇叶片与流体之间能量传递的效率。

5.4　能　量　方　程

5.4.1　能量方程的推导

在工程实际中，经常会遇到流体在流动过程中能量形态转变以及与外界进行热交换的计算问题，这类问题通常需要用能量方程求解。相较于微分形式的能量方程，工程上更常使用的是积分形式的能量方程，伯努利方程属于积分形式能量方程的一种，但使用

时受到诸多条件的限制。本节将根据应用输运公式，根据热力学第一定律推导更一般的积分形式能量方程。

在一个系统中，热力学第一定律可用下式表示：

系统储能的增长速率 = 外界传入系统的净热流量 + 外界对系统所做的净功率

其数学形式为

$$\frac{D}{Dt}\int_{\text{sys}} e\rho \mathrm{d}V = (\sum \dot{Q}_{\text{in}} - \sum \dot{Q}_{\text{out}})_{\text{sys}} + (\sum \dot{W}_{\text{in}} - \sum \dot{W}_{\text{out}})_{\text{sys}}$$

或

$$\frac{D}{Dt}\int_{\text{sys}} e\rho \mathrm{d}V = (\dot{Q}_{\text{净流入}} + \dot{W}_{\text{净流入}})_{\text{sys}} \tag{5-91}$$

对于系统中每个流体质点，单位质量的储存能 e 与单位质量的内能 $\breve{u}$、单位质量的动能 $V^2/2$、单位质量的势能 gz 是相关的，可用下式表示

$$e = \breve{u} + \frac{V^2}{2} + gz \tag{5-92}$$

传入系统的净热量用 $Q_{\text{净流入}}$ 表示，系统净输入功用 $W_{\text{净流入}}$ 表示，输入系统符号为 "+"，输出系统符号为 "−"。

式（5-91）对于惯性和非惯性参考系均适用。接下来推导热力学第一定律的控制体形式。在某一时刻，控制体与系统恰好完全重合，则

$$(\dot{Q}_{\text{净流入}} + \dot{W}_{\text{净流入}})_{\text{sys}} = (\dot{Q}_{\text{净流入}} + \dot{W}_{\text{净流入}})_{\text{重合控制体}} \tag{5-93}$$

此外，对于固定不变形的系统和重合控制体，由雷诺输运方程（式（4-40），设参数 b 等于 e）可以得到

$$\frac{D}{Dt}\int_{\text{sys}} e\rho \mathrm{d}V = \frac{\partial}{\partial t}\int_{\text{CV}} e\rho \mathrm{d}V + \int_{\text{CV}} e\rho V \cdot \hat{n}\mathrm{d}A \tag{5-94}$$

其物理意义为

系统储能的增长速率 = 控制体储能的增长速率 + 储能通过控制面的净流出速率

结合式（5-91）、式（5-93）和式（5-94），能够得到热力学第一定律的控制体形式：

$$\frac{D}{Dt}\int_{\text{CV}} e\rho \mathrm{d}V + \int_{\text{CV}} e\rho V \cdot \hat{n}\mathrm{d}A = \left(\dot{Q}_{\text{净流入}} + \dot{W}_{\text{净流入}}\right)_{\text{CV}} \tag{5-95}$$

式（5-95）中单位质量的储能 e 包括进入和离开控制体内的所有流体质点的储能。下面进一步解释方程中涉及的传热和做功。

传热速率 $\dot{Q}$ 涵盖了由温差引起的控制体与环境之间各种形式的热量传递，包括热辐射、热传导和热对流等。如图 5-22 所示，进入控制体的热量符号为正，离开控制体的热量符号为负。在许多工程应用中，系统是绝热的，传热速率 $\dot{Q}$ 为零。当 $\sum \dot{Q}_{\text{in}} - \sum \dot{Q}_{\text{out}} = 0$

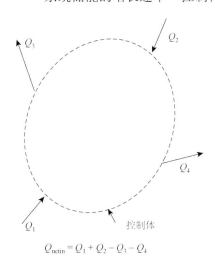

$$Q_{\text{netin}} = Q_1 + Q_2 - Q_3 - Q_4$$

图 5-22 热量流入和流出

时，净传热率 $\dot{Q}_{净流入}$ 也可以为零。

周围环境对控制体做功时，功率 $\dot{W}$ 为正，否则为负。功在控制界面之间的传递方式有多种，下面将讨论一些重要的功传递方式。

在许多情况下，功是由运动的轴通过控制面传递的。在旋转装置中，如涡轮机、风扇和螺旋桨，控制体中的旋转轴通过控制面与轴相交的部分传递功。由于功是力和对应位移的点积，所以做功的速率（或功率）是力和单位时间内对应位移的点积。对于旋转轴，能量传递 $\dot{W}_{轴}$ 与引起转动的轴矩 $T_{轴}$ 和轴的角速度 ω 有关，满足如下关系：

$$\dot{W}_{轴}=T_{轴}\omega$$

当控制面通过轴内部时，轴矩施加于控制面上。为了兼顾多轴的情况，采用下式：

$$\dot{W}_{轴净流入}=\sum \dot{W}_{轴流入}-\sum \dot{W}_{轴流出} \tag{5-96}$$

法向应力沿一段距离持续作用时，也会在控制面上产生功的传递。考虑图 5-23 所示的简单管流和控制体，在这种情况下，流体正应力 σ 在各个方向上都等于负的流体压力 p，即

$$\sigma=-p \tag{5-97}$$

许多工程问题都可以通过不同程度的近似，将这一关系力 $\boldsymbol{F}$ 作用于速度为 $\boldsymbol{V}$ 的物体上，其功率 $\dot{W}$ 可以由点积 $\boldsymbol{F}\cdot\boldsymbol{V}$ 得到。因此，作用于单个流体质点上的法向应力引起的能量传递 $\delta\dot{W}_{法向应力}$ 可以由法向应力 $\delta\boldsymbol{F}_{法向应力}$ 和流体质点速度 $\boldsymbol{V}$ 的点积计算：

$$\delta\dot{W}_{法向应力}=\delta\boldsymbol{F}_{法向应力}\cdot\boldsymbol{V}$$

如果将法向应力表示为当地法向应力（$\sigma=-p$）与流体质点表面积（$\hat{n}\cdot\delta A$）的乘积，则

$$\delta\dot{W}_{法向应力}=\sigma\hat{n}\delta A\cdot\boldsymbol{V}=-p\hat{n}\delta A\cdot\boldsymbol{V}=-p\boldsymbol{V}\cdot\hat{n}\delta A$$

对于图 5-12 所示控制面上的所有流体质点，由流体法向应力引起的能量传递 $\dot{W}_{法向应力}$ 可以表示为

$$\dot{W}_{法向应力}=\int_{CS}\sigma\boldsymbol{V}\cdot\hat{n}\mathrm{d}A=\int_{CS}-p\boldsymbol{V}\cdot\hat{n}\mathrm{d}A \tag{5-98}$$

注意，由于管道内润湿壁面上的流体质点满足 $\boldsymbol{V}\cdot\hat{n}$ 为零，因此流体质点的法向应力 $\delta\dot{W}_{法向应力}$ 为零。只有当流体进入和离开控制体时，$\delta\dot{W}_{法向应力}$ 不为零。虽然式（5-98）只对简单的管道流进行了讨论，但得到的结果是普遍适用的，本例中使用的控制体可以作为其他情况的一般模型。

切向应力也可以引起控制面上的功传递。旋转轴的功就是通过轴内的切向应力传递的。对于流体质点，切向应力功率 $\delta\dot{W}_{切向应力}$ 可以通过切向应力 $\delta\boldsymbol{F}_{切向应力}$ 与流体质点速度 $\boldsymbol{V}$ 的点积计算，即

$$\delta\dot{W}_{切向应力}=\delta\boldsymbol{F}_{切向应力}\cdot\boldsymbol{V}$$

由于管道润湿壁面上流体质点速度处处为零，因此没有切向应力功通过壁面上的控制面传递。此外，如果选择垂直于流体质点速度的控制面，那么切向应力也垂直于速度，该控制面上切向应力所做的功为零。因此，一般情况下，选择如图 5-23 所示的控制体，流体切向应力功率可以忽略不计。

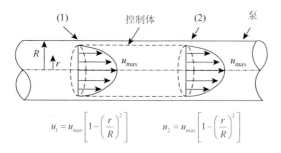

图 5-23　简单管流和控制体

结合式（5-95）、式（5-96）和式（5-98），可以将热力学第一定律的控制体形式表示为

$$\frac{\partial}{\partial t}\int_{CV}e\rho\,\mathrm{d}V+\int_{CS}e\rho V\cdot\hat{n}\mathrm{d}A=\dot{Q}_{net,in}+\dot{W}_{轴,in}-\int_{CS}pV\cdot\hat{n}\mathrm{d}A \qquad (5\text{-}99)$$

结合储存能方程（式（5-92））和式（5-99），得到能量方程：

$$\frac{\partial}{\partial t}\int_{CV}e\rho\,\mathrm{d}V+\int_{CS}\left(\check{u}+\frac{p}{\rho}+\frac{V^2}{2}+gz\right)\rho V\cdot\hat{n}\mathrm{d}A=\dot{Q}_{净流入}+\dot{W}_{轴净流入} \qquad (5\text{-}100)$$

5.4.2　能量方程的应用

式（5-100）中，$\dfrac{\partial}{\partial t}\displaystyle\int_{CV}e\rho\,\mathrm{d}V$ 表示控制体内储存能 e 的时间变化率。在定常流动中，此项为零。当流量为平均定常时（周期性变化），这一项的平均值也是零。

在式（5-100）中，被积函数

$$\int_{CS}\left(\check{u}+\frac{p}{\rho}+\frac{V^2}{2}+gz\right)\rho V\cdot\hat{n}\mathrm{d}A$$

只在流体穿过控制表面时为非零（$V\cdot\hat{n}\neq 0$）。无流体穿过时，$V\cdot\hat{n}$ 为零，则被积函数在控制面上的相应区域内处处为零。如果假定括号内的物理量 $\check{u}$、$\dfrac{p}{\rho}$、$\dfrac{V^2}{2}$、gz 在过流截面上均匀分布，则积分化简为

$$\int_{CS}\left(\check{u}+\frac{p}{\rho}+\frac{V^2}{2}+gz\right)\rho V\cdot\hat{n}\mathrm{d}A$$
$$=\sum_{out}\left(\check{u}+\frac{p}{\rho}+\frac{V^2}{2}+gz\right)\dot{m}-\sum_{in}\left(\check{u}+\frac{p}{\rho}+\frac{V^2}{2}+gz\right)\dot{m} \qquad (5\text{-}101)$$

此外，如果只有一股流体进入和离开控制体，则

$$\int_{CS}\left(\check{u}+\frac{p}{\rho}+\frac{V^2}{2}+gz\right)\rho V\cdot\hat{n}\mathrm{d}A$$
$$=\left(\check{u}+\frac{p}{\rho}+\frac{V^2}{2}+gz\right)_{out}\dot{m}_{out}-\left(\check{u}+\frac{p}{\rho}+\frac{V^2}{2}+gz\right)_{in}\dot{m}_{in} \qquad (5\text{-}102)$$

这样的均匀流动可以在图 5-24 所示的直径无限小的流管内实现。这种流管流动代表流体质点沿迹线的定常流动。也可以忽略有限截面上流动的不均匀性，将实际情况理想化，并称之为一维流动。虽然这样的均流在现实中很少发生，但这种一维近似所取得的简化效果使其仍具有实用价值。速度和其他流动参数不均匀性的影响将在 5.4.4 节及第 8、9 章中进一步讨论。

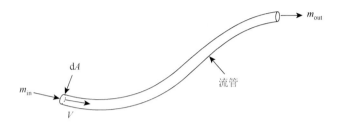

图 5-24　流管流动

如果涉及轴功，那么（至少在局部）流动必然是非定常的。任何涉及轴功的流体机械，其内部的流动都是非定常的。例如，风扇旋转叶片附近某一固定位置上的速度和压力就是非定常的。然而，这种流体机械上游和下游的流动有可能是定常的。轴功往往意味着以间歇形式或周期形式变化的非定常流动。在时间平均的基础上，对于一维、周期性的，只有一股流体进入和离开控制体的流动（如电吹风），结合式（5-14）和式（5-102），式（5-100）可以化简为

$$\dot{m}\left[\breve{u}_{out} - \breve{u}_{in} + \left(\frac{p}{\rho}\right)_{out} - \left(\frac{p}{\rho}\right)_{in} + \frac{V_{out}^2 - V_{in}^2}{2} + g(z_{out} - z_{in}) \right] = \dot{Q}_{净流入} + \dot{W}_{轴净流入} \quad (5\text{-}103)$$

称式（5-103）为一维平均定常流动能量方程。注意，式（5-103）对于不可压缩和可压缩流动都是适用的。通常，流体的焓 $\breve{h}$ 可表示为

$$\breve{h} = \breve{u} + \frac{p}{\rho} \quad (5\text{-}104)$$

利用焓的概念，平均定常流动的一维能量方程（式（5-103））可写为

$$\dot{m}\left[\breve{h}_{out} - \breve{h}_{in} + \frac{V_{out}^2 - V_{in}^2}{2} + g(z_{out} - z_{in}) \right] = \dot{Q}_{净流入} + \dot{W}_{轴净流入} \quad (5\text{-}105)$$

式（5-105）常用于求解可压缩流动问题。例 5.11 和例 5.12 说明了如何应用式（5-103）和式（5-105）。

例 5.11　能量泵的功率。

如图 5-25 所示，水泵稳定供水量为 1136L/min。泵上游[截面（1）]管径为 9cm，压力为 124kPa。泵下游[截面（2）]管径为 2.5cm，压力为 414kPa。水的高度不变。水经过水泵后温度升高，引起的内能增量（$\breve{u}_2 - \breve{u}_1$）为 278N·m/kg。假设水的泵送过程是绝热的，试确定泵所需的功率。

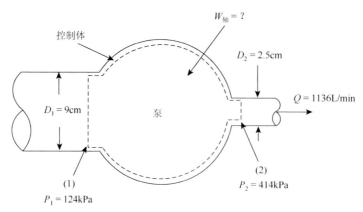

图 5-25 例 5.11 图

解：首先选取控制体，使其包含泵的入口和出口之间的流体。在时间平均的基础上，将式（5-103）应用于该控制体得

$$\dot{m}\left[\breve{u}_2 - \breve{u}_1 + \left(\frac{p}{\rho}\right)_2 - \left(\frac{p}{\rho}\right)_1 + \frac{V_2^2 - V_1^2}{2} + g(z_2 - z_1)\right] = \dot{Q}_{净流入} + \dot{W}_{轴净流入} \tag{5-106}$$

式中， $g(z_2 - z_1) = 0$ （水的高度不变）， $\dot{Q}_{净流入} = 0$ （绝热）。

确定质量流量 $\dot{m}$、泵的入口速度 V_1 和出口速度 V_2 后，可以从式（5-106）直接求出泵所需的功率。式（5-106）中涉及的其他物理量已在题目中给出。由方程（5-6）得

$$\dot{m} = pQ = \frac{(1000\text{kg/m}^3)(1136\text{L/min})}{(1000\text{L/m}^3)(60\text{s/min})} = 19\text{kg/s} \tag{5-107}$$

以及

$$V_1 = \frac{Q}{A_1} = \frac{Q}{\pi D^2 / 4} = \frac{(1136\text{L/min})4(100\text{cm/m})^2}{(1000\text{L/m}^3)(60\text{s/min})(9\text{cm})^2} = 2.98\text{m/s} \tag{5-108}$$

$$V_2 = \frac{Q}{A_2} = \frac{Q}{\pi D^2 / 4} = \frac{(1136\text{L/min})4(100\text{cm/m})^2}{(1000\text{L/m}^3)(60\text{s/min})(2.5\text{cm})^2} = 38.57\text{m/s} \tag{5-109}$$

将等式（5-107）～（5-109）的结果与题述中的已知量代入式（5-106），得到

$$\dot{W}_{轴净流入} = (19\text{kg/s})\left[(278\text{N}\cdot\text{m/kg}) + \frac{(414\text{kPa})}{(1000\text{kg/m}^3)} - \frac{(124\text{kPa})}{1000\text{kg/m}^3} + \frac{(38.57\text{m/s})^2 - (2.98\text{m/s})^2}{2(\text{kg}\cdot\text{m/N}\cdot\text{s}^2)}\right]$$

$$\times \frac{1}{(1\text{N}\cdot\text{m/W}\cdot\text{s})}$$

$$= 24.8\text{kW}$$

讨论：由计算结果可知，24.8kW 的总功率中，内能变化占 5.3kW，压力上升占 5.5kW，动能增量占 14.0kW。

例 5.12 涡轮机传热。

图 5-26 所示为一涡轮机示意图，入口处速度 $V_1 = 30.48\text{m/s}$，流体密度 $\rho_1 = 8.556\text{kg/m}^3$，

温度 $T_1 = 760K$；出口处流体密度 $\rho_2 = 3.5kg/m^3$，温度 $T_2 = 495K$；出入口流体定压比热容 $c_p = 558J/(kg·K)$，流动面积 $A_1 = A_2 = 0.0182m^2$；涡轮机功率 $\dot{W} = 521.99kW$，忽略重力势能变化，试求：

（a）出口平均速度 V_2；

（b）涡轮机传热率 $\dot{Q}$。

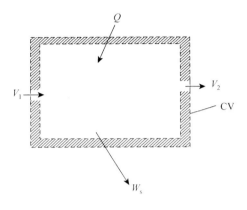

图 5-26　例 5.12 图

解：

（a）由已知条件可知涡轮机内流体的质量流量为

$$\dot{m} = \rho_1 V_1 A_1 = \rho_2 V_2 A_2$$
$$= (8.556kg/m^3)(30.48m/s)(0.0182m^2)$$
$$= 4.75kg/s$$

出口流速为

$$V_2 = \frac{\rho_1 V_1 A_1}{\rho_2 A_2} = \frac{\rho_1}{\rho_2} V_1$$
$$= \left(\frac{8.556kg/m^3}{3.5kg/m^3}\right)(30.48m/s)$$
$$= 74.5m/s$$

（b）根据式（5-91）可得

$$\dot{m}\left(c_p T_2 - c_p T_1 + \frac{V_2^2 - V_1^2}{2}\right) = \dot{Q} - \dot{W}$$

$$\dot{Q} = \dot{W} + \dot{m}\left(c_p T_2 - c_p T_1 + \frac{V_2^2 - V_1^2}{2}\right)$$

$$= 521.99\ kW + (4.75\ kg/s)\left[\frac{(74.5\ m/s)^2}{2} + [558\ J/(kg·K)](495\ K)\right.$$

$$\left. - \frac{(30.48\ m/s)^2}{2} - [558\ J/(kg·K)](760\ K)\right]$$

$$= -169418\ W$$

注意：负号说明涡轮机吸收热量。

如果流动在整个过程中是定常的、一维的，且只涉及一种流体，则轴功为零，能量方程为

$$\dot{m}\left[\check{u}_{\text{out}} - \check{u}_{\text{in}} + \left(\frac{p}{\rho}\right)_{\text{out}} - \left(\frac{p}{\rho}\right)_{\text{in}} + \frac{V_{\text{out}}^2 - V_{\text{in}}^2}{2} + g(z_{\text{out}} - z_{\text{in}})\right] = \dot{Q}_{\text{净流入}} \quad (5\text{-}110)$$

称式（5-110）为一维定常流动能量方程。该方程对可压缩和不可压缩流动均适用。可压缩流动的一维定常流动能量方程中经常用到"焓"，有

$$\dot{m}\left[\check{h}_{\text{out}} - \check{h}_{\text{in}} + \frac{V_{\text{out}}^2 - V_{\text{in}}^2}{2} + g(z_{\text{out}} - z_{\text{in}})\right] = \dot{Q}_{\text{净流入}} \quad (5\text{-}111)$$

下面是式（5-110）的一个应用实例。

例 5.13　温度变化的能量。

如图 5-27（a）所示 128m 的瀑布，可视为从一个大型水体到另一个大型水体的定常流动，试确定该流动过程中的温度变化。

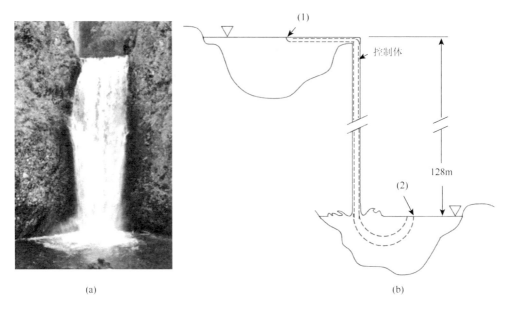

(a)　　　　　　　　　　　　　　　(b)

图 5-27　例 5.13 图

解：为了求解这一问题，建立一个由上水体静止水面到下水体静止水面的小截面流管构成的控制体，如图 5-27（b）所示，需要确定 $T_2 - T_1$。水温的变化与水的内能变化 $\check{u}_2 - \check{u}_1$ 相关，其关系满足

$$T_2 - T_1 = \frac{\check{u}_2 - \check{u}_1}{\check{c}} \quad (5\text{-}112)$$

式中，$\check{c} = 4184\ \text{J/(kg·K)}$ 为水的比热容，将式（5-110）应用于此控制体可得

$$\dot{m}\left[\overset{\vee}{u}_2 - \overset{\vee}{u}_1 + \left(\frac{p}{\rho}\right)_2 - \left(\frac{p}{\rho}\right)_1 + \frac{V_2^2 - V_1^2}{2} + g(z_2 - z_1) \right] = \dot{Q}_{\underset{\text{in}}{\text{net}}} \qquad (5\text{-}113)$$

假设流动是绝热的，因此 $\dot{Q}_{净流入}=0$，同时有

$$\left(\frac{p}{\rho}\right)_2 = \left(\frac{p}{\rho}\right)_1 \qquad (5\text{-}114)$$

这是因为流动是不可压缩的，并且截面（1）和截面（2）处的压力均为大气压力。此外，有

$$V_1 = V_2 = 0 \qquad (5\text{-}115)$$

这是因为上下水体的水面都是静止的。因此，结合式（5-112）～式（5-115）可得

$$T_2 - T_1 = \frac{g(z_2 - z_1)}{\overset{\vee}{c}}$$

$$\overset{\vee}{c} = 4184\text{J/(kg} \cdot \text{K)}$$

$$T_2 - T_1 = \frac{(9.81\text{m/s})(128\text{m})}{[4184\text{J/(kg} \cdot \text{K)}][1\text{kg} \cdot \text{m/(N} \cdot \text{s}^2)]} = 0.3\text{K}$$

讨论：注意，即使是小幅度温升，也会引起相当大的势能变化。

5.4.3 节将推导一种解决不可压缩流动问题时最常使用的能量方程形式。

5.4.3　能量方程与伯努利方程的比较

将一维平均定常流动能量方程（5-103）应用于定常流动时，式（5-103）成为一维定常流动能量方程（5-110）。式（5-103）与式（5-110）之间唯一的区别是：当整个控制体内的流动为定常时，轴功率 $\dot{W}_{轴净流入}$ 为零（流体机械涉及局部非定常流动）。如果流体不仅是定常的，而且是不可压缩的，则由式（5-110）可以得到

$$\dot{m}\left[\overset{\vee}{u}_{\text{out}} - \overset{\vee}{u}_{\text{in}} + \frac{p_{\text{out}}}{\rho} - \frac{p_{\text{in}}}{\rho} + \frac{V_{\text{out}}^2 - V_{\text{in}}^2}{2} + g(z_{\text{out}} - z_{\text{in}}) \right] = \dot{Q}_{净流入} \qquad (5\text{-}116)$$

将式（5-116）除以质量流量 $\dot{m}$，整理得到

$$\frac{p_{\text{out}}}{\rho} + \frac{V_{\text{out}}^2}{2} + gz_{\text{out}} = \frac{p_{\text{in}}}{\rho} + \frac{V_{\text{in}}^2}{2} + gz_{\text{in}} - \left(\overset{\vee}{u}_{\text{out}} - \overset{\vee}{u}_{\text{in}} - q_{净流入} \right) \qquad (5\text{-}117)$$

式中，

$$q_{净流入} = \frac{\dot{Q}_{净流入}}{\dot{m}}$$

是单位质量流量的传热率，或者单位质量的传热量。式（5-117）描述单位质量上的能量守恒，适用于两截面间单股流体的一维流动或两截面间沿流线的流动。

如果上述定常不可压缩流动的黏性效应可以忽略（无摩擦流），那么可以用伯努利方程（式（3-12））来描述无摩擦流中两截面之间的流动：

$$p_{\text{out}} + \frac{\rho V_{\text{out}}^2}{2} + \gamma z_{\text{out}} = p_{\text{in}} + \frac{\rho V_{\text{in}}^2}{2} + \gamma z_{\text{in}} \qquad (5\text{-}118)$$

式中 $\gamma = \rho g$ 为流体的重度。为了得到式（5-118）的单位质量形式，使其可以直接与式（5-117）

比较，将式（5-118）除以密度 ρ，得到

$$\frac{p_{\text{out}}}{\rho} + \frac{V_{\text{out}}^2}{2} + gz_{\text{out}} = \frac{p_{\text{in}}}{\rho} + \frac{V_{\text{in}}^2}{2} + gz_{\text{in}} \tag{5-119}$$

比较式（5-117）和式（5-119），可以得到结论：当忽略定常不可压缩流动中的摩擦时，有

$$\check{u}_{\text{out}} - \check{u}_{\text{in}} - q_{\text{净流入}} = 0 \tag{5-120}$$

对于有摩擦的定常不可压缩流动，由经验（热力学第二定律）可知，

$$\check{u}_{\text{out}} - \check{u}_{\text{in}} - q_{\text{净流入}} > 0 \tag{5-121}$$

在式（5-117）和式（5-119）中，可以将

$$\frac{p}{\rho} + \frac{V^2}{2} + gz$$

看成有用功（有用的或可用的能量）。因此，观察式（5-117）和式（5-119），可以得出结论：$\check{u}_{\text{out}} - \check{u}_{\text{in}} - q_{\text{净流入}}$ 表示在不可压缩流体流动中由摩擦引起的有用功损失，其方程形式为

$$\check{u}_{\text{out}} - \check{u}_{\text{in}} - q_{\text{净流入}} = 损失 \tag{5-122}$$

对于无摩擦流动，式（5-117）和式（5-119）表明其能量损失为零。

以损失形式表示式（5-117）通常能够带来极大的便利：

$$\frac{p_{\text{out}}}{\rho} + \frac{V_{\text{out}}^2}{2} + gz_{\text{out}} = \frac{p_{\text{in}}}{\rho} + \frac{V_{\text{in}}^2}{2} + gz_{\text{in}} - 损失 \tag{5-123}$$

下面是式（5-123）的一个应用实例。

例5.14　能量：有用功的损失。

如图5-28所示，空气从左侧空间经两种不同的通风口流入大气，一种是直径为120mm的圆柱形孔，另一种是直径相同但入口圆滑的圆柱形孔。空间压力保持在大气压以上 1.0kPa。空气经过圆柱形通风口产生的有用功损失为 $0.5V_2^2/2$，V_2 是出口截面上的平均速度。空气经过入口圆滑的通风口产生的有用功损失为 $0.05V_2^2/2$，其中 V_2 是出口截面上的平均速度，试比较在两种不同的通风口下的体积流量。

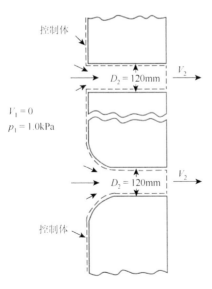

图 5-28　例 5.14 图（a）

解：对两个通风口分别建立图 5-28 所示的控制体。需要求解流量 $Q = A_2V_2$，其中 A_2 为出口截面面积，V_2 为出口截面平均速度。对于两个通风口，由式（5-123）可以得到

$$\frac{p_2}{\rho} + \frac{V_2^2}{2} + gz_2 = \frac{p_1}{\rho} + \frac{V_1^2}{2} + gz_1 - 损失_{12} \tag{5-124}$$

式中，损失$_{12}$ 为截面（1）和截面（2）之间的损失，由式（5-124）得到

$$V_2 = \sqrt{2\left[\left(\frac{p_1 - p_2}{\rho}\right) - 损失_{12}\right]} \qquad (5\text{-}125)$$

式中，

$$损失_{12} = K_L \frac{V_2^2}{2} \qquad (5\text{-}126)$$

K_L 为损失系数（两种通风口 K_L 分别为 0.5 和 0.05），结合式（5-125）和式（5-126）得到

$$V_2 = \sqrt{2\left[\left(\frac{p_1 - p_2}{\rho}\right) - K_L \frac{V_2^2}{2}\right]} \qquad (5\text{-}127)$$

整理得到

$$V_2 = \sqrt{\frac{p_1 - p_2}{\rho\left[(1 + K_L)/2\right]}} \qquad (5\text{-}128)$$

因此流量 Q 为

$$Q = A_2 V_2 = \frac{\pi D_2^2}{4}\sqrt{\frac{p_1 - p_2}{\rho\left[(1 + K_L)/2\right]}} \qquad (5\text{-}129)$$

对于入口圆滑的圆柱形通风口，由式（5-129）得

$$Q = \frac{\pi(120\text{mm})^2}{4(1000\text{mm/m})^2} \times \sqrt{\frac{(1\text{kPa})(1000\text{Pa/kPa})[1(\text{N/m}^2)/\text{Pa}]}{(1.23\text{kg/m}^3)[(1 + 0.05/2)][1(\text{N}\cdot\text{s}^2)/(\text{kg}\cdot\text{m})]}} = 0.319\text{m}^3/\text{s}$$

对于圆柱形通风口，由式（5-129）得

$$Q = \frac{\pi(120\text{mm})^2}{4(1000\text{mm/m})^2} \times \sqrt{\frac{(1\text{kPa})(1000\text{Pa/kPa})[1(\text{N/m}^2)/\text{Pa}]}{(1.23\text{kg/m}^3)[(1 + 0.5/2)][1(\text{N}\cdot\text{s}^2)/(\text{kg}\cdot\text{m})]}} = 0.288\text{m}^3/\text{s}$$

讨论：计算不同的损失系数 K_L 下的流量并绘图，结果如图 5-29 所示。注意，入口圆滑的通风口空气流量比圆柱形通风口更大，因为空气经过圆滑入口的通风口产生的损失更小。对于这类流动，压降 $p_1 - p_2$ 起到两个作用：①克服与流动相关的损失；②在出口产生动能。即使没有损失（即 $K_L = 0$），也需要一个压降来加速流体通过通风口。

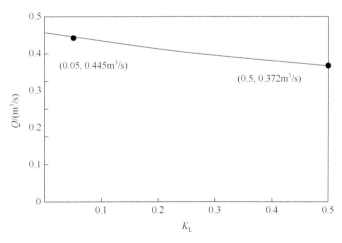

图 5-29 例 5.14 图（b）

涉及摩擦和轴功的一维不可压缩平均定常流动是一类重要的流体力学问题。常密度流体在泵、鼓风机、风机和涡轮机内的流动都属于这一类型。对于这种流动，式（5-103）变成

$$\dot{m}\left[\check{u}_{\text{out}} - \check{u}_{\text{in}} + \frac{p_{\text{out}}}{\rho} - \frac{p_{\text{in}}}{\rho} + \frac{V_{\text{out}}^2 - V_{\text{in}}^2}{2} + g(z_{\text{out}} - z_{\text{in}})\right] = \dot{Q}_{\text{净流入}} + \dot{W}_{\text{轴净流入}} \qquad (5\text{-}130)$$

将式（5-130）除以质量流量，利用 $w_{\text{轴净流入}} = \dot{W}_{\text{轴净流入}} / \dot{m}$，得到

$$\frac{p_{\text{out}}}{\rho} + \frac{V_{\text{out}}^2}{2} + gz_{\text{out}} = \frac{p_{\text{in}}}{\rho} + \frac{V_{\text{in}}^2}{2} + gz_{\text{in}} + w_{\text{轴净流入}} - (\check{u}_{\text{out}} - \check{u}_{\text{in}} - q_{\text{净流入}}) \qquad (5\text{-}131)$$

如果整个过程中流动是定常的，则方程（5-131）与方程（5-117）是相同的，前文中 $\check{u}_{\text{out}} - \check{u}_{\text{in}} - q_{\text{净流入}}$ 等于有用功损失的结论也是适用的。因此，式（5-131）可以表示为

$$\frac{p_{\text{out}}}{\rho} + \frac{V_{\text{out}}^2}{2} + gz_{\text{out}} = \frac{p_{\text{in}}}{\rho} + \frac{V_{\text{in}}^2}{2} + gz_{\text{in}} + w_{\text{轴净流入}} - \text{损失} \qquad (5\text{-}132)$$

这是不可压缩流体的平均定常流动能量方程的常用形式，也称为机械能方程或推广的伯努利方程。注意式（5-132）描述的是单位质量的能量（$\text{N·m} = \text{m}^2/\text{s}^2$）。

根据式（5-132），当环境向控制体输入轴功时（例如泵），损失越大，取得同样有用功增量需要输入的轴功就越多。同样，当控制体对外输出轴功时（如涡轮），损失越大，消耗相同有用功输出的轴功就越少。设计人员需要花费大量精力来减少流动组件上的能量损失。下面的例子说明了为什么要尽可能减小流体系统中的损失。

例 5.15 风机的轴功及效率。

轴流式风机由电机驱动，为风机叶片提供 0.4kW 的功率，产生直径为 0.6m、速度为 12m/s 的轴向气流。风机上游的气流速度可以忽略不计。试确定流体运动和有用功增量，估计风机的机械效率。

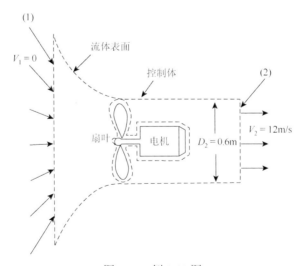

图 5-30　例 5.15 图

解：选择一个固定的不变形的控制体，如图 5-30 所示。将式（5-132）应用于控制体，得到

$$w_{\text{轴净流入}} - \text{损失} = \left(\frac{p_2}{\rho} + \frac{V_2^2}{2} + gz_2 \right) - \left(\frac{p_1}{\rho} + \frac{V_1^2}{2} + gz_1 \right) \tag{5-133}$$

$W_{\text{轴净流入}} - $ 损失是发挥实际作用的功，在式（5-133）中消去大气压，忽略高度变化和风机上游气流速度，得到

$$w_{\text{轴净流入}} - \text{损失} = \frac{V_2^2}{2} = \frac{(12\text{m/s})^2}{2[1\text{kg} \cdot \text{m}/(\text{N} \cdot \text{s}^2)]} = 72\text{N} \cdot \text{m/kg} \tag{5-134}$$

用式（5-134）与风机净输入功之比可以合理估计风机的效率，即

$$\eta = \frac{w_{\text{轴净流入}} - \text{损失}}{w_{\text{轴净流入}}} \tag{5-135}$$

为了计算效率，需要知道 $w_{\text{轴净流入}}$ 的值，这个值与输入叶片的轴功率有关，即

$$w_{\text{轴净流入}} = \frac{\dot{W}_{\text{轴净流入}}}{\dot{m}} \tag{5-136}$$

由式（5-6），上式中质量流量 $\dot{m}$ 为

$$\dot{m} = \rho AV = \rho \frac{\pi D_2^2}{4} V_2 \tag{5-137}$$

对于流体密度 ρ，采用标准空气密度 1.23kg/m^3，因此，由式（5-136）、式（5-137）得

$$w_{\text{轴净流入}} = \frac{\dot{W}_{\text{轴净流入}}}{(\rho \pi D_2^2 / 4) V_2} = \frac{(0.4\text{kW})[1000(\text{N} \cdot \text{m})/(\text{s} \cdot \text{kW})]}{(1.23\text{kg} / \text{m}^3)[(\pi)(0.6\text{m})^2 / 4](12\text{m} / \text{s})} = 95.8\text{N} \cdot \text{m/kg}$$

结合式（5-134）、式（5-135）和式（5-136）得到

$$\eta = \frac{72\text{N} \cdot \text{m/kg}}{95.8\text{N} \cdot \text{m/kg}} = 0.752$$

讨论：风机对空气所做的功只有 75% 发挥实际作用，有 25% 的功耗散在空气摩擦中。

流体故事

　　在消防安全领域，隧道是一个极具挑战性的环境，尤其是在火灾发生时。对于传统的防火门，在紧急情况下，它们的开启速度成为关键问题。为了解决这一问题，研究人员开发了一种创新的消防安全技术——水雾幕。水雾幕利用高速喷射器将微小水滴以极高速度喷射到隧道入口或开口处，在此形成了一层均匀的水雾屏障，能有效阻挡火灾产生的烟雾和有害气体。水雾幕的关键在于精确控制水滴的尺寸和速度，以确保水雾幕密实均匀，同时不妨碍人员和车辆的通行。喷射器的设计考虑到水滴直径、速度和喷射角度。此外，水雾的喷射过程涉及气体动力学中的湍流和喷雾动力学问题，因为水滴在喷射过程中可能会受到空气流动的影响而发生分散或漂移。随着流体力学和消防技术的不断进步，水雾幕技术有望在隧道和封闭空间中得到广泛应用。

　　式（5-132）描述的是单位质量的能量，若乘以流体密度 ρ，则得到

$$p_{\text{out}} + \frac{\rho V_{\text{out}}^2}{2} + \gamma z_{\text{out}} = p_{\text{in}} + \frac{\rho V_{\text{in}}^2}{2} + \gamma z_{\text{in}} + \rho w_{\text{轴净流入}} - \rho(\text{损失}) \tag{5-138}$$

式中，$\gamma = \rho g$ 为流体的重度。式（5-138）描述了单位体积流体中的能量守恒，因此其单位与压力所用的单位相同（$\text{N} \cdot \text{m/m}^3 = \text{N/m}^2$）。

若将式（5-132）除以重力加速度 g，得到

$$\frac{p_{\text{out}}}{\gamma}+\frac{V_{\text{out}}^2}{2g}+z_{\text{out}}=\frac{p_{\text{in}}}{\gamma}+\frac{V_{\text{in}}^2}{2g}+z_{\text{in}}+h_{\text{s}}-h_{\text{L}} \qquad (5\text{-}139)$$

式中，

$$h_{\text{s}}=w_{\text{轴净流入}}/g=\frac{\dot{W}_{\text{轴净流入}}}{\dot{m}g}=\frac{\dot{W}_{\text{轴净流入}}}{\gamma Q} \qquad (5\text{-}140)$$

为轴功水头，h_{L} = 损失$/g$ 为水头损失。式（5-139）描述单位重量的能量（N·m/N = m）。在 3.7 节中，介绍了"水头"的概念，即单位重量的能量。通常用长度单位（例如 m）来量化水头。对于涡轮机，h_{s} 是负的，因为控制体输出轴功；对于泵，h_{s} 为正，因为轴功输入控制体。

可以定义一个总水头 H，如下所示：

$$H=\frac{p}{\gamma}+\frac{V^2}{2g}+z$$

那么式（5-139）可以表示为

$$H_{\text{out}}=H_{\text{in}}+h_{\text{s}}-h_{\text{L}}$$

图 5-31 展示了 H_{out} 与 H_{in} 可能出现的典型情况。注意，除了 h_{L} 为零的理想情况下，h_L（水头损失）总是降低 H_{out} 的值。还要注意，h_{L} 降低了从流体中获得轴功的效率。当 $h_L=0$（理想条件）时，轴功水头 h_{s} 等于总水头的变化量。这样的水头变化称为理想水头变化，相应的理想轴功水头是达到预期效果所需的最小值，对于输出功而言则是可能的最大值。

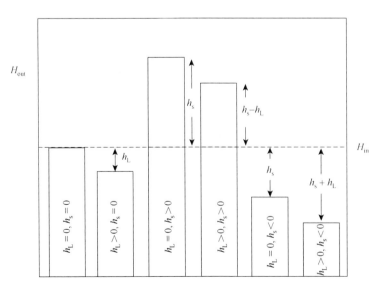

图 5-31　总水头变化

例 5.16　水头损失和功率损失。

图 5-32 所示的泵将水从下游泵送到上游，功率为 7.5kW。湖面高差 9m，水头损失 4.5m，试求：

（1）流量；

（2）流动中的功率损失。

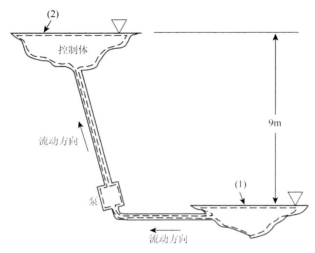

图 5-32　例 5.16 图（a）

解：

（1）流动能量方程（式（5-139））为

$$\frac{p_2}{\gamma} + \frac{V_2^2}{2g} + z_2 = \frac{p_1}{\gamma} + \frac{V_1^2}{2g} + z_1 + h_s - h_L \qquad (5\text{-}141)$$

式中，点 2 和点 1（对应式（5-139）中的"out"和"in"）位于湖面上。因此，$P_2 = P_1 = 0$，$V_2 = V_1 = 0$，式（5-141）变成

$$h_s = h_L + z_2 - z_1 \qquad (5\text{-}142)$$

式中，$z_2 = 9\text{m}$，$z_1 = 0$，$h_L = 4.5\text{m}$。泵的水头由式（5-140）得到

$$h_s = \dot{W}_{\text{轴净流入}} / \gamma Q = (7.5\text{kW})[1\,\text{N} \cdot \text{m}/(\text{W} \cdot \text{s})] / (9810\,\text{N/m}^3) Q = 0.76/Q$$

式中，h_s 的单位为 m；Q 的单位为 m³/s。

因此，由式（5-142）得

$$0.76/Q = 4.5\text{m} + 9.0\text{m}$$

$$Q = 5.6 \times 10^{-2}\,\text{m}^3/\text{s}$$

讨论：注意，在这个例子中，泵用于提升水的高度（9m 水头）并克服水头损失（4.5m 水头）。总地来说，它不会改变水的压力或速度。

（2）由摩擦引起的功率损失可以由式（5-140）得到

$$\dot{W}_{\text{损失}} = \gamma Q h_L = (9810\text{N/m}^3)(5.6 \times 10^{-2}\,\text{m}^3/\text{s})(4.5\text{m})$$

$$= (2472\text{N} \cdot \text{m/s})\left(1\,\text{W} \cdot \text{s}/(\text{N} \cdot \text{m})\right) \qquad (5\text{-}143)$$

$$= 2.47\text{kW}$$

讨论：水泵的剩余功率 7.5kW–2.47kW = 5.03kW 用于将水从下游提升到上游。这种能量并没有"丢失"，而是以势能的形式储存起来。

通过计算不同水头损失 h_L 下的流量，得到如图 5-33 所示的曲线。需要注意的是，随着水头损失的增加，流量也会下降，这是因为当水泵功率的损失越来越大，水泵将无法把流体提升到更高的高度。

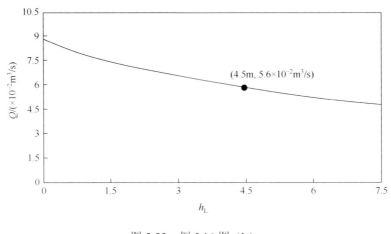

图 5-33　例 5.16 图（b）

本节通过能量方程和伯努利方程的比较，引出了有摩擦不可压缩流动中有用功损失的概念。

流体故事

结构减振器是专为建筑物和桥梁设计的关键组件，旨在减少它们在地震或自然风暴等灾难性事件中的振动，以提高其抗震能力和安全性。这些减振器通常利用特定设计的黏性流体来实现其功能。当建筑物或桥梁发生振动时，减振器内的活塞会产生位移，促使黏性流体通过内部的流通通道流动。在流体通过小孔或通道时，由于黏性特性，会产生水头损失，这些损失将振动能量转化为热能并耗散掉。类似于载具减振器中的技术，结构减振器可以通过调节流体的黏度来实现不同的减振效果。例如，某些结构减振器可能采用液体或半固体材料，通过调整外部的控制参数（如电流或压力）来改变流体的黏度，从而优化减振效果，有效保护建筑物或桥梁免受损坏。

5.4.4　能量方程在非均匀流动中的应用

5.4.2 节和 5.4.3 节中讨论的能量方程形式适用于一维流动，即控制面上流体速度近似均匀的流动。

观察控制体形式的能量方程（式（5-100）），如果流体通过控制面时速度分布是不均匀的，则需要特别注意下面的积分：

$$\int_{CS} \frac{V^2}{2} \rho V \cdot \hat{n} \mathrm{d}A$$

式（5-100）中的其他项已在 5.4.2 节和 5.4.3 节中讨论过。

对于进入和离开控制体的单股流体，可以定义以下关系：

$$\int_{CS} \frac{V^2}{2} \rho V \cdot \hat{n} \mathrm{d}A = \dot{m} \left(\frac{\alpha_{\text{out}} \overline{V}_{\text{out}}^2}{2g} - \frac{\alpha_{\text{in}} \overline{V}_{\text{in}}^2}{2g} \right)$$

式中，α 为动能系数，$\overline{V}$ 为式（5-7）中定义的平均速度。对于通过控制面上面积 A 的流动，有

$$\frac{\dot{m} \alpha \overline{V}^2}{2} = \int_A \frac{V^2}{2} \rho V \cdot \hat{n} \mathrm{d}A$$

因此，

$$\alpha = \frac{\displaystyle\int_A \frac{V^2}{2} \rho V \cdot \hat{n} \mathrm{d}A}{\dot{m} \overline{V}^2 / 2} \qquad (5\text{-}144)$$

从图 5-34 可以看出，对于任意速度分布，$\alpha \geq 1$，只有在均匀流动时，$\alpha = 1$。因此，对于非均匀速度分布，在单位质量能量的基础上，通过控制体的单股不可压缩平均定常流动的能量方程为

$$\frac{p_{\text{out}}}{\rho} + \frac{\alpha_{\text{out}} \overline{V}_{\text{out}}}{2} + g z_{\text{out}} = \frac{p_{\text{in}}}{\rho} + \frac{\alpha_{\text{in}} \overline{V}_{\text{in}}}{2} + g z_{\text{in}} + w_{\text{轴净流入}} - 损失$$

$$(5\text{-}145)$$

对于单位体积的流体，有

$$p_{\text{out}} + \frac{\rho \alpha_{\text{out}} V_{\text{out}}^2}{2} + \gamma z_{\text{out}} = p_{\text{in}} + \frac{\rho \alpha_{\text{out}} V_{\text{in}}^2}{2} + \gamma z_{\text{in}} + \rho w_{\text{轴净流入}} - \rho(损失)$$

$$(5\text{-}146)$$

对于单位重量的流体，有

$$\frac{p_{\text{out}}}{\gamma} + \frac{\alpha_{\text{out}} \overline{V}_{\text{out}}^2}{2g} + z_{\text{out}} = \frac{p_{\text{in}}}{\gamma} + \frac{\alpha_{\text{in}} \overline{V}_{\text{in}}^2}{2g} + z_{\text{in}} + \frac{w_{\text{轴净流入}}}{g} - h_{\text{L}}$$

$$(5\text{-}147)$$

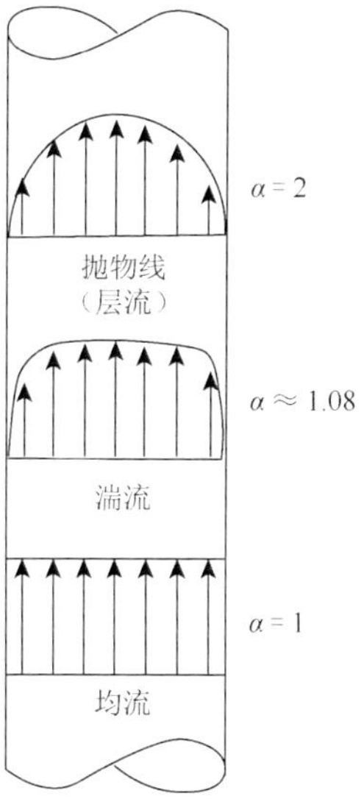

下面的例子说明了动能系数的用法。

例 5.17 非均匀速度剖面的影响。

图 5-34　动能系数

图 5-35 所示的小型风机鼓风的质量流量为 0.1kg/min。风机上游，管径为 60mm，流动为层流，速度分布为抛物线状，动能系数为 $\alpha_1 = 2.0$。风机下游，管径为 30mm，气流为湍流，流速廓线比较均匀，且动能系数 $\alpha_2 = 1.08$。流体经过风机静压上升 0.1kPa，风机电机功率 0.14W。试比较下述两种情况下的损失：

（1）假设速度分布均匀；

（2）考虑实际速度分布。

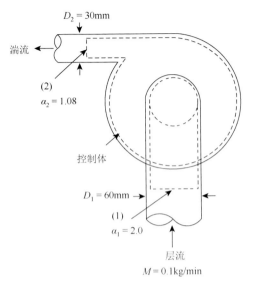

图 5-35　例 5.17 图

解：将式（5-145）应用于图 5-35 所示的控制体可以得到

$$\frac{p_2}{\rho}+\frac{\alpha_2\overline{V}_2^2}{2}+z_2=\frac{p_1}{\rho}+\frac{\alpha_1\overline{V}_1^2}{2}+z_1+w_{\text{轴净流入}}-\text{损失} \tag{5-148}$$

求解方程（5-148），得到损失

$$\text{损失}=w_{\text{轴净流入}}-\left(\frac{p_2-p_1}{\rho}\right)+\frac{\alpha_1\overline{V}_1^2}{2}-\frac{\alpha_2\overline{V}_2^2}{2} \tag{5-149}$$

接下来，需要求解 $w_{\text{轴净流入}}$、$\overline{V}_1$ 和 $\overline{V}_2$。这些量可以由以下计算得到。轴功为

$$w_{\text{轴净流入}}=\frac{(0.14\text{W})\big[(1\,\text{N}\cdot\text{m/s})/\text{W}\big]}{0.1\text{kg/min}}(60\text{s/min})=84\text{N}\cdot\text{m/kg} \tag{5-150}$$

截面（1）、（2）的平均速度，由式（5-16）可得

$$\overline{V}_1=\frac{\dot{m}}{\rho A_1}=\frac{\dot{m}}{\rho(\pi D_1^2/4)}=\frac{(0.1\text{kg/min})(1\text{min/60s})(1000\text{mm/m})^2}{(1.23\text{kg/m}^3)[\pi(60\text{mm})^2/4]} \tag{5-151}$$

$$=0.479\text{m/s}$$

$$\overline{V}_2=\frac{(0.1\text{kg/min})(1\text{min/60s})(1000\text{mm/m})^2}{(1.23\text{kg/m}^3)[\pi(30\text{mm})^2/4]}=1.92\text{m/s} \tag{5-152}$$

（1）速度廓线均匀时（$\alpha_1=\alpha_2=1.0$），由式（5-149）得

$$\text{损失}=w_{\text{轴净流入}}-\frac{p_2-p_1}{\rho}+\frac{\overline{V}_1^2}{2}-\frac{\overline{V}_2^2}{2} \tag{5-153}$$

利用式（5-150）、式（5-151）、式（5-152）和题中给出的压力增量，由式（5-153）得到

$$\text{损失}=84\,\text{N}\cdot\text{m/kg}-\frac{(0.1\text{kPa})(1000\text{Pa/kPa})[1(\text{N/m}^2)/\text{Pa}]}{1.23\text{kg/m}^3}$$

$$+\frac{(0.479\text{m/s})^2}{2\big[1\text{kg}\cdot\text{m/(N}\cdot\text{s}^2)\big]}-\frac{(1.92\text{m/s})^2}{2\big[1\text{kg}\cdot\text{m/(N}\cdot\text{s}^2)\big]}$$

即

损失 $= 84\text{N}\cdot\text{m/kg} - 81.3\text{N}\cdot\text{m/kg} + 0.115\text{N}\cdot\text{m/kg} - 1.84\text{N}\cdot\text{m/kg} = 0.975\text{N}\cdot\text{m/kg}$

对于实际的速度廓线（ $\alpha_1 = 2$ ， $\alpha_2 = 1.08$ ），式（5-148）给出

$$损失 = w_{轴净流入} - \frac{p_2 - p_1}{\rho} + \alpha_1\frac{\overline{V}_1^2}{2} - \alpha_2\frac{\overline{V}_2^2}{2} \qquad (5\text{-}154)$$

如果用方程（5-150）、（5-151）、（5-152）和给定的压强增量，由式（5-154）得到

$$损失 = 84\,\frac{\text{N}\cdot\text{m}}{\text{kg}} - \frac{(0.1\text{kPa})(1000\text{Pa/kPa})[1(\text{N/m}^2)/\text{Pa}]}{1.23\text{kg/m}^3}$$
$$+ \frac{2(0.479\text{m/s})^2}{2[1\text{kg}\cdot\text{m/(N}\cdot\text{s}^2)]} - \frac{1.08(1.92\text{m/s})^2}{2[1\text{kg}\cdot\text{m/(N}\cdot\text{s}^2)]}$$

即

损失 $= 84\text{N}\cdot\text{m/kg} - 81.3\text{N}\cdot\text{m/kg} + 0.230\text{N}\cdot\text{m/kg} - 1.99\text{N}\cdot\text{m/kg} = 0.940\text{N}\cdot\text{m/kg}$

讨论：对于这种流动情况，假设速度廓线均匀与实际速度廓线下分别计算得到的损失之差相对于 $w_{轴净流入}$ 并不大。

5.4.5　能量方程与动量方程的结合

如果将式（5-132）应用于涡轮机一维不可压缩流动，可以使用 5.3.4 节中由动量方程（5-58）推导而来的式（5-77）来计算轴功。应用式（5-77）和式（5-132），可以确定不可压缩涡轮机流动中发生的损失，如例 5.18 所示。

例 5.18　风机的性能。

条件同例 5.10。证明只有部分轴功转化为有用功，推导效率表达式，提出估计轴功损失的实用方法。

解：使用与例 5.10 相同的控制体。将式（5-147）应用于该控制体得到

$$\frac{p_2}{\rho} + \frac{V_2^2}{2} + gz_2 = \frac{p_1}{\rho} + \frac{V_1^2}{2} + gz_1 + w_{轴净流入} - 损失 \qquad (5\text{-}155)$$

与例 5.26 类似，由式（5-155）可知，风机"有用功"可以定义为

$$有用功 = w_{轴净流入} - 损失 = \left(\frac{p_2}{\rho} + \frac{V_2^2}{2} + gz_2\right) - \left(\frac{p_1}{\rho} + \frac{V_1^2}{2} + gz_1\right) \qquad (5\text{-}156)$$

也就是说，只有一部分轴功为有用功，剩下的部分由于流体摩擦而损失。

风机效率定义为轴功转化成有用功的部分（式（5-156））与输入流体的轴功之比。因此，可以将效率 η 表示为

$$\eta = \frac{w_{轴净流入} - 损失}{w_{轴净流入}} \qquad (5\text{-}157)$$

将动量矩方程（式（5-95））推导出的式（5-97）应用于图 5-21 所示的控制体，得到

$$w_{轴净流入} = +U_2 V_{\theta 2} \qquad (5\text{-}158)$$

结合式（5-156）、式（5-157）、式（5-158），得到

$$\eta = \left\{ \left[(p_2 / p) + (V_2^2 / 2) + gz_2 \right] - \left[(p_1 / p) + (V_1^2 / 2) + gz_1 \right] \right\} / U_2 V_{\theta 2} \qquad (5\text{-}159)$$

式（5-159）提供了一个评价例 5.10 中风机效率的实用方法。结合式（5-156）和（5-158），得到

$$\text{损失} = U_2 V_{\theta 2} - \left[(p_2 / p) + (V_2^2 / 2) + gz_2 \right] - \left[(p_1 / p) + (V_1^2 / 2) + gz_1 \right] \qquad (5\text{-}160)$$

讨论：式（5-160）为技术人员提供了一种可行的方法，允许技术人员根据可测量的物理量来估计例 5.10 风机中流体摩擦造成的损失。

5.5　本　章　总　结

本章中运用了质量守恒、牛顿第二定律和热力学第一定律等重要原理来分析流体的流动，利用雷诺输运定理将基本的系统导向定律转化为相应的控制体积公式。

连续性方程是质量守恒的表述，适用于稳定或不稳定、可压缩及不可压缩的流动。它能够描述流体在控制体积中的流进流出，并估计进入或离开控制体的流体质量或体积流量以及控制体内流体的增加或减少速率。

线性动量方程是牛顿第二定律的一种形式，适用于解决流体通过控制体积的流动问题。它描述了流经控制体的流体速度大小和方向的变化所引起的净力。该方程可以考虑与力相关的功和力的作用。

动量矩方程涉及扭矩和角动量变化之间的关系，用于解决涡轮（从流体中提取能量）和泵（向流体提供能量）的流动问题。

本章重点内容如下：

（1）为给定的问题选择合适的控制体积，并画出准确标记的控制体图。

（2）使用连续性方程和控制体积来解决涉及质量或体积流量的问题。

（3）使用线性动量方程和控制体积，必要时结合连续性方程，解决与线性动量变化相关的力的问题。

（4）使用动量矩方程解决由于角动量变化引起的涉及扭矩和相关功及功率的问题。

（5）使用适当形式的能量方程，解决摩擦损失（压头损失）和泵输入能量或涡轮机抽取能量的问题。

（6）使用能量方程中的动能系数来说明非均匀流。

本章中的一些重要方程如下。

质量守恒：

$$\frac{\partial}{\partial t} \int_{CV} \rho \, \mathrm{d}\bar{V} + \int_{CS} \rho V \cdot \hat{n} \, \mathrm{d}A = 0 \qquad (5\text{-}5)$$

质量流量：

$$\dot{m} = \rho Q = \rho A V \qquad (5\text{-}6)$$

平均速度：

$$\overline{V} = \frac{\int_A \rho V \cdot \hat{n} \mathrm{d} A}{\rho A} \qquad (5\text{-}7)$$

稳流质量守恒：

$$\sum \dot{m}_{\text{out}} - \sum \dot{m}_{\text{in}} = 0 \qquad (5\text{-}14)$$

移动控制体质量守恒：

$$\frac{\partial}{\partial t} \int_{\text{CV}} \rho \mathrm{d} V + \int_{\text{CS}} \rho W \cdot \hat{n} \mathrm{d} A = 0 \qquad (5\text{-}21)$$

变形控制体质量守恒：

$$\frac{\mathrm{D} M_{\text{sys}}}{\mathrm{D} t} = \frac{\partial}{\partial t} \int_{\text{CV}} \rho \mathrm{d} V + \int_{\text{CS}} \rho W \cdot \hat{n} \mathrm{d} A = 0 \qquad (5\text{-}26)$$

与动量变化相关的力：

$$\frac{\partial}{\partial t} \int_{\text{CV}} V \rho \mathrm{d} \overline{V} + \int_{\text{CS}} V \rho V \cdot \hat{n} \mathrm{d} A = \sum F_{\text{控制体}} \qquad (5\text{-}40)$$

绝对速度和相对速度的矢量加法：

$$\boldsymbol{V} = \boldsymbol{W} + \boldsymbol{U} \qquad (5\text{-}59)$$

轴力转矩：

$$\sum \left[(r \times F)_{\text{控制体}} \right]_{\text{轴}} = T_{\text{轴}} \qquad (5\text{-}61)$$

与动量变化（角动量）相关的轴转矩：

$$T_{\text{轴}} = (-\dot{m}_{\text{in}})(\pm r_{\text{in}} V_{\theta \text{in}}) + \dot{m}_{\text{out}}(\pm r_{\text{out}} V_{\theta \text{out}}) \qquad (5\text{-}73)$$

与动量（角动量）变化有关的轴功率：

$$\dot{W}_{\text{轴}} = (-\dot{m}_{\text{in}})(\pm U_{\text{in}} V_{\theta \text{in}}) + \dot{m}_{\text{out}}(\pm U_{\text{out}} V_{\theta \text{out}}) \qquad (5\text{-}76)$$

热力学第一定律（能量守恒）：

$$\frac{\partial}{\partial t} \int_{\text{CV}} e \rho \mathrm{d} \overline{V} + \int_{\text{CS}} \left(\check{u} + \frac{p}{\rho} + \frac{V^2}{2} + gz \right) \rho V \cdot \hat{n} \mathrm{d} A = \dot{Q}_{\text{净流入}} + \dot{W}_{\text{轴净流入}} \qquad (5\text{-}100)$$

能量守恒：

$$\dot{m} \left[\check{h}_{\text{out}} - \check{h}_{\text{in}} + \frac{V_{\text{out}}^2 - V_{\text{in}}^2}{2} + g(z_{\text{out}} - z_{\text{in}}) \right] = \dot{Q}_{\text{净流入}} + \dot{W}_{\text{轴净流入}} \qquad (5\text{-}105)$$

机械能守恒：

$$\frac{p_{\text{out}}}{\rho} + \frac{V_{\text{out}}^2}{2} + gz_{\text{out}} = \frac{p_{\text{in}}}{\rho} + \frac{V_{\text{in}}^2}{2} + gz_{\text{in}} + w_{\text{轴净流入}} - 损失 \qquad (5\text{-}132)$$

习　　题

5-1　不可压缩流体在 x-y 平面上水平流动，速度由 $u = 30(y/h)^{1/2}\,\text{m/s}$，$v = 0$ 确定，其中 y 和 h 以 m

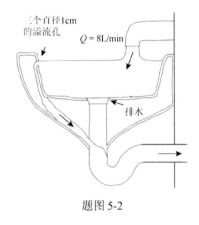

三个直径1cm
的溢流孔

$Q = 8\text{L/min}$

排水

题图 5-2

为单位，h 是常数。确定 $y = 0$ 和 $y = h$ 之间流动部分的平均速度。

5-2 如题图 5-2 所示，水流入水槽流量为每分钟 8L。如果排水口关闭，水槽中的水位保持不变，则确定通过三个直径 1.0cm 的溢流孔的平均速度。

5-3 直径 $D = 1.5\text{m}$ 的水箱通过 $d = 40\text{mm}$ 的小孔泄流。今测得水箱的液面在 1s 内下降了 1mm。求泄流量 Q 和小孔处的平均速度 v。

5-4 空气在直径为 0.1m 的长直管中的两个截面之间稳定流动。每个截面的静态温度和压力如题图 5-4 所示。如果（1）处的平均空气速度为 205m/s，则确定（2）处的平均空气速度。

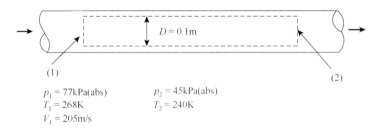

$D = 0.1\text{m}$

(1)

(2)

$p_1 = 77\text{kPa(abs)}$
$T_1 = 268\text{K}$
$V_1 = 205\text{m/s}$

$p_2 = 45\text{kPa(abs)}$
$T_2 = 240\text{K}$

题图 5-4

5-5 在巡航条件下，空气以 30kg/s 的稳定速度流入喷气发动机。燃料以稳定的 0.3kg/s 的速度进入发动机。废气的平均速度相对于发动机为 500m/s。如果发动机排气有效截面积为 0.3m²，估计废气的密度（单位 kg/m³）。

5-6 淡水流入一个开口且最初装满海水的 200L 桶，淡水与海水充分混合，并从桶中溢出。如果淡水流量为 40L/min，估计需要多少秒，混合物的密度会减少到淡水密度的 50%。

5-7 如题图 5-7 所示，锥形容器高 1.5m，顶部直径 1.5m，估算在 76L/min 填充率下锥形容器充水所需时间。

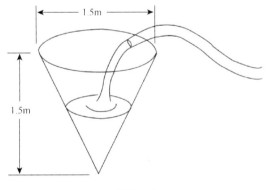

1.5m

1.5m

题图 5-7

5-8 如果流量为 1.0L/s 的水，填充直径 8m、深 1.5m 的圆柱形游泳池需要多长时间？

5-9 对于沿着公路行驶的汽车，请你描述用来估计散热器上空气流量的控制体积，并说明你将如何估计空气的速度。

5-10 水从你居住的地下室以 2.5cm/h 的速度稳定上涨。地下室建筑面积 139m^2，你会租什么容量的泵（L/min）来保持地下室的积水保持在一个恒定的水平。

5-11 流体通过控制体稳定地向 x 方向流动。测量表明，为了引起这种流动，在负 x 方向上作用于控制体的力为 120N。试确定线性动量通过控制面的净流量。

5-12 考虑流体在 x 方向上通过控制体的非定常流动，控制体内流体的线性动量是与时间有关的函数 $890t\hat{i}$ kg·m/s，其中 t 的单位是 s，i 是 x 方向上的单位矢量。测量表明，为了引起这种流动，作用于控制体的力为 $178\hat{i}$ N。确定线性动量通过控制面的净流量。

5-13 如题图 5-13 所示，喷水泵截面积为 0.01 m^2，射流速度为 30m/s。射流被夹带的水包围，射流和夹带水的总截面积为 0.075m^2。这两种流体通过 0.075 m^2 的横截面积，混合后以 6m/s 的平均速度离开。以 L/s 为单位确定涉及的泵送速率（即夹带流体流量）。

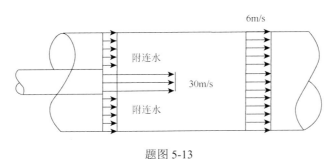

题图 5-13

5-14 大管 d_1 = 200mm 和小管 d_2 = 150mm 之间用一变径接头连接。若小管中的速度 v_2 = 2m/s，求流量 Q 和大管中的平均速度 v_1。

5-15 如题图 5-15 所示，在入口处 1m 长的通道速度分布均匀，速度为 V。进一步下游，速度剖面由 $\mu = 4y-2y^2$ 给出，其中 μ 以 m/s 为单位，y 以 m 为单位。请确定 V 的值。

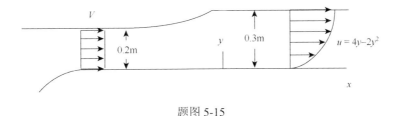

题图 5-15

5-16 在标准条件下，如题图 5-16 所示，空气进入压缩机，速率为 0.3m^3/s。离开储罐时，空气以 210m/s 的速度匀速通过直径为 3cm 的管道，此时空气的密度为 1.8kg/m^3。

试确定：（a）罐内空气质量增加或减少的速率（kg/s）；

（b）罐内空气密度的平均变化率。

题图 5-16

5-17   对于沿着公路行驶的汽车，请你估计散热器上空气流量的控制体积，解释你将如何估计空气的速度。

5-18   如题图 5-18 所示，皮下注射器用于疫苗。如果柱塞以 20mm/s 的稳定速率向前移动，并且如果疫苗以针头开口流出量的 0.1%通过柱塞泄漏，计算针头出口流量的平均速度。注射器和针头的内径分别为 20mm 和 0.7mm。

题图 5-18

5-19   胡佛大坝拦截科罗拉多河，形成了约 185km 长的米德湖，表面积约 580km^2。如果在洪水条件下，科罗拉多河以 1300m^3/s 的速度流入湖泊，而大坝的流出量是 227m^3/s，那么湖的水位每 24h 上升多少 m？

5-20   水流通过一个水平的 180°弯管，如题图 5-20 所示，流动横截面积是定值 9000mm^2，弯曲处流速为 15m/s，弯道入口和出口的压力分别是 210 和 165kPa。请计算水平组成部分（x 和 y）保持弯曲所需的锚固力。

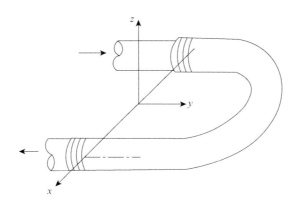

题图 5-20

5-21　如题图 5-21 所示，确定固定连接在实验室水槽龙头末端的锥形喷嘴所需的锚固力。当水流量为 40L/min 时，喷嘴重量为 1N，喷嘴入口和出口内径分别为 1.5cm 和 0.5cm。喷嘴轴线垂直，且截面（1）和（2）之间的轴向距离为 3.0cm。

5-22　自由射流撞击楔形体，如题图 5-22 所示。在总流量中，一部分偏转 30°，其余的没有偏转。F_H 和 F_V 分别为所需保持楔形固定力的水平和垂直分量。重力可以忽略不计，流体速度保持不变。请确定力比 F_H/F_V。

5-23　过桥时，一辆载着鸡的卡车超重了。而空车在桥的承重范围内，有人建议，如果能让鸡在卡车周围飞行（通过敲打卡车），便能安全过桥。你同意吗？解释一下。

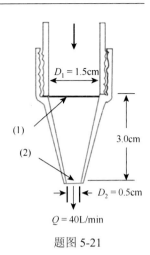

题图 5-21

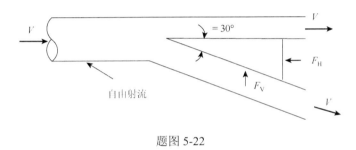

题图 5-22

5-24　如题图 5-24 所示，已知一个水平放置的 90°弯管输送水，

$$d_1 = 200\text{mm}, \quad d_2 = 150\text{mm}$$
$$p_1 = 3.5 \times 10^5 \text{Pa}, \quad Q = 0.05\text{m}^3/\text{s}$$

求水流水弯管的作用力大小和方向（不计水头损失）。

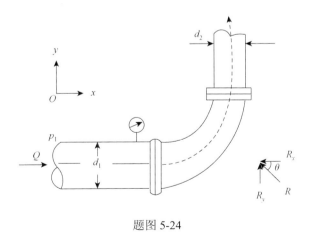

题图 5-24

5-25　空气在直径为 30cm 的长直管上的两个截面之间稳定流动。题图 5-25 显示了每个截面的静态温度和压力。如果面（2）处的平均空气速度为 320m/s，则确定面（1）处的平均空气速度。

假设每个截面的速度分布均匀，请确定管壁对（1）和（2）之间流动空气施加的摩擦力。

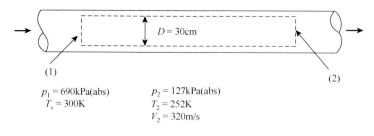

$p_1 = 690\text{kPa(abs)}$
$T_x = 300\text{K}$

$p_2 = 127\text{kPa(abs)}$
$T_2 = 252\text{K}$
$V_2 = 320\text{m/s}$

题图 5-25

5-26 作为两个自由射流从三通连接如题图 5-26 所示的管道，出口速度为 15m/s。如果黏性效应和重力可以忽略不计，则确定管道对三通施加的力的 x 和 y 分量。

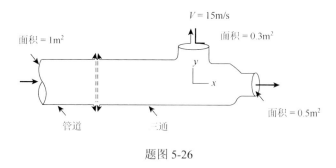

题图 5-26

5-27 空气从喷嘴流入大气并撞击垂直板，如题图 5-27 所示，需要 12N 的水平力才能将板固定到位。假设流动是不可压缩和无摩擦的，请确定压力计上的读数。

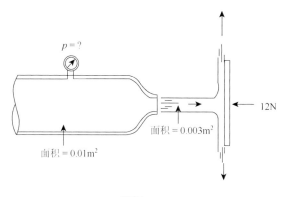

题图 5-27

5-28 火箭如题图 5-28 所示，由水平力 F_x 和垂直力 F_z 固定。喷嘴出口废气的流速为 1500m/s，压力为 138kPa，其截面积为 390cm²。排气流量恒定在 10kg/s。假设排气流量基本上是水平的，请确定 F_x 的值。

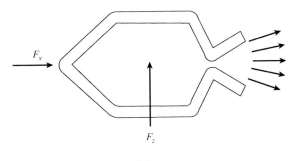

题图 5-28

5-29　如题图 5-29 所示,水从水头为 h_1 的大容器通过小孔流出(大容器中的水位可以认为是不变的)。射流冲击在一块大平板上,它盖住了第二个大容器的小孔,该容器水平面到小孔的距离为 h_2,设两个小孔的面积都一样。若 h_2 给定,求射流作用在平板上的力刚好与板后的力平衡时 h_2(不计能量损失)。

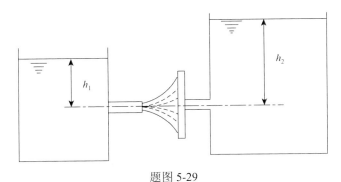

题图 5-29

5-30　假设无摩擦、不可压缩、一维的水流通过水平三通管连接,如题图 5-30 所示,每根管道内径为 1m,请估算三通对水施加的力的 x 和 y 分量的值。

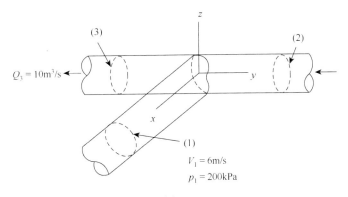

题图 5-30

5-31　如题图 5-31 所示,一水平射流冲击光滑平板,流量为 Q_0,密度为 ρ,直径为 d_0,求:

(1)平板所受的冲击力;

(2)流量 Q_1 和 Q_2。

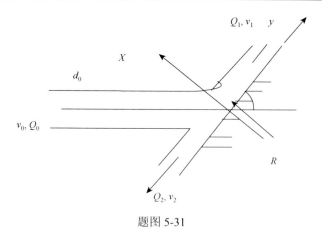

题图 5-31

5-32　如题图 5-32 所示，气流通过直径为 0.6m 的圆形截面风管，可变筛网产生了线性和轴对称的速度曲线。筛网上下游的静压分别为 1.4kPa 和 1.0kPa，并均匀分布在流动截面上。若忽略风管壁对流动空气的作用力，试计算滤网的阻力。

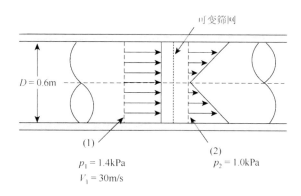

题图 5-32

5-33　水以 60L/min 的稳定速度进入旋转的草坪洒水喷头底部，如题图 5-33 所示，两个喷嘴的出口横截面积为 0.26cm²，离开每个喷嘴的水流是切向的。从旋转轴到每个喷嘴中心线的半径为 20cm。

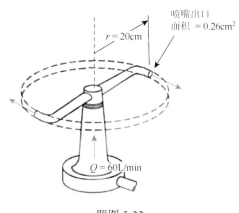

题图 5-33

（1）确定保持洒水喷头静止所需的阻力矩；

（2）确定洒水喷头以 500rad/min 的恒定速度旋转所需的阻力矩；

（3）如果没有施加阻力矩，确定喷洒器的角速度。

·5-34　如题图 5-34 所示，推进器产生直径为 1m，速度为 10m/s 的水射流。假设入口和出口压力为零，水进入推进器的动量可以忽略不计。请确定推进器产生的力。

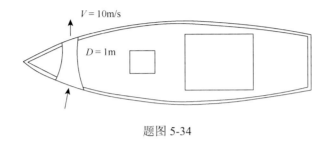

题图 5-34

5-35　如果管道中的阀门突然关闭，可能会产生较大的压力波动。例如，当洗碗机中的电动阀快速关闭时，由于这种大的压力脉冲，为洗碗机供水的管道可能发出"砰"的一声。解释这种"水锤"现象的物理机制。这种现象怎么分析呢？

5-36　描述几个涡轮机的例子（包括照片/图像），其中流动流体的力导致轴的旋转。

5-37　描述几个泵的例子（包括照片/图像），其中流体被安装在旋转轴上的"叶片"强制带动。

5-38　如题图 5-38 所示，径流式水轮机，入口绝对速度为 15m/s，与转子切线夹角为 30°。出口绝对速度沿径向向内。转子的角速度为 120rad/min。试求出传递到涡轮轴的功率。

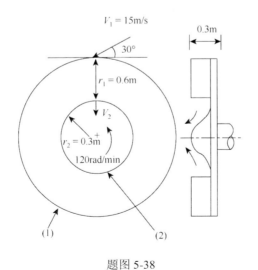

题图 5-38

5-39　题图 5-39 中描绘的离开离心泵的水的速度径向分量为 9m/s，泵出口处的绝对速度的大小为 18m/s。若流体径向进入泵转子，试计算流经泵的每单位质量水所需的轴功。

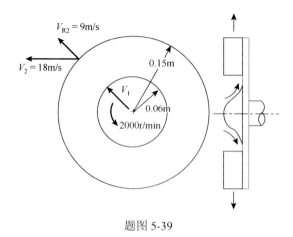

题图 5-39

5-40　区分轴功和与流动流体相关的其他类型的功。

5-41　不可压缩流体沿直径为 0.2m 的管道以 3m/s 的均匀速度流动。如果管道上游和下游部分之间的压降为 20kPa，确定由于流体法向应力而传递给流体的功率。

5-42　如题图 5-42 所示，水平文丘里流量计由渐扩导管组成。横截面（1）和（2）的尺寸分别为 15cm 和 10cm。速度和静压在横截面（1）和（2）上均匀分布。通过仪表确定体积流量（m³/s），$p_1 - p_2 =$21kPa，流动的流体是油（$\rho = 890$kg/m³），从（1）到（2）的单位质量损失可忽略不计。

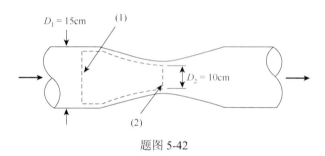

题图 5-42

5-43　油（SG = 0.9）通过垂直管道收缩向下流动，如题图 5-43 所示。如果水银压力计读数 h 为 100mm，试确定无摩擦流动的体积流量。

5-44　如题图 5-44 所示，布置一个恒定内径为 8cm 的水虹吸管。如果 A 和 B 之间的摩擦损失为 $0.8V^2/2$，其中 V 是虹吸管中的流速，试确定所涉及的流速。

5-45　如题图 5-45 所示，水以 450kg/s 的速度流过阀门。阀门上游的压力为 620kPa，阀门两侧的压降为 345kPa。阀门入口管和出口管的内径分别为 30cm 和 60cm。如果通过阀门的流量发生在水平面上，确定通过阀门前后可用能量的损失。

5-46　氢气通过喷嘴扩散后压力从 2068kPa 下降到 34kPa，焓变化为 350kJ/kg。如果膨胀是绝热的，但有摩擦效应，并且入口气体速度小得可以忽略不计，试确定出口气体速度。

5-47　泵将湖水以 400L/min 甚至更快的速度输送到如题图 5-47 所示的大型加压水箱中。2.2kW 的泵能完成此工作吗？用适当的计算来验证你的答案。如果水箱被加压到 300kPa，而不是 200kPa，请重新计算这个问题。

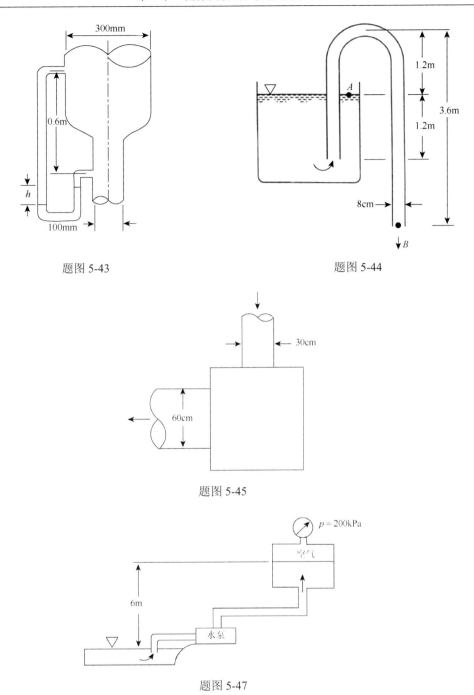

题图 5-43   题图 5-44

题图 5-45

题图 5-47

5-48   水在 4.5m³/s 的速率和 415kPa 的压强下通过题图 5-48 中所示的 1m 内径的进水管供应给涡轮机，涡轮机排水管的内径为 1.2m。涡轮入口下方 3m 处（2）部分的静压为 25cm 汞柱真空。如果涡轮产生 1.9MW 的功率，确定（1）和（2）部分之间的功率损失。

5-49   通风风扇需要一台 0.55kW 的电机，以产生直径为 60cm、速度为 12m/s 的均匀气流。确定风扇的气动效率。

5-50 如题图 5-50 所示，如果通风风扇需要 0.5W 的电机来产生速度为 12m/s 的 60cm 气流，则估计（A）风扇的效率和（B）支撑部件在封闭风扇管道上的推力。

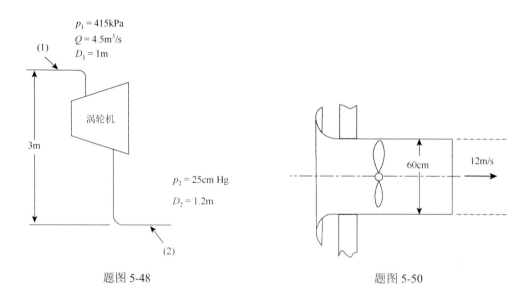

题图 5-48   题图 5-50

5-51 一块尖缘导流板插入一股厚度为 h 的平面水流柱中，将一部分水流引到板上，另一部分水流折射为如题图 5-51 所示的 α 角的自由射流。α 角与阻挡部分占水柱厚度 h 的比例 k $(0 \leq k \leq 0.5)$ 有关，若忽略重力和黏性力影响，试求 α 角与 k 的关系。

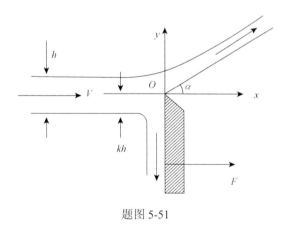

题图 5-51

5-52 如题图 5-52 所示，水稳定地沿着斜管流动，求出：

（1）压力 $P_1 - P_2$ 的差异；

（2）截面（1）和（2）之间的损失；

（3）管壁对截面（1）和（2）之间的流动水施加的净轴向力。

5-53 一台水泵如题图 5-53 所示，入口直径为 $d_1 = 40\text{cm}$，出口直径为 $d_2 = 1\text{m}$，叶轮宽 $b = 15\text{cm}$，叶轮转速 $n = 6000\text{r/min}$。设水泵的流量为 $Q = 2.5\text{m}^3/\text{s}$，试求输入的轴功率 W_s。

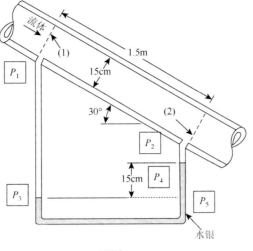

题图 5-52

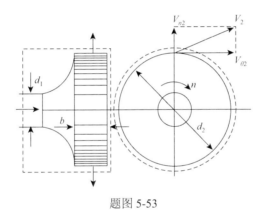

题图 5-53

5-54 如题图 5-54 所示，水在圆形截面管道中垂直向上流动。在截面（1）处，横截面上的速度分布是均匀的。在（2）处，速度剖面为

$$V = w_c \left(\frac{R-r}{R} \right)^{1/7} \hat{k}$$

式中，V 为局部速度矢量，w_c 为轴向中心线速度，R 为管内半径，r 为管轴半径。请推导出（1）和（2）截面之间能量损失的表达式。

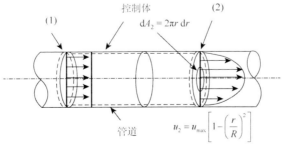

题图 5-54

5-55　喷嘴射出水的流量 $Q = 0.4\text{m}^3/\text{s}$，主管直径 $D = 0.4\text{m}$，喷口直径 $d = 0.1\text{m}$，不计水头损失，求水流作用在喷管上的力。

5-56　如题图 5-56 平板闸门宽 $b = 2\text{m}$，闸前水深 $h = 4\text{m}$，闸后水深 $h = 0.5\text{m}$，出流量 $Q = 8\text{m}^3/\text{s}$，不计摩擦阻力，试求水流对闸门的作用力。

5-57　如题图 5-57 所示空气均流以速度 $U = 1\text{m}/\text{s}$ 深入半径为 $R = 1.5\text{cm}$ 的圆管，深入到离入口距离为 l 时，形成抛物线形速度分布 $u = u_m(1 - r^2/R^2)$。若测得入口与截面上的压强差为 $p_1 - p_2 = 2\text{N}/\text{m}^2$，试求管壁对空气的摩擦阻力 F（空气密度 $\rho = 1.23\text{kg/m}^3$）。

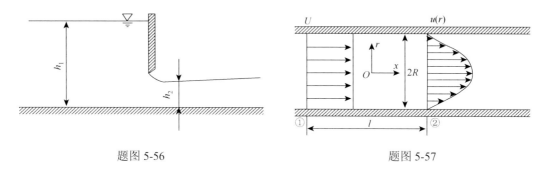

题图 5-56　　　　　　　　　　　　　　　　　题图 5-57

5-58　如题图 5-58 所示，矩形断面的平底渠道，其宽度 $B = 2.7\text{m}$，渠底在某断面处高 0.5m，该断面上游的水深为 2m，下游水面降低 0.15m，如忽略边壁和梁底阻力，试求：

（1）渠道的流量；

（2）水流对梁底的冲力。

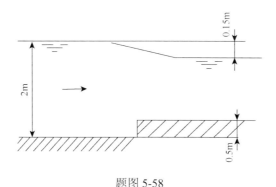

题图 5-58

5-59　水进入轴流式涡机转子，其绝对速度切向分量 $V_\theta = 4.5\text{m}$，对应的叶片速度 $U = 15\text{m}$。水离开动叶片时没有角动量。如果涡轮的滞止压降为 83kPa，请确定涡轮的液压效率。

第6章 流体流动的微分分析法

6.1 流体微元的运动分析

本节将对流场中流体微元运动行为进行数学描述。如图 6-1 所示，矩形流体微元在很短的时间间隔内由初始位置移动到另一个位置，由于流体的易变形性，流体的运动形态较为复杂，流体微元在发生位移的同时也发生了体积变化（线性变形）、旋转和形状变化（角变形）。由于流体微元的运动和变形与整个流场的速度和速度变化密切相关，因此本章将简要回顾速度场和加速度场的描述方式，以获得流体微元的运动和变形过程。

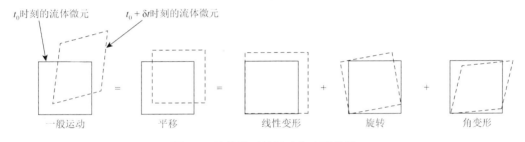

图 6-1 流体微元的运动和变形类型

6.1.1 速度场和加速度场

速度场是流体力学中最基本的场，由同一时刻流动空间各坐标点上的速度矢量构成。通过分析速度场可得到许多流场属性，例如用速度分布方式分析流体元的运动和变形；对速度场进一步分析得到的加速度场则可以用来计算流体的应力场等。因此常将速度场等同于流场。

在直角坐标系中，速度场用符号 $V(x,y,z,t)$ 表示，这意味着流体质点的速度矢量不仅取决于它所在的位置，还与时刻有关。这种描述流体运动的方法称为欧拉法，可以用图 6-2 所示的三个正交分量来表示速度，

$$V = u\hat{i} + v\hat{j} + w\hat{k} \tag{6-1}$$

式中，u、v、w 分别为速度在 x、y、z 轴方向上的分量；$\hat{i}$、$\hat{j}$、$\hat{k}$ 为对应的单位矢量，这些分量通常都是 x、y、z 和 t 的函数。

由前文中对速度场的描述可知，在欧拉坐标下流体微元的加速度可以表示为

$$a = \frac{\partial V}{\partial t} + u\frac{\partial V}{\partial x} + v\frac{\partial V}{\partial y} + w\frac{\partial V}{\partial z} \tag{6-2}$$

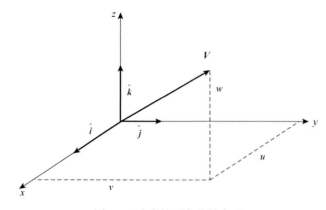

图 6-2　速度的正交分量表示

分量形式为

$$a_x = \frac{\partial u}{\partial t} + u\frac{\partial u}{\partial x} + v\frac{\partial u}{\partial y} + w\frac{\partial u}{\partial z} \tag{6-3a}$$

$$a_y = \frac{\partial v}{\partial t} + u\frac{\partial v}{\partial x} + v\frac{\partial v}{\partial y} + w\frac{\partial v}{\partial z} \tag{6-3b}$$

$$a_z = \frac{\partial w}{\partial t} + u\frac{\partial w}{\partial x} + v\frac{\partial w}{\partial y} + w\frac{\partial w}{\partial z} \tag{6-3c}$$

加速度可以简洁地表示为

$$\boldsymbol{a} = \frac{\mathrm{D}\boldsymbol{V}}{\mathrm{D}t} \tag{6-4}$$

式中算符

$$\frac{\mathrm{D}(\ )}{\mathrm{D}t} = \frac{\partial(\ )}{\partial t} + u\frac{\partial(\ )}{\partial x} + v\frac{\partial(\ )}{\partial y} + w\frac{\partial(\ )}{\partial z} \tag{6-5}$$

称为物质导数或随体导数，当强调质点运动时，常称为质点导数。向量形式为

$$\frac{\mathrm{D}(\ )}{\mathrm{D}t} = \frac{\partial(\ )}{\partial t} + (\boldsymbol{V}\cdot\nabla)(\ ) \tag{6-6}$$

式中右边第一项称为当地项，第二项称为对流项，梯度算子符号 $\nabla(\ )$ 可表示为

$$\nabla(\ ) = \frac{\partial(\ )}{\partial x}\hat{\boldsymbol{i}} + \frac{\partial(\ )}{\partial y}\hat{\boldsymbol{j}} + \frac{\partial(\ )}{\partial z}\hat{\boldsymbol{k}} \tag{6-7}$$

在下面的章节中将会看到，流体微元的运动和变形取决于速度场，而运动和引起运动的力之间的关系取决于加速度场。

6.1.2　线应变

流体微元最简单的运动方式是平移运动。如图 6-3 所示，在很短的时间间隔内，流体质点从 O 点移动到 O' 点。假设流体微元中所有的流体质点都具有相同的速度，那么流体微元将简单地从一个位置移动到另一个位置。然而，由于速度梯度的存在，流体微元在移动时通常会发生变形和旋转。考察单一方向的速度梯度 $\partial u / \partial x$ 对一个边长分别为 δx、

δy 和 δz 的小立方体产生的影响，如图 6-4（a）所示，如果 O 点和 B 点处速度的 x 方向分量为 u，则附近的 A 点和 C 点处速度的 x 方向分量可表示为 $u+(\partial u/\partial x)\delta x$。在很短的时间间隔 δt 内，这一速度差导致了体积元的"拉伸"，拉伸量为 $(\partial u/\partial x)(\delta x)(\delta t)$，在此过程中，线段 OA 延伸到 OA'，线段 BC 延伸到 BC'［图 6-4（b）］。初始体积为 $\delta V=\delta x\delta y\delta z$，相应地产生 $\delta V\left(\dfrac{\partial u}{\partial x}\delta x\right)(\delta y\delta z)\delta t$ 的变化量，因此速度梯度 $\partial u/\partial x$ 引起体积 δV 的单位体积变化率为

$$\varepsilon_{xx}=\frac{1}{\delta V}\frac{\mathrm{d}(\delta V)}{\mathrm{d}t}=\lim_{\delta t\to 0}\left[\frac{(\partial u/\partial x)\delta t}{\delta t}\right]=\frac{\partial u}{\partial x} \tag{6-8}$$

式中，ε_{xx} 表示流体体元（在二维流动中是面元）在 x 方向的局部瞬时相对伸长速率，称为线应变速率，简称线应变。同理，在 y、z 方向速度梯度 $\partial v/\partial y$ 和 $\partial w/\partial z$ 引起的体积 δV 的单位体积变化率分别为

$$\varepsilon_{yy}=\frac{1}{\delta V}\frac{\mathrm{d}(\delta V)}{\mathrm{d}t}=\lim_{\delta t\to 0}\left[\frac{(\partial v/\partial y)\delta t}{\delta t}\right]=\frac{\partial v}{\partial y} \tag{6-9}$$

$$\varepsilon_{zz}=\frac{1}{\delta V}\frac{\mathrm{d}(\delta V)}{\mathrm{d}t}=\lim_{\delta t\to 0}\left[\frac{(\partial w/\partial z)\delta t}{\delta t}\right]=\frac{\partial w}{\partial z} \tag{6-10}$$

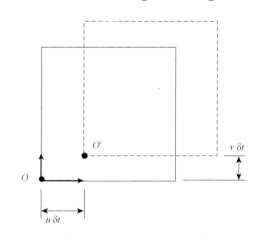

图 6-3　流体微元的平移运动

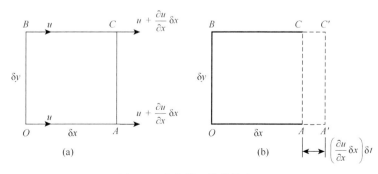

图 6-4　流体微元的线性变形

如果 $\partial u / \partial x$ 和 $\partial v / \partial y$ 同时存在，将引起 δV 在 x-y 平面上面元的扩张，这种局部瞬时面积相对扩张速率，简称为面积扩张率。因此，速度梯度 $\partial u / \partial x$ 和 $\partial v / \partial y$ 同时作用；引起体积 δV 的单位体积变化率，即面积扩张率为

$$\frac{1}{\delta V}\frac{\mathrm{d}(\delta V)}{\mathrm{d}t} = \frac{\partial u}{\partial x} + \frac{\partial v}{\partial y} = \nabla \cdot V \tag{6-11}$$

如果速度梯度 $\partial u / \partial x$、$\partial v / \partial y$ 和 $\partial w / \partial z$ 都存在，那么通过类似的分析可得

$$\frac{1}{\delta V}\frac{\mathrm{d}(\delta V)}{\mathrm{d}t} = \frac{\partial u}{\partial x} + \frac{\partial v}{\partial y} + \frac{\partial w}{\partial z} = \nabla \cdot V \tag{6-12}$$

这种单位体积的体积变化率称为体积膨胀率。当流场中的流体微元从一个位置移动到另一个位置时，流体的体积可能会产生变化。但对于不可压缩流体，因为体积膨胀为零，如果流体密度不改变，那么流体微元的体积就不能改变，毕竟流体微元的质量是恒定的。速度在各分量方向上的变化，如 $\partial u / \partial x$、$\partial v / \partial y$ 和 $\partial w / \partial z$，只会引起流体微元的线性变形，不改变流体微元的形状。而交叉导数，如 $\partial u / \partial y$ 和 $\partial v / \partial x$，则会导致流体微元发生旋转，且通常会发生角变形，从而改变流体微元的形状。

6.1.3 角变形

为便于理解，本节只考虑流体微元在 x-y 二维平面上的运动，但得到的结果可以很容易地推广到三维情况。引起旋转和角变形的速度变化如图 6-5（a）所示，一对正交于 O 点的线段 OA 和 OB，长度分别为 δx 和 δy。设速度分量 u 沿 y 方向存在梯度 $\partial u / \partial y$，速度分量 v 沿 x 方向存在梯度 $\partial v / \partial x$。在很短的时间间隔 δt 内，O 点邻域内的正交线元 OA 和 OB 分别转过角度 $\delta \alpha$ 和 $\delta \beta$ 到达新的位置 OA' 和 OB'，如图 6-5（b）所示。线段 OA 的旋转角速度 ω_{OA} 表达式为

$$\omega_{OA} = \lim_{\delta t \to 0}\frac{\delta \alpha}{\delta t}$$

当旋转角度很小时，可近似认为

$$\tan\delta\alpha \approx \delta\alpha = \frac{(\partial v / \partial x)\delta x \delta t}{\delta x} = \frac{\partial v}{\partial x}\delta t \tag{6-13}$$

因此，

$$\omega_{OA} = \lim_{\delta t \to 0}\left[\frac{(\partial v / \partial x)\delta t}{\delta t}\right] = \frac{\partial v}{\partial x}$$

若 $\partial v / \partial x$ 为正，则代表 ω_{OA} 为逆时针方向旋转。同理，线段 OB 的角速度为

$$\omega_{OB} = \lim_{\delta t \to 0}\frac{\delta \beta}{\delta t}$$

$$\tan\delta\beta \approx \delta\beta = \frac{(\partial u / \partial y)\delta y \delta t}{\delta y} = \frac{\partial u}{\partial y}\delta t \tag{6-14}$$

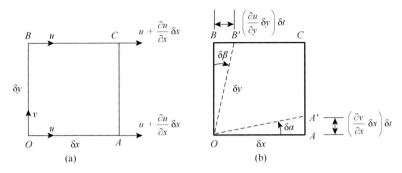

图 6-5　流体微元的角运动和角变形

因此，

$$\omega_{OB} = \lim_{\delta t \to 0} \left[\frac{(\partial u / \partial y)\delta t}{\delta t} \right] = \frac{\partial u}{\partial y}$$

从图 6-5（b）可以看出，流体微元的旋转与微分 $\partial u / \partial y$ 和 $\partial v / \partial x$ 有关，这些微分可以引起流体微元的角变形，导致流体微元的形状发生改变。OA 和 OB 构成的初始直角上发生的变化称为切应变 $\delta \gamma$，由图 6-5（b）可以得到

$$\delta \gamma = \delta \alpha + \delta \beta$$

式中的 $\delta \gamma$ 在初始直角减小时为正。$\delta \gamma$ 的变化率称为切变率或角变形率，通常表示为 $\dot{\gamma}$。定义一点邻域内流体的角变形速率为正交于该点的两线元夹角的瞬时变化率，因此 x-y 平面内的角变形速率为

$$\dot{\gamma}_{xy} = \dot{\gamma}_{yx} = \frac{\mathrm{d}\gamma_{xy}}{\mathrm{d}t} = \lim_{\delta t \to 0} \frac{\delta \alpha + \delta \beta}{\delta t} = \frac{\partial v}{\partial x} + \frac{\partial u}{\partial y} \qquad (6\text{-}15)$$

若 $\dot{\gamma}_{xy}$ 为正，代表正交线元的夹角减小；反之，则代表正交线元的夹角增大。同理，x-z 平面内的角变形速率为

$$\dot{\gamma}_{xz} = \dot{\gamma}_{zx} = \frac{\partial \omega}{\partial x} + \frac{\partial u}{\partial z} \qquad (6\text{-}16)$$

y-z 平面内的角变形速率为

$$\dot{\gamma}_{yz} = \dot{\gamma}_{zy} = \frac{\partial \omega}{\partial y} + \frac{\partial v}{\partial z} \qquad (6\text{-}17)$$

与角速度表达式类似，角变形速率还可以定义为：某一点邻域内正交于该点的两线元的瞬时角变化率的平均值，用 $\varepsilon_{ij}(i \neq j)$ 表示。因此，x-y 平面、x-z 平面和 y-z 平面内的角变形速率可分别表示为

$$\varepsilon_{xy} = \frac{1}{2}\dot{\gamma}_{xy} = \frac{1}{2}\left(\frac{\partial v}{\partial x} + \frac{\partial u}{\partial y} \right) \qquad (6\text{-}18)$$

$$\varepsilon_{xz} = \frac{1}{2}\dot{\gamma}_{xz} = \frac{1}{2}\left(\frac{\partial \omega}{\partial x} + \frac{\partial u}{\partial z} \right) \qquad (6\text{-}19)$$

$$\varepsilon_{yz} = \frac{1}{2}\dot{\gamma}_{yz} = \frac{1}{2}\left(\frac{\partial \omega}{\partial y} + \frac{\partial v}{\partial z} \right) \qquad (6\text{-}20)$$

上式与式（6-17）的定义相似，仅差一个系数 1/2。

6.1.4　流体的旋转

如图 6-4 所示，一对正交线元 OA 和 OB 绕 O 点的旋转运动。在式（6-10）和式（6-11）基础上，如果 $\partial u / \partial y$ 为正，则代表 ω_{OB} 为顺时针方向旋转。定义一点邻域内流体绕 z 轴旋转角速度为在 x-y 平面内正交于该点的两线元绕该点旋转角速度的平均值，因此，如果设逆时针旋转为正，则

$$\omega_z = \frac{1}{2}\left(\frac{\partial v}{\partial x} - \frac{\partial u}{\partial y}\right) \tag{6-21}$$

流体微元绕另外两个坐标轴的旋转角速度可以通过相似的方法得到，绕 x 轴的旋转角速度为

$$\omega_x = \frac{1}{2}\left(\frac{\partial w}{\partial y} - \frac{\partial v}{\partial z}\right) \tag{6-22}$$

绕 y 轴的旋转角速度为

$$\omega_y = \frac{1}{2}\left(\frac{\partial u}{\partial z} - \frac{\partial w}{\partial x}\right) \tag{6-23}$$

结合三个角速度分量 ω_x、ω_y、ω_z 可以得到流场中一点邻域内的角速度矢量 $\boldsymbol{\omega}$ 为

$$\boldsymbol{\omega} = \omega_x \hat{\boldsymbol{i}} + \omega_y \hat{\boldsymbol{j}} + \omega_z \hat{\boldsymbol{k}} \tag{6-24a}$$

考察上式，发现 $\boldsymbol{\omega}$ 等于速度矢量旋度的 1/2，即

$$\boldsymbol{\omega} = \frac{1}{2}\nabla \times \boldsymbol{V} \tag{6-24b}$$

上式中矢量运算符 $\nabla \times \boldsymbol{V}$ 称为速度旋度，其定义为

$$\frac{1}{2}\nabla \times \boldsymbol{V} = \frac{1}{2}\begin{vmatrix} \hat{\boldsymbol{i}} & \hat{\boldsymbol{j}} & \hat{\boldsymbol{k}} \\ \dfrac{\partial}{\partial x} & \dfrac{\partial}{\partial y} & \dfrac{\partial}{\partial z} \\ u & v & w \end{vmatrix}$$

$$= \frac{1}{2}\left(\frac{\partial w}{\partial y} - \frac{\partial v}{\partial z}\right)\hat{\boldsymbol{i}} + \frac{1}{2}\left(\frac{\partial u}{\partial z} - \frac{\partial w}{\partial x}\right)\hat{\boldsymbol{j}} + \frac{1}{2}\left(\frac{\partial v}{\partial x} - \frac{\partial u}{\partial y}\right)\hat{\boldsymbol{k}}$$

定义涡量 ζ 为角速度矢量的 2 倍，即

$$\zeta = 2\boldsymbol{\omega} = \nabla \times \boldsymbol{V} \tag{6-25}$$

使用涡量描述流体的旋转特性避免了与角速度矢量相关的（1/2）因子。

由式（6-21）可知，只有当 $\partial u / \partial y = -\partial v / \partial x$ 时，流体微元才能被视为刚体（即 $\omega_{OA} = \omega_{OB}$）绕 z 轴旋转。否则，流体微元旋转的同时将发生角变形。由式（6-21）还可看到，当 $\partial u / \partial y = \partial v / \partial x$ 时，流体微元绕 z 轴的旋转角速度为零。换句话说，若 $\nabla \times \boldsymbol{V} = 0$，则角速度和涡量同时为零，满足此条件的流场称为无旋场。无旋条件往往能够大幅度简化复杂流场的分析。但是，流场能够简化为无旋流场的条件目前尚不明了，本书将在后续章节中更全面地阐述这一概念。

例 6.1　涡量。

已知：在一特定的二维流场中，速度由下式确定：

$$V = (x^2 - y^2)\hat{\boldsymbol{i}} - 2xy\hat{\boldsymbol{j}}$$

问题：

流场是否无旋？

解：对于无旋流场，由式（6.12）～式（6.14）给出的角速度矢量 $\boldsymbol{\omega}$ 的各分量必须为 0。根据上述速度表达式可知：

$$u = x^2 - y^2, \quad v = -2xy, \quad w = 0$$

因此，

$$\omega_x = \frac{1}{2}\left(\frac{\partial w}{\partial y} - \frac{\partial v}{\partial z}\right) = 0$$

$$\omega_y = \frac{1}{2}\left(\frac{\partial u}{\partial z} - \frac{\partial w}{\partial x}\right) = 0$$

$$\omega_z = \frac{1}{2}\left(\frac{\partial v}{\partial x} - \frac{\partial u}{\partial y}\right) = \frac{1}{2}\left[(-2y) - (-2y)\right] = 0$$

因此，流场是无旋的。

讨论：注意，对于二维流场（$x\text{-}y$ 平面上）ω_x 和 ω_y 永远是 0，因为根据二维流场的定义，u 和 v 不是 z 的函数，且 w 为 0。在这个例子中，流场无旋的条件为 $\omega_z = 0$ 或 $\dfrac{\partial v}{\partial x} = \dfrac{\partial u}{\partial y}$。

本例中二维定常流场的流线如图 6-6 所示。注意到所有的流线（除了过原点的流线）都是曲线。然而，由于流场是无旋的，流体微元不存在旋转运动，即图 6-4 中的线段 *OA* 和 *OB* 以相同的速度沿相反的方向旋转。

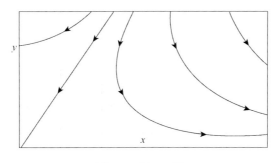

图 6-6　例 6.1 图

如式（6-25）所示，无旋条件等价于涡度 ζ 为 0 或速度的旋度为 0。

例 6.2　流场运动学特性。

已知：在一特定的二维流场中，速度由下式确定：

$$V = -2y\hat{\boldsymbol{i}} + 2x\hat{\boldsymbol{j}}$$

问题：该流场的运动学特性。

解：根据式（6-8）和式（6-9），x，y方向的线应变率和 x-y 平面内的角变形率分别为

$$\varepsilon_{xx} = \frac{\partial u}{\partial x} = 0$$

$$\varepsilon_{yy} = \frac{\partial v}{\partial y} = 0$$

$$\dot{\gamma}_{xy} = \dot{\gamma}_{yx} = \frac{\partial v}{\partial x} + \frac{\partial u}{\partial y} = -2 + 2 = 0$$

说明在 x，y 方向无线性，在 x-y 平面内无角变形。由式（6-11）可得面积扩张率为

$$\nabla \cdot V = \frac{\partial u}{\partial x} + \frac{\partial v}{\partial y} = 0$$

说明流体流动时流体微元不产生变形。由式（6-21），流体的旋转角速度为

$$\omega_z = \frac{1}{2}\left(\frac{\partial v}{\partial x} - \frac{\partial u}{\partial y}\right) = \frac{1}{2}[2 - (-2)] = 2$$

说明流体微元像刚体一样绕 z 轴做均匀角速度旋转，故称为刚体旋转流动，其动力学分析可按静力学方法处理。

例 6.3 线变形与旋转。

已知：速度场为

$$u = 5x^2 y$$

$$v = xy + yz + z^2$$

$$w = -3xz - z^2/2 + 4$$

问题：

（a）求微元体体积膨胀率；

（b）求微元体的旋转角速度。

解：

（a）由单位体积的体积膨胀率定义式（6-12）可知：

$$\frac{1}{\delta \mathcal{V}}\frac{\mathrm{d}(\delta \mathcal{V})}{\mathrm{d}t} = \nabla \cdot V = \frac{\partial u}{\partial x} + \frac{\partial v}{\partial y} + \frac{\partial w}{\partial z}$$

$$= 10xy + (x + z) + (-3x - z) = -2x + 10xy$$

（b）由式（6-21）、式（6-22）、式（6-23）给出的角速度矢量 $\boldsymbol{\omega}$ 的定义可得

$$\omega_x = \frac{1}{2}\left(\frac{\partial w}{\partial y} - \frac{\partial v}{\partial z}\right) = \frac{1}{2}[0 - (y + 2z)] = -\frac{y}{2} - z$$

$$\omega_y = \frac{1}{2}\left(\frac{\partial u}{\partial z} - \frac{\partial w}{\partial x}\right) = \frac{1}{2}[0 - (-3z)] = \frac{3z}{2}$$

$$\omega_z = \frac{1}{2}\left(\frac{\partial v}{\partial x} - \frac{\partial u}{\partial y}\right) = \frac{1}{2}\left(y - 5x^2\right) = \frac{y}{2} - \frac{5x^2}{2}$$

6.1.5 亥姆霍兹速度分解定理

根据以上的各定义式，可将流场中任意一点的运动表示为平移运动、角变形以及绕轴旋转运动的叠加。

为便于理解，以平面二维流动为例，用类似方法可以很容易推导出三维表达式。如图 6-7 所示，设在某时刻 x-y 平面流场中，点 O_0 (x, y) 的速度为 $V(O_0) = u\boldsymbol{i} + v\boldsymbol{j}$。此时，邻近点 O $(x + dx, y + dy)$ 的速度为 $V(O)$。由于 dx, dy 是小量，对 $V(O)$ 进行泰勒级数展开，并忽略二阶以上小量，

$$V(O) = V(O_0) + \frac{\partial V}{\partial x}dx + \frac{\partial V}{\partial y}dy$$

x 方向分量式为

$$u(O) = u(O_0) + \frac{\partial u}{\partial x}dx + \frac{\partial u}{\partial y}dy \tag{6-26a}$$

y 方向分量式为

$$u(O) = u(O_0) + \frac{\partial v}{\partial x}dx + \frac{\partial v}{\partial y}dy \tag{6-26b}$$

在式（6-26a）的右侧同时加减 $\frac{1}{2}\frac{\partial v}{\partial x}dy$ 项，并进行配项整理；同理，在式（6-26b）的右侧同时加减 $\frac{1}{2}\frac{\partial u}{\partial y}dx$ 项，并进行配项整理，得

$$u(O) = u(O_0) + \frac{1}{2}\left(\frac{\partial u}{\partial y} - \frac{\partial v}{\partial x}\right)dy + \frac{\partial u}{\partial x}dx + \frac{1}{2}\left(\frac{\partial u}{\partial y} + \frac{\partial v}{\partial x}\right)dy \tag{6-27a}$$

$$v(O) = v(O_0) + \frac{1}{2}\left(\frac{\partial v}{\partial x} - \frac{\partial u}{\partial y}\right)dx + \frac{\partial v}{\partial y}dy + \frac{1}{2}\left(\frac{\partial v}{\partial x} + \frac{\partial u}{\partial y}\right)dx \tag{6-27b}$$

$$\textcircled{1} \qquad\qquad \textcircled{2} \qquad\qquad \textcircled{3} \qquad \textcircled{4}$$

与式（6-12）、式（6-14）、式（6-8）、式（6-11）和式（6-15）联系起来，可以发现式（6-27a）、式（6-27b）右侧各项依次代表：①质点 O_0 的平移速度；②O 点绕 O_0 点旋转引起的相对速度；③两点间线元线应变速率引起的相对速度；④两点间面积元角变形速率引起的相对速度。

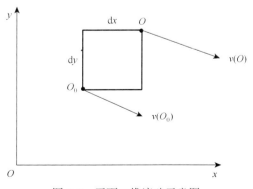

图 6-7　平面二维流动示意图

　　在本章的其余部分，将看到在本节中得到的各种运动学关系是如何在控制流体运动的微分方程的推导及后续分析中发挥重要作用的。

6.2　微分形式的连续性方程

　　质量守恒要求系统的质量 M 在系统通过流场时保持恒定，该原理的数学形式为

$$\frac{\mathrm{D}M_{\mathrm{sys}}}{\mathrm{D}t}=0$$

控制体形式为

$$\frac{\partial}{\partial t}\int_{\mathrm{CV}}\rho\mathrm{d}V+\int_{\mathrm{CS}}\rho V\cdot n\mathrm{d}A=0 \tag{6-28}$$

其中，方程（通常称为连续性方程）可以应用于有限的控制体（CV），其边界为控制面（CS）。式（6-28）左侧的第一个积分表示控制体内流体质量的变化速率，第二个积分表示流体质量流出控制表面的净速率（质量流出速率 – 质量流入速率）。为了得到连续性方程的微分形式，将式（6-28）应用于一个无穷小的控制体进行分析。

6.2.1　连续性方程的推导

　　将图 6-8（a）所示边长分别为 δx、δy、δz 的静止立方体流体微元作为控制体。流体微元密度为 ρ，三个分量速度分别为 u、v、w，速度、密度均是欧拉变量 x、y、z 的函数。由于微元较小，故式（6-28）中的体积积分可以表示为

$$\frac{\partial}{\partial t}\int_{\mathrm{CV}}\rho\mathrm{d}V\approx\frac{\partial\rho}{\partial t}\delta x\delta y\delta z \tag{6-29}$$

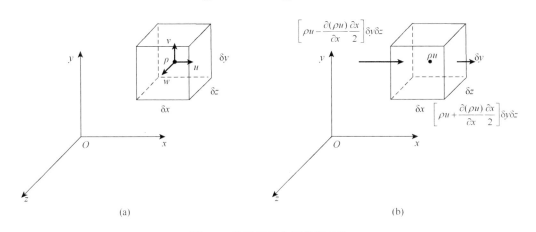

图 6-8　推导质量守恒的微元体

　　分别考察每个坐标轴方向上的流动，可以得到进出控制体表面的质量流量。图 6-8（b）描述了 x 方向的流体流动。如果用 ρu 代表微元中心处单位面积的质量流量的 x 方向分量，那么通过右侧流出控制体单位面积的质量流量为

$$\rho u\big|_{x+(\delta x/2)} = \rho u + \frac{\partial(\rho u)}{\partial x}\frac{\delta x}{2}$$

通过左侧流入控制体单位面积的质量流量为

$$\rho u\big|_{x-(\delta x/2)} = \rho u - \frac{\partial(\rho u)}{\partial x}\frac{\delta x}{2}$$

这里对 ρu 运用了泰勒级数展开，并忽略二阶以上小量，如 $(\delta x)^2$、$(\delta x)^3$ 等。分别将以上两式的右侧乘以面积 $\delta y\delta z$，得到流经控制体左右两面的质量流量，如图 6-8（b）所示。沿 x 方向流出控制体的净流体质量（图 6-9）为

$$x\text{方向净流体质量流出速率} = \left[\rho u + \frac{\partial(\rho u)}{\partial x}\frac{\delta x}{2}\right]\delta y\delta z$$

$$-\left[\rho u + \frac{\partial(\rho u)}{\partial x}\frac{\delta x}{2}\right]\delta y\delta z = \frac{\partial(\rho u)}{\partial x}\delta x\delta y\delta z \qquad （6\text{-}30）$$

同理，可分别计算 y 和 z 方向净流出控制体的质量流量为

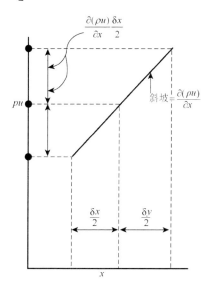

$$y\text{方向净质量流出速率} = \frac{\partial(\rho v)}{\partial y}\delta x\delta y\delta z \qquad （6\text{-}31）$$

$$z\text{方向净质量流出速率} = \frac{\partial(\rho w)}{\partial z}\delta x\delta y\delta z \qquad （6\text{-}32）$$

因此，

$$\text{净质量流出速率} = \left[\frac{\partial(\rho u)}{\partial x} + \frac{\partial(\rho v)}{\partial y} + \frac{\partial(\rho w)}{\partial z}\right]\delta x\delta y\delta z$$

$$（6\text{-}33）$$

由式（6-28）、式（6-29）和式（6-33）联立，将等式两端同时消去 $\delta x\delta y\delta z$，可得质量守恒方程的微分形式为

$$\frac{\partial\rho}{\partial t} + \frac{\partial(\rho u)}{\partial x} + \frac{\partial(\rho v)}{\partial y} + \frac{\partial(\rho w)}{\partial z} = 0 \qquad （6\text{-}34）$$

图 6-9　x 方向流出控制体的净流体质量分析示意图

上述方程通常也称为连续性方程。

式（6-34）所示的连续性方程是流体力学的基本方程之一，适用于定常或非定常流动，以及可压缩或不可压缩流体。式（6-34）的向量形式为

$$\frac{\partial\rho}{\partial t} + \nabla\cdot\rho\boldsymbol{V} = 0 \qquad （6\text{-}35）$$

利用散度公式

$$\nabla\cdot(\rho\boldsymbol{V}) = \boldsymbol{V}\cdot\nabla\rho + \rho\nabla\cdot\boldsymbol{V}$$

并运用质点导数表达式，式（6-28）可改写成

$$\frac{\mathrm{D}\rho}{\mathrm{D}t} + \rho\nabla\cdot\boldsymbol{V} = 0 \qquad （6\text{-}36）$$

式（6-35）和式（6-36）称为微分形式的连续性方程。为使式（6-36）物理意义展示得更明显，也可改写成

$$\nabla \cdot V = -\frac{1}{\rho}\frac{\mathrm{D}\rho}{\mathrm{D}t} \tag{6-37}$$

上式左边为速度散度，代表了一点邻域内流体体积相对膨胀率；等式右侧代表了一点邻域内流体密度的相对减少率。因此，式（6-37）的意义为流场中任意一点邻域内流体体积相对膨胀率等于流体密度的相对减少率。

在不同条件下，连续性方程存在不同形式。

（1）对于定常可压缩流体，有

$$\nabla \cdot \rho V = 0$$

在直角坐标系中可描述为

$$\frac{\partial(\rho u)}{\partial x}+\frac{\partial(\rho v)}{\partial y}+\frac{\partial(\rho w)}{\partial z}=0 \tag{6-38}$$

根据定义，定常流动代表方程不再是时间的函数，而是空间位置的函数。

（2）对于不可压缩流体，流体密度在整个流场中保持常数，因此式（6-35）变为

$$\nabla \cdot V = 0 \tag{6-39}$$

直角坐标系中可描述为

$$\frac{\partial u}{\partial x}+\frac{\partial v}{\partial y}+\frac{\partial w}{\partial z}=0 \tag{6-40}$$

式（6-40）适用于不可压缩流体的定常和非定常流动。但是式（6-40）与体积膨胀率为零时得到的方程（6-12）相同。因为这两者都是基于不可压缩流体的质量守恒建立的，但是体积膨胀率的表达式是从系统方法推导出来的，而式（6-40）是用控制体法推导出来的。前者研究的是固定微分质量流体的变形，后者研究的是固定微分体积下的质量流量。

例 6.4 连续性方程。

已知：不可压缩、定常流场的速度分量为

$$u = x^2 + y^2 + z^2$$

$$v = xy + yz + z$$

问题：速度场 z 方向的表达式 w，使其满足连续性方程。

解：对于不可压缩流体，速度分布满足连续性方程：

$$\frac{\partial u}{\partial x}+\frac{\partial v}{\partial y}+\frac{\partial w}{\partial z}=0$$

对于给定的速度分布，有

$$\frac{\partial u}{\partial x}=2x \quad 及 \quad \frac{\partial v}{\partial y}=x+z$$

因此，满足条件的 $\partial w / \partial z$ 表达式为

$$\frac{\partial w}{\partial z}=-2x-(x+z)=-3x-z$$

对上式积分得到

$$w = -3xz - \frac{z^2}{2}+f(x,y)$$

讨论：第三个速度分量无法准确地确定下来，因为当满足质量守恒时，函数 $f(x,y)$ 可以存在许多形式。这个函数的具体形式取决于这些速度分量所描述的流场，也就是说，仍需要一些额外的信息才能确定 w。

6.2.2　圆柱坐标系下的连续性方程

对于某些问题，采用圆柱坐标描述各种微分关系比笛卡儿坐标更方便。如图 6-10 所示，在圆柱坐标系下，通过参数 r、θ 和 z 确定点的位置。r 代表所确定点与 z 轴之间的径向距离，θ 代表所确定点与原点的连线在 x-y 平面上投影相较于 x 轴正方向转过的角度（以逆时针作为正），z 是沿 z 轴方向的坐标。如图 6-10 所示，速度分量为径向速度 v_r、切向速度 v_θ 和轴向速度 v_z。因此，任意点 P 处的速度可以表示为

$$V = v_r\hat{e}_r + v_\theta\hat{e}_\theta + v_z\hat{e}_z \tag{6-41}$$

式中，$\hat{e}_r$、$\hat{e}_\theta$、$\hat{e}_z$ 分别为 r、θ 和 z 方向的单位矢量，如图 6-10 所示。当流动系统的边界为柱状时，使用圆柱坐标系可以便于求解。

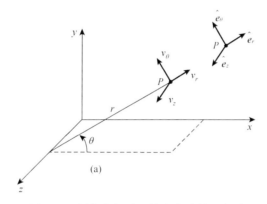

图 6-10　圆柱坐标系下的速度分量示意图

圆柱坐标系下连续性方程的微分形式为

$$\frac{\partial \rho}{\partial t} + \frac{1}{r}\frac{\partial(r\rho v_r)}{\partial r} + \frac{1}{r}\frac{\partial(\rho v_\theta)}{\partial \theta} + \frac{\partial(\rho v_z)}{\partial z} = 0 \tag{6-42}$$

因此，在圆柱坐标系中定常、可压缩流的连续性方程的微分形式为

$$\frac{1}{r}\frac{\partial(r\rho v_r)}{\partial r} + \frac{1}{r}\frac{\partial(\rho v_\theta)}{\partial \theta} + \frac{\partial(\rho v_z)}{\partial z} = 0 \tag{6-43}$$

在圆柱坐标系中不可压缩流（定常及非定常）的连续性方程的微分形式为

$$\frac{1}{r}\frac{\partial(rv_r)}{\partial r} + \frac{1}{r}\frac{\partial(v_\theta)}{\partial \theta} + \frac{\partial(v_z)}{\partial z} = 0 \tag{6-44}$$

6.2.3　流函数

对于定常、不可压缩、平面二维流动，连续性方程（6-40）简化为

$$\frac{\partial u}{\partial x} + \frac{\partial v}{\partial y} = 0 \qquad\qquad (6\text{-}45)$$

为将 u 和 v 两个变量联系起来，以满足式（6-45），u 和 v 可表示为某一标量函数 $\psi(x, y)$ 的偏导数

$$u = \frac{\partial \psi}{\partial y}, \quad v = -\frac{\partial \psi}{\partial x} \qquad\qquad (6\text{-}46)$$

将上式代入式（6-45）可得

$$\frac{\partial}{\partial x}\left(\frac{\partial \psi}{\partial y}\right) + \frac{\partial}{\partial y}\left(-\frac{\partial \psi}{\partial x}\right) = \frac{\partial^2 \psi}{\partial x \partial y} - \frac{\partial^2 \psi}{\partial y \partial x} = 0$$

$\psi(x, y)$ 称为流函数。当使用流函数定义速度分量时，质量守恒条件能够得到满足。利用流函数可以减少未知函数的数量，只需要确定一个未知的函数 $\psi(x, y)$，而不是两个函数 $u(x, y)$ 和 $v(x, y)$，极大地简化了分析过程（图 6-11）。

使用流函数的另一个好处是 ψ 的等值线即为流线。流线是流场中处处与速度矢量方向相切的线，如图 6-12 和图 6-13 所示。根据流线的定义，沿流线任意一点的斜率为

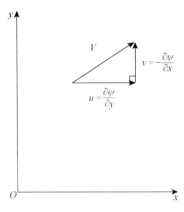

图 6-11 流函数与速度分量的关系

$$\frac{\mathrm{d}y}{\mathrm{d}x} = \frac{v}{u}$$

从点 (x, y) 移动到附近的点 $(x+\mathrm{d}x, y+\mathrm{d}y)$ 时，ψ 值的变化由下式确定：

$$\mathrm{d}\psi = \frac{\partial \psi}{\partial x}\mathrm{d}x + \frac{\partial \psi}{\partial y}\mathrm{d}y = -v\mathrm{d}x + u\mathrm{d}y$$

令 $\psi(x, y) =$ 常数，由上式可得

$$-v\mathrm{d}x + u\mathrm{d}y = 0$$

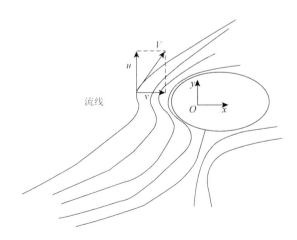

图 6-12 流线示意图

因此，沿等值线有

$$\frac{\mathrm{d}y}{\mathrm{d}x} = \frac{v}{u}$$

这恰好是流线的定义式。因此，如果知道函数 $\psi(x, y)$ ，可以绘制 ψ 的等值线，从而绘制流线簇，实现流动模式的可视化。

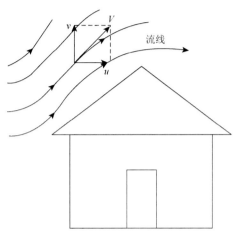

图 6-13　沿流线的速度及速度分量

令 ψ 等于任意一常数都可以绘制出一条等值线，因此可以得到无数条流线，组成一个特定的流场。

特定流线上 ψ 的具体数值并没有明确的含义，但 ψ 值的变化与体积流量相关。考虑图 6-14（a）中相近的两条流线，指定下方流线的流函数值为 ψ ，上方流线的流函数值为 $\psi + \mathrm{d}\psi$ ，用 $\mathrm{d}q$ 表示通过两流线之间的体积流量（单位宽度、垂直于 x-y 平面）。因为根据定义知速度与流线相切，所以流动不会穿过流线。根据质量守恒可知，通过图 6-14（a）中任意形状截面 AC 的净流入量 $\mathrm{d}q$ 一定等于通过面 AB 和 BC 的净流出量。

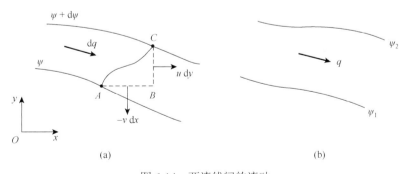

图 6-14　两流线间的流动

因此，

$$\mathrm{d}q = u\mathrm{d}y - v\mathrm{d}x$$

或采用流函数表达

$$dq = \frac{\partial \psi}{\partial y}dy - \frac{\partial \psi}{\partial x}dx \qquad (6\text{-}47)$$

式（6-47）的右式等于 $d\psi$，因此

$$dq = d\psi \qquad (6\text{-}48)$$

这样，流过两流线间［如图 6-14（b）中 ψ_1 和 ψ_2］的体积流量 q 可以通过对式（6-39）积分得到：

$$q = \int_{\psi_1}^{\psi_2} d\psi = \psi_2 - \psi_1 \qquad (6\text{-}49)$$

ψ_1 和 ψ_2 的相对大小决定了流动的方向（图 6-15）。

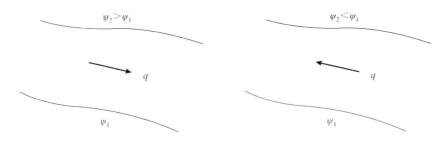

图 6-15　流函数相对大小与流动方向的关系

在圆柱坐标系下，平面二维不可压缩流的连续性方程可简化为

$$\frac{1}{r}\frac{\partial (rv_r)}{\partial r} + \frac{1}{r}\frac{\partial (v_\theta)}{\partial \theta} = 0 \qquad (6\text{-}50)$$

且速度分量 v_r、v_θ 可以通过下式与流函数 $\psi(r,\theta)$ 联系起来（图 6-16）

$$v_r = \frac{1}{r}\frac{\partial \psi}{\partial \theta}, \quad v_\theta = \frac{1}{r}\frac{\partial \psi}{\partial r} \qquad (6\text{-}51)$$

将这些速度分量的表达式代入式（6-50），满足连续性方程。流函数的概念可以推广到轴对称流动，如管道内流动或旋转体绕流，也可以推广到二维可压缩流动，但单一流函数不适用于一般的三维流动。

例 6.5　流函数。

已知：二维定常不可压缩流场中各速度分量为

$$u = 2y$$

$$v = 4x$$

问题：

（a）确定对应的流函数；

（b）上画出若干流线，并指出沿流线流动的方向。

解：

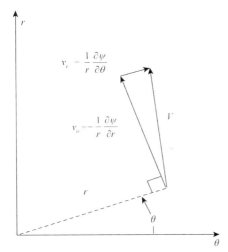

图 6-16　圆柱坐标系下流函数与
　　　　速度的关系

（a）由流函数的定义式（6-46）可知

$$u = \frac{\partial \psi}{\partial y} = 2y$$

$$v = -\frac{\partial \psi}{\partial x} = 4x$$

由第一个等式积分得到

$$\psi = y^2 + f_1(x)$$

式中，$f_1(x)$ 是关于 x 的任意函数。类似地，由第二个等式积分可得

$$\psi = -2x^2 + f_2(y)$$

式中，$f_2(y)$ 是关于 y 的任意函数。为了使流函数满足上述两个等式，

$$\psi = -2x^2 + y^2 + \mathrm{C}$$

式中，C 为任意常数。

讨论：由于速度只与流函数的导数有关，可以在流函数中添加任意常数，而不受该常数值的影响。为了简单起见，设 $C = 0$，因此对于本例，流函数最简单的形式为

$$\psi = -2x^2 + y^2 \tag{6-52}$$

这两个答案都是可以接受的。

（b）流线可以通过设 $\psi =$ 常数，并绘制对应曲线得到。由上述关于 ψ 的表达式（$C = 0$）可知，原点处 ψ 的值为零，因此通过原点的流线（$\psi = 0$ 对应的流线）的表达式为

$$0 = -2x^2 + y^2$$

或

$$y = \pm\sqrt{2}x$$

其他流线可以通过设 ψ 等于不同的常数得到。由式（6-52）可知，这些流线（$\psi \neq 0$）的方程可以写成以下形式：

$$\frac{y^2}{\psi} - \frac{x^2}{\psi/2} = 1$$

这就是双曲线方程。因此，流线是一组以 $\psi = 0$ 的流线为渐近线的双曲线。图 6-17 中绘制出了若干流线。沿着给定流线上任意点的流动方向可以很容易地推导出来。例如，$v = -\partial\psi/\partial x = 4x$，因此，$x > 0$ 则 $v > 0$，$x < 0$ 则 $v < 0$。流动方向已在图中标出。

例 6.6 流函数。

已知：速度场为

$$u = x - 2y$$

$$v = -2x - y$$

试求：

（a）此流场是否为不可压缩流场？

（b）若是，求流函数 ψ。

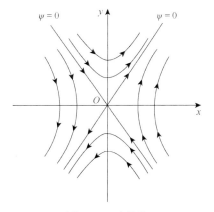

图 6-17 流线簇

解：

（a）由不可压缩流体的定义可知

$$\frac{\partial u}{\partial x} + \frac{\partial v}{\partial y} = 0$$

对于给定的速度分布，有

$$\frac{\partial u}{\partial x} + \frac{\partial v}{\partial y} = 1 - 1 = 0$$

因此该流场分布满足不可压缩流场条件。

（b）由流函数的定义式（6-46）可知

$$u = \frac{\partial \psi}{\partial y} = x - 2y$$

$$v = -\frac{\partial \psi}{\partial x} = -2x - y$$

将第一个等式积分得到

$$\psi = xy - y^2 + f_1(x)$$

式中，$f_1(x)$ 是关于 x 的任意函数。类似地，由第二个等式积分可得

$$\psi = x^2 + xy + f_2(y)$$

式中，$f_2(y)$ 是关于 y 的任意函数。为了使流函数满足上述两个等式，

$$\psi = x^2 + xy - y^2 + C$$

式中，C 为任意常数。

讨论：由于速度只与流函数的导数有关，可以在流函数中添加任意常数，而不受该常数值的影响。通常，为了简单起见，设 $C = 0$，因此对于本例，流函数最简单的形式为

$$\psi = x^2 + xy - y^2$$

6.3　微分形式的动量方程

为推导动量方程的微分形式，考察动量方程

$$F = \frac{\mathrm{D}\boldsymbol{P}}{\mathrm{D}t}\bigg|_{\text{sys}} \tag{6-53}$$

其中，$\boldsymbol{F}$ 是作用在流体质点上的合力；$\boldsymbol{P}$ 是动量，定义为

$$\boldsymbol{P} = \int_{\text{sys}} \boldsymbol{F}\mathrm{d}m$$

算符 D( )/Dt 是质点导数。前文中展示了式（6-53）如何用以下形式应用于有限控制体并解决各类流动问题。

$$\sum \boldsymbol{F}_{\text{控制体内流体}} = \frac{\partial}{\partial t}\int_{\text{CV}} \boldsymbol{V}\rho\mathrm{d}\mathcal{V} + \int_{\text{CS}} \boldsymbol{V}\rho\boldsymbol{V}\cdot\boldsymbol{n}\mathrm{d}A \tag{6-54}$$

为了得到动量方程的微分形式，将式（6-53）应用于质量 δm 构成的微分系统，或将式（6-54）应用于无穷小控制体 $\delta\mathcal{V}$，控制体边界为质量 δm 对应流体的初始边界。因此，将（6-53）应用于微分质量 δm 得到

$$\delta \boldsymbol{F} = \frac{\mathrm{D}(\boldsymbol{V}\delta m)}{\mathrm{D}t}$$

式中，$\delta \boldsymbol{F}$ 是作用于 δm 的合力。若采用这种系统方法，则 δm 可以视为常数，因此

$$\delta \boldsymbol{F} = \delta m \frac{\mathrm{D}\boldsymbol{V}}{\mathrm{D}t}$$

其中 $\mathrm{D}\boldsymbol{V}/\mathrm{D}t$ 是加速度 $\boldsymbol{a}$，因此

$$\delta \boldsymbol{F} = \delta m \boldsymbol{a} \tag{6-55}$$

也就是将牛顿第二定律应用于质量 δm。这与将式（6-44）应用到一个无穷小的控制体上所得到的结果是相同的。

6.3.1　微元体受力分析

流体微元易变形且运动状态复杂，因此要理清流体的运动过程，必须分析作用在每个流体元上的力。按照作用力性质不同，作用在流体微元上的力可分为两类。

一类是所谓质量力，作用于流体元的每个质点上，与受作用流体元的流体质量成正比。在均质流体中，质量与体积成正比，质量力与体积也成正比，故质量力又称为体积力。另一类是所谓表面力，作用于流体元的表面，与受作用流体元的表面积成正比。

1. 体积力

当流体元的局部性质（如密度、电磁强度、加速度等）不变时，体积力仅与流体元的体积有关，与流体的位置和形状无关。如图 6-18 所示，在流场中任取一点 $A(x,y,z)$，设该点邻域内流体密度为 $\rho(x,y,z)$，该点附近的流体元体积为 $\delta\tau$（如果不特别指明，流体元即指体积元），某时刻该流体元上受到的体积力为 $\delta \boldsymbol{F}_{\mathrm{b}}$。因此，单位质量流体受到的体积力 $\boldsymbol{f}$ 为

$$\boldsymbol{f}(x,y,z) = \lim_{\delta\tau \to 0} \frac{\delta \boldsymbol{F}_{\mathrm{b}}}{\rho\delta\tau} \tag{6-56}$$

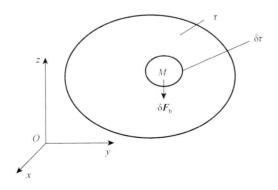

图 6-18　流体元受体积力示意图

直角坐标系中单位质量流体受到的体积力用分量式表示为

$$\boldsymbol{f} = f_x \hat{\boldsymbol{i}} + f_y \hat{\boldsymbol{j}} + f_z \hat{\boldsymbol{k}} \qquad (6\text{-}57)$$

因此，单位体积流体受到的体积力 $\rho \boldsymbol{f}$ 为

$$\rho \boldsymbol{f} = \lim_{\delta\tau \to 0} \frac{\delta \boldsymbol{F}_b}{\delta \tau} \qquad (6\text{-}58)$$

当只考虑一种体积力 $\delta \boldsymbol{F}_b$，即流体微元的重力，可以表示为

$$\delta \boldsymbol{F}_b = \delta m \boldsymbol{g} \qquad (6\text{-}59)$$

$\boldsymbol{g}$ 是重力加速度矢量，分量形式为

$$\delta F_{bx} = \delta m g_x \qquad (6\text{-}60\text{a})$$

$$\delta F_{by} = \delta m g_y \qquad (6\text{-}60\text{b})$$

$$\delta F_{bz} = \delta m g_z \qquad (6\text{-}60\text{c})$$

式中， g_x、 g_y 和 g_z 分别是重力加速度矢量在 x、 y 和 z 方向上的分量。

2. 表面力

表面力是流体微元与周围环境相互作用引起的，通常以作用在平面面积元上的短程力来定义表面力。在流体内的任意位置，作用于任意表面上的面积元 δA 上的力可用 δF_s 表示，如图 6-19 所示。通常 δF_s 不会垂直于表面，因此 δF_s 可以分解为三个分量，即 δF_n、 δF_1、 δF_2，其中， δF_n 垂直于面积元 δA， δF_1 和 δF_2 平行于面积元并相互正交。法向应力 σ_n 定义为

$$\sigma_n = \lim_{\delta A \to 0} \frac{\delta F_n}{\delta A}$$

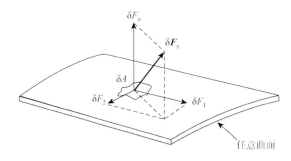

图 6-19　任意面积元上表面力的分量

切应力分别定义为

$$\tau_1 = \lim_{\delta A \to 0} \frac{\delta F_1}{\delta A}$$

及

$$\tau_2 = \lim_{\delta A \to 0} \frac{\delta F_2}{\delta A}$$

用 σ 表示法向应力，用 τ 表示切应力。如果确定了面积元的方向，物体内某一点处单位面积上的作用力强度就可以用一个法向应力和两个切应力来表示。如图 6-20 所示的直角坐标系，图 6-20（a）中与 y-z 平面平行的面 $ABCD$ 上，法向应力记为 σ_{xx}，切应力记为 τ_{xy} 和 τ_{xz}。这里使用了双下标表示法，第一个下标表示面积元的方位，第二个下标表示应力作用方向。因此，法向应力的两个下标是相同的，而切应力的两个下标总是不同的。如果外法线方向指向坐标轴负方向，如图 6-20（b）中面 $A'B'C'D'$ 的情形，则认为应力方向指向坐标轴负方向时为正。因此，图 6-20（b）中所示的应力方向为正，此时材料受到"拉伸"。

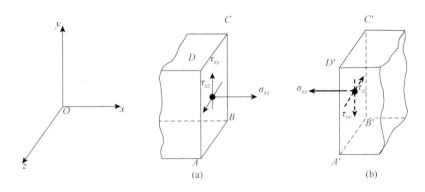

图 6-20　应力的双下标表示法

现在，可以通过作用于流体微元表面上的应力来表示作用于立方体流体微元的表面力，如图 6-21 所示。通过泰勒级数展开，各面上的应力可以由图 6-21 中流体微元中心处的应力及其在各坐标轴方向上的梯度来表示。为简单起见，只以 x 方向为例，对 x 方向上的所有力求和，得到

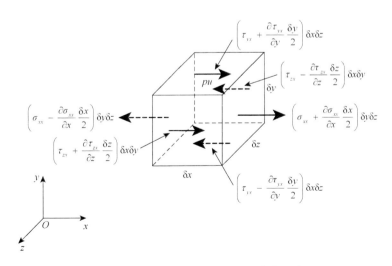

图 6-21　作用于流体微元的 x 方向表面力

$$\delta F_{sx} = \left(\frac{\partial \sigma_{xx}}{\partial x} + \frac{\partial \tau_{yx}}{\partial y} + \frac{\partial \tau_{zx}}{\partial z} \right) \delta x \delta y \delta z \qquad (6\text{-}61\text{a})$$

用同样的方法，可以得到 y 和 z 方向上的合表面力，表示为

$$\delta F_{sy} = \left(\frac{\partial \tau_{xy}}{\partial x} + \frac{\partial \sigma_{yy}}{\partial y} + \frac{\partial \tau_{zy}}{\partial z} \right) \delta x \delta y \delta z \qquad (6\text{-}61\text{b})$$

$$\delta F_{sz} = \left(\frac{\partial \tau_{xz}}{\partial x} + \frac{\partial \tau_{yz}}{\partial y} + \frac{\partial \sigma_{zz}}{\partial z} \right) \delta x \delta y \delta z \qquad (6\text{-}61\text{c})$$

现在，合表面力可以表示为

$$\delta \boldsymbol{F}_s = \delta F_{sx} \hat{\boldsymbol{i}} + \delta F_{sy} \hat{\boldsymbol{j}} + \delta F_{sz} \hat{\boldsymbol{k}} \qquad (6\text{-}62)$$

结合体积力 $\delta \boldsymbol{F}_b$，得到作用于微元质量上的合力 $\delta \boldsymbol{F}$，即 $\delta \boldsymbol{F} = \delta \boldsymbol{F}_s + \delta \boldsymbol{F}_b$。

6.3.2　动量方程

现在可以结合体积力和表面力的表达式，以及式（6-55）建立动量方程，其中式（6-55）的分量形式为

$$\delta F_x = \delta m a_x$$
$$\delta F_y = \delta m a_y$$
$$\delta F_z = \delta m a_z$$

式中 $\delta m = \rho \delta x \delta y \delta z$，取线尺度趋于零的极限值，并运用质点导数公式，加速度分量如式（6-3）所示，现在式（6-60）和式（6-61）可以写为

$$\rho g_x + \frac{\partial \sigma_{xx}}{\partial x} + \frac{\partial \tau_{yx}}{\partial y} + \frac{\partial \tau_{zx}}{\partial z} = \rho \left(\frac{\partial u}{\partial t} + u \frac{\partial u}{\partial x} + v \frac{\partial u}{\partial y} + w \frac{\partial u}{\partial z} \right) \qquad (6\text{-}63\text{a})$$

$$\rho g_y + \frac{\partial \tau_{xy}}{\partial x} + \frac{\partial \sigma_{yy}}{\partial y} + \frac{\partial \tau_{zy}}{\partial z} = \rho \left(\frac{\partial v}{\partial t} + u \frac{\partial v}{\partial x} + v \frac{\partial v}{\partial y} + w \frac{\partial v}{\partial z} \right) \qquad (6\text{-}63\text{b})$$

$$\rho g_z + \frac{\partial \tau_{xz}}{\partial x} + \frac{\partial \tau_{yz}}{\partial y} + \frac{\partial \sigma_{zz}}{\partial z} = \rho \left(\frac{\partial w}{\partial t} + u \frac{\partial w}{\partial x} + v \frac{\partial w}{\partial y} + w \frac{\partial w}{\partial z} \right) \qquad (6\text{-}63\text{c})$$

式中消去了微元体积 $\delta x \delta y \delta z$。

用爱因斯坦标记法，以上三式可以写成更简洁的形式：惯性项用矢量质点导数式，黏性项用应力张量的散度表示

$$\rho \frac{\mathrm{D}\boldsymbol{V}}{\mathrm{D}t} = \rho f + \nabla \cdot p_{ij} \qquad (6\text{-}64)$$

式（6-63）和式（6-64）为微分形式的流体动量方程，又称为流体运动一般微分方程，适用于任何连续介质（固体或流体）的运动或静止过程。因此，对于不同类型的流体，式（6-63）可化为不同的形式。

6.4　无黏性流动

流体的黏性使流体在运动的过程中产生切应力。一些常见的流体（如空气和水）黏度很小，因此在某些情况下，可以忽略黏度对流动的影响（从而忽略切应力）。当流场中的切应力可以忽略不计时，称这样的流动是无黏性流动，此时流体质点的法向应力与方向无关，即 $\sigma_{xx} = \sigma_{yy} = \sigma_{zz}$。把压强 p 定义为法向应力的负值，因此有

$$-p = \sigma_{xx} = \sigma_{yy} = \sigma_{zz} \tag{6-65}$$

使用负号是为了使法向应力为压缩方向时，p 为正值（图 6-22）。

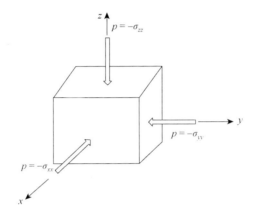

图 6-22　流体受法向应力示意图

6.4.1　欧拉运动方程

对于切应力为 0，法向应力用 $-p$ 表示的无黏性流动，一般运动方程 [如式（6-63）] 简化为

$$\rho g_x - \frac{\partial p}{\partial x} = \rho \left(\frac{\partial u}{\partial t} + u \frac{\partial u}{\partial x} + v \frac{\partial u}{\partial y} + w \frac{\partial u}{\partial z} \right) \tag{6-66}$$

$$\rho g_y - \frac{\partial p}{\partial y} = \rho \left(\frac{\partial v}{\partial t} + u \frac{\partial v}{\partial x} + v \frac{\partial v}{\partial y} + w \frac{\partial v}{\partial z} \right) \tag{6-67}$$

$$\rho g_z - \frac{\partial p}{\partial z} = \rho \left(\frac{\partial w}{\partial t} + u \frac{\partial w}{\partial x} + v \frac{\partial w}{\partial y} + w \frac{\partial w}{\partial z} \right) \tag{6-68}$$

这些方程通常被称为欧拉运动方程，以此纪念瑞士著名的数学家里欧拉（Leonhard Euler，1707—1783），他在压强和流量之间关系的研究中起到了开创性的作用。

欧拉方程的矢量形式为

$$\rho \boldsymbol{g} - \nabla \boldsymbol{p} = \rho \left[\frac{\partial \boldsymbol{V}}{\partial t} + (\boldsymbol{V} \cdot \nabla)\boldsymbol{V} \right] \tag{6-69}$$

虽然式（6-69）比一般的运动方程（6-63）简单得多，但由于对流加速度中出现的非线性

速度项（$u\,\partial u/\partial x$、$v\,\partial v/\partial y$ 等）或 $(\boldsymbol{V}\cdot\nabla)\boldsymbol{V}$ 项的存在，通过得到一般解析解来确定无黏流场中各点的压强和速度依旧困难。由于这些非线性项的存在，欧拉方程成为一组非线性偏微分方程，因此没有一般的求解方法。然而，在某些情况下，可以通过它们来获得无黏流场的信息。如下文所示，通过对式（6-70）积分，可以得到沿流线的高度、压强和速度之间的关系（伯努利方程）。

6.4.2 伯努利方程

在第 3 章中，伯努利方程是通过将牛顿第二定律应用于沿流线运动的流体质点推导得到的。在本节中，将通过欧拉方程再次推导出这一重要方程。由于欧拉方程只是对忽略黏度的牛顿第二定律一般形式的表述，故推导结果将会相同。考虑定常流动，欧拉方程的矢量形式为

$$\rho\boldsymbol{g}-\nabla p=\rho(\boldsymbol{V}\cdot\nabla)\boldsymbol{V} \tag{6-70}$$

沿任意流线（图 6-23）对上式进行积分，并选取 z 轴垂直（以"上"为正方向）的坐标系，因此重力加速度的矢量形式为

$$\boldsymbol{g}=-g\nabla z \tag{6-71}$$

式中，g 是重力加速度矢量的模长（图 6-24）。

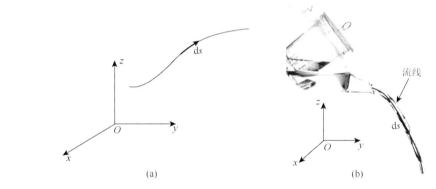

图 6-23 沿流线微分长度的符号

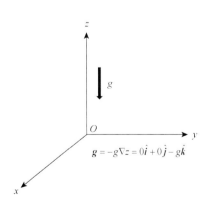

$$\boldsymbol{g}=-g\nabla z=0\hat{i}+0\hat{j}-g\hat{k}$$

图 6-24 重力加速度示意图

同时，使用如下矢量恒等式可以简化计算：

$$(\boldsymbol{V}\cdot\nabla)\boldsymbol{V}=\frac{1}{2}\nabla(\boldsymbol{V}\cdot\boldsymbol{V})-\boldsymbol{V}\times(\nabla\times\boldsymbol{V}) \tag{6-72}$$

式（6-70）可以化为

$$-\rho g\nabla z-\nabla p=\frac{\rho}{2}\nabla(\boldsymbol{V}\cdot\boldsymbol{V})-\rho\boldsymbol{V}\times(\nabla\times\boldsymbol{V}) \tag{6-73}$$

整理得

$$\frac{\nabla p}{\rho}+\frac{1}{2}\nabla(V^2)+g\nabla z=\boldsymbol{V}\times(\nabla\times\boldsymbol{V}) \tag{6-74}$$

接下来将上式中各项对沿流线的微分 $\mathrm{d}\boldsymbol{s}$ 取点积，得

$$\frac{\nabla p}{\rho} \cdot \mathrm{d}\boldsymbol{s} + \frac{1}{2}\nabla(V^2) \cdot \mathrm{d}\boldsymbol{s} + g\nabla z \cdot \mathrm{d}\boldsymbol{s} = [V \times (\nabla \times V)] \cdot \mathrm{d}\boldsymbol{s} \tag{6-75}$$

由于 $\mathrm{d}\boldsymbol{s}$ 的方向沿流线，所以矢量 $\mathrm{d}\boldsymbol{s}$ 和 V 平行。而矢量 $V \times (\nabla \times V)$ 垂直于 V（图 6-25），因此有

$$[V \times (\nabla \times V)] \cdot \mathrm{d}\boldsymbol{s} = 0 \tag{6-76}$$

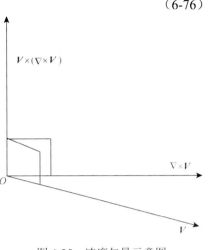

将标量的梯度与微分长度作点积，可以得到标量在微分长度方向上的微分变化。也就是说，利用 $\mathrm{d}\boldsymbol{s} = \mathrm{d}x\hat{\boldsymbol{i}} + \mathrm{d}y\hat{\boldsymbol{j}} + \mathrm{d}z\hat{\boldsymbol{k}}$，可以得到

$$\nabla p \cdot \mathrm{d}\boldsymbol{s} = (\partial p / \partial x)\mathrm{d}x + (\partial p / \partial y)\mathrm{d}y + (\partial p / \partial z)\mathrm{d}z = \mathrm{d}p \tag{6-77}$$

这样，式（6-75）可改写成

$$\frac{\mathrm{d}p}{\rho} + \frac{1}{2}\mathrm{d}(V^2) + g\mathrm{d}z = 0 \tag{6-78}$$

式中，p、V 和 z 沿着流线变化。

对式（6-78）积分得

$$\int \frac{\mathrm{d}p}{\rho} + \frac{V^2}{2} + gz = 常数 \tag{6-79}$$

图 6-25　速度矢量示意图

这表明方程左侧的三项之和沿给定流线必须保持常数。式（6-79）对可压缩和不可压缩的无黏流动都是适用的，但对于可压缩流体，必须先明确 p 随 ρ 的变化规律，才能得到式（6-79）的第一项的值。

对于无黏、不可压缩流动（通常称为理想流体），式（6-79）可以写为

$$\frac{p}{\rho} + \frac{V^2}{2} + gz = 沿流线为常数 \tag{6-80}$$

这个方程就是在第 3 章中广泛使用的伯努利方程。在流线上两点（1）和（2）之间沿流线写出式（6-80），并将每一项除以 g，可以用"水头"形式来表示方程，这通常能带来很大的便利，即

$$\frac{p_1}{\gamma} + \frac{V_1^2}{2g} + z_1 = \frac{p_2}{\gamma} + \frac{V_2^2}{2g} + z_2 \tag{6-81}$$

其中 γ 为重度。需要再次强调，式（6-80）和式（6-81）所示的伯努利方程只限于在沿流线的无黏、不可压缩的定常流动中使用。

6.4.3　无旋流动的伯努利方程

如果再作一个假定，即流动是无旋流，那么对无黏流动问题的分析就会进一步简化。回顾 6.1.3 节，流体微元的角速度为 $\frac{1}{2}(\nabla \times V)$，而无旋流场中 $(\nabla \times V) = 0$（即速度旋度为 0）。

由于涡量 ζ 的定义为 $\nabla \times V$，因此在无旋流场中涡量为零。如果 $\frac{1}{2}(\nabla \times V) = 0$，那么这个

矢量的每个分量（如式（6-12）、式（6-13）和式（6-14）所示）都必须等于 0。由于这些分量包含了流场中的各个速度梯度，因此无旋转条件约束了这些速度梯度之间的特定关系。例如，为了使绕 z 轴的角速度为零，由式（6-12）得到

$$\omega_z = \frac{1}{2}\left(\frac{\partial v}{\partial x} - \frac{\partial u}{\partial y}\right) = 0 \tag{6-82}$$

因此，

$$\frac{\partial v}{\partial x} = \frac{\partial u}{\partial y} \tag{6-83}$$

类似地，由式（6-13）和式（6-14）可以得到

$$\frac{\partial w}{\partial y} = \frac{\partial v}{\partial z} \tag{6-84}$$

$$\frac{\partial u}{\partial z} = \frac{\partial w}{\partial x} \tag{6-85}$$

一般的流场并不满足这三个方程，但图 6-26 所示的均匀流动能够满足上述条件。由于 $u = U$（常数）、$v = 0$、$w = 0$，式（6-83）、式（6-84）和式（6-85）三式均得到满足。因此，均匀流动（流场中速度梯度为零）是无旋流场的一个例证。

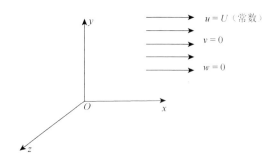

图 6-26　沿 x 方向的均匀流动

　　许多重要流动问题的流场中都部分地包含均匀流动。图 6-27 展示了两个例子。如图 6-27（a）所示，一个物体放置于均匀流动中，在远离壁面的区域，流体流动保持均匀，因此流动是无旋的。如图 6-27（b）所示，水流从大型蓄水池经过流线型入口进入管道，入口处流速分布基本均匀。因此，入口处的流动也是无旋的。

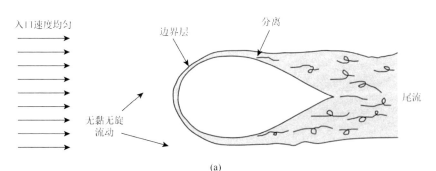

(a)

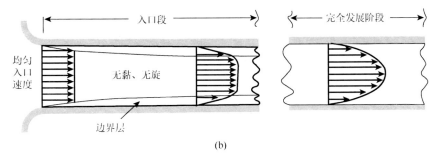

(b)

图 6-27 流动的各区域

（a）物体周围；（b）管道中

对于无黏流体，不存在切应力，作用于流体微元上的力只有重力和压强。重力作用于流体微元的重心，而压强作用于微元表面的法线方向，这两种力都不能使流体微元发生旋转。因此，对于无黏流体，如果流场的部分区域是无旋的，则从该区域出发的流体微元经过流场时不会发生旋转。图 6-27（a）说明了这一现象。在图 6-27（a）中，远离物体的流体微元做无旋运动，当它们绕着物体流动时，除了非常接近边界的地方，仍然在做无旋运动。在边界附近，速度值在短距离内由零迅速增大到一个较大的值，这种急剧的速度变化在边界上沿法方向产生了一个巨大的速度梯度，即使黏度很小，仍能够产生极大的切应力。当然，如果存在真正的无黏流体，流体会直接"滑"过边界，流动将是无旋的。但这种流体在现实中并不存在，因此，在考虑切应力的情况下，流场中任何固定表面上通常都存在一个较薄的"层"。这一"层"称为边界层，在边界层以外的流动可以视为无旋流动。边界层可能随主流从物体表面"脱离"，并在固体的下游形成尾流。尾流中包含缓慢、可能发生随机运动的流体区域。为了全面分析这类问题，有必要同时考虑边界层外的无黏、无旋流动和边界层内的黏性、有旋流动，并以某种方式"耦合"这两个区域。此类分析将在后面章节中讨论。

如图 6-27（b）所示，管道入口的流动可能是均匀的、无旋的。在管道的中间核心区域，流体在一定距离内保持无旋流状态。然而，边界层会沿着管壁发展，厚度不断增加，直到占据整个管道。因此，对于这类内部流动，将存在一个入口段，该段内管道中心是无旋的。然后是完全发展区域，该区域内黏性力占主导地位。在完全发展区域，无旋的概念是完全无效的。

前面两个例子是为了说明无旋流动这一概念对一些"实际流体"流动问题的适用性，并指出无旋流动概念的一些局限性。下面将在无黏、不可压缩、无旋假设的基础上，进一步推导一些有价值的方程。

在 6.4.2 节中推导伯努利方程时，式（6-75）是沿流线积分的，这一限制是为了使方程右端项等于零，即

$$[V \times (\nabla \times V)] \cdot \mathrm{d}s = 0 \tag{6-86}$$

而对于无旋流动，$(\nabla \times V) = 0$，所以无论 $\mathrm{d}s$ 的方向如何，式（6-75）右端项均为 0。同理可得式（6-76），其中微分 $\mathrm{d}p$、$\mathrm{d}(V^2)$ 和 $\mathrm{d}z$ 的方向任意。则对公式（6-76）的积分得到

$$\int \frac{\mathrm{d}p}{\rho} + \frac{V^2}{2} + gz = 常数 \tag{6-87}$$

对于无旋流动，式中的常量在整个流场中是相同的。因此，对于不可压缩无旋流，在流场中任意两点间，伯努利方程可以写成

$$\frac{p_1}{\gamma} + \frac{V_1^2}{2g} + z_1 = \frac{p_2}{\gamma} + \frac{V_2^2}{2g} + z_2 \tag{6-88}$$

式（6-88）与式（6-81）的形式完全相同，且不局限于沿流线。但是，式（6-88）仅可在无黏、无旋、不可压缩的定常流动中使用。

6.4.4　速度势

对于无旋流动，速度梯度通过式（6-83）、式（6-84）和式（6-85）相关联。在这种情况下，可以用标量函数 $\phi(x,y,z,t)$ 将速度分量表示为

$$u = \frac{\partial \phi}{\partial x}, \quad v = \frac{\partial \phi}{\partial y}, \quad w = \frac{\partial \phi}{\partial z} \tag{6-89}$$

式中 ϕ 称为速度势。直接将以上三式代入式（6-83）、式（6-84）和式（6-85）中的分量式即可证明式（6-89）定义的速度场是无旋的。式（6-89）的矢量形式为

$$V = \nabla \phi \tag{6-90}$$

因此，对于无旋流动，速度可以表示为标量函数 ϕ 的梯度。

速度势是流场无旋的结果，而流函数是质量守恒的结果（见第 6.2.3 节）。值得注意的是，速度势可以定义为一般的三维流动，而单一的流函数则局限于二维流动。

因此，对于不可压缩、无旋流动（且 $V = \nabla \phi$），有

$$\nabla^2 \phi = 0 \tag{6-91}$$

式中 $\nabla^2(\ ) = \nabla \cdot \nabla(\ )$ 是拉普拉斯算符，在笛卡儿坐标系下有

$$\frac{\partial^2 \phi}{\partial x^2} + \frac{\partial^2 \phi}{\partial y^2} + \frac{\partial^2 \phi}{\partial z^2} = 0 \tag{6-92}$$

这个微分方程出现在工程学和物理学的许多不同领域，称为拉普拉斯方程。因此，无黏、不可压缩、无旋流场可以用拉普拉斯方程表示，这种流动通常称为势流。为了使问题的数学表达更完整，必须给定边界条件，通常是给定所研究流场边界上的速度。由此可见，如果可以确定势函数，则流场中各点的速度可由式（6-89）确定，各点的压强可由伯努利方程（6-88）确定。虽然速度势的概念适用于定常和非定常流动，但本书将只侧重于定常流动的分析。

由式（6-89）和式（6-90）确定的势流是无旋流，即涡量始终为零。如果存在涡量（如边界层、尾迹），那么流动就不能用拉普拉斯方程来描述。第 9 章中将详细讨论两种涡量不为零的流动，即壁面凸起后方的流动分离区和固体表面附近的边界层。

对于某些流动问题，使用圆柱坐标 r、θ 和 z 会很方便。在这个坐标系中梯度算子是

$$\nabla(\ ) = \frac{\partial(\ )}{\partial r} \hat{\boldsymbol{e}}_r + \frac{1}{r} \frac{\partial(\ )}{\partial \theta} \hat{\boldsymbol{e}}_\theta + \frac{\partial(\ )}{\partial z} \hat{\boldsymbol{e}}_z \tag{6-93}$$

因此，

$$\nabla \phi = \frac{\partial \phi}{\partial r}\hat{\boldsymbol{e}}_r + \frac{1}{r}\frac{\partial \phi}{\partial \theta}\hat{\boldsymbol{e}}_\theta + \frac{\partial \phi}{\partial z}\hat{\boldsymbol{e}}_z \tag{6-94}$$

式中，$\phi = \phi(r,\theta,z)$。由于

$$\boldsymbol{V} = v_r\hat{\boldsymbol{e}}_r + v_\theta\hat{\boldsymbol{e}}_\theta + v_z\hat{\boldsymbol{e}}_z \tag{6-95}$$

对于无旋流（$\boldsymbol{V} = \nabla \phi$），有

$$v_r = \frac{\partial \phi}{\partial x}, \quad v_\theta = \frac{\partial \phi}{\partial y}, \quad v_z = \frac{\partial \phi}{\partial z} \tag{6-96}$$

同样，圆柱坐标系下拉普拉斯方程为

$$\frac{1}{r}\frac{\partial}{\partial r}\left(r\frac{\partial \phi}{\partial r}\right) + \frac{1}{r^2}\frac{\partial \phi}{\partial \theta} + \frac{\partial^2 \phi}{\partial z^2} = 0 \tag{6-97}$$

例 6.7　速度势和无黏流压强。

已知：如图 6-28（a）所示的 90°角附近，无黏、不可压缩流体的二维流动由以下流函数描述：

$$\psi = 2r^2 \sin 2\theta$$

式中，r 的单位为 m；ψ 的单位为 m^2/s。设流体密度为 $1\times10^3 kg/m^3$，x-y 平面水平，即点（1）和（2）无高度差。试求出流场对应的速度势，以及点（1）处压强为 60kPa 时点（2）处的压强。

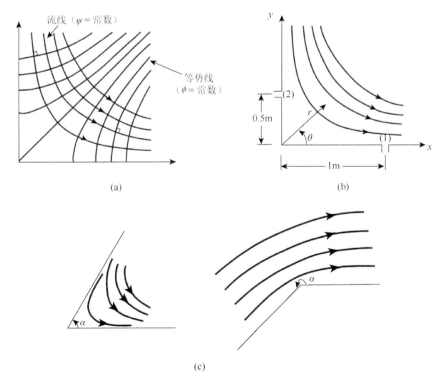

图 6-28　例 6.7 图

解：

（a）速度的径向和切向分量可以由流函数得到（见式（6-42）），有

$$v_r = \frac{1}{r}\frac{\partial \psi}{\partial \theta} = 4r\cos 2\theta$$

以及

$$v_\theta = -\frac{\partial \psi}{\partial r} = -4r\sin 2\theta$$

由于

$$v_r = \frac{\partial \phi}{\partial r}$$

从而有

$$\frac{\partial \phi}{\partial r} = 4r\cos 2\theta$$

因此，积分得到

$$\phi = 2r^2\cos 2\theta + f_1(\theta) \tag{6-98}$$

式中 $f_1(\theta)$ 为 θ 的任意函数，类似地有

$$v_\theta = \frac{1}{r}\frac{\partial \phi}{\partial \theta} = -4r\sin 2\theta$$

积分得到

$$\phi = 2r^2\cos 2\theta + f_2(r) \tag{6-99}$$

式中，$f_2(r)$ 是 r 的任意函数，为满足式（6-98）和式（6-99），速度势必须具有以下形式：

$$\phi = 2r^2\cos 2\theta + C$$

式中，C 为任意常数。与流函数的情况类似，C 的取值并不重要，通常取为 0，该角部流动的速度势为

$$\phi = 2r^2\cos 2\theta$$

讨论：虽然能够为二维流动定义一个流函数，但只有在流动无旋的情况下，才存在相应的速度势。因此，能够得到速度势就意味着流动是无旋的。图 6-28（b）中绘制了多条流线和 ϕ 的等值线，发现这两组线总是正交的，其中的原因将在 6.4.5 节中解释。

（b）由于流动是无黏、不可压缩流体的无旋流动，可以在任意两点上应用伯努利方程。这样，在无高度差的点（1）和点（2）上，有

$$\frac{p_1}{\gamma} + \frac{V_1^2}{2g} = \frac{p_2}{\gamma} + \frac{V_2^2}{2g}$$

或

$$p_2 = p_1 + \frac{\rho}{2}(V_1^2 - V_2^2) \tag{6-100}$$

由于

$$V^2 = v_r^2 + v_\theta^2$$

对于流场中任意点，有

$$V^2 = (4r\cos 2\theta)^2 + (-4r\sin 2\theta)^2$$
$$= 16r^2(\cos^2 2\theta + \sin^2 2\theta)$$
$$= 16r^2$$

这一结果表明，任何一点处速度的平方只取决于该点的径向距离 r。注意，常数 16 具有单位 s^{-2}。因此，

$$V_1^2 = (16\mathrm{s}^{-2})(1\mathrm{m})^2 = 16\mathrm{m}^2/\mathrm{s}^2$$
$$V_2^2 = (16\mathrm{s}^{-2})(0.5\mathrm{m})^2 = 4\mathrm{m}^2/\mathrm{s}^2$$

把它们代入式（6-100）得到

$$p_2 = 60 \times 10^3 \,\mathrm{N/m^2} + \frac{10^3\,\mathrm{kg/m^3}}{2}(16\mathrm{m}^2/\mathrm{s}^2 - 4\mathrm{m}^2/\mathrm{s}^2)$$
$$= 66\mathrm{kPa}$$

讨论：本例中使用的流函数在笛卡儿坐标系下表示为

$$\psi = 2r^2\sin 2\theta = 4r^2\sin\theta\cos\theta$$

或

$$\psi = 4xy$$

因为 $x = r\cos\theta$，$y = r\sin\theta$。在圆柱坐标形式下，可以通过下述两式将本例的结果推广，用于描述夹角为 α 的角部区域附近的流动（图 6-28）

$$\psi = Ar^{\pi/\alpha}\sin\frac{\pi\theta}{\alpha}$$

以及

$$\phi = Ar^{\pi/\alpha}\cos\frac{\pi\theta}{\alpha}$$

式中，A 为常数。

6.4.5　平面势流与基本解

拉普拉斯方程的一个主要优点在于它是一个线性偏微分方程。由于它是线性的，可以将不同的解相加得到新的解，即如果 $\phi_1(x,y,z)$ 和 $\phi_2(x,y,z)$ 是拉普拉斯方程的两个解，那么 $\phi_3 = \phi_1 + \phi_2$ 也是一个解。这一结论的实际意义在于，如果有若干特定的基本解，可以将它们组合起来得到更复杂、更有意义的解。本节将引出几个用于描述简单流动的基本速度势。在 6.4.6 节中，这些基本势将被组合起来用以表示更复杂的流动。

简单起见，只考虑平面（二维）流动（图 6-29）。本例中，使用笛卡儿坐标系，有

$$u = \frac{\partial\phi}{\partial x}, \quad v = \frac{\partial\phi}{\partial y} \tag{6-101}$$

或使用圆柱坐标系（图 6-30），有

$$v_r = \frac{\partial\phi}{\partial r}, \quad v_\theta = \frac{1}{r}\frac{\partial\phi}{\partial\theta} \tag{6-102}$$

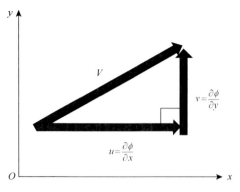

图 6-29　平面二维流动示意图

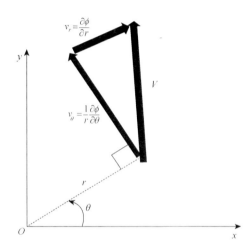

图 6-30　圆柱坐标系下平面二维流动示意图

既然可以为平面流动定义流函数，那么也可以设

$$u = \frac{\partial \psi}{\partial y}, \quad v = -\frac{\partial \psi}{\partial x} \tag{6-103}$$

或

$$v_r = \frac{1}{r}\frac{\partial \phi}{\partial r}, \quad v_\theta = -\frac{\partial \phi}{\partial \theta} \tag{6-104}$$

式中，流函数是由式（6-46）和式（6-51）中定义的。因为通过流函数定义速度，质量守恒同样可以满足。如果现在添加无旋条件，由式（6-83）可知：

$$\frac{\partial v}{\partial x} = \frac{\partial u}{\partial y} \tag{6-105}$$

流函数形式为

$$\frac{\partial}{\partial y}\left(\frac{\partial \psi}{\partial y}\right) = \frac{\partial}{\partial x}\left(-\frac{\partial \psi}{\partial x}\right) \tag{6-106}$$

或

$$\frac{\partial^2 \psi}{\partial x^2} + \frac{\partial^2 \psi}{\partial y^2} = 0 \qquad (6\text{-}107)$$

因此，对于平面无旋流，既可以使用速度势函数，也可以使用流函数——两者都必须满足二维拉普拉斯方程。从这些结果可以明显看出，速度势和流函数有某种联系。前文已经证明了 ψ 的等值线也是流线，即

$$\left.\frac{\mathrm{d}y}{\partial x}\right|_{\text{沿}\,\psi=\text{常数}} = \frac{v}{u} \qquad (6\text{-}108)$$

当从点 (x, y) 移动到一个附近点 $(x + \mathrm{d}x, y + \mathrm{d}y)$ 时，ϕ 的变化量由下式给出：

$$\mathrm{d}\phi = \frac{\partial \phi}{\partial x}\mathrm{d}x + \frac{\partial \phi}{\partial y}\mathrm{d}y = u\mathrm{d}x + v\mathrm{d}y \qquad (6\text{-}109)$$

沿 ϕ 的等值线，有 $\mathrm{d}\phi = 0$，因此，

$$\left.\frac{\mathrm{d}y}{\partial x}\right|_{\text{沿}\,\phi=\text{常数}} = -\frac{v}{u} \qquad (6\text{-}110)$$

式（6-108）和式（6-109）的比较表明，ϕ 的等值线（称为等势线）与 ψ 的等值线（流线）在所有交点上正交。对于任何势流场，都可以画出由一系列流线和等势线组成的"流网"。流网在可视化流型方面非常实用，可以通过画出流线和等势线，并不断调整直到它们在所有交点近似正交，从而得到图形解。流网的示例如图 6-31 所示。因为速度与流线间距成反比，可以从流网中估计速度。因此，从图 6-31 中可以看到，弯管内侧拐角附近的速度高于弯管外侧。

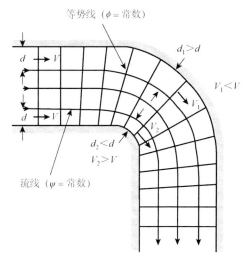

图 6-31　90°弯管中的流网

6.4.5.1　均流

最简单的平面流是所有流线笔直且平行、速度大小恒定的流动。这种流动称为均流。

例如，图 6-32（a）中所示沿 x 轴正方向流动的均流，已知 $u = U$，$v = 0$，用速度势表示为

$$\frac{\partial \phi}{\partial x} = U, \quad \frac{\partial \phi}{\partial y} = 0 \tag{6-111}$$

对两式积分，得到

$$\phi = Ux + C \tag{6-112}$$

式中，C 是任意常数，可取为 0。这样，上述沿 x 轴正方向的均流可表示为

$$\phi = Ux \tag{6-113}$$

相应的流函数可以通过类似的方法得到

$$\frac{\partial \psi}{\partial y} = U \; \frac{\partial \psi}{\partial x} = 0 \tag{6-114}$$

因此，

$$\psi = Uy \tag{6-115}$$

这些结果可以进一步推广，为与 x 轴成 α 角的均流提供速度势和流函数，如图 6-32（b）所示。这时有

$$\phi = U(x\cos\alpha + y\sin\alpha) \tag{6-116}$$

以及

$$\psi = U(y\cos\alpha - x\sin\alpha) \tag{6-117}$$

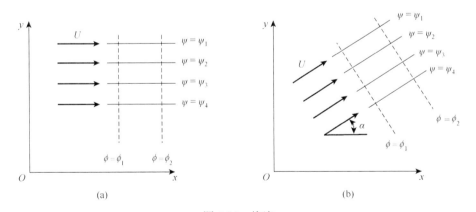

图 6-32　均流

（a）沿 x 轴方向；（b）沿与 x 轴成 α 角方向

6.4.5.2　点源与点汇

流体从过原点且垂直于 x-y 平面的直线沿径向流出，如图 6-33 所示。设 m 为流体从直线流出的体积流量（单位长度）。为满足质量守恒，有

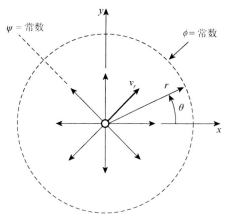

图 6-33　源的流线型

$$(2\pi r)v_r = m \tag{6-118}$$

或

$$v_r = \frac{m}{2\pi r} \tag{6-119}$$

由于流动是径向的，即 $v_\theta = 0$，则对应的速度势可以由积分得到

$$\frac{\partial \phi}{\partial r} = \frac{m}{2\pi r}, \quad \frac{1}{r}\frac{\partial \phi}{\partial \theta} = 0 \tag{6-120}$$

进而有

$$\phi = \frac{m}{2\pi}\ln r \tag{6-121}$$

如果 m 为正，则流体沿径向向外流动，即源流；如果 m 为负，则流体是朝向原点流动的，即汇流。流量 m 是源或汇的强度。

在原点 $r = 0$ 处，速度将无限大，这在物理上是不可能的。因此，实际流场中并不存在源和汇，表示源和汇的点是流场中的数学奇点。然而，一些实际的流量可以通过源或汇在远离原点的某处得到近似。同时，表示这一假设流场的速度势可以与其他基本速度势相结合，近似地描述一些真实的流场。这个思想将在第 7 章中进一步讨论。

源的流函数可以通过对以下关系式

$$v_r = \frac{1}{r}\frac{\partial \psi}{\partial \theta} = \frac{m}{2\pi r}, \quad v_\theta = -\frac{\partial \phi}{\partial r} = 0 \tag{6-122}$$

积分得到

$$\psi = \frac{m}{2\pi}\theta \tag{6-123}$$

由式（6-123）可以看出流线（ψ = 常数）是径向线，由式（6-122）可以看出等势线（ϕ = 常数）是以原点为中心的同心圆。

例 6.8　势流——汇。

已知：无黏性、不可压缩流体在楔形壁面间流动，进入如图 6-34 所示的小开口。近似地描述此流动的速度势（单位为 m²/s）为

$$\phi = -2\ln r$$

试求流入小开口的体积流量（单位长度）。

解：速度分量为

$$v_r = \frac{\partial \phi}{\partial r} = -\frac{2}{r}, \quad v_\theta = \frac{1}{r}\frac{\partial \phi}{\partial \theta} = 0$$

上式表明流体仅做径向流动。单位长度（垂直于 x-y 平面）上穿过 $R\pi/6$ 弧长的流量 q，可以通过对表达式取积分得到

$$q = \int_0^{\pi/6} v_r R \mathrm{d}\theta = -\int_0^{\pi/6}\left(\frac{2}{R}\right)R\mathrm{d}\theta$$

$$= -\frac{\pi}{3} = -1.05\mathrm{m}^2/\mathrm{s}$$

讨论：注意，由于穿过两壁之间任何曲线的流量必须是相同的，因此半径 R 是任意的。负号表示流向开口，即逆径向方向。

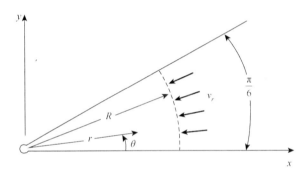

图 6-34 例 6.8 图

在平面直角坐标系的水平 x 轴上 $x = +L$ 处布置强度为 Q 的点汇，$x = -L$ 处布置强度为 Q 的点源，来流速度 $U =$ 常数平行于 x 轴，求：

（1）流场的流函数；

（2）物面形状。

解：

（1）叠加后流场的流函数为

$$\psi = \frac{1}{2}Uy^2 - \frac{Q}{4\pi}\frac{x+L}{\sqrt{y^2+(x+L)^2}} + \frac{Q}{4\pi}\frac{x-L}{\sqrt{y^2+(x-L)^2}}$$

（2）令 $\psi = 0$ 得

$$\frac{1}{2}Uy^2 - \frac{Q}{4\pi}\frac{x+L}{\sqrt{y^2+(x+L)^2}} + \frac{Q}{4\pi}\frac{x-L}{\sqrt{y^2+(x-L)^2}} = 0$$

这个方程的解为：$y = 0$，即与 x 轴重合的直线，另一条为卵形曲线，与 $y = 0$ 有两个交点，这就是前后两个驻点。

6.4.5.3　点　涡

接下来考虑一个流线形状为同心圆的流场，即交换了源的速度势和流函数。因此，令

$$\phi = K\theta \tag{6-124}$$

且

$$\psi = -K\ln r \tag{6-125}$$

式中 K 是一个常数。在这种情况下流线是同心圆，如图 6-35 所示，图中曲线为 $v_r = 0$ 及

$$v_\theta = \frac{1}{r}\frac{\partial \phi}{\partial r} = -\frac{\partial \psi}{\partial r} = \frac{K}{r} \tag{6-126}$$

这一结果表明，切向速度与距原点的距离成反比，$r = 0$ 处出现奇点（此时速度无穷大）。

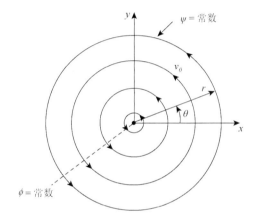

图 6-35　涡流的流线型

这种涡旋运动是无旋的，有旋与否取决于流体微元的方向，而不是微元运动的路径。因此，对于一个无旋涡流，假设有两根小棒放置在 A 位置，如图 6-36（a）所示，当小棒

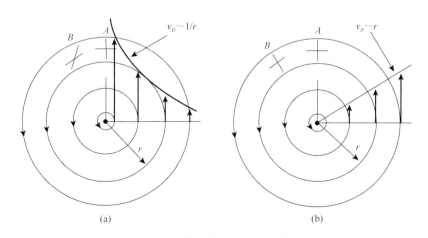

(a)　　　　　　　　　　　(b)

图 6-36　流体微元由 A 向 B 运动

（a）无旋（自由）涡；（b）有旋（强制）涡

向 B 位置运动时将发生旋转，与流线对齐的小棒将沿圆周路径运动并作逆时针旋转。由于流场的性质，另一根小棒将做顺时针方向旋转，小棒最靠近原点的部分比另一端移动得快。尽管两根棍子都在旋转，但由于流动无旋，故两根棍子的平均角速度为零。

如果流体刚性旋转，即 $v_\theta = K_1 r$，K_1 为常数，则置于流场中相同位置的小棒将以图 6-36（b）所示的方式旋转。这类涡流运动是有旋的，不能用速度势来描述。有旋涡通常被称为强制涡，而无旋涡通常被称为自由涡。

复合涡是一种核心区域为强制涡，而核外区域速度分布属于自由涡的涡流。因此，对于复合涡，有

$$v_\theta = \omega r, \quad r \leqslant r_0 \tag{6-127}$$

以及

$$v_\theta = \frac{K}{r}, \quad r > r_0 \tag{6-128}$$

式中，K 和 ω 是常数；r_0 为核心区域的半径。

环量是一个与涡运动紧密相关的数学概念。环量 Γ 定义为流场中速度沿闭合曲线切向分量的线积分，表达式为

$$\Gamma = \oint_C \boldsymbol{V} \cdot \mathrm{d}\boldsymbol{s} \tag{6-129}$$

式中，积分符号表示绕一条闭合曲线 C 作逆时针方向的积分，$\mathrm{d}\boldsymbol{s}$ 为沿曲线的微分长度，如图 6-37 所示。对于无旋流，$\boldsymbol{V} = \nabla \cdot \phi$，故 $\boldsymbol{V} \cdot \mathrm{d}\boldsymbol{s} = \nabla \cdot \phi \cdot \mathrm{d}\boldsymbol{s} = \mathrm{d}\phi$，因此，

$$\Gamma = \oint_C \mathrm{d}\phi = 0 \tag{6-130}$$

这一结果表明，对于无旋流，环量一般为零。然而，如果闭合曲线包围的区域内有奇点，那么环量可能不为零。以 $v_\theta = K/r$ 的自由涡为例，绕图 6-38 所示半径为 r 的圆形路径的环量为

$$\Gamma = \int_0^{2\pi} \frac{K}{r}(r\mathrm{d}\theta) = 2\pi K \tag{6-131}$$

这表明环量不为零，常数 $K = \Gamma / 2\pi$。然而，对于无旋流，任何不包围奇点的路径上的环量都是零，可以通过沿图 6-38 中闭合路径 $ABCD$ 计算环量得证。

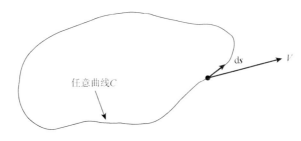

图 6-37　沿闭合曲线 C 所确定环量的表示法

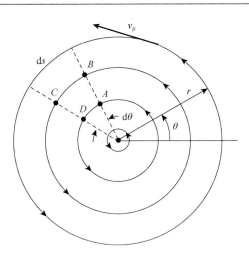

图 6-38　沿自由涡流场中各路径的环量

自由涡的速度势和流函数通常可以用环量表示为

$$\phi = \frac{\Gamma}{2\pi}\theta \tag{6-132}$$

$$\psi = -\frac{\Gamma}{2\pi}\ln r \tag{6-133}$$

计算浸入流体中的物体的受力时,环量的概念往往是非常有用的。这一应用将在 6.4.6 节中讨论。

例 6.9　势流——自由涡。

已知: 如图 6-39 所示, 液体从一个大容器中通过一个小开口排出, 形成涡流, 远离开口处的速度分布可近似为具有速度势的自由涡。

$$\phi = \frac{\Gamma}{2\pi}\theta$$

问题: 确定一个表达式将液面形状与环量 Γ 定义的旋涡强度关联起来。

解: 自由涡意味着无旋流场, 所以两点间伯努利方程为

$$\frac{p_1}{\gamma} + \frac{V_1^2}{2g} + z_1 = \frac{p_2}{\gamma} + \frac{V_2^2}{2g} + z_2$$

如果两点是在自由液面上选取的, 则 $p_1 = p_2 = 0$, 因此,

$$\frac{V_1^2}{2g} = z_s + \frac{V_2^2}{2g} \tag{6-134}$$

式中, 自由液面高度 z_s 是以过点（1）的平面为基准测量的。

速度由下式确定:

$$v_\theta = \frac{1}{r}\frac{\partial \phi}{\partial \theta} = \frac{\Gamma}{2\pi r}$$

注意到，在远离原点的点（1）处，$V_1 = v_\theta \approx 0$，故式（6-134）变为

$$z_s = -\frac{\Gamma^2}{8\pi^2 r^2 g}$$

上式即为所求的液面形状表达式。

讨论：如图 6-40 所示，负号表明当靠近原点时液面下降。这个解在原点附近是无效的，因为当接近原点时，该式预测的速度会非常大。

图 6-39　例 6.9 图（a）　　　　　　　图 6-40　例 6.9 图（b）

6.4.5.4　偶极子

要考虑的最后一种基本势流是由源和汇以一种特殊方式相结合形成的势流（图 6-41）。考虑图 6-42 中等强度的源-汇组合，这对组合的流函数为

$$\psi = -\frac{m}{2\pi}(\theta_1 - \theta_2) \tag{6-135}$$

上式可以改写为

$$\tan\left(-\frac{2\pi\psi}{m}\right) = \tan(\theta_1 - \theta_2) = \frac{\tan\theta_1 - \tan\theta_2}{1 + \tan\theta_1 \tan\theta_2} \tag{6-136}$$

由图 6-42 可知，

$$\tan\theta_1 = \frac{r\sin\theta}{r\cos\theta - a} \tag{6-137}$$

$$\tan\theta_2 = \frac{r\sin\theta}{r\cos\theta + a} \tag{6-138}$$

将以上两式代入式（6-136）得

$$\tan\left(-\frac{2\pi\psi}{m}\right) = \frac{2ar\sin\theta}{r^2 - a^2} \tag{6-139}$$

因此，

$$\psi = -\frac{m}{2\pi}\arctan\left(\frac{2ar\sin\theta}{r^2 - a^2}\right) \tag{6-140}$$

当距离 a 很小时，有

$$\psi = -\frac{m}{2\pi}\frac{2ar\sin\theta}{r^2-a^2} = -\frac{mar\sin\theta}{\pi(r^2-a^2)} \tag{6-141}$$

因为角度很小时，其正切值趋近于角度数值。

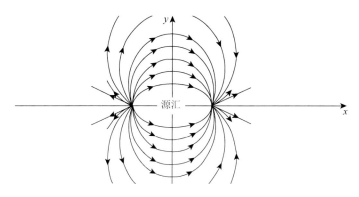

图 6-41　源和汇结合势流示意图

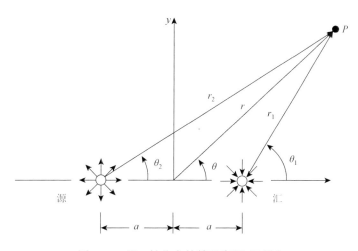

图 6-42　沿 x 轴分布的等强度源-汇组合

所谓偶极子，是通过减小源和汇的距离（$a \to 0$）并增大源和汇的强度 m（$m \to 0$），从而使乘积 $\dfrac{ma}{\Gamma}$ 保持定值而产生的。在这种情况下，由于 $r/(r^2-a^2) \to 1/r$，式（6-141）可以简化为

$$\psi = -\frac{K\sin\theta}{r} \tag{6-142}$$

式中，K 是等于 ma/π 的常数，称为偶极子强度，对应的速度势为

$$\phi = \frac{K\cos\theta}{r} \tag{6-143}$$

ψ 的等值线揭示了偶极子的流线是通过原点与 x 轴相切的圆，如图 6-43 所示。

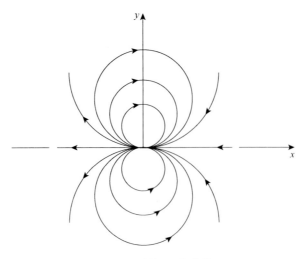

图 6-43　偶极子的流线

　　正如源和汇不是物理上真实的实体一样,偶极子也不是。然而,当偶极子与其他基本势结合时,能够提供一些具有实际意义的流场表示方法。表 6-1 总结了前几节中所考虑的基本平面势流的相关表达式。

表 6-1　基本平面势流的相关表达式

流场描述	速度势	流函数	速度分量
与 x 轴成 α 角的均流 （见图 6-32（b））	$\phi = U(x\cos\alpha + y\sin\alpha)$	$\psi = U(y\cos\alpha - x\sin\alpha)$	$u = U\cos\alpha$ $v = U\sin\alpha$
源或汇（见图 6-33） 　$m > 0$，源 　$m < 0$，汇	$\phi = \dfrac{m}{2\pi}\ln r$	$\psi = \dfrac{m}{2\pi}\theta$	$v_r = \dfrac{m}{2\pi r}$ $v_\theta = 0$
自由涡（见图 6-35） 　$\Gamma > 0$，逆时针运动 　$\Gamma < 0$，顺时针运动	$\phi = K\theta$	$\psi = -K\ln r$	$v_r = 0$ $v_\theta = \dfrac{\Gamma}{2\pi r}$
偶极子（见图 6-43）	$\phi = \dfrac{K\cos\theta}{r}$	$\psi = -\dfrac{K\sin\theta}{r}$	$v_r = -\dfrac{K\cos\theta}{r^2}$ $v_\theta = \dfrac{K\sin\theta}{r^2}$

　　速度分量与速度势、流函数的关联式为

$$u = \frac{\partial\phi}{\partial x} = \frac{\partial\psi}{\partial y}, \quad v = \frac{\partial\phi}{\partial y} = \frac{\partial\psi}{\partial x}, \quad v_r = \frac{\partial\phi}{\partial r} = \frac{1}{r}\frac{\partial\psi}{\partial\theta}, \quad v_\theta = \frac{1}{r}\frac{\partial\phi}{\partial\theta} = -\frac{\partial\psi}{\partial r} \qquad （6\text{-}144）$$

6.4.6　平面势流复势解法

如 6.4.5 节所述，势流由拉普拉斯方程控制，它是一个线性偏微分方程，因此可以得出各种基本速度势。流函数可以结合形成新的势函数和流函数。因为沿固体边界和流线的数学描述是相同的，无黏流场中的任何流线都可以看成是固体边界，即没有流体穿过边界或流线。因此，如果可以结合一些基本速度势或流函数得到一条与特定物体形状相对应的流线，那么就可以利用该组合来详细地描述物体周围的流动。这种方法通常称为复势解法，将在本节中进行说明。

6.4.6.1　均流中的源——半无限大物体

将图 6-44（a）中所示的源和均流相叠加，得到的流函数是

$$\psi = \psi_{均流} + \psi_{源} = Ur\sin\theta + \frac{m}{2\pi}\theta \tag{6-145}$$

对应的速度势为

$$\phi = Ur\cos\theta + \frac{m}{2\pi}\ln r \tag{6-146}$$

很明显，在 x 负半轴上某一点，由源引起的速度能够恰好抵消由均流引起的速度，从而产生一个驻点。仅由源引起的速度为

$$v_r = \frac{m}{2\pi r} \tag{6-147}$$

因此驻点会出现在 $x = -b$ 处，满足

$$U = \frac{m}{2\pi b} \tag{6-148}$$

或

$$b = \frac{m}{2\pi U} \tag{6-149}$$

令 $r = b$，$\theta = \pi$，得

$$\psi_{驻点} = \frac{m}{2} \tag{6-150}$$

由式（6-149）可得，$m/2 = \pi bu$，则过驻点的流函数为

$$\pi bu = Ur\sin\theta + bU\theta \tag{6-151}$$

或

$$r = \frac{b(\pi - \theta)}{\sin\theta} \tag{6-152}$$

式中，θ 可以在 0 到 2π 之间变化。这条流线如图 6-44（b）所示。如果用如图所示的物体边界来代替这条流线，那么显然，流和源的这种组合可以用来描述置于该均流中的流线型物体周围的流动。物体下游的末端是开放式的，因此称为半无限大物体。将式（6-145）中的 ψ 设为常数并绘制所得关系式，可以得到流场中的其他流线，如图 6-44（b）所示。虽然图中也显示了物体内部的流线，但由于物体外部的流场更为重要，因此它们并无实际意义。

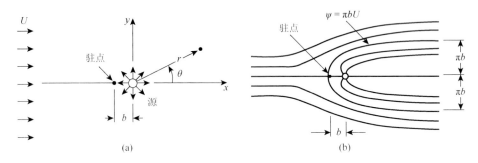

图 6-44　均流中的源（a）；偶极子的流线（b）

半无限大物体的宽度渐近于 $2\pi b = m/u$。对于给定的主流速度 U，半无限大物体的宽度随着源的强度增大而增加。由式（6-152）可得

$$y = b(\pi - \theta) \tag{6-153}$$

所以当 $\theta \to 0$ 或 $\theta \to 2\pi$ 时，物体的半宽度趋近于 $\pm b\pi$。由流函数或速度势可以求出任意点的速度分量。对于半无限大物体，由式（6-145）可得

$$v_r = \frac{1}{r}\frac{\partial \psi}{\partial \theta} = U\cos\theta + \frac{m}{2\pi r} \tag{6-154}$$

$$v_\theta = -\frac{\partial \psi}{\partial r} = -U\sin\theta \tag{6-155}$$

这样，任意点处速度大小 V 的平方为

$$V^2 = v_r^2 + v_\theta^2 = U^2 + \frac{Um\cos\theta}{\pi r} + \left(\frac{m}{2\pi r}\right)^2 \tag{6-156}$$

由于 $b = m/2\pi U$，

$$V^2 = U^2\left(1 + 2\frac{b}{r}\cos\theta + \frac{b^2}{r^2}\right) \tag{6-157}$$

在已知速度的情况下，任意点处的压强可以由伯努利方程确定，由于流场无旋，可以在流场中任意两点之间写出伯努利方程。因此，将伯努利方程应用于远离物体、压强为 p_0、速度为 U 的一点和压强为 p、速度为 V 的任意点间，可以得到

$$p_0 + \frac{1}{2}\rho U^2 = p + \frac{1}{2}\rho V^2 \tag{6-158}$$

式中忽略了高度变化。将式（6-157）代入式（6-158），即通过参考压力 p_0 和上游速度 U 表示的任意点压强。

这种相对简单的势流能够提供一些关于流线型物体前部绕流流动的实用信息，如置于均流中的桥墩或支柱。值得注意的一点是，物体表面处的切向速度不为零，即流体在边界处存在"滑动"，这是忽略黏性的结果。黏性是一种迫使真实流体附着在边界上进而产生"无滑移"条件的流体特性。但由于势流有异于真实流体的流动，因此不能准确地描述边界外极短距离内的速度。然而，在这个非常薄的边界层之外，如果不发生流动分离，速度分布一般与势流理论的预测值相吻合。此外，由于边界层很薄，压强沿薄层发生变化的可能很小，因此，沿表面的压强分布通常与势流理论的预测值非常接近。事实上，可以通过结合势流理论得到的压强分布黏性流动理论来确定边界层内流动的性质，相关内容将在第 9 章中做详细论述。

例 6.10　势流半无限大物体。

风以 32km/h 的速度吹向平原上隆起的斜坡，如图 6-45 所示，山丘可以近似为半无限大物体的顶部部分。斜坡高度约为 40m，假设空气密度为 1.22kg/m³。

试求：

（a）山丘上位于原点正上方的位置点（2）处风速的大小。

（b）点（2）相对于平原的高程及平原上远离山丘的点（1）与山丘上点（2）的压强差。

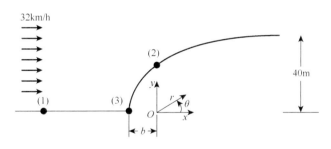

图 6-45　例 6.10 图

解：

（a）速度由式（6-157）得到

$$V^2 = U^2 \left(1 + 2\frac{b}{r}\cos\theta + \frac{b^2}{r^2} \right)$$

在点（2）处，$\theta = \pi / 2$，由于此点在表面上（式（6-152））

$$r = \frac{b(\pi - \theta)}{\sin\theta} = \frac{\pi b}{2} \qquad (6\text{-}159)$$

因此，

$$V_2^2 = U^2 \left[1 + \frac{b^2}{(\pi b / 2)^2} \right] = U^2 \left(1 + \frac{4}{\pi^2} \right)$$

来流速度为 32 km/h 时，点（2）处的速度大小为

$$V_2 = \left(1 + \frac{4}{\pi^2}\right)^{1/2} (32 \text{ km/h}) = 38 \text{ km/h}$$

（b）平原上（2）处的海拔由公式（6-159）给出为

$$y_2 = \frac{\pi b}{2}$$

由于山丘的高度接近 40m，而这一高度等于 πb，因此

$$y_2 = \frac{40\text{m}}{2} = 20\text{m}$$

由伯努利方程（y 轴为垂直轴）可知：

$$\frac{p_1}{\gamma} + \frac{V_1^2}{2g} + y_1 = \frac{p_2}{\gamma} + \frac{V_2^2}{2g} + y_2$$

因此，

$$p_1 - p_2 = \frac{\rho}{2}(V_2^2 - V_1^2) + \gamma(y_2 - y_1)$$

又因为

$$V_1 = (32\text{km/h})\left(\frac{1000\text{m/km}}{3600\text{s/h}}\right) = 8.9\text{m/s}$$

并且

$$V_2 = (38\text{km/h})\left(\frac{1000\text{m/km}}{3600\text{s/h}}\right) = 10.55\text{m/s}$$

因此，

$$p_1 - p_2 = \frac{1.22\text{kg/m}^3}{2}\left[(10.55\text{m/s})^2 - (8.9\text{m/s})^2\right]$$
$$+ (1.22\text{kg/m}^3)(9.8\text{m/s}^2)(20\text{m} - 0\text{m})$$
$$= 258.7\text{N/m}^3 = 0.26\text{kPa}$$

讨论：这一结果表明，在距离斜坡一定距离的（2）点处，压强略低于平面的压强，由于高度增加引起的压强差为 0.24kPa，由于速度增加引起的压强差为 0.024kPa。

6.4.6.2　朗肯椭圆形流动

为了研究封闭体周围的流动，可以将强度相等的源和汇与均流相结合，如图 6-46（a）所示。此组合的流函数为

$$\psi = Ur \sin\theta - \frac{m}{2\pi}(\theta_1 - \theta_2) \tag{6-160}$$

速度势为

$$\phi = Ur \cos\theta - \frac{m}{2\pi}(\ln r_1 - \ln r_2) \tag{6-161}$$

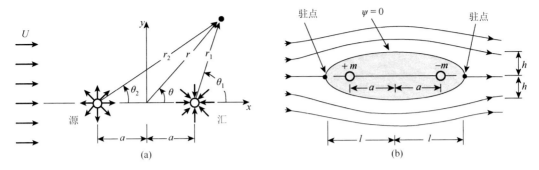

图 6-46　围绕朗肯椭圆形的流动

（a）偶极子的叠加和均流；（b）用实线边界代替流线 $\psi = 0$ 以形成朗肯椭圆形

如 6.4.5.4 节所述，偶极子的流函数可以用式（6-140）表示，因此，式（6-160）也可以写成

$$\psi = Ur \sin \theta - \frac{m}{2\pi} \arctan \left(\frac{2ar \sin\theta}{r^2 - a^2} \right) \tag{6-162}$$

或

$$\psi = Uy - \frac{m}{2\pi} \arctan \left(\frac{2ay}{x^2 + y^2 - a^2} \right) \tag{6-163}$$

设 $\psi =$ 常数，可以得到该流场的相应流线。如果将其中的几条流线绘制出来，就会发现 $\psi = 0$ 的流线形成了一个封闭区域，如图 6-46（b）所示，可以将这条流线看成均流中一个长 $2l$、宽 $2h$ 的物体表面。注意，由于物体是封闭的，因此从源发出的流动必然流入汇。该物体的形状为椭圆形，被称为朗肯椭圆。

如图 6-46（b）所示，滞止点出现在物体的上游端和下游端。滞止点的位置可以通过"x 方向速度为零"来确定。滞止点处均流速度、源速度和汇流速度的合速度为零。滞止点的位置取决于 a、m 和 U 的值。物体的半长 l（即满足 $y = 0$、$V = 0$ 处的 $|x|$ 值）可以表示为

$$l = \left(\frac{ma}{\pi U} + a^2 \right)^{1/2} \tag{6-164}$$

或

$$\frac{l}{a} = \left(\frac{m}{\pi Ua} + 1 \right)^{1/2} \tag{6-165}$$

通过确定 $\psi = 0$ 的流线与 y 轴相交处的 y 值，可以得到物体的半宽 h。因此，由式（6-163），$\psi = 0$，$x = 0$，$y = h$，可得

$$h = \frac{h^2 - a^2}{2a} \tan \frac{2\pi Uh}{m} \tag{6-166}$$

或

$$\frac{h}{a} = \frac{1}{2} \left[\left(\frac{h}{a} \right)^2 - 1 \right] \tan \left[2 \left(\frac{\pi Ua}{m} \right) \frac{h}{a} \right] \qquad (6\text{-}167)$$

式（6-165）和式（6-166）表明，l/a 和 h/a 都是无量纲数 $\pi Ua/m$ 的函数。虽然对于给定的 Ua/m 值，l/a 值可以直接由式（6-165）确定，但 h/a 必须由式（6-167）的反复迭代来确定。

由不同的 Ua/m 值，可以得到多种不同长宽比的物体。当该参数较大时，得到的物体较细长；当该参数较小时，得到的物体较钝。从物体最宽点出发，沿下游方向，物体表面压力随着沿表面运动的距离增大而增大。这种情况称为逆压力梯度，通常会导致流动从表面上脱离，从而在物体下游侧产生一个大范围的低压尾流。势理论只能描述对称流动，无法预测流动分离。因此，对于朗肯椭圆，势理论只能得到边界层外速度分布和物体前区压力分布的合理近似解。

6.4.6.3　圆柱绕流

如前文所述，当源-汇对之间的距离接近零时，朗肯椭圆的形状也接近于圆形。由于 6.4.5.4 节所述的偶极子是通过令源-汇对相互接近而推导得到的，因此可以推测，通过结合偶极子与沿 x 正方向的均流，可以得到圆柱绕流的数学表达式。由该组合得到流函数

$$\psi = Ur \sin\theta - \frac{K \sin\theta}{r} \qquad (6\text{-}168)$$

及速度势

$$\phi = Ur \cos\theta + \frac{K \cos\theta}{r} \qquad (6\text{-}169)$$

要使流函数能够表示圆柱绕流，必须满足 $r = a$、$\psi = $ 常数，其中 a 是圆柱体的半径。式（6-168）可以写为

$$\psi = \left(U - \frac{K}{r^2} \right) r \sin\theta \qquad (6\text{-}170)$$

可见，当 $r = a$ 时，若要求 $\psi = 0$，则需有

$$U - \frac{K}{a^2} = 0 \qquad (6\text{-}171)$$

这表明偶极子强度 K 必须等于 Ua^2。因此，圆柱绕流的流函数可以表示为

$$\psi = Ur \left(1 - \frac{a^2}{r^2} \right) \sin\theta \qquad (6\text{-}172)$$

相应的速度势为

$$\phi = Ur \left(1 + \frac{a^2}{r^2} \right) \cos\theta \qquad (6\text{-}173)$$

该流场的流线简图如图 6-47 所示。

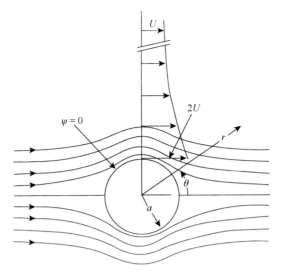

图 6-47　圆柱绕流

速度分量可以从式（6-172）或式（6-173）中得到

$$v_r = \frac{\partial \phi}{\partial r} = \frac{1}{r}\frac{\partial \psi}{\partial \theta} = U\left(1 - \frac{a^2}{r^2}\right)\cos\theta \qquad (6\text{-}174)$$

及

$$v_\theta = \frac{1}{r}\frac{\partial \phi}{\partial \theta} = -\frac{\partial \psi}{\partial r} = -U\left(1 + \frac{a^2}{r^2}\right)\sin\theta \qquad (6\text{-}175)$$

在圆柱表面上（$r=a$），由式（6-174）和式（6-175）可得

$$v_{\theta s} = -2U\sin\theta \qquad (6\text{-}176)$$

上式表明，最大速度出现在圆柱体的顶部和底部（$\theta = \pm\pi/2$），其大小为上游速度 U 的两倍。沿射线 $\theta = \pm\pi/2$ 远离圆柱体时，速度的变化如图 6-47 所示。

这里圆柱表面的压力分布是通过对远离圆柱的点（压力为 p_0，速度为 U）建立伯努利方程得到的，即

$$p_0 + \frac{1}{2}\rho U^2 = p_s + \frac{1}{2}\rho v_{\theta s}^2 \qquad (6\text{-}177)$$

式中，p_s 为表面压力。忽略高度变化。由于 $v_{\theta s} = -2U\sin\theta$，表面压力可表示为

$$p_s = p_0 + \frac{1}{2}\rho U^2 (1 - 4\sin^2\theta) \qquad (6\text{-}178)$$

图 6-48 展示了无量纲形式的理论压力分布与典型实验分布的比较。该图清楚地表明，仅在圆柱体的上游部分，势流与实验结果才较为一致。由于在圆柱体上形成了黏性边界层，所以主流与圆柱体表面分离，从而导致无摩擦流体假设下的理论解与实验结果在圆柱绕流的下游流动上存在较大差异。

通过对圆柱表面上的压力进行积分可以得到圆柱体受到的合力。从图 6-48 可以看出：

$$F_x = -\int_0^{2\pi} p_s \cos\theta a \, \mathrm{d}\theta \qquad (6\text{-}179)$$

$$F_y = -\int_0^{2\pi} p_s \sin\theta a \mathrm{d}\theta \qquad (6\text{-}180)$$

式中，F_x 是阻力（与均流方向平行的力）；F_y 是升力（与均流方向垂直的力）（图6-49）。将式（6-178）中的 p_s 代入这两个方程，进行积分，发现 $F_x = 0$，$F_y = 0$。这表明，由于圆柱体周围的压强分布是对称的，均流中固定圆柱体受到的阻力和升力在势理论中均为零。但是，由经验可知，将圆柱体放置在运动的流体中时会产生很大的阻力。这种现象被称为达朗贝尔佯谬。这个佯谬是以法国数学家、哲学家达朗贝尔（Jean Le Rond d'Alembert，1717—1783）的名字命名的，他首先证明了浸泡在无黏流体中的物体受到的阻力为零。直到19世纪后半叶和20世纪初，人们才理解了黏度在定常流动中的作用，并解释了达朗贝尔佯谬。

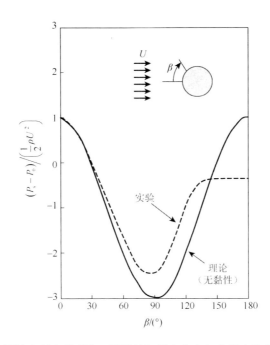

图6-48 圆柱表面上的理论（无黏性）压力分布与典型实验分布的比较

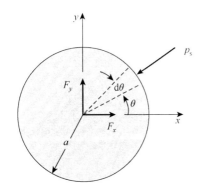

图6-49 圆柱体上升力和阻力的符号

例6.11 圆柱绕流：验证流函数为调和函数。

已知：无环量平面势流圆柱（半径为 a）绕流的流函数为

$$\psi = \left(U - \frac{a^2}{r^2}\right) r \sin\theta$$

试验证流函数满足拉普拉斯方程。

解：拉普拉斯方程的柱坐标形式为

$$\nabla^2 \Psi = \frac{1}{r}\frac{\partial}{\partial r}\left(r\frac{\partial\Psi}{\partial r}\right) + \frac{1}{r^2}\frac{\partial^2\Psi}{\partial\theta^2} = 0 \qquad (6\text{-}181)$$

$$\frac{\partial \Psi}{\partial r} = U \sin \theta + U^2 \frac{a^2}{r^2} \sin \theta \tag{6-182}$$

$$\frac{1}{r}\frac{\partial}{\partial r}\left(r\frac{\partial \Psi}{\partial r}\right) = \frac{1}{r}\left(rU\sin\theta + rU^2\frac{a^2}{r^2}\sin\theta\right) = \frac{U}{r}\left(1-\frac{a^2}{r^2}\right)\sin\theta \tag{6-183}$$

$$\frac{\partial \Psi}{\partial \theta} = U\left(1-\frac{a^2}{r^2}\right)r\cos\theta \tag{6-184}$$

$$\frac{1}{r^2}\frac{\partial^2 \Psi}{\partial \theta^2} = \frac{U}{r^2}\left(1-\frac{a^2}{r^2}\right)r(-\sin\theta) = -\frac{U}{r}\left(1-\frac{a^2}{r^2}\right)\sin\theta \tag{6-185}$$

将式（6-183）和式（6-185）代入式（6-181），等式成立。

讨论：滞止点压强与上游压强之差可以用来测量来流速度。如果无法准确得知流体流向圆柱体的方向，则圆柱体可能会偏离某个角度 α。在这种情况下，实际测得的压力 p_α 不等于滞止压力，但若未能意识到这一点，来流速度 U' 也可通过下式计算：

$$U' = \left[\frac{2}{\rho}(p_\alpha - p_0)\right]^{1/2}$$

因此，

$$\frac{U(\text{true})}{U'(\text{predicted})} = \left(\frac{p_{\text{stag}} - p_0}{p_\alpha - p_0}\right)^{1/2}$$

圆柱体表面（ $r=a$ ）的速度 v_θ 可由式（6-175）得到

$$v_\theta = -2U \sin \theta$$

如果在圆柱体上游某点与圆柱体上某点（ $r=a$ ， $\theta = \alpha$ ）之间写出伯努利方程，就会发现

$$p_0 + \frac{1}{2}\rho U^2 = p_\alpha + \frac{1}{2}\rho(-2U \sin \alpha)^2$$

因此，

$$p_\alpha - p_0 = \frac{1}{2}\rho U^2 (1 - 4 \sin^2 \alpha) \tag{6-186}$$

由于 $p_{\text{stag}} - p_0 = \frac{1}{2}\rho U^2$ ，所以由式（6-181）和式（6-182）可知，

$$\frac{U(\text{true})}{U'(\text{predicted})} = (1 - 4\sin^2 \alpha)^{1/2}$$

6.5　黏　性　流　动

为了将黏性效应纳入流体运动的微分分析中，必须回到之前推导的一般运动方程，即式（6-63）。由于这些方程包括了应力和速度，未知数多于方程数，因此，有必要建立应力和速度之间的关系。

6.5.1　应力与变形率

对于不可压缩的牛顿流体，应力与变形速率呈线性关系，可以用笛卡儿坐标表示为（对于法向应力而言）：

$$\sigma_{xx} = -p + 2\mu\frac{\partial u}{\partial x} \tag{6-187a}$$

$$\sigma_{yy} = -p + 2\mu\frac{\partial v}{\partial y} \tag{6-187b}$$

$$\sigma_{zz} = -p + 2\mu\frac{\partial w}{\partial z} \tag{6-187c}$$

（对于剪切应力）

$$\tau_{xy} = \tau_{yx} = \mu\left(\frac{\partial u}{\partial y} + \frac{\partial v}{\partial x}\right) \tag{6-187d}$$

$$\tau_{yz} = \tau_{zy} = \mu\left(\frac{\partial v}{\partial z} + \frac{\partial w}{\partial y}\right) \tag{6-187e}$$

$$\tau_{zx} = \tau_{xz} = \mu\left(\frac{\partial w}{\partial x} + \frac{\partial u}{\partial z}\right) \tag{6-187f}$$

其中 p 为压力，即三个法向应力平均值的负值；如图 6-50 所示，$-p = \dfrac{1}{3}(\sigma_{xx} + \sigma_{yy} + \sigma_{zz})$.

对于运动中的黏性流体，不同方向的法向应力不一定相同，因此，需要将压力定义为三个法向应力的平均值。对于静止的流体或无摩擦的流体，法向应力在各个方向上都是相等的。需要注意的重要一点是，对于弹性固体，应力与变形（或应变）呈线性关系，而对于牛顿流体，应力与变形速率（或应变速率）呈线性关系。

在圆柱极坐标中，不可压缩的牛顿流体的应力表示为（法向应力）

$$\sigma_{rr} = -p + 2\mu\frac{\partial v_r}{\partial r} \tag{6-188a}$$

$$\sigma_{\theta\theta} = -p + 2\mu\left(\frac{1}{r}\frac{\partial v_\theta}{\partial \theta} + \frac{v_r}{r}\right) \tag{6-188b}$$

$$\sigma_{zz} = -p + 2\mu\frac{\partial v_z}{\partial z} \tag{6-188c}$$

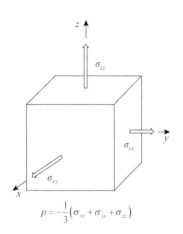

$$p = -\frac{1}{3}\left(\sigma_{xx} + \sigma_{yy} + \sigma_{zz}\right)$$

图 6-50　流体受法向应力示意图

（对于剪切应力）

$$\tau_{r\theta} = \tau_{\theta r} = \mu\left[r\frac{\partial}{\partial r}\left(\frac{v_\theta}{r}\right) + \frac{1}{r}\frac{\partial v_r}{\partial \theta} \right] \tag{6-188d}$$

$$\tau_{\theta z} = \tau_{z\theta} = \mu\left(\frac{\partial v_\theta}{\partial z} + \frac{1}{r}\frac{\partial v_z}{\partial \theta} \right) \tag{6-188e}$$

$$\tau_{zr} = \tau_{rz} = \mu\left(\frac{\partial v_r}{\partial z} + \frac{\partial v_z}{\partial r} \right) \tag{6-188f}$$

双标的含义与笛卡儿坐标表示的应力类似，即第一个下标表示应力作用的平面，第二个下标表示方向。例如，σ_{rr} 指的是作用在垂直于径向的平面上并沿径向的应力（因此是法向应力）。同样，$\tau_{r\theta}$ 指的是作用在垂直于径向但在切向（θ 方向）的平面上的应力，因此是剪应力。

6.5.2　纳维-斯托克斯方程

可以将 6.5.1 节中定义的应力代入运动的微分方程（6-63）中，并使用不可压缩流的连续性方程（6-40）进行简化。对于直角坐标（参见图 6-51），结果是
（x 方向）

$$\rho\left(\frac{\partial u}{\partial t} + u\frac{\partial u}{\partial x} + v\frac{\partial u}{\partial y} + w\frac{\partial u}{\partial z} \right) = -\frac{\partial p}{\partial x} + \rho g_x + \mu\left(\frac{\partial^2 u}{\partial x^2} + \frac{\partial^2 u}{\partial y^2} + \frac{\partial^2 u}{\partial z^2} \right) \tag{6-189a}$$

（y 方向）

$$\rho\left(\frac{\partial v}{\partial t} + u\frac{\partial v}{\partial x} + v\frac{\partial v}{\partial y} + w\frac{\partial v}{\partial z} \right) = -\frac{\partial p}{\partial y} + \rho g_y + \mu\left(\frac{\partial^2 v}{\partial x^2} + \frac{\partial^2 v}{\partial y^2} + \frac{\partial^2 v}{\partial z^2} \right) \tag{6-189b}$$

（z 方向）

$$\rho\left(\frac{\partial w}{\partial t} + u\frac{\partial w}{\partial x} + v\frac{\partial w}{\partial y} + w\frac{\partial w}{\partial z} \right) = -\frac{\partial p}{\partial z} + \rho g_z + \mu\left(\frac{\partial^2 w}{\partial x^2} + \frac{\partial^2 w}{\partial y^2} + \frac{\partial^2 w}{\partial z^2} \right) \tag{6-189c}$$

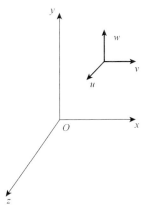

图 6-51　速度分量示意图

其中，u、v 和 w 是速度的 x，y 和 z 分量（图 6-51）。对方程进行重新排列，以使加速度项位于左侧，而力项位于右侧。

这些方程通常被称为纳维-斯托克斯方程，以法国力学家纳维 Claude Louis Marie Henri Navier，1785—1836）和英国物理学家、数学家斯托克斯（George Gabriel Stokes，1819—1903）的名字命名。当与质量守恒方程（6-40）结合使用时，这三个运动方程可提供不可压缩牛顿流体流动的完整数学描述。有四个方程和四个未知数（u、v、w 和 p），因此在数学上是可解的。但是，由于纳维-斯托克斯方程的一般复杂性（非线性、二阶、偏微分方程），除少数情况外，它们不适合精确的数学解。但是，在少数获得解决方案并将其与实验结果进行比较的情况下，结果已经非常吻合。因此，纳维-斯托克斯方程被认为是不可压缩牛顿流体的运动微分方程。

6.5.3　圆柱坐标系下的纳维-斯托克斯方程

在圆柱极坐标方面（图 6-52），纳维-斯托克斯方程可以写成

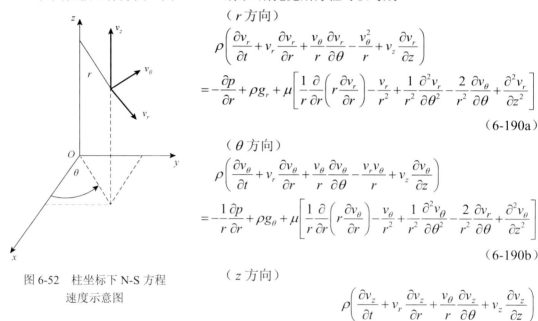

（ r 方向）

$$\rho\left(\frac{\partial v_r}{\partial t}+v_r\frac{\partial v_r}{\partial r}+\frac{v_\theta}{r}\frac{\partial v_r}{\partial\theta}-\frac{v_\theta^2}{r}+v_z\frac{\partial v_r}{\partial z}\right)$$

$$=-\frac{\partial p}{\partial r}+\rho g_r+\mu\left[\frac{1}{r}\frac{\partial}{\partial r}\left(r\frac{\partial v_r}{\partial r}\right)-\frac{v_r}{r^2}+\frac{1}{r^2}\frac{\partial^2 v_r}{\partial\theta^2}-\frac{2}{r^2}\frac{\partial v_\theta}{\partial\theta}+\frac{\partial^2 v_r}{\partial z^2}\right]$$

（6-190a）

（ θ 方向）

$$\rho\left(\frac{\partial v_\theta}{\partial t}+v_r\frac{\partial v_\theta}{\partial r}+\frac{v_\theta}{r}\frac{\partial v_\theta}{\partial\theta}-\frac{v_r v_\theta}{r}+v_z\frac{\partial v_\theta}{\partial z}\right)$$

$$=-\frac{1}{r}\frac{\partial p}{\partial r}+\rho g_\theta+\mu\left[\frac{1}{r}\frac{\partial}{\partial r}\left(r\frac{\partial v_\theta}{\partial r}\right)-\frac{v_\theta}{r^2}+\frac{1}{r^2}\frac{\partial^2 v_\theta}{\partial\theta^2}-\frac{2}{r^2}\frac{\partial v_r}{\partial\theta}+\frac{\partial^2 v_\theta}{\partial z^2}\right]$$

（6-190b）

图 6-52　柱坐标下 N-S 方程
速度示意图

（ z 方向）

$$\rho\left(\frac{\partial v_z}{\partial t}+v_r\frac{\partial v_z}{\partial r}+\frac{v_\theta}{r}\frac{\partial v_z}{\partial\theta}+v_z\frac{\partial v_z}{\partial z}\right)$$

$$=-\frac{\partial p}{\partial z}+\rho g_z+\mu\left[\frac{1}{r}\frac{\partial}{\partial r}\left(r\frac{\partial v_z}{\partial r}\right)+\frac{1}{r^2}\frac{\partial^2 v_z}{\partial\theta^2}+\frac{\partial^2 v_z}{\partial z^2}\right]$$

（6-190c）

为了简要介绍纳维-斯托克斯方程的使用，下一部分将介绍一些最简单的精确解。

6.6　微分形式的能量方程

从能量角度分析，流体的运动应遵循热力学第一定律。对一流体系统

$$\mathrm{d}E=\mathrm{d}Q-\mathrm{d}W \tag{6-191}$$

式中，$\mathrm{d}E$ 为由于传热和做功引起系统增加的储存能；$\mathrm{d}Q$ 为外界传入系统的热量；$\mathrm{d}W$ 为系统对外界所做的功。对单位体积流体，式（6-191）可改写为

$$\mathrm{d}e_s=\mathrm{d}q-\mathrm{d}w \tag{6-192}$$

式中，$\mathrm{d}e_s$ 为单位体积流体增加的储存能；$\mathrm{d}q$ 为外界传入单位体积流体的热量；$\mathrm{d}w$ 为单位体积流体对外界所做的功。单位体积流体储存能包括内能、动能和势能，即

$$e_s=\rho\left(e+\frac{v^2}{2}-f\cdot r\right) \tag{6-193}$$

上式括号内 e 为单位质量流体的内能（比内能），$v^2/2$ 为单位质量流体的动能（比动能），

$-f \cdot r$ 为单位质量流体的势能（比势能，f 为单位质量流体的体积力，r 为矢径）。与连续性方程和动量方程一样，微分形式的能量方程可写成质点导数形式

$$\frac{\mathrm{D}e_s}{\mathrm{D}t} = \rho \frac{\mathrm{D}}{\mathrm{D}t}\left(e + \frac{v^2}{2} - f \cdot r\right) = \frac{\mathrm{D}}{\mathrm{D}t}\left(e + \frac{v^2}{2}\right) - \rho f \cdot r = \frac{\mathrm{D}q}{\mathrm{D}t} - \frac{\mathrm{D}w}{\mathrm{D}t} \tag{6-194}$$

由傅里叶热传导定律，流体元与外部在单位面积上交换的热流量矢量为

$$\boldsymbol{q}_T = -\kappa \nabla T \tag{6-195}$$

式中，T 为热力学温度；κ 为导热系数（单位为 W/(m·K)）；负号表示热流量沿温度降低的方向传导。

如图 6-53 所示，热流量沿 x 方向流入和流出流体元（体积为 dxdydz）；由能量守恒原则，x 方向净流出流体元的热流量 $\dfrac{\partial q_{Tx}}{\partial x}$ dxdydz 等于 x 方向传入流体元内部热量的减少率。因此，外界传入单位体积流体的热量的质点导数等于三个方向净流出的热流量之和的负值。

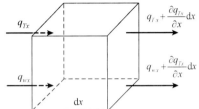

图 6-53　热流量流动示意图

$$\frac{\mathrm{D}q}{\mathrm{D}t} = -\left(\frac{\partial q_{Tx}}{\partial x} + \frac{\partial q_{Ty}}{\partial y} + \frac{\partial q_{Tz}}{\partial z}\right) = -\nabla \cdot \boldsymbol{q}_T = \nabla \cdot (\kappa \nabla T) \tag{6-196}$$

流体对外做功包括表面应力和体积力做功。仿照热流量矢量 $\boldsymbol{q}_T(q_{Tx}, q_{Ty}, q_{Tz})$ 的形式，用 $\boldsymbol{q}_w(q_{wx}, q_{wy}, q_{wz})$ 表示单位面积上表面应力对外做功的功流量矢量（图 6-53），它等于表面应力与速度矢量的点积的负值

$$\boldsymbol{q}_w = -p_{ij} \cdot \boldsymbol{v} \tag{6-197}$$

与式（6-196）相似，单位体积流体的表面应力对外做功的质点导数等于三个方向净流出的表面应力功流量之和的负值，即为 $-\nabla \cdot \boldsymbol{q}_w$。单位体积流体的体积力所做的功率为 $\rho \boldsymbol{f} \cdot \boldsymbol{v}$。二者之和为单位体积流体对外所做功的质点导数，并利用式（6-197）可得

$$\frac{\mathrm{D}w}{\mathrm{D}t} = -\nabla \cdot \boldsymbol{q}_w + \rho \boldsymbol{f} \cdot \boldsymbol{v} = \nabla \cdot (p_{ij} \cdot \boldsymbol{v}) + \rho \boldsymbol{f} \cdot \boldsymbol{v} \tag{6-198}$$

利用场论公式，上式中表面应力做功项可分为两部分

$$\nabla \cdot (p_{ij} \cdot \boldsymbol{v}) = \boldsymbol{v} \cdot (\nabla \cdot p_{ij}) + (p_{ij} \cdot \nabla) \cdot \boldsymbol{v} \tag{6-199}$$

上式右边第一项为表面应力做功中的可逆部分。由流体动量微分方程（6-196），应力张量的散度与惯性力、体积力关系为

$$\nabla \cdot (p_{ij} \cdot \boldsymbol{v}) = \boldsymbol{v} \cdot (\nabla \cdot p_{ij}) + (p_{ij} \cdot \nabla) \cdot \boldsymbol{v} \tag{6-200}$$

则

$$\boldsymbol{v} \cdot (\nabla \cdot p_{ij}) = \boldsymbol{v} \cdot \rho \frac{\mathrm{D}\boldsymbol{v}}{\mathrm{D}t} - \boldsymbol{v} \cdot \rho \boldsymbol{f} = \rho \frac{\mathrm{D}}{\mathrm{D}t}\left(\frac{v^2}{2}\right) - \rho \boldsymbol{f} \cdot \boldsymbol{v} \tag{6-201}$$

将上式代入式（6-199）后再代入式（6-198），整理可得

$$\frac{\mathrm{D}w}{\mathrm{D}t} = \rho \frac{\mathrm{D}}{\mathrm{D}t}\left(\frac{v^2}{2}\right) + (p_{ij} \cdot \nabla) \cdot \boldsymbol{v} \tag{6-202}$$

将式（6-196）和式（6-202）代入式（6-194）后整理得

$$\rho \frac{\mathrm{D}e}{\mathrm{D}t} = \nabla \cdot (\kappa \nabla T) + (p_{ij} \cdot \nabla) \cdot \boldsymbol{v} \tag{6-203}$$

上式为用内能表示的流体能量微分方程的一般形式。能量方程还有其他形式，这里不再赘述。对不同性质的流体，式（6-203）右边第二项具有不同的表达形式。

对于牛顿流体，式（6-202）右边第二项可化为

$$(p_{ij} \cdot \nabla) \cdot \boldsymbol{v} = -p \nabla \cdot \boldsymbol{v} + \Phi \tag{6-204}$$

上式右边第一项是压强所做压缩功，它是可逆的；第二项是黏性力做功，它是不可逆的。Φ 称为黏性耗散函数，在直角坐标系中为

$$\Phi = \mu \left\{ 2 \left[\left(\frac{\partial u}{\partial x} \right)^2 + \left(\frac{\partial v}{\partial y} \right)^2 + \left(\frac{\partial w}{\partial z} \right)^2 \right] + \left(\frac{\partial v}{\partial x} + \frac{\partial u}{\partial y} \right)^2 + \left(\frac{\partial w}{\partial y} + \frac{\partial v}{\partial z} \right)^2 + \left(\frac{\partial u}{\partial z} + \frac{\partial w}{\partial x} \right)^2 \right\} \tag{6-205}$$

将式（6-204）代入式（6-203）可得

$$\rho \frac{\mathrm{D}e}{\mathrm{D}t} = \nabla \cdot (\kappa \nabla T) - p \nabla \cdot \boldsymbol{v} + \Phi \tag{6-206}$$

上式为用内能表示的牛顿流体能量微分方程。它表明引起流体元内能变化有三个原因：输入热量、压强做压缩功、黏性力做耗散功。

对不可压缩完全气体，式（6-206）可化为

$$\rho c_{\mathrm{v}} \frac{\mathrm{D}T}{\mathrm{D}t} = \kappa \nabla^2 T + \Phi \tag{6-207}$$

上式为用温度表示的不可压缩完全气体的能量微分方程，其中 c_{v} 为气体的比定容热容。

至此，微分形式的连续方程、动量方程和能量方程组成了一组微分形式的流体力学基本方程组。

6.7　本章总结

为了解流动细节，本章提到了一种涉及无穷小控制体的方法，通常称为微分分析法，它与有限控制体法的区别在于所使用的控制方程是微分方程。利用微分分析法对流体进行分析得到流体的微观运动方程以及微分形式的流体力学基本方程，这些方程反映了流场中一点邻域内流体物理量的微分关系，通过简化假设求解这些方程，获得流体物理量的空间分布信息，如速度分布、压强分布和切应力分布等。为了解流场结构、流体作用的微观机制及精确计算合力、合力矩和作用点，提出了一般的运动方程，分析了无黏性流体，将方程简化为更简单的欧拉运动方程。对欧拉方程进行积分以给出伯努利方程，并且引入了无旋流动的概念、描述了几种基本速度势，包括用于均流、源或汇、涡旋和偶极子的速度势，并描述了通过叠加使用这些基本速度势的各种组合以形成势的技术。使用这种叠加技术可获得围绕半体、朗肯椭圆形和圆柱体的流动。

流体的微观运动方程包括：线应变方程、角应变方程和旋转角速度方程等。

线应变方程（单位体积变化率）：

$$\frac{1}{\delta V}\frac{\mathrm{d}(\delta V)}{\mathrm{d}t}=\frac{\partial u}{\partial x}+\frac{\partial v}{\partial y}+\frac{\partial w}{\partial z}=\nabla\cdot V \tag{6-12}$$

角应变方程（x-y、x-z、y-z 平面）：

$$\dot\gamma_{xy}=\dot\gamma_{yx}=\frac{\partial v}{\partial x}+\frac{\partial u}{\partial y} \tag{6-15}$$

$$\dot\gamma_{xz}=\dot\gamma_{zx}=\frac{\partial \omega}{\partial x}+\frac{\partial u}{\partial z} \tag{6-16}$$

$$\dot\gamma_{yz}=\dot\gamma_{zy}=\frac{\partial \omega}{\partial y}+\frac{\partial v}{\partial z} \tag{6-17}$$

旋转角速度方程（绕 x 轴、绕 y 轴、绕 z 轴）：

$$\omega_x=\frac{1}{2}\left(\frac{\partial w}{\partial y}-\frac{\partial v}{\partial z}\right) \tag{6-22}$$

$$\omega_y=\frac{1}{2}\left(\frac{\partial u}{\partial z}-\frac{\partial w}{\partial x}\right) \tag{6-23}$$

$$\omega_z=\frac{1}{2}\left(\frac{\partial v}{\partial x}-\frac{\partial u}{\partial y}\right) \tag{6-21}$$

微分形式的流体力学基本方程包括微分形式的连续性方程、动量方程和能量方程等。

微分形式的连续性方程：

$$\frac{\partial\rho}{\partial t}+\frac{\partial(\rho u)}{\partial x}+\frac{\partial(\rho v)}{\partial y}+\frac{\partial(\rho w)}{\partial z}=0 \tag{6-34}$$

微分形式的动量方程：

$$\rho g_x+\frac{\partial\sigma_{xx}}{\partial x}+\frac{\partial\tau_{yx}}{\partial y}+\frac{\partial\tau_{zx}}{\partial z}=\rho\left(\frac{\partial u}{\partial t}+u\frac{\partial u}{\partial x}+v\frac{\partial u}{\partial y}+w\frac{\partial u}{\partial z}\right) \tag{6-63a}$$

$$\rho g_y+\frac{\partial\tau_{xy}}{\partial x}+\frac{\partial\sigma_{yy}}{\partial y}+\frac{\partial\tau_{zy}}{\partial z}=\rho\left(\frac{\partial v}{\partial t}+u\frac{\partial v}{\partial x}+v\frac{\partial v}{\partial y}+w\frac{\partial v}{\partial z}\right) \tag{6-63b}$$

$$\rho g_x+\frac{\partial\tau_{xz}}{\partial x}+\frac{\partial\tau_{yz}}{\partial y}+\frac{\partial\sigma_{zz}}{\partial z}=\rho\left(\frac{\partial w}{\partial t}+u\frac{\partial w}{\partial x}+v\frac{\partial w}{\partial y}+w\frac{\partial w}{\partial z}\right) \tag{6-63c}$$

$$\rho\frac{\mathrm{D}V}{\mathrm{D}t}=\rho f+\nabla\cdot p_{ij} \tag{6-64}$$

欧拉运动方程：

$$\rho g_x-\frac{\partial p}{\partial x}=\rho\left(\frac{\partial u}{\partial t}+u\frac{\partial u}{\partial x}+v\frac{\partial u}{\partial y}+w\frac{\partial u}{\partial z}\right) \tag{6-66}$$

$$\rho g_y-\frac{\partial p}{\partial y}=\rho\left(\frac{\partial v}{\partial t}+u\frac{\partial v}{\partial x}+v\frac{\partial v}{\partial y}+w\frac{\partial v}{\partial z}\right) \tag{6-67}$$

$$\rho g_z-\frac{\partial p}{\partial z}=\rho\left(\frac{\partial w}{\partial t}+u\frac{\partial w}{\partial x}+v\frac{\partial w}{\partial y}+w\frac{\partial w}{\partial z}\right) \tag{6-68}$$

速度势：

$$V=\nabla\phi \tag{6-90}$$

拉普拉斯方程：

$$\nabla^2 \phi = 0 \qquad (6\text{-}91)$$

均流势流：

$$\phi = U(x \cos \alpha + y \sin \alpha) \qquad (6\text{-}116)$$

$$\psi = U(y \cos \alpha - x \sin \alpha) \qquad (6\text{-}117)$$

源和汇：

$$\phi = \frac{m}{2\pi} \ln r \qquad (6\text{-}121)$$

$$v_r = \frac{m}{2\pi\, r}, \qquad v_\theta = 0 \qquad (6\text{-}122)$$

$$\psi = \frac{m}{2\pi} \theta \qquad (6\text{-}123)$$

涡流：

$$\phi = \frac{\Gamma}{2\pi} \theta \qquad (6\text{-}132)$$

$$\psi = -\frac{\Gamma}{2\pi} \ln r \qquad (6\text{-}133)$$

偶极子：

$$\phi = \frac{K \cos \theta}{r} \qquad (6\text{-}143)$$

$$\psi = -\frac{K \sin \theta}{r} \qquad (6\text{-}142)$$

$$v_r = -\frac{K \cos \theta}{r^2}, \qquad v_\theta = -\frac{K \cos \theta}{r^2}$$

微分形式的 N-S 方程：

$$\rho\left(\frac{\partial u}{\partial t} + u\frac{\partial u}{\partial x} + v\frac{\partial u}{\partial y} + w\frac{\partial u}{\partial z}\right) = -\frac{\partial p}{\partial x} + \rho g_x + \mu\left(\frac{\partial^2 u}{\partial x^2} + \frac{\partial^2 u}{\partial y^2} + \frac{\partial^2 u}{\partial z^2}\right) \qquad (6\text{-}189\mathrm{a})$$

$$\rho\left(\frac{\partial v}{\partial t} + u\frac{\partial v}{\partial x} + v\frac{\partial v}{\partial y} + w\frac{\partial v}{\partial z}\right) = -\frac{\partial p}{\partial y} + \rho g_y + \mu\left(\frac{\partial^2 v}{\partial x^2} + \frac{\partial^2 v}{\partial y^2} + \frac{\partial^2 v}{\partial z^2}\right) \qquad (6\text{-}189\mathrm{b})$$

$$\rho\left(\frac{\partial w}{\partial t} + u\frac{\partial w}{\partial x} + v\frac{\partial w}{\partial y} + w\frac{\partial w}{\partial z}\right) = -\frac{\partial p}{\partial z} + \rho g_z + \mu\left(\frac{\partial^2 w}{\partial x^2} + \frac{\partial^2 w}{\partial y^2} + \frac{\partial^2 w}{\partial z^2}\right) \qquad (6\text{-}189\mathrm{c})$$

微分形式的圆柱坐标系下的 N-S 方程：

$$\rho\left(\frac{\partial v_r}{\partial t} + v_r\frac{\partial v_r}{\partial r} + \frac{v_\theta}{r}\frac{\partial v_r}{\partial \theta} - \frac{v_\theta^2}{r} + v_z\frac{\partial v_r}{\partial z}\right)$$

$$= -\frac{\partial p}{\partial r} + \rho g_r + \mu\left[\frac{1}{r}\frac{\partial}{\partial r}\left(r\frac{\partial v_r}{\partial r}\right) - \frac{v_r}{r^2} + \frac{1}{r^2}\frac{\partial^2 v_r}{\partial \theta^2} - \frac{2}{r^2}\frac{\partial v_\theta}{\partial \theta} + \frac{\partial^2 v_r}{\partial z^2}\right] \qquad (6\text{-}190\mathrm{a})$$

$$\rho\left(\frac{\partial v_\theta}{\partial t} + v_r\frac{\partial v_\theta}{\partial r} + \frac{v_\theta}{r}\frac{\partial v_\theta}{\partial \theta} - \frac{v_r v_\theta}{r} + v_z\frac{\partial v_\theta}{\partial z}\right)$$

$$= -\frac{1}{r}\frac{\partial p}{\partial r} + \rho g_\theta + \mu\left[\frac{1}{r}\frac{\partial}{\partial r}\left(r\frac{\partial v_\theta}{\partial r}\right) - \frac{v_\theta}{r^2} + \frac{1}{r^2}\frac{\partial^2 v_\theta}{\partial \theta^2} - \frac{2}{r^2}\frac{\partial v_r}{\partial \theta} + \frac{\partial^2 v_\theta}{\partial z^2}\right] \qquad (6\text{-}190a)$$

$$\rho\left(\frac{\partial v_z}{\partial t} + v_r\frac{\partial v_z}{\partial r} + \frac{v_\theta}{r}\frac{\partial v_z}{\partial \theta} + v_z\frac{\partial v_z}{\partial z}\right)$$

$$= -\frac{\partial p}{\partial z} + \rho g_z + \mu\left[\frac{1}{r}\frac{\partial}{\partial r}\left(r\frac{\partial v_z}{\partial r}\right) + \frac{1}{r^2}\frac{\partial^2 v_z}{\partial \theta^2} + \frac{\partial^2 v_z}{\partial z^2}\right] \qquad (6\text{-}190c)$$

微分形式的能量方程：

$$\rho\frac{\mathrm{D}e}{\mathrm{D}t} = \nabla\cdot(\kappa\,\nabla T) + (p_{ij}\cdot\nabla)\cdot\boldsymbol{v} \qquad (6\text{-}203)$$

此外，本章还包括亥姆霍兹速度分解定理等其他重要方程。

亥姆霍兹速度分解定理（x-y 平面）：

$$u(O) = u(O_0) + \frac{1}{2}\left(\frac{\partial u}{\partial y} - \frac{\partial v}{\partial x}\right)\mathrm{d}y + \frac{\partial u}{\partial x}\mathrm{d}x + \frac{1}{2}\left(\frac{\partial u}{\partial y} + \frac{\partial v}{\partial x}\right)\mathrm{d}y \qquad (6\text{-}27a)$$

$$v(O) = v(O_0) + \frac{1}{2}\left(\frac{\partial v}{\partial x} - \frac{\partial u}{\partial y}\right)\mathrm{d}x + \frac{\partial v}{\partial y}\mathrm{d}y + \frac{1}{2}\left(\frac{\partial v}{\partial x} + \frac{\partial u}{\partial y}\right)\mathrm{d}x \qquad (6\text{-}27b)$$

利用上述方法推导微分形式的连续性方程、动量方程和能量方程，这些方程构成了求解流体压强场、压力场、应力场和温度场的基本方程组。此外，利用上述方法还得到了流函数的计算方法。基于以上方程和方法，并通过一些简化假设，可求解复杂的非线性偏微分方程，进而解决某些复杂流动问题。

习　　题

6-1　某一流场中的速度由公式给出：

$$\boldsymbol{V} = yz\hat{\boldsymbol{i}} + x^2z\hat{\boldsymbol{j}} + x\hat{\boldsymbol{k}}$$

求：加速度的三个矩形分量的表达式。

6-2　特定二维流场中的速度分布为

$$\boldsymbol{V} = 2xt\hat{\boldsymbol{i}} - 2y\hat{\boldsymbol{j}}$$

式中，速度单位为 m/s，x、y 单位为 m，t 单位为 s。分别求出加速度当地项和对流项在 x 和 y 方向上的分量表达式，确定 $t=0$ 时刻 $x=y=0.6$ m 处加速度的方向和大小。

6-3　特定速度场的三个速度分量为

$$u = x^2 + y^2 + z^2$$
$$v = xy + yz + z^2$$
$$w = -3xz - z^2/2 + 4$$

（1）确定体积膨胀率并解释结果；

（2）求出角速度矢量并说明流场是否无旋？

6-4　确定下列速度矢量的涡度场

$$V = (x^2 - y^2)\hat{i} - 2xy\hat{j}$$

6-5　用以下的描述确定流场涡度的表达式

$$V = -xy^3\hat{i} + y^4\hat{j}$$

流动是无旋的吗？

6-6　对特定的不可压缩、二维流场，y 方向速度分量为

$$v = 3xy + x^2 y$$

x 方向分量，使体积膨胀率为 0。

6-7　如题图 6-7 所示，将不可压缩的黏性流体置于两块大的平行板之间，下板固定，上板以恒定的速度 U 运动，对于这些条件，板间的速度分布是线性的，可以表示为

$$u = U\frac{y}{b}$$

求：

（a）体积膨胀率；

（b）旋转矢量；

（c）涡度；

（d）角变形率。

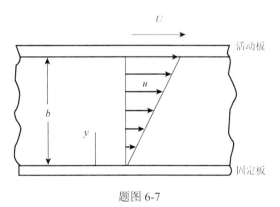

题图 6-7

6-8　对于不可压缩流体，体积膨胀率一定为零，即 $\nabla \cdot V = 0$，试确定常数组合 a、b、c、e 使下述流场满足不可压缩条件。

$$u = ax + by$$
$$v = cx + ey$$
$$w = 0$$

6-9　对于不可压缩流体，判断下述流场是否可能出现。

$$u = 2xy, \quad v = -x^2 y, \quad w = 0$$

6-10　不可压缩的二维速度场的速度分量由以下方程给出：

$$u = y^2 - x(1+x)$$
$$v = y(2x+1)$$

说明流动是不规则的，满足质量守恒。

6-11　对于以下每个流函数，以 m^2/s 为单位，确定速度矢量在 $x=1\,m$，$y=2\,m$ 处的大小和与 x 轴的夹角，找出流场中的所有停滞点。

（a）$\psi = xy$；

（b）$\psi = -2x^2 + y$。

6-12　在不可压缩的二维流场中，径向速度分量（$v_z = 0$）为

$$v_r = 2r + 3r^2 \sin\theta$$

求：满足质量守恒所需的相应切向速度分量 v_θ。

6-13　不可压缩流场的流函数由以下方程给出：

$$\psi = 3x^2 y - y^3$$

其中，流函数的单位是 m^2/s，x 和 y 的单位是 m。

（a）画出通过原点的流线；

（b）确定流过题图 6-13 所示直线 AB 的流速。

6-14　密度为 2000kg/m³ 的流体在两块平板之间稳定流动，如题图 6-14 所示。底板固定，顶板沿 x 方向匀速运动。速度为 $\boldsymbol{V} = 0.20\, y\,\hat{\boldsymbol{i}}$ m/s，其中 y 的单位是 m。重力加速度为 $\boldsymbol{g} = -9.8\,\hat{\boldsymbol{j}}$ m/s²。唯一的非零剪应力 $\tau_{yx} = \tau_{xy}$ 在整个流动过程中是恒定的，其值为 5N/m²。原点处的法向应力（$x=y=0$）为 $\sigma_{xx} = -100$kPa。利用运动方程中 x 和 y 分量的表达式（式（6-63a）和式（6-63b））确定整个流体的法向应力。假设 $\sigma_{xx} = \sigma_{yy}$。

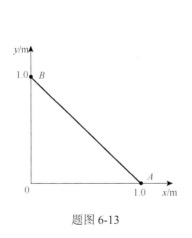

题图 6-13

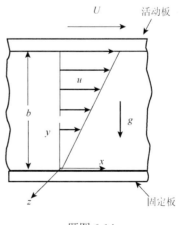

题图 6-14

6-15　射流沿水平方向射向一倾角为 θ 的平板，如题图 6-15 所示，忽略重力及水头损失，$v_0 = v_1 = v_2$，求总流量 Q_0 与分流量 Q_1、Q_2 的关系。

6-16　如题图 6-16 所示，水从水口射出并冲击固定平板，水口直径 $d = 0.1$m，体积流量 $Q = 0.4$m³/s，忽略重力、空气和平板对水流的摩擦力，求平板受力。

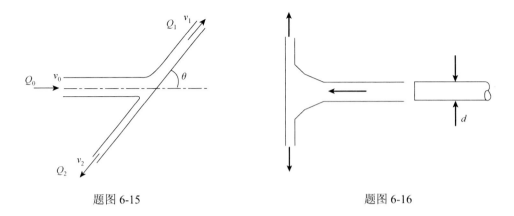

題图 6-15　　　　　　　　　　　　　　　　题图 6-16

6-17　已知溢流坝上游水位 h_1，下游水位 h_2，单位宽度溢流流量为 Q，水的密度 ρ，重力加速度 g，忽略水头损失（题图 6-17），求下游单位宽度受到的水平推力 F 。

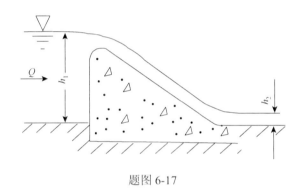

题图 6-17

6-18　已知密度为 $1000\text{kg}/\text{m}^3$ 的流体在两固定平板间作定常流动，如题图 6-18 所示，速度为 $V = 0.15\left[1-(y/h)^2\right]\hat{i}$ m/s，唯一非零的切应力 $\tau_{xy} = \tau_{yx} = -190y\,\text{N}/\text{m}^2$，忽略重力加速度。原点处（ $x = y = 0$ ）法向应力 $\sigma_{xx} = -480\text{N}/\text{m}^2$，试利用动量方程的 x 、 y 分量表达式 [式（6-63a）、式（6-63b）]求得流场中的法向应力分布，假设 $\sigma_{xx} = \sigma_{yy}$ 。

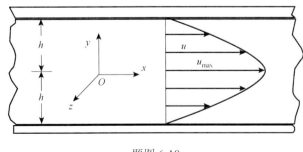

题图 6-18

6-19　特定二维流场的速度分布为 $u = -1.2\text{m/s}$ ， $v = -0.6\text{m/s}$ ，求该流场的流函数和速度势。

6-20　给定二维流场的流函数为

$$\psi = 5x^2 y - (5/3)y^3$$

确定相应的速度势。

6-21　某一流场用流函数来描述

$$\psi = A\theta + Br\sin\theta$$

其中 A 和 B 为正常数。确定相应的速度势，并找出该流场中的所有停滞点。

6-22　二维的、非黏性的、不可压缩的流场的流函数由以下表达式给出：

$$\psi = -0.2(x - y)$$

其中，流函数的单位是 $\mathrm{m^2/s}$，x 和 y 的单位是 m。

（a）是否满足连续性方程？

（b）流场是否为无旋流？如果是，请确定相应的速度势。

（c）确定 $x = 0.6\mathrm{m}$，$y = 0.6\mathrm{m}$ 处水平 x 方向的压力梯度。

6-23　某一无黏、不可压缩流场的速度势为

$$\phi = 2x^2 y - \left(\frac{2}{3}\right)y^3$$

其中，当 x 和 y 以 m 为单位时，ϕ 的单位是 $\mathrm{m^2/s}$。如果 $x = 1\mathrm{m}$，$y = 1\mathrm{m}$ 处的压力为 200kPa，则确定 $x = 2\mathrm{m}$，$y = 2\mathrm{m}$ 处的压力。海拔变化可以忽略，流体为水。

6-24　半径为 a 的圆球置于速度为 U_0 的均匀气流中，设远前方的压力为 P_0，试求圆球表面压力的最大值和最小值，以及它们的位置。

6-25　如题图 6-25 所示，水在楔形壁之间流向一个小口。这种流动的速度势 $\varphi = -2\ln r$，单位为 $\mathrm{m^2/s}$，r 的单位为 m。求 A、B 两点之间的压强差。

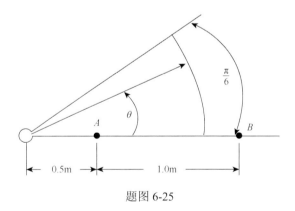

题图 6-25

6-26　某一流场用速度势来描述：

$$\varphi = A\ln r + Br\cos\theta$$

其中 A 和 B 为正常数。确定相应的流函数，并找出该流场中的任一停滞点。

6-27　给定二维流场的速度势为

$$\varphi = \frac{5}{3}x^3 - 5xy^2$$

证明满足连续性方程，并确定相应的流函数。

6-28　如题图 6-28 所示，对于 $r > R_c$，龙卷风可以用强度 Γ 的自由涡旋来近似，其中 R_c 为核心的半径。A、B 两点的速度测量结果表明，$V_A = 38$ m/s，$V_B = 18$ m/s。求出 A 点到龙卷风中心的距离。并回答为什么不能用自由涡模型来近似龙卷风整个流场（$r \geq 0$）？

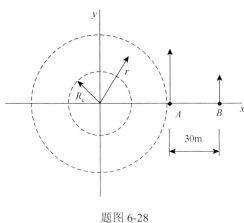

题图 6-28

6-29　处于原点的强度为 $Q\,(Q>0)$ 的点源与沿 x 方向速度为 U 的均流叠加成平面流场。求：

（1）流函数与速度势函数；

（2）速度分布式；

（3）流线方程。

6-30　如题图 6-30 所示，有两个源，一个强度为 m，另一个强度为 $3m$，位于 x 轴上。确定这些源头产生的流动中的停滞点位置。

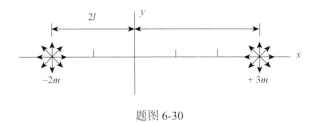

题图 6-30

6-31　平面势流由点源和点汇叠加而成，点源位于点 $(-1,0)$，其流量为 $Q_1 = 20\text{m}^3/\text{s}$，点汇位于点 $(2,0)$，其流量为 $Q_2 = 30\text{m}^3/\text{s}$，流体密度 $\rho = 1.8\text{kg}/\text{m}^3$，设已知流场中点 $(0,0)$ 的压强为 0，试求点 $(0,1)$ 和 $(1,1)$ 的流速和压强。

6-32　考虑正 x 方向的均匀流动与位于坐标系原点的自由涡流相结合，流线 $\psi = 0$ 经过点 $x = 4$，$y = 0$。确定该流线的方程。

6-33　均匀流和源的组合可以用来描述围绕一个流线型体的流动，称为半体。假设某物体具有厚度为 0.5m 的半体形状。如果把这个物体放在以 15m/s 速度运动的气流中，模拟该物体周围的流动需要多大的源强？

6-34　考虑沿 x 轴在 $x = 0$ 和 $x = 2\text{m}$ 处有两个强度相等的源和一个位于 y 轴在 $y = 2\text{m}$ 处的水槽，如

果每个源的流速为 $0.5\text{m}^3/\text{s}$ ，进入水槽的流速为 $1.0\text{m}^3/\text{s}$ ，确定这种组合导致的 $x = 5\text{ m}$ 和 $y = 0$ 处流体速度的大小和方向。

6-35　由一对源-汇组合而成的朗肯椭圆，每对源-汇的强度为 $3.3\text{m}^2/\text{s}$ ，沿 x 轴相距 3.6m ，匀速为 3m/s （正 x 方向）。确定椭圆的长度和厚度。

6-36　理想流体流过一个沿平面边界的无限长的半圆形"驼峰"，如题图 6-36 所示。远离驼峰的速度场是均匀的，压力是 p_0 。

（a）确定沿驼峰压力的最大值和最小值的表达式，并指出这些点的位置，用 ρ 、 U 和 p_0 表示。

（b）若固体表面为 $\psi = 0$ 的流线，请确定流线经过点 $\theta = \pi/2$, $r = 2a$ 的方程。

6-37　假设题图 6-37 所示的长圆筒周围的流动是无黏的、不可压缩的。在圆柱体表面测量两个压力，即 p_1 和 p_2 。 p_1 自由流速度 U 可以通过以下公式与压力差 $\Delta p = p_1 - p_2$ 联系在一起，

$$U = C\sqrt{\frac{\Delta p}{\rho}}$$

其中， ρ 为流体密度。确定常数 C 的值，忽略体积力。

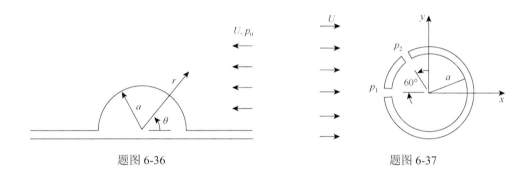

題图 6-36　　　　　　　　　　　　　　题图 6-37

6-38　说明对于匀速流动的旋转圆柱体，如下压力比方程为真。

$$\frac{p_{顶点} - p_{底部}}{p_{停滞}} = \frac{8q}{U}$$

这里， U 为均匀流速， q 为旋转圆柱体的表面速度。

6-39　确定速度分布为 $V = (3xy^2 - 4x^3)\hat{\boldsymbol{i}} + (12x^2y - y^3)\hat{\boldsymbol{j}}$ 的不可压缩牛顿流体的剪切应力。

6-40　不可压缩的牛顿流体的二维速度场由以下关系描述：

$$V = (12xy^2 - 6x^3)\hat{\boldsymbol{i}} + (18x^2y - 4y^3)\hat{\boldsymbol{j}}$$

其中，速度的单位为 m/s，当 x 和 y 的单位为 m 时，如果在 $x = 0.5\text{m}$ ， $y = 1.0\text{m}$ 处的压力为 6kPa，液体为甘油，温度为 20℃，求该点的应力 σ_{xx} ， σ_{yy} 和 τ_{xy} 。在草图上显示这些应力。

6-41　实验发现，在一个平面的、二维的、不可压缩的流场中，一个流体粒子沿与 x 轴重合的水平流线运动的速度用方程 $u = x^2$ 表示。沿此流线确定：（a）速度的 v 分量相对于 y 的变化率；（b）粒子的加速度；（c） x 方向的压力梯度的表达式。该流体是牛顿流体。

6-42　油（SAE 30）在 15.6℃时在固定的、水平的、平行的板之间稳定流动。单位长度的压降为

30kPa/m，板间距离为4mm。流动是层状的。试确定：

（a）流量（每米宽）；

（b）作用在底板上的剪应力的大小和方向；

（c）沿通道中心线的速度。

6-43　黏性液体（$\mu = 0.4\,\mathrm{N \cdot s/m^2}$，$\mathrm{SG} = 0.9$）在板间流动，平均速度为0.15m/s。流动是层状的。求单位长度上流动方向的压降，以及通道中的最大速度。

6-44　黏稠的不可压缩的流体在题图 6-44 中的两个无限大的垂直平行板之间流动。利用纳维-斯托克斯方程确定流动方向上的压力梯度的表达式，并用平均速度来表示结果。假设流动是层状的、定常的、均匀的。

6-45　密度为 ρ 的流体在题图 6-45 中的两块垂直的、无限的、平行的板之间定常地向下流动。流动充分发展，呈层状。试利用纳维-斯托克斯方程确定沿通道压力变化为零的情况下流量与其他相关参数之间的关系。

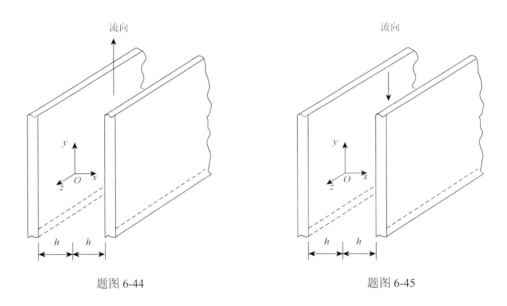

题图 6-44　　　　　　　　　　　　　　　　　题图 6-45

6-46　一层恒定厚度的黏性液体（垂直于板面无速度）沿着一个无限倾斜的平面稳定地流动。试通过纳维-斯托克斯方程，确定层厚与单位宽度排量之间的关系。流动是层状的，并假设空气阻力可以忽略不计，自由表面的剪切应力视为零。

6-47　如题图 6-47 所示，将不可压缩的黏性流体置于水平的无限平行板之间，两板以恒定的速度 U_1 和 U_2 向相反方向运动。x 方向的压力梯度为零，唯一的体积力是由流体重量引起的。试利用纳维-斯托克斯方程推导出板块间速度分布的表达式。假设为层流。

6-48　如题图 6-48 所示，平行板之间的黏性不可压缩流动是由底板运动和压力梯度 $\partial p / \partial x$ 引起的，这类问题的一个重要的无量纲数是 $P = -(b^2 / 2\,\mu U)(\partial p / \partial x)$，其中 μ 是流体黏度。绘制 $P = 3$ 的无量纲速度分布图。对于这种情况，最大速度发生在哪里？

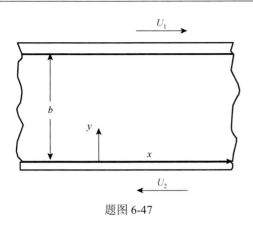

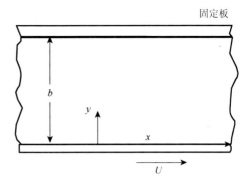

题图 6-47　　　　　　　　　　　　　　　　　题图 6-48

6-49　毛细管黏度计如题图 6-49 所示。左支管中的毛细管直径为 $d = 0.5\text{mm}$，长 $l = 20\text{mm}$。毛细管上有一盛被测液体的容腔，液体在重力作用下沿毛细管流下，流量由容腔的流空时间计算。设 $Q = 3.97\text{mm}^3/\text{s}$，毛细管两端压强差 $\Delta p = 2070\text{Pa}$。求：

（1）被测液体的黏度；

（2）设被测液体的密度 $\rho = 1055\,\text{kg}/\text{m}$，校核 Re。

6-50　如题图 6-50 所示，两块无限的水平平行板之间装有黏性流体（比重 $= 12.6\,\text{kN/m}^3$；黏度 $= 1.4\,\text{N·s/m}^2$）。在压力梯度的作用下，流体在板间运动，上板以速度 U 运动，而下板固定。在两点之间连接一个 U 型管压力计，沿着底部表示差值读数为 0.25cm。如果上板以 $6 \times 10^{-3}\text{m/s}$ 的速度移动，在距底板多少距离处，两块板之间的缝隙中出现最大速度，该速度是多少？假设是层流。

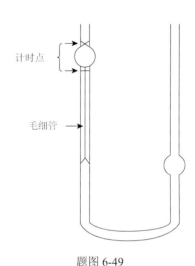

题图 6-49

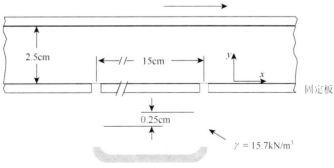

题图 6-50

6-51　一个半径为 R 的无限长的实心垂直圆柱体位于无限质量的不可压缩流体中。试从 θ 方向的纳维-斯托克斯方程入手，推导出圆柱体以恒定角速度绕固定轴旋转的稳流情况下的速度分布表达式 ω。不需要考虑体积力。假设流动是轴对称的，流体在无穷大处静止。

6-52　乙醇流过直径为 10mm 的水平管。如果平均速度是 $0.15\text{m}/\text{s}$，那么沿管子单位长度的压降是多少？距管轴 2mm 处的速度是多少？

6-53 如题图 6-53 所示为用于稳流试验的简单流动系统，由一个连接到直径为 4mm 的恒定水头槽组成。该液体的黏度为 $0.015\text{N}\cdot\text{s/m}^2$，密度为 1200kg/m^3，以 2m/s 的平均速度的速度排入大气中。

（a）验证该液体为层流。

（b）在管子的最后 3m 处充分流动，压力表上的压力是多少？

（c）在充分发育的区域中，管壁的剪应力 τ_{rz} 的大小是多少？

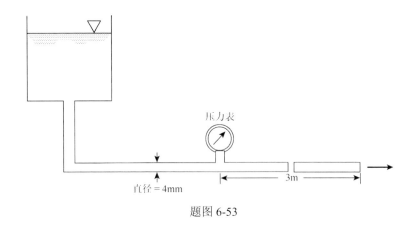

题图 6-53

6-54 （a）对于半径为 R 的管子中的泊肃叶流，推导壁面剪应力 τ_{rz} 的大小（流体是黏度为 μ 的牛顿流体）。

$$\left|(\tau_{rz})_{\text{wall}}\right|=\frac{4\mu Q}{\pi R^3}$$

（b）确定黏度为 $0.004\text{N}\cdot\text{s/m}^2$ 的流体在直径为 2mm 的管内以平均速度 130mm/s 流动时的壁面剪应力的大小。

6-55 一种液体（黏度 $=0.002\text{N}\cdot\text{s/m}^2$，密度 $=1000\text{kg/m}^3$）被强制通过圆管。将差压计连接到如题图 6-55 所示的管子上，测量沿管子的压降。当差压读数 Δh 为 9mm 时，管内的平均速度是多少？

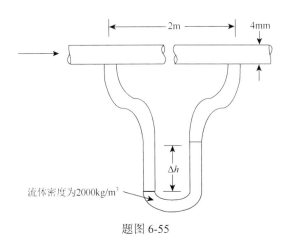

题图 6-55

6-56　如题图 6-56 所示，一个不可压缩的牛顿流体在两个无限长的同心圆柱体之间稳定流动。外圆柱体是固定的，但内圆柱体以纵向速度 V_0 运动，如图所示。轴向的压力梯度为 $-\Delta p / l$。当 V_0 取什么值时，内筒的阻力为零？假设流动是层状的、轴对称的，且完全发展。

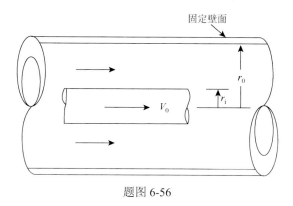

题图 6-56

6-57　在两个无限长的垂直同心圆柱体之间装有黏性流体，外圆柱体的半径为 r_o，以角速度 ω 旋转，内圆柱体是固定的，半径为 r_i。试利用纳维-斯托克斯方程求得间隙中速度分布的精确解。假设间隙中的流动是轴对称的（间隙中的速度和压力都不是角位置 θ 的函数），除了切向分量外，没有其他速度分量，唯一的体积力是重力。

6-58　黏性液体（$\mu = 0.6 \text{N} \cdot \text{s/m}^2$，$\rho = 922.4 \text{kg/m}^3$）流过两个水平、固定、同心圆柱体之间的环形空间。如果内圆柱体的半径为 4cm，外圆柱体的半径为 6.4cm，当体积流速为 $4 \times 10^{-3} \text{m}^3/\text{s}$ 时，沿环形空间轴线每米的压降是多少？

6-59　已知：如题图 6-59 所示，一圆柱滑动轴承中轴的直径为 $d = 80 \text{mm}$，轴与轴承间隙为 $b = 0.03 \text{mm}$，轴长 $l = 30 \text{mm}$，转速为 $n = 3600 \text{r/min}$。润滑油的黏度为 $\mu = 0.12 \text{Pa} \cdot \text{s}$。求空载运转时作用在轴上的：（1）轴矩 T_s；（2）轴功率 W_s。

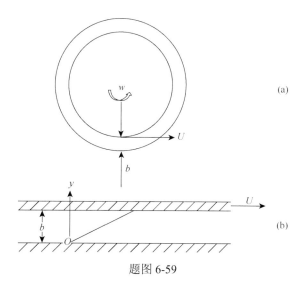

题图 6-59

第 7 章 量 纲 分 析

应用前面各章中描述的方程和分析方法，可以解决许多实际流体力学工程问题。然而，仍然存在大量问题需要通过实验来解决。实际上，几乎没有通过理论分析就能解决的流体力学问题，很多问题都需要理论分析结合实验来解决。因此，从事流体力学问题研究的技术人员应该熟悉流体力学实验方法，能够解释和利用前人的实验数据，比如手册中的数据，或者能够在实验室中进行一些必要的实验。本章将介绍一些设计流体力学实验的方法、思路，以及前人已经进行的实验和相关数据。

在任何实验中，技术人员都追求结果的普适性。为了实现这一目标，经常使用相似性的概念，以便在一个系统内（例如实验室内）进行的测量可以用来描述其他相似系统的行为。实验室中的实验通常被称为模型实验，通过这些模型实验，可以得出一系列经验公式或对其他相似系统的一个或多个特性做出预测。为了实现这一目标，建立实验室模型实验系统与"其他"相似系统之间的关系至关重要。在本章中，将探讨如何实现这一点。

7.1 量纲分析与 Π 定理

7.1.1 量纲分析

选择一个典型的流体力学问题进行实验，以不可压缩牛顿流体在内壁光滑的水平圆管内的定常流动为例。对于这样一个管道系统，主要关注的是管道单位长度压降。这看起来是一个简单的流动问题，但如果没有实验数据，通常无法通过理论分析求出单位长度的压降。

实验研究这一问题的第一步是确定影响单位长度压降 $\Delta p_l[(\mathrm{N}/\mathrm{m}^2)/\mathrm{m}]$ 的因素或变量。这些因素或变量包括管径 D、流体密度 ρ、流体黏度 μ 及流体流过管道时的平均速度 V。因此可以把这个关系表示为

$$\Delta p_l = f(D, \rho, \mu, V) \tag{7-1}$$

这只是个简单的数学表达式，表示出了单位长度的压降是括号内各变量的函数，但函数的性质是未知的，要进行实验确定这个函数的性质。

实验中，需要改变其中一个变量而保持其他变量不变，并测量相应的压降。测试得到如图 7-1（a）所示的实验数据。这些曲线仅适用于实验中使用的特定管道和特定流体，而不能得出通用的关系式。通过依次改变其他变量来重复这个实验，结果如图 7-1（b）、 （c）和（d）所示。这种确定压降和影响压降的各种因素之间函数关系的方法，虽然理论上是可行的，但有些实验很难进行。例如，为了获得图 7-1（c）所示的数据，需要在保持黏度恒定的情况下改变流体密度。最后，即使获得了类似于图 7-1（a）、（b）、（c）和（d）的各种曲线，如何将这些数据整合在一起，以获得 Δp_l，D，ρ，μ，V 之间所需的通用函数关系，使其适用于类似的管道系统，仍然具有挑战性。

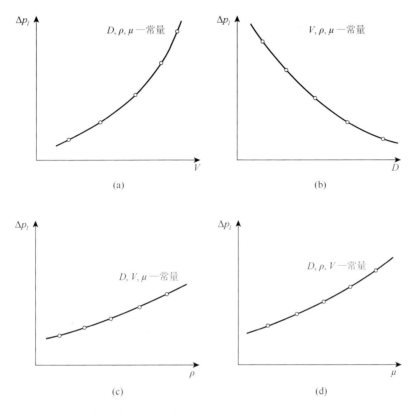

图 7-1　管道中的压降随不同因素变化的曲线

有一种简单的方法可以解决这个问题，即将这些变量集合成两个无量纲的变量组合而不是像式（7-1）所描述的那样使用所有的原始变量，如

$$\frac{D\Delta p_l}{\rho V^2} = \phi\left(\frac{\rho VD}{\mu}\right) \tag{7-2}$$

式中用两个变量替代之前的五个变量。实验时只需要改变无量纲组合 $\rho VD/\mu$，并确定相应的 $D\Delta p_l/\rho V^2$ 值。实验结果可以用一条单值曲线表示，如图 7-2 所示。这条曲线适用于任何光滑管道和不可压缩牛顿流体。要得到这条曲线，只需选择一个适当尺寸的管道和一种易于操作的流体。显然，这种实验方法简单、易于执行且成本低廉。

这种简化的基础是要考虑到所涉及变量的量纲。物理量的定性描述可以用基本量纲给出，如质量 M、长度 L 和时间 T。

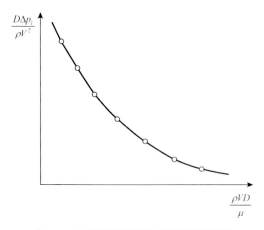

图 7-2　使用无量纲数的压降数据图解

管流实例中各变量的量纲为 $\Delta p_l \doteq \mathrm{ML^{-2}T^{-2}}$, $D \doteq \mathrm{L}$, $\rho \doteq \mathrm{ML^{-3}}$, $\mu \doteq \mathrm{ML^{-1}T^{-1}}$, $V \doteq \mathrm{LT^{-1}}$ 。通过观察式（7-2）中等号两侧物理量的量纲，可以发现它们实际上是无量纲的，也就是说

$$\frac{D\Delta p_l}{\rho V^2} \doteq \frac{(\mathrm{L})(\mathrm{ML^{-2}T^{-2}})}{(\mathrm{ML^{-3}})(\mathrm{LT^{-1}})^2} \doteq \mathrm{M^0 L^0 T^0}$$

$$\frac{\rho V D}{\mu} \doteq \frac{(\mathrm{ML^{-3}})(\mathrm{LT^{-1}})(\mathrm{L})}{(\mathrm{ML^{-1}T^{-1}})} \doteq \mathrm{M^0 L^0 T^0}$$

不仅变量的数量从 5 个减少到 2 个，而且新的变量是原有变量的无量纲组合，这意味着图 7-2 所示的结果将与所选择的单位制无关。这种分析方法称为量纲分析，下面将讨论如何以一种系统的方式实现量纲分析。

7.1.2　白金汉 Π 定理

白金汉 Π 定理描述了在任意物理过程中所有相关的有量纲物理量与相应的无量纲数之间在数量上和量纲上的关系。定理可以分成两部分，第一部分说明可以组成多少个独立的无量纲数，第二部分说明如何确定每一个无量纲数。

需要多少个无量纲数来取代原来的变量可以通过量纲分析的基本定理获得，该定理的描述如下：如果一个包含 k 个变量的物理过程或物理公式的量纲是齐次的，它可以简化为 $k-r$ 个独立的无量纲数之间的关系，式中 r 是描述变量所需的最小基本量纲数。无量纲数称为 Π 数，这个定理称为白金汉 Π 定理（又称 Π 定理）。用符号 Π 来表示无量纲数。

Π 定理是基于第 1 章所介绍的量纲齐次性的思想。假设对于任何包含 k 个变量的有物理意义的公式，例如，

$$u_1 = f(u_2, u_3, \cdots, u_k)$$

等号左边变量的量纲必须等于等号右边的任意项的量纲。然后，可以重新排列公式以获得一组无量纲数（Π 数），如下：

$$\Pi_1 = \phi(\Pi_2, \Pi_3, \cdots, \Pi_{k-r})$$

式中，ϕ 是 Π_2 到 Π_{k-r} 的函数。

所需 Π 数的数目比原始变量数少 r，式中 r 是由描述原始变量所需的最小基本量纲数决定的。通常描述变量所需的最小基本量纲是 M（质量）、L（长度）、T（时间）。然而，在某些情况下可能只需要两个基本量纲，如只有 L 和 T 是必需的，或者只有一个，如只有 L。此外，在极少数情况下，基础变量可能是基本量纲的组合，如 M / T² 和 L，在这种情况下，$r=2$ 而不是 3。基础变量确定后，就要考虑如何确定 Π 数。

7.1.3 Π 数的确定

有几种方法可以用来确定量纲分析中的无量纲数或 Π 数。可以通过某种方法系统地构建 Π 数，这样就可以确定它们是无量纲的，并且得到的数是正确的。在本节中，将详细描述量纲分析法，介绍如何通过以下步骤来完成。

第一步：列出问题中包含的所有物理量。

把与这个问题有关的所有物理量都列出来。这一步是最困难的一步，列出所有相关物理量是非常重要的，否则量纲分析将不正确！用"物理量"一词来表示在研究的现象中起作用的任何量，包括有量纲和无量纲的量。物理量的确定取决于实验人员对所研究问题的了解，以及对控制这一现象的物理定律的掌握。通常，这些物理量包括描述系统几何形状（如管道直径）、定义任何流体特性（如流体黏度）以及描述外部作用影响（如单位长度的压降）所必需的物理量。上述变量分类有助于识别变量的主要类别。然而，很可能会有一些变量不能归入其中任何一类，因此需要对每个问题仔细分析。

为了最小化实验工作量，需要确保所列出的物理量的数量尽可能小，并且这些物理量是相互独立的。例如，在某一问题中，如果管道的横截面积是一个重要的物理量，那么面积或管径都可以使用，但不能同时使用，因为它们显然不是独立的。同样，如果流体密度 ρ 和比重 γ 都是重要的物理量，可以列出 ρ 和 γ，或 ρ 和 g（重力加速度），或 γ 和 g。然而，同时使用这三个物理量是不正确的，因为 $\gamma = \rho g$，也就是说 ρ，γ，g 不是独立的。

第二步：用基本量纲表示所有物理量，确定独立的基本量纲个数。

对于典型的流体力学问题，基本量纲是 M，L，T。一般情况下，密度包含质量量纲，速度包含时间量纲，直径包含长度量纲，它们相互独立，可以选择作为基本物理量。

流体力学问题中常见变量的基本量见第 1 章表 1-1。

第三步：确定所需 Π 数个数。

利用 Π 定理确定 Π 数的个数等于 $k-r$，其中 k 是物理量的数量（第一步确定的），r 是参考量纲个数（第二步确定的）。通常情况下参考量纲数量与基本量纲数量相同，某些特殊情况下，由于基本量纲组合出现，因此参考量纲数量可能少于基本量纲的数量，如例 7.2。

第四步：确定基本量，基本两个数与参考量纲个数相等。

从原始的物理量列表中，需要选择一些物理量，这些物理量可以与其余的物理量组合在一起形成 Π 数。选择的物理量组必须包含所有必需的基本量纲，而且每个基本量必须在量纲上与其他物理量独立（例如，一个基本量的量纲不能通过其余基本物理量的幂次乘积等方式来再现）。这意味着基本量本身不能被组合成无量纲数。

对于任何给定的问题，需要确定一个特定的物理量如何受其他物理量的影响。一般认为这个物理量是因变量，并尽量确保它只出现在一个 Π 数中。因此，不要选择因变量作为基本量，因为基本量通常会出现在一个以上的 Π 数中。

第五步：将其余的物理量作为导出量，分别与基本量的幂次式组成 Π 数，使每个基本量纲的幂次指数组合无量纲化。

基本上每一个 Π 数都是 $u_i u_1^a u_2^b u_3^c$ 的形式，式中 u_i 不是基本量，u_1，u_2，u_3 是基本量；通过确定指数 a_i，b_i 和 c_i 使组合无量纲化。

第六步：检查所有得到的 Π 数，确保它们是无量纲的。

在构建 Π 数时，为了确认这些表达式都是无量纲的，可以代入变量的物理量纲，通常使用 M（质量）、L（长度）和 T（时间）。这可以作为一种有效的方法来检查和验证 Π 数是无量纲的。

第七步：用 Π 数组成新的函数关系，并思考它的含义。

通常，最终形式写成

$$\Pi_1 = \phi(\Pi_2, \Pi_3, \cdots, \Pi_{k-r})$$

即经过量纲分析后，由相互独立的 $k-r$ 个 Π 数组成新的方程。这样就将多个物理量之间的问题转化为 Π 数之间的关系。但是，需要明确这是量纲分析的极限，即 Π 数之间的实际函数关系必须通过实验来确定。

以不可压缩牛顿流体通过壁面光滑的水平长圆管的定常流动为例进行量纲分析。在这个问题中，沿管道单位长度的压降 Δp_l 是重要的物理量，如图 7-3 所示。

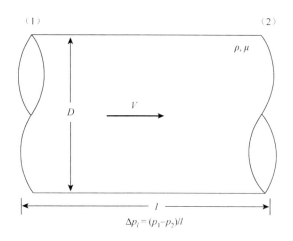

图 7-3　壁面光滑的水平长圆管

首先（第一步），根据对这一问题的理解列出所有相关的物理量。分析压降与下列物理量有关：

$$\Delta p_l = f(D, \rho, \mu, V)$$

式中，D 是管子的直径；ρ、μ 分别表示流体的密度和黏度；V 是平均速度。

然后（第二步）用基本量纲表示所有的变量。

$$\Delta p_l \doteq ML^{-2}T^{-2}$$

$$D \doteq L$$

$$\rho \doteq ML^{-3}$$

$$\mu \doteq ML^{-1}T^{-1}$$

$$V \doteq LT^{-1}$$

现在可以应用 Π 定理来确定所需的 Π 数（第三步）。从第二步开始考察变量的量纲，可以发现这些物理量包含全部三个基本量纲（M，L，T）。因为有 5 个（$k = 5$）物理量（不要忘记计算因变量 Δp_l）和 3 个必需的基本量（$r = 3$），那么根据 Π 定理将会有 $5-3 = 2$ 个 Π 数。

用于构成 Π 数（第四步）的基本量需要从 D，ρ，μ，V 中选择，要尽量避免选择因变量作为基本量。由于用到三个基本量纲，所以需要选择三个基本量。一般选择最简单的物理量作为基本量。例如，如果其中一个物理量有一个长度量纲，则选择它作为基本量之一。在这个例子中，使用 D，V 和 ρ 作为基本量。它们是量纲无关的，因为 D 包括长度，V 包括长度和时间，ρ 包括质量和长度。

形成两个 Π 数（第五步）。通常，从因变量开始，并与基本量组合形成第一个 Π 数。也就是说：$\Pi_1 = \Delta p_e D^a V^b \rho^c$。

由于这个组合是无量纲的，因此可以得出

$$(ML^{-2}T^{-2})(L)^a(LT^{-1})^b(ML^{-3})^c \doteq M^0 L^0 T^0$$

必须确定 a、b 和 c 的指数，保证每个基本量纲 M，L，T 的最终指数为零，这样最终的组合是无量纲的，因此

$$1 + c = 0 \tag{M}$$

$$-2 + a + b - 3c = 0 \tag{L}$$

$$-2 - b = 0 \tag{T}$$

这个代数方程组的解给出了 a、b 和 c 的值，得出 $a = 1$，$b = -2$，$c = -1$，因此

$$\Pi_1 = \frac{\Delta p_e D}{\rho V^2}$$

同样的方法用于另一个物理量。在这个例子中，另一个物理量是 μ，所以

$$\Pi_2 = \mu D^a V^b \rho^c$$

$$(ML^{-1}T^{-1})(L)^a(LT^{-1})^b(ML^{-3})^c \doteq M^0 L^0 T^0$$

因此

$$1 + c = 0 \tag{M}$$

$$-1 + a + b - 3c = 0 \tag{L}$$

$$-1 - b = 0 \tag{T}$$

解得 $a = b = c = -1$，因此 $\Pi_2 = \dfrac{\mu}{DV\rho}$。

注意，最终得到的 Π 数的个数与步骤三中确定的个数相等。检查确保 Π 数实际上是

无量纲的（第六步）。可对 M，L，T 量纲进行检查，即

$$\Pi_1 = \frac{\Delta p_l D}{\rho V^2} \doteq \frac{(ML^{-2}T^{-2})(L)}{(ML^{-3})(LT^{-1})^2} \doteq M^0 L^0 T^0$$

$$\Pi_2 = \frac{\mu}{DV\rho} \doteq \frac{(ML^{-1}T^{-1})}{(L)(LT^{-1})(ML^{-3})} \doteq M^0 L^0 T^0$$

最后（第七步），可以将量纲分析的结果表示为

$$\frac{\Delta p_l D}{\rho V^2} = \tilde{\phi}\left(\frac{\mu}{DV\rho}\right)$$

结果表明，该问题可以通过两个 Π 数来研究，而不是最初使用的五个变量。为了得到这个结果所进行的七个步骤，如图 7-4 所示。

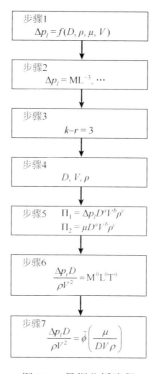

图 7-4　量纲分析流程

量纲分析无法给出函数 $\tilde{\phi}$ 的确切形式，只能通过一系列的实验进一步确定。此外，还可以根据需要改变 Π 数的形式，比如可以用 $\mu/DV\rho$ 的倒数来表示，即 Π_2 可表示为

$$\Pi_2 = \frac{\rho VD}{\mu}$$

Π_1 和 Π_2 之间的关系为

$$\frac{D\Delta p_l}{\rho V^2} = \tilde{\phi}\left(\frac{\rho VD}{\mu}\right)$$

如图 7-5 所示。

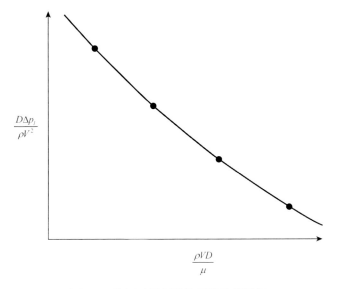

图 7-5　使用无量纲数的压降数据图解

这个表达式和最初讨论这个问题时的形式（式（7-2））相同。该无量纲组合 $\rho VD/\mu$ 是流体力学中著名的雷诺数。

例 7.1　量纲分析法。

已知：有一个宽 w、高 h 的矩形薄板，使其垂直于流动的流体中，如图 7-6 所示。假设流体对平板施加的阻力 $\wp$ 是 w、h、流体的密度 ρ、黏度 μ 和流速 V 的函数。

问题：找到一组合适的 Π 数研究这个问题。

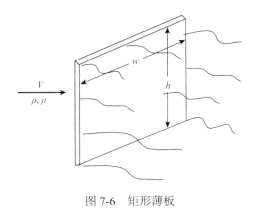

图 7-6　矩形薄板

解：由题意可知：

$$\wp = f(w, h, \mu, \rho, V)$$

式中，这个公式表示阻力和几个影响它的变量之间的函数关系。变量的量纲（使用 M、L、T 量纲）

$$\wp \doteq MLT^{-2}$$

$$w \doteq \mathrm{L}$$

$$h \doteq \mathrm{L}$$

$$\mu \doteq \mathrm{ML^{-1}T^{-1}}$$

$$\rho \doteq \mathrm{ML^{-3}}$$

$$V \doteq \mathrm{LT^{-1}}$$

使用三个基本量纲来表示这六个变量，因此由白金汉 Π 定理可知需要三个 Π 数（六个变量减去三个基本量纲，$k-r=6-3$）。

接下来要选择三个基本量，比如 w、V 和 ρ。快速考察这三个量纲，就会发现它们在量纲上是独立的，因为每一个量纲都包含一个其他量所不包含的基本量纲。使用 w 和 h 作为基本量是不正确的，因为它们有相同的量纲。

从因变量 $\wp$ 开始，第一个 Π 数可以由 $\wp$ 和基本量组合而成：

$$\Pi_1 = \wp w^a V^b \rho^c$$

量纲方面：

$$(\mathrm{MLT^{-2}})(\mathrm{L})^a(\mathrm{LT^{-1}})^b(\mathrm{ML^{-3}})^c \doteq \mathrm{M^0 L^0 T^0}$$

因此，$a=-2$，$b=-2$，$c=-1$，Π 数为

$$\Pi_1 = \frac{\wp}{w^2 V^2 \rho}$$

接下来用第二个物理量 h 做同样的计算：

$$\Pi_2 = h w^a V^b \rho^c$$

$$(\mathrm{L})(\mathrm{L})^a(\mathrm{LT^{-1}})^b(\mathrm{ML^{-3}})^c \doteq \mathrm{M^0 L^0 T^0}$$

因此，

$$\Pi_2 = \frac{h}{w}$$

接下来用第三个物理量 μ 做同样的计算：

$$\Pi_3 = \mu w^a V^b \rho^c$$

$$(\mathrm{ML^{-1}T^{-1}})(\mathrm{L})^a(\mathrm{LT^{-1}})^b(\mathrm{ML^{-3}})^c \doteq \mathrm{M^0 L^0 T^0}$$

所以，

$$\Pi_3 = \frac{\mu}{w V \rho}$$

现在有了三个 Π 数，需要确保它们是无量纲的。为了进行检验，使用 M，L 和 T，这也将验证物理量原始量纲的正确性。因此，

$$\Pi_1 = \frac{\wp}{w^2 V^2 \rho} \doteq \frac{(\mathrm{MLT^{-2}})}{(\mathrm{L})^2(\mathrm{LT^{-1}})^2(\mathrm{ML^{-3}})} \doteq \mathrm{M^0 L^0 T^0}$$

$$\Pi_2 = \frac{h}{w} \doteq \frac{(L)}{(L)} \doteq M^0L^0T^0$$

$$\Pi_3 = \frac{\mu}{wV\rho} \doteq \frac{(ML^{-1}T^{-1})}{(L)(LT^{-1})(ML^{-3})} \doteq M^0L^0T^0$$

如果这些都不正确，则需检查最初的物理量，确保每个物理量都有正确的量纲，然后检查指数 a、b 和 c。

最后，将量纲分析的结果表示为这种形式：

$$\frac{\wp}{w^2V^2\rho} = \tilde{\phi}\left(\frac{h}{w}, \frac{\mu}{wV\rho}\right)$$

因为在分析阶段函数 $\tilde{\phi}$ 的性质是未知的，如果有需要，可以重新组合 Π 数。例如，$\wp$ 可以用下面的形式表示最终结果：

$$\frac{\wp}{w^2\rho V^2} = \phi\left(\frac{w}{h}, \frac{\rho Vw}{\mu}\right)$$

这显然是更合适的形式，因为通常板宽高之比 w/h 称为长宽比，而 $\rho Vw/\mu$ 为雷诺数。

讨论：如 7.7 节所述，有必要进行一组实验以确定函数 $\tilde{\phi}$ 的性质。

7.1.4 量纲分析的补充说明

7.1.4.1 物理量的选择

应用量纲分析特定问题时，最重要和最困难的步骤之一是选择所涉及的物理量。没有一个简单的方法可以轻易地识别这些物理量。一般来说，人们必须对所分析的现象和物理定律有一个很好的理解。如果包含了无关的变量，那么在最终的解决方案中会出现太多的 Π 数，通过实验很难排除无用的物理量，且耗时耗财。如果忽略了重要的物理量，则会得到一个错误的结果。因此，必须对确定物理量给予充分的注意。

大多数工程问题都会进行一些假设，以简化问题，这些假设会对需要考虑的物理量产生影响。通常希望问题尽可能简单，甚至可能会牺牲一些准确性。由于理想目标是简单性和准确性之间取得适当的平衡，所以为了简化问题，一些被认为对问题影响较小的物理量可以忽略。

对于大多数工程问题（包括流体力学以外的领域），相关物理量可以分为三大类：几何形状、材料属性和外部作用。

几何形状：几何特征通常可以用一系列的长度和角度来描述。在大多数问题中，系统的几何形状起着重要的作用，必须包含足够数量的几何变量来描述系统。这些变量通常很容易识别。

材料属性：由于系统对外力（如重力、压力和温度变化）的响应取决于系统中所涉及的材料的性质，因此，与外部作用相关的材料特性必须作为物理量包含在内。例如，对于牛顿流体，流体的黏度是将所施加的力与流体的变形速率联系起来的特性。当材料的性质变得更加复杂时，如非牛顿流体，材料属性的确定变得困难，而这类物理量的识别也会很麻烦。

外部作用：这个术语用来表示在系统中产生或倾向于产生变化的任何变量。例如，在结构力学中，施加在系统上的力（集中或分散）往往会改变其几何形状，因此这些力需要被视为相关物理量。对于流体力学来说，相关物理量可能与压力、速度或重力有关。

上述物理量的一般类别是广义的类别，有助于识别物理量。然而，很可能会有一些重要的物理量不容易归入上述类别，因此需要仔细分析每个问题。

最好将物理量的数量保持在最小，尽量确保所有物理量都是相互独立的。例如，在一个给定的问题中，圆板的转动惯量是一个重要的变量，可以将转动惯量或板直径作为相关物理量。但是，如果假设直径只通过转动惯量引入问题，就没有必要同时包含转动惯量和直径。一般来说，如果有一个问题中的变量是

$$f(p, q, v, \cdots, u, v, w, \cdots) = 0 \qquad (7\text{-}3)$$

可能在一些变量之间存在着额外的关系，例如，

$$q = f_1(u, v, w, \cdots) \qquad (7\text{-}4)$$

那么 q 是不需要的，可以省略。相反，如果已知物理量 $u, v, w, \cdots$ 问题是通过式（7-4）所表示的关系，那么物理量 $u, v, w, \cdots$ 可以用单一物理量 q 代替，因此减少了物理量的数量。

综上所述，物理量的选择应考虑以下几点：

（1）明确问题。哪些是因变量？

（2）考虑控制这一现象的基本规律。即使是描述系统基本方面的粗略理论也可能有帮助。

（3）通过将物理量分组为三个大类来开始物理量选择过程：几何形状、材料属性和外部作用。

（4）考虑其他可能不属于上述类别的物理量。例如，如果任何物理量与时间有关，时间将是一个重要的物理量。

（5）确保包含了这个问题涉及的所有物理量，即使其中一些可能保持不变（如重力加速度 g）。对于量纲分析来说，重要的是量纲而不是特定的数值。

（6）确保所有的物理量都是独立的，并寻找物理量子集之间的关系。

7.1.4.2　基本量纲的确定

在流体力学中，所需的基本量纲是三个，但在一些问题中可能只需要一两个。对于任何给定的问题，将 Π 数的数目减少到最小显然是明智的，因此应该将变量的数量减少到最低，即要尽量排除无关的物理量。了解描述物理量需要多少基本量纲也很重要，正如在前面的例子中所看到的，M、L 和 T 是方便描述流体力学量的一组基本量纲，然而 M、L 和 T 这个组合并不是唯一的。

例 7.2　Π 数的确定。

已知：如图 7-7 是一个开口的圆柱形油漆桶，直径为 D，深度为 h，涂料比重为 γ。垂直方向距离底部中心的偏差是 δ，δ 是关于 D，h，d，γ 和 E 的函数，其中 d 是底部的厚度，E 是底部材料的弹性模量。

问题：利用量纲分析法确定垂直偏差 δ 与自变量之间的函数关系。

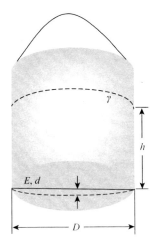

图 7-7　开口的圆柱形油漆桶

解：由题目可知：

$$\delta = f(D, h, d, \gamma, E)$$

变量的量纲如下，

$$\delta \doteq L$$

$$D \doteq L$$

$$h \doteq L$$

$$d \doteq L$$

$$\gamma \doteq ML^{-2}T^{-2}$$

$$E \doteq ML^{-1}T^{-2}$$

现在应用 Π 定理来确定所需的 Π 数。首先，用 M、L、T 作为基本量纲。需要六个变量和三个参考量纲（M、L 和 T），所需的 Π 数为 3 个，因此通过观察上面列出的物理量量纲数就会发现，实际上需要两个参考量纲，即 MT^{-2} 和 L。

这是参考量纲数量与基本量纲数量不同的一个例子。这种情况并不经常发生，可以通过观察变量的量纲来检测（不管使用的是什么系统），并确保实际需要多少基本量纲来描述变量。一旦确定了基本量纲的数量，就可以像以前一样进行。由于基本量的数量必须等于参考量纲数，因此需要两个基本量纲，可以使用 D 和 γ 作为基本量。Π 数将以同样的方式确定。例如，包含 E 的 Π 数可以写成

$$\Pi_4 = E D^a \gamma^b$$

$$(ML^{-1}T^{-2})(L)^a(ML^{-2}T^{-2})^b \doteq (MT^{-2})^0 L^0$$

$$1 + b = 0 \qquad\qquad (\mathrm{MT}^{-2})$$

$$-1 + a - 2b = 0 \qquad\qquad (L)$$

$$\Pi_4 = \frac{E}{D\gamma}$$

所以，此问题可总结成如下关系式：

$$\frac{\delta}{D} = \phi\left(\frac{h}{D}, \frac{d}{D}, \frac{E}{D\gamma}\right)$$

7.1.4.3　Π 数的独特性

通过思考用量纲分析法确定 Π 数的过程，可以发现所得到的特定的 Π 数取决于基本量的选择。例如，在研究管道内压降的问题中，选择了 D、V、ρ 作为基本量。这就引出了用 Π 数表示的问题

$$\frac{\Delta p_l D}{\rho V^2} = \phi\left(\frac{\rho V D}{\mu}\right) \qquad\qquad (7\text{-}5)$$

如果选择 D、V、μ 作为导出变量，则包含 Δp_l 的 Π 数变成了 $\dfrac{\Delta p_l D^2}{V\mu}$，第二个 Π 数保持不变，因此最后的结果为

$$\frac{\Delta p_l D^2}{V\mu} = \phi_l\left(\frac{\rho V D}{\mu}\right) \qquad\qquad (7\text{-}6)$$

这两个结果都是正确的，这两个结果都可以得到相同的关于 Δp_l 的公式。然而，请注意，式（7-5）和式（7-6）中的函数 ϕ 和 ϕ_l 是不同的，因为这两种关系的相关 Π 数是不同的。如图 7-8 所示，两种公式得到的无量纲数据图是不同的。然而，当从两个结果中提取物理变量 Δp_l 时，值将是相同的。

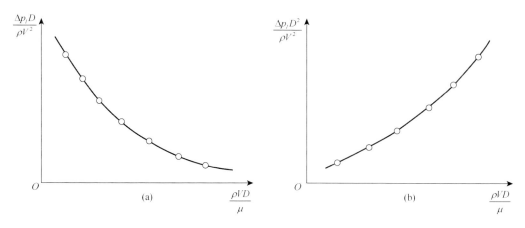

图 7-8　无量纲数据图

可以从这个例子中得出结论，从量纲分析中产生的 Π 数并不是唯一的。然而，所需的项数是固定的，一旦确定了一个正确的组合，所有其他可能的组合都可以从这个组合中通过原组合的幂乘积得到。因此，如果有一个涉及 3 个 Π 数的问题，如

$$\Pi_1 = \phi(\Pi_2, \Pi_3)$$

则可以通过结合这些 Π 数来形成一个新的组合。例如，可以形成一个新的 Π 数 Π'_2，$\Pi'_2 = \Pi_2^a \Pi_3^b$，式中 a 和 b 是任意指数。那么关系可以表示为

$$\Pi_1 = \phi_1(\Pi'_2, \Pi_3) \tag{7-7}$$

或

$$\Pi_1 = \phi_2(\Pi_2, \Pi'_2) \tag{7-8}$$

这些都是正确的。但是这并不能减少所需的 Π 数，只是表达式改变了。利用这种方法可以看到，式（7-6）中的 Π 数可以由式（7-5）中的表达式得到，也就是说，将式（7-5）中的 Π_1 乘以 Π_2，这样

$$\left(\frac{\Delta p_l D}{\rho V^2}\right)\left(\frac{\rho V D}{\mu}\right) = \frac{\Delta p_l D^2}{V \mu} \tag{7-9}$$

也就是式（7-6）的 Π_1。

Π 数的最优形式并没有固定的要求。通常唯一的原则是使 Π 数尽可能简单。同样，某些 Π 数在实际实验中可能会更容易处理。最后的选择仍然是主观的，通常取决于研究人员的基础知识和经验。但是对于一个给定的问题，虽然没有唯一的 Π 数集，但根据 Π 定理，所需 Π 数的数目是固定的。

7.2 流体力学中常见的无量纲数

在表 7-1 的第一行列出了流体力学问题中常见的物理量。这个物理量不可能是详尽无遗的，但给出了在一个典型问题中可能出现的广泛物理量，而且并不是所有的问题都会用到这些物理量。当这些物理量组合在一起时，正确的做法是将它们组合成表 7-1 所示的一些常见的无量纲数。

表 7-1 流体力学中一些常见的无量纲数

变量：重力加速度 g；体积模量 E、特征长度 l；密度 ρ；流动振荡频率 ω；压力 P（或 ΔP）；声速 c；表面张力 σ；速度 V；黏度 μ

无量纲数	名称	物理意义	应用类型
$\dfrac{\rho V l}{\mu}$	雷诺数，Re	惯性力/黏滞力	通常在所有类型的流体动力学问题中都很重要
$\dfrac{V}{\sqrt{gl}}$	弗劳德数，Fr	惯性力/重力	自由流动的表面
$\dfrac{p}{\rho V^2}$	欧拉数，Eu	压力/惯性力	关于压力或压力差的问题

续表

变量：重力加速度 g；体积模量 E_v；特征长度 l；密度 ρ；流动振荡频率 ω；压力 P（或 ΔP）；声速 c；表面张力 σ；速度 V；黏度 μ

无量纲数	名称	物理意义	应用类型
$\dfrac{\rho V^2}{E_v}$	柯西数 [a]，Ca	惯性力/压缩力	流体的压缩力很重要的流动中
$\dfrac{V}{c}$	马赫数，Ma	惯性力/压缩力	流体的压缩力很重要的流动中
$\dfrac{\omega l}{V}$	斯特劳哈尔数，Sr	不定常惯性力/迁移惯性力	非定常流动特征频率的振荡
$\dfrac{\rho V^2 l}{\sigma}$	韦伯数，We	惯性力/表面张力	表面张力很重要的问题

a 柯西数和马赫数是相关的，两者都可以作为惯性和压缩性相对影响的指标。

　　对无量纲数的物理解释有助于评估它们在特定应用中的影响。例如，弗劳德数是流体惯性力与重力（重量）之比。这可以通过一个沿着流线运动的流体粒子来证明（图 7-9）。惯性力 F 沿流线分量的大小可以表示为 $F_I = a_s m$，式中 a_s 为质量为 m 的质点沿流线的加速度。通过对质点沿曲线运动的研究（见 3.1 节）可知

$$a_s = \frac{dV_s}{dt} = V_s \frac{dV_s}{ds}$$

式中，s 沿流线测量。如果把速度 V_s 和长度 s 写成无量纲形式，那就是

$$V_s^* = \frac{V_s}{V}$$

$$s^* = \frac{s}{l}$$

式中，V 和 l 分别表示特征速度和特征长度，那么

$$a_s = \frac{V^2}{l} V_s^* \frac{dV_s^*}{ds^*}$$

$$F_I = \frac{V^2}{l} V_s^* \frac{dV_s^*}{ds^*} m$$

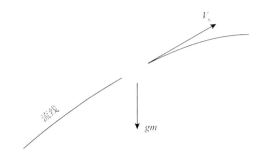

图 7-9　作用于沿流线运动的流体粒子上的重力

粒子重量的大小 F_G 等于 $F_G = gm$，所以惯性力和重力的比值是

$$\frac{F_I}{F_G} = \frac{V^2}{gl} V_s^* \frac{\mathrm{d}V_s^*}{\mathrm{d}s^*}$$

因此，F_I / F_G 正比于 V^2 / gl，它的平方根 $V / \sqrt{gl}$ 称为弗劳德数。弗劳德数的物理意义是：流体所受惯性力与重力之比。请注意，弗劳德数并不真正等于这个力的比值，而仅仅是这两个力的影响的度量。在重力（或重量）作用不重要的流动问题中，弗劳德数不会作为一个重要的 Π 数出现。如表 7-1 所示，其他无量纲数也可以用力之比给出类似的解释。下面给出这些重要的无量纲数的描述，表 7-1 的最后一列简要说明了它们适用问题的类型。

雷诺数：$Re = \dfrac{\rho Vl}{\mu}$ 无疑是流体力学中最著名的无量纲数，是为了纪念雷诺（Osborne Reynolds，1842—1912）而命名的，这位英国工程师首次证明了这种变量组合可以用作区分层流和湍流。在大多数流体流动问题中，都会有一个特征长度 l 和一个速度 V，以及流体的密度 ρ 和黏度 μ。有了这些变量，雷诺数自然地从量纲分析中产生。雷诺数是对流体单元上的惯性力与单元上的黏性力之比的度量。在惯性力和黏性力相对重要的问题中，雷诺数将起到重要作用。但当雷诺数很小（$Re \leqslant 1$）时，表明黏性力在问题中占主导地位，可以忽略惯性效应；也就是说，流体的密度不再是一个重要的变量。雷诺数非常小的流动通常被称为"蠕变流动"。相反，对于大雷诺数流动，黏性效应相对于惯性效应较小，在这些情况下，可以忽略黏性效应，将问题视为 "非黏性"流体的问题。如图 7-10 中显示了雷诺数在确定流动特性方面的重要性。

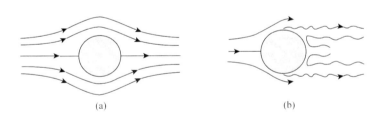

(a)　　　　　　　　　　　　　　　(b)

图 7-10　雷诺数确定流动特性

（a）层流边界层未分离 $Re \approx 0.2$；（b）层流边界层，宽湍流尾流 $Re \approx 20000$

弗劳德数：$Fr = \dfrac{V}{\sqrt{gl}}$，弗劳德数与表 7-1 中其他无量纲数的区别在于它包含重力加速度 g。在流体力学问题中，流体重力是一个重要的力，而重力加速度是一个重要的变量。如前所述，弗劳德数是对流体单元上的惯性力与单元重力之比的度量。通常在涉及自由液面流动的问题中，弗劳德数很重要，因为重力主要影响这类流动。典型的问题包括船舶周围的水流（伴随产生的波浪作用）或河流和明渠流。弗劳德数是为了纪念弗劳德（William Froude，1810—1879）而命名的。弗劳德数通常也被定义为表 7-1 所列弗劳德数的平方。

欧拉数：$Eu = \dfrac{p}{\rho V^2}$，可以解释为压力与惯性力之比的度量，式中 p 是流场中的某个

特征压力。欧拉数通常用压强差 Δp 来表示，所以 $Eu = \Delta p / \rho V^2$。同时，$\Delta p / \dfrac{1}{2}\rho V^2$ 称为压力系数。欧拉数通常用于压力或两点之间的压力差为重要变量的问题。欧拉数是为了纪念欧拉而命名的。莱昂哈德·欧拉是一位著名的瑞士数学家，他在压力和流量之间的关系方面做了开创性的工作。对于与空化有关的问题，常用无量纲组合 $(p_r - p_v) / \dfrac{1}{2}\rho V^2$，式中 p_v 为蒸气压，p_r 为参考压力。虽然这一无量纲组合与欧拉数形式相同，但一般称之为空化数。

柯西数和马赫数：柯西数 $Ca = \dfrac{\rho V^2}{E_v}$ 和马赫数 $Ma = \dfrac{V}{c}$ 是重要的无量纲数，常用于涉及流体压缩性的问题中，由于流体中的声速 c 等于 $c = \sqrt{E_v / \rho}$，因此可以得出

$$Ma = V\sqrt{\dfrac{\rho}{E_v}}$$

$$Ma^2 = \dfrac{\rho V^2}{E_v} = Ca$$

马赫数的平方等于柯西数。因此，在流体压缩性很重要的问题中，这两个无量纲数中任意一个（但两者不能同时）都可以使用。这两个无量纲数都可以解释为惯性力与压缩力之比。当 Ma 相对较小（例如小于 0.3）时，流体运动的惯性力不足以引起流体密度的显著变化，此时流体的可压缩性可以忽略不计。马赫数是可压缩流动问题中比较常用的参数，特别是在气体动力学和空气动力学领域。柯西数是为了纪念法国工程师、数学家和流体动力学家柯西（Augustin-Louis Cauchy，1789—1857）而命名的。马赫数是为了纪念奥地利物理学家和哲学家马赫（Ernst Mach，1838—1916）而命名的。

斯特劳哈尔数：$Sr = \dfrac{\omega l}{V}$，在非定常流动和脉动流问题中非常重要，ω 是脉动角频率。它表示由于不定常流动（局部加速度）引起的惯性力与流场中速度变化引起的惯性力（对流加速度）之比的度量。当流体流过放置在流体中的固体（如电线或电缆）时，这种非定常流就会产生。例如，在一定的雷诺数范围内，放置在流体中的圆柱下游会有规律的涡脱落，下游会产生周期性流动。这个涡旋系统被称为卡门涡街［以著名的流体力学家卡门（Theodore von Kármán，1881—1963）命名］。斯特劳哈尔数是为了纪念斯特劳哈尔（Vincenz Strouhal，1850—1922）而命名的，他在研究旋涡脱落时使用了这个准则数。这一现象在现实生活中曾出现过，如 2020 年虎门大桥出现晃动，旋涡的脱落频率与桥梁的固有频率相吻合，因此形成了共振条件。

当然，还有其他类型的振荡流动。例如，人体动脉中的血流是周期性的，可以通过把周期性运动分解成一系列的谐波分量来分析（傅里叶级数分析），每个分量有一个频率是基频 ω（脉冲率）的倍数。在这类问题中，不使用斯特劳哈尔数，而是使用由斯特劳哈尔数和雷诺数乘积形成的无量纲组合，即

$$Sr \times Re = \dfrac{\rho \omega l^2}{\mu}$$

这个无量纲组合的平方根称为沃默斯利数，通常称为频率参数。

流体故事

2020 年 5 月 5 日 14 时许，虎门大桥出现较为明显的抖动，随后大桥双向车道均被封闭。发生抖动的虎门大桥，是珠江口一座连接东西的大跨径悬索桥。它东起东莞虎门，西接广州南沙，线路全长 15.76km，主桥全长 4.6km，于 1997 年 6月建成通车，是我国第一座真正意义上的大规模化悬索桥，曾获詹天佑土木工程奖。事故调查发现，沿跨边护栏连续设置水马，改变了钢箱梁的气动外形，在特定风吹环境条件下产生了桥梁涡振。涡振起因是风流过悬索截面后，在悬索后产生周期性的漩涡，并不断脱落，这一现象称为"卡门涡街"，是由钱学森、郭永怀、钱伟长等的老师——美籍匈牙利裔流体力学专家冯·卡门发现，当这些漩涡脱落的频率与桥梁的固有频率相同时就会形成共振，从而引起桥体晃动，严重时可能造成桥体坍塌。

韦伯数：韦伯数 $We = \dfrac{\rho V^2 l}{\sigma}$ 常用来解决两流体之间的界面问题。在这种情况下，表面张力起到重要作用。韦伯数是作用在流体单元上的表面张力与惯性力之比。韦伯数在液体薄膜流动、液滴或气泡流的问题中是很重要的。显然，并不是所有涉及有界面的流动问题都需要包含表面张力。例如，河流中的水流不受表面张力的明显影响，惯性和重力效应占主导地位（$We \leqslant 1$）。然而，对于河流模型实验（由于深度较小）需要谨慎，避免出现表面张力在模型中重要而在实际河流中不重要的情况。韦伯（Moritz Weber，1871—1951）是一位德国的海军力学教授，他在相似理论的基础研究方面做出了重要贡献。

7.3 相似原理与模型实验

模型实验在流体力学中有着广泛的应用。重大工程项目（如建筑物、飞机、船舶、河流、港口、水坝、空气和水污染等）经常涉及模型实验。模型是物理系统的一种表示，可以用来预测系统在某些方面的行为，进行预测的物理系统称为原型。尽管数学或计算机模型也可能符合这一定义，但主要是物理模型，即与原型相似但大小不同的模型，可能涉及不同的流体，通常在不同的条件下（压力、速度等）运行。如图 7-11 所示，模型通常比原型小。因此，与原型相比，它更容易在实验室中进行测试，并且建造和操作成本更低（注意，没有下标的物理量或 Π 数指原型，下标 m 表示模型的物理量或 Π 数）。有时如果原型非常小，则可能有一个比原型大的模型，以便更容易进行研究。例如，大模型被用来研究直径约为 8μm 的红细胞的运动。随着有效模型实验的开展，可以预测原型在特定条件下的行为，但模型预测可能会出现误差，而且只有发现原型的性能与预测不符时才会意识到这些误差的存在，所以使用模型进行预测是存在风险的。因此，必须正确设计和测试模型，并正确解释结果。

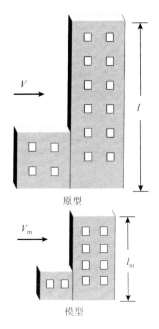

图 7-11　原型与模型

利用量纲分析的原理，可以很容易地掌握模型的理论。已经证明，任何给定的问题都可以用一系列的表达式来描述：

$$\Pi_1 = \phi(\Pi_2, \Pi_3, \cdots, \Pi_n) \tag{7-10}$$

在阐述这种关系时，只需要了解物理现象的一般性质和所涉及的物理量。因此，式（7-10）适用于任何由相同物理量控制的系统。如果式（7-10）描述了一个特定原型的行为，则可以给出一个与原型的模型 m 相类似的关系，即

$$\Pi_{1m} = \phi(\Pi_{2m}, \Pi_{3m}, \cdots, \Pi_{nm}) \tag{7-11}$$

原型和模型中有相同的现象，函数的形式就会是相同的。可以构建 Π 数，使 Π 包含从原型上观察所得的预测变量。因此，如果模型是在以下条件下设计和运行的：

$$\begin{aligned}
\Pi_{2m} &= \Pi_2 \\
\Pi_{3m} &= \Pi_3 \\
&\vdots \\
\Pi_{nm} &= \Pi_n
\end{aligned} \tag{7-12}$$

假设模型和原型的 ϕ 的形式相同，则可以得出

$$\Pi_1 = \Pi_{1m} \tag{7-13}$$

式（7-13）是理论的预测公式，表明只要其他 Π 数相等，对于原型，通过模型得到的 Π_{1m} 的实测值就等于相应的 Π_1。式（7-12）规定的条件提供了模型设计条件，称为相似条件或相似准则。

以如下问题为例，速度为 V 的流体垂直流向矩形薄板（尺寸为 $w \times h$），阻力为 $\wp$，如图 7-12 所示。这个问题的量纲分析已在例 7.1 中完成，其中假设：

$$\wp = f(w, h, \mu, \rho, V)$$

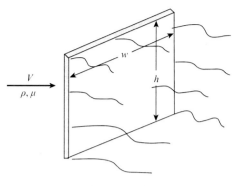

图 7-12　矩形薄板

由 Π 定理可知，

$$\frac{\wp}{w^2 \rho V^2} = \phi \left(\frac{w}{h}, \frac{\rho V w}{\mu} \right) \qquad (7\text{-}14)$$

需要设计一个模型，用来预测某个原型上的阻力（这个原型的尺寸可能与模型不同）。由于式（7-14）所表示的关系既适用于原型也适用于模型，因此假设式（7-14）表示原型，故模型的相似关系为

$$\frac{\wp_m}{w_m^2 \rho_m V_m^2} = \phi \left(\frac{w_m}{h_m}, \frac{\rho_m V_m w_m}{\mu_m} \right) \qquad (7\text{-}15)$$

因此，模型设计条件或相似条件是

$$\frac{w_m}{h_m} = \frac{w}{h} \qquad 和 \qquad \frac{\rho_m V_m w_m}{\mu_m} = \frac{\rho V w}{\mu}$$

第一个要求是关于模型的大小，表示为

$$w_m = \frac{h_m}{h} w \qquad (7\text{-}16)$$

可以通过随意建立模型与原型之间的高度比 h_m/h，然后根据式（7-16）确定模型板的宽度 w_m。

第二个相似要求是模型和原型必须在相同的雷诺数下运行。

$$V_m = \frac{\mu_m}{\mu} \frac{\rho}{\rho_m} \frac{w}{w_m} V \qquad (7\text{-}17a)$$

注意，该模型设计不仅需要按式（7-16）进行几何缩放，还需要按式（7-17a）对速度进行换算。模型试验设计不仅仅是简单地缩放几何图形。在满足上述相似条件的情况下，阻力预测公式为

$$\frac{\wp}{w^2 \rho V^2} = \frac{\wp_m}{w_m^2 \rho_m V_m^2}$$

或者

$$\wp = \left(\frac{w}{w_m} \right)^2 \left(\frac{\rho}{\rho_m} \right) \left(\frac{V}{V_m} \right)^2 \wp_m$$

因此，模型上的实测阻力 $\wp_m$ 必须乘以平板宽度之比的平方、流体密度之比以及速度之比的平方，才能得到原型阻力的预测值 $\wp$。

　　如本例所示，为了使模型与原型流动行为相似，所有相应的 Π 数必须在模型与原型之间相等。通常，这些 Π 数中的一个或多个会涉及长度的比值（如上述例子中的 w/h），它们是单纯的几何关系。因此，当涉及长度比的 Π 数相等时，需要模型和原型之间有完全的几何相似性。这意味着模型必须是原型的缩放版本。几何比例可以延伸到系统最细小的特征，如表面粗糙度，或壁面上的小突起，因为这些几何特征可能会对流动产生影响。但有时完全的几何缩放可能很难实现，特别是在处理表面粗糙度时，因为粗糙度很难表征和控制。

　　另一组典型的 Π 数（如上述例子中的雷诺数）涉及作用力的比值。若这些 Π 数相等，则要求模型和原型中作用力的比值相同。因此，对于雷诺数相等的流动，模型和原型中的黏性力与惯性力之比相等。图 7-13 说明了这一点。

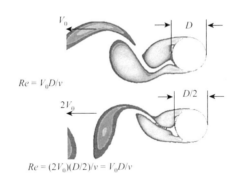

图 7-13　模型和原型

　　图 7-13 中，上面的图片是流动经过直径为 D、速度为 V_0 的圆柱体，而下面的图片是速度加倍，直径减半（文中图像放大了 2 倍）。由于雷诺数匹配，流动的外观和行为是相同的。如果涉及其他 Π 数，如弗劳德数或韦伯数，也可以得出类似的结论。也就是说，这些 Π 数的相等要求模型和原型中的作用力之比相同。因此，当这些类型的 Π 数在模型和原型中相等时，可以认为模型和原型之间动力相似。由此可见，几何相似且动力相似时，流线形态都是相同的，相应的速度比（V_m/V）和加速度比（a_m/a）在整个流场中是恒定的。因此，模型与原型之间存在运动相似性。为了使模型和原型之间具有完全的相似性，必须保持两个系统之间的几何、运动和动力都相似。如果在量纲分析中包含了所有重要的变量，并且得到的 Π 数在原型和模型中都相等，则表明原型和模型具有相似性。

　　例 7.3　从模型数据预测原型性能。

　　已知：一个桥梁的构件，其截面呈椭圆状，如图 7-14 所示。众所周知，当平稳的气流吹过这类形状的固体时，在下游可能会形成旋涡，这些旋涡以一定的频率脱落。由于这些涡旋会对结构产生有害的周期性作用力，因此确定脱落频率非常重要。对如图 7-14 所示的具体结构，$D = 0.1m$，$H = 0.3m$，风速为 50km/h，流体介质为标准空气。脱落频率将通过使用小比例模型确定，该模型使用的流体是水，在水洞中测试，模型中 $D_m = 20\text{mm}$，水温为 20℃。

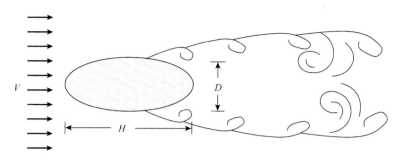

图 7-14 例 7.3 图

问题：确定模型的尺寸 H_m 和测试流体的速度。如果发现模型的脱落频率为 49.9Hz，那么原型的对应频率是多少？

解：预计脱落频率 ω 取决于长度 D 和 H、流体速度 V、流体密度 ρ 和黏度 μ。因此，

$$\omega = f(D, H, V, \rho, \mu)$$

其中：

$$\omega \doteq \text{T}^{-1}$$
$$D \doteq \text{L}$$
$$H \doteq \text{L}$$
$$V \doteq \text{LT}^{-1}$$
$$\rho \doteq \text{ML}^{-3}$$
$$\mu \doteq \text{ML}^{-1}\text{T}^{-1}$$

由于有六个变量和三个参考量纲（MLT），所以需要三个 Π 数。应用 Π 定理可得

$$\frac{\omega D}{V} = \phi\left(\frac{D}{H}, \frac{\rho V D}{\mu}\right)$$

左边的 Π 数是斯特劳哈尔数，上述量纲分析表明斯特劳哈尔数是几何参数 D/H 和雷诺数的函数。因此，为了保持模型和原型之间的相似性：

$$\frac{D_m}{H_m} = \frac{D}{H}$$

$$\frac{\rho_m V_m D_m}{\mu_m} = \frac{\rho V D}{\mu}$$

因此，

$$H_m = \frac{D_m}{D} H = \frac{20 \times 10^{-3}\,\text{m}}{0.1\,\text{m}} (0.3\text{m}) = 60\text{mm}$$

第二个相似性要求表明模型和原型的雷诺数必须相同，所以模型速度必须满足以下条件：

$$V_m = \frac{\mu_m}{\mu} \frac{\rho}{\rho_m} \frac{D}{D_m} V \tag{7-17b}$$

对于标准状况下的空气：$\mu = 1.79 \times 10^{-5} \text{kg} / (\text{m·s})$，$\rho = 1.23 \text{kg} / \text{m}^3$；

对于 20℃的水：$\mu = 1.00 \times 10^{-3} \text{kg} / (\text{m·s})$，$\rho = 998 \text{kg} / \text{m}^3$。

题目中原型的流体速度为

$$V = \frac{50 \times 10^3 \text{m} / \text{h}}{3600 \text{s} / \text{h}} = 13.9 \text{m} / \text{s}$$

模型中的流速可通过式（7-17b）求得

$$V_{\text{m}} = 4.79 \text{m} / \text{s}$$

这是一个合理的速度，可以很容易地在水洞中实现。

在满足两个相似性要求的情况下，原型和模型的斯特劳哈尔数将是相同的，因此

$$\frac{\omega D}{V} = \frac{\omega_{\text{m}} D_{\text{m}}}{V_{\text{m}}}$$

而预测的原型涡流脱落频率为

$$\omega = \frac{V}{V_{\text{m}}} \frac{D_{\text{m}}}{D} \omega_{\text{m}} = 29.0 \text{Hz}$$

讨论：同样的模型也可用于预测原型上的单位长度阻力 $\wp_l$（N/m），因为阻力和频率都是相同变量的函数。因此，相似性要求是相同的，在满足这些要求的情况下，用无量纲形式表示的单位长度阻力，如 $\wp_l / D \rho V^2$，在模型和原型中是相等的。模型上测量到的单位长度的阻力与原型上单位长度的阻力的关系为

$$\wp_l = \left(\frac{D}{D_{\text{m}}} \right) \left(\frac{\rho}{\rho_{\text{m}}} \right) \left(\frac{V}{V_{\text{m}}} \right)^2 \wp_{l\text{m}}$$

模型和原型的相同量之比相等是由相似性要求产生的。例如，有两个长度变量 l_1 和 l_2，那么基于这两个变量得到的 Π 数的相似性要求是：

$$\frac{l_1}{l_2} = \frac{l_{1\text{m}}}{l_{2\text{m}}}$$

$$\frac{l_{1\text{m}}}{l_1} = \frac{l_{2\text{m}}}{l_2}$$

定义 $l_{1\text{m}} / l_1$ 或 $l_{2\text{m}} / l_2$ 为长度比例。对于真正的模型来说，只有一个长度比例，所有的长度都是按照这个比例来确定的，也有其他的比例，如速度 V_{m} / V，密度 ρ_{m} / ρ，黏度 μ_{m} / μ。事实上，可以为问题中的每个变量定义一个比例。因此，谈论模型的"比例"而不指明是哪个比例实际上是没有意义的。

指定 λ_l 为长度比例，同理，其他比例为 λ_V、λ_ρ、λ_μ 等，其中的下标表示特定的比例种类。另外，将模型值与原型值的比值作为比例尺。长度比例通常被指定，如 1∶10 或 1/10 比例模型，说的就是模型的尺寸是原型的十分之一，默认的假设是所有相关长度都按比例调整，因此模型在几何上与原型相似。

7.4　典型的模型实验应用

模型设计验证：大多数模型研究都涉及对物理量进行简化假设。尽管假设的数量通

常没有数学模型所要求的那么严格，但它们仍然在模型设计中引入了一些不确定性，因此需要用实验来检验设计。一般情况下，模型实验的目的是预测给定原型中某些变化产生的影响，但仍需要提供一些原型的数据，用于与模型预测的数据进行对比，如果结果一致，那么该模型就可以用来预测原型中某些参数发生变化产生的影响。

另一方面，可以使用一系列不同大小的模型进行测试，其中一个模型可以认为是原型，其他模型可以认为是这个原型的"模型"。此类问题中，模型设计有效性的必要条件是任何一对模型之间的准确预测，因为任何一个都可以被认为是另一个的模型。虽然在这种类型的验证测试中，适当的一致性并不能准确表明模型设计的正确性（实验室模型之间的长度尺度可能与实际原型预测所需的长度尺度有很大的不同），但如果在这些测试中不能实现模型之间的一致性，这样的模型设计就很难正确预测原型。

失真模型：尽管模型建立的相似条件是 Π 数相等，但并非总是可能满足所有已知的要求。如果一个或多个相似准则数没有得到满足，例如，如果 $\Pi_{2m} \neq \Pi_2$，那么此前预测的等式关系 $\Pi_1 = \Pi_{1m}$ 就不成立了。把一个或多个相似准则数不被满足的模型称为失真模型。

失真模型是很常见的，它们的出现有各种各样的原因。例如，可能在模型中找不到合适的流体。失真模型的经典例子出现在明渠流或自由面流动的研究中。通常在这些问题中，会同时涉及雷诺数 $\rho V l / \mu$ 和弗劳德数 $V / \sqrt{gl}$。

弗劳德数相似要求 $\dfrac{V_m}{\sqrt{g_m l_m}} = \dfrac{V}{\sqrt{gl}}$，如果模型与原型都在相同的重力场下，则速度比例为 $\dfrac{V_m}{V} = \sqrt{\dfrac{l_m}{l}} = \sqrt{\lambda_l}$。

雷诺数相似要求 $\dfrac{\rho_m V_m l_m}{\mu_m} = \dfrac{\rho V l}{\mu}$，速度比例为 $\dfrac{V_m}{V} = \dfrac{\mu_m}{\mu} \dfrac{\rho}{\rho_m} \dfrac{l}{l_m}$。由于速度比例必须等于长度比例的平方根，所以

$$\frac{\mu_m / \rho_m}{\mu / \rho} = \frac{v_m}{v} = (\lambda_l)^{3/2} \qquad (7\text{-}18)$$

式中，μ / ρ 为运动黏度 v。尽管在原则上可能满足这种设计条件，但要找到一种合适的模型流体，尤其是小尺寸的模型流体，是相当困难的。对于以水为原型流体的河流、溢洪道、港口等问题，模型也比较大，所以模型中的流体只能用水。然而，在这种情况下（当运动黏度标度等于 1 时）式（7-18）将不成立，产生一个失真模型。

但是失真模型实验也可以得到正确的预测结果，但这种模型实验的解释明显比满足所有相似要求的模型实验的解释更困难。通常没有处理失真模型的通用规则，基本上每个问题都必须考虑其自身的特点。使用失真模型能否成功很大程度上取决于负责设计模型和解释从模型中所获实验数据的研究者。

模型实验被广泛用来研究不同类型的流体力学问题。由于每个问题都有其特点，所以很难用一种通用的方式来描述所有必要的相似条件。然而，可以根据流动的一般性质对许多问题进行分类，然后在每个分类中得到模型设计的一般特征。在下面的章节中，将介绍封闭空间内的流动，浸没体周围的流动，以及自由表面的流动的模型实验研究。

7.4.1 封闭空间内的流动

关于此类流动的常见例子包括管道流、阀门内流动、管件和测量仪表内的流动。虽然管道横截面通常是圆形的，但它们也可以有其他形状，可能包含扩张或收缩。由于没有流体界面或自由表面，主导力是惯性力和黏性力，因此雷诺数是重要的相似准则数。对于低马赫数（$Ma<0.3$），液体和气体流动的压缩效应通常可以忽略不计。对于这类问题，必须保持模型与原型之间的几何相似性。几何特征一般可以用一系列长度项 l_1, l_2, l_3, $\cdots$, l_i 来描述，其中 l 是系统的特定长度尺寸。这样一系列的长度项可以得到一组形式的 Π 数：

$$\Pi_i = \frac{l_i}{l}$$

式中，$i = 1, 2, 3, \cdots$。

除了系统的基本几何形状外，与流体接触的内表面的粗糙度也很重要。如果将表面粗糙度凸起的平均高度定义为 ε，则表示粗糙度的 Π 数为 ε/l。该参数表明，为了实现完全的几何相似性，表面粗糙度也必须进行缩放。注意，这意味着当长度比例小于 1 时模型表面应该比原型更平滑，因为 $\varepsilon_m = \lambda_l \varepsilon$。更复杂的是，模型和原型中的壁面粗糙凸起的形式也必须相似。这些条件实际上是不可能完全满足的。值得庆幸的是，在一些问题中，表面粗糙度的影响很小，可以忽略不计。然而，在有些问题中（如通过管道的紊流）粗糙度是非常重要的。

由此可以得出，对于低马赫数封闭管道中的流动，任何相关的 Π 数（包含特定的变量，如压降）可以表示为

$$\Pi = \phi\left(\frac{l_i}{l}, \frac{\varepsilon}{l}, \frac{\rho V l}{\mu}\right) \tag{7-19}$$

上式为这类问题的一般公式。式（7-19）右侧的前两项满足几何相似性的要求，即

$$\frac{l_{im}}{l_m} = \frac{l_i}{l}, \qquad \frac{\varepsilon_m}{l_m} = \frac{\varepsilon}{l}$$

或

$$\frac{l_{im}}{l_i} = \frac{\varepsilon_m}{\varepsilon} = \frac{l_m}{l} = \lambda_l$$

这一结果表明可以自由选择一个长度比例 λ_l，但一旦选择了这个比例，所有其他相关的长度都必须按相同的比例缩放。

雷诺数相等要求动力相似性

$$\frac{\rho_m V_m l_m}{\mu_m} = \frac{\rho V l}{\mu}$$

在此条件下，速度比例为（准确预测流态需要正确的速度比例）

$$\frac{V_m}{V} = \frac{\mu_m}{\mu}\frac{\rho}{\rho_m}\frac{l}{l_m} \tag{7-20}$$

速度比取决于黏度、长度和密度比。在模型和原型中可以使用不同的流体。然而，如果使用相同的流体（$\mu_m = \mu$，$\rho_m = \rho$），那么

$$\frac{V_m}{V} = \frac{l}{l_m}$$

因此，$V_m = V / \lambda_l$，这表明在任何长度比例小于 1 的情况下，模型中的流体速度将大于原型中的流体速度。由于长度比例通常比 1 小得多，雷诺数相似可能很难实现，因为需要很大的模型速度。

如果满足上述相似性要求，则模型与原型的相关 Π 数相等。例如，如果因变量是沿封闭管道两点之间的压强差 Δp，则相关的 Π 数可以表示为

$$\Pi_1 = \frac{\Delta p}{\rho V^2}$$

则原型中的压降可从上述关系中得出

$$\Delta p = \frac{\rho}{\rho_m} \left(\frac{V}{V_m} \right)^2 \Delta p_m$$

因此，可以根据模型中测量出的压强差 Δp_m 来预测原型中的压力变化，通常 $\Delta p \neq \Delta p_m$。

例 7.4　雷诺数相似。

已知：为了研究通过一个大型单向阀的流量，进行了一个模型试验，该单向阀的入口直径为 0.6m，载水体积流量为 0.85m³/s，如图 7-15 所示，模型中的工作流体是与原型相同温度的水。模型与原型在几何上完全相似，模型进水口直径为 7.5cm。

问题：确定模型中所需的流量。

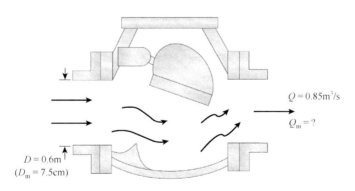

图 7-15　例 7.4 图（a）：大型单向阀

解：

为保证动态相似性，模型测试运行时应使 $Re_m = Re$ 或 $\dfrac{V_m D_m}{\nu_m} = \dfrac{VD}{\nu}$，式中 V 和 D 分别对应入口速度和直径。由于模型和原型使用的是同一种流体 $\nu_m = \nu$，因此 $\dfrac{V_m}{V} = \dfrac{D}{D_m}$。

体积流量 $Q = VA$，式中 A 是入口面积，所以

$$\frac{Q_\mathrm{m}}{Q} = \frac{V_\mathrm{m} A_\mathrm{m}}{VA} = \left(\frac{D}{D_\mathrm{m}}\right)\left[\frac{(\pi/4)D_\mathrm{m}^2}{[(\pi/4)D^2]}\right] = \frac{D_\mathrm{m}}{D}$$

$$Q = 0.106\mathrm{m}^3/\mathrm{s}$$

讨论：由前文分析可知，为了保持模型和原型中相同流体的雷诺数相等，所需的速度比例与长度比例成反比，即 $V_\mathrm{m}/V = (D_\mathrm{m}/D)^{-1}$。这种长度比例对速度比例的强烈影响如图 7-16 所示。对于这个特定的例子，$D_\mathrm{m}/D = 0.125$，对应的速度比例为 8（图 7-16）。因此，当原型速度等于 $V = (0.85\mathrm{m}^3/\mathrm{s})/(\pi/4)(0.6\mathrm{m})^2 = 3\mathrm{m/s}$ 时，所需模型速度为 $V_\mathrm{m} = 24\mathrm{m/s}$，虽然这是一个相对较大的速度，但它可以在实验室设备中实现。需要注意的是，如果使用较小的模型，比如 $D_\mathrm{m} = 2.5\mathrm{cm}$ 的模型，所需的模型速度是 72m/s，这是一个很难实现的非常高的速度。这些结果表明了在保持雷诺数相似度时遇到的困难之一——所需的模型速度可能无法实现。

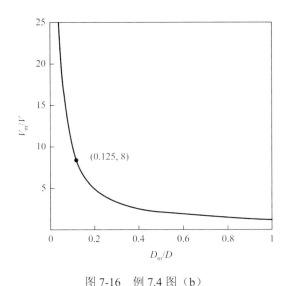

图 7-16　例 7.4 图（b）

　　关于在封闭管道中模型的实验设计，还应注意两点。第一点，对于大雷诺数，惯性力比黏性力大得多，在这种情况下可以忽略黏性效应。此时，模型与原型之间不需要保持雷诺数的相似性。但是模型和原型都必须满足大雷诺数。因为无法确定大雷诺数产生的影响，所以雷诺数产生的影响只能从模型中确定。可以通过改变模型的雷诺数，确定从属的 Π 数不再受雷诺数变化影响，从而确定雷诺数的范围。

　　第二点，封闭空间内的流动可能发生空化。例如，流经阀门中存在的复杂通道可能会导致局部高速区域，这可能导致流体空化。如果要用该模型研究空化现象，则蒸气压 p_v 成为一个重要的变量，还需要一个额外的相似要求，如空化数 $(p_\mathrm{r} - p_\mathrm{v})/\frac{1}{2}\rho V^2$ 相等，式中 p_r 为某个参考压力。利用模型来研究空化现象是很复杂的，因为人们还不完全了解气泡是如何形成和长大的。气泡的形成似乎受到液体中存在的微观粒子的影响，而对具体如何影响模型还不清楚。

7.4.2 浸没体周围的流动

模型实验已被广泛应用于研究完全浸没在流体中物体的运动特性，例如环绕飞机、汽车、高尔夫球和建筑物的气流。这些问题的建模原则与 7.4.1 节中描述的相同，即要求几何相似和雷诺数相等。由于没有流体界面，表面张力（韦伯数）并不重要。此外，重力不会影响流动形态，因此不必考虑弗劳德数。马赫数对高速流动很重要，因为在高速流动中，压缩性成为一个重要因素。但对于不可压缩流体（如液体或速度相对较低的气体），马赫数可以不作为相似性要求。在这种情况下，这些问题的一般公式是

$$\Pi = \phi\left(\frac{l_i}{l}, \frac{\varepsilon}{l}, \frac{\rho V l}{\mu}\right) \tag{7-21}$$

式中，l 为系统的某一特征长度；l_i 为其他相关长度；$\dfrac{\varepsilon}{l}$ 为表面（或多个表面）的相对粗糙度，$\dfrac{\rho V l}{\mu}$ 为雷诺数。

通常，这类问题的因变量是物体上的阻力 $\wp$，在这种情况下，因变量 Π 数通常表示为阻力系数 C_D，其中

$$C_D = \frac{\wp}{\frac{1}{2}\rho V^2 l^2}$$

系数 $\dfrac{1}{2}$ 通常也包括在内，取 l^2 作为物体的某个代表性面积。因此，可以用以下公式进行阻力研究：

$$\frac{\wp}{\frac{1}{2}\rho V^2 l^2} = C_D = \phi\left(\frac{l_i}{l}, \frac{\varepsilon}{l}, \frac{\rho V l}{\mu}\right) \tag{7-22}$$

由式（7-22）可知，必须保持几何相似

$$\frac{l_{im}}{l_m} = \frac{l_i}{l}, \qquad \frac{\varepsilon_m}{l_m} = \frac{\varepsilon}{l}$$

和雷诺数相等

$$\frac{\rho_m V_m l_m}{\mu_m} = \frac{\rho V l}{\mu}$$

则可得出

$$V_m = \frac{\mu_m}{\mu}\frac{\rho}{\rho_m}\frac{l}{l_m}V \tag{7-23}$$

或

$$V_m = \frac{\nu_m}{\nu}\frac{l}{l_m}V \tag{7-24}$$

式中，ν_m / ν 为运动黏度之比。如果模型和原型使用相同的流体 $\nu_m = \nu$，那么

$$V_{\mathrm{m}} = \frac{l}{l_{\mathrm{m}}} V$$

因此，当 l/l_{m} 大于 1 时，所要求的模型速度将高于原型速度。由于这个比值通常比较大，所以所需的 V_{m} 值较大。例如，如果长度比例是 1：10，原型速度为 80km/h，则所需模型速度为 800km/h。对于液体来说，这是一个不合理的数值，对于气体流动，需要在模型中考虑到流体的压缩性（但在原型中不需要考虑）。

作为一种替代方法，从式（7-24）中可以看到 V_{m} 可以通过在模型中使用不同的流体来降低，使 $\nu_{\mathrm{m}}/\nu < 1$。例如，水的运动黏度与空气的运动黏度的比是近似的，因此，如果原型流体是空气，模型试验中流体可以选择水。这将降低所需的模型速度，但在某些测试设施（如水洞）中仍然很难达到必要的速度。

另一种可能的风洞试验是增加风洞内的气压，使 $\rho_{\mathrm{m}} > \rho$，从而降低所需的模型速度，如式（7-23）所示。流体黏度受压力的影响不大。虽然可以使用加压隧道，但这样的风洞系统显然更加复杂且成本高昂。

如果长度比例适中，也就是说模型比较大时，也可以降低所需的模型速度。对于风洞测试，这需要一个大的测试段，从而增加了设备的成本。庞大而昂贵的测试设备显然不适用于大学或工业实验室，大多数模型测试需要用相对较小的模型来完成。

例 7.5 模型设计条件和原型性能预测。

已知：图 7-17 所示的飞机在标准空气中以 384km/h 的速度巡航，其阻力值是通过放置在加压风洞中的 1：10 比例模型上的试验来确定的。

问题：

（a）风洞内所需的气压（假设模型和原型的空气温度相同）。

（b）模型上测得 4.4N 的阻力，对应于原型上的阻力是多少。

图 7-17　例 7.5 图（a）

解：

（a）由式（7-22）可知，如果模型内的雷诺数与原型内的雷诺数相同，则可以从几何形状相似的模型中预测阻力。因此，

$$\frac{\rho_{\mathrm{m}} V_{\mathrm{m}} l_{\mathrm{m}}}{\mu_{\mathrm{m}}} = \frac{\rho V l}{\mu}$$

对于此例题：$V_{\mathrm{m}} = V$，$l/l_{\mathrm{m}} = 1/10$，所以，

$$\frac{\rho_m}{\rho} = \frac{\mu_m}{\mu}\frac{V}{V_m}\frac{l}{l_m}$$

因此，

$$\frac{\rho_m}{\rho} = 10\frac{\mu_m}{\mu}$$

这一结果表明，在保持雷诺数相似的情况下，不能使用 $\rho_m = \rho$ 和 $\mu_m = \mu$ 的相同流体。一种可行的方案是对风洞加压会增加空气密度。假设压力的增加不会显著改变黏度，因此所需的密度增加可由关系式得出

$$\frac{\rho_m}{\rho} = 10$$

对于理想气体且温度是常数（$T_m = T$），$p = \rho RT$，所以，

$$\frac{p_m}{p} = \frac{\rho_m}{\rho}$$

因此风洞需要加压

$$\frac{p_m}{p} = 10$$

由于原型在标准大气压下运行，因此在风洞中

$$p_m = 10 \times 101.3\text{kPa} = 1013\text{kPa}$$

讨论：此时需要一个高压，而这是不容易实现的且成本较高。在这些条件下，可以利用雷诺数相等。

（b）由式（7-22）得到阻力，使

$$\frac{\wp}{\frac{1}{2}\rho V^2 l^2} = \frac{\wp_m}{\frac{1}{2}\rho_m V_m^2 l_m^2}$$

$$\wp = \frac{\rho}{\rho_m}\left(\frac{V}{V_m}\right)^2\left(\frac{l}{l_m}\right)^2 \wp_m = 10\wp_m$$

因此，对于模型 4.4 N 的阻力，原型的相应阻力为 $\wp = 44\text{N}$。

许多情况下，流动特性不会受到操作范围内雷诺数的影响。在这种情况下，可以不必严格遵循雷诺数相等的要求。为了说明这一点，以直径为 d 的光滑球体在速度为 V 的均匀流中的阻力系数随雷诺数的变化为例。典型数据如图 7-18 所示。在雷诺数为 $10^3 \sim 2 \times 10^5$ 时，阻力系数相对恒定，与雷诺数的比值关系不大。因此，在这个范围内不需要精确的雷诺数相似。通常来说，对于其他几何形状，当雷诺数较大时，惯性力占主导地位（而不是黏性力），阻力基本上与雷诺数无关。

图 7-18 中另一个值得注意的地方是阻力系数在雷诺数 3×10^5 附近急剧下降。这是由于球体表面附近流动条件的变化造成的。这些变化受到表面粗糙度的影响，事实上，在高雷诺数下，表面粗糙的球体的阻力系数通常小于光滑球体。例如，高尔夫球上的凹坑对于减少其飞行阻力起到了很重要的作用。然而，对于具有足够棱角的物体，与物体的主要几何特征相比，实际表面粗糙度可能起次要作用。

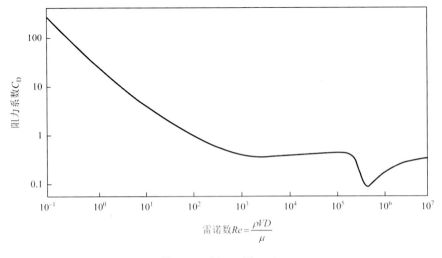

图 7-18　例 7.5 图（b）

图 7-18 的最后一个注意事项是描述 Π 数时对实验数据的解释。例如，如果 ρ，μ，d 保持不变，那么 Re 的增加来自于 V 的增加。一般情况下，如果 V 增加，阻力也会增加，如图 7-19 所示。在解释数据时，需要注意变量是否是无量纲的。在这种情况下，物理阻力与阻力系数乘以速度的平方成正比。因此，正如图中所示，阻力确实随着速度的增加而增加。在雷诺数范围 $2\times10^5 < Re < 4\times10^5$ 出现了例外，阻力系数随着雷诺数的增加而急剧减小（图 7-18）。这种现象将在 9.3 节讨论。（在高雷诺数时，阻力通常基本上与雷诺数无关。）

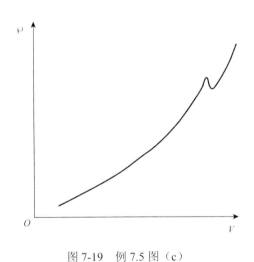

图 7-19　例 7.5 图（c）

对于 Ma 大于约 0.3 的高速问题，需要考虑压缩性的影响，因此马赫数（或柯西数）的影响是显著的。在这种情况下，完全相似不仅要求几何和雷诺数相似，还要求马赫数相似，所以

$$\frac{V_m}{c_m} = \frac{V}{c} \tag{7-25}$$

当这个相似度要求与雷诺数相似度要求（式（7-24））相结合时，得出

$$\frac{c}{c_{m}} = \frac{v}{v_{m}} \frac{l_{m}}{l} \qquad (7\text{-}26)$$

显然，$c_{m} = c$ 和 $v_{m} = v$ 的相同流体不能用于模型和原型，除非长度比例是统一的（这意味着在原型上进行测试）。在高速空气动力学中，原型流体通常是空气，合理的长度尺度很难满足式（7-26）。因此，涉及高速流动的模型往往会因雷诺数相似而发生失真，但马赫数相似却得以保持。

7.4.3 自由表面的流动

在运河、河流、溢洪道和静止盆地中的流动，以及船只周围的水流，都是涉及自由表面流的例子。对于这类问题，引力和惯性力都很重要，因此弗劳德数成为一个重要的相似准则数。同时，由于存在液-气界面的自由表面，表面张力所产生的力可能较大，韦伯数与雷诺数也是需要考虑的相似准数。几何变量仍然很重要。因此，一个涉及自由面流动问题的一般公式可以表示为

$$\Pi = \phi \left(\frac{l_{i}}{l}, \frac{\varepsilon}{l}, \frac{\rho V l}{\mu}, \frac{V}{\sqrt{gl}}, \frac{\rho V^{2} l}{\sigma} \right) \qquad (7\text{-}27)$$

如前文所述，l 是系统的某个特征长度，l_{i} 代表其他相关长度，ε / l 是各种表面的相对粗糙度。由于重力是这些问题的驱动力，所以一定要保证弗劳德数相似性，因此

$$\frac{V_{m}}{\sqrt{g_{m} l_{m}}} = \frac{V}{\sqrt{gl}}$$

模型和原型预计在相同的引力场（$g_{m} = g$）下运行，因此它遵循：

$$\frac{V_{m}}{V} = \sqrt{\frac{l_{m}}{l}} = \sqrt{\lambda_{l}} \qquad (7\text{-}28)$$

因此，在基于弗劳德数相似度设计模型时，速度比等于长度比的平方根。为了同时满足雷诺数和弗劳德数相等，运动黏度比必须与长度比相关，如

$$\frac{v_{m}}{v} = (\lambda_{l})^{3/2} \qquad (7\text{-}29)$$

原型的工作流体通常为淡水或海水，且长度比例较小。在这些情况下，几乎不可能满足式（7-29），因此涉及自由面流动的模型通常是失真的。如果试图模拟表面张力效应，问题会更加复杂，因为需要韦伯数相等，这就导致了这种情况：

$$\frac{\sigma_{m} / \rho_{m}}{\sigma / \rho} = (\lambda_{l})^{2} \qquad (7\text{-}30)$$

显然，如果在 $\lambda_{l} \neq 1$ 的情况下想保证表面张力相似，那么模型和原型的工作介质就不能采用同一种流体。

在许多涉及自由表面流动的问题中，表面张力和黏性效应都很小，因此不需要严格遵守韦伯数和雷诺数的相似。事实上，表面张力在大型水工建筑物和河流中并不重要。需要注意的是，因为这类模型实验中长度比通常很小，那么模型的深度可能很小。可能

会出现如下情况，即在模型中由于深度减少使表面张力成为了一个重要因素，而在原型中表面张力的影响可能还很小。为了克服这一问题，河流模型通常采用不同的水平和垂直长度比例尺。虽然这种方法消除了模型中的表面张力影响，但它引入了必须由经验来解释的几何失真，通常是通过增加模型的表面粗糙度。在这些情况下，模型验证是必须的，采用模型数据与可用的原型河流流量数据进行比较。适当调整模型的粗糙度，使模型和原型之间达到满意的一致性，然后再使用模型来预测河流特征变化的影响。

对于大型水力结构，如大坝溢洪道，雷诺数很大，因此黏性力与重力和惯性力相比很小。在这种情况下，不需保证雷诺数相似，而是根据弗劳德数相似度来设计模型。必须注意的是，模型的雷诺数是很大的值，但不需要等于原型雷诺数。这种类型的水力模型通常做得尽可能大，以使雷诺数大。溢洪道如图 7-20 所示。此外，对于相对较大的模型，原型的几何特征以及表面粗糙度也可以精确缩放。

图 7-20　溢洪道

例 7.6　弗劳德数相似。

已知：图 7-21 所示的大坝中，溢洪道宽度为 20m，设计洪水流量为 125m³/s。为了研究溢洪道的流动特性，建立了 1∶15 模型。水的表面张力和黏度的影响可以忽略不计。

问题：

（a）确定所需的模型宽度和流量。

（b）当原型中的运行时间为 24h 时，对应的模型运行时间是多少？

图 7-21　例 7.6 图（a）

解：模型溢洪道的宽度 w_m 由长度比例尺 λ_l 得到，因此

$$\frac{w_m}{w} = \lambda_l = \frac{1}{15}$$

$$w_m = \frac{20}{15}\,\mathrm{m} = 1.33\,\mathrm{m}$$

当然，溢洪道的其他几何特征（包括表面粗糙度）必须按照相同的长度比例尺进行比例计算。

在忽略表面张力和黏度的情况下，式（7-30）表明，在模型与原型的弗劳德数相等的情况下，可以实现动态相似。因此

$$\frac{V_m}{\sqrt{g_m l_m}} = \frac{V}{\sqrt{gl}}$$

因为 $g_m = g$，

$$\frac{V_m}{V} = \sqrt{\frac{l_m}{l}}$$

由于流量 $Q = VA$，式中 A 是一个适当的横截面积，因此可以得出

$$\frac{Q_m}{Q} = \frac{V_m A_m}{VA} = \sqrt{\frac{l_m}{l}}\left(\frac{l_m}{l}\right)^2 = (\lambda_l)^{5/2}$$

式中，$A_m / A = (l_m / l)^2$，$\lambda_l = 1/15$，$Q = 125\,\mathrm{m}^3/\mathrm{s}$，

$$Q_m = \left(\frac{1}{15}\right)^{5/2}(125\,\mathrm{m}^3/\mathrm{s}) = 0.143\,\mathrm{m}^3/\mathrm{s}$$

时间比例可以从速度比例中得到，因为速度是距离除以时间（$V = l / t$），因此

$$\frac{V}{V_m} = \frac{l}{t}\frac{t_m}{l_m}$$

或

$$\frac{t_m}{t} = \frac{V}{V_m}\frac{l_m}{l} = \sqrt{\frac{l_m}{l}} = \sqrt{\lambda_l}$$

该结果表明，如果 $\lambda_l < 1$，模型中的时间间隔将小于原型中对应的时间间隔。因为 $\lambda_l = 1/15$，所以

$$t_m = \sqrt{\frac{1}{15}} \times (24\mathrm{h}) = 6.20\mathrm{h}$$

讨论：如前文分析所示，时间比例的变化与长度比例的平方根成正比。如图 7-22 所示，模型的时间间隔 t_m 对应于 24h 的原型时间间隔，可以随长度比例 λ_l 的变化而变化。

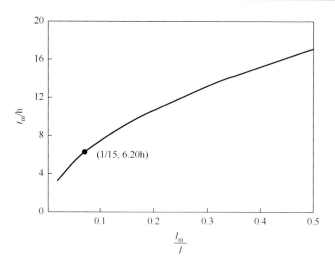

图 7-22　例 7.6 图（b）

缩放时间对于模型实验是非常有用的，因为它可以缩短在原型中事件发生时间。当然，对于长度范围（和相应的时间范围）可以变得多小存在一个实际限制。例如，如果长度比例太小，那么表面张力效应在模型中可能变得很重要，而在原型中却没有。在这种情况下，仅仅基于弗劳德数相似的现有模型设计是不够的。

在涉及自由表面流动的问题中，黏性、惯性和引力都很重要。当船在水中移动时，阻力来自于沿船体的黏性剪应力，以及由船体形状和波浪作用产生的压力而形成的阻力。剪切阻力是雷诺数的函数，而压力阻力是弗劳德数的函数。由于使用水作为模型流体（这是船舶模型中唯一实用的流体）不能同时实现雷诺数和弗劳德数相似，所以必须采用一些除了简单的模型试验之外的技术。一种常见的方法是测量一个小的、几何相似的模型，当它被拖过一个模型池时，在与原型相匹配的弗劳德数下测量总阻力。模型上的剪切阻力是用第 9 章中描述的解析方法计算的。从总阻力中减去这个计算值，得到压力阻力，使用弗劳德数缩放原型的压力阻力就可以预测。然后将实验确定的值与剪切阻力的计算值相结合（再次使用解析方法），以提供所需的船舶总阻力。船模被广泛用于研究新设计，但试验需要大量的设备（见图 7-23）。

图 7-23　船模

从对涉及自由表面流动的各种类型模型的简要讨论中可以清楚地看出，这种模型的设计和使用需要相当大的独创性，以及对所涉及的物理现象的理解。对于大多数模型研究来说，结果是正确的。模型的建立既是一门艺术也是一门科学。

7.5　控制方程分析法

在本章前面的章节中，已经使用量纲分析来获得相似定律。这是一种被广泛使用的简单、直接的建模方法。使用量纲分析只需要了解影响某一现象的物理量。尽管这种方法简单易算，但必须认识到遗漏一个或多个重要物理量可能会导致模型设计中出现严重错误。如果已知控制这种现象的方程（通常是微分方程），还可以采用另外一种方法。在这种情况下，即使无法得到方程的解析解，也可以从控制方程推导出相似定律。

为了说明这一方法，以二维不可压缩牛顿流体的流动问题为例，结果也适用于一般的三维情况。从第 6 章可知控制方程的连续性方程为

$$\frac{\partial u}{\partial x} + \frac{\partial v}{\partial y} = 0 \tag{7-31}$$

N-S 方程为

$$\rho\left(\frac{\partial u}{\partial t} + u\frac{\partial u}{\partial x} + v\frac{\partial u}{\partial y}\right) = -\frac{\partial p}{\partial x} + \mu\left(\frac{\partial^2 u}{\partial x^2} + \frac{\partial^2 u}{\partial y^2}\right) \tag{7-32}$$

$$\rho\left(\frac{\partial v}{\partial t} + u\frac{\partial v}{\partial x} + v\frac{\partial v}{\partial y}\right) = -\frac{\partial p}{\partial x} - \rho g + \mu\left(\frac{\partial^2 v}{\partial x^2} + \frac{\partial^2 v}{\partial y^2}\right) \tag{7-33}$$

其中 y 轴是垂直的，因此重力 ρg 只出现在"y 方程"中。为了用数学模型完整地描述问题，需要确定边界条件。例如，可以指定所有边界上的速度，即在所有边界点 $x = x_B$ 和 $y = y_B$ 处，$u = u_B$，$v = v_B$。在某些类型的问题中，可能有必要指定边界某些部分的压力。对于时间相关的问题，也必须提供初始条件，即给出所有因变量在某个时间（通常在 $t = 0$ 时）的值。

若已知控制方程（包括边界条件和初始条件），就可以开始相似性分析，然后定义一组新的无量纲变量。为此，需要为每种类型的物理量选择一个特征量。在这个问题中，物理量是 u、v、p、x、y 和 t，所以需要一个特征速度 V、特征压力 p_0、特征长度 l 和特征时间 τ。这些特征量应该是问题中出现的参数。例如，l 可以是浸没在流体中的物体的特征长度或流体流过的通道的宽度；速度 V 可以是自由流速度或入口速度。新的无量纲物理量可以表示为

$$u^* = \frac{u}{V}, \quad v^* = \frac{v}{V}, \quad p^* = \frac{p}{p_0}$$

$$x^* = \frac{x}{l}, \quad y^* = \frac{y}{l}, \quad t^* = \frac{t}{\tau}$$

（每个物理量通过除以一个适当的特征量来实现无量纲化。）

对应图 7-24 如下。

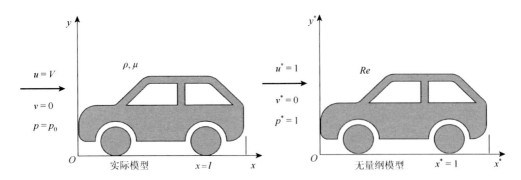

图 7-24　实际模型和无量纲模型

控制方程现在可以用这些新的变量来重新表示，例如，

$$\frac{\partial u}{\partial x} = \frac{\partial V u^*}{\partial x^*}\frac{\partial x^*}{\partial x} = \frac{V}{l}\frac{\partial u^*}{\partial x^*}$$

$$\frac{\partial^2 u}{\partial x^2} = \frac{V}{l}\frac{\partial}{\partial x^*}\left(\frac{\partial u^*}{\partial x^*}\right)\frac{\partial x^*}{\partial x} = \frac{V}{l^2}\frac{\partial^2 u^*}{\partial x^{*2}}$$

方程中出现的其他表达式可以用类似的方式表示。因此，根据新的变量，控制方程变成

$$\frac{\partial u^*}{\partial x^*} + \frac{\partial v^*}{\partial y^*} = 0 \tag{7-34}$$

$$\left[\frac{\rho V}{\tau}\right]\frac{\partial u^*}{\partial t^*} + \left[\frac{\rho V^2}{l}\right]\left(u^*\frac{\partial u^*}{\partial x^*} + v^*\frac{\partial u^*}{\partial y^*}\right) = -\left[\frac{p_0}{l}\right]\frac{\partial p^*}{\partial x^*} + \left[\frac{\mu V}{l^2}\right]\left(\frac{\partial^2 u^*}{\partial x^{*2}} + \frac{\partial^2 u^*}{\partial y^{*2}}\right) \tag{7-35}$$

$$\underbrace{\left[\frac{\rho V}{\tau}\right]\frac{\partial v^*}{\partial t^*}}_{F_{\mathrm{Il}}} + \underbrace{\left[\frac{\rho V^2}{l}\right]\left(u^*\frac{\partial v^*}{\partial x^*} + v^*\frac{\partial v^*}{\partial y^*}\right)}_{F_{\mathrm{Ic}}} = -\underbrace{\left[\frac{p_0}{l}\right]\frac{\partial p^*}{\partial y^*}}_{F_{\mathrm{p}}} - \underbrace{\left[\rho g\right]}_{F_{\mathrm{G}}} + \underbrace{\left[\frac{\mu V}{l^2}\right]\left(\frac{\partial^2 v^*}{\partial x^{*2}} + \frac{\partial^2 v^*}{\partial y^{*2}}\right)}_{F_{\mathrm{V}}}$$

$$\tag{7-36}$$

括号中包含了特征量，可以解释为所涉及的各种力（单位体积）。因此，如式（7-36）所示，F_{Il} = 惯性（局部）力，F_{Ic} = 惯性（对流）力，F_{p} = 压力，F_{G} = 重力，F_{V} = 黏性力。作为无量纲化过程的最后一步，用式（7-35）和式（7-36）中的每个表达式除以括号中的一个量。虽然这些量中的任何一个都可以使用，但传统的做法是除以括号中的量 $\rho V^2 / l$，这表示的是惯性力。最终的无量纲形式就会变成

$$\left[\frac{l}{\tau V}\right]\frac{\partial u^*}{\partial t^*} + u^*\frac{\partial u^*}{\partial x^*} + v^*\frac{\partial u^*}{\partial y^*} = -\left[\frac{p_0}{\rho V^2}\right]\frac{\partial p^*}{\partial x^*} + \left[\frac{u}{\rho Vl}\right]\left(\frac{\partial^2 u^*}{\partial x^{*2}} + \frac{\partial^2 u^*}{\partial y^{*2}}\right) \tag{7-37}$$

$$\left[\frac{l}{\tau V}\right]\frac{\partial v^*}{\partial t^*} + u^*\frac{\partial v^*}{\partial x^*} + v^*\frac{\partial v^*}{\partial y^*} = -\left[\frac{p_0}{\rho V^2}\right]\frac{\partial p^*}{\partial y^*} - \left[\frac{gl}{V^2}\right] + \left[\frac{u}{\rho Vl}\right]\left(\frac{\partial^2 v^*}{\partial x^{*2}} + \frac{\partial^2 v^*}{\partial y^{*2}}\right) \tag{7-38}$$

可以看到，括号里的表达式是由量纲分析发展而来的标准无量纲组合（或其倒数），$l / \tau V$ 是斯特劳哈尔数的一种形式，$p_0 / \rho V^2$ 是欧拉数，gl / V^2 是弗劳德数平方的倒数，$\mu / \rho V l$ 是雷诺数的倒数。从这个分析中，现在可以清楚地看到每一个无量纲组合是如何被解释为两个力的比值，以及这些组合是如何从控制方程中产生的。

虽然没有得到这些方程的解析解（方程仍然很复杂，不能得到解析解），但方程的无量纲形式，即式（7-34）、式（7-37）和式（7-38），可以用来确定相似性要求。由这些方程可知，如果两个系统由这些方程控制，那么当两个系统的四个参数 $l/\tau V$，$p_0/\rho V^2$，V^2/gl 和 $\rho Vl/\mu$ 相等时，解 $(u^*, v^*, p^*, x^*, y^*, t^*)$ 是相同的。这两个系统在动态上是相似的。当然，以无量纲形式表示的边界条件和初始条件对于两个系统也必须是相等的，这需要完全的几何相似性。如果考虑的物理量相同，那么该方法与量纲分析确定的相似性条件相同。然而，使用控制方程的好处是，物理量在方程中自然地出现，不必担心遗漏一个重要的变量，只要正确地指定控制方程。因此，可以用这种方法推导出两种解相似的条件，即使其中一个解很可能是通过实验得到的。

在前面的分析中，考虑了一种一般的情况，在这种情况下，流动可能是不稳定的，实际的压力 p_0 和重力的影响都是重要的。如果删除一个或多个这些条件，就可以减少相似性要求的数量。例如，当流量稳定时，可以消除无量纲组合 $l/\tau V$。

只有当关注空化时，实际的压力值才是重要的，否则，流动状态和压力差将不取决于压力值。在这种情况下，p_0 可以取为 ρV^2（或 $\frac{1}{2}\rho V^2$），欧拉数相等可以不考虑。然而，如果关注气蚀（如果某些点的压力达到蒸气压力 p_v，流场中会发生气蚀），那么实际压力值就很重要。通常在这种情况下，特性压力 p_0 是相对于蒸气压力而言的，即 $p_0 = p_r - p_v$，式中 p_r 是流场内的参考压力。以这种方式定义 p_0，相似度参数 $p_0/\rho V^2$ 就变成了 $(p_r - p_v)/\rho V^2$。这个参数经常被写成 $(p_r - p_v)/\frac{1}{2}\rho V^2$，在这种形式下，正如前面在 7.4 节中指出的那样，被称为空化数。因此，可以得出这样的结论：如果空化不是需要重点关注的问题，就不需要涉及 p_0 的相似性参数，但如果要对空化进行建模，那么空化数就成为一个重要的相似准数。

由于包含重力而产生的弗劳德数，对于存在自由表面的问题来说是很重要的。这类问题的例子包括研究河流、流经水力结构（如溢洪道）和船舶的阻力。在这些情况下，自由面的形状受到重力的影响，因此弗劳德数是一个重要的相似性参数。然而，如果没有自由表面，重力的唯一影响是在流体运动产生的压力分布上叠加一个静压分布。通过定义一个新的压力，$p' = p - \rho gy$，静压分布可以从控制方程（式（7-33））中消除，这样，无量纲控制方程中就不会出现弗劳德数。

从讨论中可以得出结论，对于非自由面的不可压缩流体的定常流动，如果（对于几何相似的系统）存在雷诺数相似，则可以实现动力学相似和运动学相似。如果涉及自由液面，也必须保持弗劳德数的相似性。对于自由表面流动，默认表面张力不重要。然而，如果考虑表面张力，韦伯数 $\rho V^2 l/\sigma$ 将成为一个重要的相似准则数。此外，如果考虑可压缩流体的控制方程，马赫数 V/c 将作为一个额外的相似参数出现。

当描述流体运动的控制方程用无量纲变量表示时，以前用量纲分析开发的所有常见的无量纲组合出现在这些方程中。因此，利用控制方程来获得相似定律为量纲分析提供了另一种选择。这种方法的优点是，物理量是已知的，所涉及的假设是明确的。此外，还可以得到各种无量纲组合的物理解释。

7.6 本 章 总 结

许多涉及流体力学的实际工程问题都需要实验数据来解决。因此，实验室研究和实验在这一领域发挥着重要作用。设计高效且具有普适性的实验过程尤为重要。为了达到这一目的，经常使用相似的概念，在实验室中所做的测量可以用来预测其他类似系统的行为。在本章中，使用量纲分析来设计这些实验，使其作为相关实验数据的辅助，使其作为设计物理模型的基础。顾名思义，量纲分析是基于对给定问题中描述变量所需的量纲的考虑。第1章讨论了量纲的使用和量纲齐次性（构成量纲分析的基础）的概念。

从本质上讲，量纲分析通过减少需要考虑的变量数量，简化了由某一组物理量描述的给定问题。除了在数量上减少之外，新的物理量是原始变量的无量纲乘积。通常情况下，这些新的无量纲量在进行所需的实验时要简单得多。白金汉 Π 定理是量纲分析的理论基础，该定理建立了一个框架，用于将一组变量描述的给定问题还原为一组新的较少的无量纲变量，称为量纲分析法，用于实际形成无量纲变量（通常称为 Π 数）。

对于存在大量物理量的问题，可以使用物理模型对问题进行描述。建立模型的目的是根据实验测试做出具体的预测，而不是根据所研究的现象形成一种一般关系。模型的正确设计对预测是非常必要的，尤其是对于那些类似但通常规模更大的系统。这就要求利用量纲分析来建立有效的模型设计，并通过利用控制方程（通常是微分方程）建立相似性要求的替代方法。

本章需重点掌握内容如下：

（1）使用白金汉 Π 定理来确定一个给定的流动问题所需的独立无量纲量的数目。

（2）用量纲分析法形成一组无量纲变量。

（3）使用无量纲变量来帮助解释和关联实验数据。

（4）使用量纲分析建立一套相似性要求（和预测方程），用于预测另一个相似系统（原型）的行为。

（5）用合适的无量纲形式重写给定的控制方程，并从该方程的无量纲形式推导出相似性要求。

本章中重要的相似准则数如下。

雷诺数：
$$Re = \frac{\rho V l}{\mu} \tag{7-39}$$

弗劳德数：
$$Fr = \frac{V}{\sqrt{gl}} \tag{7-40}$$

欧拉数：
$$Eu = \frac{p}{\rho V^2} \tag{7-41}$$

柯西数：
$$Ca = \frac{\rho V^2}{E_v} \tag{7-42}$$

马赫数：
$$Ma = \frac{V}{c} \tag{7-43}$$

斯特劳哈尔数：
$$Sr = \frac{\omega l}{V} \tag{7-44}$$

韦伯数：
$$We = \frac{\rho V^2 l}{\sigma} \tag{7-45}$$

习　题

7-1　对于深度为 h，表面为自由表面的液体薄膜流动，两个重要的无量纲数是弗劳德数和韦伯数。求出甘油（在 20℃时）在 3mm 深处以 0.7m/s 的速度流动时这两个无量纲数的值。

7-2　物体以速度 V 通过流体时的马赫数为 V/c，其中 c 是流体中的声速。在流体动力学问题中，当这个无量纲数的值超过 0.3 时有重要的意义。

（a）如果流体是在标准大气压力和 20℃下的空气；

（b）在相同温度和压力下的水中，马赫数为 0.3 的物体的速度是多少？

7-3　测定风吹过湖面时波浪的高度。假设浪高 H 是风速 V、水密度 ρ、空气密度 ρ_a、水深 d、离岸边的距离 l 和重力加速度 g 的函数，如题图 7-3 所示。用 d、V 和 ρ 作为基本量来确定一组合适的 Π 数来描述这个问题。

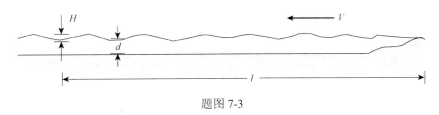

题图 7-3

7-4　如题图 7-4 所示，水流过大坝，假定沿坝单位长度的体积流量 q 取决于水头 H、宽度 b、重力加速度 g、流体密度 ρ 和流体黏度 μ。用 b、g 和 ρ 作为基本量确定一组合适的 Π 数来描述这个问题。

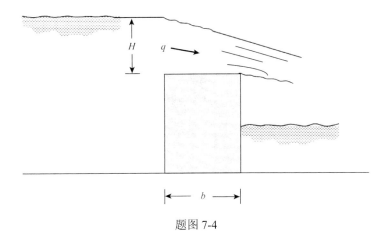

题图 7-4

7-5　已知气泡内的额外压力取决于气泡半径和表面张力。在找到 Π 数之后，如果（a）使半径加倍，（b）使表面张力加倍，确定额外压力的变化。

7-6 假定明渠中水的流量 Q 是河道横截面积 A、河道表面粗糙度 ε、重力加速度 g 和河道所在山丘的坡度 S_o 的函数。把这个关系化为无量纲形式。

7-7 管子的直径突然从 D_1 收缩到 D_2，此过程中形成的压降 Δp 是 D_1、D_2、大管径中的流体的流速 V、流体密度 ρ，动力黏度 μ 的函数，用 D_1、V 和 ρ 作为基准变量，确定一组合适的无量纲数。为什么将较小管道中的速度作为一个附加变量列入是不正确的？

7-8 水在水箱中来回晃动，如题图 7-8 所示。假设晃动的频率 ω 是重力 g、水的平均深度 h 和水箱的长度 l 的函数。以 g 和 l 为基准变量，确定一组合适的无量纲数来描述这个问题。

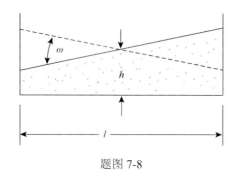

题图 7-8

7-9 垫圈形板上的阻力 $\wp$，可以表示为 $\wp = f(d_1, d_2, V, \mu, \rho)$，其中 d_2 为外径，d_1 为内径，V 为流体速度，μ 为流体黏度，ρ 为流体密度。有些实验要在风洞中进行以确定阻力。试确定一组合适的无量纲数来描述这个问题。

7-10 假设烟囱中气体的体积流量 Q 是环境空气密度 ρ_a、烟囱内气体密度 ρ_g、重力加速度 g、烟囱高度 h 和直径 d 的函数。使用 ρ_a、d 和 g 作为基准变量来求得一组可以用来描述这个问题的 Π 数。

7-11 通过泵加压之后的流体的压力上升量 Δp 可以表示为 $\Delta p = f(D, \rho, \omega, Q)$，其中 D 为叶轮直径，ρ 为流体密度，ω 为转速，Q 为流量。试确定一组合适的无量纲数。

7-12 在刚性支撑之间放置一条细长的弹力线，流体从弹力线上流过，研究弹力线中心部位因流体阻力而产生的静态挠度 δ。假设 $\delta = f(l, d, \rho, \mu, V, E)$，其中 l 是线的长度，d 是线的直径，ρ, μ, V 分别是流体密度、黏度、速度，E 是钢丝材料的弹性模量。试确定一组合适的无量纲数来描述这个问题。

7-13 如题图 7-13 所示，在一个开放的矩形通道中，通过在通道上放置一个板可以测量水流流量 Q。这种类型的装置称为堰。在堰以上的水的高度 H 称为水头，可以用来确定通过渠道的流量。假设 Q 是头部 H、通道宽度 b 和重力加速度 g 的函数。为这个问题确定一组合适的无量纲变量。

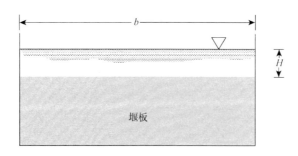

堰板

题图 7-13

7-14 如题图 7-14 所示，由于表面张力的作用，水面上可以承受一个比水重的物体。假设一个正方体物体所能支撑的最大厚度 h 是正方体边长 l、材料密度 ρ、重力加速度 g 和液体表面张力 σ 的函数，为这个问题确定一组合适的无量纲变量。

题图 7-14

7-15 在一定条件下，风吹过矩形限速标志，会使标志以 ω 的频率振荡（见题图 7-15）。假设 ω 是标志宽度 b、标志高度 h、风速 V、空气密度 ρ 和支撑杆的弹性常数 k 的函数。该常数 k 的量纲为 FL。试为这个问题确定一组合适的 Π 数。

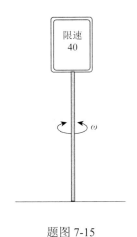

题图 7-15

7-16 如题图 7-16 所示，锥板黏度计由一个角度为 α 的很小的圆锥体组成，圆锥体在一个平面上旋转。锥体以角速度 ω 旋转所需的转矩 J，除 ω 外，还与半径 R、锥体角 α 和流体黏度 μ 有关。请借助量纲分析，确定如果黏度和角速度都加倍，转矩将如何变化。

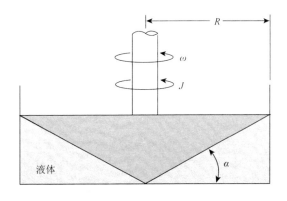

题图 7-16

7-17 对沿直径为 D 的直管的压降 Δp 进行实验研究，观察到对于给定流体和管道的层流，压降与压力水头之间的距离 l 成正比。假设 Δp 是 D 和 l、速度 V 和流体黏度 μ 的函数，用量纲分析法推断压降随管径的变化。

7-18 如题图 7-18 所示，一个直径为 D 的圆柱体直立地浮在液体中。当圆柱体沿其垂直轴稍有位移时，它将绕其平衡位置振荡，频率为 ω。假设这个频率是直径 D、圆柱体质量 m 和液体比重 γ 的函数。借助量纲分析，确定频率与这些变量的关系。如果圆柱的质量增加，频率会升高还是降低？

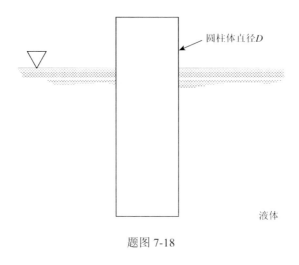

圆柱体直径 D

液体

题图 7-18

7-19 气体中的声速 c 是气体压强 p 和密度 ρ 的函数。借助量纲分析，确定速度与压力和密度的关系。

7-20 如题图 7-20 所示，将黏性流体倒入水平板上。假设流体沿板面流动一定距离 d 所需的时间 t 是浇注流体体积 V、重力加速度 g、流体密度 ρ 和流体黏度 μ 的函数。试确定一组合适的 Π 数来描述这个过程。

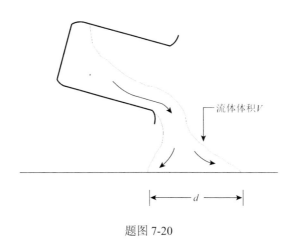

流体体积 V

题图 7-20

7-21 压力脉冲通过动脉的速度 c（脉冲波速度）是动脉直径 D 和动脉壁厚度 h、血液密度 ρ 和动脉壁弹性模量 E 的函数。试确定一组无量纲数，用于实验研究脉冲波速和所列变量之间的关系。

7-22 如题图 7-22 所示，液体对着物块喷射可以使物块倾倒。假设使物块倾倒的速度 V 是密度 ρ、喷嘴的直径 D、块的重量 W、块的宽度 b 和垂直到底部之间距离 d 的函数。

（a）针对这个问题确定一组无量纲数。

（b）利用动量方程确定 V 的其他变量方程。

（c）比较（a）和（b）部分的结果。

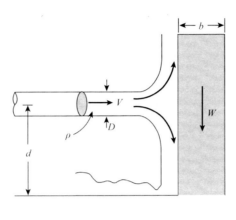

题图 7-22

7-23 假定超声速飞行的飞机上的阻力 $\wp$ 是其速度 V、流体密度 ρ、声速 c 和一系列表示飞机的几何形状的长度 $l_1,\cdots,l_i$ 的函数。试开发一组 Π 数，可用于实验研究阻力如何受到列出的各种因素的影响。

7-24 如题表 7-24 所示为几种流动情况及相关的速度、尺寸和流体运动黏度特征。请确定每一种流动的雷诺数，并指出哪些流动的惯性效应小于黏性效应。

题表 7-24

流动类型	速度/(m/s)	尺寸/m	运动黏度/(m²/s)
飞机	122	18	0.4×10^{-4}
蚊子	0.006	0.0046	0.15×10^{-4}
煎饼上的糖浆	0.009	0.036	0.23×10^{-3}
毛细血管中的血液	0.0003	1.5×10^{-5}	0.11×10^{-5}

7-25 有一种液体喷雾喷嘴，可以产生直径为 d 的特定尺寸的液滴。液滴的大小取决于喷嘴直径 D、喷嘴速度 V 和液体性质 ρ、μ、σ。使用表 7-1 中常见的无量纲项，确定 d/D 相关直径比的函数关系。

7-26 题图 7-26 中液体流动突然膨胀时的压力上升 $\Delta p = p_2 - p_1$，可以表示为 $\Delta p = f(A_1, A_2, \rho, V_1)$。其中 A_1 和 A_2 分别为上游和下游的截面积，ρ 为流体密度，V_1 为上游速度。$A_2 = 0.12\text{m}^2$，$V_1 = 1.5\text{m/s}$，使用 $\rho = 1000\text{kg/m}^3$ 的水时得到的一些实验数据见题表 7-26。

题表 7-26

A_1 /m^2	9.3×10^{-3}	2.3×10^{-2}	3.4×10^{-2}	4.8×10^{-2}	5.6×10^{-2}
$\Delta p /(\mathrm{N/m}^2)$	156	376	493	555	589

使用合适的无量纲数绘制这些测试的结果。借助标准曲线拟合程序，确定 Δp 的一般方程，并使用该方程预测当速度 $V = 1.14\mathrm{m/s}$，面积比 $A_1 / A_2 = 0.35$ 时的 Δp。

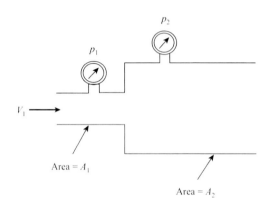

题图 7-26

7-27　如题表 7-27 所示，假定水平管道一定长度上的压降 Δp 是管道中流体的速度 V、管径 D 和流体密度以及黏度 ρ、μ 的函数。

（a）说明这种流动可以用无量纲形式描述为"压力系数" $C_p = \Delta p / (0.5\rho V^2)$，它取决于雷诺数 $Re = \rho V D / \mu$。

（b）在一次实验中得到以下数据，该流体 $\rho = 1030\mathrm{kg/m}^3$，$\mu = 0.1\mathrm{N\cdot s/m}^2$，$D = 0.03\mathrm{m}$。试绘制无量纲图，并使用幂律方程确定压力系数和雷诺数之间的函数关系。

题表 7-27

$V/(\mathrm{m/s})$	$\Delta p /\mathrm{kPa}$
1	9
3	34
5	52
6	61

7-28　放置在圆管中的孔板上的压降（如题图 7-28）可以表示为 $\Delta p = f(\rho, V, D, d)$，其中：$\rho$ 为流体密度，V 为管内平均速度。在 $D = 0.06\mathrm{m}$，$\rho = 1030\mathrm{kg/m}^3$，$V = 0.6\mathrm{m/s}$ 条件下得到的一些实验数据见题表 7-28。

题表 7-28

d/m	0.01	0.02	0.03	0.04
Δp/kPa	24	7.5	3	0.6

使用合适的无量纲数，在对数-对数比例尺上绘制这些实验结果。使用标准的曲线拟合技术来确定一个一般的 Δp 方程的适用范围是什么。

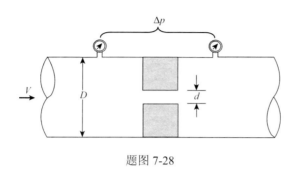

题图 7-28

7-29　血液通过水平小直径管道时，单位长度的压降 Δp 是流量的体积流量 Q、直径 D 和血液黏度 μ 的函数。在 $D = 2\text{mm}$ 和 $\mu = 0.004\text{N·s/m}^2$ 的一系列实验中获得了题表 7-29 所示数据，其中所列的 Δp 是在长度 $l = 300\text{mm}$ 上测量的。

题表 7-29

$Q/(\text{m}^3/\text{s})$	$\Delta p/(\text{N/m}^2)$
3.6×10^{-6}	1.1×10^{-4}
4.9×10^{-6}	1.5×10^{-4}
6.3×10^{-6}	1.9×10^{-4}
7.9×10^{-6}	2.4×10^{-4}
9.8×10^{-6}	3.0×10^{-4}

对这个问题进行量纲分析，并利用给出的数据确定 Δp 和 Q 之间的一般关系（对其他 D、l、μ 值也有效）。

7-30　如题图 7-30 所示，如果物体（船和负载）的重心 CG 和浮力中心 C 之间的距离小于一定量 H，则矩形驳船会稳定漂浮。如果该距离大于 H，则船将倾覆。假设 H 是船宽 b、长度 l 和吃水深度 h 的函数。

（a）将此关系转化为无量纲形式。

（b）一组宽度为 1.0m 的模型驳船的实验结果如题表 7-30 所示，用这些数据画出无量纲图像，并确定与无量纲数相关的幂律方程。

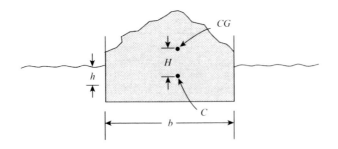

题图 7-30

题表 7-30

l /m	h/m	H/m
2.0	0.10	0.833
4.0	0.10	0.833
2.0	0.20	0.417
4.0	0.20	0.417
2.0	0.35	0.238
4.0	0.35	0.238

7-31　当直径为 d 的球体在高黏性流体中缓慢下降时，已知沉降速度 V 是球体直径 d、流体黏度 μ 以及球体比重与流体比重之差 $\Delta\gamma$ 的函数。只进行一次实验，得到的数据如下：$d = 0.25\text{cm}$ 时，$V = 0.13\text{m/s}$，$\mu = 1.44\text{N·s/m}^2$，$\Delta\gamma = 1571\text{N/m}^3$。如果可能，根据这些有限的数据，可确定沉降速度的一般方程。如果不可能，请指出还需要哪些额外的数据。

7-32　从一个圆柱形容器中倒出一定体积液体所需的时间 t 取决于几个因素，包括液体的黏度。假设对于黏性很大的液体，倒出初始体积三分之二的时间取决于初始液体深度 l、圆柱直径 D、液体黏度 μ 和液体比重 γ。题表 7-32 所示为实验测试数据。在这些数据中，$l = 45\text{mm}$，$D = 67\text{mm}$，$\gamma = 9.60\text{kN/m}^3$。

（a）进行量纲分析，根据给出的数据，确定用于这个问题的变量是否正确。

（b）如果可能，确定一个与缸体和实验中使用的液体的浇注时间和黏度有关的方程。如果不可能，请指出还需要哪些额外信息。

题表 7-32

μ / (N·s/m^2)	11	17	39	61	107
t/s	15	23	53	83	145

7-33　一种液体以 V 的速度流过一个大容器侧面的孔。假设 $V = f(h, g, \rho, \sigma)$，其中 h 是高于孔上方液体的深度，g 是重力加速度，ρ 是液体的密度，σ 是液体的表面张力。当流体密度 $\rho = 10^3\text{kg/m}^3$，表面张力 $\sigma = 0.074\text{N/m}$ 时，通过改变 h 的大小，同时测量 V 的值，进而得到以题表 7-33 所示数据。

题表 7-33

$V/(m/s)$	3.13	4.43	5.42	6.25	7.00
h/m	0.50	1.00	1.50	2.00	2.50

通过使用适当的无量纲变量绘制这些数据。是否可以省略原始变量？

7-34　为了保持匀速飞行，较小的鸟必须比较大的鸟更快地拍打翅膀。鸟的翅膀扇动的频率 ω 和鸟的翼展 l 之间的关系，可由一个幂律关系 $\omega \sim l^n$ 得到。

（a）利用量纲分析法，假设翅膀扇动频率是翼展 l、鸟的比重 γ、重力加速度 g 和空气密度 ρ_a 的函数，确定指数的值。

（b）题表 7-34 给出了各种鸟类的一些典型数据。这些数据是否支持在（a）部分得到的结果？提供适当的分析，说明你是如何得出结论的。

题表 7-34

鸟的种类	翼展/m	翅膀扇动频率/(次/s)
北美洲紫燕	0.28	5.3
知更鸟	0.36	4.3
哀鸽	0.46	3.2
乌鸦	1.00	2.2
加拿大黑雁	1.50	2.6
大蓝鹭	1.80	2.0

7-35　流体以速度 V 流过题图 7-35 的水平弯曲管道，弯曲处入口和出口之间的压降 Δp 是速度 V、弯曲半径 R、管径 D 和流体密度 ρ 的函数。题表 7-35 所示为实验数据，在这些数据中，$\rho = 1030 kg/m^3$，$R = 0.15m$，$D = 0.03m$。根据给定的数据进行量纲分析，确定用于这个问题的变量是否正确，并解释原因。

题表 7-35

$V/(m/s)$	0.6	0.9	1.2	1.5
Δp /kPa	0.057	0.086	0.287	0.311

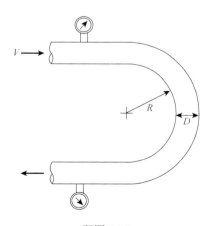

题图 7-35

7-36　题图 7-36 所示的同心圆筒装置，通常用于通过将内圆筒的扭转角 θ 与外圆筒的角速度 ω 相关联来测量液体的黏度 μ。假设 $\theta = f(\omega, \mu, K, D_1, D_2, l)$，其中 K 取决于悬吊钢丝的性能，其量纲为 FL。题表 7-36 数据是在一系列实验中得到的，其中 $\mu = 0.5\text{N·s/m}^2$，$K = 14\text{N·m}$，$l = 0.3\text{m}$，D_1 和 D_2 是常数。

题表 7-36

θ/rad	$\omega/(\text{rad/s})$
0.89	0.30
1.50	0.50
2.51	0.82
3.05	1.05
4.28	1.43
5.52	1.86
6.40	2.14

根据这些数据，借助量纲分析，确定这个仪器的 θ、ω 和 μ 之间的关系。提示：使用合适的无量纲数绘制数据，并使用标准曲线拟合技术确定结果曲线的方程。方程应满足 $\theta = 0$ 时 $\omega = 0$ 的条件。

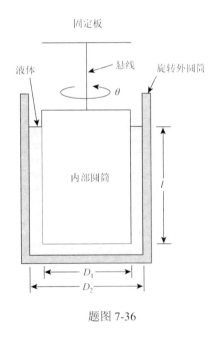

题图 7-36

7-37　27℃的空气以 1.8m/s 的平均速度流过 0.6m 长的管道。如果水的温度是 15℃，在平均速度为 0.9m/s 的条件下，当雷诺数相等时，管道的尺寸应该是多少？

7-38　河流模型的设计以弗劳德数相等为基础，河流深度 3m 对应的模型深度为 100mm。在这些条件下，与 2m/s 的模型速度相对应的原型速度是多少？

7-39　20℃的甘油以 4m/s 的速度流过直径为 30mm 的管子。该系统的模型将使用标准空气作为模型流体。空气速度为 2m/s。如果要保持模型和原型相似，模型需要多大的管径？

7-40　为了测试新型汽车（原型）的空气动力学，将在风洞中进行模型实验测试。动力相似要求模型和原型之间的雷诺数相等。假设测试一个 1：10 比例的模型，并且模型和原型都将暴露在标准气压下，那么风洞的空气会比标准海平面空气温度 15℃更冷还是更热？为什么会这样？

7-41　对一种新的足球设计进行风洞测试，这种设计的花边高度比以前的设计小。已知在测试中保持 Re 和 Sr 的相似性。原型参数 $V=64$km/h 和 $\omega=300$rpm，其中 V 和 ω 是足球的速度和角速度。原型足球的直径为 18cm。模型与原型的长度比例为 2：1（模型比原型大）。确定所需模型自由流速度和模型角速度。

7-42　如题图 7-42 所示，当流体缓慢流过高 h、宽 b 的垂直板时，板面上会产生压力。假设板的中点处的压力 p 是板高、板宽、接近速度 V 和流体黏度 μ 的函数。利用量纲分析来确定当流体速度 V 增加一倍时压力 p 的变化情况。

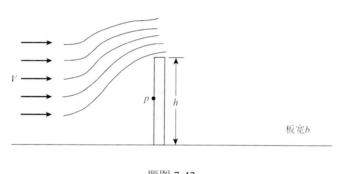

题图 7-42

7-43　一个 1：15 比例的潜艇模型将在标准风洞中以 55m/s 的速度进行测试，而原型将在海水中操作。确定原型机的速度，要求满足雷诺数相等。

7-44　15℃的某种润滑油以 400L/s 的速度通过直径为 1m 的管道输送。该管道的模型实验使用直径为 7.6cm 的管道和 15℃的水作为工作流体。为了保持这两个系统之间的雷诺数相等，在模型中流体速度是多少？

7-45　按 1：10 比例建立的水坝溢洪道模型，某点的水流流速为 3m/s。如果模型和原型满足弗劳德数相等，那么相应的原型速度是多少？

7-46　在一个水隧道中用 1：5 的比例模型进行鱼雷的阻力特性研究。该隧道在 20℃的淡水中运行，而原型鱼雷将在 15.6℃的海水中使用。为了正确地模拟原型鱼雷以 30m/s 的速度移动的行为，在水隧道中需要多大的速度？

7-47　对于某一流体流动问题，弗劳德数和韦伯数都是重要的无量纲数。如果问题是用 1：15 比例模型来研究，且密度比例等于 1，确定所需的表面张力比例。其中模型和原型在同一个引力场中运行。

7-48　以 1：20 比例模型研究一架在 3000m 高度飞行的飞机的流体动力学特性，其速度为 390km/h。如果模型实验是在使用标准空气的风洞中进行的，在风洞中所需的风速是多少？这是一个现实的速度吗？

7-49　20℃下的乙醇流经 90°的弯头，管子直径为 150mm，其入口和出口之间的压降用几何上类似的模型来确定。乙醇的速度是 5m/s。模型中的流体为 20℃的水，模型速度限制在 10m/s。

（a）模型弯头需要多大直径才能保持相似？

（b）模型实测压降为 20kPa 对应的原型压降是多少？

7-50　如果一架飞机在 15km 高度以 1120km/h 的速度飞行，那么在 8km 高度需要多少速度才能满足马赫数相等？假设空气特性与标准大气相对应。

7-51　利用直径为 0.3m 的降落伞模型在水洞中进行实验，确定直径为 9m 的原型伞的运动特性。用模型实验得到一些数据表明，当水流速度为 1m/s 时，阻力为 75N。使用模型数据来预测原型降落伞以 3m/s 的速度下落时的阻力。假设阻力是速度 V、流体密度 ρ 和降落伞直径 D 的函数。

7-52　使用标准空气的风洞实验来确定水翼艇上产生的升力和阻力。如果要进行全尺寸实验，以 24km/h 的速度在海水中行进，水翼艇的速度对应的风洞速度是多少？假设需要雷诺数相等。

7-53　用 1∶50 比例模型在拖曳槽中研究了大驳船通过时，浅水槽底部附近水的运动。假设模型是按照动力相似的弗劳德数准则运行的，原型驳船移动速度为 30km/h。

（a）模型应以何种速度（m/s）拖曳？

（b）在模型通道底部附近，发现一个小颗粒在 1s 内移动 0.05m，因此该点处的流体速度约为 0.05m/s。确定原型通道中相应点处的速度。

7-54　当直径为 d 的小颗粒被速度为 V 的运动流体输送时，它们从高度 h 开始在一定距离 l 处沉降到地面上，如题图 7-54 所示。用长度比例为 1∶10 的模型研究 l 随各种因素的变化。假设 $l = f(h, d, V, \gamma, \mu)$，其中 γ 为颗粒比重，μ 为流体黏度。在模型和原型中使用相同的流体，但模型的比重是原型比重的 9 倍。

（a）如果 $V = 80$km/h，模型实验应以什么速度进行？

（b）在某一模型实验中发现 l（模型）= 0.24m。这个测试的预测 l 是多少？

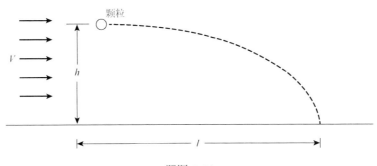

题图 7-54

7-55　将直径为 d、比重为 γ_s 的实心球体浸入比重为 γ_f（$\gamma_f > \gamma_s$）的液体中并释放。现需要使用一个模型系统，来确定球体从液面以下深度 h 处释放并跃起后，跃起最大高度到液体表面的距离 H。关于流体的重要性质有密度 γ_f / g、比重 γ_f 和黏度 μ_f。建立模型设计条件和预测方程，确定同一种液体是否可以同时用于模型和原型系统。

7-56　如题图 7-56 所示，不可压缩流体的薄层在水平光滑板上稳定流动，流体表面对大气开放，在平板上放置一个具有方形截面的障碍物。长度比例为 1∶4 的模型，流体密度比例为 1.0，用于预测流体沿平板的深度 y。假定惯性、引力、表面张力和黏性效应都很重要，问所需的黏度和表面张力比例是多少？

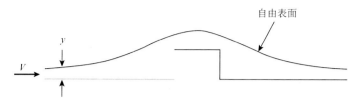

题图 7-56

7-57 风速为 80km/h 时，会对直径为 2m 的卫星形成阻力，其阻力值可以通过风洞实验来确定，模型和原型几何相似，模型的直径为 0.4m。假设模型和原型都采用标准空气。

（a）模型实验应该以什么样的空气速度进行？

（b）在满足所有相似条件的情况下，模型上测得的阻力为 170N。原型上的预测阻力是多少？

7-58 在暴风雪中，雪墙后面会形成雪堆，如题图 7-58 所示。假设雪堆的高度 h 是风暴积雪厘米数 d、栅栏的高度 H、栅栏板条宽度 b、风速 V、重力加速度 g、空气密度 ρ 和雪的比重 γ 的函数。

（a）用模型实验研究这个问题，确定模型的相似性要求以及模型和原型雪堆深度之间的关系。

（b）风速为 48km/h 的风暴会沉积 40cm 的雪，雪的比重为 785N/m³。使用 1/2 比例的模型研究建雪栅栏的有效性。如果模型和风暴的空气密度相同，请确定雪堆模型所需的比重和模型所需的风速。

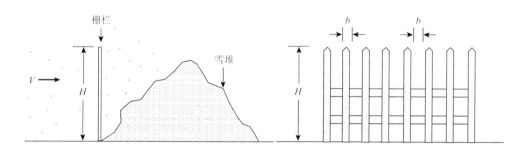

题图 7-58

7-59 如题图 7-59 所示，一个大的刚性矩形双层板由一个弹性柱支撑。在考虑到结构顶部在高风速 V 下的挠度 δ，采用 1∶15 比例模型进行风洞实验。风洞实验将采用 1∶15 比例的模型进行。假设关于弹性柱的变量是其长度和横截面尺寸，以及柱所用材料的弹性模量。关于风的变量是空气的密度和速度。

（a）确定模型设计条件和挠度预测方程。

（b）如果模型和原型使用相同的结构材料，并且风洞在标准大气条件下运行，与 80km/h 的风速相似的风洞速度是多少？

7-60 以 1.5m/s 的速度将直径为 0.1m 的薄平板拖过油罐（$\gamma = 8.3$kN/m³）。板块的平面垂直于运动方向，板块被淹没，因此波的作用可以忽略不计。此时平板受到的拉力为 6N。如果忽略黏性效应，预测几何相似、直径为 0.6m 的平板上的阻力，该平板在 15℃时以 1m/s 的速度通过水中拖曳，条件与 0.1m 薄平板相似。

7-61 如题图 7-61 所示，水下管道末端排出气泡。泡沫直径 D 是空气流量 Q、管直径 d、重力加速度 g、液体的密度 ρ 和液体的表面张力 σ 的函数。

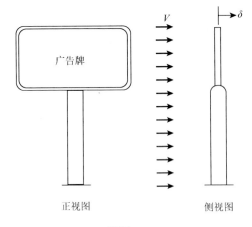

题图 7-59

（a）试确定合适的无量纲变量。

（b）模型测试将在地球上进行，原型将在重力加速度比地球大 10 倍的行星上运行。模型和原型使用相同的流体，原型管直径为 0.63cm。如果原型流量为 $2.8 \times 10^{-5} m^3/s$，试确定模型的管径和所需的模型流量。

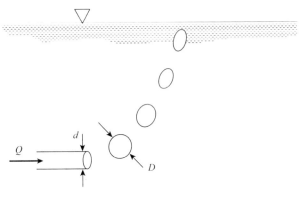

题图 7-61

7-62　对 1∶5 比例的模型进行研究，已知必须保持弗劳德数相等，研究了发生空化的可能性，并假定模型和原型的空化数必须是相同的。原型流体为 30℃的水，模型流体为 70℃的水。如果原型工作在 101kPa（abs）的环境压力下，模型系统所需的环境压力是多少？

7-63　如题图 7-63 所示，水平管底部有一层薄薄的颗粒。当不可压缩流体流过管道时，观察到颗粒

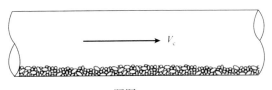

题图 7-63

以某一临界速度上升并沿管道被输送。设计一个模型实验来确定这个临界速度。假设临界速度 V_c 是管道直径 D、颗粒直径 d、流体密度 ρ、黏度 μ、颗粒密度 ρ_p 及重力加速度 g 的函数。

（a）确定模型的相似要求，以及模型和原型的临界速度之间的关系。

（b）对于长度比例和流体密度比例为 1.0 的情况，临界速度比例是多少（假设所有相似要求都得到满足）？

7-64 如题图 7-64 所示，假设爆炸过程中产生的压力上升量 Δp 是爆炸过程中冲击波所释放的能量 E、空气密度 ρ、声速 c、距离爆炸距离 d 的函数。

（a）用无量纲形式表示这种关系。

（b）考虑两种爆炸：能量释放量为 E 的原型爆炸和能量释放量为 1/1000（$E_m = 0.001E$）的模型爆炸。在距离模型爆炸的多远处，压力上升量将与距离原型爆炸 1.6km 处的压力上升量相同？

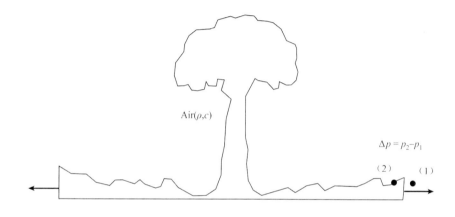

题图 7-64

7-65 通过实验确定流体流经的管道中的球体时产生的阻力 $\wp$（见题图 7-65）。假设阻力是球体直径 d、管道直径 D、流体速度 V 和流体密度 ρ 的函数。

（a）确定一组无量纲数来解决这个问题？

（b）部分用水做的实验表明，当 $d = 0.5$cm，$D = 1.3$cm，$V = 0.6$m/s 时，阻力为 6.7×10^{-3}N。请估算一个位于直径为 0.6m、水流速度为 1.8m/s 的管道中球体受到的阻力，球体直径使其保持几何相似性。如果不可能，请解释原因。

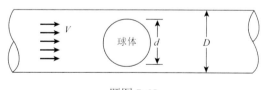

题图 7-65

7-66 不可压缩流体在直径为 10cm 的管道中以 10rad/s 的频率谐波振荡（$V = V_0 \sin \omega t$，其中 V 为速度）。要用一个比例模型来确定沿管道的单位长度（任意时刻）的压力差。假设 $\Delta p_l = f(D, V_0, \omega, t, \mu, \rho)$，其中 D 为管径，ω 为频率，t 为时间，μ 为流体黏度，ρ 为流体密度。

（a）确定模型的相似要求和 Δp_l 的预测方程。

（b）如果在模型和原型中使用相同的流体，模型应以什么频率运行？

7-67 如题图 7-67 所示，噪声发生器 B 被拖在扫雷舰 S 后面，用来引爆敌人的声波地雷 C。噪声发生器的阻力将在 1∶4 比例模型的水洞中进行研究。阻力是这艘船的速度、流体的密度和黏度，以及噪声发生器直径的函数。

（a）如果原型拖曳速度为 3m/s，确定模型实验中隧道内的水流速度。

（b）如果（a）部分的模型实验产生 900N 的模型阻力，确定原型上的阻力。

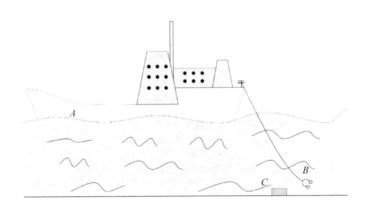

题图 7-67

7-68 有一种新设计的最大特征长度为 6m 的汽车，通过模型研究确定其阻力特性。在低速（约 30km/h）和高速（145km/h）下的阻力特性是最重要的。使用无压风洞进行测试，该风洞能够容纳最大特征长度为 1.2m 的模型。保证雷诺数相等，确定风洞所需的空气速度范围。该速度合适吗？请解释一下。

7-69 在风洞中进行模型实验确定飞机的阻力特性，风洞中的绝对压力为 1300kPa。如果原型以 385km/h 的速度在标准空气中运动，并且模型的相应速度与此相差不超过 20%（因此可忽略压缩性影响），那么如果要保持雷诺数相等，可以使用什么范围的长度比例？假设空气的黏度不受压力的影响，风洞内空气的温度等于飞机飞行时的空气温度。

7-70 风吹过旗帜会使旗帜在风中飘动，这种飘动的频率 ω 是风速 V、空气密度 ρ、重力加速度 g、旗帜长度 l 和旗帜材料的"面密度" ρ_A（量纲为 ML^{-2}）的函数。在 $V = 9$m/s 的风速下，求 $l = 12$m 的旗的飘动频率。为此，在风洞中测试 $l = 1.2$m 的模型旗。

（a）如果旗的 $\rho_A = 1$kg/m²，则确定模型旗材料所需的面积密度。

（b）测试模型所需的风洞速度是多少？

（c）如果模型旗以 6Hz 的频率抖动，求旗的频率。

7-71 在流体中运动的球体所受的阻力是球体直径、速度、流体黏度和密度的函数。在水洞中对直径为 10cm 的球体进行了实验，一些模型数据绘制在题图 7-71 中。在这些数据中，水的黏度为 1.0×10^{-3}N·s/m²，水的密度为 1000kg/m³。求一个直径为 2.4m 的气球以 1m/s 的速度在空中移动时的阻力。假设空气的黏度为 1.8×10^{-5}N·s/m²，密度为 1.2 kg/m³。

7-72　对直径为 5cm，在 20℃的水中以 4m/s 的速度移动的球体进行了阻力测量，球面上产生的阻力是 10N。对于一个直径为 1m 的气球，在标准的温度和压力下，在空气中上升，试确定：

（a）当雷诺数相等时气球的速度。

（b）如果阻力系数（式（7-19））是相关的 Π 数，则阻力是多少。

7-73　通过给定形状的离心泵的压力上升量，Δp 可以表示为 $\Delta p = f(D, \omega, \rho, Q)$，其中，$D$ 为叶轮直径，ω 为叶轮角速度，ρ 为流体密度，Q 为通过泵的体积流量。一个直径为 20cm 的模型泵在实验室

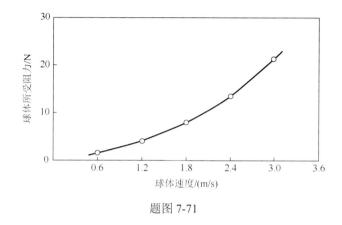

题图 7-71

中用水进行测试。当角速度为 40π rad/s 时，模型压力随 Q 的变化如题图 7-73 所示。使用这条曲线来预测几何形状相似的泵（原型）的压力上升量，其中原型流量为 0.2m³/s。原型的直径为 30cm，以 60π rad/s 的角速度运行，原型流体也是水。

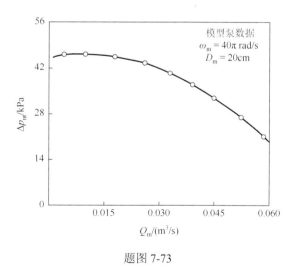

题图 7-73

7-74　一辆汽车的设计时速为 65km/h，按照这种设计的 1∶5 的汽车模型在风洞中进行了测试，其中空气特性与标准海平面的空气性质相同。实测模型阻力为 400N，试确定：

（a）实际汽车上的阻力。

（b）克服阻力所消耗的功率。

7-75　一个新的飞艇将在20℃的空气中以6m/s的速度移动，预测其运动阻力。在20℃的水中使用1∶13的比例模型，测量模型上2500N的阻力，确定：

（a）所需的水流速度。

（b）原型飞艇的阻力。

（c）推动它在空中飞行所需的功率。

7-76　在一个大型的鱼孵化场，鱼是在开放且充满水的鱼缸里饲养的。每个鱼缸的形状近似为方形，有弧形的角，壁面是光滑的。为了使鱼缸中水流动，水通过水箱边缘的一根管道供应，通过水箱中心的一个开口排出。现用一个长度比为1∶13的模型来确定槽内不同位置的速度V。假设$V = f(l, l_i, \rho, \mu, g, Q)$，$l$是槽宽度等特征长度，$l_i$代表一系列的其他相关长度，如入口管直径、流体深度等；ρ是流体密度，μ是流体黏度，g是重力加速度，Q是通过水箱的流量。

为这个问题确定一组合适的无量纲数并预测速度方程。如果模型使用水，是否可以满足所有的相似性要求？

7-77　通常在低速环境（气象）风洞中研究当风吹过车辆（如火车）时形成的流动，这些情况中空气流速在0.1m/s到30m/s之间。现有一阵风吹过火车头，假设局部风速V是接近风速（距火车头一定距离处）U、机车长度l、高度h和宽度b、空气密度ρ和空气黏度μ的函数。

（a）建立风洞中用于研究机车周围空气速度V的模型的相似性要求和预测方程。

（b）如果该模型用于$U = 25$m/s的侧风，解释为什么在长度比例为1∶50时维持雷诺数相似性是不可行的。

7-78　虎门大桥晃动事件是卡门涡街现象造成严重后果的一个例子。当流体在物体周围流动时，可能会产生周期性脱落的旋涡，从而在物体上产生振荡力。当脱落涡的频率与流体的固有频率重合时，引起共振。为了说明这类现象，现考虑流体流过一个圆柱体。假设圆柱后脱落涡的频率n是圆柱直径D、流体速度V和流体运动黏度ν的函数。

（a）为这个问题确定一组合适的无量纲变量。其中一个无量纲变量是斯特劳哈尔数，nD/V。

（b）在实验中，用一个特定的圆柱和牛顿不可压缩流体测量了涡旋的流动频率（Hz），实验结果如题图7-78所示。这是一条"通用曲线"，可以用来预测放置在任何液体中的任何气缸的脱落频率吗？

（c）某一结构构件以直径2.5cm、长4m的杆的形式充当固有频率为19Hz的悬臂梁。根据题图7-84的数据，求可能导致杆在其固有频率振荡的风速。提示：使用反复实验的解决方案。

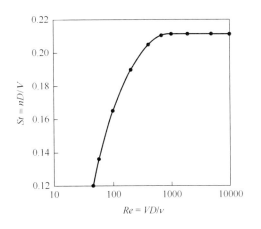

题图7-78

7-79 建立一个模型来确定河面上漂浮的冰块对桥墩所施加的力，桥墩是方形的横截面。假设力 R 是码头宽度 b、冰的厚度 d、冰的速度 V、重力加速度 g、冰的密度 ρ_i 和冰的强度 E_i 的函数，E_i 的量纲是 FL^{-2}。

（a）根据这些变量，确定一套适当的无量纲变量。

（b）原型的条件包括 30cm 的冰厚和 1.8m/s 的冰块移动速度。如果长度比例为 1：10，冰块模型的厚度和速度是多少？

（c）若模型与原型冰密度相同，模型冰是否具有与原型冰相同的强度特性？解释一下。

7-80 用模型实验研究建筑物附近的排气管中气态污染物的扩散。污染源相似性要求涉及以下自变量：烟气速度 V、风速 U、大气的密度 ρ、空气和烟气的密度差 $\rho - \rho_s$、重力加速度 g、烟气的运动黏度 ν_s，排气管直径 D。

（a）基于这些变量，确定一组合适的相似性要求来模拟污染源。

（b）这种型号的典型的长度比例可能是 1：2000。如果在模型和原型中使用相同的流体，是否满足相似性要求？用必要的计算来解释原因。

7-81 河流模型被用来研究许多不同类型的水流状况。某小型河流的平均宽度和平均深度分别为 18m 和 1.2m，流量为 20m³/s。根据弗劳德数相似性设计模型，使流量比例尺为 1/250。模型应该在什么深度和流速下运行？

7-82 当风吹过建筑物时，由于流动分离和相邻建筑物之间的相互作用等各种因素，会形成复杂的流动模式。假设在建筑物上特定位置的局部表压 p 是空气密度 ρ、风速 V、一些特征长度 l 和所有其他特征长度 l_i 的函数，这些特征长度 l_i 需要表征建筑物或建筑群的几何形状。

（a）确定一组合适的可用于研究压力分布的无量纲数。

（b）在风洞中模拟一个 30m 高的 8 层建筑。如果长度比例为 1：300，模型建筑应该有多高？

（c）模型中测量的压力如何与相应的原型压力相关联？假设模型和原型的空气密度相同。根据假设的变量，模型风速必须等于原型风速吗？解释一下。

7-83 如题图 7-83 所示，在间距为 h 的宽平行板之间含有黏性流体。上板固定，底板以速度幅值 U 和频率 ω 作谐波振荡，板间速度分布的微分方程为

$$\rho \frac{\partial u}{\partial t} = \mu \frac{\partial^2 u}{\partial y^2}$$

其中，u 为速度，t 为时间，ρ 和 μ 分别为流体密度和黏度。用 h、U 和 ω 作为参考参数，将这个方程改写成合适的无量纲形式。

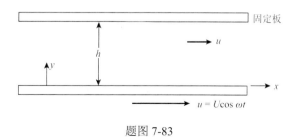

题图 7-83

7-84 如题图 7-84 所示，悬臂梁的挠度由如下微分方程控制：

$$EI\frac{\mathrm{d}^2 y}{\mathrm{d}x^2} = P(x-l)$$

其中，E 为弹性模量，I 为梁截面惯性矩。边界条件为 $x=0$ 时，$y=0$，$\mathrm{d}y/\mathrm{d}x=0$。

（a）以梁长 l 为参考长度，将方程和边界条件以无量纲形式重写。

（b）根据（a）部分的结果，模型预测挠度的相似要求和预测方程是什么？

题图 7-84

7-85　如题图 7-85 所示，液体被包含在一个一端封闭的管道中。起初液体是静止的，但如果末端突然打开，液体就开始移动。假设压强 p_1 保持不变，描述液体运动的微分方程是

$$\rho\frac{\partial v_z}{\partial t} = \frac{p_1}{l} + \mu\left(\frac{\partial^2 v_z}{\partial r^2} + \frac{\partial v_z}{r\partial r}\right)$$

其中，v_z 为任意径向位置的速度，r、t 为时间。用液体密度 ρ、黏度 μ 和管道半径 R 作为参考参数，将方程改写为无量纲形式。

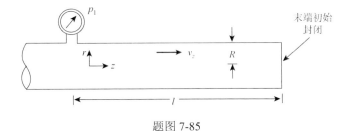

题图 7-85

7-86　两个无限平行板之间充满不可压缩流体，如题图 7-86 所示。在 x 方向上谐波变化的压力梯度的影响下，流体以频率 ω 进行谐波振荡。描述流体运动的微分方程为

$$\rho\frac{\partial u}{\partial t} = X\cos\omega t + \mu\frac{\partial^2 u}{\partial y^2}$$

X 是压强梯度的振幅，以 h 和 ω 为参考参数，将该方程以无因次形式表示。

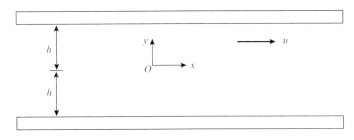

题图 7-86

第8章　黏性流体内流

被限制在固体壁面之内的黏性流体流动称为内流。从固体壁面速度为零到流体内部最大速度区形成明显的速度梯度，因此黏性效应不能忽略即壁面黏性剪切力成为流动的主要阻力之一。本章将讨论如何使用前几章中得到的质量、动量和能量守恒基本原理分析黏性流体内流问题，重点介绍不可压缩黏性流体在管道和缝隙内的流动。

流体（液体或气体）在封闭管道中的传输现象在日常生活和工业生产中极其常见。这些应用从大型的西气东输工程（我国距离最长、口径最大的输气管道），到更复杂（当然用处也很大）的人体内"管道"系统（将血液输送到全身，将空气输送到肺部）。还有其他的一些例子，如家里的水管将水从城市水井输送到用户的自来水管道系统；大量软管和管道将液压油或其他液体输送到车辆或机器的不同部件；空调系统通过错综复杂的管道网络，对空气进行有效的分配，从而为建筑物内居民提供宜居的环境。虽然这些系统各不相同，但流体运动的基本原理是相同的。本章的学习目的就是掌握这些流动过程的基本规律及分析方法。

典型的管道系统如图 8-1 所示，其基本构成包括管道本身（可以有不同的管径）、各种连接配件、流量控制装置（如阀门）以及用于增加或消耗流体能量的泵或风机。对于最基本的管道流动，例如直管道内的层流，常见的研究方法是进行精确的理论分析，并结合管道流动的实验数据进行量纲分析。但在实际情况中黏性作用等因素对流动影响较大时，通常难以仅依赖理论分析获得所期望的结果。因此，将实验数据与理论分析以及量纲分析相结合，即进行综合分析才能获得理想的结果。本章中涉及的管道内流动问题是这种综合分析方法的一个典型应用。

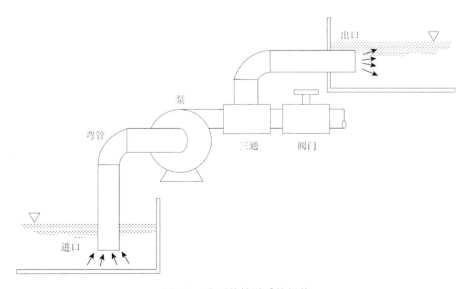

图 8-1　典型的管道系统组件

8.1　管道内流动特性

大多数常见的管道具有圆形截面。这些管道包括传统的水管、液压软管以及各种足以承受高压而不至于发生形状扭曲的管道。典型的非圆形截面管道包括采用矩形截面设计的暖通与空调管道,通常情况下,这些非圆形管道内外的压力差相对较小。此外,大多数管道内部流动的基本原理与截面形状无关。因此,在本章的分析中,除非特别指明,将默认管道为圆形截面。与此同时,本章涉及的所有流动均假定管道内充满输送的流体,如图 8-2(a)所示。未充分填满的管道内的流动称为"明渠流",如图 8-2(b)所示,例如雨水流过排水管道,这些情形不是本书的重点。明渠流和管道流之间的主要区别在于它们的基本驱动机制。对于明渠流,重力是主要驱动力,而对于管道流,尽管重力可能具有一定的重要性(尤其在非水平管道中),但主要的驱动力表现为沿管道长度的压力梯度。如果管道没有充满流体,将无法维持这一压力差 $p_1 - p_2$。

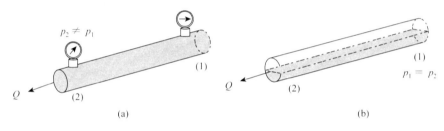

图 8-2　(a)管道流;(b)明渠流

8.1.1　层流和湍流

流体在管道中的流动状态可以分为层流和湍流两种。英国科学家和数学家雷诺首次使用实验来区分这两种流动状态。雷诺实验中,首先向管道内注入染料,染料在管道内随流体流动。管道的入口区域如图 8-3(a)所示。当水以平均速度 V 流经直径为 D 的管道时,通过注入染料,可以观察流动特征。在"低流速"条件下,染料条纹在流动过程中轮廓清晰,染料分子只轻微地扩散到周围的水中,几乎不模糊;在"中等流速"条件下,染料条纹会发生脉动,并伴有不规则的间歇性扩散;在"高流速"条件下,染料条纹变得很模糊,随机分散到整个管道。这三种不同流动特性分别对应层流、过渡流和湍流,如图 8-3(b)所示。

图 8-4 显示了流体中 A 点处速度随时间的变化。湍流的随机脉动导致染料分散到整个管道,产生了如图 8-3(b)所示的模糊外观。在层流中,管道内只存在一个速度分量 $V = u\hat{i}$。而在湍流中,主要速度分量也沿着管道方向,但它是非定常的、随机的,伴随着垂直于管道轴线的随机分量 $V = u\hat{i} + v\hat{j} + w\hat{k}$。湍流流动中,这种运动发生得很快,难以用肉眼观测。高速拍摄的流体流动图像能够更清晰地展示流动的不规则、随机等湍流特性。

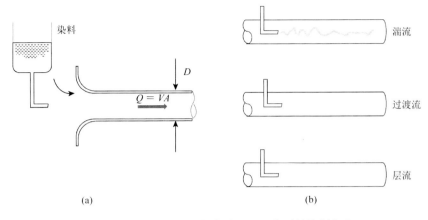

图 8-3　（a）流动类型的实验；（b）典型的染料条纹

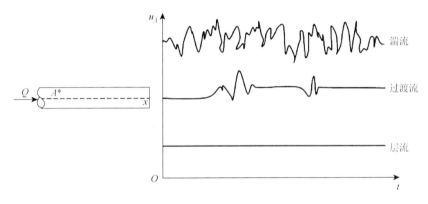

图 8-4　某点流体速度的时间依赖性

如之前的章节所述，采用无量纲数描述流动状态的变化更加方便。在管道流动中，关键的无量纲数是雷诺数，即惯性力与黏性力的比值。因此，应该将"流速"替换为雷诺数，$Re = \rho VD / \mu$，其中，V 为管道内的平均速度。简而言之，雷诺数的"小"、"中"或"大"决定了管道内流动是层流、过渡流还是湍流。流动的特性不仅与流体的速度有关，还与其密度、黏度以及管道尺寸等参数密切相关。这些参数共同构成了雷诺数。雷诺在 1883 年首次提出了层流和湍流之间的区别，以及它们与无量纲数之间的关系。

层流、过渡流和湍流的雷诺数范围无法精确确定。实际上，从层流过渡到湍流的过程可能会在不同的雷诺数下发生，这取决于管道振动、入口区域的粗糙度以及其他干扰因素。对于一般工程问题（在没有过多的措施来排除这些干扰的情况下），通常认为当 $Re < 2100$ 时，圆管内的流动是层流；当 $Re > 4000$ 时，圆管内的流动被认定为湍流。而当雷诺数介于这两个值之间时，流动会在层流和湍流间随机切换，处于过渡流状态。

流体故事

纳米流体力学主要研究纳米($1\ \text{nm} = 10^{-9}\text{m}$)尺度下流体的流动特性与介观尺度分子相互作用的关系，其研究内容包括纳米流体的微观结构、热力学性质、动力学行为等。纳米流体力学的研究不仅具有重要的理论意义，在生物医学、能源材料、纳米加工技术、环境治理等领域还有着重要的应用价值。研究人员设想利用纳米管将微量的水溶性药物准确送到人体所需的位置从而治疗疾病，此时管道直径非常小，雷诺数很小，流动是层流。但事实上，流动的一些标准性质(例如，流体黏附于固体边界)可能不适用于纳米尺度的流动。此外，由于可能会被生物分子等微小颗粒堵塞，所以很难制造超微型机械泵和阀门。为了解决这类问题，研究人员研究了使用不依赖机械部件的纳米流体输送系统，将光敏分子附着在试管表面，通过光照射到分子上，光敏分子吸水，从而使水在管道内流动。

例 8.1 层流和湍流。

已知：如图 8-5 所示，温度为 10℃的水通过直径为 $D = 1.85\text{cm}$ 的管道流入玻璃杯。

问题：

（a）如果管道中的流动是层流，计算将 0.355L($\mathscr{V} = 355\text{cm}^3$)的玻璃杯装满水所需的最短时间。假设水温为 60℃，再次计算。

（b）如果流动为湍流，计算注满杯子所需的最长时间。假设水温为 60℃，再次计算。

图 8-5　例 8.1 图（a）

解：

（a）如果管道内的流动保持层流，且雷诺数是层流允许的最大雷诺数，则装满玻璃杯所需的时间最短，通常 $Re = \rho V D / \mu$。由附录表 B-3 可知，在 10℃下，$V = 2100\mu / \rho D$，$\rho = 1000\text{kg} / \text{m}^3$，$\mu = 1.307 \times 10^{-3}\,\text{N} \cdot \text{s} / \text{m}^2$，在 60℃时，$\rho = 983.2\text{kg} / \text{m}^3$，$\mu = 4.665 \times 10^{-4}\,\text{N} \cdot \text{s} / \text{m}^2$。因此，管道内层流最大平均速度为

$$V = \frac{2100\mu}{\rho D} = \frac{2100 \times (1.307 \times 10^{-3}\,\text{N} \cdot \text{s} / \text{m}^2)}{(1000\text{kg} / \text{m}^3)(1.85 / 100\text{m})}$$

$$= 0.148\text{N} \cdot \text{s} / \text{kg} = 0.148\text{m} / \text{s}$$

同理，在 60℃时，$V = 0.054\text{m} / \text{s}$。得到 10℃时，

$$t = \frac{\mathscr{V}}{Q} = \frac{\mathscr{V}}{(\pi / 4)D^2 V} = \frac{4 \times (3.55 \times 10^{-4}\,\text{m}^3)}{\pi(1.85 / 100\text{m})^2(0.148\text{m} / \text{s})} = 8.92\text{s}$$

同理：在 60℃时，$t = 24.4\text{s}$，为了保持层流，较低黏性的热水需要有比冷水更低的流量。

（b）如果管道内的流动是湍流，雷诺数是湍流允许的最小雷诺数，$Re = 4000$，这时是装满玻璃杯的最长时间。因此，在 10℃时，$V = 4000\mu / \rho D = 0.282\text{m/s}$，计算得

$$t = 4.67\text{s}$$

同理，60℃时，$V = 0.102\text{m/s}$，$t = 12.8\text{s}$。

讨论：注意，因为水"黏性不大"，所以速度必须"相当小"才能保持层流。一般来说，由于大多数常见流体（水、汽油、空气）的黏度相对较小，所以湍流比层流更常见。通过在不同的水温（在不同密度和黏度下）下重复计算，得到的结果如图 8-6 所示。随着水温升高，运动黏度 $\nu = \mu / \rho$ 降低，相应的用时增加。（温度对气体黏度的影响则相反；温度的升高会引起黏度的增加。）

如果流动的液体是蜂蜜，其运动黏度（$\nu = \mu / \rho$）是水的 3000 倍，则速度将增加 3000 倍，而迫使这么高黏性流体以如此高的速度通过管道所需要的压强可能会大到不合理。

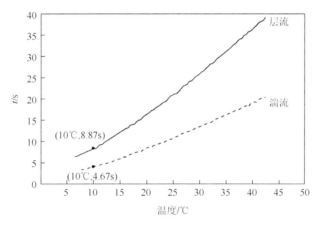

图 8-6　例 8.1 图（b）

8.1.2　入口段流动和充分发展流动

流体刚进入管道的区域被称为入口区域，如图 8-7 所示。这个区域可以是管道开始的前几米，比如连接到水箱管道的部分，或者是来自炉子的热风管道的初始段。

管道中速度剖面的形状和入口区域的长度 l_{e} 都取决于流动是层流还是湍流。与管道流动的其他特性一样，无量纲的入口长度 l_{e} / D 与雷诺数之间有密切的关系。典型的入口长度值包括

$$\frac{l_{\text{e}}}{D} = 0.06 Re \quad \text{（层流）} \tag{8-1}$$

$$\frac{l_{\text{e}}}{D} = 4.4 (Re)^{1/6} \quad \text{（湍流）} \tag{8-2}$$

对于极低雷诺数的流动，入口长度可以非常短（例如，如果 $Re = 10$，则为 $0.6D$），而对于大雷诺数的流动，入口长度可能会达到几倍管道直径（例如，$l_{\text{e}} = 120D$，$Re = 2000$）。在许多实际工程问题中，雷诺数通常位于范围 $10^4 < Re < 10^5$。

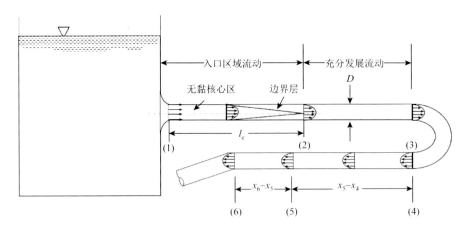

图 8-7　在管道系统中的入口区域流动和充分发展流动

入口区域内的速度分布和压强分布计算相对复杂。然而，一旦流体到达入口区域的末端，如图 8-7 所示的截面（2），由于速度仅与距离管道中心线的距离 r 有关，与 x（流动方向）无关，流动变得更容易描述。这种流动一直保持不变，直到管道的特性发生某种变化，比如管道直径的改变，或者流经弯管、阀门等组件。在截面（2）和（3）之间的流动被称为充分发展流动。充分发展的特性在截面（3）和（4）之间发生变化，而在截面（5）重新变为充分发展后，流动会一直保持这种状态，直到达到下一个管道系统的截面（6）。在许多情况下，管道足够长，因此充分发展的流动区域相当长，即 $(x_3 - x_2) \gg l_e$，以及 $(x_6 - x_5) \gg (x_5 - x_4)$。然而，在某些情况下，由于管道系统的组件（如弯头、三通、阀门等）之间的距离太短，无法实现充分发展的流动。

8.1.3　压强和切应力

在直管道中，充分发展的稳态流动可能是由重力或压力驱动的。对于水平管道流动，重力通常不会产生任何显著影响，除非涉及管道静压力 γD 的变化，这种影响通常可以忽略不计。在水平管道两端之间的压力差 $\Delta p = p_1 - p_2$ 是驱动流体流过管道的原因。由于黏性作用平衡了压力梯度的作用，因此允许流体在不加速的情况下通过管道。如果在这种流动中没有黏性的影响，那么除了流体静水压力的变化之外，整个管道中的压力将是恒定的。

在非充分发展的流动区域，例如管道的入口区域，流体在流动时会加速或减速（速度分布从管道入口的均匀分布到入口区域末端的充分发展分布）。因此，在入口区域存在着压强、黏性和惯性（加速度）力之间的平衡。如图 8-8 所示，沿水平管道的压力分布显示了压力梯度的大小，在入口区域较大，而在充分发展区域它是一个常数，通常表示为 $\partial p / \partial x = -\Delta p / l < 0$。

管道流动中出现不为零的压力梯度是黏性作用的结果，正如第 3 章中所讨论的那样。如果没有黏性作用（黏度为零），则沿管道方向不会出现压力变化。压力降可以从两个不同的角度来解释。从力平衡的角度来看，需要存在压力差来克服黏性力，而从能量平衡

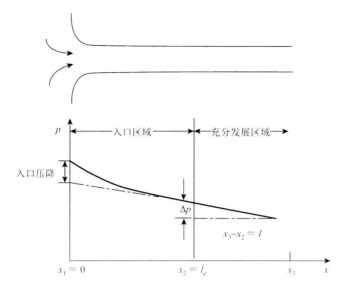

图 8-8　沿水平管道的压强分布

的角度来看，需要压强力所做的功来克服流体的黏性作用引起的能量耗散。如果管道不是水平的，那么压力梯度中的一部分就是由流动方向的重力分量引起的。重力效应可能增强或阻碍流动，这取决于流动是朝下还是朝上。

　　管道流动特性取决于流动是层流还是湍流，这是因为层流和湍流中的剪切应力性质存在明显差异。在层流中，剪切应力是由分子之间的随机运动和动量传递（一种微观现象）直接引起的；而在湍流中，剪切应力在很大程度上是由于流体颗粒之间的有限尺度和随机运动引起的动量传递（一种宏观现象）。这些差异导致了剪切应力在层流和湍流中的物理性质存在显著不同。

8.2　平行平板间层流

　　黏性流体缝隙内的不可压缩流动是黏性流体内流的一种情况，而且平行平板间的层流流动是动量方程具有理论解析解的典型例子之一，包括固定平板间的压差流（又称泊肃叶流）、平板间做相对平移运动的剪切流（又称简单库埃特（Couette）流）及两种流动同时存在的一般库埃特流。分析库埃特流不仅具有理论意义而且有很大的工程应用价值，如气体或液体在活塞表面与缸壁间的缝隙中的泄漏流动，机床中滑块与导轨面的间隙中的润滑油流动，以及滑动轴承的轴颈和轴承间隙中的润滑油流动等。由于缝隙（b）很小，流动雷诺数（Re_b）不大，属于层流流动，均可用简化的无限大平行平板间的黏性流体定常层流模型来分析。

8.2.1　固定平板间的定常流动

　　图 8-9 为两块水平放置的无限大平行平板，均固定不动，间距为 b。在坐标系 $Oxyz$

中 x 轴沿流动方向，z 轴垂直纸面，y 轴垂直板面。设不可压缩牛顿流体在 x 方向的压强梯度作用下做充分发展的定常层流，由于垂直 z 轴的所有 xy 平面上的流动相同，只需考察 xy 平面上的流动。

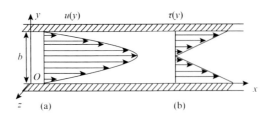

图 8-9　固定平板间的定常层流

1. 速度分布

根据不可压缩连续性方程和纳维-斯托克斯（Navier-Stokes）方程，描述 xy 平面上的流动的基本方程为

$$\frac{\partial u}{\partial x} + \frac{\partial v}{\partial y} = 0 \tag{8-3a}$$

$$\rho\left(\frac{\partial u}{\partial t} + u\frac{\partial u}{\partial x} + v\frac{\partial u}{\partial y}\right) = \rho f_x - \frac{\partial p}{\partial x} + \mu\left(\frac{\partial^2 u}{\partial x^2} + \frac{\partial^2 u}{\partial y^2}\right) \tag{8-3b}$$

$$\rho\left(\frac{\partial v}{\partial t} + u\frac{\partial v}{\partial x} + v\frac{\partial v}{\partial y}\right) = \rho f_y - \frac{\partial p}{\partial y} + \mu\left(\frac{\partial^2 v}{\partial x^2} + \frac{\partial^2 v}{\partial y^2}\right) \tag{8-3c}$$

已知假设条件为：

（1）定常流动；

（2）$\rho =$ 常数；

（3）在 x 方向为充分发展流动，$\dfrac{\partial u}{\partial x} = \dfrac{\partial^2 u}{\partial x^2} = 0, u = u(y)$；

（4）根据（3），从式（8-3a）可得 $\partial v / \partial y = 0$，即 $v =$ 常数。由壁面不滑移条件得 $v = 0$；

（5）重力场 $f_x = 0$，$f_y = -g$。

根据以上条件，式（8-3b）和式（8-3c）可简化为

$$0 = -\frac{\partial p}{\partial x} + \mu\frac{\mathrm{d}^2 u}{\mathrm{d}y^2} \tag{8-4a}$$

$$0 = -\rho g - \frac{\partial p}{\partial y} \tag{8-4b}$$

由式（8-4b）积分得

$$p = -\rho gy + f(x)$$

由上式，x 方向压强梯度 $\partial p / \partial x = f'(x)$ 与 y 无关，可写成 $\mathrm{d}p / \mathrm{d}x$。

由式（8-4a）

$$\frac{\mathrm{d}^2 u}{\mathrm{d}y^2} = \frac{1}{\mu}\frac{\mathrm{d}p}{\mathrm{d}x} \tag{8-5}$$

上式中左边仅与 y 有关，而右边与 y 无关，只有均为常数才能相等，即 $\mathrm{d}p/\mathrm{d}x=$ 常数。而且为了使流体沿 x 轴正向流动，它应该是顺压梯度，$\mathrm{d}p/\mathrm{d}x<0$。

对式（8-5）积分两次，可得

$$u=\frac{1}{2\mu}\frac{\mathrm{d}p}{\mathrm{d}x}y^2+C_1y+C_2 \tag{8-6}$$

积分常数 C_1、C_2 由边界条件决定

$$y=0,\ u=0,\ C_2=0$$
$$y=b,\ u=0,\ C_1=-\frac{1}{2\mu}\frac{\mathrm{d}p}{\mathrm{d}x}b$$

速度分布式为

$$u=\frac{1}{2\mu}\frac{\mathrm{d}p}{\mathrm{d}x}(y^2-by) \tag{8-7a}$$

$$=\frac{1}{2\mu}\frac{\mathrm{d}p}{\mathrm{d}x}\left(y-\frac{b}{2}\right)^2-\frac{b^2}{8\mu}\frac{\mathrm{d}p}{\mathrm{d}x} \tag{8-7b}$$

式（8-7）表明在恒定压强梯度作用下，两固定平行平板间的速度为抛物线分布，称为泊肃叶流（或压差流），如图 8-9（a）所示。最大速度位于中轴线（$y=b/2$）上

$$u_{\max}=-\frac{b^2}{8\mu}\frac{\mathrm{d}p}{\mathrm{d}x} \tag{8-8}$$

2. 流量与平均速度

单位宽度平行平板间的流量为

$$Q=\int_0^b u\mathrm{d}y=\int_0^b \frac{1}{2\mu}\frac{\mathrm{d}p}{\mathrm{d}x}(y^2-by)\mathrm{d}y=-\frac{b^3}{12\mu}\frac{\mathrm{d}p}{\mathrm{d}x} \tag{8-9}$$

平均速度为

$$V=\frac{Q}{b}=-\frac{b^2}{12\mu}\frac{\mathrm{d}p}{\mathrm{d}x}=\frac{2}{3}u_{\max} \tag{8-10}$$

3. 切应力分布

由牛顿黏性定律，切应力为

$$\tau=\mu\frac{\mathrm{d}u}{\mathrm{d}y}=\mu\frac{\mathrm{d}}{\mathrm{d}y}\left[\frac{1}{2\mu}\frac{\mathrm{d}p}{\mathrm{d}x}(y^2-by)\right]=\left(y-\frac{b}{2}\right)\frac{\mathrm{d}p}{\mathrm{d}x} \tag{8-11}$$

上式表明切应力沿 y 方向为线性分布（图 8-9（b））。在中轴线（$y=b/2$）上切应力为 0，在板面（$y=0$ 和 b）上为最大值

$$\tau_{\mathrm{w}}=\mp\frac{b}{2}\frac{\mathrm{d}p}{\mathrm{d}x}$$

8.2.2　一般库埃特流

设下板固定，上板以匀速 U 沿 x 方向运动（图 8-10）。基本方程、已知条件和假设条件与 8.2.1 节相同，因此速度积分式与式（8-6）相同，仅边界条件不同

$$y = 0,\ u = 0,\ C_2 = 0$$

$$y = b,\ u = U,\ C_1 = \frac{U}{b} - \frac{b}{2\mu}\frac{\mathrm{d}p}{\mathrm{d}x}$$

代入式（8-6），速度分布式为

$$u = \frac{U}{b}y + \frac{1}{2\mu}\frac{\mathrm{d}p}{\mathrm{d}x}(y^2 - by) \tag{8-12}$$

速度分布的无量纲形式为

$$\frac{u}{U} = \frac{y}{b} + B\left(1 - \frac{y}{b}\right)\frac{y}{b} \tag{8-13}$$

式中 B 为无量纲压强梯度

$$B = -\frac{b^2}{2\mu U}\frac{\mathrm{d}p}{\mathrm{d}x}$$

图 8-10　库埃特流

式（8-12）和式（8-13）代表了上板运动和压强梯度共同作用下的平板间流动，称为库埃特流（最早由库埃特分析的，1890 年）。B 取不同值时，无量纲速度廓线如图 8-11 所示，分为三种类型：

（1）$B = 0$，即压强梯度为零时，流体仅在上板带动下做纯剪切流动，速度廓线是斜直线

$$u = \frac{U}{b}y \tag{8-14}$$

称为简单库埃特流动，通常用于测量流体黏度的装置中。

（2）$B > 0$，在顺压梯度（压降方向与流动方向相同）作用下的库埃特流，速度廓线是直线与抛物线相加。

（3）$B < 0$，在逆压梯度（压降方向与流动方向相反）作用下的库埃特流，速度廓线是斜直线与抛物线相减。值得注意的是，在固定板一侧出现倒流，这是逆向压差流大于正向剪切流的结果。该现象在钝体绕流的后部经常发生，引起边界层分离，造成压差阻力。

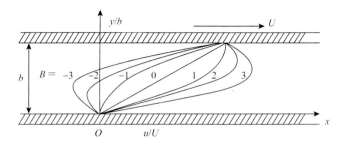

图 8-11　不同 B 值的无量纲速度廓线

库埃特流中的切应力分布为

$$\tau = \frac{\mathrm{d}p}{\mathrm{d}x}y + \left(\mu \frac{U}{b} - \frac{b}{2}\frac{\mathrm{d}p}{\mathrm{d}x} \right) \qquad (8\text{-}15)$$

当 U 和 $\dfrac{\mathrm{d}p}{\mathrm{d}x}$ 均为常值时，切应力沿 y 方向为线性分布。

　　例 8.2　圆柱环形缝隙中的流动：库埃特流。

　　已知：一圆柱滑动轴承中轴的直径为 $d = 80\mathrm{mm}$，轴与轴承间隙为 $b = 0.03\mathrm{mm}$，轴长 $l = 30\mathrm{mm}$，转速为 $n = 3600\mathrm{r/min}$。润滑油的黏度为 $\mu = 0.12\mathrm{Pa \cdot s}$。

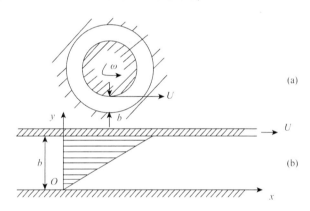

图 8-12　例 8.2 图圆柱环形缝隙流动

　　问题：空载运转时作用在轴上的（1）轴矩 T_s；（2）轴功率 W_s。

　　解：由于轴与轴承的间隙远小于直径，$b \ll d$ 可以将轴承间隙内的周向流动（图 8-12（a））简化为无限大平行平板间的流动。轴承固定，而轴以线速度 $U = \omega d / 2$ 运动，带动润滑油做纯剪切流动，即简单库埃特流动（图 8-12（b））。间隙内速度分布为

$$u = \frac{U}{b}y$$

　　（1）作用在轴表面的黏性切应力为

$$\tau_{\mathrm{w}} = \mu \frac{\mathrm{d}u}{\mathrm{d}y} = \mu \frac{U}{b} = \mu \cdot \frac{2\pi n}{60} \frac{d}{2} \frac{1}{b} = \frac{\mu \pi n d}{60b} = \frac{(0.12\mathrm{Pa \cdot s})\pi(3600\mathrm{r/min})(8 \times 10^{-2}\,\mathrm{m})}{60 \times (0.03 \times 10^{-3}\,\mathrm{m})}$$

$$= 6 \times 10^{4}\,\mathrm{N/m^2}$$

作用在轴上的转矩为

$$T_{\mathrm{s}} = \tau_{\mathrm{w}} A \frac{d}{2} = \tau_{\mathrm{w}} \pi d l \frac{d}{2} = (6 \times 10^4 \, \mathrm{N/m^2}) \pi (0.08 \mathrm{m})^2 (0.03 \mathrm{m}/2) = 18.1 \mathrm{N} \cdot \mathrm{m}$$

（2）转动轴需要的功率为

$$W_{\mathrm{s}} = T_{\mathrm{s}} \cdot \omega = T_{\mathrm{s}} \frac{2\pi n}{60} = (18.1 \mathrm{N} \cdot \mathrm{m}) \pi (3600 \mathrm{r/min})/30 = 6823.5 \mathrm{W}$$

8.3　管内充分发展层流

　　当直管道足够长时，管内流动是充分发展的。此时，无论层流还是湍流，管道任何截面上径向速度分布都相同，但速度分布特征却不同。通过分析径向速度分布特征，可以更好地理解压降、水头损失、流量等流动参数的变化规律。

　　首先，充分发展的层流是少数几种可以进行精确理论分析的问题之一。其次，部分实际情况涉及充分发展的层流管道流动。有多种方法可以得出关于充分发展的层流的重要结果。典型的三种方法包括：

　　（1）应用牛顿第二定律分析流体单元运动；

　　（2）基于 Navier-Stokes 运动方程推导；

　　（3）量纲分析方法。

　　本章重点介绍应用牛顿第二定律分析流体单元运动。

8.3.1　圆管内层流速度分布

　　考虑 t 时刻的流体单元如图 8-13 所示。它是一个以直径为 D 的水平管道的轴线为中心，长度为 l_{e}、半径为 r 的圆柱形流体微元，整个管道的速度分布并不均匀。当时间从 t 变化到 $t + \delta t$ 时，其前端形状发生变化。如果流动是充分发展且定常的，流体微元两端的变形是相同的，流体的任何部分在流动时都不会有加速度。定常流动，当地的加速度为零（$\partial V / \partial t = 0$），流动充分发展，迁移加速度是零（$V \cdot \nabla V = u \partial u / \partial x \hat{i} = 0$）。虽然相邻的粒子速度略有不同，但整体速度变化沿着特定路径发生，这是由流体的黏性特性而产生的，导致了剪切应力的产生。

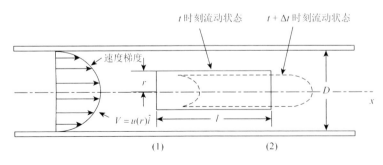

图 8-13　圆柱形流体微元在管道内的运动

如果忽略重力作用，尽管沿管道从一个截面到另一个截面的压强是变化的，但管道任意垂直截面上的压强都是恒定的。因此，如果压强在（1）处是 $p = p_1$，（1）和（2）之间的压降为 Δp，则 $p_2 = p_1 - \Delta p$。因为沿流动方向的压强会减小，这样 $\Delta p > 0$。剪切应力 r 作用于流体圆柱微元表面。黏性应力是圆柱半径的函数 $\tau = \tau(r)$。

正如在流体静力学分析（第 2 章）中所做的，可以将圆柱微元体从流体中分离出来，如图 8-14 所示，并应用牛顿第二定律 $F_x = ma_x$ 进行分析。在这种情况下，即使流体在移动，但加速度为零，所受合力为 0。在充分发展的水平管流中，仅仅是压力和黏性力之间的平衡，即作用在流体微元圆柱体端部的面积为 πr^2 的压差力和作用在流体微元圆柱体侧面面积为 $2\pi r l$ 的剪切应力相等。这一平衡关系指出了流体内部的重要性质，特别是在定常、充分发展的情况下，它强调了压差力和剪切应力之间的关系，这些关系对于理解流体力学问题和管道流动的分析非常关键。

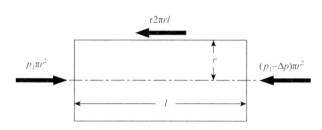

图 8-14　流体圆柱的微元控制体

这个力平衡可以写成

$$p_1 \pi r^2 - (p_1 - \Delta p) \pi r^2 - \tau 2\pi r l = 0 \tag{8-16a}$$

简化为

$$\frac{\Delta p}{l} = \frac{2\tau}{r} \tag{8-16b}$$

式（8-16b）表示以恒定速度驱动每个流体质点沿管道运动所需的力的平衡。因为无论是 Δp 还是 l 都是径向坐标 r 的函数，$2\tau / r$ 也必须独立于 r。也就是说，$\tau = Cr$，C 是一个常数。在 $r = 0$（管子中心线）没有剪切应力（$\tau = 0$）；在 $r = D/2$（管壁）剪切应力最大，表示为 τ，称为壁面剪切应力。因此，在径向方向上，$C = 2\tau_{\mathrm{w}} / D$ 和剪切应力呈线性函数关系。

$$\tau = \frac{2\tau_{\mathrm{w}} r}{D} \tag{8-17}$$

如图 8-15 所示，τ 与 r 是线性相关的，这是由于压强力与 r^2 成正比（压强作用于流体圆柱微元的端面区域：πr^2），并且剪切应力与 r 成正比（剪切应力作用于圆柱的侧区域：$2\pi r l$）。如果黏度为零，就不会有剪切应力，整个水平管道的压强将保持恒定（$\Delta p = 0$）。由式（8-16）和式（8-17）可以看出，压降与壁面剪切应力之间的关系为

$$\Delta p = \frac{4l\tau_{\mathrm{w}}}{D} \tag{8-18}$$

如果管道相对较长，较小的剪切应力就可以产生较大的压差（$l / D \gg 1$）。

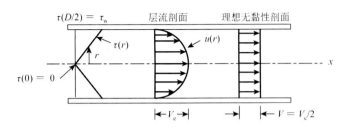

图 8-15　管道流体中的剪切应力分布（层流或湍流）和典型速度分布

虽然上述讨论是关于层流的，但式（8-16）～式（8-18）以及与剪切应力有关的内容对于层流和湍流都是有效的。然而，理论分析能够用来解决层流流动特性，但在无特殊假设的情况下，无法解决湍流特性问题。对于牛顿流体层流，剪切应力仅与速度梯度成正比，管道流动中，记作

$$\tau = -\mu \frac{\mathrm{d}u}{\mathrm{d}r} \tag{8-19}$$

式（8-16b）和式（8-19）表示牛顿流体在水平管道内充分发展层流的两个重要规律。一个是牛顿第二运动定律，另一个是牛顿黏性定律。把这两个方程结合起来，得到

$$\frac{\mathrm{d}u}{\mathrm{d}r} = -\frac{\Delta p}{2\mu l} r \tag{8-20a}$$

积分得到速度分布

$$\int \mathrm{d}u = -\frac{\Delta p}{2\mu l} \int r \mathrm{d}r \tag{8-20b}$$

$$u = -\frac{\Delta p}{4\mu l} r^2 + C_1 \tag{8-20c}$$

其中，C_1 是一个常数。流体由于具有黏性黏附在管壁，在 $r = D/2$ 处，$u = 0$。那么，$C_1 = (\Delta p/16\mu l) D^2$。因此，速度分布可以写成

$$u(r) = \frac{\Delta p D^2}{16\mu l}\left[1 - \left(\frac{2r}{D}\right)^2\right] = V_c \left[1 - \left(\frac{2r}{D}\right)^2\right] \tag{8-21}$$

其中，$r = D/2$ 是管道半径。

在图 8-15 中，该速度分布在径向坐标 r 上呈抛物线状，管道中心线处最大速度为 V_c，管壁处速度最小为 0。

8.3.2　泊肃叶定律

通过对管道流速分布的积分可以得到管道的体积流量。由于流动在中心线附近是轴对称的，所以在半径为 r、厚度为 d 的圆环组成的小面积单元上速度是恒定的。

$$Q = \int u \mathrm{d}A = \int_{r=0}^{r=R} u(r) 2\pi r \mathrm{d}r = 2\pi V_c \int_0^R \left[1 - \left(\frac{r}{R}\right)^2\right] r \mathrm{d}r \tag{8-22a}$$

$$Q = \frac{\pi r^2 V_{\mathrm{c}}}{2} \tag{8-22b}$$

根据定义，$V = Q / A = Q / \pi R^2$，对于该流动

$$V = \frac{\pi R^2 V_{\mathrm{c}}}{2\pi R^2} = \frac{V_{\mathrm{c}}}{2} = \frac{\Delta p D^2}{32\mu l} \tag{8-23}$$

所以

$$Q = \frac{\pi D^4 \Delta p}{128\mu l} \tag{8-24}$$

如式（8-23）所示，平均速度等于最大速度的一半。然而，对于其他速度分布，如湍流管道流，平均速度不再等于最大速度（V_{c}）和最小速度 0 的平均值。图 8-15 展示了两种不同的速度分布，它们实际上具有相同的体积流量，但一个是理想的无黏速度分布，而另一个是实际的层流速度分布。

上述结果证实了层流管道的以下特性：对于水平管道，流量与压降成正比，与黏度成反比，与管道长度成反比，与管径的四次方成正比。当所有其他参数保持不变时，如果管径增加一倍，流量会增加 $2^4 = 16$ 倍，这表明流量在很大程度上取决于管道的尺寸。因此，即使存在小的管径误差，也可能导致相对较大的流量误差。

19 世纪，两位研究者独立地发现了这种性质的流动，分别是 1839 年的哈根（Gotthilf Hagen，1797—1884）和 1840 年的泊肃叶（Jean Poiseuille，1797—1869），因此称为哈根-泊肃叶流。式（8-24）通常被称为泊肃叶定律。需要注意的是，所有这些结果只适用于水平管道内的层流情况，即 $Re < 2100$。

非水平直管道内，如图 8-16 所示，流体在压强和重力的共同作用下在管内流动，$\Delta p - \gamma l \sin\theta$，其中 θ 是管与水平面之间的夹角（$\theta > 0$ 水流向上，$\theta < 0$ 水流向下）。x 方向上的合力 $\Delta p\pi r^2$ 是这个方向上的压强的矢量和，重力的分量是 $-\gamma\pi r^2 l \sin\theta$。替换式（8-16b）中的 Δp 得

$$\frac{\Delta p - \gamma l \sin\theta}{l} = \frac{2\tau}{r} \tag{8-25}$$

因此，水平管的所有结果在某种程度上仍然有效，只需相应地调整压强梯度，以考虑管道不再是水平的情况，即 Δp 被替换为 $\Delta p - \gamma l \sin\theta$。

$$V = \frac{(\Delta p - \gamma l \sin\theta)D^2}{32\mu l} \tag{8-26}$$

因此

$$Q = \frac{\pi(\Delta p - \gamma l \sin\theta)D^4}{128\mu l} \tag{8-27}$$

可以看出，管道流动的驱动力可以是流动方向上的压降 Δp，或者说流体方向上的重量分量 $-\gamma l \sin\theta$。如果水流是向下的，重力对水流有利（需要更小的压降；$\sin\theta < 0$）；如果水流是向上的，重力阻碍水流流动（需要更大的压降；$\sin\theta > 0$）。注意，$\gamma l \sin\theta = \gamma\Delta z$ 为流体静压强。如果没有流动，即 $V = 0$，$\Delta p = \gamma l \sin\theta = \gamma\Delta z$，与流体静力学所述一致。

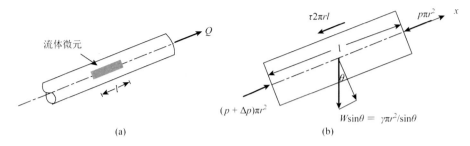

图 8-16　非水平直管道流微元控制体图

例 8.3　层流管道。

已知：黏度为 $\mu = 0.40\mathrm{N \cdot s / m^2}$，密度为 $\rho = 900\mathrm{kg / m^3}$ 的原油在直径为 $D = 0.020\mathrm{m}$ 的管道中流动。

问题：

（a）如果管道是水平的，在 $x_1 = 0$ 和 $x_2 = 10\,\mathrm{m}$ 处，想获得 $Q = 2.0 \times 10^{-5}\mathrm{m^3 / s}$ 的流量，需要 $p_1 - p_2$ 的压降是多少？

（b）在 $p_1 = p_2$ 且管道在上坡上时，如果要使原油以与（a）中相同的速度流过管道，计算上坡的倾斜度 θ。

（c）如果管道铺设在和（b）一样的山坡上，且 $p_1 = 200\mathrm{kPa}$，计算在截面 $x_3 = 5\mathrm{m}$ 处（其中 x 是沿管道长度方向）的压强。

解：

（a）因为平均速度是 $V = Q / A = (2.0 \times 10^{-5}\mathrm{m^3 / s}) / [\pi(0.020)^2 \mathrm{m^2 / 4}] = 0.0637\mathrm{m / s}$，雷诺数是 $Re = \rho V D / \mu = 2.87 < 2100$，因此，流动是层流，从式（8-24）可知 $l = x_2 - x_1 = 10\mathrm{m}$ 时压降为

$$\Delta p = p_1 - p_2 = \frac{128\mu l Q}{\pi D^4}$$

$$= \frac{128(0.04\mathrm{N \cdot s / m^2})(10.0\mathrm{m})(2.0 \times 10^{-5}\mathrm{m^3 / s})}{\pi(0.020\mathrm{m})^4}$$

$$= 2038.21\mathrm{N / m^2} = 24.0\mathrm{kPa}$$

（b）如果管道是在一个有角度 θ 的山上，且 $\Delta p = p_1 - p_2 = 0$，则

$$\sin\theta = -\frac{128\mu Q}{\pi \rho g D^4}$$

$$\sin\theta = -\frac{128(0.40\mathrm{N \cdot s / m^2})(2.0 \times 10^{-5}\mathrm{m^3 / s})}{\pi(900\mathrm{kg / m^3})(9.8\mathrm{m / s^2})(0.020\mathrm{m})^4}$$

$$\theta = -13.34°$$

与之前的水平结果相对比，海拔变化 $\Delta z = l\sin\theta = (10\mathrm{m})\sin(-13.34°) = -2.31\mathrm{m}$ 等同于

压强变化 $\Delta p = \rho g \Delta z = (900 \mathrm{kg/m^3})(9.8 \mathrm{m/s^2})(2.31\mathrm{m}) = 20374.2 \mathrm{N/m^2}$，这和水平管道是一样的。对于水平管道，压强差所做的功用于克服黏性耗散。对于山上的零压降管道，流体"下落"时势能差转化为黏性耗散所损失的能量。注意，如果流量增加到 $Q = 1.0 \times 10^{-4} \mathrm{m^3/s}$，$p_1 = p_2$，则 $\sin\theta = -1.15$。因为 $|\sin\theta| \leqslant 1$，所以这个流动是不存在的。流体的势能变化不足以抵消所需流量产生的黏性力，此时需要一根直径更大的管子。

（c）当 $p_1 = p_2$ 时，管道长度 l 在流量方程中不受影响，说明在这种情况下，沿管道的压强是恒定的(前提是管道位于恒定斜率的山丘上)。可以通过将 (b)中 Q 和 θ 的值代入式（8-27）中看出，对于任何 $\Delta p = 0$，例如 $\Delta p = p_1 - p_3 = 0$，如果 $l = x_3 - x_1 = 5\mathrm{m}$，则 $p_1 = p_2 = p_3$，即 $p_3 = 200\mathrm{kPa}$。

讨论：注意，对于汽油（$\mu = 3.1 \times 10^{-4} \mathrm{N \cdot s/m^2}$，$\rho = 680 \mathrm{kg/m^3}$），$Re = 2790$，流动可能不是层流，使用式（8-24）和式（8-27）无法得到正确的结果。还可以看出，运动黏度 $\nu = \mu/\rho$ 是重要的黏性参数。这说明在管道压强恒定的情况下，黏性力（μ）与自重力（$\gamma = \rho g$）的比值决定了 θ 的值。

8.4　管内充分发展湍流

在 8.3 节中，讨论了充分发展的层流的各种特性。在实际情况中湍流比层流更常见，然而，湍流是一个非常复杂的过程。尽管针对这一现象已经进行了很多的研究，但湍流流动仍然是流体力学中研究最不充分的领域。

8.4.1　层流向湍流的过渡

流动分为层流和湍流。对于管内流动，层流的雷诺数要小于 2100，湍流的雷诺数大于 4000。对于平板流动，层流和湍流的过渡发生在 $Re \approx 5 \times 10^5$ 的情况下，雷诺数中的特征长度取距离平板前缘的长度。

假设一段很长的管道充满了静止的流体。打开阀门时，流速和雷诺数从零（不流动状态）逐渐增加，直至达到最大的稳态流量，如图 8-17 所示。假定这个瞬态过程进行得

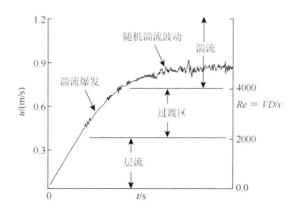

图 8-17　在管道中从层流到湍流的过渡

足够缓慢，以便可以忽略时间的影响（即准定常流动）。在初始一段时间内，雷诺数很小，为层流流动。当 $Re = 2100$ 时，流动开始向湍流状态过渡。随着雷诺数的增加，整个流场都变成湍流。当 $Re > 4000$ 时，流动将保持湍流状态。

　　图 8-18 所示为流体中给定位置测量的轴向速度随时间的变化，$u = u(t)$。它的不规则和随机性是湍流的显著特征。许多表征流动特性的重要参数，如压降、传热等，都与湍流脉动或随机性有关。在之前的无黏性流动问题中，因为黏性为零，雷诺数（严格来说）无限大，所以流动肯定是湍流。采用无黏性伯努利方程作为控制方程可以求解部分湍流问题。这种简化的无黏性分析之所以能给出合理的结果，是因为黏性作用相对不重要，且计算中所使用的速度实际上是时间平均速度 $\bar{u}$，如图 8-18 所示。但对于传热、压降等参数，如果不考虑流动随机性的影响，将无法准确计算。

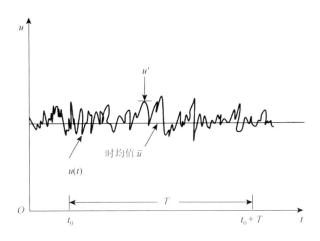

图 8-18　对湍流参数的时间平均速度 $\bar{u}$ 和脉动 u' 的描述

　　当锅中有水且炉子关闭时，液体晃动会因为水的黏性而逐渐减小，直至完全静止。然而，一旦打开炉子并产生垂直的温度梯度 $\partial T / \partial z$，锅中炉底附近的水最热，往炉顶方向水温逐渐减小。如果温差很小，即使在锅底的水具有最小的密度，水仍然保持静止。但随着温度梯度的增加，浮力效应变得更加明显，从而导致不定常的流体运动。这种运动包括热水上升到顶部，而冷水下沉到底部，形成热对流现象。这种缓慢而有规律的"翻转"现象增加了热量传递，促进了锅中水的混合。随着温度梯度的进一步增加，流体运动变得更加剧烈，最终可能演变成混乱和随机的湍流。湍流是一种不规则而复杂的流动状态，其特点是高速的涡流和混合，这可以极大地增加传热效率。

　　湍流相对于层流来说，混合、传热和传质过程都得到了显著增强。这是因为湍流具有随机性的宏观尺度特征。众所周知，在炉子上加热的锅中水会进行强烈的旋涡式运动，即使水还没有被加热到沸腾。这种宏观尺度的随机混合在流场中能非常有效地传递能量和质量，从而提高了各种传输过程的效率。另外，层流可以被视为有限大小的流体质点在层中平稳流动。混合过程主要发生在分子尺度上，这导致了相对较小的热量、物质和动量传递。

湍流使许多过程变得更加容易。如果流动是层流而不是湍流，那么在固体和相邻流体之间的热量传递，例如在空调或电厂锅炉的冷却盘管中，将需要更大的热交换器。同样，如果流体是层流而不是湍流，液态到气态的物质传递，例如与出汗有关的蒸发冷却过程，也需要更大的表面积。另外，在工程和科学领域中，湍流也有助于延迟流动的分离，这对于许多应用非常重要。

湍流在流体混合中扮演着至关重要的角色。如果烟气是层流而不是湍流，就会导致污染物持续数千米，而不会快速扩散到周围空气中。尽管在层流条件下也存在分子尺度上的混合，但相比于宏观尺度上的湍流混合，层流混合速度较慢，效率也低。这意味着在湍流中，例如搅拌一杯咖啡以混合奶油，要比在层流中彻底混合两种颜色的黏性油漆容易得多。

然而，在某些情况下，层流也具有优势。如果流体在管道中保持层流而不转变为湍流，管道内的压降（因此泵所需的功率）会显著降低。这对于工程应用是有益的，因为它可以减少能源消耗。人体动脉中的血液流动通常是以层流的方式进行的，除了那些具有高血流量的大动脉。这种层流流动有助于减小血液在血管中的摩擦阻力，从而降低心脏的工作负担。此外，在航空和空气动力学领域，层流也有其优势。在飞机机翼上，当流体保持层流时，气动阻力通常会较湍流时小得多。这有助于提高飞机的燃油效率和性能。

8.4.2　湍流剪切应力

层流和湍流的根本区别在于各种流体参数的混沌、随机行为。这种变化发生在速度、压强、剪切应力、温度和任何其他有场描述的变量的三个分量中。如图 8-18 所示，这种流动可以用其平均值附加脉动值来描述。因此，如果 $u = w(x, y, z, i)$ 是瞬时速度的 x 分量，则其时间平均值（或时间均值）$\bar{u}$ 为

$$\bar{u} = \frac{1}{T} \int_{t_0}^{t_0+T} u(x, y, z, t) \mathrm{d}t \qquad (8\text{-}28)$$

其中时间间隔 T 远大于最长脉动的周期，但远小于平均速度，如图 8-18 所示。

速度 u 的脉动部分是与平均值不同的时变部分

$$u = \bar{u} + u', \quad u' = u - \bar{u} \qquad (8\text{-}29)$$

显然，脉动速度的时间平均为零，因为

$$\overline{u'} = \frac{1}{T} \int_{t_0}^{t_0+T} (u - \bar{u}) \mathrm{d}t = \frac{1}{T} \left(\int_{t_0}^{t_0+T} u \mathrm{d}t - \bar{u} \int_{t_0}^{t_0+T} \mathrm{d}t \right) = \frac{1}{T} (T\bar{u} - T\bar{u}) = 0 \qquad (8\text{-}30\mathrm{a})$$

脉动值平均分布在平均值的两侧。从图 8-19 可以看出，由于脉动值的平方不可能为负 $[(u')^2 \geq 0]$，所以其平均值为正。因此，

$$\overline{(u')^2} = \frac{1}{T} \int_{t_0}^{t_0+T} (u')^2 \mathrm{d}t > 0 \qquad (8\text{-}30\mathrm{b})$$

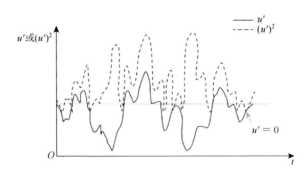

图 8-19　脉动的平均值和脉动平方的平均值

另一方面，不同方向脉动值乘积的平均值，如 $\overline{u'v'}$ 可能为零或非零（正或负）。

湍流的特性可能因不同的流动情况而不同。例如，一阵风中的湍流强度可能比接近定常的风的湍流强度大。湍流强度 ϕ，通常被定义为脉动速度均方的平方根除以时间平均速度，即

$$\phi = \frac{\sqrt{\overline{(u')^2}}}{\overline{u}} = \frac{\left[\dfrac{1}{T}\displaystyle\int_{t_0}^{t_0+T}(u')^2\mathrm{d}t\right]^{1/2}}{\overline{u}} \tag{8-30c}$$

湍流强度越大，速度（和其他流动参数）的脉动越大。风洞内湍流强度值一般为 $\phi = 0.01$，个别情况下，可低至 $\phi = 0.0002$，而大气和河流中的湍流强度值 $\phi > 0.1$。

另一个重要的湍流参数是脉动周期，如图 8-18 所示的脉动的时间尺度。在许多流体流动中，例如水龙头的水流，脉动频率为 10Hz、100Hz 或 1000Hz。对于其他气流，如大西洋的洋流或木星的大气流，脉动周期可能是小时、天或更长。

研究者尝试将层流黏性剪切应力的概念（$\tau = \mu \mathrm{d}u/\mathrm{d}y$）扩展到湍流黏性剪切应力，并用时间平均速度 u 代替瞬时速度。然而，大量的实验和理论研究表明，这种方法会导致完全错误的结果。也就是说，$\tau \neq \mu \mathrm{d}\overline{u}/\mathrm{d}y$。这种情况可以从剪切应力的概念进行解释。

层流为流体颗粒平滑的分层流动。流体实际上是由无数分子组成的，如图 8-20（a）所示，这些分子以几乎随机的方式四处流动。运动并不是完全随机的，因为在一个方向

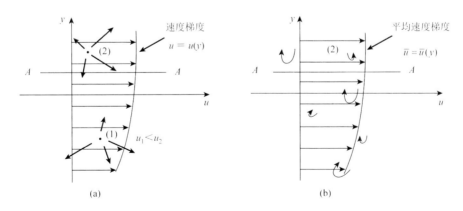

图 8-20　（a）分子随机运动引起的层流剪切应力；（b）湍流为一系列随机的三维涡流

上的轻微偏移将产生与流体颗粒运动相关的速度 u。当分子穿过一个给定平面时（如平面 A-A），向上移动的分子来自 x 方向平均速度分量更小的区域，而向下移动的分子来自 x 方向平均速度分量更大的区域。

横穿平面 A-A 的 x 方向动量通量引起了下层流体对上层流体的阻力（向左），以及上层流体对下层流体的等量但方向相反的作用力。缓慢穿越平面 A-A 的分子必被位于该平面上方的流体加速。在这个过程中动量的变化率（在宏观尺度上）产生了剪切力。同样，从平面 A-A 向下穿越的能量更高的分子必被位于该平面下方的流体减速。这种剪切力仅在 $u=u(y)$ 中存在梯度时才存在，否则向上和向下运动分子的平均 x 方向速度（和动量）完全相同。此外，分子之间存在相互吸引的力。结合这些效应，得到了众所周知的牛顿黏性定律：$\tau = \mu du/dy$，其中 μ 在分子基础上与分子随机运动的质量和速度（温度）有关。

虽然上述分子的随机运动也存在于湍流中，但除此之外还有另一个更为重要的因素。考虑湍流的一种简单方法是把它看成是由一系列随机的涡旋运动组成，如图 8-20（b）所示（仅在一维）。它们随机移动，以平均速度 $u=u(y)$ 传递质量。这种涡流结构极大地促进了流体内部的混合，也大大增加了 x 方向的动量在平面 A-A 上的传输。也就是说，有限的流体粒子（不仅仅是层流中的单个分子）随机地穿过这个平面，导致一个相对较大的（与层流相比）剪切力。这些流体粒子大小不一，但比分子大得多。

流体故事

声呐技术（sound navigation and ranging，SONAR）是利用声波在水中的传播和反射特性，通过电声转换和信息处理进行导航和测距的技术。人们设计声呐系统用来监听传输和反射的声波，以定位水下物体。多年来，已经成功地用于探测和跟踪水下物体，如潜艇和水生动物。最近，人们尝试采用声呐技术测量管道中的流量。这种新型流量计适用于湍流，而不适用于层流管道，它们的工作原理与流体中湍流涡结构密切相关。该流量计包含一个声呐阵列，用来接收和识别管道中湍流运动产生的压力波。通过识别与湍流涡运动相关的压力波变化，该设备可以获得湍流涡通过传感器阵列的速度。最后采用校准程序将湍流涡的速度与体积流量联系起来计算得到流量。

解释这种动量传递（即剪切力）的随机速度分量是 u'（速度的 x 方向分量）和 v'（跨越平面的质量传递率）。所以对于湍流过程，A-A 平面上的剪切应力如下：

$$\tau = \mu \frac{d\bar{u}}{dy} - \rho \overline{u'v'} = \tau_{lam} + \tau_{turb} \qquad (8\text{-}31)$$

注意，如果流动是层流，$u' = v' = 0$，因此 $\overline{u'v'} = 0$，式（8-31）简化为由随机分子运动引起的层流剪切应力，$\tau_{lam} = \mu du/dy$。对于湍流，发现脉动剪切应力 $\tau_{turb} = -\rho \overline{u'v'}$ 为正。因此，湍流中的剪切应力比层流中的剪切应力大。注意 τ_{turb} 的单位。τ_{turb} 为（密度）(速度)^2 = (kg/m^3)(m/s)^2 = (kg·m/s^2)/m^2 = N/m^2。$-\rho \overline{u'v'}$（或 $-\rho \overline{v'w'}$ 等）的形式被称为雷诺应力，以纪念 1895 年首次提出这一表达式的雷诺。

由式（8-31）可以看出，湍流中的剪切应力与时均速度 $\overline{u}(y)$ 的梯度成正比，包含速度在 x 和 y 方向分量的随机脉动所造成的影响。由于流体在随机涡流中存在动量传递，所以也要考虑密度的影响。图 8-21（a）显示了 τ_{turb} 与 τ_{lam} 的相对关系。（式（8-17）中，剪切应力与到管道中心线的距离成正比）在靠近壁面的一个非常狭窄的区域（黏性底层区），层流剪切应力占主导地位。在远离壁面的地方（湍流核心区），剪切应力的湍流部分占主导地位。这两个区域之间为过渡区，平均速度分布如图 8-21 所示。图 8-21 所示的比例尺不一定完全正确，通常在湍流核心区 τ_{turb} 值是 τ_{lam} 的 $100\sim1000$ 倍，而在黏性底层区则相反。湍流的建模需要能够准确地给出 τ_{turb}，而确定 τ_{turb} 又需要知道脉动速度 u' 和 v' 或 $\rho\overline{u'v'}$。尽管基于大型计算机的进步，采用数值计算方法（见附录 A）已经获得了关于湍流的某些特性，但目前还不可能直接完全求解 Navier-Stokes 方程获得所有的脉动速度。湍流的研究仍存在很多不能解决的问题，也许在混沌和分形几何等新领域的研究能为湍流问题提供更有效的解决方法。

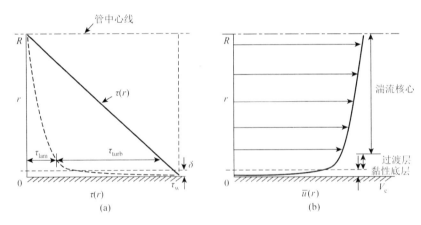

图 8-21 管道中的湍流结构

（a）剪切应力；（b）平均速度

黏性底层区通常是靠近壁面的一层非常薄的层。例如，对于直径为 7.6cm、平均流速为 3m/s 的管道中的水流，黏性底层的厚度约为 5×10^{-3}cm。这个薄层内的流体流动对整个管内流动的影响是至关重要的（无滑移条件和壁面切应力发生在这层），从而确定湍流管流特性与壁面粗糙度有关，而不像层流那样与粗糙度无关。因为细小的粗糙元素（划痕、锈蚀、砂粒或污垢颗粒等）容易扰乱黏性底层内的流动，从而影响整个流动。

湍流剪切应力的另一种形式是根据湍流黏度给出的，其中

$$\tau_{turb} = \mu_t \frac{d\overline{u}}{dy} \tag{8-32}$$

法国科学家布辛尼斯克（Joseph Valentin Boussinesq）在 1877 年参照牛顿黏性定律，引入湍流黏度 μ_t。与绝对黏度 μ 是流体的物性参数不同，湍流黏度是流体和流动条件的函数。也就是说，水的湍流黏度是无法在手册上查到的，它的值会随着湍流状态的变化而变化，在同一流动中也会随着流动位置的不同而变化。

准确地计算出雷诺应力 $\overline{\rho u'v'}$ 几乎是不可能的，这就等于无法确定湍流黏度。德国物理学家和空气动力学家普朗特（Ludwig Prandtl，1875—1953）提出，湍流过程可以看成是流体粒子束在一定距离（混合长度）内从一个速度到另一个速度的随机传输。通过一些特殊的假设和物理推理，得出了湍流黏度：

$$\mu_t = \rho l_m^2 \left| \frac{d\overline{u}}{dy} \right| \tag{8-33a}$$

因此，湍流剪切应力为

$$\tau_{turb} = \rho l_m^2 \left(\frac{d\overline{u}}{dy} \right)^2 \tag{8-33b}$$

因此，解决这个问题的关键变成了如何确定混合长度 l_m，混合长度在整个流动中不是一个常数。在壁面附近，距壁面的距离对湍流影响很大，所以如果要计算整个流动过程中的混合长度，还需要进行额外的假设。

综上，目前为止还没有一个通用的模型可以准确地预测整个不可压缩的黏性湍流中的剪切应力。如果不知道剪切应力，就不可能像层流那样，结合力平衡方程来获得湍流速度分布。

8.4.3　湍流速度分布

人们通过量纲分析、实验、数值模拟和半经验理论，获得了大量有关湍流速度分布的信息。如图 8-21 所示，管道中充分发展的湍流可分为三个区域，其特征是它们与管壁的距离：靠近管壁的黏性底层区、过渡区以及整个流动的中心部分的湍流核心区。在黏性底层中，黏性剪切应力占主导地位，流动的随机性和脉动性基本上不存在。在湍流核心区，雷诺应力占主导地位，流动中存在着相当大的混合和随机运动。

这两个区域内的流动特征是完全不同的。例如，在黏性底层中，流体黏度是一个重要的参数，密度不重要；在湍流核心区，情况正好相反。通过准确地量纲分析，可以得到以下光滑管道中湍流速度分布结果。

在黏性底层中，速度分布可以用无量纲形式表示为

$$\frac{\overline{u}}{u^*} = \frac{yu^*}{\nu} \tag{8-34}$$

其中，$y = R-r$ 是到壁面的距离；u 是速度的时间平均的 x 分量；$u^* = (\tau_w/\rho)^{1/2}$ 称为壁面摩擦速度。请注意 u^* 不是流体的实际速度，它只是一个具有速度量纲的量。如图 8-22 所示，当 $0 \leqslant yu^*/\nu \leqslant 5$ 时，式（8-34）（通常称为壁面律）在非常接近光滑壁面时有效。

量纲分析表明，速度随 y 的对数变化。因此，提出如下表达式：

$$\frac{\overline{u}}{u^*} = 2.5\ln\left(\frac{yu^*}{\nu}\right) + 5.0 \tag{8-35}$$

其中，常数 2.5 和 5.0 是经过实验证实的。如图 8-22 所示，对于那些距离光滑壁面不太近，但也没有一直延伸到管道中心的区域，式（8-35）与实验数据的拟合相对较好。对于流经粗糙壁面的湍流情况，也可以得到类似的结果。

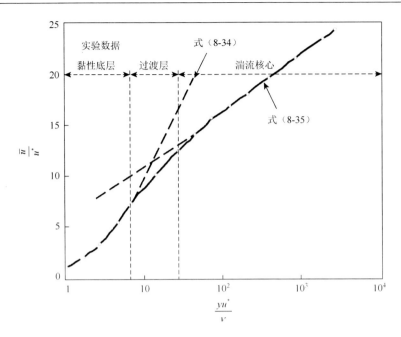

图 8-22　管道中湍流速度分布

在湍流管道中，速度分布还存在许多其他的相关关系。在中心区域（湍流核心区），表达式为 $(V_c - \bar{u})/u^* - 2.5\ln(R/y)$，其中 V_c 为中心线速度，常被认为与实验数据有较好的相关性。另一个常用（而且相对容易使用）的关系式是经验幂函数律

$$\frac{\bar{u}}{V_c} = \left(1 - \frac{r}{R}\right)^{1/n} \tag{8-36}$$

在这种表示法中，n 的值与雷诺数相关，如图 8-23 所示。其中，七分之一次幂函数（$n = 7$）是最常用的一种。基于该幂函数表示法的典型湍流速度分布如图 8-24 所示。根据式（8-36），可以发现在壁面附近幂函数律是无法使用的，因为壁面附近速度梯度无限大。

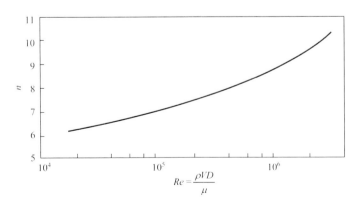

图 8-23　速度幂函数律曲线的指数

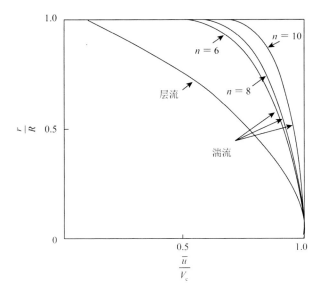

图 8-24　局部层流和湍流速度分布

如第 3 章所述，假设一个均匀的流动速度，利用无黏性伯努利方程可以分析很多流动问题且获得比较准确的结果。这是由于大多数流动是湍流，而湍流在黏性底层之外的区域速度几乎是均匀分布的，因此伯努利方程关于速度均匀分布的假设是有效的。当然，如果不考虑黏性作用，就无法获得许多其他的湍流流动特性参数。

例 8.4　湍流管道流动特性。

已知：20℃的水（$\rho = 998\text{kg/m}^3$ 和 $v = 1.004 \times 10^{-6}\text{m}^2/\text{s}$）流过直径为 0.1m 的水平管道，流量 $Q = 4 \times 10^{-2}\text{m}^3/\text{s}$，压强梯度为 2.59kPa/m。

问题：

（a）确定黏性底层的近似厚度。

（b）求近似的中心线速度 V_c。

（c）确定在中心线和管壁中间点(即 $r = 0.025\text{m}$ 处)的湍流和层流剪切应力的比值 $T_{\text{turb}}/T_{\text{lam}}$。

解：

（a）由图 8-22 可知，黏性底层的厚度约为 δ_s，则

$$\frac{\delta_s u^*}{v} = 5$$

$$\delta_s = 5\frac{v}{u^*}$$

$$u^* = \left(\frac{\tau_w}{\rho}\right)^{1/2}$$

壁面切应力可以从压降数据和式（8-18）中得到，这对于层流或湍流都是有效的。因此，

$$\tau_w = \frac{D\Delta p}{4l} = \frac{(0.1\text{m})(2.59 \times 10^3\,\text{N/m}^2)}{4(1\text{m})} = 64.8\text{N/m}^2$$

因此，从上式中，可以得到

$$u^* = \left(\frac{64.8\mathrm{N/m^2}}{998\mathrm{kg/m^3}}\right)^{1/2} = 0.255\mathrm{m/s}$$

$$\delta_\mathrm{s} = \frac{5\times(1.004\times10^{-6}\,\mathrm{m^2/s})}{0.255\mathrm{m/s}} = 1.97\times10^{-5}\mathrm{m} \approx 0.02\mathrm{m}$$

讨论：如前所述，黏性底层非常薄。管壁上的微小缺陷在这个层中非常突出，并影响一些流动特性（即壁面剪切应力和压降）。

（b）中心线速度由平均速度和速度幂函数律廓线假设得到：对于这个流动

$$V = \frac{Q}{A} = \frac{0.04\mathrm{m^3/s}}{\pi(0.1\mathrm{m})^2/4} = 5.09\mathrm{m/s}$$

$$Re = \frac{VD}{\nu} = \frac{(5.09\mathrm{m/s})(0.1\mathrm{m})}{1.004\times10^{-6}\,\mathrm{m^2/s}} = 5.07\times10^5$$

从图 8-23 知，$n = 8.4$，因此，

$$\frac{\overline{u}}{V_\mathrm{c}} \approx \left(1 - \frac{r}{R}\right)^{1/8.4}$$

为了确定中心线速度 V_c，必须知道 V（平均速度）和 V_c 之间的关系。这可以通过速度分布的积分得到，由于流动是轴对称的，可以积分得到

$$Q = AV = \int \overline{u}\mathrm{d}A = V_\mathrm{c}\int_{r=0}^{r=R}\left(1 - \frac{r}{R}\right)^{1/n}(2\pi r)\mathrm{d}r$$

$$Q = 2\pi R^2 V_\mathrm{c}\frac{n^2}{(n+1)(2n+1)}$$

因为 $Q = \pi R^2 V$，得到

$$\frac{V}{V_\mathrm{c}} = \frac{2n^2}{(n+1)(2n+1)}$$

$$V_\mathrm{c} = \frac{(n+1)(2n+1)}{2n^2}V = 1.186V = 6.04\mathrm{m/s}$$

（c）由式 8-20 可知，在 $r = 0.025\mathrm{m}$ 处，剪切应力为

$$\tau = \frac{2\tau_\mathrm{w}r}{D} = \frac{2\times(64.8\mathrm{N/m^2})(0.025\mathrm{m})}{0.1\mathrm{m}}$$

$$\tau = \tau_\mathrm{lam} + \tau_\mathrm{turb} = 32.4\mathrm{N/m^2}$$

其中 $\tau_\mathrm{lam} = \mathrm{d}u/\mathrm{d}r$。由速度分布（式（8-36））得到平均速度梯度为

$$\frac{\mathrm{d}\overline{u}}{\mathrm{d}r} = -\frac{V_\mathrm{c}}{nR}\left(1 - \frac{r}{R}\right)^{(1-n)/n}$$

$$\frac{\mathrm{d}\bar{u}}{\mathrm{d}r} = -\frac{(6.04\mathrm{m/s})}{8.4(0.05\mathrm{m})}\left(1 - \frac{0.025\mathrm{m}}{0.05\mathrm{m}}\right)^{(1-8.4)/8.4}$$

$$= -26.5\mathrm{s}^{-1}$$

$$\tau_{\mathrm{lam}} = -\mu\frac{\mathrm{d}\bar{u}}{\mathrm{d}r} = -(\nu\rho)\frac{\mathrm{d}\bar{u}}{\mathrm{d}r} = 0.0266\mathrm{N/s}$$

湍流应力与层流剪切应力的比值可表示为

$$\frac{\tau_{\mathrm{turb}}}{\tau_{\mathrm{lam}}} = \frac{\tau - \tau_{\mathrm{lam}}}{\tau_{\mathrm{lam}}} = \frac{32.4 - 0.0266}{0.0266} = 1217$$

本节讨论的湍流特性并不是圆形管道湍流所特有的。引入的许多概念（如雷诺应力、黏性底层、过渡区、湍流核心区、速度分布的一般特性等）在其他湍流分析中也可以用到。湍流管道流动和湍流流过固体壁面（边界层流）有许多共同的特征。

8.5　管道内流动损失

如前所述，湍流是一个非常复杂、困难的问题，无法通过理论分析方法求解。因此，大多数湍流管流分析都是基于实验数据和半经验公式。这些用无量纲数表示很方便。

通常需要确定管道流动中发生的水头损失 h_{L}，以便用能量方程来分析管道流动问题。如图 8-1 所示，典型的管道系统通常由各种长度的直管组成，并穿插着各种类型的部件（阀门、弯头等）。管道系统的总水头损失包括直管中的黏性影响造成的水头损失，称为沿程阻力损失，也称主要损失；各管道部件造成的水头损失，称为局部阻力损失，也称次要损失。也就是说，

$$h_{\mathrm{L}} = h_{\mathrm{Lmajor}} + h_{\mathrm{Lminor}} \tag{8-37}$$

水头损失的名称不一定反映损失的相对大小。对于一个包含许多部件和相对较短的管道系统，局部阻力损失实际上可能大于沿程阻力损失。

8.5.1　沿程阻力损失

如 8.3.1 节所讨论的，管道中的压降和水头损失取决于流体和管道表面之间的壁面剪切应力 τ_{w}。层流和湍流之间的一个根本区别是，湍流的剪切应力是流体密度 ρ 的函数。对于层流，剪切应力与密度无关，黏度是唯一重要的流体属性。

因此，在直径为 D 的水平圆管中，定常的不可压缩湍流的压降 Δp 可以写成如下函数形式：

$$\Delta p = F(V, D, l, \varepsilon, \mu, \rho) \tag{8-38}$$

其中，V 是平均速度；l 是管道长度；ε 是管道壁面粗糙度。显然，Δp 应该是 V、D 和 l 的函数。

如图 8-25 所示，对于湍流，在靠近管壁的区域形成了一个相对较薄的黏性层。在许多情况下，这一层非常薄；$\delta_s/D \ll 1$，其中 δ 为黏性底层的厚度。如果壁面粗糙凸起物高于黏性底层，黏性底层的结构和性质将与光滑的壁面不同。因此，对于湍流，压降应该是壁面粗糙度的函数。对于层流，由于不存在薄的黏性底层，黏性作用在整个管道中非常重要。因此，相对较小的粗糙度对层流管流动的影响完全可以忽略不计。当然，对于相对粗糙度比较大的管道（$\varepsilon/D \geqslant 0.1$），如波纹管，流量可能是"粗糙度"的函数。这里只考虑相对粗糙度在 $0 \leqslant \varepsilon/D \leqslant 0.05$ 范围内的定径管道。

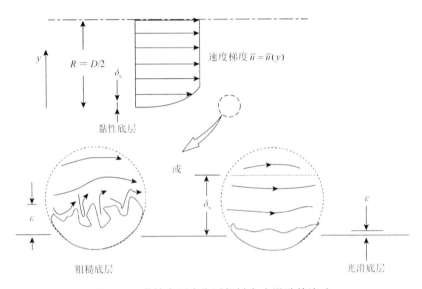

图 8-25　黏性底层中靠近粗糙和光滑壁的流动

式（8-38）中给出的参数列表是完整的。实验表明，其他参数（如表面张力、蒸气压等）不会影响所述条件（水平圆管中的稳态不可压缩流动）下的压降。由于有 7 个变量（$k=7$）可以用 MLT（$r=3$）来表示，式（8-38）可以用 $k-r=4$ 个无量纲数来表示：

$$\frac{\Delta p}{\frac{1}{2}\rho V^2} = \tilde{\varphi}\left(\frac{\rho VD}{\mu}, \frac{l}{D}, \frac{\varepsilon}{D}\right) \tag{8-39a}$$

这个结果与层流的结果有两点不同。首先，压强无量纲化，而不是特征黏性剪切应力 $\mu V/D$，湍流的剪切应力通常由 τ_{turb} 控制，τ_{turb} 是密度 ρ 的函数，与黏度无关。其次，引入了另外两个无量纲数，雷诺数 $Re = \rho VD/\mu$ 和相对粗糙度 ε/D，这两个参数在层流公式中并不存在，因为 ρ 和 ε 这两个参数在层流充分发展的管道中并不重要。

和层流一样，假设压降与管道长度成正比，函数式可以简化。将 l/D 提出，可得

$$\frac{\Delta p}{\frac{1}{2}\rho V^2} = \frac{l}{D}\varphi\left(Re, \frac{\varepsilon}{D}\right) \tag{8-39b}$$

$\Delta pD/(l\rho V^2/2)$ 称为达西摩擦因子 λ。因此，对于水平管道

$$\Delta p = \lambda \frac{l}{D} \frac{\rho V^2}{2} \tag{8-40a}$$

$$\lambda = \varphi \left(Re, \frac{\varepsilon}{D} \right) \tag{8-40b}$$

对于充分发展的层流，λ 的值为 $\lambda = 64/Re$，与 ε/D 无关。对于湍流，达西摩擦因子与雷诺数和相对粗糙度的函数关系为 $\lambda = \varphi(Re, \varepsilon/D)$，是一个相当复杂的关系，目前还不能通过理论分析得到，需要通过详尽的实验，并用曲线拟合公式或等效图形表示。

根据定常不可压缩流动的伯努利方程：

$$\frac{p_1}{\gamma} + \alpha_1 \frac{V_1^2}{2g} + z_1 = \frac{p_2}{\gamma} + \alpha_2 \frac{V_2^2}{2g} + z_2 + h \tag{8-41}$$

其中，h_L 为（1）和（2）段之间的水头损失。假设管径恒定（$D_1 = D_2$ 使得 $V_1 = V_2$），水平（$z_1 = z_2$）管道具有充分发展的流量（$\alpha_1 = \alpha_2$），上式变成 $\Delta p = p_1 - p_2 = \gamma h_L$，结合式（8-40）和式（8-41）得

$$h_{Lmajor} = \lambda \frac{l}{D} \frac{V^2}{2g} \tag{8-42}$$

式（8-42）称为达西-魏斯巴赫方程（Darcy-Weisbach equation），或称达西公式，它适用于任何充分发展的、定常的不可压缩管道流动，无论管道是水平的还是倾斜的。另外，式（8-40a）只适用于水平管道。通常，速度 $V_1 = V_2$ 能量守恒方程为

$$p_1 - p_2 = \gamma(z_2 - z_1) + \gamma h_L = \gamma(z_2 - z_1) + \lambda \frac{l}{D} \frac{\rho V^2}{2} \tag{8-43}$$

由式（8-43）可知，总压降一部分由高度变化引起，一部分由水头损失造成。

要确定摩擦因子，需要明确其与雷诺数和相对粗糙度的函数关系。尼古拉兹（Nikuradse）在 1933 年开始用实验的方法确定这一关系，后续很多研究者在此基础上对实验范围进行扩大并进行了类似的研究。实验中最困难的是确定管子的粗糙度。Nikuradse 将已知大小的砂粒粘在管壁上，制造出表面像砂纸一样的粗糙管子，测量了不同流量下的压降，并将数据转换为对应雷诺数和相对粗糙度的摩擦因子。为了便于工程应用，美国工程师穆迪引入了等效相对粗糙度的概念，绘制了 λ 对 Re 和 ε/D 的函数关系图，如图 8-26 所示，称为穆迪图。应该注意的是，ε/D 的值不一定与用显微镜测定的表面粗糙度平均高度的实际值相一致，而是通过实验方法测定并反算得到的。表 8-1 给出了各种管道表面的等效相对粗糙度。

从图 8-26 的数据中可以观察到以下特征。对于层流，$\lambda = 64/Re$，与等效相对粗糙度无关。对于雷诺数很大的湍流，$\lambda = \varphi(\varepsilon/D)$，如图 8-26 所示，与雷诺数无关。对于这类流动，通常被称为完全湍流流动（充分发展湍流），层流层非常薄（厚度随着 Re 的增加而减小），表面粗糙度完全控制了靠近壁面流动的特性。因此，所需的压降是由惯性主导的湍流剪切应力造成的，而不是通常在黏性底层中发现的以黏性主导的层流剪切应力。雷诺数介于层流和完全湍流流动之间时，摩擦因子的值取决于雷诺数和相对粗糙度，$\lambda = \varphi(Re, \varepsilon/D)$。有一个范围在图中没有给出对应的值（$2100 < Re < 4000$），

原因是这个范围的流动可能是层流或湍流（或一个不定常的混合流动），取决于所涉及的具体情况。

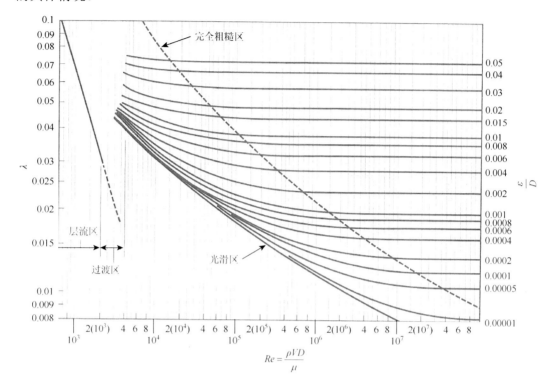

图 8-26　穆迪图

表 8-1　不同管道的等效相对粗糙度

管道种类	等效相对粗糙度/mm
铆接钢	0.9～9.0
混凝土	0.3～3.0
木板	0.18～0.9
铸铁	0.26
电镀钢	0.15
商品钢或熟铁	0.045
拉管	0.0015
塑料、玻璃	0.0

注意，即使是绝对光滑的管道（$\varepsilon = 0$），摩擦因子也不是零。也就是说，无论表面多么光滑，任何管道都有水头损失。这是无滑移边界条件导致的结果，该条件要求任何流体都要黏在它所流过的任何固体表面上。在分子层面，总是有一些微观表面粗糙度产生无滑移行为（$\lambda \neq 0$），即使粗糙度远小于黏性底层厚度。这种管道被称为水力光滑管道。

许多研究者试图得到 $\lambda = \varphi(Re, \varepsilon / D)$ 的解析表达式。注意，穆迪图涵盖的流动范围非常广泛。从 $Re = 4 \times 10^3$ 到 $Re = 10^8$，湍流的雷诺数跨越了四个数量级。显然，对于大多数管道和流体，雷诺数一般不会超过这个范围。实际上许多情况下的管道流被限制在穆迪图一个相对较小的区域内，对于这种情况，可以推导简单的半经验表达式。例如，生产直径为 5～30cm 的铸铁水管的公司可以使用仅适用于其条件的简单方程。另外，穆迪图对定常的、充分发展的、不可压缩的管道流都有效。

科尔布鲁克（Colebrook）提出的下式对于穆迪图的整个非层流范围都是有效的

$$\frac{1}{\sqrt{\lambda}} = -2.0 \lg\left(\frac{\varepsilon / D}{3.7} + \frac{2.51}{Re\sqrt{f}} \right) \tag{8-44}$$

通过上式即可解出 λ。

例 8.5 层流和湍流压降的比较。

已知：在标准条件下，空气以 $V = 50\text{m/s}$ 的平均速度流过直径为 4.0mm 的管道。在这种条件下，流动通常是湍流。然而，如果采取预防措施来消除对流动的干扰（管道的入口非常平滑，空气中没有灰尘，管道不振动，等等），则可能保持层流。

问题：

（a）如果流动是层流，确定 0.1m 管段内的压降。

（b）如果流动是湍流，再次计算。

解：在标准温度和压强条件下，密度和黏度分别为 $\rho = 1.23\text{kg/m}^3$，$\mu = 1.79 \times 10^{-5}\ \text{N·s/m}^2$。因此，雷诺数为

$$Re = \frac{\rho V D}{\mu} = \frac{(1.23\text{kg/m}^3)(50\text{m/s})(0.004\text{m})}{1.79 \times 10^{-5}\text{N·s/m}^2} = 13743$$

这通常意味着流动为湍流。

（a）如果流动为层流，则 $\lambda = 64/Re = 64/13743 = 0.00466$，在 0.1m 长的管道水平段内的压降为

$$\Delta p = \lambda \frac{l}{D} \frac{1}{2} \rho V^2 = (0.00466) \frac{(0.1\text{m})}{(0.004\text{m})} \frac{1}{2} (1.23\text{kg/m}^3)(50\text{m/s})^2 = 0.179\text{kPa}$$

注意，由式（8-23）可以得到相同的结果：

$$\Delta p = \frac{32\mu l}{D^2} V = \frac{32 \times (1.79 \times 10^{-5}\text{N·s/m}^2)(0.1\text{m})(50\text{m/s})}{(0.004\text{m})^2} = 179\text{N/m}^2$$

（b）如果流动是湍流，则 $\lambda = \varphi(Re, \varepsilon / D)$，根据表 8-1，$\varepsilon = 0.0015\text{mm}$，因此 $\varepsilon / D = 0.0015\text{mm} / 4.0\text{mm} = 0.000375$。从 $Re = 1.37 \times 10^4$ 和 $\varepsilon / D = 0.000375$ 的穆迪图中，得到 $\lambda = 0.028$。因此，这种情况下的压降为

$$\Delta p = \lambda \frac{l}{D} \frac{1}{2} \rho V^2 = 0.028 \times \frac{0.1\text{m}}{0.004\text{m}} \frac{1}{2} (1.23\text{kg/m}^3)(50\text{m/s})^2 = 1.076\text{kPa}$$

讨论：在该雷诺数下，如果能够保持层流流动，则可以大大减少流体通过管道的阻

力损失（0.179kPa 而不是 1.076kPa）。另一种确定湍流摩擦因子的方法是使用 Colebrook 公式。

$$\frac{1}{\sqrt{\lambda}} = -2.0\lg\left(\frac{\varepsilon/D}{3.7} + \frac{2.51}{Re\sqrt{\lambda}}\right) = -2.0\lg\left(\frac{0.000375}{3.7} + \frac{2.51}{1.37\times10^4\sqrt{\lambda}}\right)$$

$$\frac{1}{\sqrt{\lambda}} = -2.0\lg\left(1.01\times10^{-4} + \frac{1.83\times10^{-4}}{\sqrt{\lambda}}\right)$$

可得 $\lambda = 0.0291$，与穆迪图方法 $\lambda = 0.028$ 相一致（在阅读图表的精度范围内）。

许多其他的经验公式可以在穆迪图的部分文献中找到。例如，对于 $Re < 10^5$ 的光滑管道（$\varepsilon/D = 0$）中的湍流，是一个常用的方程，通常称为布拉休斯（Blasius）公式

$$\lambda = \frac{0.316}{Re^{1/4}}$$

$$\lambda = 0.316\times13743^{-0.25} = 0.0292$$

这与 Colebrook 公式计算结果是一致的。注意，对于这种特殊情况，λ 的值相对于 ε/D 不敏感。管是光滑玻璃（$\varepsilon/D = 0$）还是粗糙管（$\varepsilon/D = 0.000375$）对压降影响不大。对于这种流动，相对粗糙度增加 30 倍，达到 $\varepsilon/D = 0.0113$，则 $\lambda = 0.043$。这表明与原管相比，压降和水头损失增加了 0.043/0.0291 = 1.48 倍。

8.5.2　局部阻力损失

如 8.5.1 节所讨论的，直管段的沿程阻力损失可以用从穆迪图或科尔布鲁克方程得到摩擦因子计算得到。然而，大多数管道系统不仅由直管组成，其他的部件（阀门、弯管、三通等）也会增加系统的总水头损失。这种损失一般称为局部阻力损失。

通过阀门的水头损失是一种常见的局部阻力损失。阀门通过改变流道的几何形状（即关闭或打开阀门会改变通过阀门的流道，进而改变通过阀门的流动损失）来调节流量。阀门的流动阻力或水头损失是系统阻力的重要组成部分。事实上，当阀门关闭时，流体流动的阻力无限大——流体不能流动。即使阀门全开，也会产生额外阻力损失，多数情况是不可忽略的。

流经阀门的流型如图 8-27 所示，不难看出很难通过理论来分析这种流动并得到水头损失。因此，基本上所有部件的水头损失都是以实验数据为基础的无量纲形式给出的。确定这些水头损失或压降最常用的方法是给定损失系数 K_L，定义为

$$K_L = \frac{h_{Lminor}}{(V^2/2g)} = \frac{\Delta p}{\frac{1}{2}\rho V^2} \qquad (8\text{-}45a)$$

$$\Delta p = K_L\frac{1}{2}\rho V^2$$

$$h_{Lminor} = K_L\frac{V^2}{2g} \qquad (8\text{-}45b)$$

损失系数为 $K_L = 1$ 的元件上的压降等于动压 $\rho V^2 / 2$。如式（8-45）所示，对于给定的 K_L 值，水头损失与速度的平方成正比。

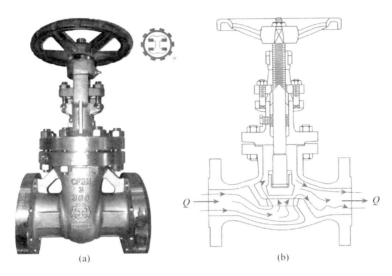

图 8-27　阀门中的流动

K_L 的值取决于部件的几何形状和性质。即，

$$K_L = \varphi(\text{GEO}, Re) \tag{8-45c}$$

其中 $Re = \rho V D / \mu$ 为管内流动雷诺数。在许多实际应用中，雷诺数足够大，使得通过该部件的流动受惯性作用影响较大，黏性作用次之。因为流体沿着一个相当弯曲的流动路径（甚至是扭曲的）流过组件时，有较大的加速和减速（图 8-27）。在由惯性作用而非黏性作用主导的流动中，通常发现压降和水头损失与动压直接相关。这就是为什么对于雷诺数非常大的，充分发展的管道流动，摩擦因子与雷诺数无关。同样的情况也适用于流过管道组件的流体。因此，在大多数实际情况下，部件的损失系数仅是几何形状的函数，$K_L = \varphi(\text{GEO})$。

较小的损失有时用相等的长度来表示，其中通过组件的水头损失是根据产生与组件相同水头损失的等效管道长度给出的，即

$$h_L = K_L \frac{V^2}{2g} = \lambda \frac{l_{eq}}{D} \frac{V^2}{2g} \tag{8-46a}$$

$$l_{eq} = \frac{K_L D}{\lambda} \tag{8-46b}$$

其中，D 和 λ 是基于包含部件的管道。管道系统的水头损失与直管产生的水头损失相同，直管的长度等于原系统的管道加上系统所有部件额外的等效长度之和。

许多管道系统包含不同的过渡段，其中管径从一种尺寸变化到另一种尺寸。流动面积的任何变化都会造成损失，而这些损失在充分发展的水头损失计算（摩擦因子）中没有考虑。极端情况，比如从蓄水池流入管道（入口）或从管道流出到蓄水池（出口），如图 8-28 所示，流体可以通过任意数量的不同形状的入口区域从蓄水装置流向

管道，每种几何形状都有一个相关的局部损失系数。图 8-29 描绘了通过无倒角入口进入管道的典型流动模式。由于液体不能转成直角，会产生静脉收缩区。截面（2）处的最大流速大于截面（3）处管道内的最大流速，该处压强较小。如果该高速流体能够有效减速，则可以将相同的能量转化为压强（伯努利方程），得到如图 8-29 所示的理想压强分布。入口的水头损失基本上是零。

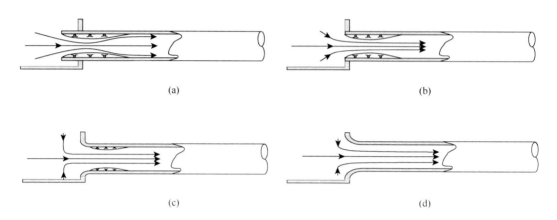

(a)　　　　　　　　　　　　(b)

(c)　　　　　　　　　　　　(d)

图 8-28　入口流动条件和损失系数

（a）内伸型，$K_L = 0.8$；（b）锐边型，$K_L = 0.5$；（c）圆角型，$K_L = 0.2$；（d）圆弧型，$K_L = 0.04$

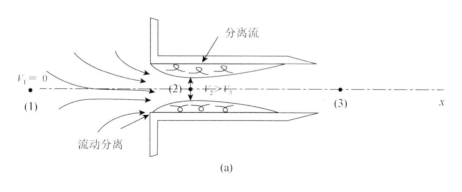

(a)

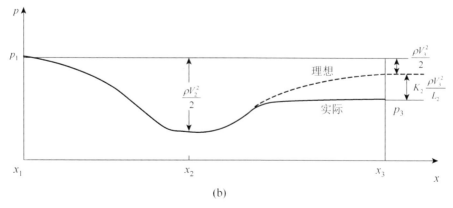

(b)

图 8-29　锐边入口的流动模式和压强分布

但事实并非如此，虽然收缩区可以使流体加速，但却很难使流体有效地减速。因此，截面（2）处流体的额外动能由于黏性耗散而部分损失，使压强不能恢复到理想值。如图 8-29 所示，会产生进口水头损失（压降）。这种损失的主要原因是惯性作用，惯性作用最终会被流体中的剪切应力所耗散。只有一小部分损失是由入口区壁面剪切应力引起的。最终的结果是，无倒角入口的损失系数为 $K_L = 0.50$。当流体进入管道时，一半的速度水头损失了。如图 8-28（a）所示，如果管道伸入蓄水池，损失会更大。

减少入口损失的一个简单方法是如图 8-28（c）所示将入口区域围成圆弧形，从而减少或消除收缩作用。具有不同圆弧形的入口的典型损失系数值如图 8-30 所示，可见通过导圆角可有效降低 K_L。

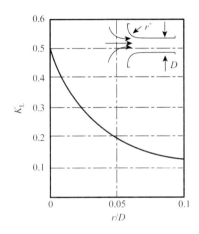

图 8-30　入口损失系数与 r/D 的关系

如图 8-31 所示，当流体从管道流入蓄水池中时，也会产生水头损失（出口损失）。在这些情况下流出流体的动能（速度 V_1）通过黏性耗散作用与蓄水池内的流体混合归于静止（$V_2 = 0$），速度水头全部损失，$K_L = 1.0$。

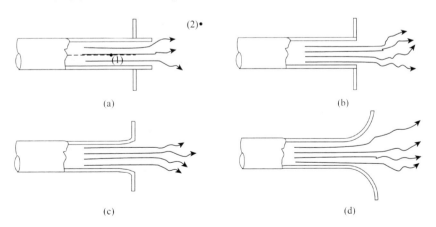

图 8-31　出口流动条件和损失系数

（a）$K_L = 1.0$；（b）$K_L = 1.0$；（c）$K_L = 1.0$；（d）$K_L = 1.0$

如图 8-32 和图 8-33 所示，管道直径的变化也会造成局部阻力损失。前文讨论的锐边入口和出口流动分别是 $A_1/A_2=\infty$ 和 $A_1/A_2=0$ 这类流动的极限情况。突然收缩的损失系数 $K_L=h_L/(V_2^2/2g)$，是面积比 A_1/A_2 的函数，如图 8-32 所示。K_L 值的变化从边缘入口（$A_1/A_2=0$，$K_L=0.50$）的一个极端到无面积变化（$A_1/A_2=1$，$K_L=0$）的另一个极端。

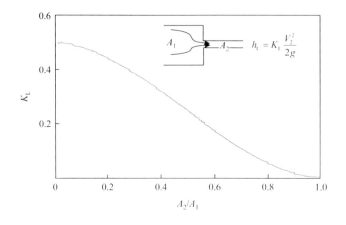

图 8-32　突然收缩时的局部损失系数

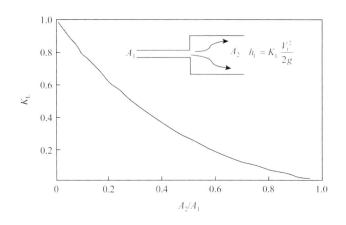

图 8-33　突然扩张时的局部损失系数

在许多方面，突然扩张的流动与流入蓄水池流动相似。如图 8-34 所示，流体离开较小的管道，在进入较大的管道时开始形成射流式流动结构，并在出流口上下形成旋涡，这个过程中流体的一部分动能耗散。

管道突然扩张是通过简单分析得到损失系数的几种情况之一。对控制体建立连续性方程和动量守恒方程，并对（2）到（3）列伯努利方程。假设流速在位置（1），（2）和（3）处是均匀的和压强在控制体积的左侧是恒定的（$p_a=p_b=p_c=p_1$），从而得到三个控制方程（质量、动量和能量）

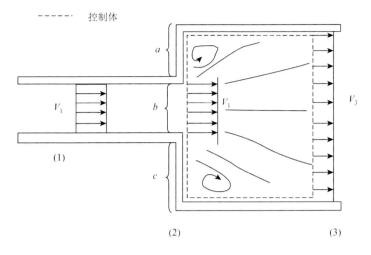

图 8-34　管道突然扩张时的损失系数分析

$$A_1 V_1 = A_3 V_3$$

$$p_1 A_3 - p_3 A_3 = \rho A_3 V_3 (V_3 - V_1)$$

$$\frac{p_1}{\gamma} + \frac{V_1^2}{2g} = \frac{p_3}{\gamma} + \frac{V_3^2}{2g} + h_L$$

对上式进行联立，使损失系数 $K_L = h_L / (V_1^2 / 2g)$，解得

$$K_L = \left(1 - \frac{A_1}{A_2}\right)^2$$

这一结果如图 8-33 所示，与实验数据基本一致。与许多局部损失情况一样，损失并不是黏性影响（即壁面剪切应力）直接造成的，而是动能耗散（另一种黏性作用）引起的。

如果管径变化是渐变的，那么局部损失完全不同。给定面积比的锥形渐扩管的局部损失系数如图 8-35 所示。渐扩管是一种使流体减速的装置。显然，渐扩管的夹角 θ 是一个非常重要的参数。对于小角度渐扩管，在充分发展的流动中，大部分水头损失是由壁面剪切应力造成的；对于中等或较大角度的渐扩管，流动从壁面分离，损失主要是射流动能的耗散。事实上，对于中等或较大的值 θ（即 $\theta > 35°$ 的情况，如图 8-35 所示），圆锥渐扩管的效率出人意料地低于 $K_L = (1 - A_1 / A_2)^2$ 的锐边渐扩管。存在一个最佳角度（如图所示为 0°～8°）使损耗系数最小，当 K_L 值接近 0 时，这个值相对较小，结果是渐扩管较长，很难使流体有效地减速。

图 8-35 所示的是一种典型的结果。实际扩压管内的流动非常复杂，有时候与面积比 A_2/A_1 和雷诺数密切相关。压强恢复系数 $C_p = (p_2 - p_1) / (\rho V_1^2 / 2)$，是扩压器静压上升与进口动态压强的比值。

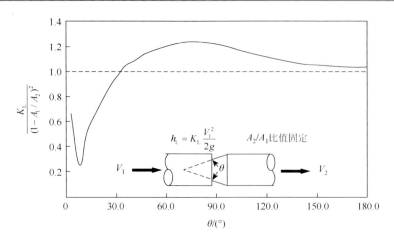

图 8-35　典型锥形扩散器的损失系数

流动在一个锥形收缩（渐缩喷嘴；图 8-35 所示的反向流动方向）比锥形渐扩时要简单。由于速度很快，局部损失系数可能非常小，例如，$\theta = 30°$ 时的 $K_L = 0.02$，到 $\theta = 60°$ 时的 $K_L = 0.07$。

弯曲的管道比直的管道产生更大的水头损失。这些损失是靠近弯管内部的流动分离（特别是当弯管的曲率半径很小时）和管道中心线曲率导致向心力不平衡而产生的二次流造成的。图 8-36 显示了这些因素的影响以及大雷诺数流过 90°弯道时的 K_L 值。

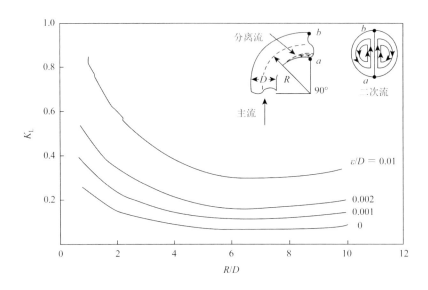

图 8-36　90°弯管中的流动特性和相关的损失系数

在空间有限的情况下，流动方向的改变通常是通过使用如图 8-37 所示的折管来完成的，而不是平滑弯曲。通过使用导流叶片，可以减少旋流和扰动，从而减少弯曲处的巨大损失，损失系数 K_L 如图 8-37 所示。

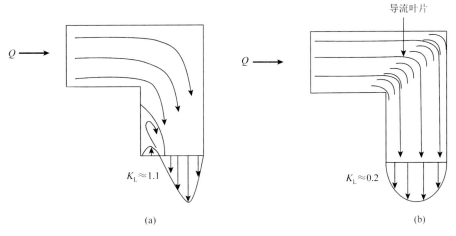

图 8-37　折管中的流动特征和相关的损失系数

（a）无导流叶片；（b）有导流叶片

另一类重要的管道系统组件是管道配件，如弯头、三通、减速管、阀门和过滤器。对于典型的大回流，这些配件的 K_L 值受形状影响很大，受雷诺数的影响很小。因此，$90°$ 弯头的损失系数取决于管道接头是螺纹还是法兰。表 8-2 给出了这些配件的 K_L 值。这些配件的设计更倾向于易于制造和降低成本，而不是减少水头损失。无论弯头的 K_L 值是 1.5，还是通过使用大半径渐进弯管（图 8-33）将 K_L 值降低到 0.2，管内的流量都是足够的。

表 8-2　管道部件的损失系数$\left(h_L = K_L \dfrac{V^2}{2g} \right)$

元件		K_L	
1. 弯管	$90°$，折边	0.3	
	$90°$，螺纹	1.5	
	大弯曲半径 $90°$，折边	0.2	
	大弯曲半径 $90°$，螺纹	0.7	
	大弯曲半径 $45°$，折边	0.2	
	$45°$，螺纹	0.4	
2. $180°$回流弯管	$180°$回流弯管，折边	0.2	
	$180°$回流弯管，螺纹	1.5	
3. 球座	线性流动，折边	0.2	
	线性流动，螺纹	0.9	

续表

元件		K_L	
3. 球座	分支流动，折边	1.0	
	分支流动，螺纹	2.0	
4. 接头，螺纹		0.08	

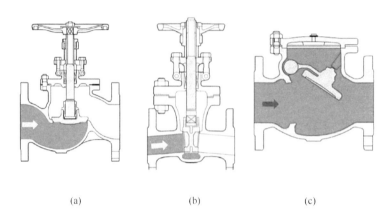

(a) (b) (c)

图 8-38　各种阀门内部结构示意图

（a）截止阀；（b）闸阀；（c）旋启式止回阀

阀门是一种控制流量的手段，将整个系统损失系数调整到指定值。关闭阀门时，K_L 值为无穷大，流体不流动。开启阀门会降低 K_L，从而产生所需的流量。图 8-38 为各类型阀门的截面图。有些阀门（如常规截止阀）是为开、关而设计的，在完全关闭和完全打开这两个极端之间切换控制。其他阀门（如针形阀）的设计目的是对流量进行精细的控制，而止回阀类似电路中的二极管，只允许流体向一个方向流动。

与许多系统部件一样，阀门的水头损失主要是由高速流动部分的动能耗散造成的。图 8-39 说明了这种由于流体高速流动造成的损失。

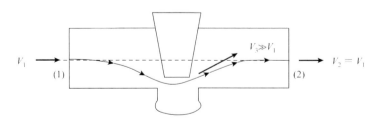

图 8-39　阀门处高速流动引起动能散失造成的水头损失

例 8.6　局部阻力损失。

已知：如图 8-40 所示为封闭风洞的示意图，在该风洞中，标准条件下空气以 61m/s 的速度流过测试段 [（5）和（6）之间]。风机驱动气流在风洞内流动，风机通过增加静压克服流体在回路中流动时的压头损失，即 $p_1 - p_9$。

问题：计算 $p_1 - p_9$ 的差值和风机功率。

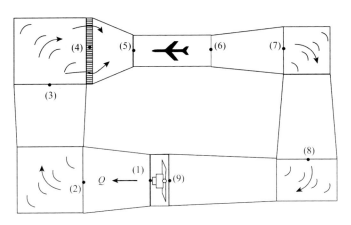

图 8-40　封闭风洞的示意图

解：风洞内最大速度出现在试验段（面积最小）。最大流动马赫数为 $Ma_5 = V_5/c$，其中 $V_5 = 61\text{m/s}$，声速为 $c_5 = (kRT_5)^{1/2} = \{1.4 \times (286.9\text{J}/(\text{kg} \cdot \text{K}))[(273+15)\text{K}]\}^{1/2} = 340\text{m/s}$ 因此，$Ma_5 = 60/340 = 0.176$。当 $Ma < 0.3$ 时，大多数流动都可以认为是不可压缩的。因此，可以使用不可压缩流体公式来求解这个问题。

风机提供必要的能量来克服空气在回路中流动时所产生的净水头损失。从点（1）和点（9）之间的能量方程中可以看出

$$\frac{p_1}{\gamma} + \frac{V_1^2}{2g} + z_1 = \frac{p_9}{\gamma} + \frac{V_9^2}{2g} + z_9 + h_{\text{L1-9}}$$

其中，$h_{\text{L1-9}}$ 为（1）～（9）的总水头损失。$z_1 = z_9$ 和 $V_1 = V_9$ 给出

$$\frac{p_1}{\gamma} - \frac{p_9}{\gamma} = h_{\text{L1-9}} \tag{8-47}$$

同理，写出伯努利方程，从（9）到（1），有

$$\frac{p_9}{\gamma} + \frac{V_9^2}{2g} + z_9 + h_{\text{p}} = \frac{p_1}{\gamma} + \frac{V_1^2}{2g} + z_1$$

式中，h 为风机提供给空气的实际扬程。同样，由于 $z_9 = z_1$，$V_9 = V_1$，于是有

$$h_{\text{p}} = \frac{p_1 - p_9}{\gamma} = h_{\text{L1-9}}$$

风机的实际功率由风机扬程获得

$$\Phi = \gamma Q h_{p} = \gamma A_5 V_5 h_{p} = \gamma A_5 V_5 h_{L1-9} \tag{8-48}$$

因此,风机提供的功率取决于通过风洞的流量。将四个弯角作为带导流叶片的折管处理,这样从图 8-37 可以看出 $K_{Lcorner} = 0.2$。因此,对于每个弯角

$$h_{Lcorner} = K_L \frac{V^2}{2g} = 0.2 \frac{V^2}{2g}$$

式中,由于假设流体不可压缩,$V = V_5 A_5 / A$。A 的值及其在隧道中的速度如表 8-3 所示。将从试验段末端(6)到喷嘴开始(4)的渐扩段称为圆锥渐扩管,损失系数 $K = 0.6$。因此,

表 8-3 A 的值及其在隧道中的速度

序号	面积 A/m^2	速度/(m/s)
1	2.0	11.1
2	2.6	8.7
3	3.3	6.9
4	3.3	6.9
5	0.4	61.0
6	0.4	61.0
7	0.9	24.0
8	1.7	13.5
9	2.0	11.1

$$h_{Ldif} = K_{Ldif} \frac{V_6^2}{2g} = 0.6 \frac{V_6^2}{2g}$$

假设截面(4)和截面(5)之间的锥形喷管和流经筛网的损失系数分别为 $K_{Lnoz} = 0.2$ 和 $K_{Lscr} = 4.0$。在相对较短的测试段,忽略摩擦水头损失。

因此,总水头损失为

$$h_{L1-9} = h_{Lcorner7} + h_{Lcorner8} + h_{Lcorner2} + h_{Lcorner3} + h_{Ldif} + h_{Lnoz} + h_{Lscr}$$

$$= \left[0.2 \left(V_7^2 + V_8^2 + V_2^2 + V_3^2 \right) + 0.6 V_6^2 + 0.2 V_5^2 + 0.4 V_4^2 \right] / 2g = 170\mathrm{m}$$

则有

$$p_1 - p_9 = \gamma h_{L1-9} = (12\mathrm{N/m}^3)(170\mathrm{m}) = 2040\mathrm{N/m}^2 = 2.04\mathrm{kPa}$$

所以风机功率由式(8-48)计算,得

$$\Phi_a = 48.9\mathrm{kN \cdot m/s} = 48.9\mathrm{kW}$$

讨论:用不同的测试截面多次重复计算 V_5,得到如图 8-41 所示的结果。

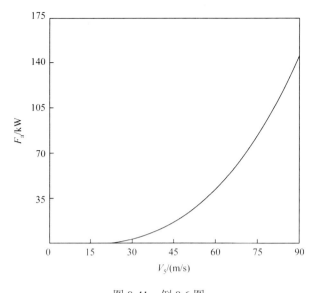

图 8-41　例 8.6 图

　　需要注意的是，为风机提供动力的电机的实际功率必须大于计算的 48.9kN·m/s，因为风机的效率不是 100%。上面计算的功率是流体克服隧道中的损失所需的功率，不包括风机中的损失。如果风机的效率是 60%，则需要功率为 $\phi = (48.9\text{kN·m/s})/0.6 = 81.5\text{kW}$ 的风机。风机（或泵）效率的确定是一个复杂的问题，取决于风机的结构和类型。

　　还应注意，上述结果只是近似的。因此，精细地设计各种部件可以降低各种损耗系数，从而降低功率要求。

8.5.3　非圆形管道内流动损失

　　有些用于输送流体的管道截面不是圆形。尽管管道中流动特性与截面形状有关，但许多圆形管道的结果只要稍加修改，就可以应用到其他形状的管道流动中。

　　对于充分发展的非圆管内层流，可以得到理论分析的结果。对于任意截面，如图 8-42 所示，速度是 y 和 z 的函数 $[V = u(y,z)\hat{i}]$。这意味着获得速度的控制方程，式（8-19）是

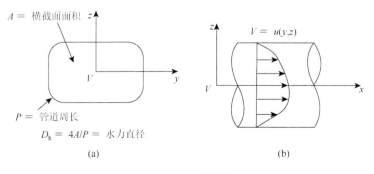

图 8-42　非圆形管道

偏微分方程，而不是常微分方程。虽然方程是线性的（对于完全发展的流动，对流加速度为零），但它的求解不像圆管那样简单。通常，速度分布可以用无穷级数来表示。

无论截面形状如何，在充分发展的层流管内都不存在惯性作用。因此，摩擦因子可以写成 $\lambda = C / Re_h$，其中 C 取决于管道的形状，Re_h 为雷诺数，$Re_h = \rho V D_h / \mu$，其中水力直径 $D_h = 4A / P$ 是管道的流动截面积除以润湿周长 P 的四倍，如图 8-42 所示。它表示一个特征长度，该长度定义了指定形状的横截面的大小。D_h 的定义中包含了润湿周长 P 的因素，使圆形管道的直径和水力直径相等 $[D_h = 4A / P = 4(\pi D^2 / 4) / (\pi D) = D]$。水力直径也用于定义摩擦因子 $h_L = \lambda (l / D_h) V^2 / 2g$ 和相对粗糙度 ε / D_h。

不同管道形状内层流的 $C = \lambda Re_h$ 值可以通过理论分析和实验得到。表 8-4 给出了几种典型管道形状和水力直径。注意，C 值对管道形状不敏感。除非截面在某种意义上非常"细小"，否则 C 的值与圆管的值相差不大，$C = 64$。一旦得到了摩擦因子，非圆形管道的计算结果与圆形管道的计算结果是相同的。

表 8-4　非圆形管道层流的摩擦因数

形状	范围	$C = \lambda Re_h$
1. 同心环 $D_h = D_2 - D_1$ 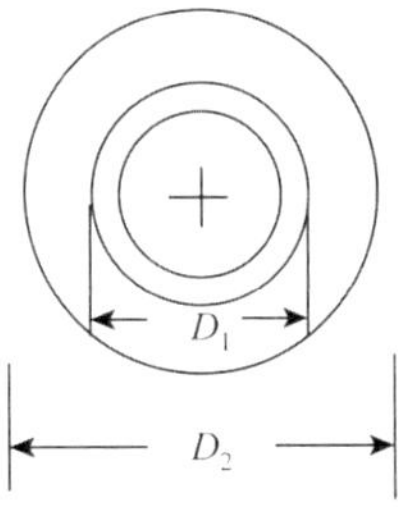	D_1/D_2	
	0.0001	71.8
	0.01	80.1
	0.1	89.4
	0.6	95.6
2. 矩形 $D_h = \dfrac{2ab}{a+b}$ 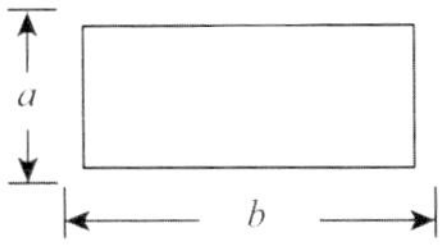	a/b	
	0	96.0
	0.05	89.9
	0.1	84.7
	0.25	72.9
	0.5	62.2
	0.75	57.9
	1.0	56.9

例 8.7　非圆形管道阻力损失计算。

已知：标准压强下 49℃的空气流过直径为 20cm 的管道，平均速度为 3m/s。然后通过一个类似于图 8-43 所示的过渡段，进入一个边长为 a 的方形管道。管道内壁光滑（$\varepsilon = 0$），每米的水头损失对于管道和风管相同。

问题：确定管道尺寸 a。

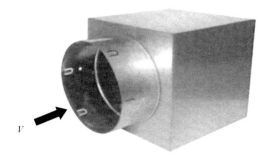

图 8-43　例 8.7 图

解：首先确定管道的单位水头损失，$h_L / l = (\lambda / D) V^2 / 2g$，然后确定方形管道的尺寸。查附录表 B-4 得 $\nu = 1.76 \times 10^{-5} \, \text{m}^2 / \text{s}$，因此

$$Re = \frac{VD}{\nu} = \frac{(3 \text{m} / \text{s})(0.2 \text{m})}{1.76 \times 10^{-5} \, \text{m}^2 / \text{s}} = 34091$$

在该雷诺数下，$\varepsilon / D = 0$，查图 8-26 得摩擦因子 $\lambda = 0.022$，则

$$\frac{h_L}{l} = \frac{0.022}{(0.2 \text{m})} \frac{(3 \text{m} / \text{s})^2}{2 \times (9.8 \text{m} / \text{s}^2)} = 0.0505$$

因此，对于方形管道，有

$$\frac{h_L}{l} = \frac{\lambda}{D_h} \frac{V_s^2}{2g} = 0.0505$$

其中，

$$D_h = 4A / P = 4a^2 / 4a = a$$

$$V_s = \frac{Q}{A} = \frac{\frac{\pi}{4}(0.2 \text{m})^2 (3 \text{m} / \text{s})}{a^2} = \frac{0.09}{a^2}$$

是管道中的速度。

结合上式，得到

$$0.0505 = \frac{\lambda}{a} \frac{(0.09 / a^2)^2}{2(9.8)}$$

$$a = 0.38 \lambda^{1/5}$$

a 的单位是 m。同理，以水力直径为特征长度计算得到的雷诺数为

$$Re_h = \frac{V_s D_h}{\nu} = \frac{(0.09 / a^2) / a}{1.76 \times 10^{-5}} = \frac{5.1 \times 10^3}{a}$$

有三个未知数 a、λ 和 Re_h，三个方程，以及穆迪图（图 8-26）或 Colebrook 方程。

如果使用穆迪图，可以使用如下的试算法。假设风管和管道的摩擦因子相同，即假设 $\lambda = 0.022$，则 $a = 0.18$，$Re_h = 2.88 \times 10^4$。查穆迪图得 $\lambda = 0.023$，这与假设值不一致，因此，假设错误。再次尝试，使用计算值 $\lambda = 0.023$ 作为假定值。重复计算，直到假定值与穆迪图得到的值一致为止。最终的结果（经过两次迭代）是 $\lambda = 0.023$，$Re_h = 2.85 \times 10^4$，

$$a = 0.18\text{m} = 18\text{cm}$$

讨论：或者，可以使用 Colebrook 方程求解。对于光滑管道（$\varepsilon / D_h = 0$），Colebrook 方程（8-44）为

$$\frac{1}{\sqrt{\lambda}} = -2.0\lg\left(\frac{\varepsilon / D_h}{3.7} + \frac{2.51}{Re_h \sqrt{\lambda}}\right)$$
$$= -2.0\lg\left(\frac{2.51}{Re_h \sqrt{\lambda}}\right)$$

以及

$$\lambda = 122.3a^5$$

将上式合并，化简可得

$$0.09a^{-5/2} = -2\lg(4.5 \times 10^{-5} a^{-3/2})$$

解得 $a = 0.18\text{m}$，这与前面给出的试错法得到的结果一致。

需要注意的是，等效方风管的边长为 $a/D = 18/20 = 0.90$，约为等效圆管直径的 90%。方管截面积（$A = a^2 = 324\text{cm}^2$）大于圆管截面积（$A = \pi D^2 / 4 = 314\text{cm}^2$）。此外，制造圆管（周长 $= \pi D = 63\text{cm}$）比制造方管（周长 $= 4a = 72\text{cm}$）所需的材料更少，因此圆形是非常经济的管道形状。

8.6　管　道　系　统

对于管道系统的分析方法主要是在流动系统适当位置之间应用能量方程，并使用摩擦因子和局部阻力损失系数计算相应的水头损失。本节研究的管道系统主要包括两类：一是单一管道，另一种是多管道系统。

流体故事

洛阳音乐喷泉，被誉为"亚洲第一大音乐喷泉"，又称开元湖音乐喷泉，位于洛阳市开元大道南侧。该喷泉以牡丹花为主要造型元素，并拥有 5698 个各式喷头和 1407 台专用泵。基本构造仍由传统的管道系统（如水泵、管道、调节阀、喷嘴、过滤器和水盆）组成，但通过十台电脑网络多级互联控制技术结合控制阀对喷水过程进行精确操控，从而能够形成符号、字母或时间变化等图案。此外，还采用特别设计的连贯层流效果产生装置，使其形成更多连续的图案。在设计过程中，首先进行初步艺术设计，然后根据艺术设计要求进行相应工程设计（例如确定所需喷嘴容量和压力要求及管道和水泵大小），以实现特定效果。

8.6.1　单一管道

管道内流的性质很大程度上取决于哪些参数是独立参数，哪些是依赖参数。表 8-5 根据所涉及的参数列出了三种最常见的问题类型。假设管道系统是根据所使用的管段长度和弯头、弯管和阀门的数量来定义的，在所有情况下，都假定流体的性质是已知的。

表 8-5　管流类型

变量	类型一	类型二	类型三
a.流体			
密度	已知	已知	已知
黏度	已知	已知	已知
b.管道			
直径	已知	已知	求解
长度	已知	已知	已知
粗糙度	已知	已知	已知
c.流动			
流量或平均速度	已知	求解	已知
d.压力			
压降或头部损失	求解	已知	已知

在第一类问题中，已知流量或平均速度，确定必要的压差或水头损失。

在第二类问题中，已知驱动压强（或水头损失），确定流量。

在第三类问题中，已知压降和流量，确定所需的管道直径。

下面是这类问题的几个例子。

例 8.8　类型一：确定压降。

已知：如图 8-44 所示，15℃ 的水通过直径为 1.90×10^{-2}m 的铜管从地下室流向二楼并从直径为 1.3cm 的水龙头流出，水的流量为 $Q=45$L/min。

问题：确定下列情况下点（1）处的压强。

（a）忽略所有损失；

（b）仅包括沿程损失；

（c）考虑所有损失。

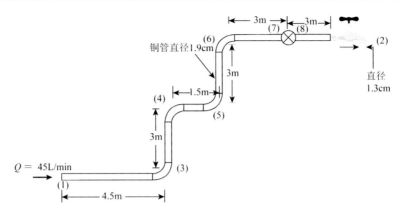

图 8-44　例 8.8 图（a）

解：流体性质为 $\rho = 998.2\text{kg}/\text{m}^3$，$\mu = 1.002 \times 10^{-3}\,\text{N}\cdot\text{s}/\text{m}^2$（见附录表 B-3），管道中的流体速度为 $V_1 = Q/A = Q/(\pi D^2/4) = (7.5 \times 10^{-4}\,\text{m}^3/\text{s})/[\pi(1.9 \times 10^{-2})^2/4] = 2.65\text{m}/\text{s}$，$Re = \rho VD/\mu = (998.2\text{kg}/\text{m}^3)(2.65\text{m}/\text{s})(1.9 \times 10^{-2}\text{m})(1.002 \times 10^{-3}\,\text{N}\cdot\text{s}/\text{m}^2) = 50100$。因此，流动是湍流。无论是（a）、（b）还是（c），其控制方程都是能量方程：

$$\frac{p_1}{\gamma} + \alpha_1 \frac{V_1^2}{2g} + z_1 = \frac{p_2}{\gamma} + \alpha_2 \frac{V_2^2}{2g} + z_2 + h_\text{L}$$

其中，$z_1 = 0$，$z_2 = 6.0\text{m}$，$p_2 = 0$（自由射流），$\gamma = \rho g = 9.79\text{kN}/\text{m}^2$，出口速度 $V_2 = Q/A_2 = \left(7.5 \times 10^{-4}\,\text{m}^3/\text{s}\right)/\left[\pi(0.013\text{m})^2/4\right] = 5.64\text{m}/\text{s}$。假定动能能值系数 α_1 和 α_2 在管道上均匀，因此，

$$p_1 = \gamma z_2 + \frac{1}{2}\rho\left(V_2^2 - V_1^2\right) + \gamma h_\text{L}$$

可知，三种情况下的水头损失是不同的。

（a）如果忽略所有损失（$h_\text{L} = 0$），

$$p_1 = (9.79\text{kN}/\text{m}^3)(6\text{m}) + \frac{998.2\text{kg}/\text{m}^3}{2}[(5.65\text{m}/\text{s})^2 - (2.65\text{m}/\text{s})^2]$$

$$= (58740 + 12428)\text{N}/\text{m}^2 = 71\text{kN}/\text{m}^2$$

$$p_1 = 71\text{kPa}$$

讨论：需要注意的是，对于该压降，由高度变化（流体静力作用）引起的压降为 $\gamma(z_2 - z_1) = 59\text{kPa}$，由动能增加引起的压降为 $\rho\left(V_2^2 - V_1^2\right)/2 = 12\text{kPa}$。

（b）如果只包括沿程损失，水头损失是

$$h_\text{L} = \lambda \frac{l}{D}\frac{V_1^2}{2g}$$

由表 8-1 可知，1.9cm 直径铜管的粗糙度 $\varepsilon = 1.5 \times 10^{-6}\text{m}$，使 $\varepsilon/D = 8 \times 10^{-5}$。有了这个 ε/D 和计算的雷诺数（$Re = 50100$），λ 的值可以从穆迪图中得到 $\lambda = 0.0215$。注意，Colebrook 方程（式（8-44））将给出相同的值。因此，管道的总长度为 $l = (4.5 + 1.5 + 3 + 3 + 6) = 18\text{m}$。高度变化和动能部分与（a）部分相同，

$$p_1 = \gamma z_2 + \frac{1}{2}\rho\left(V_2^2 - V_1^2\right) + \rho\lambda\frac{l}{D}\frac{V_1^2}{2} = (58740 + 12428 + 71786)\text{N}/\text{m}^2 = 143\text{kN}/\text{m}^2$$

$$p_1 = 143\text{kPa}$$

在这个压降中，由于管道摩擦而产生的压强为（143–71）kPa = 72kPa。

（c）如果包括沿程和局部阻力损失，则变成

$$p_1 = \gamma z_2 + \frac{1}{2}\rho\left(V_2^2 - V_1^2\right) + \lambda\gamma\frac{l}{D}\frac{V_1^2}{2g} + \sum\rho K_\text{L}\frac{V^2}{2}$$

$$p_1 = 143\text{kPa} + \sum\rho K_\text{L}\frac{V^2}{2}$$

其中，143kPa 是由高度变化、动能变化和沿程阻力损失造成的[（b 部分）]，最后一项是所有局部阻力损失的总和。表 8-2 给出了这些部件的损失系数（每个弯头的 $K_\text{L} = 1.5$，全开式截止阀的 $K_\text{L} = 10$）（除了水龙头的损失系数，根据图 8-45 可知 $K_\text{L} = 2$）。因此，

$$\sum\rho K_\text{L}\frac{V^2}{2} = (998.2\text{kg}/\text{m}^3)\frac{(2.65\,\text{m}/\text{s})^2}{2}[10 + 4\times1.5 + 2] = 63\text{kN}/\text{m}^2$$

$$\sum\rho K_\text{L}\frac{V^2}{2} = 63\text{kPa}$$

注意，没有包括入口或出口损失。因此，整个压降为

$$p_1 = (143 + 63)\text{kPa} = 206\text{kPa}$$

这个包括所有损失的压降应该是考虑的三种情况中最接近实际的答案。

更详细的计算表明，对于情况（a）和（c），忽略所有损失或包括所有损失，沿管道的压强分布如图 8-45 所示。注意，并不是所有的压降（ $p_1 - p_2$ ）都是"压强损失"。

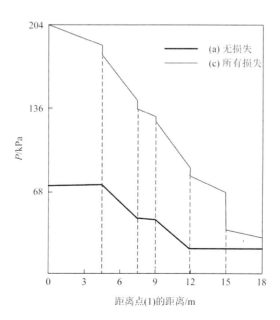

图 8-45　例 8.8 图（b）

由于海拔和速度变化引起的压强变化是完全可逆的，沿程阻力损失和局部阻力损失造成的部分是不可逆的。

这种流动可以用能量梯度线和水力坡度线来说明。如图 8-46 所示，在情况（a）中没有损失，能量梯度线（EGL）是水平的，在水力坡度线（HGL）之上有一个速度头（$V^2/2g$），在管道本身之上有一个压强头（γz）。对于情况（b）或（c）能量线不是水平的。管道中的每一点摩擦或局部的损失都会减少可用的能量，从而降低能量线。因此，对于情形（a），总水头在整个流中保持不变，其值为

$$H = \frac{p_1}{\gamma} + \frac{V_1^2}{2g} + z_1 = \frac{71\text{kN}/\text{m}^2}{9.8\text{kN}/\text{m}^3} + \frac{(2.65\text{m}/\text{s})^2}{2 \times (9.81\text{m}/\text{s}^2)} + 0 = 7.6\text{m}$$

$$= \frac{p_2}{\gamma} + \frac{V_2^2}{2g} + z_2 = \frac{p_3}{\gamma} + \frac{V_3^3}{2g} + z_3 = \cdots$$

$$H_1 = \frac{p_1}{\gamma} + \frac{V_1^2}{2g} + z_1 = \frac{206\text{kN}/\text{m}^2}{9.79\text{kN}/\text{m}^3} + \frac{(2.65\text{m}/\text{s})^2}{2 \times (9.81\text{m}/\text{s}^2)} + 0 = 21.4\text{m}$$

$$H_2 = \frac{p_2}{\gamma} + \frac{V_2^2}{2g} + z_2 = 0 + \frac{(5.65\text{m}/\text{s})^2}{2 \times (9.81\text{m}/\text{s}^2)} + 6.0\text{m} = 7.6\text{m}$$

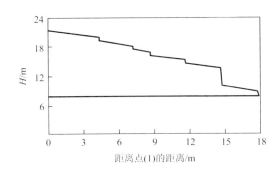

图 8-46　例 8.8 图（c）

能量线标高可在管道任意点计算。例如，在点（7），距离点（1）15m，

$$H_7 = \frac{p_7}{\gamma} + \frac{V_7^2}{2g} + z_7 = \frac{68.5\text{kN}/\text{m}^2}{9.79\text{kN}/\text{m}^3} + \frac{(2.65\text{m}/\text{s})^2}{2 \times (9.81\text{m}/\text{s}^2)} + 6\text{m} = 13.4\text{m}$$

沿管道每米的水头损失是相同的。也就是说，

$$\frac{h_\text{L}}{l} = \lambda \frac{V^2}{2gD} = \frac{0.0215 \times (2.65\text{m}/\text{s})^2}{2 \times (9.81\text{m}/\text{s}^2)(1.9 \times 10^{-2}\text{m})} = 0.405$$

因此，能量线由相同斜率的直线段组成，这些直线段由台阶分隔，台阶的高度等于该位置次要分量的水头损失。从图 8-46 可以看出，截止阀在所有的局部阻力损失中最大。

例 8.9　类型二：确定流量。

已知：如图 8-47 所示，风机为喷淋室和通风柜提供气流，以便工人在通风柜内混合

化学品时免受有害气体和气溶胶的伤害。通风柜正常运行的流量在 $0.2\text{m}^3/\text{s}$ 到 $0.4\text{m}^3/\text{s}$ 之间。最初设计时，流量为 $0.3\text{m}^3/\text{s}$，系统损失系数为 5，且管道足够短，沿程损失忽略不计。改造后选用直径为 20cm 的镀锌铁管长 30.5m，总损失系数为 10。

问题：确定改造后流量是否在要求的 $0.2\text{m}^3/\text{s}$ 到 $0.4\text{m}^3/\text{s}$ 之间。假设风机给空气增加的压头保持不变。

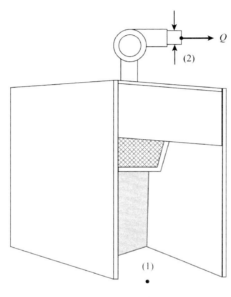

图 8-47　例 8.9 图（a）

解：可以通过考虑初始情况（即在改造前）来确定风扇增加的空气压头。为此，写出如图 8-47 所示的房间内截面（1）与风管出口截面（2）之间的能量方程。

$$\frac{p_1}{\gamma} + \frac{V_1^2}{2g} + z_1 + h_\text{p} = \frac{p_2}{\gamma} + \frac{V_2^2}{2g} + z_2 + h_\text{L}$$

可以假定空气重力忽略不计，也可以假设房间内和管道出口的压强等于大气压强，房间内的空气速度为零。因此，上式可写为

$$h_\text{p} = \frac{V_2^2}{2g} + h_\text{L} \ / [\pi(0.2\text{m})^2 \ / \ 4] = 7.86 \ \text{m/s}$$

给定风道直径为 20cm，因此出口处的速度可以由流量来计算，其中 $V = Q / A = (0.3\text{m}^3 / \text{s}) / \ [\pi(0.2\text{m})^2 \ / \ 4] = 7.86\text{m/s}$。对于最初的情况，管道足够短，可以忽略沿程阻力损失，只有局部阻力损失造成总水头损失。这个局部阻力损失为 $h_\text{L,minor} = \sum K_\text{L} V^2 / 2g = 5 \times (7.86\text{m} / \text{s})^2 \ / [2(9.8\text{m} / \text{s}^2)] = 15.8\text{m}$。因此，从简化的能量方程，可以求出由风机产生的压头。

$$h_\text{p} = \frac{(7.86\text{m} / \text{s})^2}{2 \times (9.8\text{m} / \text{s}^2)} + 15.8\text{m} = 18.95\text{m}$$

随着管道长度增加到 30m，管道不再短到可以忽略沿程阻力损失。因此，

$$h_p = \frac{V_2^2}{2g} + \lambda \frac{l}{D} \frac{V^2}{2g} + \sum K_L \frac{V^2}{2g}$$

其中，$V_2 = V$，$\sum K_L = 10$。现在可以重新排列并解出速度，单位是 m/s。

$$V = \sqrt{\frac{2gh_p}{1 + \lambda \frac{l}{D} + \sum K_L}} = \sqrt{\frac{2(9.8\text{m}/\text{s}^2)(18.95\text{m})}{1 + \lambda\left(\frac{30\text{m}}{0.2\text{m}}\right) + 10}} = \sqrt{\frac{371.42}{11 + 150\lambda}}$$

λ 的值依赖于 Re，Re 依赖于 V，V 是一个未知数。

$$Re = \frac{\rho VD}{\mu} = \frac{(1.2266\text{kg}/\text{m}^3)(V)\left(\frac{20}{100}\text{m}\right)}{1.811 \times 10^{-6}\text{kg}\cdot\text{s}/\text{m}^2}$$

$$Re = 13546V$$

V 的单位是 m/s。

此外，由于 $\varepsilon / D = (1.5 \times 10^{-4}\text{m}) / (0.2\text{m}) = 0.00075$，因此，可以求解三个未知量 λ、Re、V。

通常最简单的方法是假设 λ 值，计算 V，再计算 Re，然后在穆迪图中查找 Re 的新值 λ。如果假设的 λ 和新的 λ 不一致，那么假设的答案就不正确——没有这三个方程的解。虽然可以假设 λ、V 或 Re 的值作为起始值，但通常最简单的方法是假设 λ 的值，因为正确的值通常位于穆迪图中相对平坦的部分，而 λ 对 Re 来说作用不大。

因此，假设 $\lambda = 0.019$，近似于给定相对粗糙度的较大 Re 极限，有

$$V = \sqrt{\frac{371.42}{11 + 150 \times 0.019}} = 5.17\text{m}/\text{s}$$

$$Re = 13546 \times 5.17 = 70033$$

已知 Re 和 ε / D，图 8-26 给出了 $\lambda = 0.022$，这并不等于假设的解 $\lambda = 0.019$，再次尝试用新获得的值 $\lambda = 0.022$，得到 $V = 5.09\text{m}/\text{s}$，$Re = 68949$。在这些值下，图 8-26 给出 $\lambda = 0.022$，这与假设值一致。因此，解为 $V = 5.09\text{m}/\text{s}$，或

$$Q = VA = (5.09\text{m}/\text{s})\left(\frac{\pi}{4}\right)(0.2\text{m})^2 = 0.16\text{m}^2/\text{s}$$

讨论：可以看出，改造后的系统无法提供足够的气流来保护工人，以防他们在通风罩内混合化学物质时吸入有害气体。通过对不同管道长度和不同总局部阻力损失系数的重复计算，结果如图 8-48，在不同的损失系数值下，给出了流量与管道长度的函数关系。有必要重新设计改造后的系统（例如，更大的风机，更短的管道，更大直径的管道），使流量在可接受的范围内。

例 8.10 类型二：确定流量。

已知：如图 8-49 所示，湖内的水经管道流过涡轮并对其做功。已知水流过涡轮的功率为 37300W，管道直径为 0.3m、长 91m、摩擦因子为 0.02。局部阻力损失可忽略不计。

问题：确定水在管道内的流量。

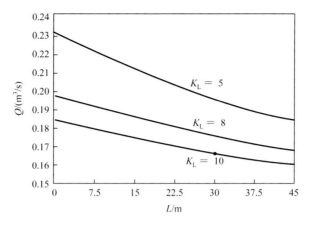

图 8-48　例 8.9 图（b）

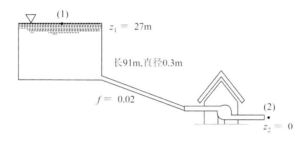

图 8-49　例 8.10 图

解：能量方程（式 8-21）可应用于湖面[点（1）]和管道出口之间

$$\frac{p_1}{\gamma} + \frac{V_1^2}{2g} + z_1 = \frac{p_2}{\gamma} + \frac{V_2^2}{2g} + z_2 + h_L + h_T$$

其中，h_T 为涡轮水头；$p_1 = V_1 = p_2 = z_2 = 0$，$z_1 = 27\text{m}$；$V_2 = V$，为流体在管道中的速度。水头损失为

$$h_p = \lambda \frac{l}{D} \frac{V^2}{2g} = 0.02 \frac{91\text{m}}{0.3\text{m}} \frac{V^2}{2 \times (9.8\text{m}/\text{s}^2)} = 0.31 V^2 \text{s}^2 \cdot \text{m}^{-1}$$

V 的单位是 m/s。同样，涡轮水头为

$$h_T = \frac{\Phi_a}{\gamma D} = \frac{\Phi_a}{\gamma(\pi/4)D^2 V} = \frac{37300\text{W}}{(9804\text{N}/\text{m}^3)[(\pi/4)(0.3\text{m})^2 V]} = \frac{54}{V} \text{m}^2/\text{s}$$

$$27 = \frac{V^2}{2 \times 9.8} + 0.31 V^2 + \frac{54}{V}$$

$$0.35 V^3 - 30V + 51 = 0$$

有两个实数正根：$V = 1.8\text{m/s}$ 或 $V = 8.2\text{m/s}$。第三个根是负的（$V = -10\text{m/s}$），对这个流动没有物理意义。因此，合理的流量是

$$Q = \frac{\pi}{4} D^2 V = \frac{\pi}{4}(0.3\text{m})^2(1.8\text{m/s}) = 0.13\text{m}^3/\text{s}$$

$$Q = \frac{\pi}{4}(0.3\text{m})^2(8.2\text{m/s}) = 0.58\text{m}^3/\text{s}$$

分别可得两个流量对应的功率，$\varPhi_a = \gamma Q h_T$。在低流量（$Q = 0.13\text{m}^3/\text{s}$）下得到水头损失，$h_T = 28\text{m}$。由于速度相对较低，水头损失相对较小，因此涡轮可用的水头较大。具有大流量（$Q = 0.58\text{m}^3/\text{s}$），$h_L = 20\text{m}$，$h_T = 6.2\text{m}$。管道内的高速流动由于摩擦而产生较大的损失，留给涡轮的水头相对较小。然而，在任何一种情况下，涡轮水头乘以流量的乘积相同，也即每种情况提取的功率$[\varPhi_a = \gamma Q h_T]$相同。

讨论：在直径未知的管道流动问题（类型三）中，需要迭代或数值求根。这也是因为摩擦因子是直径的函数——通过雷诺数和相对粗糙度。因此，除非 D 已知，否则 $Re = \rho VD/\mu = 4\rho Q/\pi\mu D$ 都不是已知的。

例 8.11　类型三：确定直径。

已知：在标准状态下，空气以 $5.6\times10^{-2}\text{m}^3/\text{s}$ 的速度流过水平镀锌铁管（$\varepsilon = 1.5\times10^{-4}$），管子压降每 30m 不超过 3.4kPa。

问题：确定最小管径。

解：假设流体不可压缩，$\rho = 1.2\text{kg/m}^3$，$\mu = 1.8\times10^{-5}\text{N}\cdot\text{s/m}^2$。注意，如果管道太长，从一端到另一端的压降 $p_1 - p_2$ 相对于开始时的压强不会很小，需要考虑流体压缩性。例如，60m 长的管道压降为 $(p_1 - p_2)/p_1 = [(3.4\text{kPa})/(30\text{m})](60\text{m})/101.3\text{kPa} = 0.069 = 6.9\%$，这足够小，可以证明不可压缩假设。当 $z_1 = z_2$，$V_1 = V_2$ 时，能量方程（式（8-21））为

$$p_1 = p_2 + \lambda \frac{l}{D}\frac{\rho V^2}{2}$$

其中，

$$V = Q/A = 4Q/(\pi D^2) = 4\times(5.6\times10^{-2}\text{m}^3/\text{s})/\pi D^2$$

这里的单位是 m。因此，当 $p_1 - p_2 = 3.5\text{kPa}$，$l = 30\text{m}$ 时，上式变为

$$p_1 - p_2 = 3.5\text{kN/m}^2 = \lambda \frac{30\text{m}}{D}(1.2\text{kg/m}^3)\frac{1}{2}\left(\frac{0.07\text{m/s}}{D^2}\right)$$

$$D = 0.12\lambda^{1/5}$$

$$Re = \frac{\rho VD}{\mu} = \frac{4.6\times10^3}{D}$$

$$\frac{\varepsilon}{D} = \frac{1.5\times10^{-4}}{D}$$

因此，有四个方程和四个未知数，可以通过试算方法得到解。

讨论：如果使用穆迪图，它可能是最容易假定的值 λ，计算 D、Re、ε/D，然后将假设 λ 与穆迪图中的结果进行比较。如果它们不一致，再试一次。因此，取 $\lambda = 0.02$，得到 $D = 0.12(0.02)^{1/5} = 5.4\times10^{-2}\text{m}$，得到 $\varepsilon/D = (1.5\times10^{-4})/(5.4\times10^{-2}) = 2.8\times10^{-3}$，$Re = (4.6\times10^3)/(5.4\times10^{-2}) = 8.5\times10^4$。从穆迪图中，得到 ε/D 和 Re 的这些值 $\lambda = 0.027$。由于这与假设的 λ 值不同，再次尝试。用 $\lambda = 0.027$，得到 $D = 5.8\times10$ $Re = 8.0\times10^4$，得到 $\lambda = 0.027$，与假设值一致。因此，管道的直径应该是

$$D = 5.8\times10^{-2}\text{m}$$

如果使用 $\varepsilon / D = (1.5 \times 10^{-4}) / (0.12\lambda^{1/5}) = 0.00125 / \lambda^{1/5}$，$Re = (4.6 \times 10^3)/(0.12\,\lambda^{1/5}) = (3.8 \times 10^4)/\lambda^{1/5}$，由 Colebrook 方程（式（8-44）），得到

$$\frac{1}{\sqrt{\lambda}} = -2.01\lg\left(\frac{\varepsilon / D}{3.7} + \frac{2.51}{Re\sqrt{\lambda}}\right)$$

$$\frac{1}{\sqrt{\lambda}} = -2.01\lg\left(\frac{3.38 \times 10^{-4}}{\lambda^{1/5}} + \frac{6.60 \times 10^{-5}}{\lambda^{3/10}}\right)$$

方程的解为 $\lambda = 0.027$，因此 $D = 5.8 \times 10^{-2}\text{m}$，与穆迪图方法一致。通过重复计算流量 Q，得到如图 8-50 所示的结果。虽然增加流量需要更大直径的管道（对于给定的压降），直径的增加是最小的。例如，当流量从 $0.03\text{m}^3/\text{s}$ 增加一倍到 $0.06\text{m}^3/\text{s}$ 时，管径从 0.05m 增加到 0.06m。

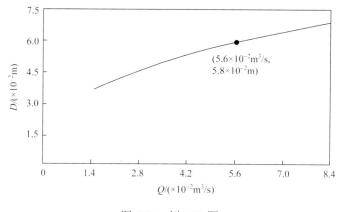

图 8-50　例 8.11 图

在前面的例子中，只需要考虑沿程阻力损失。在某些情况下，即使控制方程本质上是相同的，但包括沿程阻力损失和局部阻力损失会使问题变得更加复杂。

例 8.12　类型三：在损失较小的情况下，确定直径。

已知：如图 8-51 所示，15℃的水（$V = 1.12 \times 10^{-6}\text{m}^2/\text{s}$，见附录表 B-1）从水库 B 经过长度为 520m、粗糙度为 $1.5 \times 10^{-4}\text{m}$ 的管道，以流量 $Q = 1\text{m}^3/\text{s}$ 流向水库 A。该系统包括锐边型入口和四个 45°法兰弯头。

问题：确定所需的管径。

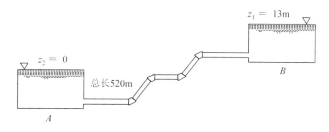

图 8-51　例 8.12 图（a）

解：在水库表面两点之间的能量方程如下：

$$\frac{p_1}{\gamma} + \frac{V_1^2}{2g} + z_1 = \frac{p_2}{\gamma} + \frac{V_2^2}{2g} + z_2 + h_L$$

$$z_1 = \frac{V^2}{2g}\left(\lambda \frac{l}{D} + \sum K_L\right)$$

$$V = \frac{Q}{A} = \frac{4Q}{\pi D^2} = \frac{1.27}{D^2}$$

（注意 V 和 D 的单位分别是 m/s 和 m）损失系数查图可得 $K_{Lent} = 0.5$，$K_{Lelbow} = 0.2$，$K_{Lexit} = 1$，因此，

$$13\text{m} = \frac{V^2}{2(9.8\text{m}/\text{s}^2)}\left\{\frac{520}{D}\lambda + [4(0.2) + 0.5 + 1]\right\}$$

或者，消去 V，

$$\lambda = 0.30D^5 - 0.004D$$

为了确定 D，必须知道 λ，它是 Re 和 ε/D 的函数，其中

$$Re = \frac{VD}{\nu} = \frac{[(1.27)/D^2]D}{1.12 \times 10^{-6}} = \frac{1.1 \times 10^6}{D}$$

$$\frac{\varepsilon}{D} = \frac{1.5 \times 10^{-4}}{D}$$

D 的单位是 m。同样，有四个方程和四个未知的 D、Re、λ 和 ε/D。

使用穆迪图来考虑解决方案。虽然比较简单的方法是假定一个值为 λ，并通过计算来确定假定的值是否正确，但考虑到一些局部阻力损失，这可能不是最简单的方法。例如，如果假设 $\lambda = 0.02$ 计算出 D，就必须解一个五阶方程。由于只有沿程阻力损失（见例 8.12），所以与 D 成比例的项不存在，如果给出 λ、D 就很容易求解，包括了沿程和局部阻力损失，这个 D（给定 λ）需要反复试验或迭代求解。

因此，对于这类问题，假设 D 的值，计算出相应的 λ，并利用确定的 Re 和 ε/D 的值，在穆迪图（或 Colebrook 公式）中查找 λ 的值可能更容易一些。当 λ 的两个值相等时，就能得到解。几次迭代就会得到答案为 $D \approx 0.5$m。

讨论：另外，可以使用 Colebrook 方程而不是穆迪图来求解 D。只需使用 Colebrook 方程（式（8-44）），将 λ 作为 D 的函数，Re 和 ε/D 也作为 D 的函数，得到 D 的单一方程，得到 $D = 0.5$m。这与穆迪图的解是一致的。

8.6.2　多管道系统

许多管道系统涉及多个管道。最简单的多管系统可以分为不同管径管道的串联或并

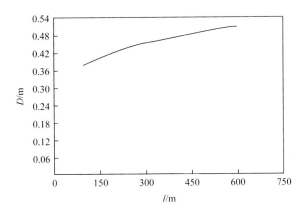

图 8-52 例 8.12 图（b）

联系统，如图 8-53 所示。命名方法与电路中的命名方法相似，把流体管路和电路作如下类比。在一个简单的电路中，电压（U）、电流（I）和电阻（R）之间的关系遵守欧姆定律：$U = IR$。在流体管路中，压降（Δp）、流量或速度（Q 或 V）和流体阻力之间也存在一种关系。对于一个简单的流动 [$\Delta p = \lambda(l/D)(\rho V^2/2)$]，可以得出 $\Delta p = Q^2 R$，其中 R 是对流动的阻力的度量，与 λ 成正比。

两者之间的主要区别在于：欧姆定律是一个线性方程，而流体管路方程通常是非线性的。因此，虽然一些基础的电路分析方法可以用于帮助解决多管道流动问题，但并不是全部适用。

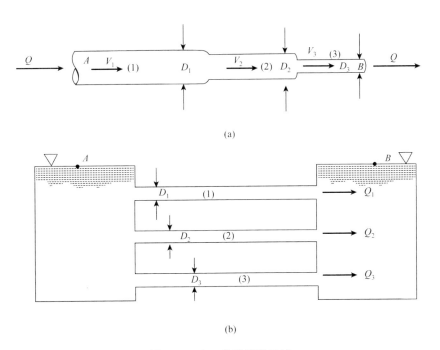

图 8-53 串、并联管道系统

对于串联管道系统，每个管段的流量（而不是速度）是相同的，从 A 点到 B 点的水头损失是每个管段的水头损失的总和。控制方程为

$$Q_1 = Q_2 = Q_3$$
$$h_{L_{A-B}} = h_{L_1} + h_{L_2} + h_{L_3}$$

其中，下标表示每个管段。一般来说，由于雷诺数（$Re_i = \rho V_i D_i / \mu$）不同，每个管段的摩擦因子不同，相对粗糙度（$\varepsilon_i / D_i$）也不同。如果给定了流量，就可以直接计算水头损失或压降（第一类问题）。如果给定了压降，需要计算流量（第二类问题），则需要迭代求解。在这种情况下，摩擦因子 λ 都不是已知的，因此计算比对应的单管系统需要更多的试算。对于要确定管径（或管径）的问题（第三类问题）也是如此。

另一种常见的多管系统是并联管道，如图 8-53（b）所示。在这个系统中，从 A 到 B 的流体可以选择任何路径，其总流量等于每个管段的流量之和。通过列出 A 点和 B 点之间的能量方程，发现任何流体质点在这两个位置之间流动所经历的水头损失是相同的，与所走的路径无关。因此，并联管道系统的控制方程为

$$Q = Q_1 + Q_2 + Q_3$$
$$h_{L_1} = h_{L_2} = h_{L_3}$$

另一种复合管路系统如图 8-54 所示。在这种情况下，通过管段（1）流量等于通过管段（2）和（3）流量之和，或 $Q_1 = Q_2 + Q_3$，通过列出每个水池表面之间的能量方程可以看出管段（2）的沿程损失等于管段（3）的沿程损失，即使管径和流量有所不同，即对于流过管段（1）和管段（2）的流体质点：

$$\frac{p_A}{\gamma} + \frac{V_A^2}{2g} + z_A = \frac{p_B}{\gamma} + \frac{V_B^2}{2g} + z_B + h_{L_1} + h_{L_2}$$

对于流过管段（1）和（3）的流体：

$$\frac{p_A}{\gamma} + \frac{V_A^2}{2g} + z_A = \frac{p_B}{\gamma} + \frac{V_B^2}{2g} + z_B + h_{L_1} + h_{L_3}$$

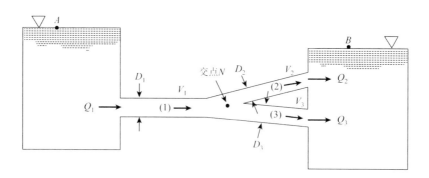

图 8-54 复合管道系统

从上两式可以得到 $h_{L_2} = h_{L_3}$。对于通过管段（2）和通过管段（3）的流动都始于管道的交汇处（或节点 N），并且都到达相同的最终条件，所以阻力损失应该相同。

图 8-55 所示的是被称为"三水库问题"的分支管道系统。已知海拔的三个水库由三个已知特性（长度、直径和粗糙度）的管段连接在一起，确定流入或流出水库的流量。如果关闭阀门（1），流体将从水库 B 流向水库 C，流量可以很容易地计算出来。如果阀门（2）或阀门（3）是关闭的，其他阀门是打开的，也可以进行类似的计算。

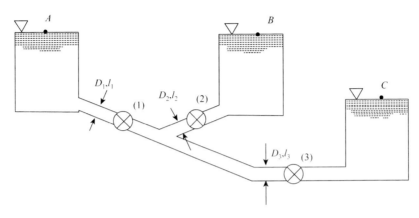

图 8-55　三水库系统

　　然而，在所有阀门都打开的情况下，流体流动的方向就不那么容易判断了。在图 8-55 所示的条件下，很明显流体从 A 水库流出，因为其他两个水库的水位较低。流体是否流入或流出水库 B 取决于水库 B 和 C 的高度以及三根管道的性质（长度、直径、粗糙度）。一般来说，流动方向不明确，求解过程必须首先确定流动方向。

　　例 8.13　三水库多管系统。

　　已知：如图 8-56 所示，三个水库由三根管道连接。为了简化计算，假设每个管道的直径为 0.3m，每个管道的摩擦因子为 0.02，由于管径较大，局部阻力损失可忽略不计。

　　问题：确定流入或流出每个水库的流量。

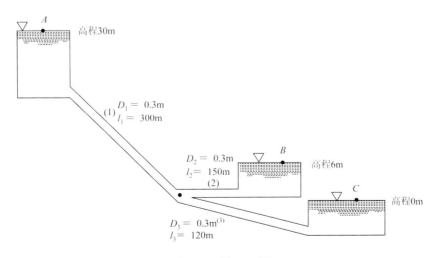

图 8-56　例 8.13 图

解：由于流体在管道（2）中的流向并不明确，所以假设流体从水库 B 流出：写出这种情况下的控制方程，并检验假设。连续性方程要求 $Q_1 + Q_2 = Q_3$，由于每根管道的直径都是相同的，因此，

$$V_1 + V_2 = V_3$$

（1）和（3）管中流体从 A 流向 C 的能量方程为

$$\frac{p_A}{\gamma} + \frac{V_A^2}{2g} + z_A = \frac{p_C}{\gamma} + \frac{V_C^2}{2g} + z_C + \lambda_1 \frac{l_1}{D_1} \frac{V_1^2}{2g} + f_3 \frac{l_3}{D_3} \frac{V_3^2}{2g}$$

由于 $p_A = p_C = V_A = V_C = z_C = 0$，所以

$$z_A = \lambda_1 \frac{l_1}{D_1} \frac{V_1^2}{2g} + \lambda_3 \frac{l_3}{D_3} \frac{V_3^2}{2g}$$

对于这个问题的给定条件，得

$$30\text{m} = \frac{0.02}{2(9.8\,\text{m/s}^2)} \frac{1}{(0.3\text{m})} \Big[(300\text{m})V_1^2 + (120\text{m})V_3^2 \Big]$$

$$29.4\,\text{m}^2/\text{s}^2 = V_1^2 + 0.4V_3^2$$

其中 V_1 和 V_3 单位为 m/s。同样，流体从 B 和 C 流动的能量方程为

$$\frac{p_B}{\gamma} + \frac{V_B^2}{2g} + z_B = \frac{p_C}{\gamma} + \frac{V_C^2}{2g} + z_C + \lambda_2 \frac{l_2}{D_2} \frac{V_2^2}{2g} + \lambda_3 \frac{l_3}{D_3} \frac{V_3^2}{2g}$$

$$z_B = \lambda_2 \frac{l_2}{D_2} \frac{V_2^2}{2g} + \lambda_3 \frac{l_3}{D_3} \frac{V_3^2}{2g}$$

从给出的这些条件可得

$$11.8\,\text{m}^2/\text{s}^2 = V_2^2 + 0.8V_3^2$$

虽然这些方程看起来并不复杂，但并没有简单的方法可以直接求解。因此，采用试算的方法计算。假设一个值为 $V_1 > 0$，计算 V_3，然后计算 V_2，发现对于 V 的任何值，所得到的 V_1、V_2、V_3 三组都不符合，即没有实数解 V_1、V_2、V_3。因此，最初关于流出水库的流量的假设一定是不正确的。

所以，重新假定流体流入水库 B 和 C，流出水库 A。在这种情况下，连续性方程变为

$$Q_1 = Q_2 + Q_3$$

$$V_1 = V_2 + V_3$$

应用点 A 与点 B 和点 A 与点 C 之间的能量方程得到

$$z_A = z_B + \lambda_1 \frac{l_1}{D_1} \frac{V_1^2}{2g} + \lambda_3 \frac{l_3}{D_3} \frac{V_3^2}{2g}$$

$$z_A = z_C + \lambda_1 \frac{l_1}{D_1} \frac{V_1^2}{2g} + \lambda_3 \frac{l_3}{D_3} \frac{V_3^2}{2g}$$

用给定的数据，变为

$$23.5 = V_1^2 + 0.5V_2^2$$

$$29.4 = V_1^2 + 0.4V_3^2$$

联立上式，得到

$$V_3 = \sqrt{14.8 + 1.25V_2^2}$$

$$23.5 = (V_2 + V_3)^2 + 0.5V_2^2$$

$$= (V_2 + \sqrt{14.8 + 1.25V_2^2}) + 0.5V_2^2$$

$$2V_2\sqrt{14.8 + 1.25V_2^2} = 8.7 - 2.75V_2^2 \tag{8-49}$$

因此，

$$V_2^4 - 41.8V_2^2 + 29.6 = 0$$

利用二次公式，可以求出 V_2^2，得到 $V_2^2 = 41$ 或 $V_2^2 = 0.72$。因此，$V_2 = 6.40\text{m/s}$ 或 $V_2 = 0.85\text{m/s}$。$V_2 = 6.40\text{m/s}$ 不是原始方程的根。代入公式（8-49）变成了 $104 = -104$，显然不可取。因此，$V_2 = 0.85$ m/s。相应的流量是

$$Q_1 = A_1V_1 = \frac{\pi}{4}D_1^2V_1 = \frac{\pi}{4}(0.3\text{m})^2(4.8\text{m/s}) = 0.34\text{m}^3/\text{s}$$

$$Q_2 = A_2V_2 = \frac{\pi}{4}D_2^2V_2 = \frac{\pi}{4}(0.3\text{m})^2(0.85\text{m/s}) = 0.06\text{m}^3/\text{s}$$

$$Q_3 = Q_1 - Q_2 = (0.34 - 0.06)\text{m}^3/\text{s} = 0.28\text{m}^3/\text{s}$$

讨论：如果没有给出摩擦因子，则需要类似于第二类问题所需要的试算法。

图 8-57 所示为多管道组成的管道网络。这样的网络经常出现在城市供水系统和其他可能有多个"入口"和"出口"的管道系统中。不同管道内流体的流动方向并不明显，事实上，它可能会随时间而变化，这取决于系统不同的使用情况。

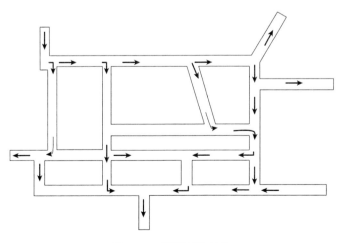

图 8-57　管道网络结构

管道网络问题的求解通常采用节点方程和循环方程，与电路问题相似。例如，连续性方程要求每个节点（两个或多个管道的连接处）的净流量为零，流入节点的流量必须以相同的速率流出。此外，整个循环的净压差（从管道中的一个位置开始并返回到该位置）为零。通过将这些方法与水头损失和管道流动方程相结合，就可以计算整个网络的流动情况。当然，由于流动方向和摩擦因子可能未知，所以通常需要试算。这种问题非常适合计算机求解。

8.7　本 章 总 结

本章首先讨论了黏性流体在管道中的流动，考虑了层流、湍流、充分发展流和进口流的一般特性，用泊肃叶方程来描述充分发展层流中各参数之间的关系。

然后，介绍了湍流管流的各种特性，并与层流进行了对比。结果表明，层流和湍流的水头损失可以用摩擦因子（沿程阻力损失）和损失系数（局部阻力损失）来表示。一般来说，摩擦因子是由穆迪图或科尔布鲁克公式得到的，是雷诺数和相对粗糙度的函数。局部阻力损失系数是每个系统部件的流动几何形状的函数。

利用水力直径的概念对非圆管进行了分析，给出了涉及单管系统和多管系统流动的各种实例。

本章需重点掌握内容如下：

（1）掌握相关术语的含义，并理解每个相关概念。

（2）确定下列哪种流动会发生：入口流或充分发展的流动；层流或湍流。

（3）在适当的情况下使用泊肃叶方程，并了解它的局限性。

（4）解释湍流的主要特性以及它们与层流的区别或相似之处。

（5）在管道系统中，使用局部阻力损失系数来确定局部阻力损失。

（6）确定非圆形管道的水头损失。

（7）将沿程阻力损失和局部阻力损失合并到能量方程中，以解决各种各样的管道流动问题，包括第一类问题（确定压降或水头损失）、第二类问题（确定流量）和第三类问题（确定管径）。

（8）解决涉及多个管道系统的问题。

本章中一些重要的方程如下。

入口段长度：

$$\frac{l_e}{D} = 0.06Re \quad （层流） \tag{8-1}$$

$$\frac{l_e}{D} = 4.4(Re)^{1/6} \quad （湍流） \tag{8-2}$$

充分发展的层流管流压降：

$$\Delta p = \frac{4l\tau_w}{D} \tag{8-18}$$

充分发展的层流管流速度梯度:

$$u(r) = \frac{\Delta p D^2}{16 \mu l}\left[1 - \left(\frac{2r}{D}\right)^2\right] = V_c\left[1 - \left(\frac{2r}{D}\right)^2\right] \qquad (8\text{-}21)$$

充分发展的层流管流水平体积流量:

$$Q = \frac{\pi D^4 \Delta p}{128 \mu l} \qquad (8\text{-}24)$$

水平管道压降:

$$\Delta p = \lambda \frac{l}{D}\frac{\rho V^2}{2} \qquad (8\text{-}40a)$$

最大损失造成的水头损失:

$$h_{\text{Lmajor}} = \lambda \frac{l}{D}\frac{V^2}{2g} \qquad (8\text{-}42)$$

Colebrook 公式:

$$\frac{1}{\sqrt{\lambda}} = -2.0 \log\left(\frac{\varepsilon / D}{3.7} + \frac{2.51}{Re\sqrt{f}}\right) \qquad (8\text{-}44)$$

最小损失造成的水头损失:

$$h_{\text{Lminor}} = K_L \frac{V^2}{2g} \qquad (8\text{-}45b)$$

习　　题

8-1　对于水平管道中完全发展的黏性流动,下列哪个说法是正确的?

(a) 压强与剪力平衡。

(b) 压强导致流体加速。

(c) 剪切力导致流体减速。

8-2　在长度为 L 的管道中有定常层流(题图 8-2),随着体积流量的增加,管道内(　　　)。

(a) 压降变大。

(b) 压降变得越来越小。

(c) 压降保持不变。

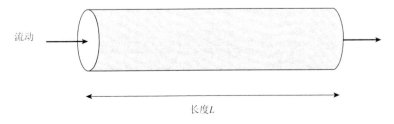

流动

长度 L

题图 8-2

8-3　流体平稳地流过水平圆形管道。下面哪条曲线准确地描述了随着管道长度的增加，压强的变化规律？

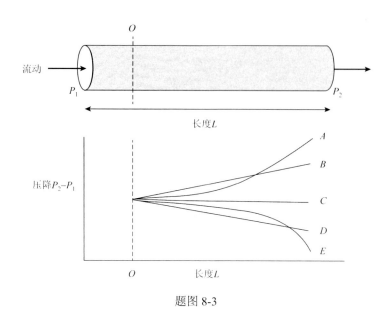

题图 8-3

8-4　流体平稳地流过平滑的管道。对于湍流，如果速度增加，一般来说，（　　　）。

（a）摩擦系数增加。

（b）摩擦系数减小。

（c）摩擦系数保持不变。

8-5　正常情况下，流经气管的气流是层流还是湍流？并计算说明。

8-6　停车场的雨水径流通过直径为 1m 的管道，将其完全填满。管中的流动是层流还是湍流，请计算说明。

8-7　蓝色和黄色的涂料流在 15℃（密度为 825kg/m³，黏度为水的 1000 倍）以 1.2m/s 的平均速度进入管道。请问流出管道的油漆是绿色的还是分开的蓝色和黄色的油漆流？如果涂料"稀释"到只有水的 10 倍黏性，又是什么情况？假设密度保持不变。

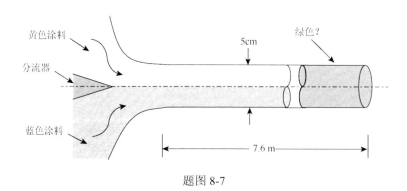

题图 8-7

8-8 93℃的空气在标准大气压下以 0.35m/s 的速度在管道中流动，请确定允许的管道最小直径。

8-9 为了冷却一个给定的房间，需要通过一个直径为 20cm 的管道供应 0.11m³/s 的空气。这个管道的入口段长度大约是多少？

8-10 二氧化碳在 20℃、压强为 550kPa（abs）的条件下，以 0.04m/s 的速率在管中流动，如果流动是湍流，试确定允许的最大直径。

8-11 沿着连接在罐体上的直径为 50mm 的管道的水平直线部分测得的压强分布如题表 8-11 所示。入口长度大约有多长？在流动充分发展的部分，壁面剪切应力的值是多少？

题表 8-11

$x/m(\pm 0.01m)$	$p/(mmH_2O^*)(\pm 5mm)$
0	520
0.5	427
1.0	351
1.5	288
2.0	236
2.5	188
3.0	145
3.5	109
4.0	73
4.5	36
5.0	0

* 1mmH$_2$O = 9.80665Pa。

8-12 对于充分发展的环形层流管道流来说，管道速度曲线为 $u(r) = 2(1 - r^2/R^2)$，单位为 m/s，其中 R 为管道的内半径。假设管道直径为 4cm，求管道内的最大速度、平均速度以及体积流量。

8-13 在直径为 30cm 的运水管道中，充分发展的流动部分的壁面剪切应力为 90N/m²。如果管道是（a）水平的，（b）竖直向上的，或（c）竖直向下的，请确定压强梯度 dp/dx，其中 x 是流动方向。

8-14 迫使水通过直径为 2.5cm 的水平管道，每 3.6m 管道所需的压降为 4kPa。试确定管壁上的剪切应力。

8-15 水在一个恒定直径的管道中流动，测得的条件如下：在（a）段，$p_a = 223kPa$，$z_a = 17.3m$；在（b）段，$p_b = 205kPa$，$z_b = 20.8m$，水流是从（a）流向（b）还是从（b）流向（a）？并说明原因。水流由 b 向 a。

8-16 一些流体为非牛顿流体，其特征为 $\tau = -C(du/dr)^n$，其中 $n = 1, 3, 5$，C 是一个常数。（如果 $n = 1$，则流体为传统的牛顿流体。）

（a）对于直径为 D 的圆形管道中的流动，对力平衡方程（等式（8.3））进行积分，得到速度剖面

$$u(r) = \frac{-n}{(n+1)}\left(\frac{\Delta p}{2lC}\right)^{1/n}\left[r^{(n+1)/n} - \left(\frac{D}{2}\right)^{(n+1)/n}\right]$$

（b）绘制无量纲速度剖面 u/V_c，其中心线速度（$r = 0$）是无量纲径向坐标 $r/(D/2)$ 的函数，其中 D 为管径。考虑 $n = 1$、3、5 和 7 的值。

8-17 对于直径为 D 的圆管中的层流，在离中心线多远的地方，实际速度等于平均速度？

8-18 20℃的水流过一根直径为 1mm 的水平管，管上连接着两个相距 1m 的压强水龙头。

（a）如果流动是层流，允许的最大压降是多少？

（b）假设管子直径的制造公差为 $D = (1.0 \pm 0.1)mm$。考虑到管子直径的这种不确定性，如果必须保证流动是层流，允许的最大压降是多少？

8-19　人体内的一条大动脉可以用一根直径为9mm、长0.35m的管子来近似计算。相当于120mmHg。假设定常流动（实际并非如此），$V = 0.2\text{m/s}$，当它的方向是（a）垂直向上（流量向上）或（b）水平时，请分别确定动脉末端的压强。

8-20　液体流过直径为0.25cm的水平管道。当雷诺数为1500时，6m长的管道上的水头损失为1.9m。请确定流体的速度。

8-21　黏性流体在直径为0.10m的管道中流动，在距管壁0.012m处测得其速度为0.8m/s。如果该流体是层流，请确定中心线速度和流速。

8-22　在层流条件下，油流通过题图8-22所示的水平管道。除一个管段外，其他管段的直径都相同。请问哪一段管道（A、B、C、D 或 E）的直径比其他部分略小？并解释原因。

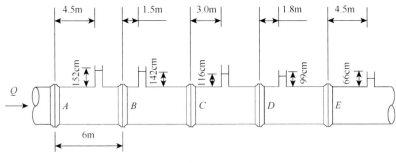

题图 8-22

8-23　沥青在49℃时被认为是一种牛顿流体，黏度是水的80000倍，比重为1.09，流经直径为5cm的管道。如果压强梯度为36kPa/m，假设管道是（a）水平的；（b）垂直的，流动方向向上，请确定上述两种情况的流量。

8-24　重度 SG = 0.87，其运动黏度 $4 \times 10^{-4} \text{m}^3/\text{s}$ 的油以 $v = 2.2 \times 10^{-4}\text{m/s}$ 的速度流过题图8-24所示的垂直管道。请确定压强计的读数。

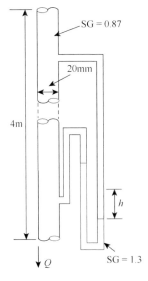

题图 8-24

8-25　将 SG = 0.96，$\mu = 9.2\times10^{-4}\text{N·s}/\text{m}^2$，蒸气压 $p_v = 1.2\times10^{-4}\text{N/m}^2$ 的液体吸入注射器，如题图 8-25 所示。如果不发生空化，注射器的最大流量是多少？

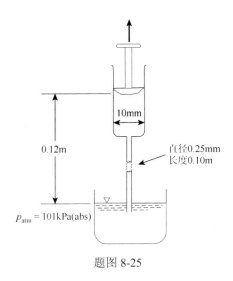

题图 8-25

8-26　确定流量为 $0.3\text{m}^3/\text{s}$ 的油（SG = 0.86，$\mu = 0.025\text{N·s/m}^2$）通过直径为 500mm 的圆管时的雷诺数，并确定流动是层流还是湍流？

8-27　对于压强为 200kPa（abs）、温度为 15℃的空气，确定流经直径为 2.0cm 的管道时的最大层流体积流量。

8-28　如题图 8-28 所示，管道内层流的流速分布与湍流的流速分布有很大的不同。在层流条件下，速度剖面呈抛物线状；当 Re = 10000 湍流时，速度剖面可以近似为图中所示的幂律剖面。

（a）对于层流，如果要测量管内的平均速度，确定将皮托管放置在什么径向位置。

（b）如果是 Re = 10000 的湍流，皮托管应放置在什么位置。

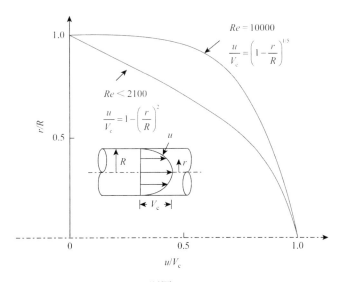

题图 8-28

8-29　10℃的水以 8m/s 的平均速度流过直径为 60mm 的光滑管道。管壁上 0.005mm 高度的锈层会从黏性底层中渗出吗？请解释原因。

8-30　水在 15℃下流过直径为 15cm 的管道，平均速度为 4.6m/s。如果这个管子是光滑的，最大粗糙度允许的高度大约是多少？

8-31　恒直径管道内的水流，测量条件如下：（a）p_a = 223kPa，z_a = 17m；断面（b）p_b = 205kPa，z_b = 21m。请问流动方向是从（a）到（b）还是从（b）到（a）？

8-32　如题图 8-32 所示，两个水箱之间放置水泵，能量线如图所示。请问流体是从 A 泵到 B 吗？解释原因。A 到泵的管径大还是 B 到泵的管径大？请解释原因。

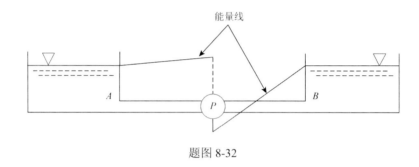

题图 8-32

8-33　一个没有流体力学经验的人，想要估计 2.5cm 直径镀锌铁管的摩擦因子，雷诺数为 8000。这个人偶然发现了简单的 $f = 64/Re$ 方程，然后用它来计算摩擦系数。试用这种方法计算摩擦因子，并估计误差。

8-34　在一场暴雨中，停车场的水完全填满了直径为 46cm 的光滑混凝土下水道。如果流量为 0.3m³/s，请确定 30m 水平管道的压降。

8-35　水以 10cm/s 的速度流过直径为 0.2m 的水平塑料管。使用穆迪图表确定每米管道的压降。

8-36　油（SG = 0.9），运动黏度为 6.5×10^{-4} m²/s，在直径为 7.6 cm 的管道中，流量为 2.8×10^{-4} m³/s。请确定此流动单位长度的水头损失。

8-37　水以 0.06m³/s 的流量流过直径为 15cm 的水平管道，每 30m 的压降为 29kPa。请确定摩擦系数。

8-38　水以平均 5.0m/s 的速度垂直向下流过直径为 10mm 的镀锌铁管，出口为自由射流。在出口上方 4m 处有一个小洞。请问水会从这个孔里漏出来，还是空气会从这个孔进入管子？如果平均速度是 0.5m/s，请再次计算。

8-39　在标准条件下，空气通过直径为 20cm，长为 4.5m 的直管，流速与压降数据如题表 8-39 所示。请确定这个数据范围内的平均摩擦系数。

题表 8-39

V/(m/min)	Δp/cmH$_2$O
1203	0.89
1136	0.81
1100	0.76

续表

V/(m/min)	Δp/cmH$_2$O
1045	0.68
1000	0.60
914	0.50
822	0.40

8-40 横向镀锌铁管流量为 0.02m³/s，直径为 60mm。如果每 10m 管道的压降为 135kPa，你认为这条管道是（a）一根新管道，（b）一根因老化而粗糙度有所增加的旧管道，还是（c）一根因淤积而部分堵塞的旧管道？计算并解释。

8-41 两根长度相等的水平管道，一根直径为 2.5cm，另一根直径为 5cm，由相同的材料制成，以相同的流速输送相同的流体。哪个管道的水头损失更大？

8-42 二氧化碳在温度为 0℃、压强为 600kPa（abs）的情况下，以 2m/s 的平均速度流过直径为 40mm 的水平管道。10m 压降为 235N/m²，计算摩擦系数。

8-43 血液（$\mu = 2.2 \times 10^{-3} \text{N·s/m}^2, SG = 1.0$）以 $7 \times 10^{-6} \text{m}^3/\text{s}$ 的流量流过长颈鹿颈部的动脉，从心脏流向头部。假设长度为 3m，直径为 0.5cm。如果动脉起始处（心脏出口）的压强相当于 0.21m Hg，则在头部（a）高于心脏 2.4m，或（b）低于心脏 1.8m 时测定动脉末端的压强。假设流动为定常流动，压强差有多少是仰角效应造成的，又有多少是摩擦效应造成的？

8-44 如题图 8-44 所示，采用 40m 长、直径为 12mm、摩擦系数为 0.020 的管道从水箱中虹吸 30℃ 的水。如果软管内没有空化现象，请确定允许的最大 h 值。

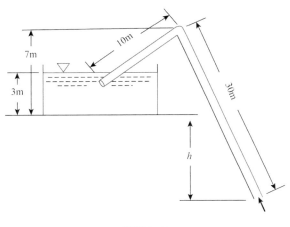

题图 8-44

8-45 汽油以 0.001m³/s 的流速在直径为 40mm 的光滑管道中流动。为防止湍流的发生，实际湍流的水头损失与层流的水头损失之比是多少？

8-46 空气以 255m³/min 的速度流入隧道。试验表明，每 450m 管道的水头损失为 3.81cm。这个风管的摩擦系数和风管表面等效粗糙度的近似尺寸是多少？

8-47 流体在雷诺数为 6000 的光滑管道中流动。如果水流可以保持层流而不是湍流，那么水头损失是多少？

8-48 标准温度、标准压强下的空气通过直径为 2.5cm 的镀锌铁管，平均流速为 2.4m/s。管道多长产生的水头损失相当于（a）带有法兰的 90 弯头，（b）一个全开角阀，或（c）一个锯齿形进口？

8-49 90°螺纹弯头与直径为 2cm 的铜管连接使用，对于整个流动，将单个弯头的损失转换为等效长度的铜管的沿程损失。

8-50 空气在 27℃和标准大气压下以 0.73m/s 的平均速度回流通过炉子过滤器。如果过滤器的压降是 0.15cmH₂O，过滤器的损失系数是多少？

8-51 为了节约用水和能源，如题图 8-51 所示，在淋浴喷头上安装了一个节流器。如果压强点

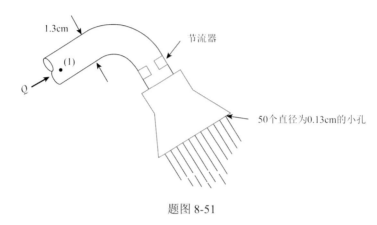

题图 8-51

（1）保持不变，节流器使管道中流量减少一半，忽略其他损失和重力影响，确定损失系数（基于管道中的速度）。

8-52 流量为 0.040m³/s 的水流流过直径为 0.12m 突然收缩为 0.06m 的管道。请确定收缩段的压降，其中有多少是由动能变化引起的？

8-53 如题图 8-53 所示，水从容器中流出。如果水在出口管道上方 7.5cm 处"冒泡"，确定阀门上需要的损失系数。入口略呈圆形。

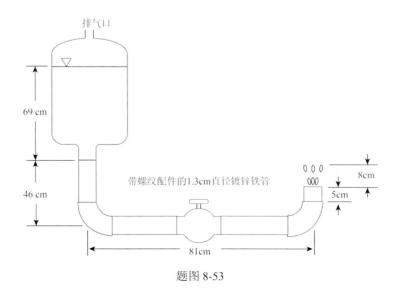

题图 8-53

8-54　如题图 8-54 所示，为了使喷泉喷嘴出口上方水流周期性地从 $h = 3\text{m}$ 上升到 $h = 6\text{m}$，池中的水首先进入一个泵，再通过一个压强调节器，在流量控制阀之前保持恒定的压强。这种阀门是电子调节的，以提供所需的水高度。当 $h = 3\text{m}$ 时，阀的损失系数 $K_L = 50$。请确定 6m 高时阀门的损失系数。除了流量控制阀以外，所有的损失都可以忽略不计。管道的面积是出口喷嘴面积的五倍。

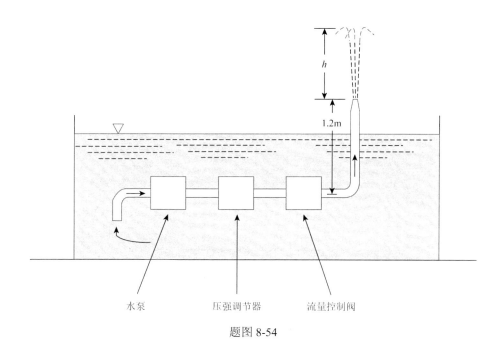

题图 8-54

8-55　如题图 8-55 所示，水流过屏幕上的管道。请确定筛管的损失系数。

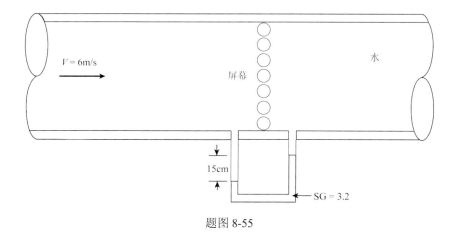

题图 8-55

8-56　气流以 $0.14\text{m}^3/\text{s}$ 的速度通过题图 8-56 所示的斜弯道。一组直径为 0.6cm 的吸管被放置在管道中，估计由这些吸管引起的点（1）和点（2）之间的额外压降。

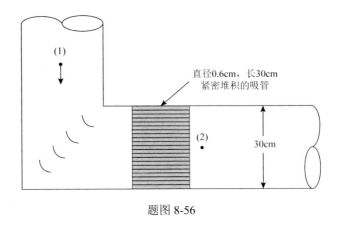

题图 8-56

8-57　空气通过题图 8-57 所示的细网纱，在管道中平均流速为 1.50m/s。请确定细网纱的损耗系数。

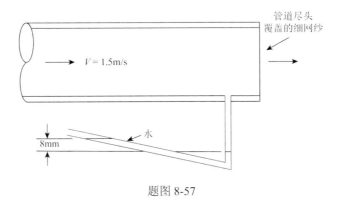

题图 8-57

8-58　如题图 8-58 所示，直径为 2cm 的镀锌铁管系统中，水以 $5.6 \times 10^{-4} \mathrm{m}^3/\mathrm{s}$ 的速度定常流动。有人说直管部分的摩擦损失与系统螺纹弯头和管件的摩擦损失相比可以忽略不计，你是否同意？计算并说明。

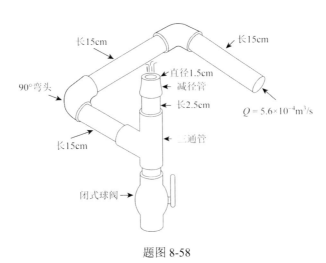

题图 8-58

8-59　给定两个等截面积的矩形管道，但不同的长宽比（宽/高）为 2 和 4，哪个会有更大的摩擦损失？解释原因。

8-60　如题图 8-60 所示，重度 SG = 0.85，黏度为 0.10Pa·s 的稠油通过六个矩形槽从油箱 A 流向油箱 B。如果总流量是 30mm^3/s，试确定槽 A 的压强。

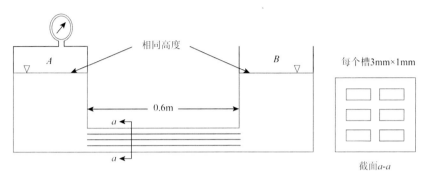

题图 8-60

8-61　在标准温度和压强下，空气以 0.2m^3/s 的速度流过 30cm×15cm 的管道，估计每 60m 管道的压降。

8-62　空气在标准条件下以 141m^3/min 的速度流过一个水平 0.3m×0.5m 的矩形木制管道，为克服 152m 风道内的流动阻力，请确定水头损失、压降和风机提供的功率。

8-63　假设一辆汽车的排气系统可以近似为长 4.2m，直径为 0.04m 的铸铁管，相当于 6 根 90mm 的铸铁管并且带有凸起的弯头和消声器。消声器的作用相当于一个电阻，其损耗系数为 $K_L = 8.5$。如果流量为 2.8×10^{-3}m^3/s，温度为 121℃，且排气具有与空气相同的特性，请确定排气系统入口处的压强。

8-64　当水箱的流量在 0～0.03m^3/s 变化且支管关闭时，如题图 8-64 所示（2）处的压力不应降至 414 kPa 以下。假设（a）局部损失可忽略不计，（b）局部损失不可忽略，确定水箱的最小高度 h。假设支管是打开的，一半的流体从槽内进入支管，一半在主线内继续流动，请再次计算。

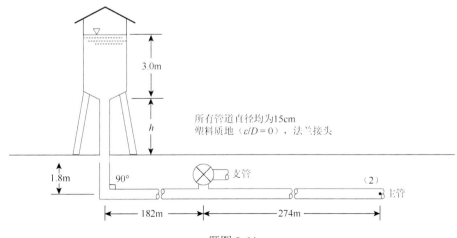

题图 8-64

8-65 如题图 8-65 所示，1.3cm 直径软管，最大承受压强为 1379kPa。如果摩擦系数为 0.022，流量为 $2.8×10^{-4}m^3/s$，请确定最大长度。忽视局部损失。

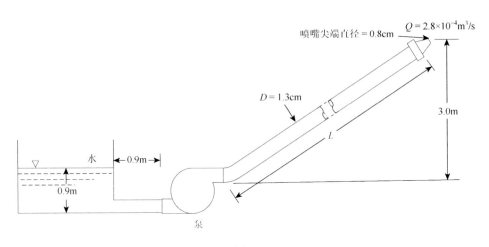

题图 8-65

8-66 根据城镇消防规定，在流量不超过 2kL/min 的情况下，商用水平钢管每 46m 的压降不得超过 7.0kPa。如果水温超过 10℃，是否可以使用直径为 15cm 的管道？

8-67 如题图 8-67 所示，10℃的水从一个湖泊中泵出。如果流量为 $0.011m^3/s$，可以使用且不产生空化现象，那么进水管的最大长度是多少？

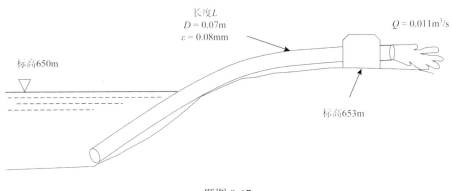

题图 8-67

8-68 在一个滑雪胜地，将 4℃的水从海拔 1306m 的池塘中以 $7.4×10^{-3}m^3/s$ 的流量通过直径 7.6cm、610m 长的钢管泵入海拔 1410m 的造雪机。如果有必要在造雪机上保持 1241kPa 的压强，请确定水泵的功率。忽视局部损失。

8-69 如题图 8-69 所示，4℃的水以 3.4L/min 的速度流过换热器的线圈。请确定水平装置的进口和出口之间的压降。

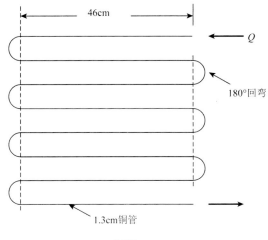

题图 8-69

8-70　水通过一根长 60m、直径为 0.3m 的管道从较低的水库抽到高于较低水库表面 10m 的较高的水库。系统的局部损失系数之和为 14.5。当水泵功率为 40kW，流量为 0.20m³/s 时，请确定管道粗糙度。

8-71　天然气（$\rho = 2.26\text{kg/m}^3$，$\nu = 0.5 \times 10^{-5}\text{m}^2\text{/s}$）以 360kg/h 的速度通过水平直径为 15cm 的铸铁管泵入。（1）段的压强为 345kPa（abs），假定流体不可压缩，试确定（2）段下游 13km 处的压强。不可压缩假设合理吗？请解释。

8-72　如题图 8-72 所示，风扇的作用是在整个管道回路中产生 40m/s 的恒定风速。直径为 3m 的光滑管道，四个 90°弯头的损失系数均为 0.30。请确定风扇功率。

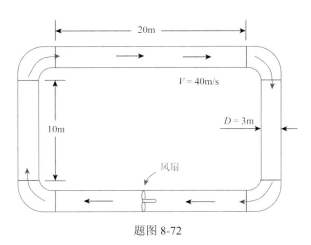

题图 8-72

8-73　如题图 8-73 所示，水从附在喷雾罐上的喷嘴流出。如果喷嘴的损失系数（基于上游条件）为 0.75，粗糙软管的摩擦系数为 0.11，请确定流量。

8-74　如题图 8-74 所示，水流过管道，忽略局部损失，并且管道上的轮子光滑，请确定螺栓的净张力。

8-75　如题图 8-75 所示，从湖中抽取 4℃的水，在不发生空化的情况下，最大流量是多少？

8-76　如题图 8-76 所示，泵加水量为 25kW，流量为 0.04m³/s。请确定如果泵从系统中移除，流量是多少。假设 $f = 0.016$，忽略局部损失。

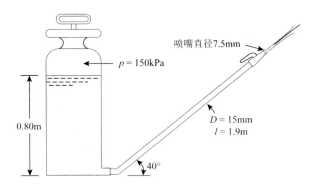

题图 8-73

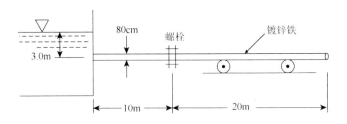

题图 8-74

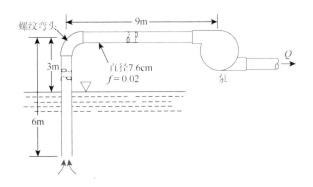

题图 8-75

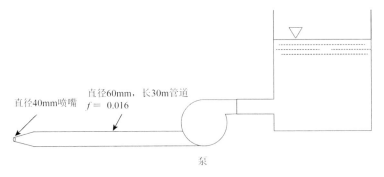

题图 8-76

8-77 如题图 8-77 所示，汽油通过直径为 10cm 的粗糙表面软管从油罐车上卸下。利用"重力倾倒"，不需要泵来提高流量。据称，这辆 33264L 容量的卡车可以在 28min 内卸货。你同意这种说法吗？计算并说明。

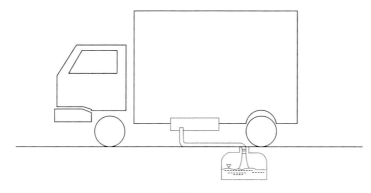

题图 8-77

8-78 题图 8-78 所示的泵送扬程为 76m，请确定水泵的功率。两个池塘的高差为 60m。

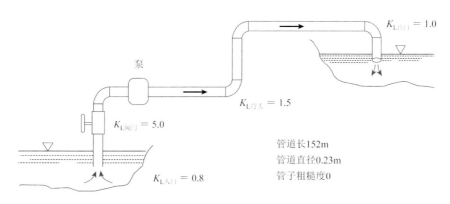

题图 8-78

8-79 如题图 8-79 所示，水从一个大水箱循环，通过过滤器，然后返回到水箱。若水泵功率为 271m·N/s，请确定通过过滤器的水的流量。

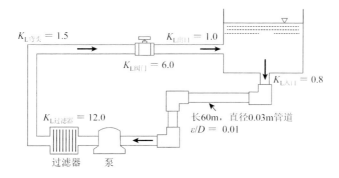

题图 8-79

8-80　水平铝管（$\varepsilon = 1.5 \times 10^{-6}$m）的流量为 0.1m³/s。入口压强为 448kPa，出口压强为 207kPa，管道长度为 152m。请确定管道直径。

8-81　水通过 1.5km 的光滑管道在两个大型露天水库之间泵送。这两个水库的水面高度相同。当泵的功率为 20kW，流量为 1m³/s 时，忽略局部损失，请确定管径。

8-82　每 30m 横钢管压降为 34kPa，输送流量为 7560L/min 的汽油，请确定钢管直径。

8-83　水通过平滑的垂直管道向下流动。当流量为 0.01m³/s 时，沿管道的压强没有变化，请确定管道的直径。

8-84　假设空气不可压缩，流经题图 8-84 所示的两根管道。若忽略局部损失，并且每根管道的摩擦系数为 0.015，试确定流量。如果用 2.5cm 直径的管道替换 1.3cm 直径的管道，试确定流量。

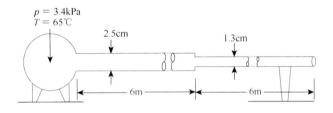

题图 8-84

8-85　如题图 8-85 所示，如果从 C 位置流体沿虚线所示管道流入 B 槽，那么 A 槽与 B 槽之间的流量会增加 30%，已知 A 槽的自由液面高于 B 槽的自由液面 8m，请确定新管道的直径 D。忽略局部的损失，假设每根管道的摩擦系数为 0.02。

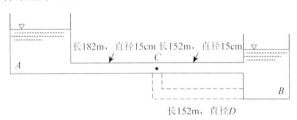

题图 8-85

8-86　如题图 8-86 所示，当阀门关闭时，水从罐 A 流向罐 B。当阀门打开时水流入罐 C，请问此时进入罐 B 的流量是多少？忽略所有局部损失，假设所有管道的摩擦系数为 0.02，各罐内液位不变。

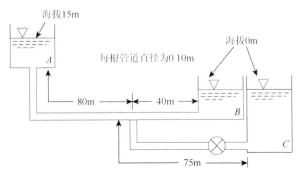

题图 8-86

8-87 题图 8-87 所示的三个水箱用管道连接。如果忽略了局部损失，假设液位不变，请确定每个管道内的流量。

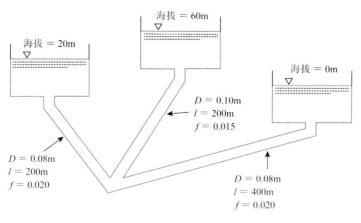

题图 8-87

8-88 一个直径为 6cm 的喷嘴流量计安装在直径为 9.7cm 的管道上，管道的温度为 71℃。如果空气-水压强计用来测量仪表上的压强差，指示读数为 1m 水柱，请确定管内流量。

8-89 水流通过题图 8-89 所示的文丘里流量计。压强计内流体的比重为 1.52，请确定水的流量 Q。

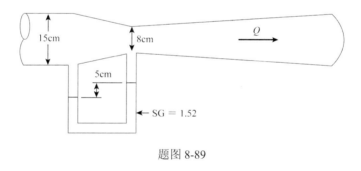

题图 8-89

8-90 如题图 8-90 所示，水以 $3 \times 10^3 \text{m}^3/\text{s}$ 的速度流过孔板流量计。如果 $d = 0.03\text{m}$，请确定 h 的值。

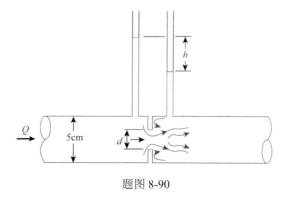

题图 8-90

第9章 黏性流体外流

本章将讨论黏性流体的外部流动，例如飞机、汽车周围的气流以及潜艇或鱼周围的水流。在这些情况下，物体完全被流体所包围，这种流动称为外部流动，简称外流。

与空气有关的外部流动通常称为空气动力学，主要研究物体（如飞机）穿越大气时所引发的外部流动。外部流动的研究不仅在航空领域中非常重要，还存在许多其他重要的例子。例如，车辆（汽车、卡车、自行车）行驶中表面上受到作用力，包括升力和阻力，也一直是流体力学研究的热点。通过改善汽车和卡车的设计，可以显著减少燃料消耗并提高车辆的操纵性能。同样，其对于船舶外形的改进也非常重要，不论是水上船只（被空气和水两种流体包围）还是潜水艇（被水完全包围）。可见，流体外部流动的研究对于改进交通工具的性能、效率和环保都具有重要意义。此外，外部流动的应用还包括物体被部分而非完全包围在流体中。例如，无论是低层建筑还是摩天大楼，设计时都必须考虑各种风效应。建筑物的外部流动分析是为了确保其能够承受风产生的压力、减少振动和保持结构的稳定性。

研究外部流动与研究其他流体力学现象一样，通常采用理论分析、数值计算和实验方法。理论分析可以解决个别外部流动特性分析问题，但由于控制方程的复杂性以及所涉及的物体几何形状的多样性，纯理论分析方法的应用有限。因此，数值计算和实验方法在掌握和预测外部流动规律中发挥着重要作用。

模型实验是研究外部流动的主要方法。例如，可以进行风洞试验，研究模型飞机、建筑物，甚至整个城市的外部流动。有些情况下，也会对实际物体进行风洞试验。图 9-1（a）展示了在风洞中的车辆实验。通过风洞试验，可以改善汽车、自行车、滑雪器等物体的性能。此外，水洞和拖曳水池实验也用于分析船舶、潜水艇等物体在流体中的运动行为。

随着计算流体力学（CFD）的发展，数值计算方法被广泛用于预测物体的外部流动。图 9-1（b）显示了 CFD 预测的 F1 赛车周围的流线。CFD 方法可以提供外流详细信息，而无须实际建立模型或原型实验，因此在工程和科学领域中得到广泛应用。

(a)   (b)

图 9-1　（a）风洞中的汽车模型；（b）通过 CFD 技术预测的气流流过赛车的流线

9.1 外流基本特征

浸没在流动流体中的物体由于其与周围流体的相互作用而受到合力。在某些情况下（例如，飞机从静止空气中飞过），流体是静止的，而物体以速度 U 穿越流体。在另一些情况下（例如，风吹过建筑物），物体是静止的，而流体以速度 U 流过物体。在这两种情况下，都可以将坐标系固定在物体上，看成流体以速度 U 流过静止的物体，这个速度称为来流速度。为方便描述，本书假定来流速度在时间和空间上都是恒定的，也就是说，有一种匀速、恒定的流体流过物体。但实际情况可能更加复杂。例如，吹过烟囱的风通常是湍流的或是阵风（非定常的），而且从烟囱顶部到底部的速度分布可能是不均匀的。但是通常认为非定常性和不均匀性是次要的。

即使来流是定常且均匀的，物体附近的流动也可能是非定常的。这种现象的例子包括机翼（或翅膀）上会出现的间歇性颤振，电话线在风中产生的规则振荡，以及物体尾流区域内的不规则湍流波动等。

外部流动的结构描述和分析的难易程度通常取决于流动中涉及的物体特点。物体通常可以分为三大类，如图 9-2 所示，包括：

（a）二维物体：这些物体是无限长的，其截面尺寸和形状在整个长度上都是恒定的。

（b）轴对称物体：这些物体的截面可以绕其对称轴旋转以形成。

（c）三维物体：这些物体可以具有或不具有对称线或对称面。

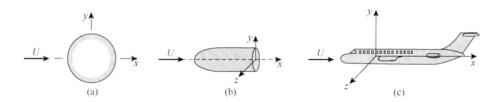

图 9-2 外部流动分类

（a）二维物体；（b）轴对称物体；（c）三维物体

实际上，真正的二维物体在自然界中几乎是不存在的，因为没有物体可以无限延伸。然而，由于许多物体足够长，可以忽略末端效应，将它们视为近似二维物体。这些不同类型的物体对外部流动的影响以及在分析和描述中的难易程度各不相同。

另一种物体形状分类是根据物体是流线型还是钝型来分类。流动特征很大程度上取决于物体流线化程度。一般来说，流线型物体（机翼、赛车等）相比于钝型物体（降落伞、建筑物等）对周围流体的影响小。通常情况下，流线型物体在流体中运动时，相较于尺寸相似的钝体，更容易以相同的速度通过流体。

9.1.1 升力和阻力

当任意物体通过流体时，物体和流体之间就会发生相互作用，这种作用可以通过流体-物体界面上的力来表示，主要包括壁面剪切应力 $\tau_{\rm w}$ 和压力 p，典型的剪切应力和压力分布如图 9-3（a）和（b）所示。$\tau_{\rm w}$ 和 p 的大小和方向都沿表面变化。

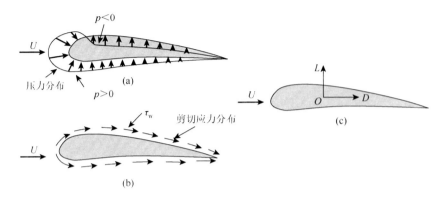

图 9-3　二维物体周围的流体对其作用力

（a）压力；（b）黏性力；（c）合力（升力和阻力）

在来流速度方向上的合力称为阻力 D，来流速度法线方向上的合力称为升力 L，如图 9-3（c）所示。对于某些三维物体，也可能存在 D 和 L 所在平面的法线方向上的侧向力。

剪切应力和压力分布的合力可以通过将这两个量对物体表面的作用力相加得到，如图 9-4 所示。流体力在微小面积单元 $\mathrm{d}A$ 上的 x 和 y 方向分力为

$$\mathrm{d}F_x = (p\mathrm{d}A)\cos\theta + (\tau_{\rm w}\mathrm{d}A)\sin\theta$$
$$\mathrm{d}F_y = -(p\mathrm{d}A)\sin\theta + (\tau_{\rm w}\mathrm{d}A)\cos\theta$$

因此，作用在物体上的 x 和 y 方向分力的合力为

$$D = \int \mathrm{d}F_x = \int p\cos\theta\mathrm{d}A + \int \tau_{\rm w}\sin\theta\mathrm{d}A \tag{9-1}$$

和

$$L = \int \mathrm{d}F_y = -\int p\sin\theta\mathrm{d}A + \int \tau_{\rm w}\cos\theta\mathrm{d}A \tag{9-2}$$

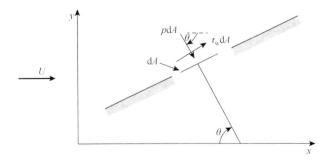

图 9-4　物体表面上微小面积单元的压力和剪切应力

当然，为了进行积分确定升力和阻力，必须知道物体形状（即 θ 作为沿物体表面的位置函数）以及 $\tau_{\rm w}$ 和 p 沿表面的分布。利用沿物体表面的一系列静压孔，可以通过实验得到压力分布。但是，壁面剪切应力的测量非常困难。

可以看出，剪切应力和压力都对升力和阻力有作用，因为对于任意物体来说，θ 在整个物体上既不会一直是 $0°$，也不会一直是 $90°$。但是也存在特殊情况，如例题 9.1，来流平行于（$\theta = 90°$）或垂直于（$\theta = 0°$）平板。

例 9.1　压力和剪切应力分布引起的阻力。

已知：如图 9-5 所示，标准条件下的空气流过平板。在（a）情况下，平板平行于来流，而在（b）情况下，平板垂直于来流。平板表面上的压力和剪切应力分布如图所示（通过实验或理论得到）。

问题：平板上的升力和阻力。

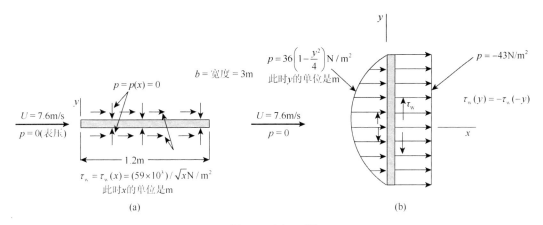

图 9-5　例 9.1 图

解：不论平板是哪种状态，升力和阻力均可从方程（9-1）和（9-2）中得到。当平板与来流平行时，顶部表面 $\theta = 90°$，底部表面 $\theta = 270°$，因此升力和阻力可从下式得

$$L = -\int_{\text{top}} p \mathrm{d}A + \int_{\text{bottom}} p \mathrm{d}A = 0$$

$$D = \int_{\text{top}} \tau_{\text{w}} \mathrm{d}A + \int_{\text{bottom}} \tau_{\text{w}} \mathrm{d}A = 2\int_{\text{top}} \tau_{\text{w}} \mathrm{d}A \qquad (9\text{-}3)$$

由于对称，顶部和底部表面的剪切应力分布是相同的，压力也是一样的（无论使用的是表压（$p = 0$）还是绝对压力（$p = p_{\text{atm}}$）），故没有产生升力。已知剪切应力分布，由式（9-3）得

$$D = 2\int_{x=0}^{1.2\text{m}} \left(\frac{59\times10^{-3}}{x^{1/2}}\ \text{N}\,/\,\text{m}^2\right)(3\ \text{m})\mathrm{d}x = 0.77\ \text{N}$$

在垂直于来流的平板上，板前 $\theta = 0°$ 和板后 $\theta = 180°$，因此，由式（9-1）和（9-2）可得

$$L = \int_{\text{front}} \tau_{\text{w}} \mathrm{d}A - \int_{\text{back}} \tau_{\text{w}} \mathrm{d}A = 0$$

$$D = \int_{\text{front}} p \mathrm{d}A - \int_{\text{back}} p \mathrm{d}A$$

同样也没有升力，这是因为压力平行于来流（在 D 方向而不是 L 方向），剪切应力是关于板中心对称的。在给定的相对较大的板前压力（板的中心是一个驻点）和板后的负压（小于来流压力），得到阻力

$$D = \int_{y=-0.6}^{0.6} \left[36 \left(1 - \frac{y^2}{4} \right) N / m^2 - (-43) N / m^2 \right] 3 \, m dy = 280.5 \, N$$

讨论：很明显，有两种机制产生阻力。在基本的流线型物体（平行于流动的零厚度平板）上，阻力完全是由于表面的剪切应力造成的，在这个例子中，这部分阻力相对较小。对于基本钝体（一个垂直于上游流动的平板），阻力完全是由于物体前后两部分之间的压力差造成的，在这个例子中，这部分阻力相对较大。

如图 9-6 所示，如果平板相对于来流以任意角度放置，则会产生升力和阻力，两者都与剪切应力和压力有关。顶部和底部表面的压力和剪切应力分布都是不同的。

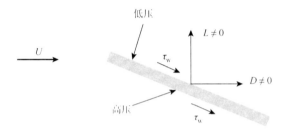

图 9-6　例 9.1 图（c）

尽管公式（9-1）和（9-2）对于任何物体都是有效的，但使用它们的难点在于获得适当的物体表面剪切应力和压力分布。为确定这些物理量，已经进行了相当多的研究，但通常只能在某些简单情况下获得准确的结果。

如果没有关于物体上的剪切应力和压力分布，则不能使用式（9-1）和式（9-2）。通常，可以采用替代方法，如简化分析、数值计算或适当的实验，来定义无量纲升力系数和阻力系数，并获得近似值。升力系数 C_L 和阻力系数 C_D 定义为

$$C_L = \frac{L}{\frac{1}{2}\rho U^2 A}, \qquad C_D = \frac{D}{\frac{1}{2}\rho U^2 A}$$

在上述公式中，A 代表物体的特征面积。通常情况下，A 被视为迎风面积，即从与来流速度 U 平行的方向看向物体时所能看到的投影区域面积，就像是物体在沿着来流方向的光线下的阴影面积，如图 9-7 所示。但也有一些情况下，A 被视为平面面积，即从与来

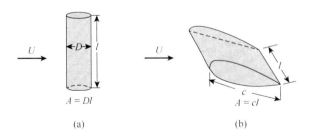

图 9-7　外流的特征面积

（a）流过圆柱；（b）流过翼型

流速度垂直的方向（从"上面"）看向物体时所能看到的面积。因此，在定义升力系数和阻力系数时，需要明确指出使用的是哪种特征面积，以确保准确性和一致性。

9.1.2　绕流物体的特点

外部流动流场的特征与物体的形状密切相关。流经简单几何形状（如球体或圆柱体）所形成的流场通常比流经复杂形状（如飞机或树木）所形成的流场简单。然而，即使在流经最简单形状的物体时，也可能会产生相当复杂的流动现象。

对于给定形状的物体，流动的特性很大程度上取决于各种参数，包括物体的尺寸、流动方向、速度和流体的属性。正如在第 7 章中所讨论的，从量纲分析的角度来看，流动的特性应该取决于各种无量纲数。对于典型的外部流动，其中最重要的参数是雷诺数（Re），定义为 $Re = \rho Ul/\mu = Ul/\nu$，以及马赫数（$Ma$），定义为 $Ma = U/c$。而对于存在自由表面的流动，例如两种不同流体之间的界面流动（如流经船体表面的流动），还需要考虑弗劳德数（Fr），定义为 $Fr = U/\sqrt{gl}$。这些无量纲数可以帮助我们理解和描述流动特性，以便更好地分析和预测外部流动。

首先，研究升力和阻力如何随雷诺数的变化而变化。雷诺数表示惯性效应和黏性效应的比值。在没有黏性效应的情况下（$\mu = 0$），雷诺数将趋向无限大。另外，如果没有惯性效应（即质量可以被忽略，或 $\rho = 0$），雷诺数将趋近于零。显然，实际流动都会在这两个极端之间。流经物体的流动特性很大程度上取决于是 $Re \gg 1$ 还是 $Re \ll 1$。

目前所熟悉的大多数外部流动都与特征长度为 $0.01\text{m} < l < 10\text{m}$ 的中等大小的物体有关。另外，来流速度一般为 $0.01\text{m/s} < U < 100\text{m/s}$，并且所涉及的流体通常是水或空气。对于这样的流动，所得的雷诺数范围大约为 $10 < Re < 10^9$。图 9-8 所示为空气的相关数据。根据经验，$Re > 100$ 的流动以惯性效应为主导，而 $Re < 1$ 的流动以黏性效应为主导。因此，大多数常见的外部流动都由惯性效应主导。

另一方面，存在许多外部流动情况，其雷诺数远小于 1，表明这种情况下黏性力相对于惯性力更为重要。例如，在湖水中，小颗粒的直径小且沉降速度慢，因此它们的沉降受到低

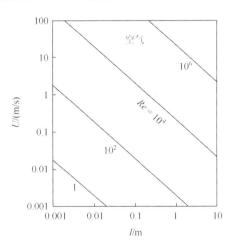

图 9-8　空气雷诺数与特征长度和速度的关系

雷诺数流动的影响。类似地，由于油的黏度较大，物体穿越高黏度的油时，雷诺数也较低。通过考虑流经两种不同物体的流动情况，即一个是平行于来流速度的平板，另一个是圆柱体，可以解释流经流线型和钝型物体时高雷诺数和低雷诺数流动之间的一般差异。

当流体以不同的雷诺数 $Re = \rho Ul/\mu$（0.1、10 和 10^7）流经三个长度为 l 的平板时，如图 9-9 所示。如果雷诺数较低，黏性效应相对较强，平板会在板前、板上、板下和板后影

响均匀的来流。流场中速度变化不超过未受扰动的值的 1%（即 $U-u < 0.01U$）的区域，这一区域被称为无黏性区，通常位于离平板相对较远的位置。在低雷诺数流动中，黏性效应在物体的各个方向都是显著的。

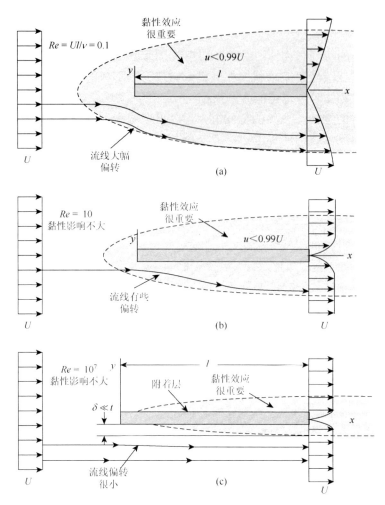

图 9-9　平行于来流平板的定常黏性流体流动特征

（a）低雷诺数流动；（b）中等雷诺数流动；（c）高雷诺数流动

　　随着雷诺数的增加（例如，通过增加 U），除下游以外的所有方向上黏性效应占主导的区域面积都有所减小，如图 9-9（b）所示。不需要距离板前、板上或板下很远的位置就出现无黏性效应区域。流线与原始均匀的来流条件相比发生偏移，但偏移幅度不如图 9-9（a）所示 $Re = 0.1$ 时的所产生的偏移幅度大。

　　当雷诺数很大（但不是无限大）时，流动受惯性效应主导，黏性效应在除了紧贴平板表面的区域和平板后面相对较薄的尾流区之外的地方都可忽略不计，如图 9-9（c）所示。由于流体的黏度不是零（$Re < \infty$），所以流体必须与固体表面紧密接触（即存在无滑

移边界条件）。在平板附近，有一个薄边界层区域，其厚度为 $\delta = \delta(x) \ll l$，即相对于平板长度而言较薄。在边界层中，流体速度从来流速度 $u = U$ 的值逐渐减小到平板表面上的零速度。边界层的厚度从平板前缘或前缘处的零值开始，然后沿着流动方向逐渐增加。边界层内的流动可以是层流或湍流，这取决于各种参数的具体情况。

例 9.2　绕流的流动特征。

已知：通过实验确定汽车绕流的各种流动特性，如图 9-10 所示。

（a）甘油以 $U = 20mm/s$ 的流速流过高 34mm，长 100mm，宽 40mm 的比例模型；

（b）速度为 $U = 20mm/s$ 的空气流过相同尺寸的模型；

（c）速度为 $U = 25m/s$ 的空气流过真车，车高 1.7m，长 5m，宽 2m。

问题：三种情况的流动特征是否相似？并解释原因。

图 9-10　例 9.2 图

解：流过物体时的流动特征取决于雷诺数。本例中，可以选择特征长度为汽车的高度 h、宽度 b 或长度 l，以获得三个雷诺数，$Re_h = Uh/v$，$Re_b = Ub/v$，以及 $Re_l = Ul/v$。雷诺数会因为 h，b，l 的值不同而有所不同。确定了特征长度，在模型和原型比较时，所有的计算都必须使用这个长度。

利用从附录表 B-1 和表 B-2 获得的甘油和空气的运动黏度 $v_{air} = 1.46 \times 10^{-5} m^2/s$，$v_{glyceriin} = 1.19 \times 10^{-3} m^2/s$，可以得到如表 9-1 所示数值。

表 9-1　不同介质内外流的雷诺数

雷诺数	（a）甘油中的模型	（b）空气中的模型	（c）空气中的汽车
Re_h	0.571	46.6	2.91×10^6
Re_b	0.672	54.8	3.42×10^6
Re_l	1.68	137.0	8.56×10^6

显然，这三种流动的雷诺数完全不同（无论选择哪个特征长度）。根据前面有关流过平板或流过圆柱的流动的讨论，实际车辆的流动在某种程度上类似于图 9-9（c）或图 9-11（c）所示的流动。这意味着它具有边界层的特征，其中黏性效应被限制在汽车表面相对较薄的层（边界层）中及其后面的尾流区附近。这个黏性作用的大小取决于汽车设计时的流线化程度。

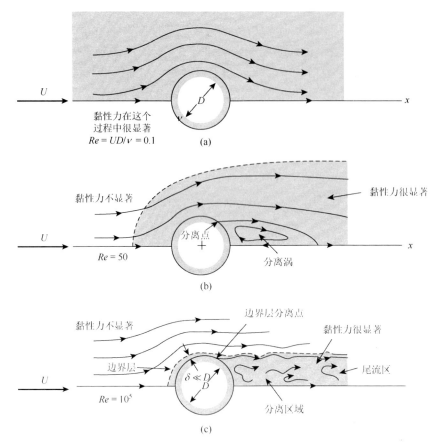

图 9-11　绕过圆柱体的定常黏性流体流动的特征

（a）低雷诺数流动；（b）中等雷诺数流动；（c）高雷诺数流动

　　由于在甘油流过模型车的流动所涉及的雷诺数较小，因此主要受黏性效应的影响，与图 9-9（a）或 9-11（a）所示的流动相似。类似地，空气以中等雷诺数流过模型时，可能会出现与图 9-9（b）和 9-11（b）所示流动特征相似的特征。黏性效应此时很重要——虽然不如在甘油流动中那么重要，但也要比流过真车的流动中的黏性效应重要。

　　如前所述，无论使用 Re_h，Re_b 还是 Re_l，流过真车的流动与流过两个模型的流动都是不相似的。除非模型和原型的雷诺数相等，否则流过模型汽车和真车的流动将不会相似。确保雷诺数相等并不是一件容易的事。最佳解决方案是在非常大的风洞中测试全尺寸的原型（见图 9-1）。

9.2　边　界　层

　　边界层外部的流线基本上是平行于平板的。平板的存在对边界层外部的流线影响非常小，无论是在平板前方、平板上方还是平板下方。另外，尾流区完全是由于流体与平板之间的黏性相互作用所产生的。

　　1904 年，德国物理学家和空气动力学家普朗特提出了边界层的概念，这是流体力学的一项重大进步。他提出：边界层是指在物体表面上的一个薄层区域，在这个区域内，黏性效应占主导地位，而在其外部，流体的行为基本上是无黏性的。显然，实际流体的黏度在整个过程中都是相同的，只是在边界层内或外，由于速度梯度的存在，黏性效应的相对重要性不同。通过这种假设，可以简化对高雷诺数流动的分析，从而解决与外部流动相关的问题。

　　与上述讨论的平板流动类似，流过钝型物体（如圆柱体）的流动也会随着雷诺数的变化而变化。通常情况下，雷诺数越大，黏性效应起主导作用的流场区域面积就越小。然而，对于没有充分流线型化的物体，流动会表现出另一个特征，称为流动分离，如图 9-11 和图 9-12 所示。

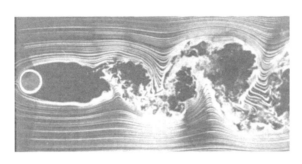

图 9-12　典型圆柱绕流流线图

　　低雷诺数流过圆柱体的流动（$Re = UD/\nu < 1$）的特点表现为整个流场的大部分区域都受到圆柱体和相应的黏性效应的影响。如图 9-11（a）所示，对于 $Re = UD/\nu = 0.1$，黏性效应在圆柱体的各个方向上都非常重要。此外，该流动的另一个关键特征是流线基本上是关于圆柱体中心对称的，即圆柱体前后的流线模式是相同的。

　　随着雷诺数的增加，圆柱体前部黏性效应起主要作用的区域变小，仅在圆柱体前方的一小段距离内起作用。黏性效应在下游区域引发对流，流动失去了来流和去流之间的对称性。外部流动的另一个特征——在分离点上流体脱离物体，如图 9-11（b）所示。随着雷诺数的增加，流体的惯性效应增强，导致流体无法紧贴圆柱表面流动，故在分离点上发生流动分离，从而在圆柱体的后方形成一个分离涡，分离涡内的一些流体实际上是逆流的，即它们与来流的速度方向相反。

　　在更大的雷诺数下，受到黏性力影响的区域向下游逐渐延伸，直到该区域包括在圆柱体前方有一层非常薄的（$\delta \ll D$）边界层，以及延伸到圆柱体下游的不规则、非定常（可能是湍流的）尾流区，如图 9-11（c）所示。边界层和尾流区之外的区域中的流体表现得像无黏性流体一样。然而，实际上，在整个流场中，流体的黏度保持不变。黏性效应的作用取决于所在的流场区域，边界层和尾流区内的速度梯度远大于流场其余部分的速度梯度。由于剪切应力（即黏性效应）是流体黏度和速度梯度的乘积，因此可以认为黏性效应主要在边界层和尾流区起作用。

　　图 9-9 和图 9-11 中描述的平板绕流和圆柱绕流的特征分别是流过流线型和钝型物体

的典型流动，流动的性质在很大程度上取决于雷诺数。最常见的流动类似于图 9-9（c）和图 9-11（c）所示的高雷诺数流动，而不是低雷诺数流动的情形。

正如前文所讨论的，一般来说，可以将绕流视为边界层中的黏性流动与其他位置的非黏性流动的组合。如果雷诺数足够大，那么黏性效应主要出现在物体附近的边界层区域（以及物体后面的尾流区）。在边界层内，必须考虑无滑移边界条件，该条件要求流体附着在其流经的任何固体表面上；而在边界层之外，垂直于流动的速度梯度相对较小，即使黏度不为零，流体也会像无黏性流体一样流动。出现这种流动结构的关键条件是具有足够大的雷诺数。

9.2.1　平板上的边界层特点及厚度

边界层的尺寸和边界层内的流动结构可以有很大变化。引起变化的部分原因是物体的形状，因为边界层是在物体表面形成的。在本节中，考虑最简单的情况，即边界层形成在一个无限长平板上，在这个平板上流动的是一种黏性不可压缩流体，如图 9-13 所示。如果表面是弯曲的，比如圆柱体或机翼，那么边界层结构将更加复杂，这类流动将在第 9.2.6 节中讨论。

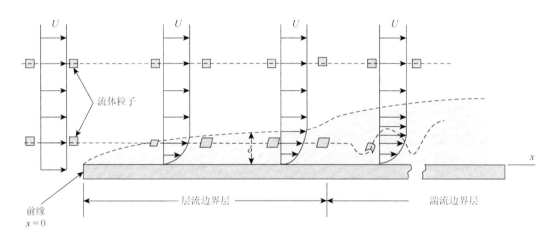

图 9-13　流体粒子在边界层中流动时的变形

如果雷诺数足够大，则只有在平板上相对薄的边界层中的流体才会受到平板的作用。也就是说，除了在紧贴平板的区域内，其他位置的流体速度就是来流速度 $V = U\hat{i}$。

对于有限长度的板，显然可以使用板的长度 l 作为特征长度。对于无限长的平板，可以使用从平板前缘开始沿着平板的坐标距离 x 作为特征长度，并定义雷诺数为 $Re_x = Ux/v$。因此，对于任何流体或来流速度，如果平板足够长，雷诺数对于边界层流动来说会足够大（就像在图 9-9（c）中所示）。从物理角度，这意味着图 9-9 所示的不同流动情况都可以在同一块无限长平板上观察到。

如果平板足够长，雷诺数 $Re = Ul/v$ 就可以足够大，从而使流动具有边界层特征，除了非常靠近前缘的位置。在这个尺度下（如图 9-9（c）所示），平板对于前方的流体影响可以被忽略，只有在相对较薄的边界层和尾流区才会受到平板的影响。正如前面所提到的，这一假设是由普朗特于 1904 年首次提出的，它是流体力学分析的一个重大转折点。

　　通过考虑进入边界层的流体粒子的情况，可以更好地理解边界层流动的结构。如图 9-13 所示，一个小的矩形粒子在边界层外的均匀流动中保持其原始形状。一旦进入边界层，粒子开始扭曲，因为边界层内的速度梯度导致粒子的顶部速度大于底部速度。流体粒子在边界层外流动时是无旋的，但当它们穿过假设的边界层表面进入黏性流动时，就开始旋转。边界层外部的流动是无旋的，而在边界层内部是有旋的。

　　在前缘下游方向的一定距离处，边界层流动会过渡为湍流，这时由于湍流的随机和不规则特性，流体粒子开始发生扭曲。湍流的一个显著特征是流体粒子的不规则混合，其尺寸范围从最小的流体粒子到与相关物体相当大小的流体粒子。与层流不同，混合发生在湍流中的多个尺度上，其中最小尺度通常比层流混合的典型尺度小几个数量级。从层流边界层过渡到湍流边界层的雷诺数临界值 $Re_{x_{cr}}$ 范围在 2×10^5 到 3×10^6 之间，具体数值取决于表面的粗糙度和来流中的湍流程度。如图 9-14 所示，随着自由流速度的增加，层流边界层过渡为湍流边界层的位置会向前缘方向移动。

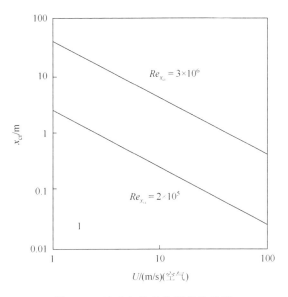

图 9-14　流速与临界位置的关系图

　　边界层的存在导致流体从来流速度 U 逐渐减小，最终在物体表面上达到零速度。这种速度减小的过程与垂直于物体表面的坐标 y 有关，通常表现为速度分布曲线 $u = u(x, y)$。在边界层内，$y = 0$ 处的速度 V 等于零，而在边界层边缘，$V = U\hat{i}$。边界层的厚度对于这种速度分布曲线是一个重要参数，因为它决定了从来流速度到零速度的过渡距离。这种边界层的特性不仅出现在平板上的流动中，还在各种流体流动中都有存在。例如，在汽车表面的气流、街道排水沟中的水流以及大气中的风吹过表面（无论是土地或水）时的情况下都会出现。

　　实际上，边界层并没有明确定义的"边界"，这是一个逐渐变化的区域。边界层厚度 δ 通常定义为在这个区域内流体的速度减小到来流速度的一定比例。这意味着在

边界层内，速度迅速减小，而在远离物体的地方，速度接近来流速度 U。一般情况下，如图 9-15（a）所示，

$$\delta = y, \qquad u = 0.99U$$

为了消除这种任意性（即为什么是 99%？为什么不是 98%？），引入了以下定义。图 9-15（b）展示了流经平板的两个速度分布图，一个是无黏度的情况（均匀分布），另一个是具有黏度且壁面无滑移的情况（边界层型）。在边界层内，由于速度损失（$U-u$），通过截面 b-b 的流速低于通过截面 a-a 的流速。然而，如果将板在 a-a 处移动适当的距离 δ^*（边界层位移厚度），那么两个截面上的流速将会相等，即

$$\delta^* bU = \int_0^\infty (U-u)b\mathrm{d}y$$

式中，b 是平板的宽度。因此，

$$\delta^* = \int_0^\infty \left(1 - \frac{u}{U}\right)\mathrm{d}y \tag{9-4}$$

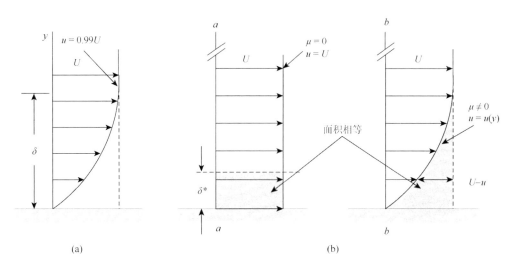

图 9-15　边界层厚度

（a）边界层名义厚度；（b）边界层位移厚度

　　边界层位移厚度指为了使假想的均匀无黏性流动具有与实际黏性流动相同的质量流量属性而必须增加的厚度。它表示流线的向外偏移是由黏性效应引起的。这个想法能够实现模拟边界层外部流动，方法是在实际壁面上增加位移厚度，并将加厚部分以上的流动视为无黏流动。

　　例 9.3　边界层位移厚度。

　　已知：气流以 3m/s 的匀速度进入长 0.6m 的方形风道，在壁面上形成边界层。

　　如图 9-16 所示，核心区域内（边界层外）的流体流动假定为无黏性。通过预先计算，确定了这种流动的边界层位移厚度为

$$\delta^* = 0.004(x)^{1/2} \tag{9-5}$$

式中，δ^* 和 x 的单位为 m。

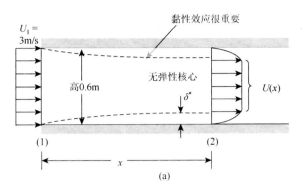 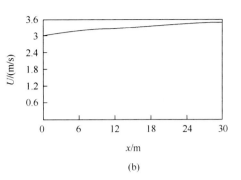

图 9-16　例 9.3 图

问题：确定管道内边界层外空气的速度 $U = U(x)$。

解：如果假定为不可压缩流动（由于流速较低，这是一个合理的假设），那么可以得出管道任何部分的体积流量都等于入口的体积流量（即 $Q_1 = Q_2$）。也就是说，

$$U_1 A_1 = 3\text{m}/\text{s}(0.6\text{m})^2 = 1.1\text{m}^3/\text{s} = \int_{(2)} u\,\mathrm{d}A$$

根据位移厚度 δ^* 的定义，通过截面（2）的流量与流速为 U 的均匀流通过内壁面向内移动 δ^* 厚度的管道的流量相同，也就是说，

$$1.1\text{m}^3/\text{s} = \int_{(2)} u\,\mathrm{d}A = U(0.6\text{m} - 2\delta^*)^2 \qquad (9\text{-}6)$$

联立式（9-5）和式（9-6）可得

$$1.1\text{m}^3/\text{s} = U(0.6\text{m} - 0.008x^{1/2})^2$$

即得

$$U = \frac{1.1}{(0.6\text{m} - 0.008x^{1/2})^2}\,\text{m}/\text{s}$$

讨论：注意 U 在下游方向增加。例如，如图 9-16 所示，当 $x = 30\text{m}$ 时，$U = 3.56\text{m/s}$。黏性效应使流体紧贴管道壁，减小了管道的有效尺寸，因此（根据质量守恒定律）导致流体加速。所以压降可以用截面（1）到（2）的沿流线的无黏性伯努利方程得到，其中这个方程对边界层内的黏性流动是无效的，而对边界层外的无黏流是有效的。因此，

$$p_1 + \frac{1}{2}\rho U_1^2 = p + \frac{1}{2}\rho U^2$$

因此，当 $\rho = 1.20\text{kg/m}^3$ 和 $p_1 = 0$ 时，有

$$p = \frac{1}{2}\rho\left(U_1^2 - U^2\right) = \frac{1}{2}(1.20\text{kg}/\text{m}^3)$$
$$\times\left[(3\text{m}/\text{s})^2 - \frac{(1.1)^2}{(0.6\text{m} - 0.008x^{1/2})^4}\ \text{m}^2/\text{s}^2\right]$$
$$= 0.6\left[9 - \frac{1.2}{(0.6\text{m} - 0.008x^{1/2})^4}\right]\text{N}/\text{m}^2$$

例如，在 $x = 30\text{m}$ 时 $p = -2.12\text{N/m}^2$。

如果希望流体沿管道入口区域的中心线保持恒定的速度，则可使壁面向外位移量等于边界层位移厚度 δ^*。

另一个边界层厚度的定义是边界层动量厚度 θ，通常用于测定物体上的阻力。由于边界层内速度减小（U–u），根据图 9-15，b-b 截面的动量通量小于 a-a 截面的动量通量。因此，在平板宽度上，实际边界层流动的动量通量损失可以表示为

$$\int \rho u(U-u)\mathrm{d}A = \rho b \int_0^\infty u(U-u)\mathrm{d}y$$

根据定义，上式等于速度为 U、厚度为 θ 的边界层内的动量通量，即

$$\rho b U^2 \theta = \rho b \int_0^\infty u(U-u)\mathrm{d}y$$

或为

$$\theta = \int_0^\infty \frac{u}{U}\left(1-\frac{u}{U}\right)\mathrm{d}y \tag{9-7}$$

三个边界层厚度定义 δ，δ^* 和 θ 都会用于边界层分析。

边界层的概念建立在边界层非常薄的基础上。在平板流动的情况下，这意味着在平板上的任何位置 x，边界层厚度都远小于 x，也就是 $\delta \ll x$。同样，位移厚度 δ^* 和边界层动量厚度 θ 也都远小于 x。这种情况只有在远离平板前缘的位置才成立，通常需要 x 满足 $Re_x \geqslant 1000$ 这一条件。

边界层流动的结构和属性取决于流动是层流还是湍流。如图 9-17 所示，这两种情况下边界层厚度和壁面剪切应力都是不同的。

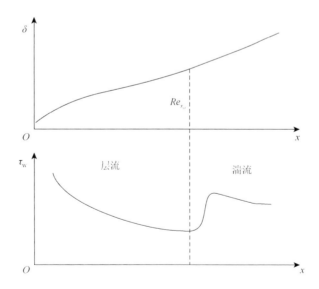

图 9-17　平板上的层流和湍流边界层厚度与壁面剪切应力图

9.2.2　普朗特-布拉休斯边界层精确解

理论上，黏性不可压缩流动特征可以通过求解 Navier-Stokes 方程得到。对于定常的、

重力效应可以忽略的二维层流，Navier-Stokes 方程可简化为

$$u\frac{\partial u}{\partial x}+\upsilon\frac{\partial u}{\partial y}=-\frac{1}{\rho}\frac{\partial\rho}{\partial x}+\nu\left(\frac{\partial^2 u}{\partial x^2}+\frac{\partial^2 u}{\partial y^2}\right) \tag{9-8}$$

$$u\frac{\partial \upsilon}{\partial x}+\upsilon\frac{\partial \upsilon}{\partial y}=-\frac{1}{\rho}\frac{\partial\rho}{\partial y}+\nu\left(\frac{\partial^2 \upsilon}{\partial x^2}+\frac{\partial^2 \upsilon}{\partial y^2}\right) \tag{9-9}$$

此外，不可压缩流动的质量守恒方程为

$$\frac{\partial u}{\partial x}+\frac{\partial \upsilon}{\partial y}=0 \tag{9-10}$$

边界条件为远离物体的流体速度为来流速度，且流体紧贴在物体表面。尽管从数学角度上可以进行求解，但迄今为止，尚未获得关于流经任何物体表面的这些控制方程的解析解。目前，有许多工作正在进行，以获得这些方程的数值解。

基于前几节介绍的边界层概念，普朗特提出了一些适用于高雷诺数流动的假设，从而简化了控制方程。在此基础上，普朗特的学生布拉休斯（H. Blasius，1883—1970）于 1908 年成功求解了与平行于平板的边界层流动相关的简化方程。下面简要介绍这一方法及其结果。

由于边界层很薄，垂直于平板的速度分量可以比平行于平板的速度分量小得多，并且边界层内任何参数在与边界层垂直方向上的变化率都远大于在平行于平板的流动方向上的变化率，即

$$\upsilon \ll u, \quad \frac{\partial}{\partial x} \ll \frac{\partial}{\partial y}$$

在物理上，流动主要平行于平板，任何流体参数沿流线向下游对流的速度都比跨流线扩散的速度快得多。

通过这些假设，控制方程（式（9-8）、式（9-9）和式（9-10））可以简化为以下边界层方程：

$$\frac{\partial u}{\partial x}+\frac{\partial \upsilon}{\partial y}=0 \tag{9-11}$$

$$u\frac{\partial u}{\partial x}+\upsilon\frac{\partial u}{\partial y}=\nu\frac{\partial^2 u}{\partial y^2} \tag{9-12}$$

虽然这些边界层方程与原始的 Navier-Stokes 方程都是非线性偏微分方程，但它们之间仍存在重要的区别。首先，边界层方程消去了 y 动量方程，只保留了未经修改的连续性方程和 x 动量方程。同时，压力项被消除，只保留速度在 x 和 y 方向的分量作为未知参数。对于平板上的边界层流动，整个流体的压力是恒定的。这种流动的表示方式反映了黏性效应和惯性效应之间的平衡，而压力并不起主要的作用。

如图 9-18 所示，边界层控制方程的边界条件是流体紧贴板时有

$$u=\upsilon=0, \quad y=0 \tag{9-13}$$

并且在边界层之外的流动是恒定的来流 $u = U$，即

$$u \to U, \quad y \to \infty \tag{9-14}$$

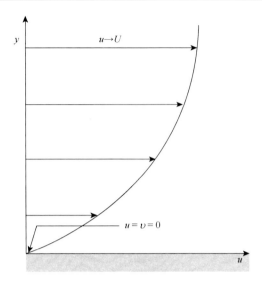

图 9-18　平板边界层流速分布图

从数学角度分析，Navier-Stokes 方程（式（9-8）和式（9-9））和连续性方程（式（9-10））是椭圆方程，而边界层流动方程（式（9-11）和式（9-12））是抛物线方程。因此，这两组方程的解的性质是不同的。从物理上讲，这一事实可以解释为边界层中某一特定位置的下游方向所发生的事情不会影响该点来流方向所发生的事情。也就是说，无论图 9-9（c）所示平板的长度是 l 还是延伸到 $2l$，在长度为 l 的第一段内的流动都是相同的。此外，平板的存在对平板前面的流动没有影响。而椭圆型方程允许流动信息向各个方向传播，包括来流方向。

即使控制方程已得到了进一步的简化，但一般情况下，求解非线性偏微分方程（例如边界层方程，如式（9-11）和式（9-12））也是非常困难的。然而，通过巧妙的坐标变换和变量替换，布拉休斯成功将这些偏微分方程简化为可以解析求解的常微分方程。下面简要介绍这个解法。

认为在无量纲形式中平板上的边界层速度分布都是相似的分布，而与在平板上的位置无关，即

$$\frac{u}{U} = g\left(\frac{y}{\delta}\right)$$

式中，$g(y/\delta)$ 是一个待确定的未知函数。另外，对边界层内流体所受的力进行数量级分析，可以看出边界层厚度随 x 的平方根增大，与 U 的平方根成反比，即

$$\delta \sim \left(\frac{\upsilon x}{U}\right)^{1/2}$$

这样的结论来自边界层内黏性力和惯性力之间的平衡，以及速度在穿过边界层方向的变化比沿边界层方向的变化快这一事实。

因此，引入无量纲相似变量 $\eta = (U/\upsilon x)^{1/2}$ 和流函数 $\psi = (\upsilon x U)^{1/2} f(\eta)$，其中 $f = f(\eta)$

是一个未知函数。二维流动的速度分量用流函数 $u = \partial \psi / \partial y$ 和 $\upsilon = -\partial \psi / \partial x$ 表示，对于此流动变为

$$u = Uf'(\eta) \tag{9-15}$$

和

$$\upsilon = \left(\frac{\nu U}{4x}\right)^{1/2} (\eta f' - f) \tag{9-16}$$

符号$( )' = \mathrm{d}/\mathrm{d}\eta$。将式（9-15）和式（9-16）代入控制方程（9-11）和（9-12），得到（经过大量的处理）下列非线性三阶常微分方程：

$$2f''' + ff'' = 0 \tag{9-17a}$$

如图 9-19 所示，式（9-13）和式（9-14）给的边界条件可以写为

$$\begin{aligned} f = f' = 0, \quad \eta = 0 \\ f' \to 1, \quad \eta \to \infty \end{aligned} \tag{9-17b}$$

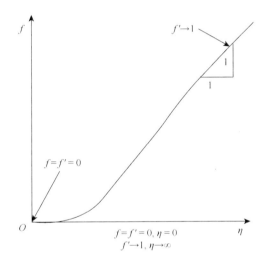

图 9-19 f 关于 η 的函数关系图

这种方法通过引入相似变量 η，将原本包含两个独立变量 x 和 y 的偏微分方程以及边界条件成功地简化成一个只包含 η 的普通微分方程。这种方法在处理边界层方程（式（9-11）和式（9-12））时非常有用，但不适用于完整的 Navier-Stokes 方程。

通过数值解法求解方程（9-17）的数值解（即 Blasius 解）得到的无量纲边界层速度分布如图 9-20（a）所示，并在表 9-2 中列出。这些速度分布在不同 x 位置是相似的，因此只需一条曲线就可描述边界层中任意点的速度，这是因为相似变量 η 包含 x 和 y。从图 9-20（b）可以看出，实际速度曲线是 x 和 y 的函数。x_1 处的速度分布与 x_2 处的相同，只是 y 坐标拉伸了 $(x_2/x_1)^{1/2}$ 倍。可以通过改变运动黏度 ν 来实现边界层速度曲线的类似变化，如图 9-21 所示。

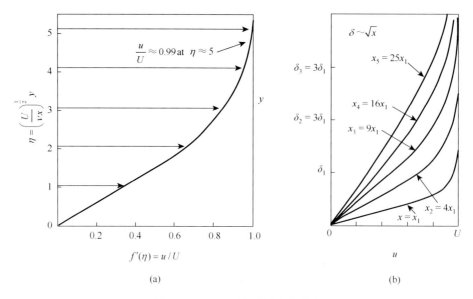

图 9-20 Blasius 边界层速度分布

（a）使用相似变量 η 得到的无量纲边界层速度分布；（b）沿平板不同位置相似的边界层速度分布

表 9-2　平板上层流流动（Blasius 解）

$\eta = y(U/\nu)^{1/2}$	$f'(\eta) = u/U$	η	$f'(\eta)$
0	0	3.6	0.9233
0.4	0.1328	4.0	0.9555
0.8	0.2647	4.4	0.9759
1.2	0.3938	4.8	0.9878
1.6	0.5168	5.0	0.9916
2.0	0.6298	5.2	0.9943
2.4	0.7290	5.6	0.9975
2.8	0.8115	6.0	0.9990
3.2	0.8761	∞	1.0000

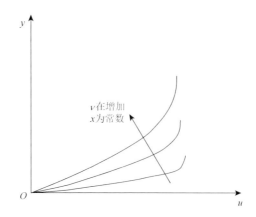

图 9-21　不同运动黏度下的平板边界层速度曲线

从解中可以看出，当 $\eta = 5.0$ 时，$u/U \approx 0.99$。因此，

$$\delta = 5\sqrt{\frac{\nu x}{U}}$$

或

$$\frac{\delta}{x} = \frac{5}{\sqrt{Re_x}} \qquad (9\text{-}18)$$

式中，$Re_x = Ux/\nu$。位移厚度和动量厚度也可以表示为

$$\frac{\delta^*}{x} = \frac{1.721}{\sqrt{Re_x}} \qquad (9\text{-}19)$$

和

$$\frac{\theta}{x} = \frac{0.664}{\sqrt{Re_x}} \qquad (9\text{-}20)$$

根据假设，当 Re_x 较大时，边界层较薄，即当 $Re_x \to \infty$ 时 $\delta/x \to 0$。

在已知速度分布的情况下，确定壁面剪切应力，$\tau_w = \mu(\partial u/\partial y)_{y=0}$，是一件容易的事，其中速度梯度可以在平板处测量。$y = 0$ 时的 $\partial u/\partial y$ 值可从 Blasius 解中得出

$$\tau_w = 0.332U^{3/2}\sqrt{\frac{\rho\mu}{x}} \qquad (9\text{-}21)$$

如方程（9-21）和图 9-22 所示，由于边界层厚度的增加，剪切应力随 x 的增加而减小——壁上的速度梯度随 x 的增加而减小。同样，τ_w 与 $U^{3/2}$ 成函数关系，而不是充分发展层流管流的 U。

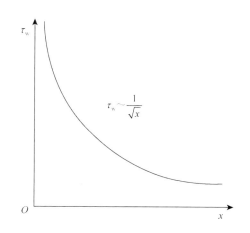

图 9-22　Blasius 边界层厚度与剪切应力的关系图

9.2.3　边界层的动量积分方程

边界层理论的一个重要应用是确定物体上由剪切应力产生的阻力。如前文所讨论的，这些剪切应力可以从边界层内的控制微分方程中推导出。考虑流过平板和固定控制体积

的均匀流动，如图9-23所示。在这种情况下，假设整个流场的压力是恒定的。在板的前缘（截面（1））进入控制体的流动是均匀的，而流出控制体（截面（2））的流动速度从边界层边缘来流速度变化到平板上的零速度。

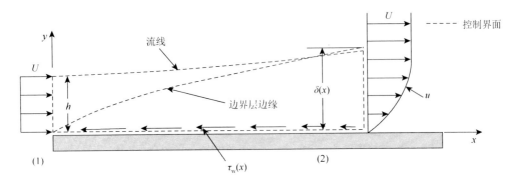

图9-23 边界层控制体积示意图

与板相邻的流体组成了控制表面的下部。控制体上表面与截面（2）边界层边缘外侧的流线重合。除截面（2）外，该流线不应该（事实上也不会）与边界层的边缘重合。如果将动量方程（式（5-40））的 x 分量应用于该控制体积内的定常流动，得到

$$\sum F_x = \rho \int_{(1)} uV \cdot \hat{n} \mathrm{d}A + \rho \int_{(2)} uV \cdot \hat{n} \mathrm{d}A$$

式中，对于平板宽度 b 有

$$\sum F_x = -D = -\int_{plate} \tau_w \mathrm{d}A = -b \int_{plate} \tau_w \mathrm{d}x \tag{9-22}$$

D 是由于平板产生的对流体的阻力。由于平板是实心的，并且控制体积的上表面是流线型，所以没有流体通过这些区域。因此

$$-D = \rho \int_{(1)} U(-U) \mathrm{d}A + \rho \int_{(2)} u^2 \mathrm{d}A$$

或为

$$D = \rho U^2 bh - \rho b \int_0^{\delta} u^2 \mathrm{d}y \tag{9-23}$$

虽然高度 h 是未知的，但根据质量守恒，截面（1）的流量必和截面（2）的流量相等，即

$$Uh = \int_0^{\delta} u \mathrm{d}y$$

或写为

$$\rho U^2 bh = \rho b \int_0^{\delta} Uu \mathrm{d}y \tag{9-24}$$

因此，联立式（9-23）和式（9-24），可以得到通过控制体积出口的动量流量亏损的阻力为

$$D = \rho b \int_0^{\delta} u(U-u) \mathrm{d}y \tag{9-25}$$

图9-24说明了流体外部流动的动量如何损失。如果流动是无黏性的，会得到 $u = U$，因此方程（9-25）右侧将是零（这与 $\mu = 0$ 时 $\tau_w = 0$ 是一致的），所以此时阻力也是零。式（9-25）揭示了一个重要事实，即平板上边界层内流动受剪切阻力（方程（9-25）的左侧）和流体

动量减小（方程（9-25）的右侧）之间的平衡。随着 x 的增加，δ 增加，阻力增加。边界层的加厚对于克服平板上由黏性剪切应力产生的阻力是必要的。这与水平充分发展的管道流动相反，在水平充分发展的管道流动中，流体的动量保持恒定，剪切应力被沿管道的压力梯度所抵消。

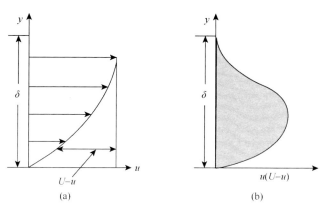

图 9-24　外部流动的动量损失

方程（9-25）的发展及其应用最早是在 1921 年由匈牙利力学家冯·卡门 Theodore von Kármán，1881—1963）提出的。通过比较式（9-25）和式（9-7），可以知道阻力可以写成边界层动量厚度 θ 的形式：

$$D = \rho b U^2 \theta \qquad (9\text{-}26)$$

注意：该方程对于层流和湍流都有效。

剪切应力分布可以通过方程（9-26）两侧进行对 x 的微分得到

$$\frac{\mathrm{d}D}{\mathrm{d}x} = \rho b U^2 \frac{\mathrm{d}\theta}{\mathrm{d}x} \qquad (9\text{-}27)$$

平板单位长度上阻力增量 $\mathrm{d}D/\mathrm{d}x$ 是与边界层动量厚度的增加相关的，动量厚度的增加表示流体动量减少。

由于 $\mathrm{d}D = \tau_w b \mathrm{d}x$（见方程（9-22））可写为

$$\frac{\mathrm{d}D}{\mathrm{d}x} = b\tau_w \qquad (9\text{-}28)$$

通过联立方程（9-27）和（9-28），就可以得到平板上边界层的动量积分方程：

$$\tau_w = \rho U^2 \frac{\mathrm{d}\theta}{\mathrm{d}x} \qquad (9\text{-}29)$$

该方程的用处在于通过相当简略的假设即获得近似的边界层结果。例如，如果知道边界层中详细的速度分布（即在 9.2.2 节讨论的 Blasius 解），就可以用式（9-26）求出阻力值，也可以用式（9-29）求出剪切应力值。幸运的是，即使是对速度分布的一个相当简略的假设，也能从式（9-29）中得到合理的阻力和剪切应力结果。

例 9.4　边界层动量积分方程。

已知：考虑不可压缩流体在 $y = 0$ 处流过平板的层流。边界层速度分布为：在 $0 \leqslant y \leqslant \delta$ 时 $u = Uy/\delta$，在 $y > \delta$ 时 $u = U$，如图 9-25 所示。

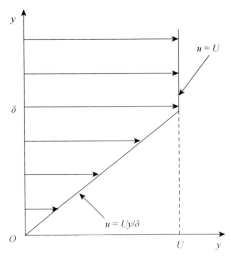

图 9-25　例 9.4 图

问题：用动量积分方程确定剪切应力，并与式（9-21）给出的 Blasius 结果进行比较。

解：方程（9-29）给出的剪应力为

$$\tau_{\mathrm{w}} = \rho U^2 \frac{\mathrm{d}\theta}{\mathrm{d}x} \tag{9-30}$$

但对于层流可以知道 $\tau_{\mathrm{w}} = \mu(\partial u / \partial y)_{y=0}$。对于假设的应力分布有

$$\tau_{\mathrm{w}} = \mu \frac{U}{\delta} \tag{9-31}$$

同时，由式（9-7）有

$$
\begin{aligned}
\theta &= \int_0^\infty \frac{u}{U}\left(1 - \frac{u}{U}\right)\mathrm{d}y = \int_0^\delta \frac{u}{U}\left(1 - \frac{u}{U}\right)\mathrm{d}y \\
&= \int_0^\delta \left(\frac{y}{\delta}\right)\left(1 - \frac{y}{\delta}\right)\mathrm{d}y = \frac{\delta}{6}
\end{aligned} \tag{9-32}
$$

注意，现在不知道 δ 的值（但猜测其与 x 有相应的函数关系）。

联立式（9-30）、式（9-31）、式（9-32），可以得到下列关于 δ 的微分方程：

$$\frac{\mu U}{\delta} = \frac{\rho U^2}{6}\frac{\mathrm{d}\delta}{\mathrm{d}x}$$

或

$$\delta \mathrm{d}\delta = \frac{6\mu}{\rho U}\mathrm{d}x$$

这可以从平板前 $x = 0$（其中 $\delta = 0$）积分到任意边界层厚度为 δ 的位置 x。结果为

$$\frac{\delta^2}{2} = \frac{6\mu}{\rho U}x$$

或

$$\delta = 3.46\sqrt{\frac{\nu x}{U}} \tag{9-33}$$

注意这个近似结果（即速度分布实际上不是假设的简单直线），与式（9-18）给出的
Blasius 结果相比是很贴近的。

壁面剪切应力可以通过联立式（9-30）、式（9-32）、式（9-33）得

$$\tau_w = 0.289 U^{3/2} \sqrt{\frac{\rho\mu}{x}}$$

同样这个近似结果和式（9-21）给出的 Blasius 结果很贴近（误差在 13%内）。

如例 9.4 所示，可以使用动量积分方程（9-29）和假设的速度分布来获得合理的近似
边界层结果。这些结果的准确性取决于假定的速度分布与实际分布的接近程度。

因此，考虑一般速度分布：

$$\frac{u}{U} = g(Y), \quad 0 \leqslant Y \leqslant 1$$

和

$$\frac{u}{U} = 1, \quad Y > 1$$

式中，无量纲坐标 $Y = y/\delta$ 在边界层上从 0 到 1 变化。无量纲函数 $g(Y)$ 可以是任意形状，
但它应该是对边界层分布的合理近似，如图 9-26 所示。

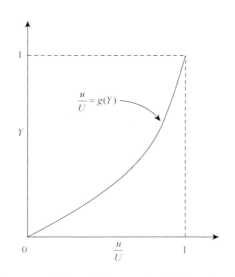

图 9-26　无量纲函数关于无量纲坐标的近似函数

特别地，它必须满足的边界条件为在 $y = 0$ 时 $u = 0$ 和在 $y = \delta$ 时 $u = U$，即

$$g(0) = 0, \quad g(1) = 1$$

例 9.4 中使用的线性函数 $g(Y) = Y$ 也是一种可能的速度分布。其他条件，如在 $Y = 1$
时 $\mathrm{d}g/\mathrm{d}Y = 1$（即在 $y = \delta$ 时，$\partial u / \partial y = 0$），也可以合并到函数 $g(Y)$ 中，以更逼近实际分布。

对于一个给定的 $g(Y)$，阻力可以通过式（9-25）确定为

$$D = \rho b \int_0^\delta u(U - u)\mathrm{d}y = \rho b U^2 \delta \int_0^1 g(Y)[1 - g(Y)]\mathrm{d}Y$$

或

$$D = \rho b U^2 \delta C_1 \tag{9-34}$$

式中，无量纲常数 C_1 的值为

$$C_1 = \int_0^1 g(Y)[1 - g(Y)]\mathrm{d}Y$$

同样，壁面剪切应力可以写为

$$\tau_{\mathrm{w}} = \mu \frac{\partial u}{\partial y}\Big|_{y=0} = \frac{\mu U}{\delta} \frac{\mathrm{d}g}{\mathrm{d}Y}\Big|_{Y=0} = \frac{\mu U}{\delta} C_2 \tag{9-35}$$

式中，无量纲常数 C_2 的值为

$$C_2 = \frac{\mathrm{d}g}{\mathrm{d}Y}\Big|_{Y=0}$$

通过联立方程（9-28）、（9-34）和（9-35）可以得到

$$\delta\mathrm{d}\delta = \frac{\mu C_2}{\rho U C_1}\mathrm{d}x$$

从 $x = 0$ 时 $\delta = 0$ 开始积分得

$$\delta = \sqrt{\frac{2\nu C_2 x}{U C_1}}$$

或

$$\frac{\delta}{x} = \frac{\sqrt{2C_2 / C_1}}{\sqrt{Re_x}} \tag{9-36}$$

代回方程（9-35）得

$$\tau_{\mathrm{w}} = \sqrt{\frac{C_1 C_2}{2}} U^{3/2} \sqrt{\frac{\rho\mu}{x}} \tag{9-37}$$

要使用式（9-36）和式（9-37），必须确定 C_1 和 C_2 的值。图 9-27 和表 9-3 给出了几种假想的速度曲线和结果值 δ。假设的曲线越接近实际的曲线（即 Blasius），最终的结果就越准确。对于任意假设的曲线形状，δ 和 τ_{w} 对物理参数 ρ、μ、U 和 x 的函数依赖性是相同的。只有常数不同，即 $\delta \sim (\mu x/\rho U)^{1/2}$ 或 $\delta Re_x^{1/2}/x = $ 常数，$\tau_{\mathrm{w}} \sim (\rho\mu U^3/x)^{1/2}$，其中 $Re_x = \rho Ux/\mu$。

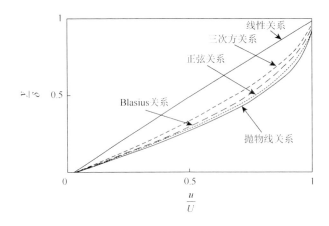

图 9-27　动量积分方程得到的典型近似边界层速度分布图

表 9-3　对平板上层流不同假设速度分布的动量积分结果

曲线特点	$\delta Re_x^{1/2}/x$	$c_f Re_x^{1/2}$	$C_{Df} Re_l^{1/2}$
a. Blasius 关系	5.00	0.664	1.328
b. 线性关系	3.46	0.578	1.156
c. 抛物线性关系	5.48	0.730	1.460
d. 三次方关系	4.64	0.646	1.292
e. 正弦关系	4.79	0.655	1.310

通常使用无量纲的局部摩擦系数 c_f 来表示壁面剪切应力，定义为

$$c_f = \frac{\tau_w}{\frac{1}{2}\rho U^2} \tag{9-38}$$

从式（9-37）得到近似值

$$c_f = \sqrt{2C_1 C_2}\sqrt{\frac{\mu}{\rho U x}} = \frac{\sqrt{2C_1 C_2}}{\sqrt{Re_x}}$$

Blasius 解为

$$c_f = \frac{0.664}{\sqrt{Re_x}} \tag{9-39}$$

这些结果在表 9-3 中也列了出来。

对于一个长 l 和宽 b 的平板，净摩擦阻力 D_f 可以用摩擦阻力系数 C_{Df} 表示为

$$C_{Df} = \frac{D_f}{\frac{1}{2}\rho U^2 bl} = \frac{b\int_0^l \tau_w \mathrm{d}x}{\frac{1}{2}\rho U^2 bl}$$

或为

$$C_{Df} = \frac{1}{l}\int_0^l c_f \mathrm{d}x \tag{9-40}$$

用上述近似值 $c_f = (2C_1 C_2 \mu / \rho U x)^{1/2}$ 得到

$$C_{Df} = \frac{\sqrt{8C_1 C_2}}{\sqrt{Re_l}}$$

式中，$Re_l = Ul/\nu$ 是以平板长度为特征长度的雷诺数。由 Blasius 解（式（9-39））得到的对应值如图 9-28 所示，有

$$C_{Df} = \frac{1.328}{\sqrt{Re_l}}$$

这些结果在表 9-3 中也列了出来。

边界层动量积分方法为获得边界层结果提供了一种简单的方法。正如 9.2.5 节和 9.2.6 节所讨论的，这种方法可以扩展到曲面上的边界层流动（其中边界层边缘的压力和流体速度不是恒定的）和湍流流动。

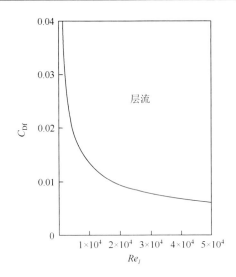

图 9-28　Blasius 解得到的外掠平板流动摩擦阻力系数 C_{Df} 与雷诺数的关系

9.2.4　层流到湍流边界层的过渡

　　表 9-3 给出的解析解仅适用于沿零压力梯度平板上的层流边界层流动。直到边界层流动变成湍流的之前，表中所列结果与实验结果非常吻合，只要平板足够长，由层流到湍流的转换对于任何来流速度和任何流体都会发生。因为控制层流向湍流转换的关键参数是雷诺数——在这种情况下，雷诺数的特征长度是距平板前缘的距离，即 $Re_x = Ux/v$。

　　层流边界层向湍流边界层转换的雷诺数的值是涉及各种参数的一个相当复杂的函数，这些参数包括表面的粗糙度、表面的曲率（如平板或球体）以及边界层外流扰动等。在典型气流中，前缘锋利的平板上，发生过渡的临界 $Re_{x_{\mathrm{cr}}} = 2 \times 10^5 \sim 3 \times 10^6$。除非另有说明，一般采用 $Re_{x_{\mathrm{cr}}} = 5 \times 10^5$ 进行计算。

　　实际上从层流到湍流边界层的过渡发生在一个区域，而不是在一个特定的单一位置。这是由于过渡的不均匀造成的。通常，转换开始于板上 $Re_x = Re_{x_{\mathrm{cr}}}$ 的附近。这些转换点在向下游对流时会变多，直到整个板在宽度方向上被湍流覆盖。图 9-29 所示的照片说明了这一过渡过程。

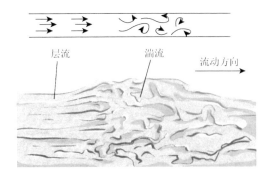

图 9-29　平板的转换点和从层流到湍流的过渡

层流向湍流转换的复杂过程涉及流场的不稳定性。施加在边界层流动上的小扰动（即由于板的振动，表面的粗糙度，或流过板的流动的"波动"）会增强（不稳定）或衰减（稳定）这一稳定性，关键取决于扰动被引入流动的位置。如果这些扰动发生在 $Re_x < Re_{x_{cr}}$ 的位置，扰动将会消失，边界层会在该位置变为层流。如果扰动施加在 $Re_x > Re_{x_{cr}}$ 的位置，扰动将增强，并将该位置下游的边界层流动转变为湍流。对这些湍流爆发或转换点的起始、生长和结构的研究是流体力学研究的一个重要领域。

从层流到湍流的转换也涉及边界层速度曲线形状的变化。在转换位置附近得到的典型曲线如图 9-30 所示。湍流曲线比层流曲线更平坦，壁面速度梯度更大，边界层厚度更大。

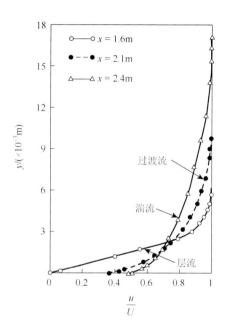

图 9-30　平板层流、过渡流和湍流的典型边界层速度分布

例 9.5　边界层转换。

已知：流体以 $U = 3\text{m/s}$ 的速度定常流过一个平板。

问题：如果流体是（a）15℃的水，（b）标准空气，或（c）20℃的甘油，那么边界层大约在什么位置会变成湍流？在那一点的边界层有多厚？

解：对于任何流体，层流边界层厚度可以从方程（9-18）得出

$$\delta = 5\sqrt{\frac{\nu x}{U}} \tag{9-41}$$

边界层一直为层流，直到

$$x_{cr} = \frac{\nu Re_{x_{cr}}}{U}$$

因此，如果假设 $Re_{x_{cr}} = 5 \times 10^5$，可以得到

$$x_{cr} = \frac{5 \times 10^5}{3 \mathrm{m/s}} \nu = 1.7 \times 10^5 \nu$$

由式（9-41）得

$$\delta_{cr} \equiv \delta \big|_{x=x_{cr}} = 5 \left[\frac{\nu}{3} (1.7 \times 10^5 \nu) \right]^{1/2} = 1190 \nu$$

其中，ν 单位为 m²/s，x_{cr} 和 δ_{cr} 单位为 m。从附录表 B-1 和表 B-2 得到运动黏度的值，将其与相应的 x_{cr} 和 δ_{cr} 列在表 9-4 中。

表 9-4　不同介质内边界层厚度

流体	ν /(m²/s)	x_{cr}/m	δ_{cr}/m
水	1.12×10^{-6}	0.190	1.3×10^{-3}
空气	1.46×10^{-5}	2.482	0.017
甘油	1.19×10^{-3}	202.3	1.42

讨论：如果黏度增加，层流可以维持在板的较长部分。然而，如果平板足够长，边界层流动最终会变成湍流。同样，黏度增加时边界层厚度增大。

9.2.5　湍流边界层流动

湍流边界层流动的结构非常复杂，具有随机性和不规则性。它展现出与湍流管道流相似的特征，特别是流动中任何位置的速度以不稳定和随机的方式变化。湍流可以看成是不同大小（直径和旋转速度）的旋涡交织混合而成。图 9-31 为平板上湍流边界层的激光诱导荧光显示。在湍流中，各种流体性质，如质量、动量和能量，在自由流向下游的过程中，通过与湍流旋涡相关的有限尺寸的流体粒子的随机输运，跨越边界层，进行对流。这些有限尺寸的旋涡涉及大量的混合，远超出了层流情况下的混合，在层流中，混合仅限于分子尺度。尽管流体粒子在垂直于平板方向上存在相当大的随机运动，但沿边界层的垂直方向，净质量传递非常有限，因为最大的质量流动始终是平行于平板方向的。

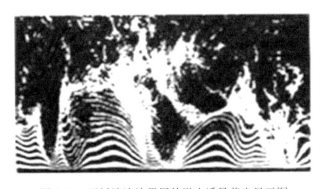

图 9-31　平板湍流边界层的激光诱导荧光显示图

　　然而，由于粒子的随机运动，垂直于平板方向上的动量在 x 分量上发生相当大的净传递。向平板靠近的流体粒子（负 y 方向）带有额外的动量（来自速度较高的区域），而平板移除了这些多余的动量。相反，离平板较远的粒子（正 y 方向）获得了动量，因为它们来自速度较低的区域。最终结果是，平板起到了动量吸收的作用，不断地从流体中提取动量。对于层流情况，动量传递仅在分子尺度上发生。但对于湍流，随机性与流体粒子的混合相关。因此，湍流边界层流动的剪切应力明显大于层流边界层流动的剪切应力（参见 8.3.2 节）。

　　对于湍流边界层流动没有"精确"的解。如 9.2.2 节所讨论的，可以通过求解平板的 Prandtl 边界层方程得到 Blasius 解。但由于在湍流中没有剪切应力的精确表达式，因此对于湍流边界层没有解。然而，利用近似剪切应力关系来获得湍流边界层数值解的研究已取得较大的进展。此外，对于基本控制方程，在 Navier-Stokes 方程的直接数值积分方面也取得了一定进展。

　　湍流边界层的近似结果可以用动量积分方程（式（9-29））得到，该方程对层流和湍流均有效。求解这个方程需要对速度曲线 $u = Ug(Y)$ 进行合理假设，其中 $Y = y/\delta$，u 为时间平均速度（为了方便起见，不再使用 8.3.2 节的 $\bar{u}$），以及描述壁面剪切应力分布的函数。对于层流，壁面剪切应力为 $\tau_w = \mu(\partial u/\partial y)_{y=0}$。理论上，这种方法也应该适用于湍流边界层。然而，如前所述，对于湍流，壁面上速度梯度分布还不清楚。因此，目前只能用一些经验关系式计算湍流边界层壁面剪切应力。

　　例 9.6　湍流边界层性质。

　　已知：考虑不可压缩流体经过平板时的湍流。假设边界层速度曲线为当 $Y = y/\delta \leqslant 1$ 时，$u/U = (y/\delta)^{1/7} = Y^{1/7}$，当 $Y > 1$ 时，$u = U$，如图 9-32 所示。这是实验观察到的速度曲线的合理近似，除了非常接近平板时，该公式给出了在 $y = 0$ 时，$\partial u/\partial y = \infty$。注意所假定的湍流速度分布和层流速度分布之间的差异，同时假定剪切应力遵循实验确定的公式：

$$\tau_w = 0.0225\rho U^2 \left(\frac{\nu}{U\delta}\right)^{1/4} \tag{9-42}$$

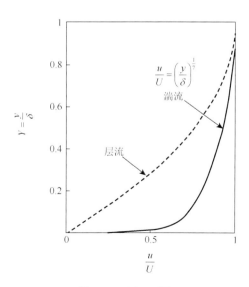

图 9-32　例 9.6 图

问题：确定边界层厚度 δ，δ^* 和 θ，以及确定壁面剪切应力 τ_w 为 x 的相关函数。确定摩擦阻力系数 C_{Df}。

解：无论流动是层流还是湍流，阻力确实是由流过平板的流体动量的减少所引起的。根据边界层动量厚度 θ 沿平板距离增加而增加的速率，由式（9-29）可得剪切应力为

$$\tau_w = \rho U^2 \frac{\mathrm{d}\theta}{\mathrm{d}x} \tag{9-43}$$

对于假设的速度曲线，边界层动量厚度可以从式（9-7）得到

$$\theta = \int_0^\infty \frac{u}{U}\left(1 - \frac{u}{U}\right)\mathrm{d}y = \delta\int_0^1 \frac{u}{U}\left(1 - \frac{u}{U}\right)\mathrm{d}Y$$

积分得

$$\theta = \delta\int_0^1 Y^{1/7}(1 - Y^{1/7})\mathrm{d}Y = \frac{7}{72}\delta \tag{9-44}$$

式中，δ 为与 x 相关的未知函数。通过将假设的剪切应力关系式（9-43）与式（9-44）联立，可以得到以下关于 δ 的微分方程：

$$0.0225\rho U^2\left(\frac{\nu}{U\delta}\right)^{1/4} = \frac{7}{72}\rho U^2 \frac{\mathrm{d}\delta}{\mathrm{d}x}$$

或

$$\delta^{1/4}\mathrm{d}\delta = 0.231\left(\frac{\nu}{U}\right)^{1/4}\mathrm{d}x$$

从 $x = 0$ 时 $\delta = 0$ 开始积分得

$$\delta = 0.370\left(\frac{\nu}{U}\right)^{1/5}x^{4/5} \tag{9-45}$$

无量纲形式为

$$\frac{\delta}{x} = \frac{0.370}{Re_x^{1/5}}$$

严格来说，平板前缘附近的边界层是层流而不是湍流，精确的边界条件应该是初始湍流边界层厚度（在转换位置），与该点的层流边界层厚度相匹配。然而，实际中，层流边界层往往存在于平板相对较短的部分，湍流边界层在 $x = 0$ 处从 $\delta = 0$ 开始的误差可以忽略不计。

位移厚度 δ^* 和动量厚度 θ 可以由式（9-4）和式（9-7）积分得到

$$\delta^* = \int_0^\infty\left(1 - \frac{u}{U}\right)\mathrm{d}y = \delta\int_0^1\left(1 - \frac{u}{U}\right)\mathrm{d}Y$$

$$= \delta\int_0^1(1 - Y^{1/7})\mathrm{d}Y = \frac{\delta}{8}$$

因此联立式（9-45）可得

$$\delta^* = 0.0463\left(\frac{\nu}{U}\right)^{1/5}x^{4/5}$$

同样，从式（9-42）得

$$\theta = \frac{7}{72}\delta = 0.0360\left(\frac{\nu}{U}\right)^{1/5}x^{4/5} \qquad (9\text{-}46)$$

δ，δ^* 和 θ 函数依赖性是一样的，只是常数项不一样，一般 $\theta < \delta^* < \delta$。

联立式（9-43）和式（9-45），得到壁面剪切应力

$$\tau_w = 0.0225\rho U^2 \left[\frac{\nu}{U(0.370)(\nu/U)^{1/5}x^{4/5}}\right]^{1/4}$$

$$= \frac{0.0288\rho U^2}{Re_x^{1/5}}$$

在长度方向上积分可以得到平板一侧的摩擦阻力 D_f 为

$$D_f = \int_0^l b\tau_w \mathrm{d}x = b\left(0.0288\rho U^2\right)\int_0^l \left(\frac{\nu}{Ux}\right)^{1/5}\mathrm{d}x$$

$$= 0.0360\rho U^2 \frac{A}{Re_l^{1/5}}$$

式中，$A = bl$ 是平板的面积。（该结果也可以通过联立式（9-26）和式（9-46）中给出的动量厚度表达式得到。）相关的摩擦阻力系数 C_{Df} 为

$$C_{Df} = \frac{D_f}{\frac{1}{2}\rho U^2 A} = \frac{0.0720}{Re_l^{1/5}}$$

讨论：注意到对于湍流边界层流动，边界层厚度随着 x 增加，为 $\delta \sim x^{4/5}$；剪切应力减少，为 $\tau_w \sim x^{-1/5}$。对于层流，依赖性分别为 $x^{1/2}$ 和 $x^{-1/2}$。湍流的随机特性造成了流动的不同结构。

显然，本例给出的结果仅在原始数据的有效范围内有效——假定的速度分布和剪切应力。这个范围为 $5\times10^5 < Re_l < 10^7$ 的光滑平板。

一般来说，长度为 l 的平板的阻力系数是雷诺数 Re_x 和相对粗糙度 ε/l 的函数。图 9-33 通过大量实验的测试获得。对于层流边界层流动，阻力系数仅与雷诺数有关，表面粗糙度并不重要。这类似于管道中的层流。然而，对于湍流，表面粗糙度会影响剪切应力，从而影响阻力系数。这类似于湍流的管道流动，在湍流中，表面粗糙度可能会有突出部分进入或穿过靠近壁面的黏性底层，从而改变这一很薄但非常重要的边界层的流动（见 8.4.1 节）。

图 9-33 的阻力系数图（边界层流动）与穆迪图（管道流动）有许多共同的特性，尽管控制流动的机制有很大的不同，充分发展的水平管道流动受压力和黏性力之间的平衡控制。流体的惯性在整个流动过程中保持恒定。水平平板上的边界层流动是由惯性效应和黏性力之间的平衡控制的。压强在整个流体中保持恒定。

通常用一个与雷诺数和相对粗糙度有关的方程来表示阻力系数更方便，而不是用图 9-33 所示的图形表示。虽然对于整个 $Re_l \sim \varepsilon/l$ 范围没有一个方程是有效的，但表 9-5 中给出的方程对于所指出的条件是适用的。

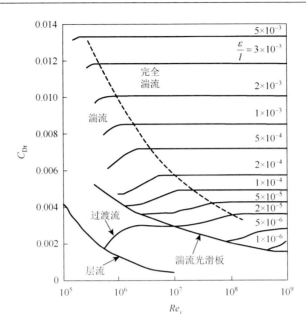

图 9-33　平行于来流平板上的摩擦阻力系数

表 9-5　平板阻力系数的经验方程

方程	流动条件
$C_{\mathrm{Df}} = 1.328 / (Re_l)^{0.5}$	层流
$C_{\mathrm{Df}} = 0.455 / (\log Re_l)^{2.58} - 1700 / Re_l$	过渡流 $Re_{x_{cr}} = 5 \times 10^5$
$C_{\mathrm{Df}} = 0.455 / (\log Re_l)^{2.58}$	湍流，光滑平板
$C_{\mathrm{Df}} = [1.89 - 1.62 \log(\varepsilon / l)]^{-2.5}$	完全湍流

例 9.7　平板上的阻力。

已知：如图 9-34（a）所示，滑水板在 20℃的水中以速度 U 移动。

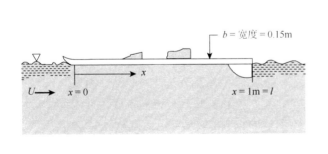

(a)

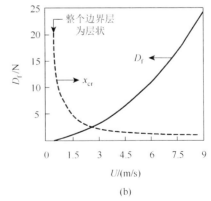

(b)

图 9-34　例 9.7 图

问题：在 $0<U<9\mathrm{m/s}$ 的情况下，估计由滑水板底部的剪切应力引起的阻力。

解：显然，滑水板不是平板，并且未与来流完全平行。然而，可以使用平板的结果得到一个合理的剪切应力近似值。也就是说，由滑水板底部剪切应力（壁面剪切应力）引起的摩擦阻力 D_f 可以确定为

$$D_\mathrm{f}=\frac{1}{2}\rho U^2 lbC_\mathrm{Df}$$

由 $A=lb=1\mathrm{m}\times0.15\mathrm{m}=0.15\mathrm{m}^2$，$\rho=999.8\mathrm{kg/m^3}$，$\mu=1.002\times10^{-3}\mathrm{N\cdot s/m^2}$（见附录表 B-1），可得

$$D_\mathrm{f}=\frac{1}{2}(999.8\mathrm{kg/m^3})(0.15\mathrm{m}^2)U^2C_\mathrm{Df}=75U^2C_\mathrm{Df} \qquad(9\text{-}47)$$

式中，D_f 和 U 的单位分别为 N 和 m/s。

摩擦系数 C_Df 可以从图 9-33 中得到，也可以从表 9-5 中得到相应的方程。正如看到的，在这个问题中，大部分的流动都位于过渡区域，在过渡区域内，边界层流动的层流和湍流部分占据板的一部分长度。选用表格中的 C_Df 值。

由给定的条件可得

$$Re_l=\frac{\rho Ul}{\mu}=\frac{(999.8\mathrm{kg/m^3})(1\mathrm{m})U}{1.002\times10^{-3}\mathrm{N\cdot s/m^2}}=9.98\times10^5U$$

式中，U 单位为 m/s。由 $U=3\mathrm{m/s}$，或 $Re_l=10^6$，在表 9-5 中可得 $C_\mathrm{Df}=0.455/(\log Re_l)^{2.58}-1700/Re_l=2.7\times10^{-3}$。则由式（9-47）得阻力为

$$D_\mathrm{f}=75\times(3)^2\times(2.7\times10^{-3})=1.8\mathrm{N}$$

通过计算要求的来流速度范围，得到了如图 9-34（b）所示的结果。

讨论：当 $Re<1000$ 时，边界层理论的结果是不成立的——惯性效应不占主导地位，边界层相对于平板的长度不够薄。对于这个问题，对应 $U=1.0\times10^{-3}\mathrm{m/s}$，出于所有的实际目的，$U$ 要大于这个值，而流过滑水板的流动是边界层型的。

如图 9-34（b）所示，为根据 $Re_\mathrm{cr}=\rho Ux_\mathrm{cr}/\mu=4.5\times10^5$ 所定义的由层流向湍流边界层流动过渡的近似位置，直到 $U=0.4\mathrm{m/s}$ 时，整个边界层为层流；当 $U=9\mathrm{m/s}$ 时，边界层为层流的比例随着 U 的增大而减小，直到只有前 0.05m 为层流。

对于任何一个滑过水的人来说，显然，与图 9-34（b）所示 $2\times22\mathrm{N}=44\mathrm{N}$（2 块滑水板）相比，要以 9m/s 的速度运动需要被更大的力拉着。正如在 9.3 节所讨论的，物体的总阻力（如滑水）不仅包括摩擦阻力，还包括形状阻力和造波阻力等其他因素。

9.2.6　压力梯度的影响

之前关于边界层的讨论已经解决了沿平板流动的情况，外掠平板流动中，整个边界层内流体的压力是恒定的。一般而言，当流体经过非平板的物体时，压力场会是不均匀的。如图 9-11 所示，当雷诺数较大时，沿表面会形成较薄的边界层。尽管在边界层内，垂直于表面的压力梯度非常小，但是沿流动方向（即沿物体表面）的压力梯度分量并不为零。这意味着，如果测量从物体表面到边界层边缘的边界层压力，可以发

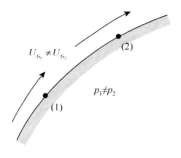

图 9-35　沿物体表面压力变化

现压力基本上是保持恒定的。但是，如果物体是曲线形状的，如图 9-35 所示，沿物体表面方向的压力是会变化的。自由流速度 U_{fs} 的变化，即边界层边缘的流体速度的变化，是在该方向产生压力梯度的原因。整个流动（包括边界层内和边界层外）的特性通常高度依赖于边界层内流体的压力梯度效应。

对于平行于来流的平板，来流速度（离平板前端很远地方的速度）和自由流速度（在边界层边缘的速度）相等，即 $U = U_{fs}$。这是由于平板的厚度可以忽略不计。对于非零厚度的物体，这两个速度是不同的。这可以从直径为 D 的圆柱绕流中看出。来流速度为 U，压力为 p_0。如果流体是完全无黏性的（$\mu = 0$），则雷诺数无限大（$Re = \rho UD/\mu = \infty$），流线是对称的，如图 9-36（a）所示。沿着表面的流体速度将从圆柱体最前面和后面的 $U_{fs} = 0$（点 A 和 F 为停滞点），变为圆柱体顶部和底部的最大速度 $U_{fs} = 2U$（点 C）。圆柱体表面的压力相对于圆柱体的中平面对称，在圆柱体前后达到最大值 $p_0 + \rho U^2/2$（滞止压力），在圆柱体顶部和底部达到最小值 $p_0 - 3\rho U^2/2$。压力和自由流速度分布如图 9-36（b）和（c）所示。

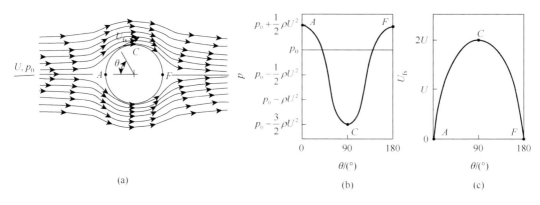

图 9-36　流过圆柱体的无黏性流动

（a）无黏性效应时流动的流线；（b）圆柱体表面的压力分布；（c）圆柱体表面的自由流速度

　　由于没有黏性（因此 $\tau_w = 0$），且无黏性流体流过圆柱时压力分布对称，因此圆柱上的阻力为零。虽然不是很明显，但可以看出，对于任意在无黏性流体中不产生升力的物体（对称或非对称），其阻力为零。然而，根据实验，可以知道一定存在合阻力。因为没有完全无黏性流体，所以有阻力的原因必然是黏性效应的作用。

　　为了验证这个假设，可以做一个实验，测量一个物体（比如一个圆柱体）在一系列黏度下降的流体中的阻力。出乎意料，会发现无论多小黏度（只要它不是精确为零），都将测量到一个有限的阻力，且基本上与 μ 的值无关。这导致所谓的达朗贝尔佯谬——在无黏流体中，物体的阻力为零，但在黏度很小（但非零）的流体中，物体的阻力不为零。

　　产生上述佯谬的原因可以从压力梯度对边界层流动的影响来解释。考虑高雷诺数流动的实际（黏性）流体流过圆柱。正如 9.1.2 节所讨论的，预计黏性效应将局限于表面附近的薄边界层。这让流体紧贴在表面（$V = 0$），这是任何流体流动 $\mu \neq 0$ 的必要条件。边界层理论的基本思想是边界层足够薄，从而不会对边界层外的流动产生很大的干扰。根据这一理论，当雷诺数较大时，整个流场大部分的流动应为如图 9-20（a）所示的无黏流场。

把图 9-36（b）所示的压力分布作用于沿圆柱体表面的边界层流动上。实际上，边界层内的压力变化可以忽略不计，因此边界层内的压力就是无黏性流场给出的压力。这个沿圆柱体的压力分布就是圆柱体前部的静止流体（$\theta = 0°$ 时 $U_{fs} = 0$）加速到最大速度（$\theta = 90°$ 时 $U_{fs} = 2U$），然后在圆柱体后部减速回到零速度（$\theta = 180°$ 时 $U_{fs} = 0$）。这是通过压力和惯性效应之间的平衡来实现的；边界层外无黏流动不存在黏性效应。

从物理角度讲，在没有黏性的影响下，从圆柱体的前部向后部流动的流体粒子沿"压力山"从 $\theta = 0°$ 到 $\theta = 90°$（从图 9-36（b）中的 A 点到 C 点），然后再到 $\theta = 180°$（从 C 点到 F 点），而没有损失任何能量。在动能和压力能之间相互交换，但没有能量损失。同样的压力分布作用于边界层内的黏性流体上，沿圆柱体前半部在流动方向的压力下降称为顺压力梯度，沿圆柱体后半部在流动方向的压力增加称为逆压力梯度。

考虑图 9-37（a）所示的边界层内的流体粒子，在从 A 流向 F 的过程中，它遇到的压力分布与在边界层外自由流中的粒子遇到的相同，即无黏性流场压力。然而，由于涉及黏性效应，在边界层中的粒子在流动过程中会有能量损失。这种损失意味着粒子没有足够的能量沿着压力山（从 C 到 F）运动到达圆柱体后部的 F 点。从图 9-37（a）所示的 C 点的速度分布可以看到这种动能的损失。由于摩擦，边界层流体不能从圆柱体的前部向后部流动。（这个结论也可以从另一角度得到：由于黏性效应，在 C 处的粒子没有足够的动量使它沿压力山到 F。）

这种情况就像一个骑自行车的人从山上滑下来，然后爬上山谷的另一边。如果没有摩擦力，以零速度出发的骑手可以到达他出发时的高度。很明显，摩擦（滚动阻力、空气动力阻力等）会导致能量（和动量）的损失，使得骑行者无法在不提供额外能量的情况下（如蹬踏板）达到出发时的高度。边界层内的流体没有能量供应，因此，流体尽可能地逆压力增长流动，此时边界层从表面分离。这种边界层分离在图 9-37（a）有体现。沿表面不同位置的典型速度曲线如图 9-37（b）所示。在分离位置（曲线 D），壁面速度梯度和壁面剪应力为零。在这个位置之外（从 D 到 E），边界层中有反向流动。

由图 9-37（c）可以看出，由于边界层的分离，圆柱体后半部的平均压力要比前半部的平均压力小很多。因此，即使（低黏度）黏性剪切阻力可能相当小，也产生了很大的形状阻力。因此，达朗贝尔佯谬得到了解释。无论黏度有多小，只要它不为零，就会有边界层从表面分离，从而产生一个与 μ 值无关的阻力。

分离的位置、物体后尾流区的宽度以及表面的压力分布取决于边界层的流动性质。与层流边界层相比，湍流边界层流动有更多的动能和动量，这是因为：①如图 9-32 所示，速度曲线更合理，更接近理想的均匀分布；②有相当大的与旋涡相关的能量，速度的随机分量不会出现在速度的时间平均 x 分量中。因此，从图 9-37（c）可以看出，湍流边界层比层流边界层在分离前绕圆柱体流动得更远（沿压力山更远）。

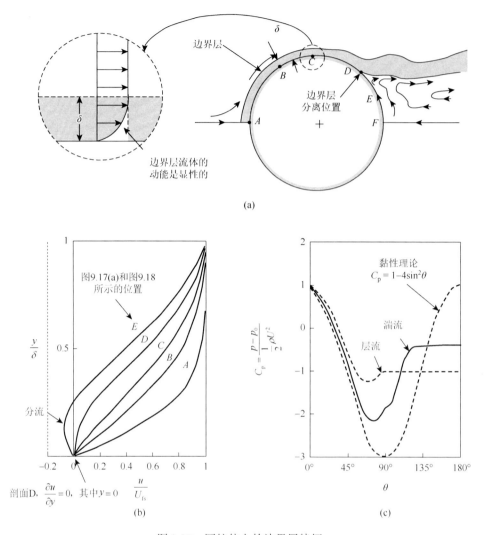

图 9-37　圆柱体上的边界层特征

（a）边界层分离位置；（b）圆柱体不同位置的典型边界层速度分布；（c）无黏性流动和边界层流动的表面压力分布

　　无黏流体和黏性流体（无论黏度有多小，只要不为零）经过圆柱时形成的流场结构是完全不同的，这是边界层分离造成的。类似的概念也适用于其他形状的物体。图 9-38（a）显示了以零攻角（来流与物体轴线的夹角）流过机翼的流动；图 9-38（b）显示了以 5°攻角流过同一机翼的流动。在机翼的前部，压力沿流动方向减小——顺压力梯度。在后部，压力沿流动方向增加——逆压力梯度。典型位置的边界层速度分布与图 9-37（b）所示的流过圆柱体的速度分布类似。如果逆压力梯度不太大（从某种意义上说，因为物体不是太"厚"），边界层流体可以流向缓慢增大的压力区（即从图 9-38（a）中的 C 到尾缘），而不脱离表面。但是，如果压力梯度太大（因为攻角太大），边界层会从表面分离，如图 9-38（b）所示。这种情况会导致升力的迅速减小，被称为失速。

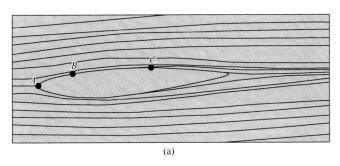

(a)

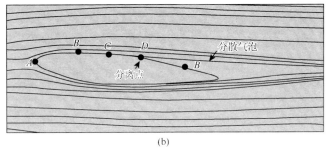

(b)

图 9-38　流过机翼的流动直观图（边界层速度分布中显示的点与图 9-20（b）中显示的相似）

(a) 零攻角，无分离；(b) 5°攻角，流动分离

　　流线型物体通常是为了消除（或减少）边界层分离的影响，而非流线型物体通常由于分离区域（尾流）的低压而具有相对较大的阻力。虽然边界层可能很薄，但由于边界层的分离，它可以明显地改变整个流场。这些将在 9.3 节讨论。

9.2.7　非零压力梯度的边界层动量积分方程

　　之前讨论的边界层结果仅对零压力梯度的边界层有效。对应于图 9-37（b）中标记为 C 的速度曲线。在适当考虑压力梯度的情况下，可以通过类似于式（9-11）和式（9-12）的非线性偏微分的边界层方程得到非零压力梯度流动的边界层特性。

　　另一种方法是扩展边界层动量积分方程的适用性（9.2.3 节），使其适用于压力梯度非零的流动。零压力梯度的边界层流动的动量积分方程（式（9-29））是通过板上剪切应力（用 τ_w 表示）与边界层内流体动量变化率（用 $\rho U^2(\mathrm{d}\theta/\mathrm{d}x)$ 表示）之间的平衡关系获得的。对于此类流动，自由流速度是恒定的（$U_{fs} = U$）。如果自由流速度不是恒定的（$U_{fs} = U_{fs}(x)$，其中 x 是沿曲面测量的距离），压力就不会恒定。由于 $p + \rho_{fs}^2/2$ 在边界层外的流线上是常数，可以从忽略重力效应的伯努利方程得到。因此，

$$\frac{\mathrm{d}p}{\mathrm{d}x} = -\rho U_{fs}\frac{\mathrm{d}U_{fs}}{\mathrm{d}x} \tag{9-48}$$

对于给定的物体，自由流速度和表面上相应的压力梯度可以通过无黏性流动分析方法（势流）得到。

　　非零压力梯度的边界层内的流动与图 9-23 所示的流动非常相似，只是来流速度 U 被自由流速度 $U_{fs}(x)$ 所代替，且截面（1）和（2）的压力不用相等。使用 x 分量动量方

程（式（5-40）），在图 9-23 所示的控制面上施加适当的剪切应力和压力，得到边界层流动的动量积分方程：

$$\tau_{\mathrm{w}} = \rho \frac{\mathrm{d}}{\mathrm{d}x}\left(U_{\mathrm{fs}}^{2}\theta\right) + \rho\delta^{*}U_{\mathrm{fs}}\frac{\mathrm{d}U_{\mathrm{fs}}}{\mathrm{d}x} \tag{9-49}$$

尽管压力梯度带来了其他项，但该方程的推导与等压边界层流动方程（9-29）的推导相似。例如，都包括边界层动量厚度 θ、位移厚度 δ^{*}。

方程（9-49）是二维边界层流动的一般动量积分方程，它表示黏性力（用剪切力 τ_{w} 表示）、压力（用 $\rho U_{\mathrm{fs}}\mathrm{d}U_{\mathrm{fs}}/\mathrm{d}x = -\mathrm{d}p/\mathrm{d}x$ 表示）和流体动量（用边界层动量厚度 θ 表示）之间的平衡。对于外掠平板流动，$U_{\mathrm{fs}} = U =$ 常数，方程（9-49）简化为方程（9-29）。

使用式（9-49）可以获取有关边界层的信息，这个方法与之前对平板边界层的处理方法相似（见 9.2.3 节）。具体来说，对于给定的物体形状，确定自由流速度 U_{fs}，然后采用一系列近似的边界层曲线，使用式（9-49）计算关于边界层厚度、壁面剪应力以及其他特性的信息。

9.3 绕流物体的阻力

正如 9.1 节所讨论的，任何物体在流体中移动时都会受到阻力 D，即物体表面的压力和剪切应力在流动方向上的合力。如果压强 p 和壁面剪切应力 τ_{w} 的分布已知，那么这个合力，即物体上的法向力和切向力在流动方向上分量的合力，可以用方程（9-1）和（9-2）来确定。只有在极少数的情况下，能通过分析来确定这些分布。9.2 节所讨论的通过平行于来流的平板的边界层流动就是这样一种情况。采用计算流体力学（CFD）方法（使用计算机来求解流场的控制方程）可求解更复杂形状的结果。

大多数关于物体阻力的信息都是通过风洞、水洞、拖曳水池和其他精巧的设备进行大量实验获得的。如量纲分析方法所述，这些数据可以化为无量纲形式，计算结果可用于原型计算。通常给定形状物体的阻力系数 C_{D} 为

$$C_{\mathrm{D}} = \frac{D}{\dfrac{1}{2}\rho U^{2}A} \tag{9-50}$$

C_{D} 是一些无量纲数的函数，如雷诺数 Re、马赫数 Ma、弗劳德数 Fr 和表面相对粗糙度 ε/l，即有

$$C_{\mathrm{D}} = \phi(\text{shape}, Re, Ma, Fr, \varepsilon/l)$$

C_{D} 的特性会在本节进行讨论。

9.3.1 摩擦阻力

摩擦阻力 D_{f} 是阻力的一部分，由物体上的剪切应力 τ_{w} 直接引起。它不仅取决于壁面剪切应力的大小，还取决于其所作用表面的方向。这可以用式（9-1）中的系数 $\tau_{\mathrm{w}}\sin\theta$ 来表示。如果物体表面平行于来流速度，则全部剪切应力都会产生阻力。对于在 9.2 节中讨

论过的平行于平板的流动来说就是这样的。如果物体表面垂直于来流速度，剪切应力对阻力没有任何作用。这就是在 9.1 节中讨论过的来流速度垂直于平板的情况。

一般来说，物体表面与来流平行或垂直，或处于两者之间的各种相对位置。圆柱体就是这样的物体。由于大多数常见流体的黏度都很小，所以剪切应力对物体整体阻力的作用通常都很小。这样的说法用无量纲形式表示出来，即由于大多数常见流动的雷诺数相当大，所以由剪切应力直接引起的阻力所占比例往往相当小。然而，对于高度流线型的物体或低雷诺数流动，大部分阻力可能是由于摩擦阻力引起的。

平行于来流的宽度 b、长度 l 的平板上的摩擦阻力可以通过以下公式计算：

$$D_f = \frac{1}{2}\rho U^2 blC_{Df}$$

式中，C_{Df} 为摩擦阻力系数。在图 9-33 和表 9-5 中，C_{Df} 是与雷诺数 $Re_l = \rho Ul/\mu$ 和相对表面粗糙度 ε/l 有关的函数，其值是边界层分析和实验的结果。表 8-1 给出了各种表面粗糙度 ε 的典型值。如果流动是层流，阻力系数（以及阻力）不是平板粗糙度的函数。然而，对于湍流而言，粗糙度对 C_{Df} 值有相当大的影响。与管道流动一样，这是由于表面粗糙部分进入或穿过层流底层引起的。

大多数物体都不是平行于流动的平板，其表面一般为弯曲的，压力会沿曲面变化。这意味着大多数物体的边界层特征与平板不同，包括在壁面上的速度梯度。从图 9-37（b）中沿圆柱体边界层廓线形状的变化可以看出这一点。

例 9.8　基于摩擦阻力的阻力系数。

已知：一种不可压缩黏性流体流过如图 9-39（a）所示的圆柱体。根据边界层流动理论，在 $\theta \approx 108.8°$ 的分离位置仍附着在圆柱上，其无量纲壁面剪切应力如图 9-39（b）所示。在尾流区内，$108.8° < \theta < 180°$，圆柱体上的剪切应力可以忽略不计。

问题：确定 C_{Df} 圆柱体的阻力系数只与摩擦阻力有关。

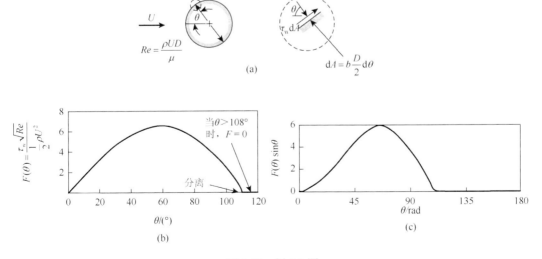

图 9-39　例 9.8 图

解：摩擦阻力 D_f 可以由方程（9-1）确定为

$$D_f = \int \tau_w \sin\theta \mathrm{d}A = 2\left(\frac{D}{2}\right)b\int_0^\pi \tau_w \sin\theta \mathrm{d}\theta$$

式中，b 是圆柱体的长度。注意 θ 以弧度（不是度）为单位来确定 $\mathrm{d}A = 2(D/2)b\mathrm{d}\theta$ 的大小。因此，

$$C_{Df} = \frac{D_f}{\frac{1}{2}\rho U^2 bD} = \frac{2}{\rho U^2}\int_0^\pi \tau_w \sin\theta \mathrm{d}\theta$$

可以通过使用图 9-39（b）给出的无量纲的剪切应力参数 $F(\theta) = \tau_w \sqrt{Re}/(\rho U^2/2)$ 将其转化为如下所示的无量纲形式：

$$C_{Df} = \int_0^\pi \frac{\tau_w}{\frac{1}{2}\rho U^2}\sin\theta \mathrm{d}\theta = \frac{1}{\sqrt{Re}}\int_0^\pi \frac{\tau_w \sqrt{Re}}{\frac{1}{2}\rho U^2}\sin\theta \mathrm{d}\theta$$

式中，$Re = \rho UD/\mu$。因此，

$$C_{Df} = \frac{1}{\sqrt{Re}}\int_0^\pi F(\theta)\sin\theta \mathrm{d}\theta \tag{9-51}$$

从图 9-39（b）得到的函数 $F(\theta)\sin\theta$ 绘制在图 9-39（c）中。由式（9-51）求出 C_{Df}，积分可以用适当的数值方法或用近似的图解法来确定给定曲线下的面积来完成。结果得 $\int_0^\pi F(\theta)\sin\theta \mathrm{d}\theta = 5.93$，或者表示为

$$C_{Df} = \frac{5.93}{\sqrt{Re}}$$

讨论：注意总阻力必须包括剪切应力（摩擦）阻力和形状阻力。例 9.9 中会看到，对于圆柱体来说，大部分阻力是由于压力造成的。

9.3.2　形状阻力

形状阻力 D_p，是由物体上的压强 p 直接引起的阻力。因为它对物体的形状或形式有很强的依赖性，所以通常称为形状阻力。形状阻力是压力大小和作用表面方向的函数。例如，平行于流动的平板两侧的压力可能非常大，但因为它的作用方向与来流速度垂直，故它不产生阻力。另外，垂直于流动的平板上的压力全都产生阻力。

正如前面所提到的，对于大多数物体来说，表面的某些部分平行于来流速度，某些部分垂直于来流速度，还有大部分以中间的某个角度存在。在详细描述压力分布和物体形状的情况下，形状阻力可由式（9-1）得到，即

$$D_p = \int p\cos\theta \mathrm{d}A$$

也可以写为形状阻力系数 C_{Dp} 的形式：

$$C_{Dp} = \frac{D_p}{\frac{1}{2}\rho U^2 A} = \frac{\int p\cos\theta \mathrm{d}A}{\frac{1}{2}\rho U^2 A} = \frac{\int C_p \cos\theta \mathrm{d}A}{A} \tag{9-52}$$

这里 $C_p = (p - p_0)/(\rho U^2/2)$ 为压力系数, 式中 p_0 为参考压力。参考压力不直接影响阻力,因为如果在整个表面压力是恒定的 (p_0), 则物体上的合压力为零。

对于惯性效应相对于黏性效应较大的流动 (即高雷诺数流动), 压力差 $p - p_0$ 与动压 $\rho U^2/2$ 成比例, 且压力系数与雷诺数无关。在这种情况下, 可以预测阻力系数相对独立于雷诺数。

对于黏性效应相对于惯性效应较大的流动 (即小雷诺数流动), 发现压力差和壁面剪切应力都与特征黏性应力 $\mu U/l$ 成比例, 其中 l 为特征长度。在这种情况下, 可以预测阻力系数与 $1/Re$ 成正比, 即 $C_D \sim \mathcal{D}/(\rho U^2/2) \sim (\mu U/l)/(\rho U^2/2) \sim \mu/\rho Ul = 1/Re$。

如果黏度为零, 定常流动中任何形状的物体 (对称或不对称) 所受的形状阻力为零。也许在物体的前部会有很大的压力, 但是在后部也会有同样大的压力 (方向相反)。如果黏度不为零, 因为边界层分离, 总形状阻力可能不为零, 例 9.9 说明了这一现象。

例 9.9　基于形状阻力的阻力系数。

已知: 黏性不可压缩流体流过如图 9-39 (a) 所示的圆柱体, 圆柱体表面的压力系数 (由实验测量确定) 如图 9-40 (a) 所示。

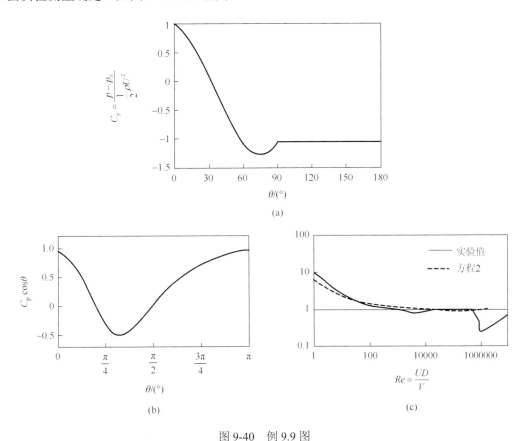

图 9-40　例 9.9 图

问题: 确定流动的形状阻力系数。联立例 9.8 和例 9.9 的结果确定圆柱体的阻力系数, 将结果与图 9-45 进行比较。

解：形状阻力系数 C_{Dp} 可以根据式（9-52）确定为

$$C_{Dp} = \frac{1}{A}\int C_p \cos\theta \mathrm{d}A = \frac{1}{bD}\int_0^{2\pi} C_p \cos\theta b\left(\frac{D}{2}\right)\mathrm{d}\theta$$

因为结构对称可写为

$$C_{Dp} = \int_0^\pi C_p \cos\theta \mathrm{d}\theta$$

式中，b 和 D 为圆柱体的长度和直径。为了得到 C_{Dp}，必须将式 $C_p\cos\theta$ 从 $\theta = 0$ 到 $\theta = \pi$ 进行积分。同样，可以通过一些数值积分方法或者确定图 9-40（b）所示曲线下的面积来确定。结果为

$$C_{Dp} = 1.17 \tag{9-53}$$

注意，圆柱体前部（$0° \leqslant \theta \leqslant 30°$）的正压力和后部（$90° \leqslant \theta \leqslant 180°$）的负压力（小于来流值）会产生阻力。圆柱体前部的负压力（$30° < \theta < 90°$）通过在来流方向拉动圆柱体来减少阻力。$C_p\cos\theta$ 曲线 0 刻度线以上的面积大于 0 刻度线以下的面积——存在合形状阻力。在没有黏度的情况下，这两个是相等的——不会有形状（或摩擦）阻力。

圆柱体的合阻力是摩擦阻力和形状阻力的总和。因此，可以得到阻力系数：

$$C_D = C_{Df} + C_{Dp} = \frac{5.93}{\sqrt{Re}} + 1.17 \tag{9-54}$$

将此结果与图 9-40（c）中标准实验值（图 9-45（a））进行对比。在大雷诺数范围内，一致性很好。当 $Re < 10$ 时，由于流动不是边界层型流动，曲线发生了分离——用于获得式（9-54）的剪切应力和压力分布在这个范围内是无效的。$Re > 3 \times 10^5$ 时曲线偏差很大是由于边界层从层流向湍流的变化引起的，其压力分布也随之发生变化。

讨论：将圆柱体的摩擦阻力与总阻力相比得

$$\frac{\mathcal{D}_f}{\mathcal{D}} = \frac{C_{Df}}{C_D} = \frac{5.93/\sqrt{Re}}{(5.93/\sqrt{Re}) + 1.17} = \frac{1}{1 + 0.197\sqrt{Re}}$$

对 $Re = 10^3$，10^4 和 10^5，比值分别为 0.138，0.0483 和 0.0158。钝圆柱体上的大部分阻力是形状阻力——边界层分离的结果。

9.3.3　阻力系数

正如前几节所讨论的，合阻力是由压力和剪切应力共同作用产生的。在大多数情况下，将这两种影响综合考虑，并使用如式（9-50）中定义的总阻力系数 C_D。文献中有大量的这类阻力系数数据。这些信息涵盖了流过几乎任何形状物体的不可压缩和可压缩黏性流动——人造物体和自然物体。在本节中，将考虑其中具有代表性的情况。

形状依赖性。显然，物体的阻力系数取决于物体的形状，其形状包括从流线型到钝型。在宽高比为 l/D 的椭圆上（式中 D 和 l 是平行于流动的厚度和长度）的阻力说明了这种相关性。基于迎风面积 $A = bD$ 的阻力系数 $C_D = \mathcal{D}/(\rho U^2 bD/2)$ 如图 9-41 所示，其中 b 为流动法线方向的长度。物体越钝，阻力系数越大。当 $l/D = 0$ 时（即平板垂直于流动），得到 $C_D = 1.9$；当 $l/D = 1$ 时，得到一个圆柱体对应的值。随着 l/D 的增大，C_D 值减小。

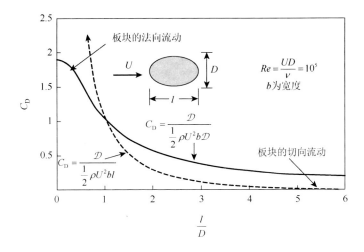

图 9-41　椭圆的阻力系数，特征面积为迎风面积 $A = bD$ 或平面面积 $A = bl$

对于非常大的宽高比（$l/D \to \infty$），外掠椭圆形流动近似于外掠平板流动。在这种情况下，摩擦阻力远大于形状阻力，并且基于迎风面积 $A = bD$ 的 C_D 值会随着 l/D 的增大而增大（这种情况发生在 l/D 值大于图中所示的情况下）。对于非常薄的物体（即椭圆形的 $l/D \to \infty$，一个平板，或者非常薄的翼型）在定义阻力系数时，通常使用平面面积 $A = bl$。毕竟，剪切应力作用在平面面积上，而不是小得多的（对于薄体来说）迎风面积。基于平面面积的椭圆形阻力系数 $C_D = \mathcal{D} /(\rho U^2 bl/2)$ 也如图 9-41 所示。显然，通过使用这两个阻力系数中的任何一个所获得的阻力都是相同的。它们只是代表了包含相同信息的两种不同方式。

流线化程度对阻力有相当大的影响。如图 9-42 中按比例绘制的两个尺寸相差很大的二维物体上的阻力是一样的。流线型支柱的尾流区宽度非常窄，与直径较小的圆柱体的尾流区宽度相当。

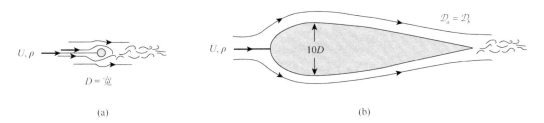

图 9-42　两个尺寸非常不同但有相同阻力的物体

（a）圆柱 $C_D = 1.2$；（b）流线型柱子 $C_D = 0.12$

雷诺数依赖性。另一个与阻力系数密切相关的参数是雷诺数。与雷诺数相关的主要类型有：低雷诺数流动、中等雷诺数流动（层流边界层）和高雷诺数流动（湍流边界层）。下面将讨论这三种情况的例子。

低雷诺数流动（$Re < 1$）是由黏性力和压力之间的平衡控制的，惯性效应可以忽略不

计。在这种情况下，三维物体上的阻力是来流速度 U、物体尺寸 l 和黏度 μ 的函数。因此，对于湖中沉降的小沙粒：

$$\mathcal{D} = f(U, l, \mu)$$

从量纲角度有

$$\mathcal{D} = C\mu l U \qquad\qquad (9\text{-}55)$$

式中，常数 C 的值取决于物体的形状。如果用阻力系数的标准定义将方程（9-55）化为无量纲形式，可以得到

$$C_{\mathrm{D}} = \frac{\mathcal{D}}{\frac{1}{2}\rho U^2 l^2} = \frac{2C\mu l U}{\rho U^2 l^2} = \frac{2C}{Re}$$

式中，$Re = \rho Ul/\mu$。在定义阻力系数时使用的动压力 $\rho U^2/2$，在蠕变流（$Re<1$）的情况下则不够准确，因为它引入了流体密度，而流体密度对这种流动不是一个重要的参数（惯性力不重要）。

表 9-6 给出了低雷诺数流动流过各种物体时的典型 C_{D} 值。值得注意的是，垂直于流动的圆盘上的阻力只是平行于流动的圆盘上的阻力的 1.5 倍。而对于大雷诺数流动，这个比值要大得多（见例 9.1）。对高雷诺数流动，流线化（使体型细长）可以产生相当大的减阻效果；对于非常小的雷诺数流动，这会增加阻力，因为剪切应力作用的面积增加了。对于大多数物体，低雷诺数流动的结果在雷诺数约为 1 时才是有效的。

表 9-6　低雷诺数阻力系数

例 9.10　低雷诺数流动阻力。

已知：当工人们在房间的天花板上喷漆时，大量的小油漆喷雾剂被散布到空气中，最终这些颗粒会沉降下来，落到地板或其他表面上。以直径 $D = 1\times10^{-5}$m（或 10μm）、比重为 SG = 1.2 的球形小漆粒为例。

问题：确定颗粒从 2.4m 的天花板掉落到地板的时间。假设房间内空气静止不动。

解：颗粒（相对于运动粒子）的自由落体图如图 9-43 所示。粒子以恒定速度 U 向下运动，该速度取决于粒子的重量 W、周围空气的浮力 F_B 和空气对粒子的阻力 $\mathcal{D}$ 之间的平衡。

由图 9-43 可知

$$W = \mathcal{D} + F_B$$

式中，如果 V 是颗粒体积，则

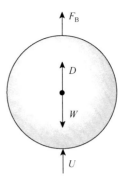

图 9-43　例 9.10 图（a）

$$W = \gamma_{\text{point}} V = \text{SG} \gamma_{\text{H}_2\text{O}} \frac{\pi}{6} D^3 \qquad (9\text{-}56)$$

$$F_B = \gamma_{\text{air}} V = \gamma_{\text{air}} \frac{\pi}{6} D^3 \qquad (9\text{-}57)$$

假设（因为物体细小）流动是蠕动流（$Re < 1$），$C_D = 24/Re$，则

$$\mathcal{D} = \frac{1}{2} \rho_{\text{air}} U^2 \frac{\pi}{4} D^2 C_D = \frac{1}{2} \rho_{\text{air}} U^2 \frac{\pi}{4} D^2 \left(\frac{24}{\rho_{\text{air}} U D / \mu_{\text{air}}} \right)$$

或

$$\mathcal{D} = 3 \pi \mu_{\text{air}} U D \qquad (9\text{-}58)$$

最后必须检查，以确定 $Re < 1$ 的假设是否有效。为了纪念英国数学家和物理学家斯托克斯，式（9-58）被称为斯托克斯定理。结合方程（9-56）、（9-57）和（9-58），可以得到

$$\text{SG} \gamma_{\text{H}_2\text{O}} \frac{\pi}{6} D^3 = 3 \pi \mu_{\text{air}} U D + \gamma_{\text{air}} \frac{\pi}{6} D^3$$

解出 U，得

$$U = \frac{D^2 (\text{SG} \gamma_{\text{H}_2\text{O}} - \gamma_{\text{air}})}{18 \mu_{\text{air}}} \qquad (9\text{-}59)$$

从附录表 B-1 和表 B-2 得 $\gamma_{\text{H}_2\text{O}} = 9800 \text{N/m}^3$，$\gamma_{\text{air}} = 12.0 \text{N/m}^3$，$\mu_{\text{air}} = 1.79 \times 10^{-5} \text{N·s/m}^2$。因此由式（9-59）可得

$$U = \frac{(10^{-5}\text{m})^2 \left[(1.2)(9800 \text{N/m}^3) - (12.0 \text{N/m}^3) \right]}{18(1.79 \times 10^{-5} \text{N·s/m}^2)} = 0.00365 \text{m/s}$$

用 t_{fall} 表示颗粒从 2.4m 的高度掉下来所用的时间，

$$t_{\text{fall}} = \frac{2.4\text{m}}{0.00365 \text{m/s}} = 658\text{s}$$

因此，涂料颗粒会用 11min 掉落到地板上。

由于有

$$Re = \frac{\rho D U}{\mu} = \frac{(1.23 \text{kg/m}^3)(1 \times 10^{-5}\text{m})(0.00365 \text{m/s})}{1.79 \times 10^{-5} \text{N·s/m}^2} = 0.00251$$

可知 $Re < 1$，因此使用的阻力系数形式有效。

讨论：对不同粒径重复计算，得到如图 9-44 所示的结果。请注意，非常小的粒子下落得非常慢。5μm 或以下颗粒可以吸入肺部，大部分情况下这些颗粒会停留在空气中，

在这样的情况下工作，对工人健康会造成很大的威胁，所以在产生颗粒的工作环境中，需要采用适当的方法控制和减少颗粒物吸入（例如适当的通风），或者在极端情况下，使用个人防护装备（例如口罩、呼吸面罩等）。从长远来看，通过设计来预防是最有效也是成本最低的减少这类健康问题发生的手段。

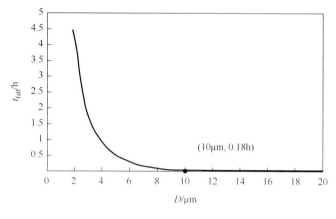

图 9-44　例 9.10 图（b）

中等雷诺数流动往往具有边界层流动结构。对于流过流线型物体的流动，阻力系数随雷诺数的增加略微减小。平板层流边界层的 C_D 与 $Re^{-1/2}$ 的相关性就是这样一个例子（见表 9-5）。中等雷诺数流动流过钝体通常产生相对恒定的阻力系数。图 9-45（a）所示在 $10^3 < Re < 10^5$ 范围内球体和圆柱体的 C_D 值体现了这个特性。

图 9-45（b）显示了图 9-45（a）选定的雷诺数下的流场结构。对于一个给定的物体，有各种各样的流动情况，这取决于其雷诺数。对于许多形状，当边界层变成湍流时，阻力系数的特性会突然发生变化。图 9-33 的平板、图 9-45 的球体和圆柱都说明了这一点。

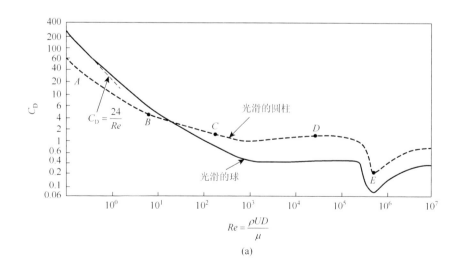

(a)

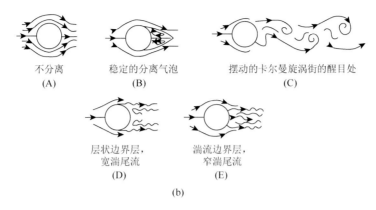

不分离
(A)

稳定的分离气泡
(B)

摆动的卡尔曼旋涡街的醒目处
(C)

层状边界层，
宽湍尾流
(D)

湍流边界层，
窄湍尾流
(E)

(b)

图 9-45　（a）光滑圆柱体与光滑球体阻力系数与雷诺数的关系；（b）不同雷诺数下光滑圆柱体绕流典型
流动模式

对于流线型物体，当边界层变成湍流时，阻力系数会增加，因为大部分阻力来自剪切应力，而湍流的剪切应力比层流更大。另一方面，对于相对钝的物体，如圆柱体或球体，当边界层变成湍流时，阻力系数实际上是减小的。正如 9.2.6 节所讨论的，湍流边界层可以在分离之前沿表面更深入进入圆柱体后部的逆压梯度中。其结果是湍流边界层的尾流区更薄，形状阻力更小。在图 9-45 中，C_D 在 $10^5 < Re < 10^6$ 时突然下降表明了这一点。在这个范围中，实际阻力（不仅仅是阻力系数）随着速度的增加而减小。要控制一个物体在这个范围内是非常困难的——速度的增加需要推力（阻力）的减小。在所有其他雷诺数范围内，阻力随着来流速度的增加而增加（尽管 C_D 可能随着 Re 增大而减少）。

对于非常钝的物体，如垂直于流动的平板，流动在平板边缘分离，而与边界层流动的性质无关。因此，阻力系数与雷诺数的相关性很小。

图 9-46 给出了一系列不同钝度二维物体的阻力系数与雷诺数的函数关系。

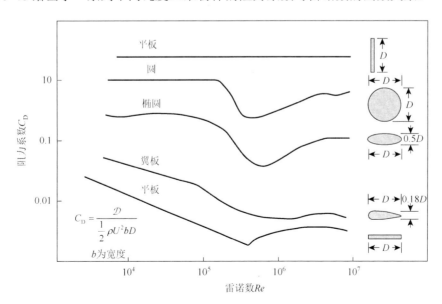

图 9-46　不同钝度二维物体的阻力系数与雷诺数的函数关系

例9.11 下落物体的最终速度。

已知：如图 9-47 所示，冰雹是由雷暴上升气流中冰粒的反复上升和下降产生的。当冰雹变得足够大时，来自上升气流的空气动力阻力不再能够支撑冰雹的重力，冰雹就会从暴风云中落下。

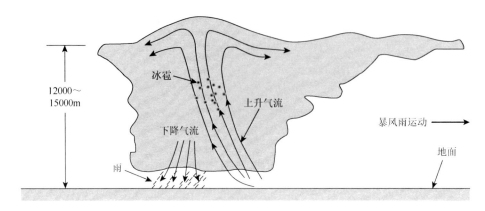

图 9-47 例 9.11 图（a）

问题：估计产生 $D = 4\text{cm}$ 直径的冰雹所需的上升气流的速度 U。

解：如例 9.10 中所讨论的，在稳态条件下，物体以其最终速度 U 下落，力的平衡有
$$W = \mathcal{D} + F_{\text{B}}$$

式中，$F_{\text{B}} = \gamma_{\text{air}}V$ 是颗粒在空气中的浮力；$W = \gamma_{\text{ice}}V$ 是颗粒重力；$\mathcal{D}$ 是空气阻力。该方程可以写为

$$\frac{1}{2}\rho_{\text{air}}U^2\frac{\pi}{4}D^2C_{\text{D}} = W - F_{\text{B}} \tag{9-60}$$

由 $V = \pi D^3/6$，γ_{ice} 远大于 γ_{air}（即 W 远大于 F_{B}），式（9-60）可以简化为

$$U = \left(\frac{4}{3}\frac{\rho_{\text{ice}}}{\rho_{\text{air}}}\frac{gD}{C_{\text{D}}}\right)^{1/2} \tag{9-61}$$

代入 $\rho_{\text{ice}} = 948\text{kg/m}^3$，$\rho_{\text{air}} = 1.23\text{kg/m}^3$ 和 $D = 4\text{cm} = 0.04\text{m}$，式（9-61）变为

$$U = \left[\frac{4(948\text{kg/m}^3)(9.81\text{m/s}^2)(0.04\text{m})}{3(1.23\text{kg/m}^3)C_{\text{D}}}\right]^{1/2}$$

或

$$U = \frac{20.08}{\sqrt{C_{\text{D}}}} \tag{9-62}$$

式中，U 单位为 m/s。为了确定 U，必须知道 C_{D}，然而 C_{D} 是雷诺数的函数（见图 9-45），只有知道 U，才能知道雷诺数。因此，对于某些类型的管道流动问题，必须使用类似于穆迪图的迭代方法（见 8.5 节）。

从图 9-45 估计 C_{D} 约为 0.5，因此假设 $C_{\text{D}} = 0.5$，并由式（9-62）得

$$U = \frac{20.08}{\sqrt{C_D}} = 28.4(\text{m}/\text{s})$$

对应的雷诺数为（假设 $\nu = 1.46 \times 10^{-5} \text{m}^2/\text{s}$）

$$Re = \frac{UD}{\nu} = \frac{(28.4\text{m}/\text{s})(0.04\text{m})}{1.46 \times 10^{-5} \text{m}^2/\text{s}} = 7.78 \times 10^4$$

对于 Re 的这个值，可以从图 9-45 中 $C_D = 0.5$ 时得到，所以假设 $C_D = 0.5$ 是正确的，则 U 的值为

$$U = 28.4\text{m}/\text{s} = 102.2\text{km}/\text{h}$$

对不同海拔（z）重复计算，得到了图 9-48（b）所示的结果。由于密度随高度升高而降低，冰雹在风暴的高处时比落到地面的速度更快。

显然，飞机在这样的上升气流中飞行时，会感受到气流的影响（即使飞机能够躲避冰雹）。从式（9-61）可以看出，冰雹越大，需要的上升气流就越强。曾有过直径大于 15cm 的冰雹的报道。事实上，冰雹很少是球形的，而且往往是不光滑的。图 9-48（c）所示冰雹尺寸大于高尔夫球，形状明显为椭球形，并且具有小尺度的表面粗糙度特征。计算得到的上升气流速度与实测值基本一致。

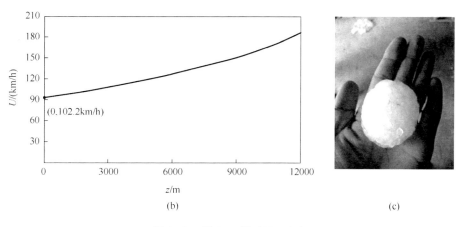

图 9-48　例 9.11 图（b），（c）

由于可压缩性的影响较大，以上讨论仅限于不可压缩流动。如果物体的速度足够大，压缩效应就变得很重要，阻力系数就变成马赫数的函数，$Ma = U/c$，其中 c 是流体中的声速。马赫数影响的引入使事情变得复杂，因为给定物体的阻力系数是雷诺数和马赫数的函数，$C_D = \varphi(Re, Ma)$。马赫数和雷诺数的影响密切相关，因为两者都与来流速度成正比。例如，Re 和 Ma 都随着飞机飞行速度的增加而增加。随着 U 的变化，C_D 的变化是由 Re 和 Ma 的变化共同引起的。

阻力系数与 Re 和 Ma 的准确关系通常是相当复杂的。可通过如下方法进行合理的简化。在低马赫数时，阻力系数基本上与马赫数无关，如图 9-49 所示。在这种情况下，当 $Ma < 0.5$ 左右时，压缩效应不重要。另一方面，对于较大马赫数的流动，阻力系数与马赫数的相关性很强，雷诺数效应则是次要的。

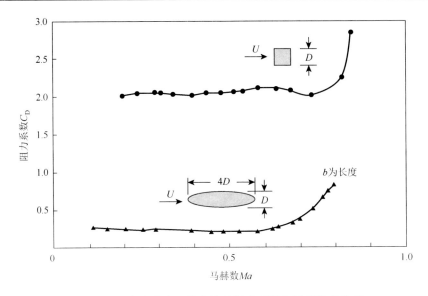

图 9-49 亚声速流中二维物体的阻力系数与马赫数的关系

对于大多数物体，C_D 值在 $Ma = 1$ 附近（即声速）显著增加。如图 9-50 所示，这种特性变化是由于激波的存在。激波是流场中非常狭窄的区域，在这个区域内流动参数的变化几乎是不连续的。在亚声速流中不可能存在激波，激波提供了一种阻力产生机制，该机制在相对低速的亚声速流中不存在。

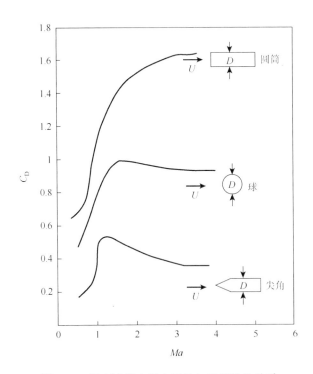

图 9-50 超声速流中阻力系数与马赫数的关系

钝体与尖体的阻力系数与马赫数的函数关系不同。如图 9-50 所示，尖头物体的阻力系数在 $Ma=1$（声速流）附近最大，而钝体的阻力系数在远大于 $Ma=1$ 时随着 Ma 增加而增大。这种情况是由激波结构和流动分离引起的。亚声速飞机的机翼前缘通常很圆且钝，而超声速飞机的机翼前缘往往很尖且锋利。

表面粗糙度：如图 9-33 所示，当边界层流动为湍流时，平行于流动的平板上的阻力很大程度上取决于表面粗糙度。在这种情况下，表面粗糙部分会穿过边界层底层，并改变壁面剪切应力。表面粗糙度除了增加湍流剪切应力外，还可以改变边界层流动的雷诺数，使其变为湍流。因此，一个粗糙的平板可能比光滑平板有更长的一部分被湍流边界层覆盖，这也会增加平板的总阻力。

一般来说，流线型物体的阻力随表面粗糙度的增加而增加。由于突出的铆钉或螺丝钉头会导致阻力大幅增加，所以在设计飞机机翼时要非常小心，使其表面尽可能光滑。另外，对于非常钝的物体，如垂直于流动的平板，阻力与表面粗糙度无关，因为剪切应力不在来流方向，对阻力没有作用。

对于像圆柱或球体这样的钝体，表面粗糙度的增加实际上会导致阻力的减小。这在图 9-51 中的球体上进行了说明。如 9.2.6 节所讨论的，当雷诺数达到临界值（光滑球体 $Re=3\times10^5$）时，边界层变得湍流化，比起层流，球体后面的尾流区明显变窄。结果是形状阻力显著下降，摩擦阻力略有增加，整体阻力（C_D）减小。

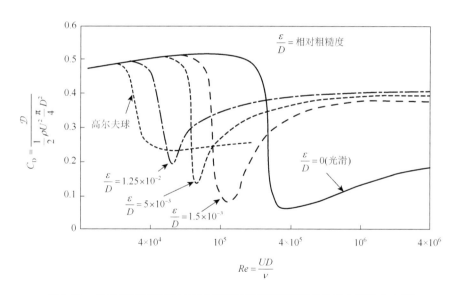

图 9-51　从层流变湍流的过程中不同表面粗糙度圆球的阻力系数分布图

利用表面粗糙的球体，可以使边界层在较小的雷诺数下变为湍流。例如，高尔夫球的临界雷诺数为 $Re=4\times10^4$，在 $4\times10^4<Re<4\times10^5$ 的范围内，标准高尔夫球（即有凹陷的）的阻力（$C_{Drough}/C_{Dsmooh}\approx0.25/0.5=0.5$）比光滑球要小得多。如例 9.12 所示，这恰好是飞行高尔夫球的雷诺数范围，即为高尔夫球上有凹陷的原因，而飞行乒乓球的雷诺数范围小于 $Re=4\times10^4$，因此，乒乓球是光滑的。

例 9.12 表面粗糙度的影响。

已知：一个被击出的高尔夫球（直径 $D = 4.3$cm，重力 $W = 0.44$N）在离开球座时可以以 $U = 60$m/s 的速度移动。一个被击打的乒乓球（直径 $D = 3.8$cm，重力 $W = 0.025$N）在离开球拍时能以 $U = 20$m/s 的速度移动。

问题：确定标准的高尔夫球、光滑的高尔夫球和乒乓球的阻力，还要确定在这些情况下每个球的加速度。

解：对任意一个球，阻力都可从下式得到

$$\mathcal{D} = \frac{1}{2}\rho U^2 \frac{\pi}{4} D^2 C_D \qquad\qquad (9\text{-}63)$$

式中，阻力系数 C_D 在图 9-51 中给出，为与雷诺数和表面粗糙度相关的函数表达式。对于在标准气体中的高尔夫球：

$$Re = \frac{UD}{v} = \frac{(60\text{m}/\text{s})(4.3/100\text{m})}{0.14\times10^{-4}\text{m}^2/\text{s}} = 1.8\times10^5$$

对于乒乓球：

$$Re = \frac{UD}{v} = \frac{(20\text{m}/\text{s})(3.8/100\text{m})}{1.46\times10^{-5}\text{m}^2/\text{s}} = 5.2\times10^4$$

相应的阻力系数为：标准的高尔夫球 $C_D = 0.25$，光滑的高尔夫球 $C_D = 0.51$，乒乓球 $C_D = 0.50$。因此，由式（9-63），对于标准的高尔夫球有

$$\mathcal{D} = \frac{1}{2}(1.23\text{kg}/\text{m}^3)(60\text{m}/\text{s})^2 \frac{\pi}{4}(4.3/100\text{m})^2(0.25) = 0.8\text{N}$$

对于光滑的高尔夫球：

$$\mathcal{D} = \frac{1}{2}(1.23\text{kg}/\text{m}^3)(60\text{m}/\text{s})^2 \frac{\pi}{4}(4.3/100\text{m})^2(0.51) = 1.64\text{N}$$

对于乒乓球：

$$\mathcal{D} = \frac{1}{2}(1.23\text{kg}/\text{m}^3)(20\text{m}/\text{s})^2 \frac{\pi}{4}(3.8/100\text{m})^2(0.50) = 0.14\text{N}$$

相应的减速度是 $a = \mathcal{D}/m = g\mathcal{D}/W$，其中 m 是球的质量。因此，相对于重力加速度的减速度，a/g（即 g 的减速度量级），即得 $a/g = \mathcal{D}/W$ 或

对于标准的高尔夫球：

$$\frac{a}{g} = \frac{0.8\text{N}}{0.44\text{N}} = 1.82$$

对于光滑的高尔夫球：

$$\frac{a}{g} = \frac{1.64\text{N}}{0.44\text{N}} = 3.73$$

对于乒乓球：

$$\frac{a}{g} = \frac{0.14\text{N}}{0.025\text{N}} = 5.6$$

讨论：请注意，标准（表面粗糙）的高尔夫球速度减小比光滑的高尔夫球速度减小

得少。由于更大的阻力-质量比，乒乓球的减速相对较快，其运动距离也不如高尔夫球远。注意，当 $U=20\text{m/s}$ 时，标准高尔夫球的阻力为 $\mathcal{D}=0.09\text{N}$，减速度为 $a/g=0.205$，明显小于乒乓球的 $a/g=5.6$。相反，如果乒乓球以 60m/s 的速度飞行，其减速度为 $a=530\text{m/s}^2$，或 $a/g=50.3$。它不会飞得像高尔夫球那么远。

通过重复上述计算，标准的高尔夫球和光滑的高尔夫球的阻力随速度的变化关系如图 9-52 所示。

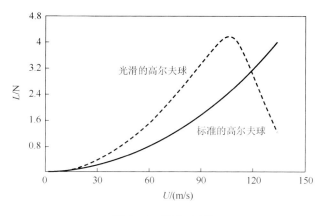

图 9-52　例 9.12 图

标准高尔夫球的阻力比光滑高尔夫球小时的雷诺数范围（即 $4\times10^4\sim3.6\times10^5$）对应于 14m/s<$U$<122m/s 的飞行速度范围，这在大多数高尔夫球手能力范围内（顶级职业高尔夫球手的最快发球速度约为 85m/s）。如 9.4.2 节所述，高尔夫球上的凹陷（粗糙度）也有助于产生升力（由于球的旋转），使球比光滑的球移动得更远。

弗劳德数效应：另一个与阻力系数密切相关的参数是弗劳德数，$Fr=U/\sqrt{gl}$。弗劳德数是两种流体交界面（例如海洋表面）的自由流速度与典型波速度之比。在水面上运动的物体，如船，经常需要能量来源才能产生波。这种能量来自船舶，表现为阻力。产生的波的性质往往取决于流动的弗劳德数和物体的形状——滑水者以低速(低 Fr)"犁"过水面时产生的波浪与滑水者沿水面"刨"过水面时产生的波不同（高 Fr）。

因此，船的阻力系数是雷诺数（黏性效应）和弗劳德数（兴波效应）的函数，$C_D=\Phi(Re,Fr)$。在与原型相似的条件下进行模型试验通常是非常困难的（即船的 Re 和 Fr 相同）。幸运的是，黏性效应和兴波效应通常可以分开，总阻力是这些单个效应产生的阻力之和。

如图 9-53 所示，兴波阻力 $\mathcal{D}_W$ 是弗劳德数和物体形状相关的复杂函数。兴波阻力系数 $C_{D_W}=\mathcal{D}_W/(\rho U^2 l^2/2)$ 对弗劳德数的"摇摆"依赖性是典型的。这是因为船体产生的波的结构是船速或弗劳德数（无量纲形式）的强函数，这种波结构也是物体形状的函数。例如，如图 9-53 所示，通过在船头上使用适当设计的球鼻艏，可以减少通常是兴波阻力主要贡献者的船头波浪的产生。在这种情况下，流线型的船体（没有球鼻艏的船体）比非流线型的船体有更大的阻力。

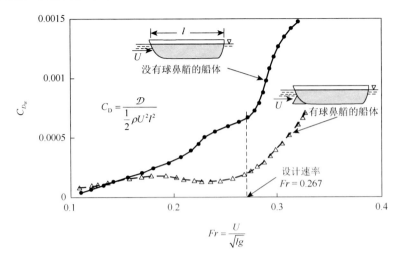

图 9-53　不同船身形状的阻力系数与弗劳德数的关系（仅对于波浪产生的那部分阻力）

复合体阻力：复杂物体大致的阻力计算通常可以通过将物体看成各个部分的复合集合来获得。例如，由于风的作用，旗杆上的总作用力可以通过将所涉及的各个组件（旗上的阻力和旗杆上的阻力）产生的空气动力阻力相加来近似计算。尽管这种近似计算通常是合理的，但仅仅把各组件的阻力相加来获得整个对象的阻力有时候可能是不正确的。

例 9.13　复合体上的阻力。

已知：96km/h（即 27m/s）的风吹过图 9-54（a）所示的水塔。

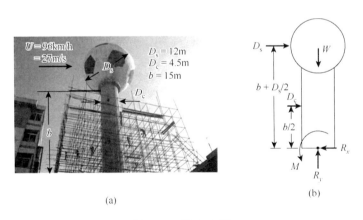

(a)　　　　　　　　　　　　　(b)

图 9-54　例 9.13 图

问题：以防止水塔翻倒，估计底座需要的力矩（扭矩）M。

解：可以把水塔看作是一个球体放在圆柱体上，并假设总阻力是这些部分所受阻力的总和。塔的受力示意图如图 9-54（b）所示。通过对塔底力矩求和，得到

$$M = \mathcal{D}_s \left(b + \frac{D_s}{2} \right) + \mathcal{D}_c \left(\frac{b}{2} \right) \tag{9-64}$$

式中

$$\mathcal{D}_{s} = \frac{1}{2}\rho U^{2}\frac{\pi}{4}D_{s}^{2}C_{D_{s}} \qquad (9\text{-}65)$$

$$\mathcal{D}_{c} = \frac{1}{2}\rho U^{2}bD_{c}C_{D_{c}} \qquad (9\text{-}66)$$

分别是球体和圆柱体的阻力。对于标准大气条件，雷诺数为

$$Re_{s} = \frac{UD_{s}}{\nu} = \frac{(27\text{m}/\text{s})(12\text{m})}{0.14\times10^{-4}\text{m}^{2}/\text{s}} = 2.31\times10^{7}$$

$$Re_{c} = \frac{UD_{c}}{\nu} = \frac{(27\text{m}/\text{s})(4.5\text{m})}{0.14\times10^{-4}\text{m}^{2}/\text{s}} = 8.68\times10^{6}$$

对应的阻力系数 $C_{D_{s}}$ 和 $C_{D_{c}}$ 可以从图 9-45 估得分别为 0.3 和 0.7。

请注意，$C_{D_{s}}$ 的值是通过对已知数据外推得到的。由式（9-65）和式（9-66）得到

$$\mathcal{D}_{s} = 0.5(1.23\text{kg}/\text{m}^{3})(27\text{m}/\text{s})^{2}\frac{\pi}{4}(12\text{m})^{2}(0.3) = 15.2\text{kN}$$

$$\mathcal{D}_{c} = 0.5(1.23\text{kg}/\text{m}^{3})(27\text{m}/\text{s})^{2}(15\text{m}\times4.5\text{m})(0.7) = 21.2\text{kN}$$

由式（9-64）得为了防止水塔翻倒需要的力矩为

$$M = 15.2\text{kN}\left(15\text{m}+\frac{12}{2}\text{m}\right) + 21.2\text{kN}\left(\frac{15}{2}\text{m}\right) = 4.78\times10^{5}\text{N}\cdot\text{m}$$

讨论：上面的结果只是一个估计值，因为①塔顶部到地面的风不均匀，②塔不是光滑球体和圆柱体的组合，③圆柱不是无限长，④流过圆柱体和球体的流动之间会存在一些相互作用，因此总阻力不会恰好是两者的总和，⑤阻力系数值是通过给定数据的外推得到的。但是，这样的估计结果往往是相当准确的。

汽车上的空气动力阻力计算是采用分量阻力相加方法。汽车在水平街道上行驶所需的动力用来克服滚动阻力和空气动力阻力。当速度超过约 50km/h 时，空气动力阻力对所需的总推进力起着重要作用。由于汽车各部分（即前端、挡风玻璃、车顶、后端、挡风玻璃顶部、后车顶/后备箱和前围）产生的阻力已通过大量模型和全尺寸试验以及数值计算确定，因此可以预测各种车身样式汽车的空气动力阻力。

从图 9-55 可以看出，通过精心设计车型和细节（如窗框造型、后视镜等），汽车的阻力系数多年来一直在持续减小。通过减小投影面积，还可以进一步减小阻力。其最终结果是一升汽油可以行驶的里程显著增加，尤其是在高速公路上。

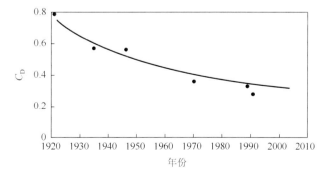

图 9-55　在汽车发展过程中其阻力系数的变化趋势图

本节讨论了几个重要参数（形状、Re、Ma、Fr 和粗糙度）对各种物体阻力系数的影响。如前所述，文献中提供了各种物体的阻力系数信息。图 9-56、图 9-57 和图 9-58 给出了一些有关各种二维、三维、天然和人造物体的信息。单位阻力系数等于作用在面积为 A 的区域上的动压力产生的阻力。也就是说，如果 $C_D = 1$，则 $D = \rho U^2 A C_D / 2 = \rho U^2 A / 2$。典型的非流线型物体的阻力系数是这个量级的。

形状	参考面积A (b = 长)	阻力系数 $C_D = \dfrac{D}{\dfrac{1}{2}\rho U^2 A}$		雷诺数 $Re = \rho U D / \mu$
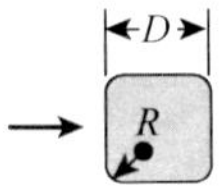 圆角方形	$A = bD$	R/D　C_D 0　2.2 0.02　2.0 0.17　1.2 0.33　1.0		$Re = 10^5$
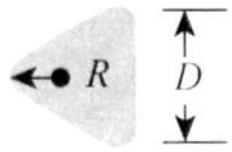 圆角等边 三角形	$A = bD$	R/D　C_D 0　1.4　2.1 0.02　1.2　2.0 0.08　1.3　1.9 0.25　1.1　1.3		$Re = 10^5$
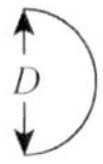 半圆壳	$A = bD$	→ 2.3 ← 1.1		$Re = 2 \times 10^4$
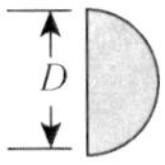 半圆柱	$A = bD$	→ 2.15 ← 1.15		$Re > 10^4$
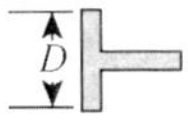 T形	$A = bD$	→ 1.80 ← 1.65		$Re > 10^4$
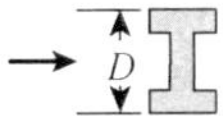 I形	$A = bD$	2.05		$Re > 10^4$
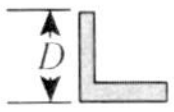 角形	$A = bD$	→ 1.98 ← 1.82		$Re > 10^4$
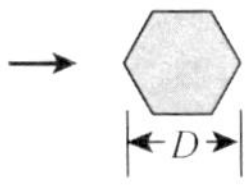 六边形	$A = bD$	1.0		$Re > 10^4$
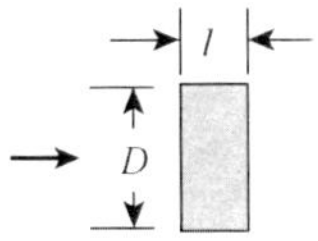 矩形	$A = bD$	l/D　C_D ≤ 0.1　1.9 0.5　2.5 0.65　2.9 1.0　2.2 2.0　1.6 3.0　1.3		$Re = 10^5$

图 9-56　规则二维物体的典型阻力系数

形状	参考面积A	阻力系数C_D	雷诺数 $Re = \rho UD/\mu$
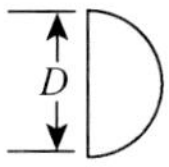 D 实心半球	$A = \dfrac{\pi}{4}D^2$	→ 1.17 ← 0.42	$Re > 10^4$
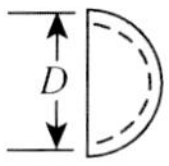 D 空心半球	$A = \dfrac{\pi}{4}D^2$	→ 1.42 ← 0.38	$Re > 10^4$
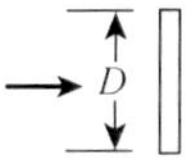 → D 薄圆盘	$A = \dfrac{\pi}{4}D^2$	1.1	$Re > 10^3$
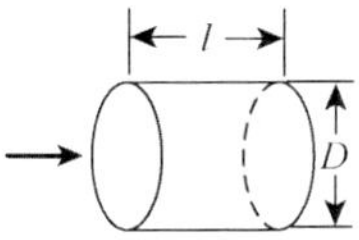 → l D 圆棒	$A = \dfrac{\pi}{4}D^2$	l/D | C_D 0.5 | 1.1 1.0 | 0.93 2.0 | 0.83 4.0 | 0.85	$Re > 10^5$
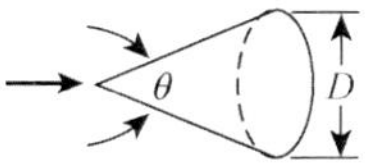 → θ D 圆锥体	$A = \dfrac{\pi}{4}D^2$	$\theta/(°)$ | C_D 10 | 0.30 30 | 0.55 60 | 0.80 90 | 1.15	$Re > 10^4$
→ D 立方体	$A = \dfrac{\pi}{4}D^2$	1.05	$Re > 10^4$
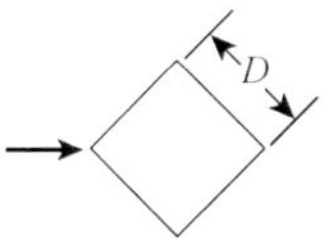 → D 立方体	$A = \dfrac{\pi}{4}D^2$	0.80	$Re > 10^4$
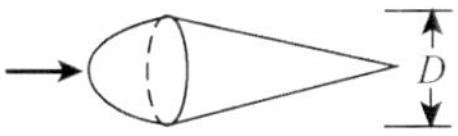 → D 流线型体	$A = \dfrac{\pi}{4}D^2$	0.04	$Re > 10^5$

图 9-57　规则三维物体的典型阻力系数

形状	参考面积	阻力指数C_D
降落伞	正面面积 $A=\dfrac{\pi}{4}D^2$	1.4
多孔抛物面	正面面积 $A=\dfrac{\pi}{4}D^2$	孔隙率: 0 / 0.2 / 0.5；→ 1.42 / 1.20 / 0.82；← 0.95 / 0.90 / 0.80　孔隙率 = 孔隙面积/总面积
普通人	站立 坐 蹲	$C_D A=0.8m^2$ $C_D A=0.6m^2$ $C_D A=0.2m^2$
飘扬的旗帜	$A=lD$	l/D: 1, 2, 3；C_D: 0.07, 0.12, 0.15
大厦	正面面积	1.4
六节车厢的列车	正面面积	1.8
自行车 直立通勤	$A=0.5m^2$	1.1
赛车	$A=0.4m^2$	0.88
领骑	$A=0.4m^2$	0.50
流线型	$A=0.46m^2$	0.12
牵引卡车 普通型	正面面积	0.96
带整流罩	正面面积	0.76
带整流罩和间隙密封	正面面积	0.70
树 $U=10m/s$ / $U=20m/s$ / $U=30m/s$	正面面积	0.43 / 0.26 / 0.20
海豚	润湿面积	雷诺数为6×10^6时，为0.0036（平板的$C_{Df}=0.0031$）
大型鸟类	正面面积	1.8

图 9-58　一些物体的典型阻力系数

9.4　绕流物体的升力

通过流体时，物体都会受到流体施加的合力。对于垂直于来流的对称物体，这个力将沿着自由流的方向，即阻力 D。如果物体是不对称的（或者产生的流场不对称，如旋转球体周围的流动），可能会产生一个垂直于自由流的力，即升力 L。为了深入了解升力的各种属性，研究人员已经进行了大量的研究。在某些情况下，可以通过合理设计来实现较大的升力，比如机翼；而在其他情况下，设计的目标是减少升力。例如，汽车上的升力会减少车轮与地面之间的接触力，从而降低牵引力和转弯能力，所以需要尽可能减小这种升力。

9.4.1　表面压力分布

如果已知整个物体周围的压力和壁面剪切应力分布，则升力可由式（9-2）确定。通常，升力是根据升力系数确定

$$C_{\mathrm{L}} = \frac{\mathcal{L}}{\dfrac{1}{2}\rho U^2 A} \tag{9-67}$$

升力系数是从实验、理论分析或数值分析中获得的。它是一些无量纲数的函数，就像阻力系数一样，可以表示为

$$C_{\mathrm{L}} = \phi(\text{shape}, Re, Ma, Fr, \varepsilon/l)$$

弗劳德数 Fr 通常仅在存在自由表面的情况下才需要考虑，例如用于支撑高速舰艇的水下"机翼"。通常情况下，表面粗糙度 ε 对于升力并不重要，但它对阻力的影响更为显著。而对于相对高速的亚声速和超声速流动（即 $Ma > 0.8$），Ma 影响很大，而雷诺数对升力影响通常较小。物体的形状对升力系数的影响是最为重要的参数，即本节将主要强调形状对升力的影响。

最常见的升力产生装置，如机翼、风扇、汽车上的扰流器等，通常在大雷诺数范围内运行，这种范围内的流动具有边界层特征，黏性效应主要局限于边界层和尾流区。在这种情况下，壁面剪切应力 τ_{w} 对升力的影响较小，因为升力主要来自表面压力分布。图 9-59 展示了移动车辆上典型的压力分布，这种分布基本符合简单的伯努利方程分析。高速流动的位置（例如车顶和发动机罩上方）压力较低，而低速流动的位置（例如格栅和挡风玻璃上）压力较高。很容易确定这种压力分布的综合作用将提供一个向上的合力。

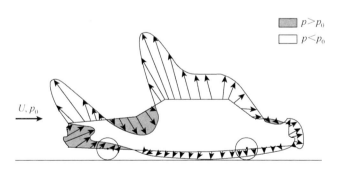

图 9-59　汽车表面上压力分布

对于在低雷诺数区域运动的物体（即 $Re < 1$），黏性效应变得极为重要，剪切应力对升力的影响可能与压力同样重要。这种情况包括微小昆虫的飞行和微生物的游动。而例 9.14 展示了在典型的高雷诺数流动中，壁面剪切应力 τ_{w} 和表面压力 p 在升力产生中的相对重要性。

例9.14 压力分布和剪切应力产生的升力。

已知：当风速为 U 的均匀风吹过图 9-60（a）、（b）所示的半圆形建筑物时，建筑物外部的壁面剪切应力和压力分布分别如图 9-39（b）和图 9-40（a）所示。

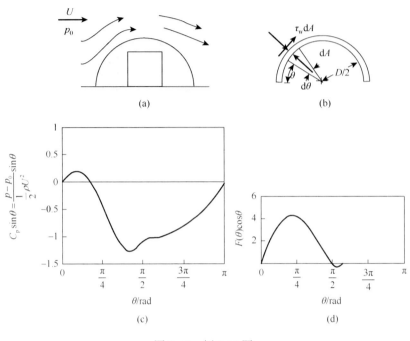

图 9-60　例 9.14 图

问题：如果建筑物内的压力为大气压（即远离建筑物的气压 p_0），则确定升力系数和屋顶上的升力。

解：由式（9-2）可以得到升力为

$$\mathcal{L} = -\int p \sin\theta \mathrm{d}A + \int \tau_\mathrm{w} \cos\theta \mathrm{d}A \qquad (9\text{-}68)$$

如图 9-60（b）所示，假设建筑物内部的压力是均匀的，$p = p_0$，并且没有剪切应力。因此，式（9-68）可以写为

$$\mathcal{L} = -\int_0^\pi (p - p_0)\sin\theta b\left(\frac{D}{2}\right)\mathrm{d}\theta + \int_0^\pi \tau_\mathrm{w} \cos\theta b\left(\frac{D}{2}\right)\mathrm{d}\theta$$

或

$$\mathcal{L} = \frac{bD}{2}\left[-\int_0^\pi (p - p_0)\sin\theta \mathrm{d}\theta + \int_0^\pi \tau_\mathrm{w} \cos\theta \mathrm{d}\theta \right] \qquad (9\text{-}69)$$

式中，b 和 D 分别为建筑物的长度和直径，$\mathrm{d}A = b(D/2)\mathrm{d}\theta$。式（9-69）可以写为无量纲形式，用动压力 $\rho U^2/2$，平面面积 $A = bD$，以及无量纲剪切应力 $F(\theta) = \tau_\mathrm{w}(Re)^{1/2}/(\rho U^2/2)$ 可得

$$\mathcal{L} = \frac{1}{2}\rho U^2 A \left[-\frac{1}{2}\int_0^\pi \frac{p-p_0}{\frac{1}{2}\rho U^2}\sin\theta\, \mathrm{d}\theta + \frac{1}{2\sqrt{Re}}\int_0^\pi F(\theta)\cos\theta\, \mathrm{d}\theta \right] \qquad (9\text{-}70)$$

已知图 9-39（b）和图 9-40（a）中的数据，式（9-70）中括号内的两项可由图 9-60（c）、（d）计算其积分面积得来，结果为

$$\int_0^\pi \frac{p-p_0}{\frac{1}{2}\rho U^2}\sin\theta\, \mathrm{d}\theta = -1.76 \,, \qquad \int_0^\pi F(\theta)\cos\theta\, \mathrm{d}\theta = 3.92$$

因此，升力为

$$\mathcal{L} = \frac{1}{2}\rho U^2 A \left[\left(-\frac{1}{2}\right)(-1.76) + \frac{1}{2\sqrt{Re}}(3.92) \right] = \left(0.88 + \frac{1.96}{\sqrt{Re}}\right)\left(\frac{1}{2}\rho U^2 A\right)$$

升力系数则为

$$C_L = \frac{L}{\frac{1}{2}\rho U^2 A} = 0.88 + \frac{1.96}{\sqrt{Re}} \qquad (9\text{-}71)$$

讨论：考虑一种典型情况，$D = 6\text{m}$，$U = 10\text{m/s}$，$b = 15\text{m}$，标准大气条件（$\rho = 1.23\text{kg/m}^3$ 且 $\nu = 1.46\times10^{-5}\text{m}^2/\text{s}$），雷诺数为

$$Re = \frac{UD}{\nu} = \frac{(10\text{m/s})(6\text{m})}{1.46\times10^{-5}\text{m}^2/\text{s}} = 4.11\times10^6$$

因此，升力系数为

$$C_L = 0.88 + \frac{1.96}{(4.11\times10^6)^{1/2}} = 0.88 + 0.001 = 0.881$$

注意，压力对升力系数的贡献 0.88，而壁面剪切应力对升力系数的贡献仅为 $1.96/(Re^{1/2}) = 0.001$，即 C_L 对雷诺数的依赖性很小，升力主要由压力贡献。回想一下在例 9.9 中，对于类似形状其阻力也是如此。

当 $A = 6\text{m}\times15\text{m} = 90\text{m}^2$ 时，由式（9-71）可得，在假设条件下升力为

$$\mathcal{L} = \frac{1}{2}\rho U^2 A C_L = \frac{1}{2}(1.23\text{kg/m}^3)(10\text{m/s})^2(90\text{m}^2)(0.881) = 4876\text{N}$$

这座建筑物呈现出相当明显的上升趋势。显然，这是由于物体的不对称性所导致的。虽然流体升力的作用确实倾向于将上半部分和下半部分分开，但对于一个完全对称的圆柱体，总的升力将为零。

通过在顶面和地面产生不同的压力来设计生产升力的装置，如飞机机翼。在高雷诺数流动中，这些压力分布通常与动压力 $\rho U^2/2$ 成正比，而黏性效应是次要的。因此，对于给定的机翼，升力与空气速度的平方成正比。有两种主要类型的机翼用于产生升力，如图 9-61 所示。显然，只有在攻角 α 不为零时，对称物体才能产生升力。这是因为非对称机翼的不对称性导致上下表面的压力分布不同，即使 $\alpha = 0$，也会产生升力。当然，会有一个特定的 α 值（在这种情况下小于零），导致此时升力为零。在这种情况下，机翼上

下表面上的压力分布是不同的，但它们的合成（积分）压力将是相等且相反的。这种不对称性导致了升力的产生，即使在零攻角时也是如此。

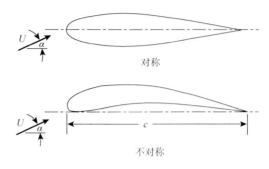

图 9-61　对称和不对称的机翼

　　由于大多数机翼都很薄，通常在升力系数的定义中使用了平面面积 $A = bc$。在这里，b 代表机翼的长度，而 c 则是弦长——从前缘到后缘的长度，如图 9-61 所示。这样定义的典型升力系数具有普适性。也就是说，升力可以表示为动压力乘以机翼的平面面积，即 $\mathcal{L} = (\rho U^2/2)A$。因此，机翼载荷，即单位面积的平均升力（$\mathcal{L}/A$），会随着速度的增加而增加。例如，一只黄蜂的翅载量约为 48N/m^2，1903 年的莱特飞行器（Wright flyer）的机翼载荷为 72N/m^2，而如今的波音 747 飞机的机翼载荷为 7200N/m^2。

　　典型的升力和阻力系数数据如图 9-62（a）和（b）所示，是与攻角 α 和展弦比 λ 相关的函数。展弦比定义为机翼长度的平方与平面面积的比值 $\lambda = b^2/A$。如果弦长 c 沿机翼（矩形平面机翼）的长度是恒定的，则化简为 $\lambda = b/c$。

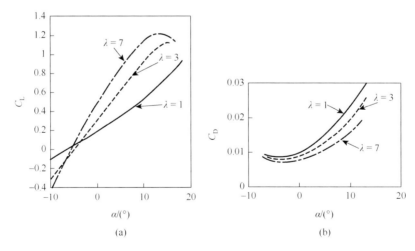

图 9-62　（a）升力系数、（b）阻力系数与机翼攻角和展弦比的关系

　　一般来说，升力系数随着展弦比的增加而增加，而阻力系数随展弦比的增加而减小。长翼的效率更高，因为与短翼相比，它们的翼尖损失相对来说要小。然而，机翼的有限

长度（$\lambda < \infty$）会引起阻力的增加，通常称为诱导阻力。这种阻力的增加是由于机翼翼尖附近复杂的旋流结构和自由流的相互作用所导致的。因此，高性能的飞机和具有长距离飞行能力的鸟类（如信天翁和海鸥）通常采用长而窄的双翼。然而，这样的机翼由于其相对大的惯性而削弱了快速机动性能。因此，高机动性的战斗机、杂技飞机以及某些鸟类（如猎鹰）通常采用展弦比较小的双翼，以获得更好的机动性能。

尽管黏性效应和壁面剪切应力对升力的贡献不大，但它们在升力装置的设计和使用中起着极其重要的作用。这是因为黏性引起的边界层分离可能发生在非流线型物体上，如攻角过大的机翼。如图 9-62 所示，在某点之前，升力系数随攻角的增加而稳定增加。如果 α 太大，上表面的边界层会分离，机翼上的流动形成一个宽阔的湍流尾迹区，然后升力减小，阻力增大，这种情况称为失速。如果这种情况发生在飞机低空飞行时，则没有足够的时间和高度从失速中恢复，这极其危险。

在许多升力产生装置中，重要的数值是升力与阻力的比值，$\mathcal{L}/\mathcal{D} = C_L/C_D$。通常用 C_L/C_D 与 α 的关系表示，如图 9-63（a）所示，或用 C_L、C_D 和 α 极坐标关系表示，如图 9-63（b）所示。如图 9-63（b）所示，可以从原点画一条与 C_L-C_D 曲线相切的直线得到最有效的攻角（即最大 C_L/C_D）。高性能机翼产生的升力可能是其阻力的 100 倍或更多倍。这就意味着，在静止的空气中，每下降 1m，就可以滑翔 100m 的水平距离。

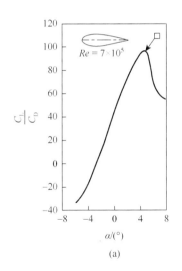
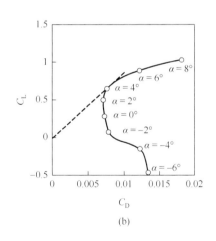

图 9-63　（a）升力-阻力比与攻角的关系；（b）升力、阻力和攻角的极坐标关系

如上所述，机翼的升力和阻力可以通过改变攻角来实现，实际上代表了物体形状的变化。当有需要时，可以用物体其他形状的变化来改变升力和阻力。例如，在现代飞机中，通常使用前缘和后缘襟翼来改变机翼的形状，这在图 9-64 中有所展示。在相对低速的降落和起飞过程中，前缘和后缘襟翼可以展开以改变机翼的形状，从而产生所需的升力。这大大增加了升力，但这通常以增加阻力为代价（因为机翼此时处于一种"复杂"的配置中）。在降落和起飞操作中，阻力的短期增加通常不会引起太大问题，因为更重要的是能够降低降落或起飞的速度，襟翼的展开有助于实现这一目标。在正常的飞行操作

中，当襟翼被收回使机翼恢复到"简单"的配置时，阻力相对较小。在这种情况下，所需的升力可以通过较小的升力系数和较大的动压力（更高的飞行速度）来实现。

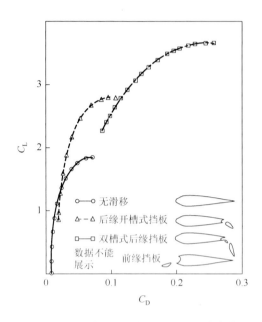

图 9-64　不同襟翼设计的典型阻力和升力变化关系

例 9.15　人力飞行的升力和动力。

已知：人力飞行参数，飞行速度：$U = 4.6\text{m/s}$；机翼尺寸：$b = 29\text{m}$，$c = 2.3\text{m}$（平均）；重力（包括飞行员）：$W = 934\text{N}$；阻力系数：$C_D = 0.046$（基于平面面积）；动力传动效率：$\eta = $ 克服阻力的功率/飞行员提供的功率 $= 0.8$。

问题：确定（a）升力系数 C_L；（b）飞行员需要的功率 P。

解：

（a）对于定常的飞行条件，升力一定恰好与重力平衡，即

$$W = \mathcal{L} = \frac{1}{2}\rho U^2 A C_L$$

因此，有

$$C_L = \frac{2W}{\rho U^2 A}$$

式中，$A = bc = 29\text{m} \times 2.3\text{m} = 66.7\text{m}^2$，$W = 934\text{N}$，对标准空气 $\rho = 1.23\text{kg/m}^3$，可得

$$C_L = \frac{2(934\text{N})}{(1.23\text{kg/m}^3)(4.6\text{m/s})^2(66.7\text{m}^2)} = 1.08$$

为一个合理的数值。飞行器总的升力-阻力比为 $C_L/C_D = 1.08/0.046 = 23.5$。

（b）飞行员提供的功率与传动效率的乘积等于克服阻力 $\mathcal{D}$ 所需要的有用功率，即

$$\eta P = \mathcal{D}U$$

式中，$\mathcal{D} = \rho U^2 A C_D / 2$，因此得

$$P = \frac{\mathcal{D}U}{\eta} = \frac{\frac{1}{2}\rho U^2 A C_{\mathrm{D}} U}{\eta} = \frac{\rho U^3 A C_{\mathrm{D}}}{2\eta}$$

$$= \frac{(1.23\mathrm{kg/m^3})(66.7\mathrm{m}^2)(0.046)(4.6\mathrm{m/s})^3}{2(0.8)} = 230\mathrm{W}$$

讨论：只有训练有素的运动员才能达到这个功率。请注意，只需要飞行员的功率的 80%（即 $0.8 \times 230\mathrm{W} = 184\mathrm{W}$，对应于 $\mathcal{D} = 39.9\mathrm{N}$ 的阻力）即可使飞机飞行，其余 20% 由于动力传动效率低而损失。

对不同飞行速度重复计算，得到如图 9-65 所示的结果。在阻力系数恒定的情况下，所需功率会随 U^3 的增加而增加——将速度增至 9m/s 时，所需的功率将增加 8 倍（即 1.8kW，远远超出人类的能力范围）。

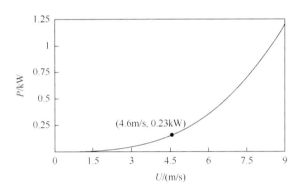

图 9-65　例 9.15 图

9.4.2　环量

通常在升力的产生中黏性作用并不重要，因此通过求解机翼上的无黏性流动方程，可以获得压力分布，然后对其进行积分，从而计算出机翼上的升力。对于二维机翼的无黏流动计算，可以获得如图 9-66 所示的流场。对于无升力翼型，也就是零攻角的对称翼型，图 9-66（a）预测流场似乎相当准确（除了没有很薄的边界层区域）。然而，如图 9-66（b）所示，当机翼具有非零攻角时，尽管攻角足够小以避免边界层分离，但相同机翼的计算流场在后缘附近出现差异。此外，非零攻角时计算出的升力为零是不合理的，因为实际上应该存在升力。

实际情况下，流动行为应该更接近图 9-66（c）所示的情形，即平稳地通过机翼的上表面，而不是像图 9-66（b）中所示的在后缘附近出现奇怪的行为。为了纠正不符合实际的流动情况，图 9-66（d）中所示的方法是通过在机翼周围添加适当的顺时针旋转的气流，以使流动更符合实际情况。这种方法可以通过使用特殊设计的襟翼或涡流生成器等装置来实现，以改善机翼的性能，特别是在非零攻角情况下。结果表明：①消除了后缘附近不切实际的流动，这意味着将原始的不合理的流动情况（图 9-66（b））变为更符合实际的流动情况（图 9-66（c））。②机翼上表面的平均速度增加而下表面的平均速度减小。根据伯努利方程（即 $p/\gamma + V^2/2g + z = $ 常数），上表面的平均压力降低而下表面的平均压力升高。最终结果是将原始的零升力情况变为会产生升力的情况。

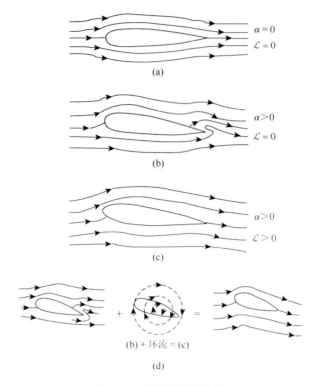

图 9-66　机翼无黏性流动

（a）流体流过零攻角对称机翼；（b）流体流过非零攻角——无升力，尾缘处流动不符合实际；（c）流体流过非零攻角，且增加了——无升力，流动符合实际；（d）流动叠加环量示意图

　　增加顺时针旋流引起了环量的增加。为了使流动在后缘处顺利离开，需要适当的旋流量，而这取决于机翼的尺寸和形状，可以通过势流理论（无黏流）进行计算。增加环量使流场在物理上更接近实际情况，尽管外观上可能看起来有人为调整的成分，但其背后有充分的数学和物理基础。以流经有限长度机翼为例，如图 9-67 所示。在产生升力时，下表面的平均压力大于上表面的平均压力。特别是在机翼尖端附近，这种压力差会导致一部分流体试图从下表面迁移到上表面，正如图 9-67（b）所展示的那样。同时，这些流体会向下游倾斜，从每个翼尖产生尾涡或旋涡。一些鸟类呈 V 字形迁移的原因是为了利用前方鸟类产生的尾涡所带来的上升气流。据计算，以一定能量消耗为前提，当 25 只鸟形成 V 字形队列飞行时，其飞行距离比每只鸟单独飞行时的距离多出 70%。

　　左右翼尖的尾涡是由沿机翼长度的附着涡连接而成的，正是这个旋涡形成了产生升力所需的环量。附着涡和尾涡这两个组合涡系被称为马蹄涡。尾涡的强度（等于附着涡的强度）与所产生的升力成正比。大型飞机（例如 C919）可以产生非常强大的尾涡，而这些尾涡会持续存在相当一段时间，直到黏性效应和不稳定机制逐渐使其减弱和消失。当小型飞机跟在大型飞机后面距离太近时，这样的涡流可能会对它们产生危险影响，甚至导致它们失去控制。

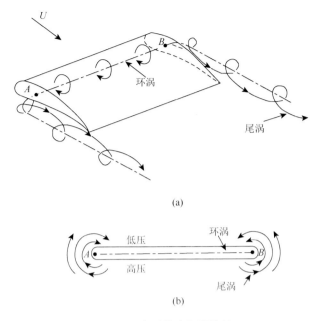

(a)

(b)

图 9-67　有限长度机翼绕流

（a）尾涡和附着涡形成的马蹄涡；（b）翼端的空气流动产生的附着涡

　　如上所述，升力的产生与在物体周围产生旋涡或涡流直接相关。通过设计，非对称机翼可以产生自己特定的旋涡量和升力。像圆柱或球体这样的对称物体，通常不产生升力，但如果它旋转，就会产生涡旋和升力。

　　当流经无黏流体的圆柱体时，其流动模式通常是对称的，如图 9-68（a）所示。由于这种对称性，产生的升力和阻力都为零。然而，如果将圆柱体放在实际流体中（其中黏度 μ 不为零），并使其绕轴线旋转，旋转将拖动周围的流体，从而在圆柱体周围产生环量，如图 9-68（b）所示。这个环量是由旋转产生的，它与来自理想均匀来流的流体相结合，可以导致如图 9-68（c）所示的流动模式。流动不再关于通过圆柱体中心的水平面对称；圆柱体下半部分的平均压力大于上半部分的平均压力，并产生升力。这种效应被称为

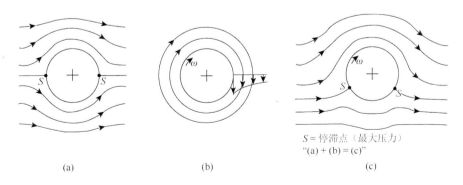

(a)　　　　　　　　　　(b)　　　　　　　　　　(c)

图 9-68　圆柱体周围无黏性流动

（a）无环量均匀来流；（b）圆柱中心的自由涡流；（c）两者结合产生了不对称流动和一个升力

马格努斯效应（Magnus effect），是在德国化学家和物理学家马格努斯（Heinrich Gustav Magnus，1802—1870）首次研究这一现象后提出的。类似的升力现象也会在旋转的球体上产生。马格努斯效应解释了棒球运动中各种类型的投球（如曲线球、浮球、下降球等）现象，以及足球运动员在比赛中踢出弯曲球、高尔夫球员在击球时创造出旋转和侧旋等现象。

　　光滑旋转球体的典型升力和阻力系数如图 9-69 所示。尽管阻力系数与转速无关，但升力系数与转速密切相关。此外，升力系数 C_L 和阻力系数 C_D 均取决于表面粗糙度。如 9.3 节所述，在一定的雷诺数范围内，表面粗糙度的增加会降低阻力系数。类似地，表面粗糙度的增加可以增加升力系数，因为粗糙度有助于在球体周围拖曳更多流体，从而在一定角速度下增加环量。因此，一个旋转的粗糙的高尔夫球比光滑的高尔夫球运动得更远，因为阻力更小，升力更大。然而，需要注意的是，严重粗糙（或过度切割）的球并不一定会飞得更远。在高尔夫球制造中，经过大量的测试和研究，已经确定了最佳的表面粗糙度，以获得最佳的飞行性能。

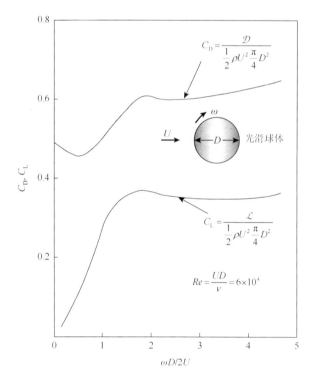

图 9-69　光滑旋转球体上的升力和阻力系数

　　例 9.16　旋转球体上的升力。

　　已知：如图 9-70 所示，以 $U = 12\text{m/s}$ 的速度击打直径为 $D = 3.8 \times 10^{-2}\text{m}$ 的重 $2.45 \times 10^{-2}\text{N}$ 的乒乓球，并使其回旋角速度为 ω。

　　问题：如果球要在水平路径上移动而不会由于重力加速度掉落，那么 ω 的值是多少？

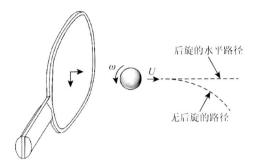

图 9-70　例 9.16 图

解：水平飞行时，由球旋转产生的升力必须精确地与球的重量 W 相等，有

$$W = \mathcal{L} = \frac{1}{2}\rho U^2 A C_{\text{L}}$$

或

$$C_{\text{L}} = \frac{2W}{\rho U^2 (\pi / 4) D^2}$$

式中，升力系数 C_{L} 可以从图 9-69 中获得。对于标准大气条件有 $\rho = 1.23\text{kg/m}^3$，可得

$$C_{\text{L}} = \frac{2(2.45 \times 10^{-2}\,\text{N})}{(1.23\text{kg/m}^3)(12\text{m/s})^2(\pi/4)(3.8 \times 10^{-2}\,\text{m})^2} = 0.244$$

根据图 9-69，此时需要

$$\frac{\omega D}{2U} = 0.9$$

或

$$\omega = \frac{2U(0.9)}{D} = \frac{2(12\text{m/s})(0.9)}{3.8 \times 10^{-2}\,\text{m}} = 568\text{rad/s}$$

因此

$$\omega = (568\text{rad/s})(60\text{s/min})(1\text{rev}/2\pi\text{rad}) = 5424\text{r/min}$$

讨论：这个角速度有可能传递给球吗？当角速度较大时，球将上升并沿曲线向上运动。一个高尔夫球也可以产生类似的轨迹——而不是像石头一样掉下来，高尔夫球的轨迹实际上是弯曲的，旋转的球比没有旋转的球移动的距离更远。然而，如果上旋施加到球上（如一个不合适的开球），球将比在单独的重力作用下更快地向下弯曲——球被"顶"并且产生一个负升力。类似地，绕着垂直轴旋转会使球转向一边。

9.5　本　章　总　结

在本章中，讨论了流体流过物体的情况，并说明了物体表面上的压力和剪切应力分布如何在物体上产生总升力和阻力。

流体流过物体的流动特征是雷诺数的函数。对于高雷诺数流动，表面会形成一层薄薄的边界层。讨论了这种边界层流动的属性，包括边界层厚度，流动是层流还是湍流，以及施加在物体上的壁面剪切应力。此外，还考虑了边界层分离及其与压力梯度的关系。

阻力包括摩擦（黏性）效应和压力效应产生的部分，用无量纲阻力系数表示。阻力系数是物体形状的函数，包括从非常钝到非常流线型的物体。影响阻力系数的其他参数包括雷诺数、弗劳德数、马赫数和表面粗糙度。

升力是根据无量纲升力系数来确定的，该系数很大程度上取决于物体的形状。升力系数随形状的变化通过机翼的升力系数随攻角的变化来说明。

本章需重点掌握内容如下：

（1）掌握相关术语的概念。

（2）根据物体上给定的压力和剪切应力分布确定物体上的升力和阻力。

（3）对于流过平板的流动，计算边界层厚度、壁面剪切应力和摩擦阻力，并确定流动是层流还是湍流。

（4）解释压力梯度的概念及其与边界层分离的关系。

（5）对于给定的物体，从合适的表格、图或方程中得到阻力系数，然后计算该物体的阻力。

（6）解释为什么高尔夫球有凹陷。

（7）对于给定的物体，从合适的图中得到升力系数，然后计算该物体的升力。

本章中一些重要的公式如下。

边界层位移厚度：

$$\delta^* = \int_0^\infty \left(1 - \frac{u}{U}\right) \mathrm{d}y \tag{9-4}$$

边界层动量厚度：

$$\theta = \int_0^\infty \frac{u}{U}\left(1 - \frac{u}{U}\right) \mathrm{d}y \tag{9-7}$$

平板边界层名义厚度，位移厚度及动量厚度的布拉休斯解：

$$\frac{\delta}{x} = \frac{5}{\sqrt{Re_x}} \tag{9-18}$$

$$\frac{\delta^*}{x} = \frac{1.721}{\sqrt{Re_x}} \tag{9-19}$$

$$\frac{\theta}{x} = \frac{0.664}{\sqrt{Re_x}} \tag{9-20}$$

平板壁面剪切力的布拉休斯解：

$$\tau_w = 0.332 U^{\frac{3}{2}} \sqrt{\frac{\rho\mu}{x}} \tag{9-21}$$

平板上阻力：

$$\mathcal{D} = \rho b U^2 \theta \tag{9-26}$$

平板局部摩擦系数的布拉休斯解：

$$c_f = \frac{0.664}{\sqrt{Re_x}} \tag{9-39}$$

习　题

9-1　假设水流过题图 9-1 所示的等边三角形杆，并产生图中所示的压力分布。确定杆上的升力和阻力以及相应的升力和阻力系数（基于迎风面积）。忽略剪切应力。

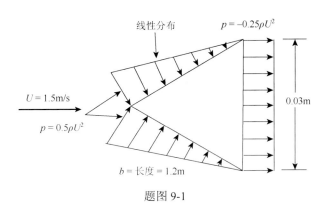

题图 9-1

9-2　如题图 9-2 所示，流体流过二维杆。杆末端的压力如图所示，顶部和底部的平均剪切应力为 τ_{avg}。假设压力产生的阻力与黏性效应产生的阻力相等。

（a）根据动压 $\rho U^2/2$ 确定 τ_{avg}。

（b）确定该物体的阻力系数。

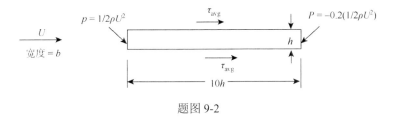

题图 9-2

9-3　一条 15mm 长的小鱼以 20mm/s 的速度游动。在鱼的侧面会形成边界层型流动吗？请解释。

9-4　作用在边长 1m 正方形平板表面上的平均压力和剪切应力如题图 9-4 所示，确定产生的升力和阻力。如果忽略剪切应力，确定此时升力和阻力。比较这两组结果。

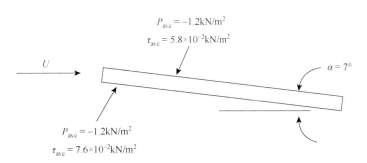

题图 9-4

9-5　如题图 9-5 中直径 1m 圆盘上的压力分布如题表 9-5 所示，请确定圆盘上的阻力。

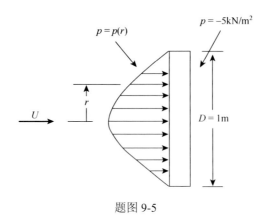

题图 9-5

题表 9-5

r/m	p/(kN/m²)
0	4.34
0.05	4.28
0.10	4.06
0.15	3.72
0.20	3.10
0.25	2.78
0.30	2.37
0.35	1.89
0.40	1.41
0.45	0.74
0.50	0.0

9-6　直径为 0.10m 的圆柱体在空气中以速度 U 移动，圆柱体表面上的压力分布可由题图 9-6 所示的三个直线段近似得出。请确定圆柱上的阻力系数。忽略剪切应力。

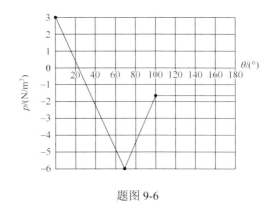

题图 9-6

9-7　题表 9-7 列出了各种动物通过空气或水的雷诺数典型值。流体的惯性在哪些情况下重要？在哪些情况下，黏性效应占主导？在哪种情况下，气流会是层流；或是湍流？并解释。

题表 9-7

动物	速度	Re
大型鲸鱼	10m/s	300000000
飞鸭	20m/s	300000
大蜻蜓	7m/s	30000
无脊椎动物幼虫	1mm/s	0.3
细菌	0.01mm/s	0.00003

9-8　一个 3.6m 长的皮划艇以 1.5m/s 的速度运动时，船侧边会形成边界层型流动吗？并解释。

9-9　水流过平行于水流方向的平板，来流速度为 0.5m/s。确定边界层在前缘下游变为湍流的大概位置。在此位置的边界层厚度是多少？

9-10　黏性流体流过平板，使得距前缘 1.3m 处的边界层厚度为 12mm。确定距前缘 0.2m、2.0m 和 20m 处的边界层厚度。假设为层流。

9-11　如果题 9-10 中的来流速度为 $U = 1.5$m/s，确定流体的运动黏度。

9-12　水以 $U = 0.02$m/s 的来流速度流过平板。在距前缘 $x = 1.5$m 和 $x = 15$m 的距离，确定距平板 10mm 处的水速。

9-13　如果黏性效应在整个流场中都很重要（即 $Re < 1$），估计风吹过一根直径为 1cm 的小树枝的速度能有多快？并解释。重复处理直径为 0.01cm 的头发和直径为 2m 的烟囱。

9-14　由于边界层处的速度亏损 $U - u$，流过平板流动的流线不完全平行于平板，可以通过位移厚度 δ^* 确定该偏差。空气吹过图 9-14 所示的平板，绘制穿过 B 点边界层边缘（在 $x = l$ 时 $y = \delta_B$）的流线 A-B，即绘制流线 A-B 的 $y = y(x)$。假设层流边界层流动。

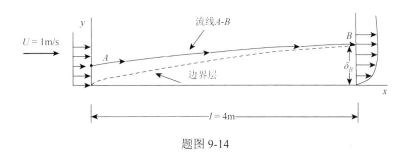

题图 9-14

9-15　空气通过 0.5m 的开口进入方管，如题图 9-15 所示。由于边界层位移厚度沿流动方向增加，因此，如果要在边界层外部保持恒定的 $U = 1$m/s 速度，则必须增加管道的横截面尺寸。如果 U 要保持恒定，绘制管道尺寸 d 随 x 的关系图，其中 $0 \leqslant x \leqslant 3$m。假设为层流。

9-16　将一块长度 $l = 6$m，宽度 $b = 4$m 光滑平板放入水中，来流速度 $U = 0.5$m/s。确定中心和后缘处的边界层厚度及壁面剪切应力，假定为层流边界层。

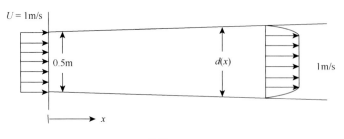

题图 9-15

9-17　当风吹过地球表面时，形成大气边界层。通常这种速度分布可以写为幂型：$u = ay^n$，其中常数 a 和 n 取决于地形的粗糙度。如题图 9-17 所示，典型值为：对于城市，$n = 0.40$，对于林地或郊区，$n = 0.28$，对于平坦的乡村，$n = 0.16$。

（a）如果船帆的底部速度为 6m/s（$y = 1.2$m），桅杆顶部的速度是多少（$y = 9$m）？

（b）如果城市建筑物的 10 层的平均速度是 16km/h，那么 60 层的平均速度是多少？

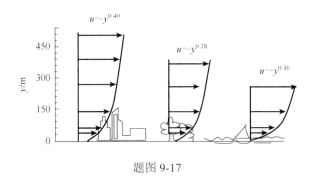

题图 9-17

9-18　在郊区工业园区中建造了一座 30 层的办公楼（每层高 3.6m）。如果风在建筑物顶部以飓风强度（120km/h）吹动，则绘制动压力 $\rho U^2 / 2$ 与海拔的函数关系。使用题 9-22 的大气边界层信息。

9-19　通过积分 Blasius 方程（方程（9.17））来确定层流流经平板的边界层分布，并将结果与表 9-2 的结果进行比较。

9-20　飞机在 3000m 的高度上以 640km/h 的速度飞行。如果机翼表面上的边界层与平板上的边界层一样，估计机翼上层流边界层的范围。假设过渡雷诺数 $Re_{x_{cr}} = 5 \times 10^5$。如果飞机保持其 640km/h 的速度但下降到海平面高度，那么与在 3000m 处的值相比，机翼被层流边界层覆盖的部分会增加还是减少？并解释。

9-21　如果汽车引擎盖上的边界层与平板上的边界层一样，请估计距离引擎盖的前缘多远，边界层会变为湍流。在此位置的边界层有多厚？

9-22　层流边界层速度分布近似为：在 $y \leqslant \delta$ 时，$u/U = [2-(y/\delta)](y/\delta)$，在 $y > \delta$ 时 $u = U$。

（a）说明这个分布符合的边界层条件。

（b）使用动量积分方程确定边界层厚度 $\delta = \delta(x)$。

9-23　由题图 9-23 所示的两个直线段近似层流边界层速度分布，使用动量积分方程确定边界层厚度 $\delta = \delta(x)$ 和壁面剪切应力 $\tau_w = \tau_w(x)$。将这些结果与表 9-3 中的结果进行比较。

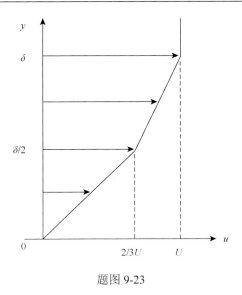

题图 9-23

9-24　层流边界层速度分布近似为：当 $y \leqslant \delta$ 时，$u/U = 2(y/\delta) - 2(y/\delta)^3 + (y/\delta)^4$，当 $y > \delta$ 时，$u = U$。

（a）证明该轮廓满足适当的边界条件。

（b）使用动量积分方程确定边界层厚度 $\delta = \delta(x)$。

9-25　对于比重 SG = 0.86 的流体流过平板，其来流速度为 $U = 5\text{m/s}$，平板上的壁面剪切应力分布如题表 9-25 所示。使用动量积分方程确定边界层动量厚度 $\theta = \theta(x)$。假设前缘 $x = 0$ 时，$\theta = 0$。

题表 9-25

X/m	τ_w/(N/m^2)
0	
0.2	13.4
0.4	9.25
0.6	7.68
0.8	6.51
1.0	5.89
1.2	6.57
1.4	6.75
1.6	6.23
1.8	5.92
2.0	5.26

9-26　独木舟的桨叶是否应该做得粗糙一些，以使其"更好地抓水"？并解释。

9-27　两种不同的流体以相同的层流自由流速度流过两个相同的平板。两种流体具有相同的黏度，但是一种流体的密度是另一种流体的两倍。这两个平板的阻力之间有什么关系？

9-28　流体以阻力 D_1 流过平板。如果自由流速度加倍，新的阻力 D_2 是大于还是小于 D_1，并且会大或小多少？

9-29　将模型以给定速度放置在气流中，然后以相同速度放置在水流中。如果这两种情况之间的阻力系数相同，那么两种流体之间的阻力如何比较？

9-30　预计新设计的混合动力汽车的阻力系数为 0.21，汽车的横截面积为 3m²。在静止空气中以 88km/h 速度行驶时，确定汽车的空气阻力。

9-31　用一种新设计的直径为 5m 的降落伞，把一负载从飞行高度运输到地面，平均垂直速度为 3m/s，该负载和降落伞的总重量为 200N，请确定降落伞的近似阻力系数。

9-32　时速 80km/h 的风吹向宽 21m，高 6.0m 的户外电影屏幕，请估算屏幕上受到的风力。

9-33　汽车的空气动力阻力取决于汽车的"形状"。例如，题图 9-33 所示的汽车在车窗和天窗关闭情况下的阻力系数为 0.35。在车窗和天窗打开的情况下，阻力系数增加到 0.45。在车窗和车顶打开的情况下，要与关闭车窗和车顶的情况下以 104km/h 的速度克服空气阻力所需的功率相等，需要多大的速度？假设迎风面积保持不变。回想一下，功率是力乘以速度。

窗户和顶棚关闭时　　　　　　　　窗户打开：顶棚打开
$C_D = 0.35$　　　　　　　　　　$C_D = 0.45$
(a)　　　　　　　　　　　　　　(b)

题图 9-33

9-34　骑自行车的骑手与自行车的总质量为 100kg，当坡度为 12%时，最终速度为 15m/s。假设影响速度只有重量和阻力，请计算阻力系数。若迎风面积为 0.9m²，推测骑手是处于直立姿势或是赛车姿势。

9-35　投手以 150km/h 的速度投掷棒球通过标准空气，棒球的直径是 7cm，请估计棒球上的阻力。

9-36　伐木船以 4m/s 的速度拖曳直径 2m，长 8m 的原木，如果原木的轴平行于拖曳方向，则估计所需的功率。

9-37　直径为 D 且密度为 ρ_s 的球体以恒定速率从密度为 ρ 且黏度为 μ 的液体中掉落。如果雷诺数 $Re = \rho D U/\mu$ 小于 1，则表明可以由 $\mu = gD^2(\rho_s-\rho)/18U$ 确定黏度。

9-38　确定在直径为 0.3cm 的小圆盘上的阻力，该圆盘以 3×10⁻³m/s 的速度通过油，油比重为 0.87，黏度为水的 10000 倍。该盘垂直于来流速度。如果圆盘平行于流动，阻力将减少百分之几？

9-39　将题图 9-39（a）所示的正方形平板切成四个相等大小的块，并如题图 9-39（b）所示进行排列。确定原来平板（a）上的阻力与按（b）所示的板的阻力之比。假设层流边界层流动。物理上解释你的答案。

9-40　如果在来流速度为 U 时平行于来流的平板一侧的阻力为 D，则在来流速度为 2U 或 U/2 时阻力为多少？假设为层流。

9-41　水流过平行于自由流的三角形平板，如题图 9-41 所示。对板上的壁面剪切应力进行积分，以确定板侧边的摩擦阻力。假设为层流边界层流动。

$$D = \int dF_x = \int p\cos\theta dA + \int \tau_w \sin\theta dA$$

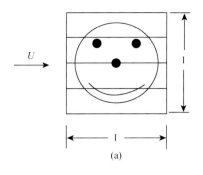

(a)

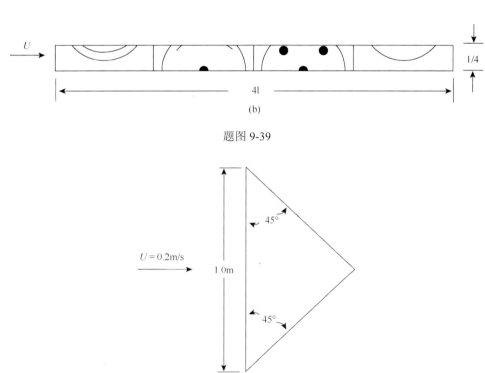

题图 9-39

题图 9-41

9-42 对于低雷诺数流动，物体的阻力系数由常数除以雷诺数得出（见表 9-5）。因此，随着雷诺数趋于零，阻力系数变得无限大。这是否意味着对于较小的速度（因此，较低的雷诺数），阻力非常大？请解释。

9-43 将高度为 0.5m，长度为 1.5m（从前到后）和宽度为 1.3m 的矩形台面支架安装到汽车顶部。与仅驾驶汽车以 100km/h 的速度通过静止空气所需的功率相比，请估计驾驶带有运载工具的汽车以 100km/h 的速度所需的额外功率。

9-44 一个三叶直升机叶片以 200r/min 的速度旋转。如果每个叶片的长度为 3.6m，宽度为 0.5m，则估计它们看成平板时克服叶片上的摩擦所需的扭矩。

9-45 吊扇由五个长度为 0.80m，宽度为 0.10m 的叶片组成，它们以 100r/min 的速度旋转。如果叶片看成平板，请估计克服叶片上的摩擦所需的扭矩。

9-46　如题图 9-46 所示，在卡车侧面贴有薄的光滑标牌，请估计卡车以 88km/h 的速度行驶时标牌上的摩擦阻力。

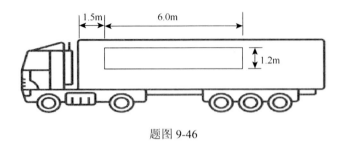

题图 9-46

9-47　直径为 38.1mm，0.0245N 的乒乓球从游泳池的底部释放。它以什么速度升到水面？假设它已经达到了最终速度。

9-48　一个近似球形的热气球，容积为 2000m³，重量为 2.2kN（包括乘客、篮子和气球织物等）。如果外部空气温度为 27℃，球囊内的温度为 74℃，则在大气压力为 101kPa 的情况下，请估算其在稳态条件下的上升速率。

9-49　通常假设"锋利的物体比钝的物体能更好地穿过空气。"基于此假设，题图 9-49 所示的物体在风从右向左吹时的阻力应小于从左向右的阻力。实验表明，事实恰恰相反。请解释。

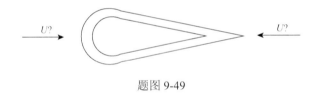

题图 9-49

9-50　在降落伞打开之前，物体以 30m/s 的速度坠落。降落伞打开后的最终下降速度为 3m/s。从降落伞打开开始，计算并绘制下降速度与时间的函数关系。假设降落伞立即打开，阻力系数和空气密度保持恒定，并且流量是准稳态的。

9-51　如果在 1500m 的高度从飞机上跳下，请估计到达地面时的速度。（a）空气阻力可以忽略不计，（b）空气阻力很重要，但是没有降落伞，或者（c）使用直径为 7.6m 的降落伞。

9-52　在相距 50m 的一系列柱子之间系上一条直径为 12mm 的电缆。如果风速为 30m/s，请确定该电缆施加在每个柱子上的水平力。

9-53　在标准海平面条件下，直径为 0.06μm（6×10⁻⁸m）的小水滴在空气中下落的速度有多快？假设水滴没有蒸发，请在 5000m 高度的标准条件下重新计算该问题。

9-54　强风可以用将高尔夫球在点（1）吹旋转的方式将其从球座上吹下来，如题图 9-54 所示。确定执行此操作所需的风速。

9-55　在 7.6cm 宽，1.5m 长的杆上支撑着 56cm×86cm 的限速标志。请估计当风以 48km/h 的速度吹向标牌时杆在地面的弯矩，并列出计算中使用的所有假设。

9-56　确定 20m 高，直径 0.12m 的旗杆底部所需的力矩，以使其在 20m/s 的风中不动。

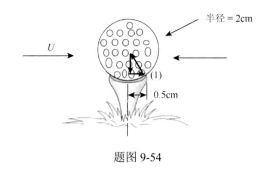

题图 9-54

9-57　在山洪暴发期间，水以 19km/h 的速度冲过道路，如题图 9-57 所示。请估计允许汽车通过而不会被冲走的最大水深 h，列出所有假设并写出所有计算。

题图 9-57

9-58　以 24km/h 的速度在 32km/h 的逆风中骑自行车时比以 24km/h 通过静止空气时需要多用多少的功率？假设迎风面积为 $0.4m^2$，阻力系数 $C_D = 0.88$。

9-59　题图 9-59 所示的结构由三个圆柱支撑柱组成，椭圆形平板标牌固定在该圆柱支撑柱上。当风速为 80km/h 时，请估计该结构上的阻力。

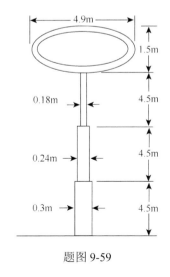

题图 9-59

9-60　一辆 25000kg 的卡车在没有刹车的情况下沿斜度 7% 的山坡滑行，如题图 9-60 所示。卡车的

最终稳态速度 V 由重量、滚动阻力和空气阻力之间的平衡确定。如果卡车在混凝土上的滚动阻力为重量的 1.2%，并且假设迎风面积的阻力系数为 0.76，请确定 V。

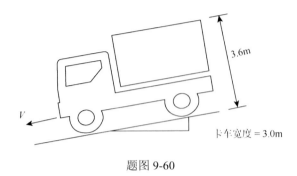

题图 9-60

9-61　如题图 9-61 所示，可以通过使用适当的导流板来减少卡车上的空气阻力。阻力系数从 $C_D = 0.96$ 降低到 $C_D = 0.70$，相当于在 104km/h 的高速公路速度下功率降低多少？

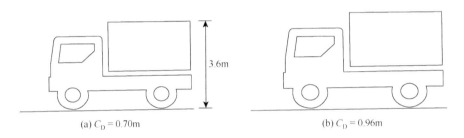

(a) $C_D = 0.70$m　　　　　　　　(b) $C_D = 0.96$m

题图 9-61

9-62　将直径为 0.3cm 的气泡在水中的上升速度与直径为 0.3cm 的水滴在空气中的下降速度进行比较。假设每一个的行为都像一个实心球。

9-63　比重 SG = 1.8 的 500N 立方体以恒定速度 U 掉入水中。如果立方体以题图 9-63（a）所示角度下落，（b）题图 9-63（b）所示角度下落，确定 U。

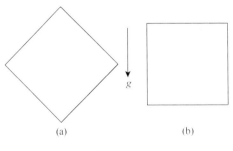

(a)　　　　　　　　　(b)

题图 9-63

9-64　一个直径为 0.30m 的软木球（SG = 0.21）绑在河底的一个物体上，如题图 9-64 所示，请估计河流的速度。忽略绳子的重量和绳子上的阻力。

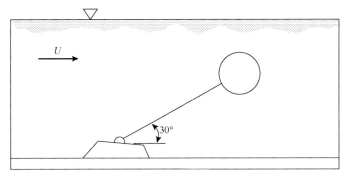

题图 9-64

9-65　一个短波无线电天线是用圆管制成的，如题图 9-65 所示，请估计在 100km/h 的风中天线受到的风力。

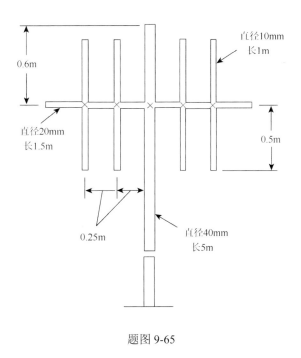

题图 9-65

9-66　当车以 88km/h 的速度行驶时，将手伸出车窗外时，估计手上的风力（阻力）。如果在飞机以 880km/h 飞行时将手伸出窗户，请重复计算。

9-67　估算在进行完整的马拉松比赛时，跑步者为克服空气动力阻力而消耗的能量。这样的能量消耗相当于爬上什么高度的山？请列出所有假设和所有计算。

9-68　比重为 2.9、直径为 2mm 的流星在 50000m 的海拔时（空气密度为 $1.03 \times 10^{-3} \text{kg/m}^3$）速度为 6km/s。如果在此大马赫数条件下的阻力系数为 1.5，请确定流星的减速度。

9-69　空气流过两个相等大小的球体（一个粗糙，一个光滑），这些球附着在天平的臂上，如题图 9-69 所示。当 $U = 0$ 时，平衡臂是平衡的，那么平衡臂顺时针旋转的最小风速是多少？

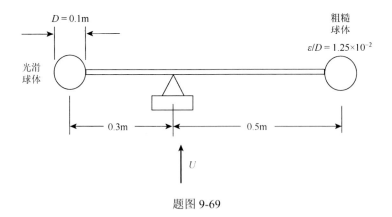

题图 9-69

9-70 一个直径为 5cm、重力为 0.6N 的球体被一股气流悬浮在空中，如题图 9-70 所示，球体的阻力系数为 0.5。如果流动过程中压力计和喷嘴出口之间的摩擦和重力影响可以忽略不计，请确定压力计上的读数。

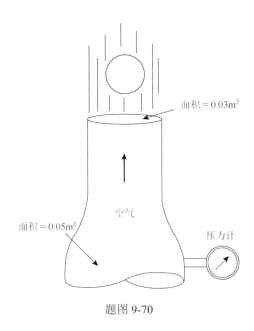

题图 9-70

9-71 常规足球的直径为 17.2cm，重 4N。如果其阻力系数为 $C_D = 0.2$，且在其轨迹顶端的速度为 6m/s，则确定其减速度。

9-72 一架飞机以 150km/h 的速度拖曳一个高度 $b = 0.8$m，长度 $l = 25$m 的横幅。如果基于面积 bl 的阻力系数为 $C_D = 0.06$，请估算拖曳横幅所需的功率。将横幅广告上的拖曳力与相同尺寸的刚性平板上的拖曳力进行比较，哪个具有更大的阻力，为什么？

9-73 题图 9-73 中所示的涂料搅拌器由两个圆盘组成，圆盘安装在细棒的末端，细棒以 80r/min 的转速旋转。涂料的比重为 SG = 1.1，黏度为 $\mu = 96 \times 10^{-2}$N·s/m²。如果忽略了液体的诱导运动，则估计驱动搅拌器所需的功率。

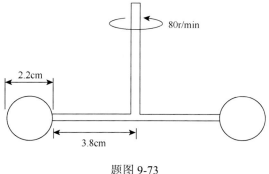

题图 9-73

9-74　渔网由直径为 0.25cm 的细绳系成每边 10cm 的正方形，请计算以 1.5m/s 的速度拖曳该网 4.5m×9m 这一部分通过海水所需的力。

9-75　克服以速度 U 行驶的车辆的空气阻力所需的功率 P 有 $P\sim U^n$，常数 n 的合适值是多少？请解释。

9-76　试估算克服在静止空气中以 10s 内 90m^2 的速度奔跑的人的空气阻力所需的功率。如果比赛遇到 32km/h 的顺风和 32km/h 的逆风，请重新计算，并解释。

9-77　通过适当的流线型化，飞机的阻力系数降低了 12%，而迎风面积保持不变。对于相同的功率输出，飞行速度增加了多少百分比？

9-78　两名自行车赛车手在静止的空气中以 30km/h 的速度行驶。如果第二个骑车人计划紧紧跟在第一个骑车人后方而不是与她并排骑行，则克服空气阻力所需的功率降低了多少百分比？忽略空气阻力以外的任何力（见图 9-58）。

9-79　如题图 9-79 所示，树上叶子的方向是风速的函数，随着风速的增加，树变得"更加流线型"，得出的树的阻力系数（基于树的迎风面积，HW）是与雷诺数（基于叶长，L）相关的函数关系，近似为图中所示曲线。考虑一棵叶子长度为 $L = 0.09$m 的树。请问多大风速对树产生的阻力相当于 4.5m/s 风速对树产生阻力的 6 倍？

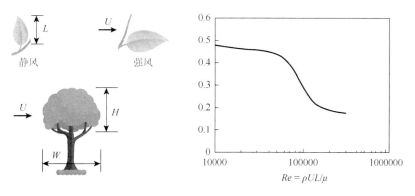

题图 9-79

9-80　如题图 9-80 所示的飞艇用于各种运动项目。它长 39m，最大直径为 10m。如果其风阻系数（基于迎风面积）为 0.060，则估计以（a）56km/h 的巡航速度或（b）最大 88km/h 的速度推动它所需的功率。

题图 9-80

9-81　如果对于给定的车辆在以 104km/h 的速度行驶时克服空气动力阻力需要 14920W，则计算在 120km/h 时所需的功率。

9-82　(a) 确定克服一辆小型（0.5m² 横截面），流线型（$C_D = 0.12$）以 24km/h 行驶车辆的空气动力阻力所需的功率。(b) 将 (a) 部分中计算出的功率与大型（3.34m² 横截面面积），非流线型（$C_D = 0.48$）的车辆在公路上以 104km/h 的速度行驶所需功率进行比较。

9-83　长宽比为 6 的矩形机翼在以 61m/s 的速度飞行时将产生 4448N 的升力。如果机翼的升力系数为 1.0，请确定机翼的长度。

9-84　面积为 0.5m² 的 5.3N 风筝在 6m/s 的风中速度飞行，重量不计的绳相对于水平面成 55°的角度。如果绳上拉力为 6.7N，则根据风筝面积确定升力和阻力系数。

9-85　飞机的总重为 7784N，巡航速度为 184km/h，机翼面积为 17m²，请确定在这些情况下这架飞机的升力系数。

9-86　机翼面积为 19m²，重 8896N 的轻型飞机，其升力系数为 0.40，阻力系数为 0.05，请确定维持水平飞行所需的功率。

9-87　如题图 9-87 所示，扰流板用于赛车以产生负升力，从而提供更好的牵引力。所示翼型的升力系数为 $C_L = 1.1$，车轮与路面之间的摩擦系数为 0.6。在 320km/h 的速度下，扰流板的使用将使车轮和地面之间产生的最大牵引力增加多少？假设经过扰流板的空气速度等于汽车速度，并且翼型直接作用在驱动轮上。

题图 9-87

9-88　对于一架给定的飞机，比较以相同的速度在 1500m 和 9000m 保持水平飞行所需的功率。假设 C_D 保持恒定。

9-89　机翼在以速度 U 穿过海平面空气时会产生升力 L。如果要在海拔 10000m 的空气中产生相同的升力，机翼必须在相同的升力系数下移动多快？

9-90　空气吹过如题图 9-90 所示的平底二维物体上，已知对象的形状 $y = y(x)$ 和沿表面的流体速度 $u = u(x)$，请确定该对象的升力系数。

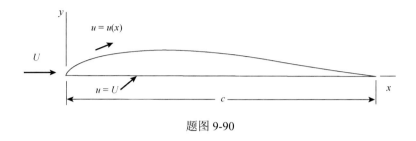

题图 9-90

9-91　一架重达 2579840N 的飞机在载有燃料和 100 名乘客的情况下以 224km 的空速起飞。在相同的配置下（即攻角，襟翼设置等），如果载有 172 名乘客，其起飞速度是多少？假设每位乘客带行李总重 890N。

9-92　如果某架飞机的起飞速度在海平面上为 192km/h，那么在海拔 1500m 将是多少？使用标准大气的属性。

9-93　商业客机通常在相对较高的高度（9000～10500m）巡航，讨论在这种高海拔（例如，不止 3000m）如何飞行可以节省燃油成本。

9-94　如题图 9-94 所示，鸟类可以改变其身体形状，并通过展开翅膀和尾羽增加其平面区域 A，从而降低其飞行速度。如果在着陆过程中，平面面积增加了 50%，升力系数增加了 30%，而所有其他参数均保持不变，那么飞行速度会降低百分之几？

题图 9-94

9-95　据估计，通过在特定飞机上安装适当设计的小翼，阻力系数将降低 5%。对于相同的发动机推力，使用小翼会使飞机速度提高百分之几？

第10章 可压缩流体

前几章中，主要分析了不可压缩流体流动特性，在一些例题中简单地介绍了可压缩（变密度）流体流动问题。当假设流体密度和黏度恒定时，实际问题大大简化。在日常生活中，通过伯努利方程求解不可压缩流体流动问题是很普遍的。

但是，工程应用中不可忽略的另一个重要因素是流体可压缩性，只有包含可压缩流体流动的流体力学理论才是完整的。基于可压缩流体流动理论的高速测量、燃气轮机内部可压缩流体流动、高速飞机附近流体运动等，这些都离不开可压缩流体流动理论。

对于可压缩流体流动，需要关注流体密度和其他流体性质之间的关系，即考虑气体状态方程。当可压缩流体流动过程温度显著变化时，必须考虑能量方程。除此之外，可压缩流体流动过程还会出现奇怪的现象，比如，在可压缩流动中可能出现由于摩擦而导致的流体加速，收缩管道中的流体减速，流体受热时温度不升反降以及流体突然不连续等。

为简化起见，本章主要考虑理想气体稳定、一维、恒定黏性的可压缩流体流动。一个坐标方向上同时考虑无摩擦（$\mu = 0$）和有摩擦（$\mu \neq 0$）可压缩流体流动，如果用流体体积变化量衡量流体可压缩性，气体和蒸气的可压缩性比液体大得多。本章主要研究可压缩理想气体流动，工程中常见的远离液相点的实际气体可视为理想气体，且与理想气体相关的流动特性一般也适用于可压缩流体。

10.1 热力学基础知识

10.1.1 理想气体

为了研究可压缩流体流动特性，引入了理想气体状态方程（又称克拉珀龙方程）

$$\rho = \frac{p}{RT} \tag{10-1}$$

在前面章节中，已经讨论了流体的压强 p、密度 ρ 和温度 T。气体常数 R，其数值与气体种类无关，只与单位有关。

$$R = \frac{\lambda}{M_{\text{gas}}} \tag{10-2}$$

式中，λ 称为通用气体常数，数值为 8.314J/(mol·K)；M_{gas} 为气体平均分子量。附录表 B-2 列出了一些常用气体的物理参数。凡符合式（10-1）的气体称为理想气体。例如，常温下压强高达 30atm 的空气、常压下温度低至 $-130℃$ 时的空气，与理想气体的误差均在 1% 以下。因此，空气可视为理想气体，空气的气体常数 $R = 287\text{J/(kg·K)}$。

10.1.2　内能与焓

气体的内能通常是指分子热运动所具有的动能和由分子内聚力形成的位能。由于位能所占比例很小，一般可忽略不计，因此符合理想气体模型。单位质量气体的内能称为比内能，记为 $\breve{u}$ (J/kg)，理想气体内能是温度单值函数

$$c_{\mathrm{v}}=\left(\frac{\partial \breve{u}}{\partial T}\right)_{\mathrm{v}}=\frac{\mathrm{d}\breve{u}}{\mathrm{d}T} \tag{10-3}$$

从上式可知，对于理想气体，c_{v} 也仅是温度的函数，可得

$$\mathrm{d}\breve{u}=c_{\mathrm{v}}\mathrm{d}T$$

因此

$$\breve{u}_2-\breve{u}_1=\int_{T_1}^{T_2}c_{\mathrm{v}}\mathrm{d}T \tag{10-4}$$

式（10-4）表明理想气体流动过程从状态（1）到状态（2），内能变化量为 $\breve{u}_2-\breve{u}_1$。因理想气体 c_{v} 是常数，可得

$$\breve{u}_2-\breve{u}_1=c_{\mathrm{v}}(T_2-T_1) \tag{10-5}$$

实际气体 c_{v} 值是与温度有关的。在工程计算中，常温常压 c_{v} 视为常数。

单位质量气体的焓称为比焓，即为 h(J/kg)，定义为

$$\breve{h}=\breve{u}+\frac{p}{\rho} \tag{10-6}$$

它结合了内能 $\breve{u}$ 和压能 p/ρ（在热力学中称为流动功），代表除动能外所具有的全部能量，用途比内能更广泛。对于理想气体，可知

$$\breve{u}=\breve{u}(T)$$

将理想气体状态方程（式（10-1））代入上式可得到

$$\breve{h}=\breve{h}(T)$$

对于理想气体，焓仅是温度的函数，理想气体焓的微分形式可表示为

$$c_{\mathrm{p}}=\left(\frac{\partial \breve{h}}{\partial T}\right)_{\mathrm{p}}=\frac{\mathrm{d}\breve{h}}{\mathrm{d}T} \tag{10-7}$$

式中，c_{p} 为气体的比定压热容，c_{p} 仅是温度的函数。将上式转化可得

$$\mathrm{d}\breve{h}=c_{\mathrm{p}}\mathrm{d}T$$

即

$$\breve{h}_2-\breve{h}_1=\int_{T_1}^{T_2}c_{\mathrm{p}}\mathrm{d}T \tag{10-8}$$

此式表明理想气体流动过程中，从状态（1）到状态（2）焓的变化量 h_2-h_1。理想气体 c_{p} 是常数，由式（10-8）可知

$$\breve{h}_2-\breve{h}_1=c_{\mathrm{p}}(T_2-T_1) \tag{10-9}$$

从式（10-5）和式（10-9）可以看出，理想气体内能和焓分别与 c_{v} 和 c_{p} 有关。现在考虑如何确定 c_{v} 和 c_{p} 的关系式。结合式（10-6）和式（10-1）可以得到

$$\breve{h} = \breve{u} + RT \tag{10-10}$$

对上式取微分，可得

$$d\breve{h} = d\breve{u} + RdT$$

或

$$\frac{d\breve{h}}{dT} = \frac{d\breve{u}}{dT} + R \tag{10-11}$$

利用式（10-3）、式（10-7）和式（10-11），可以得出

$$c_p - c_v = R \tag{10-12}$$

上式表明，对于理想气体，无论温度如何变化，c_p 与 c_v 的差值都是恒定的，且 $c_p > c_v$。k 为比热比，定义为

$$k = \frac{c_p}{c_v} \tag{10-13}$$

结合式（10-12）和式（10-13）可得

$$c_p = \frac{k}{k-1} R \tag{10-14}$$

并且

$$c_v = \frac{1}{k-1} R \tag{10-15}$$

实际上，对于任何理想气体，c_p、c_v 和 k 都与温度有关。在工程计算中一般可定为常数。附录表 B-2 列出了一些常用气体的 k 和 R 值，例如空气，$c_p = 1004 \text{J/(kg·K)}$。可以用式（10-13）和式（10-14）确定 c_p 和 c_v 值。

例 10.1 理想气体的内能、焓和密度。

已知：如图 10-1 所示，空气在直径为 10cm 直管中流动（稳定）。温度和压强分别为 $T_1 = 300\text{K}$，$p_1 = 690\text{kPa}$，$T_2 = 252\text{K}$，$p_2 = 127\text{kPa}$。

问题：

（a）截面（1）和截面（2）之间的内能变化；

（b）截面（1）和截面（2）之间的焓变化；

（c）截面（1）和截面（2）之间的密度变化。

$$D = 10\text{cm}$$

图 10-1

解：

（a）假设空气为理想气体，利用式（10-5）计算截面（1）和（2）之间的内能变化。因此

$$\breve{u}_2 - \breve{u}_1 = c_v(T_2 - T_1) \tag{10-16}$$

利用式（10-15）可得

$$c_v = \frac{R}{k-1} \tag{10-17}$$

由附录表 B-2 可知，$R = 286.9$，$k = 1.4$。

由式（10-17）可得

$$c_v = \frac{286.9}{(1.4-1)} \mathrm{J/(kg \cdot K)} = 717\mathrm{J/(kg \cdot K)} \tag{10-18}$$

结合式（10-16）和式（10-18）得

$$\begin{aligned} \breve{u}_2 - \breve{u}_1 &= c_v(T_2 - T_1) = 717\mathrm{J/(kg \cdot K)} \times (252\mathrm{K} - 300\mathrm{K}) \\ &= -34416\mathrm{J/kg} \end{aligned}$$

（b）利用式（10-9）可得焓变化量

$$\breve{h}_2 - \breve{h}_1 = c_p(T_2 - T_1) \tag{10-19}$$

由于 $k = c_p/c_v$，得到

$$\begin{aligned} c_p = kc_v &= (1.4) \times 717\mathrm{J/(kg \cdot K)} \\ &= 1004\mathrm{J/(kg \cdot K)} \end{aligned} \tag{10-20}$$

由式（10-19）和式（10-20）可得

$$\begin{aligned} \breve{h}_2 - \breve{h}_1 &= c_p(T_2 - T_1) \\ &= 1004\mathrm{J/(kg \cdot K)} \times (252\mathrm{K} - 300\mathrm{K}) \\ &= -48192\mathrm{J/(kg \cdot K)} \end{aligned}$$

（c）由理想气体状态方程（式（10-1））可得密度

$$\rho_2 - \rho_1 = \frac{p_2}{RT_2} - \frac{p_1}{RT_1} = \frac{1}{R}\left(\frac{p_2}{T_2} - \frac{p_1}{T_1}\right) \tag{10-21}$$

利用已知条件中的压强和温度，代入上式可得

$$\rho_2 - \rho_1 = \frac{1}{286.9\mathrm{J/(kg \cdot K)}} \times \left(\frac{127 \times 10^3\mathrm{Pa}}{252\mathrm{K}} - \frac{690 \times 10^3\mathrm{Pa}}{300\mathrm{K}}\right)$$

$$\rho_2 - \rho_1 = -6.26\mathrm{kg/m}^3$$

讨论：从计算结果中，可以看到密度变化非常显著。

$$\begin{aligned} \rho_1 = \frac{p_1}{RT_1} &= \frac{690 \times 10^3\mathrm{Pa}}{(286.9\mathrm{J/(kg \cdot K)})(300\mathrm{K})} \\ &= 8.02\mathrm{kg/m}^3 \end{aligned}$$

因此，考虑这种流动的压缩效应很必要。

10.1.3　熵

单位质量气体的熵称为比熵，记为 s，定义为

$$s = \int \frac{\mathrm{d}q}{T}$$

对于可压缩流动，热力学性质 s 的变化是重要的。热力学第一定律表述为：气体内能的增加等于气体吸收的热量和对气体所做的功的总和，表达式为

$$T\mathrm{d}s = \mathrm{d}q = \mathrm{d}\breve{u} + p\mathrm{d}\left(\frac{1}{\rho}\right) \tag{10-22}$$

其中，T 是温度，s 是熵，$\breve{u}$ 是内能，p 是压强，ρ 是密度。对于理想气体，则有

$$\mathrm{d}\breve{h} = \mathrm{d}\breve{u} + p\mathrm{d}\left(\frac{1}{\rho}\right) + \left(\frac{1}{\rho}\right)\mathrm{d}p \tag{10-23}$$

热力学第二定律表述为：气体在绝热可逆过程中熵值保持不变；在不可逆过程中熵值必定增加。对于理想气体，结合式（10-22）和式（10-23），得到

$$T\mathrm{d}s = \mathrm{d}\breve{h} - \left(\frac{1}{\rho}\right)\mathrm{d}p \tag{10-24}$$

结合式（10-1）、式（10-3）和式（10-22）可以得到

$$\mathrm{d}s = c_{\mathrm{v}}\frac{\mathrm{d}T}{T} + R\rho\mathrm{d}\left(\frac{1}{\rho}\right) \tag{10-25}$$

结合式（10-1）、式（10-7）和式（10-24）可以得出

$$\mathrm{d}s = c_{\mathrm{p}}\frac{\mathrm{d}T}{T} - R\frac{\mathrm{d}p}{p} \tag{10-26}$$

如果假设理想气体 c_{p} 和 c_{v} 是常数，对式（10-25）和式（10-26）积分，可以得到

$$s_2 - s_1 = c_{\mathrm{v}}\ln\frac{T_2}{T_1} + R\ln\frac{\rho_1}{\rho_2} \tag{10-27}$$

$$s_2 - s_1 = c_{\mathrm{p}}\ln\frac{T_2}{T_1} - R\ln\frac{\rho_2}{\rho_1} \tag{10-28}$$

由式（10-27）和式（10-28）可以计算：c_{p} 和 c_{v} 恒定时，理想气体从一个状态到另一个状态时的熵变。

例 10.2　理想气体的熵。

已知：考虑例 10.1 中描述的流动。

问题：气体从状态（1）到状态（2）时，熵的变化 $s_2 - s_1$。

解：假设图 10-1 中的气体为理想气体，可以利用式（10-27）或式（10-28）计算熵的变化。由式（10-27）可得

$$s_2 - s_1 = c_{\mathrm{v}}\ln\frac{T_2}{T_1} + R\ln\frac{\rho_1}{\rho_2} \tag{10-29}$$

由理想气体状态方程（式（10-1））得到

$$\frac{\rho_1}{\rho_2}=\left(\frac{p_1}{T_1}\right)\left(\frac{T_2}{p_2}\right) \tag{10-30}$$

由式（10-29）和式（10-30），可得

$$s_2-s_1=c_v\ln\frac{T_2}{T_1}+R\ln\left[\left(\frac{p_1}{T_1}\right)\left(\frac{T_2}{p_2}\right)\right] \tag{10-31}$$

将已知条件代入式（10-31），可得

$$\frac{\rho_1}{\rho_2}=\left(\frac{p_1}{T_1}\right)\left(\frac{T_2}{p_2}\right)=\left(\frac{690\times10^3\,\mathrm{Pa}}{300\mathrm{K}}\right)\left(\frac{252\mathrm{K}}{127\times10^3\,\mathrm{Pa}}\right)=4.56$$

可以得到

$$s_2-s_1=(717\mathrm{J/kg})\ln\left(\frac{252\mathrm{K}}{300\mathrm{K}}\right)+(286.9\mathrm{J/(kg\cdot K)})\ln4.56$$

$$s_2-s_1=310\mathrm{J/(kg\cdot K)}$$

由式（10-28），可得

$$s_2-s_1=c_p\ln\frac{T_2}{T_1}-R\ln\frac{\rho_2}{\rho_1} \tag{10-32}$$

将已知条件代入式（10-32），得到

$$s_2-s_1=(1004\mathrm{J/(kg\cdot K)})\ln\left(\frac{252\mathrm{K}}{300\mathrm{K}}\right)$$

$$-(286.9\mathrm{J/(kg\cdot K)})\ln\left(\frac{127\times10^3\,\mathrm{Pa}}{690\times10^3\,\mathrm{Pa}}\right)$$

整理后，可得

$$s_2-s_1=310\mathrm{J/(kg\cdot K)}$$

　　讨论：用式（10-27）和式（10-28）计算熵变 s_2-s_1 的结果相同。注意：必须使用热力学温度，因为推导熵差方程时使用了理想气体状态方程。

　　气体在绝热的可逆过程中熵值保持不变，称为等熵过程，即 $\mathrm{d}s=0$ 或 $s_2-s_1=0$。气体做无摩擦绝热流动时为等熵流动，对于 c_p 和 c_v 恒定的理想气体，合并式（10-27）和式（10-28）得到

$$c_v\ln\frac{T_2}{T_1}+R\ln\frac{\rho_1}{\rho_2}=c_p\ln\frac{T_2}{T_1}-R\ln\frac{p_2}{p_1}=0 \tag{10-33}$$

利用式（10-14）、式（10-15）和式（10-33），可以得到

$$\left(\frac{T_2}{T_1}\right)^{k/(k-1)}=\left(\frac{\rho_2}{\rho_1}\right)=\left(\frac{p_2}{p_1}\right) \tag{10-34}$$

上式为理想气体等熵流动时的状态参数关系式，由式（10-34）可以得出其常用表达式

$$\frac{p}{\rho^k}=常数 \tag{10-35}$$

流体故事

　　涡流管,又称兰克-赫尔胥(Ranque-Hilsch)管。它是一种结构非常简单的能量分离装置。涡流管的历史可追溯到1930年,当时法国的冶金工程师兰克(G. J. Ranque)在实验中发现了旋风分离器中的涡流冷却效应,即旋风分离器中气流的中心温度和周边各层的温度是不同的,中心具有较低的温度,而外缘具有较高的温度。德国物理学家赫尔胥(R. Hilsch)运用了大量资料证实了这一发现(大约1946年),并就涡流管的装置设计、应用、温度效应的定义问题提出了一系列的研究成果和有价值的建议。这种装置的最佳工况为热风温度为127℃,冷空气温度为−46℃。但是迄今为止,它因效率低而无法得到广泛采用。

10.2　声速、马赫数与马赫锥

10.2.1　声速

　　声速是微弱扰动波在可压缩介质中的传播速度。例如弹琴拨弦,弦振动使周围空气受到微弱扰动,压强和密度发生微弱变化,并以纵波形式向外传播。气体动力学中,声速概念不限于人耳所能接收的声音传播速度,凡是微弱扰动波在介质中的传播速度都称为声速。

　　为了更好地理解声速的概念,以微弱扰动的一维传播为例,定量地推导声速公式。如图 10-2（a）所示,纵向微弱压强扰动波在静止的流体介质（$V = 0$）中以声速 c 向左运动。设某瞬时波前的流体压强和密度分别是 p 和 ρ,波后流体速度改变了 δV,压强和密度也分别改变了 δp 和 $\delta \rho$。对于地面上的观察者而言,这是一个非定常流动。为了便于考察波前波后流体状态参数的变化关系,在扰动层上取一薄层控制体,截面积为 A。

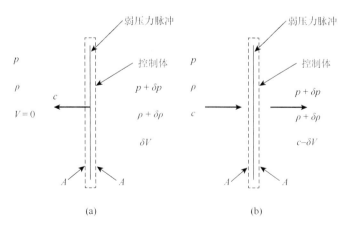

图 10-2　通过静止流体的弱压强脉冲

（a）流体前;（b）流体后

假定微弱扰动速度是恒定的，并且只沿一个方向。观察控制体（图 10-2（b）），流体以密度 ρ、速度 c 和压强 p 从左侧进入控制体表面 A，以压强 $p+\delta p$，密度 $\rho+\delta\rho$ 和速度 $c-\delta V$ 从右侧离开控制体表面 A。利用连续性方程描述通过该控制体的流量，可得

$$\rho A c = (\rho+\delta\rho)A(c-\delta V) \tag{10-36}$$

即

$$\rho c = \rho c - \rho\delta V + c\delta\rho - (\delta\rho)\delta V \tag{10-37}$$

由于上式中 δp 和 δV 远小于其他项，因此可以忽略不计，可得

$$\rho\delta V = c\delta\rho \tag{10-38}$$

利用线性动量方程（式（5-52）），可得

$$-c\rho c A + (c-\delta V)(\rho+\delta\rho)(c-\delta V)A = pA - (p+\delta p)A \tag{10-39}$$

由于控制体很薄，因此忽略径向方向的摩擦力，并忽略高阶项，$(\delta V)^2$ 小于 $c\delta V$。结合式（10-36）和式（10-39）得到

$$-c\rho c A + (c-\delta V)\rho c A = -\delta p A$$

即

$$\rho\delta V = \frac{\delta p}{c} \tag{10-40}$$

由式（10-38）和式（10-40），可以得到

$$c^2 = \frac{\delta p}{\delta\rho}$$

即

$$c = \sqrt{\frac{\delta p}{\delta\rho}} \tag{10-41}$$

此声速由质量守恒和动量守恒定律推导得到。在 10.2.1 节中也是利用这些原理，推导出在通道中流体表面传播速度的表达式。能量守恒定律也同样适用于此流动过程。如果用能量方程（5-103）计算通过这个控制体积的流量，可得

$$\frac{\delta p}{\rho} + \delta\left(\frac{V^2}{2}\right) + g\delta z = \delta(\text{loss}) \tag{10-42}$$

对于气体流动，等式左边第三项 $g\delta z$ 比方程中的其他项小得多，忽略不计。同样，如果假设流动是无摩擦的，那么 $\delta(\text{loss})=0$，上式可变为

$$\frac{\delta p}{\rho} + \frac{(c-\delta V)^2}{2} - \frac{c^2}{2} = 0$$

当忽略 $(\delta V)^2$ 项时，可以得到

$$\rho\delta V = \frac{\delta p}{c} \tag{10-43}$$

结合式（10-38）和式（10-43），也可以得到

$$c = \sqrt{\frac{\delta p}{\delta\rho}}$$

可以看出，利用线性动量方程和能量守恒定律也可以得到同样的结果。假设通过图 10-2（b）控制体积流动是等熵流。取极限，当 δp 趋于 0 时，$(\delta p \to \delta \rho \to 0)$

$$c = \sqrt{\left(\frac{\delta p}{\delta \rho}\right)_s} \qquad (10\text{-}44)$$

下标 s 表示等熵过程。

从式（10-44）可以得出，等熵过程时，可以用压强对密度的偏导数计算声速。对于理想气体的等熵流动（c_p 和 c_v 为常数），可知

$$p = (常数)(\rho^k)$$

因此

$$\left(\frac{\delta p}{\delta \rho}\right)_s = (常数)k\rho^{k-1} = \frac{p}{\rho^k}k\rho^{k-1} = \frac{p}{\rho}k = RTk \qquad (10\text{-}45)$$

可得理论声速公式

$$c = \sqrt{RTk} \qquad (10\text{-}46)$$

体积弹性模量 E_v 定义为（见 1.7.1 节）

$$E_v = \frac{\mathrm{d}p}{\mathrm{d}p/\rho} = \rho\left(\frac{\partial p}{\partial \rho}\right)_s \qquad (10\text{-}47)$$

利用式（10-44）和式（10-47）可得

$$c = \sqrt{\frac{E_v}{\rho}} \qquad (10\text{-}48)$$

附录表 B-3 列出了水的声速值，附录表 B-4 列出了空气的声速值。根据经验可知空气比水更容易被压缩。从附录表 B-1 到表 B-4 中的 c 值可以看出，声速在空气中比在水中要小得多。利用式（10-47）可知，如果流体是不可压缩的，它的体积弹性模量将是无限大。注意不可压缩流体流动只是理想情况。

流体故事

"声音"，正常人的耳朵能够探测到的由声波产生非常细微的声音模式。大多数人都能从猫或狮子的吼声分辨出狗的叫声，也能在打电话时听出别人的声音，能够分辨的声音样式有很多种。把这种能力赋予给计算机，可以用传感器把声音转化为不同形式的音高、节奏和音量。利用这种新兴的技术，病理学家可以听出问题，工程师可能会听出燃气轮机叶片的缺陷，科学家从新发明的材料中听出其特有的属性。当然，这一切都不可能发生在无法传播声音的真空中。

例 10.3　声速。

已知：使用附录表 B-4 中的数据。

问题：验证空气在 0℃时的声速。

解：从表 B-4 中可知 0℃时空气的声速为 331.4m/s。假设空气为理想气体，可以利用式（10-46）计算声速

$$c = \sqrt{RTk} \qquad (10\text{-}49)$$

查附录表 B-2，可得气体常数为

$$R = 286.9 \text{J/(kg} \cdot \text{K)}$$

查表 B-4，可得 k 为

$$k = 1.401$$

将 R、k、T 值代入式（10-49），可得

$$c = \sqrt{[286.9 \text{J/(kg} \cdot \text{K)}](273.15\text{K})(1.401)}$$
$$= 331.4(\text{J/kg})^{1/2}$$

由于 $1\text{J/kg} = 1\text{N} \cdot \text{m/kg} = 1(\text{kg} \cdot \text{m/s}^2) \cdot (\text{m/kg}) = 1(\text{m/s})^2$，可以得到

$$c = 331.4\text{m/s}$$

讨论：用式（10-46）计算的声速值与表 B-4 列的 c 值十分吻合。

10.2.2　马赫数与马赫锥

将流体流速 V 与当地声速 c 之比定义为马赫数，以符号 Ma 表示

$$Ma = \frac{V}{c}$$

由前几章可知，马赫数是惯性力与弹性力（压缩性引起的）之比，是气体动力学中最重要的相似准则数。马赫数反映了气体的压缩程度。前文中曾以 $Ma = 0.3$ 为界，将气体流动分为不可压缩和可压缩流动两类。以 $Ma = 1.0$ 为界将可压缩流动分为亚声速流动和超声速流动，这两类流动在微弱扰动的传播规律和状态参数的变化规律等方面存在本质区别。

如图 10-3 所示为球体阻力系数与雷诺数和马赫数的关系图。

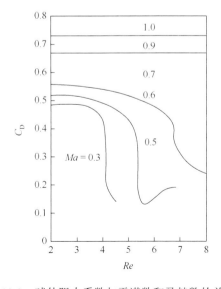

图 10-3　球体阻力系数与雷诺数和马赫数的关系

设在无界流场中的某一点位置上放置一个间歇点声源，该点声源每隔 1s 发一次声音（压缩小扰动波）。每次发声会形成一个不断向外扩张的压强小扰动球面波，称为波阵面。若流场是不可压缩的（$E_v \to \infty$），则从式（10-48）知从点源发出的扰动波的传播速度将达无穷大，$c \to \infty$。每隔 1s 发出的扰动波形成一簇同心球面，如图 10-4 所示。不论流场是静止还是以有限速度 V 流动，对此都没有影响。扰动波在瞬间传遍整个流场，在流场任意位置上的观察者可同时听到点源发出的相同频率的声音。利用下式可确定扰动波的位置。

$$r = (t - t_{\text{wave}})c$$

其中，r 为在时刻 t_{wave} 时所发射的球面波的半径。对于静止点源，涉及图 10-4（a）所示的对称波形。

当点源以恒定速度 V 向左移动时，波形就不再对称了。图 10-4（b）～（d）分别为不同 V 值在 $t = 3$s 时的波形图，用"+"表示的是在时间 $t = 0$、1、2、3 时移动点源的位置。知道点源在不同情况时的位置，就可以知道波的来源。

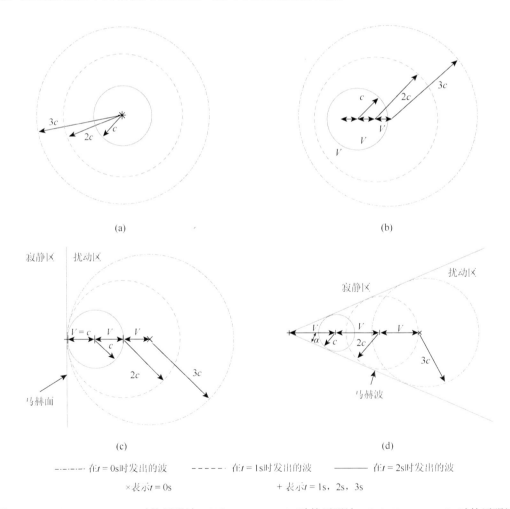

图 10-4 （a）$V = 0$，$t = 3$s 时的压强波；（b）$V < c$，$t = 3$s 时的压强波；（c）$V = c$，$t = 3$s 时的压强波；（d）$V > c$，$t = 3$s 时的压强波

假设流场是可压缩的，流体以速度 V 自左向右流动。按 V 与当地声速 c 相对大小，分四种情况分别讨论：

（1）当点源和流体都静止时，$V=0$，$Ma=V/c=0$。压强波的分布是对称的（图 10-4（a）），流场中任何位置的观察者都会听到点源发出的相同频率的声音。当点源（或流体）的速度与声速相比非常小时，压强波的波型仍然近似对称。在不可压缩流体中，声速是无限大的。因此，静止点源和静止流体状态都是不可压缩流动的代表。

（2）当 $0<V<c$，$0<Ma<1$ 时，流体以亚声速流动。压强波的分布是不对称的，不对称的程度取决于点源（或流体）速度与声速的比值。点源发出的扰动波以声速 c 向四面八方传播的同时，还要叠加流场的运动。因此，不同时刻发出的扰动波波阵面不再保持同心球面，而是一个个的偏心球面，波形如图 10-4（b）所示。由于传来的声波疏密不同，位于不同位置上的观察者将听到不同频率的声音，此现象称为多普勒效应。压强信息仍然可以不受限制地在流场中传播，但不是对称的，也不是瞬间的。

（3）当 $V=c$，$Ma=1$ 时，压强波将不在移动点源的前方出现，此时点源发出的扰动波在点源左边与来流抵消，合速度为零；在右边则以两倍声速向右传播。流动是等声速的。从点源发出的球面扰动波的球心似乎向右平移了一个半径距离，且随着时间的增长不断向右位移，形成一簇相切的球面。过切点作垂直于来流速度并与所有球面相切的平面，在平面左侧为点源扰动波传不到的区域，称为寂静区，站在寂静区的观察者永远听不到点源发出的声音；在平面右侧的区域称为扰动区，站在扰动区内不同位置上的观察者，将听到不同频率的声音。该平面为所有压强扰动波的包络面，称为马赫波。它是寂静区与扰动区的分界面。

（4）当 $V>c$，$Ma>1$ 时，流体以超声速流动，压强波形如图 10-4（d）所示。在这种情况下，马赫波不再保持为平面，而是以点源为顶点向右扩张的旋转圆锥面。从点源发出的球形压强波阵面均与圆锥面相切，圆锥面内为扰动区，面外为寂静区。

此圆锥面称为马赫锥，母线称为马赫线，圆锥的半锥角 α 称为马赫角，如图 10-4（d）所示，可得如下关系式：

$$\sin\alpha = \frac{c}{V} = \frac{1}{Ma} \tag{10-50}$$

Ma 和 α 之间的关系如图 10-5 所示，仅对马赫数 $V/c>1$ 时有效。

除了上述流动外，通常还涉及两种流动类型：跨声速流（$0.9\leqslant Ma\leqslant 1.2$）和超高声速流（$Ma>5$）。现代飞机主要由跨声速流燃气涡轮发动机驱动。未来的飞机可能会在超高声速流动条件下飞行。

流体故事

燃气涡轮中的超声速可压缩流动。当飞行器以超声速飞行时，扰动来不及传到飞行器的前面去，结果前面的气体受到飞行器突跃式的压缩，形成集中的强扰动，这时出现一个压缩过程的界面，称为激波。激波是微扰动（如弱压缩波）的叠加而形成的强间断，带有很强的非线性效应。经过激波，气体的压强、密度、温度都会突然升高，流速则突然下降。压强的跃升产生爆响。现代燃气涡轮发动机通常包括压缩机和涡轮叶片，它们转动速度非常快，以至于叶片附近的流体都是超声速流动。大型航空燃气涡轮机可以输出超过 445kN 的水平推力。两台这样的发动机可以搭载 350 多名乘客，以超声速绕地球飞行半圈。

例 10.4　马赫角和马赫锥。

已知：一架飞行高度为 1000m 的飞机经过观察员所在位置 z 点，$Ma = 1.5$，环境温度为 20℃。

问题：飞机从观察员头顶飞行几秒后，能够听到飞机的声音？

解：由于飞机以超声速（$Ma > 1$）在静止的空气中飞行，形成一个以飞机为顶点后掠的马赫波，构成马赫锥，如图 10-6 所示。当马赫锥的表面到达观察者时，可以听到飞机的"声音"。

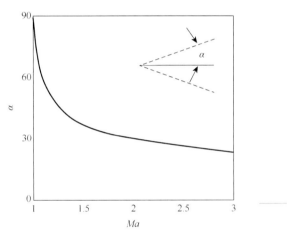
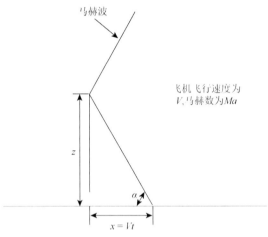

图 10-5　Ma 和 α 的关系　　　　　　图 10-6　例 10.4 图

图中 α 与高度 z 和水平距离 x 有关

$$\alpha = \arctan \frac{z}{x} = \arctan \frac{1000}{Vt} \tag{10-51}$$

利用式（10-50），可得 Ma 与 α 的关系

$$Ma = \frac{1}{\sin \alpha} \tag{10-52}$$

结合式（10-51）和式（10-52），得到

$$Ma = \frac{1}{\sin[\arctan(1000/(Vt))]} \tag{10-53}$$

飞行速度 V 可由下式计算

$$V = (Ma)c \tag{10-54}$$

其中，c 是声速。由附录表 B-4 可知，$c = 343.3\text{m/s}$。当 $Ma = 1.5$ 时，利用式（10-53）和式（10-54）可得

$$1.5 = \cfrac{1}{\sin\left\{\arctan\left[\cfrac{1000\text{m}}{(1.5)(343.3\text{m/s})t}\right]\right\}}$$

即

$$t = 2.17\text{s}$$

讨论：如图 10-7 所示为时间 t 和 Ma 的关系。对于亚声速（$Ma<1$）飞行，因为声音的传播速度比飞机快，声音没有延迟。地面上的人能先听到声音，然后再看到飞机正在靠近。

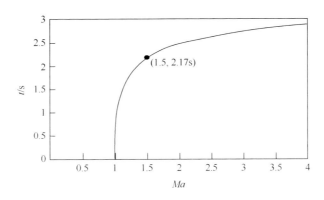

图 10-7　t 和 Ma 的关系

10.3　一维定常可压缩流能量方程

10.3.1　绝能流能量方程

与外界无能量交换的流动称为绝能流。绝能流与外界既无热量交换（称为绝热流），又无机械能交换。绝热固定管道内的流动属于绝能流。由一维定常流动能量方程，忽略重力，可得

$$e + \frac{V^2}{2} + \frac{p}{\rho} = h + \frac{V^2}{2} = h_0 = \text{常数} \qquad （10\text{-}55）$$

式中 h_0 为滞止状态（$V=0$）的焓，称为总焓。对于理想气体

$$h = c_{\text{p}}T = \frac{k}{k-1}RT = \frac{k}{k-1}\frac{p}{\rho} = \frac{c^2}{k-1} \qquad （10\text{-}56）$$

代入式（10-55）中可得

$$c_{\text{p}}T + \frac{V^2}{2} = c_{\text{p}}T_0 = \text{常数} \quad （绝能流） \qquad （10\text{-}57）$$

$$\frac{c^2}{k-1} + \frac{V^2}{2} = \frac{c_0^2}{k-1} = \text{常数} \quad （绝能流） \qquad （10\text{-}58）$$

式（10-57）称为理想气体一维定常绝能流动方程，c_0 称为总声速。将式（10-57）改写为马赫数形式，即

$$\frac{T}{T_0} = \left(1 + \frac{k-1}{2}Ma^2\right)^{-1} \quad （绝能流） \tag{10-59}$$

$$\frac{c}{c_0} = \left(1 + \frac{k-1}{2}Ma^2\right)^{-1/2} \quad （绝能流） \tag{10-60}$$

10.3.2　等熵流伯努利方程

符合可逆过程的绝能流称为等熵流。等熵流中每一瞬时的熵增为零，任意两个状态的熵值相等

$$ds = 0 \quad 或 \quad s_1 - s_2 = 0$$

此外，理想气体等熵流动时的状态参数满足如下关系式：

$$\frac{p}{\rho^\gamma} = 常数 \tag{10-61}$$

高速气体在流动时边界层很薄，因而边界层对于外部流场无实质性影响，此时可将气体当作无黏性的理想气体处理，从而将流动简化为等熵流。这种简化在实际工程中有大量应用，如各类喷管、扩压管、风洞等可不计摩擦效应且未发生激波的绝热流动，均可以视为等熵流模型。

而对于一维定常可压缩流体等熵流，绝热流的结论同样适用

$$e + \frac{V^2}{2} + \frac{p}{\rho} = h + \frac{V^2}{2} = h_0 = 常数 \quad （等熵流） \tag{10-62}$$

对于理想气体，可将式（10-62）改写为如下等价形式：

$$\begin{cases} c_p T + \dfrac{V^2}{2} = 常数 \\[2mm] \dfrac{k}{k-1}RT + \dfrac{V^2}{2} = 常数 \\[2mm] \dfrac{k}{k-1}\dfrac{p}{\rho} + \dfrac{V^2}{2} = 常数 \\[2mm] \dfrac{c^2}{k-1} + \dfrac{V^2}{2} = 常数 \end{cases} \quad （等熵流） \tag{10-63}$$

上式称为理想气体等熵流伯努利方程，其中方程右边的常数一般用流线或流管上特定的参考状态值确定，如滞止状态参数、临界状态参数等。

10.3.3　等熵流气动函数

1. 滞止状态参数

滞止状态指气体从当地状态起速度等熵地降低到零时所具有的状态称为该当地状态

对应的滞止状态。当地状态参数称为静参数；对应的滞止参数称为总参数，以下标"0"表示，如 h_0、T_0 分别称为总焓、总温等。

利用等熵流关系式

$$\left(\frac{T}{T_0}\right)^{\frac{k}{k-1}} = \left(\frac{p}{p_0}\right) = \left(\frac{\rho}{\rho_0}\right)^k$$

从而将式（10-63）改写为关于 Ma 的无量纲形式

$$\begin{cases} \dfrac{T}{T_0} = \left(1 + \dfrac{k-1}{2}Ma^2\right)^{-1} \\[2mm] \dfrac{p}{p_0} = \left(1 + \dfrac{k-1}{2}Ma^2\right)^{-\frac{k}{k-1}} \\[2mm] \dfrac{\rho}{\rho_0} = \left(1 + \dfrac{k-1}{2}Ma^2\right)^{-\frac{1}{k-1}} \\[2mm] \dfrac{c}{c_0} = \left(1 + \dfrac{k-1}{2}Ma^2\right)^{-\frac{1}{2}} \end{cases} \quad (\text{等熵流}) \qquad (10\text{-}64)$$

式（10-64）称为用滞止状态参数表示的等熵流气动函数。从式中可看到 T、p、ρ 随 Ma 变化的趋势是一致的。理想气体（$k = 1.4$）等熵流气动函数值列于附录图 D-1 中。滞止状态可以是实际存在的状态，也可以是实际流场中并不存在，只是假想的状态。

2. 临界状态参数

气体从当地状态等熵加速（$Ma<1$）或减速（$Ma>1$）到 $Ma = 1$ 时，所具有的状态称为与该当地状态对应的临界状态，相应的状态参数称为临界参数，以上标"*"表示，如 T^*、p^* 分别称为临界温度、临界压强等。

利用式（10-64），设 $Ma = 1$，可得临界参数与滞止参数之比的表达式

$$\begin{cases} \dfrac{T^*}{T_0} = \dfrac{2}{k+1} \\[2mm] \dfrac{p^*}{p_0} = \left(\dfrac{2}{k+1}\right)^{\frac{k}{k-1}} \\[2mm] \dfrac{\rho^*}{\rho_0} = \left(\dfrac{2}{k+1}\right)^{\frac{1}{k-1}} \\[2mm] \dfrac{c^*}{c_0} = \left(\dfrac{2}{k+1}\right)^{\frac{1}{2}} \end{cases} \quad (\text{等熵流}) \qquad (10\text{-}65)$$

对于空气（$k = 1.4$）具体数值为

$$\begin{cases} \left(\dfrac{T^*}{T_0}\right)_{k=1.4} = 0.833 \\[2mm] \left(\dfrac{p^*}{p_0}\right)_{k=1.4} = 0.528 \\[2mm] \left(\dfrac{\rho^*}{\rho_0}\right)_{k=1.4} = 0.634 \\[2mm] \left(\dfrac{c^*}{c_0}\right)_{k=1.4} = 0.913 \end{cases} \qquad (10\text{-}66)$$

和滞止状态一样，临界状态可以是流动中实际存在的，也可以是假想的状态。

3. 最大速度状态

流体在等熵条件下温度降至绝对零度时，其速度达到最大（V_{max}）状态，称为最大速度状态。从热力学第三定律可知，由于地面上无法制造绝对零度的环境，因此最大速度状态仅仅具有理论意义，其反映的是气流的总能量大小。由式（10-62）可得

$$\frac{V_{max}^2}{2} = \frac{k}{k-1}RT + \frac{V^2}{2} = \frac{k}{k-1}RT_0 = \frac{c_0^2}{k-1} \qquad (10\text{-}67)$$

改写为

$$V_{max} = \sqrt{\frac{2k}{k-1}RT_0} = \sqrt{\frac{2}{k-1}}c_0 \qquad (10\text{-}68)$$

结合式（10-65）可得最大速度和临界速度（声速）关系

$$V_{max} = \sqrt{\frac{k+1}{k-1}}c^* = \sqrt{\frac{k+1}{k-1}}V^* \qquad (10\text{-}69)$$

10.4　一维变截面定常等熵流

本节中主要介绍具有恒定比热值（c_p 和 c_v）理想气体的稳态、一维等熵流动。此外，正如前面所解释的，在本章中讨论的是一维流动，速度和流体性质只在流动方向上发生改变。绝热和无摩擦（可逆）流也是等熵流的一种形式。实际流体不可能实现等熵流动，因为摩擦无处不在。尽管如此，研究等熵流也是有意义的，因为它有助于了解实际的可压缩流动现象，包括壅塞流、激波、从亚声速到超声速的加速运动和从超声速到亚声速的减速运动。

10.4.1　截面变化对流动的影响

1. 截面变化与 Ma 的关系

当流体稳定地流过管道时，满足质量守恒（连续性）方程

$$\dot{m} = \rho A V = 常数 \qquad (10\text{-}70)$$

这个公式可以用来计算不同截面的流体速度。对于不可压缩流体流动，流体密度保持不变，流速与横截面积成反比。当流体是可压缩时，密度、横截面积和流速都可能随截面积变化。下面研究等熵理想气体在变截面管道中流动，其流体密度和流速的变化规律。

将牛顿第二定律应用于稳定的、无黏性（无摩擦）流体流动。利用式（3-5），对于可压缩流体或不可压缩流体都可以得到

$$\mathrm{d}p + \frac{1}{2}\rho\mathrm{d}(V^2) + \gamma\mathrm{d}z = 0 \tag{10-71}$$

上式称为一维定常流动欧拉运动方程，如果流动是一维的，则无摩擦流动也符合式（10-71）。对于理想气体，由于势能差项 $\gamma\mathrm{d}z$ 与其他项 $\mathrm{d}p$ 和 $\mathrm{d}(V^2)$ 相比较小，因此可以忽略。由式（10-71）可以得到，理想气体的一维稳态等熵（绝热无摩擦）流体运动方程

$$\frac{\mathrm{d}p}{\rho V^2} = -\frac{\mathrm{d}V}{V} \tag{10-72}$$

对一维可压缩定常流动连续性方程（式（10-70））两边取对数，可得

$$\ln\rho + \ln A + \ln V = 常数 \tag{10-73}$$

即

$$-\frac{\mathrm{d}V}{V} = \frac{\mathrm{d}\rho}{\rho} + \frac{\mathrm{d}A}{A} \tag{10-74}$$

把式（10-72）和式（10-74）结合起来，可以得到

$$\frac{\mathrm{d}p}{\rho V^2}\left(1 - \frac{V^2}{\mathrm{d}p/\mathrm{d}\rho}\right) = \frac{\mathrm{d}A}{A} \tag{10-75}$$

由于流动是等熵的，声速与压强随密度的变化关系可通过式 $c = \sqrt{\left(\dfrac{\partial p}{\partial \rho}\right)_s}$ 表示。

由式（10-44），结合马赫数的定义

$$Ma = \frac{V}{c} \tag{10-76}$$

式（10-76）化为

$$\frac{\mathrm{d}p}{\rho V^2}(1 - Ma^2) = \frac{\mathrm{d}A}{A} \tag{10-77}$$

将式（10-72）和式（10-77）合并得到

$$\frac{\mathrm{d}V}{V} = -\frac{\mathrm{d}A}{A}\frac{1}{1 - Ma^2} \tag{10-78}$$

由式（10-78）可以得出，当流动为亚声速（$Ma<1$）时，速度和截面积的变化方向是相反的。如图 10-8（a）所示，亚声速气流通过扩张管道时，截面积增加会导致速度减小。如图 10-8（b）所示，亚声速气流通过收缩管道时，截面积减小会导致速度增加。这些趋势与不可压缩流体流动行为是一致的，正如前几章所描述的。

式（10-78）也说明，当流动是超声速（$Ma>1$）时，速度和截面积的变化方向是相同的。超声速气流在扩张管道（图 10-8（a））内加速，在收缩管道（图 10-8（b））内减速。这些规律与不可压缩和亚声速可压缩流动的情况正好相反。

　　为了更好地理解亚声速和超声速管道流动特性，结合式（10-74）和式（10-78）可得

$$\frac{\mathrm{d}\rho}{\rho} = \frac{\mathrm{d}A}{A}\left(\frac{Ma^2}{1-Ma^2}\right) \tag{10-79}$$

由式（10-74）可以得出，对于亚声速气流（$Ma<1$），密度和面积变化方向相同。超声速流动（$Ma>1$），密度和面积变化方向相反。由于 AV 必须保持恒定（式（10-70）），亚声速气流在扩张管流动时，密度和面积都增加，因此流速必然降低。超声速气流在扩张管流动时，当面积增大时，密度减小，因此必须增加流速来保持 ρAV 恒定。

　　式（10-63）可改写为

$$\frac{\mathrm{d}A}{\mathrm{d}V} = -\frac{A}{V}(1-Ma^2) \tag{10-80}$$

可知，当 $Ma=1$ 时，要求 $\mathrm{d}A/\mathrm{d}V=0$。这一结果表明，$Ma=1$ 的位置上应该是极值，要么是最小值，要么是最大值。

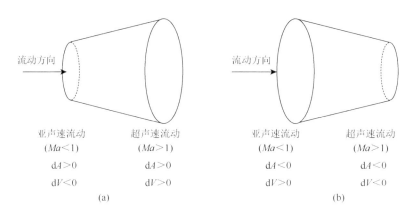

图 10-8　（a）扩张管；（b）收缩管

　　图 10-9（a）中收缩-扩张管存在一个最小面积。如果进入管道的流动是亚声速流，根据式（10-78）可知，在管道收缩部分流体速度增加，最小面积处达到声速（$Ma=1$）是可能的；如果进入扩张-收缩管的流动是超声速流，说明流体在管道的收缩部分速度会降低，最小面积处可以到达声速。

　　图 10-9（b）中扩张-收缩管存在一个最大面积。如果进入该管道的气流是亚声速流，则在管道扩张部分流体速度降低，最大面积处无法达到声速；如果进入该管道的气流是超声速流，则流体速度会增加，最大面积处也无法达到声速。

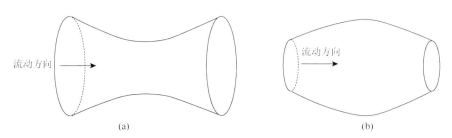

图 10-9　（a）收缩-扩张管；（b）扩张-收缩管

对于理想气体的定常等熵流，可以得出结论，在收缩-扩张管内的最小面积处，可以达到声速条件（$Ma = 1$）。这个最小区域通常被称为收缩-扩张管的喉部。此外，要从亚声速流动转换为超声速流动，就必须改变收缩-扩张管截面积，这种管道称为收缩-扩张管道。请注意，收缩-扩张管也可以使超声速气流减速到亚声速。瑞典工程师拉瓦尔（Laval）首先将这种喷管应用于冲击式蒸汽涡轮机上，并达到创世纪的转速，因此这种先收缩后扩张的喷管称为"拉瓦尔喷管"。

2. 截面积与 Ma 的关系

设一维管道内存在临界截面 A^*，由连续性方程（式（10-70））有

$$\rho AV = \rho^* A^* V^* \tag{10-81}$$

或表达为

$$\frac{A}{A^*} = \left(\frac{\rho^*}{\rho}\right)\left(\frac{V^*}{V}\right) \tag{10-82}$$

由式（10-46）和式（10-76），得到

$$V^* = \sqrt{RT^*k} \tag{10-83}$$

且

$$V = Ma\sqrt{RTk} \tag{10-84}$$

通过结合方程（10-82）、（10-83）和（10-84），得到

$$\frac{A}{A^*} = \frac{1}{Ma}\left(\frac{\rho^*}{\rho_0}\right)\left(\frac{\rho_0}{\rho}\right)\sqrt{\frac{(T^*/T_0)}{(T/T_0)}} \tag{10-85}$$

式（10-71）、（10-75）、（10-78）、（10-80）和（10-85）合并有

$$\frac{A}{A^*} = \frac{1}{Ma}\left\{\frac{1+[(k-1)/2]Ma^2}{1+[(k-1)/2]}\right\}^{(k+1)/[2(k-1)]} \tag{10-86}$$

使用式（10-86）计算附录图 D-1 中空气（$k = 1.4$）的 A/A^* 值。这些值与马赫数的关系函数，见图 10-10。无论临界面积 A^* 是否实际存在于流动中，面积比 A/A^* 对于理想气体通过收缩-扩张管的等熵流来讲仍是一个有用的概念。

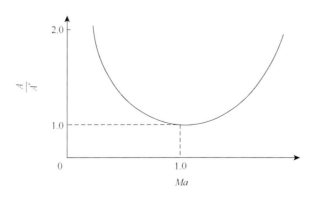

图 10-10　理想气体等熵流面积比随马赫数的变化（$k = 1.4$，一维坐标尺度）

3. 流量与 Ma 的关系

将连续性方程改写为

$$\dot{m} = \rho V A = \frac{\rho}{\rho_0}\rho_0 \frac{V}{c}\frac{c}{c_0}c_0 A$$

结合式（10-65）、式（10-46）和 $Ma = V/c$，可得

$$\dot{m} = \left(1 + \frac{k-1}{2}Ma^2\right)^{-\frac{1}{k-1}}\rho_0 Ma\left(1 + \frac{k-1}{2}Ma^2\right)^{-\frac{1}{2}}\sqrt{kRT_0}A$$

$$= \rho_0\sqrt{kRT_0}Ma\left(1 + \frac{k-1}{2}Ma^2\right)^{-\frac{k+1}{2(k-1)}}A$$

代入 $\rho_0 = p_0/(RT_0)$，上式变为

$$\dot{m} = \sqrt{\frac{k}{R}}\frac{p_0}{\sqrt{T_0}}Ma\left(1 + \frac{k-1}{2}Ma^2\right)^{-\frac{k+1}{2(k-1)}}A$$

如果管道内存在临界截面，即 $A^*(Ma=1)$，此时质量流量 $\dot{m}$ 达到最大值

$$\dot{m}_{\max} = \sqrt{\frac{k}{R}}\frac{p_0}{\sqrt{T_0}}\left(\frac{k-1}{2}\right)^{-\frac{k+1}{2(k-1)}}A^*$$

已知临界截面上的参数后，即可利用附录图 D-1 与 A/A^* 相应的数据查找任一截面上的参数，而若实际管道中并未存在临界截面，则可根据某已知截面上的 Ma 数查得相应 A/A^* 的值，从而确定 A^*，将其作为假想的临界截面，从而得出其他截面上的参数。

10.4.2 喷管内等熵流

1. 收缩喷管

如图 10-11 所示，气体由贮气罐 A 经一收缩喷管流入控制室 B 内。通常将喷管出口外的环境压强称为背景压强，简称背压，用 p_b 表示。背压 p_b 可连续降低，使喷管流加速。设喷管内为等熵流，出口截面用下标"e"表示。

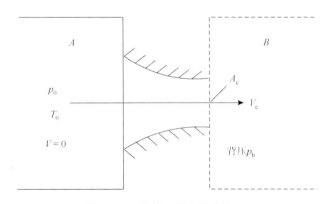

图 10-11　收缩喷管内等熵流

当 $p^*/p_0 < p_b/p_0 < 1$ 时，喷管内为亚声速流，且随着 p_b 下降流速增大。出口压强 $p_e = p_b$，由式（10-64）

$$Ma_e = \left\{ \frac{2}{k-1} \left[\left(\frac{p_e}{p_0} \right)^{-\frac{k-1}{k}} - 1 \right] \right\}^{1/2}$$

利用

$$\dot{m} = \left(1 + \frac{k-1}{2} Ma^2 \right)^{-\frac{1}{k-1}} \rho_0 Ma \left(1 + \frac{k-1}{2} Ma^2 \right)^{-\frac{1}{2}} \sqrt{kRT_0} A$$

$$RT_0 = p_0/\rho_0$$

$$\rho_e/\rho_0 = (p_e/p_0)^{1/k}$$

可得

$$\dot{m} = \rho_0 A_e \left\{ \frac{2k}{k-1} \frac{p_0}{\rho_0} \left[\left(\frac{p_e}{p_0} \right)^{-\frac{k-1}{k}} - 1 \right] \left(\frac{p_e}{p_0} \right)^{\frac{k+1}{k}} \right\}^{1/2}$$

$$= \rho_0 A_e \left\{ \frac{2k}{k-1} \frac{p_0}{\rho_0} \left[\left(\frac{p_e}{p_0} \right)^{-\frac{2}{k}} - \left(\frac{p_e}{p_0} \right)^{\frac{k+1}{k}} \right] \right\}^{1/2}$$

根据上式可绘制图 10-12。

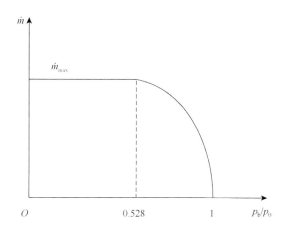

图 10-12　最大流量与压力比的关系

当 $p_b/p_0 = 1$ 时，$\dot{m} = 0$；当 $p^*/p_0 < p_b/p_0 < 1$ 时，$\dot{m}$ 沿曲线段变化；当 $p^*/p_0 < p_b/p_0 < 0.528$ 时，出口截面达到声速，$A_e = A^*$，$Ma_e = 1$，此时流量达到最大值 $\dot{m}_{max}$，称为临界流量，利用上式可得

$$\dot{m}_{max} = \rho_0 \sqrt{kRT_0} \left(\frac{k+1}{2} \right)^{-\frac{k+1}{2(k-1)}} A_e$$

$$= \sqrt{\frac{k}{R}} \frac{p_0}{\sqrt{T_0}} \left(\frac{k+1}{2} \right)^{-\frac{k+1}{2(k-1)}} A_e$$

$$= \sqrt{k\rho_0 p_0} \left(\frac{k+1}{2} \right)^{-\frac{k+1}{2(k-1)}} A_e$$

出口速度达到声速，代入得

$$V_{e,max} = V_e^* = c^* = \sqrt{kRT^*} = \sqrt{\frac{2k}{k+1} RT_0}$$

将空气（$k = 1.4$）代入

$$\dot{m}_{max} = 0.6847 \sqrt{p_0 \rho_0} A_e$$
$$V_{e,max} = 18.3 \sqrt{T_0}$$

由上可见，由上游滞止参数可决定喷管最大流量和出口速度，此时出口截面即为临界截面，背压继续下降不能使流量增加，即流量将维持不变，此现象称为壅塞现象。

2. 收缩-扩张管

收缩-扩张管又称为拉瓦尔喷管，其在需要获得超声速流的设备上有广泛应用，例如超声速风洞、火箭喷管、蒸汽或燃气涡轮机等。本节主要讨论流体在喷管内的流动规律，包括压强和马赫数等参数分布。

如图 10-13 所示，气体由贮气罐经过拉瓦尔喷管流入控制室。贮气罐内的滞止参数（T_0，P_0，ρ_0）保持恒定，此外控制室内的压强 p_b（背压）可以调节。喷管中最小截面称为喉部，相应参数用下标"t"表示，喷管出口截面上的参数用下标"e"表示，喷管中其他任意截面的面积为 A。当 $p_b = p_0$ 时喷管内无流动，设背压从 p_0 开始下降，按背压变化不同范围分为以下 4 种工况进行讨论。

1）$p_c \leqslant p_b < p_0$

p_b 略有下降时气体即开始流动。当整个喷管内流速较低（$Ma<0.3$）时，流动与不可压缩流动相似，喷管相当于文丘里管。流动曲线在压强与马赫数分布图中为 in 曲线。当 p_b 再下降时气体做亚声速等熵流动，马赫数与截面积的关系满足式（10-86），流动曲线在图中为 ia 线。随着 p_b 的继续下降，气体在喷管收缩段中加速，当在喉部达到声速，即 $Ma = 1$，$p_t/p_0 = 0.528$，$A_t/A^* = 1$ 时，流量达到最大值 $\dot{m}_{max}$，收缩段中的流动曲线为 it 线。

在扩张段中，按式（10-86），任意截面上的 A/A^* 值对应两个 Ma：一个是亚声速的（本工况），另一个是超声速的。出口截面的 A_e/A^* 值对应的两个 Ma 分别是 Ma_c（<1，本工况）和 Ma_j（>1）；对应的出口压强分别是较高的 p_c（本工况）和很低的 p_j。因此，在扩张段中马赫数和压强分布曲线分别为图中的 tc 线和 tj 线。这两组曲线是扩张段内连续等熵流的极限曲线，这两组曲线所夹的区域内将出现非等熵流（或称等熵流间断面）。

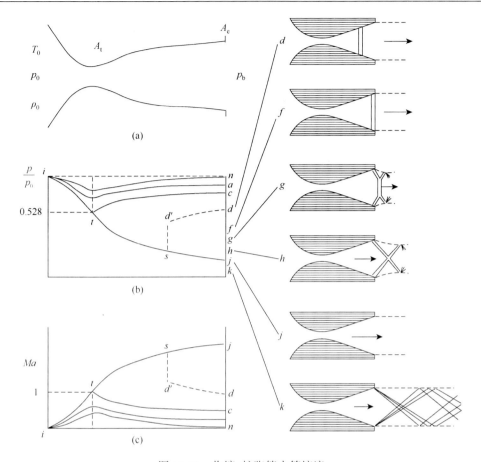

图 10-13　收缩-扩张管内等熵流

2）$p_f \leqslant p_b < p_c$

当 p_b 从 p_c 值继续下降时，收缩段内的流动仍将维持 $p_b = p_c$ 时的情况（壅塞现象），但扩张段的气体从喉部起开始加速为超声速流，压强沿图中 tj 线下降。由于背压 p_b 不够低，因此流动不能沿 tj 线进行到底，在中途（见图中 s 点）形成压强间断面 sd'，即所谓正激波（见小图 d），此处的流动不符合等熵流条件。通过正激波后压强突跃上升至 d' 点，马赫数则突跃下跌，气流转变为亚声速等熵流；并沿虚线 $d'd$ 做减速流动，压强逐渐上升，在出口处与背压衔接。随着背压进一步下降，正激波向下游移动。当 $p_b = p_f$ 时，正激波正好位于出口截面上，出口处激波前的压强为 p_j。

3）$p_j \leqslant p_b < p_f$

当背压从 p_f 继续下降时，喷管内流动维持不变，出口处压强保持 p_j，因为外部扰动信号无法在超声速流中向上游传递，但正激波移出口外。当背压下降至 $p_b = p_g$ 时，出口的正激波变成拱桥形（见小图 g）；当背压进一步下降至 $p_b = p_h$ 时，拱桥形激波变成两条斜激波（见小图 h）。随着背压的不断下降（但高于 p_j），斜激波越来越斜。气流通过出口处的正激波或斜激波后速度突跃下降，压强突跃上升，与背压衔接。当背压 $p_b = p_j$ 时，出口处的斜激波消失，出口压强直接与背压衔接（见小图 j）。

4) $0 \leqslant p_{\mathrm{b}} < p_{\mathrm{j}}$

随着背压进一步下降，背压低于出口压强，出口的气体做膨胀降压流动，背压降得越低，膨胀越厉害。由于无壁面限制，膨胀波在自由边界上来回反射形成扇形膨胀波（见小图 k）。

例 10.5 收缩管中的等熵流。

已知：如图 10-14（a）所示，标准状态空气进入收缩管道后，被稳定地输送至直管道。收缩管道喉部（最小）流量截面积为 $1 \times 10^{-4} \mathrm{m}^2$。直管道内压强分别为（a）80kPa（abs）和（b）40kPa（abs）。

问题：通过管道的质量流量，并分别绘制条件（a）和（b）的 T-s 图。

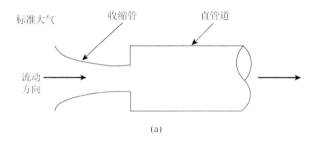

(a)

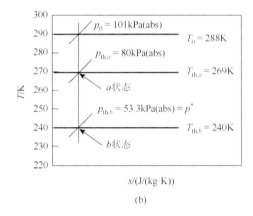

(b)

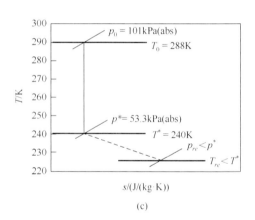

(c)

图 10-14 例 10.5 图

解：利用式（10-70），可确定通过收缩管道的质量流量

$$\dot{m} = \rho A V = 常数$$

喉部面积为 A_{th}，可得

$$\dot{m} = \rho_{\mathrm{th}} A_{\mathrm{th}} V_{\mathrm{th}} \tag{10-87}$$

假设气流是 c_{v} 和 c_{p} 为常数的理想气体，由式（10-64）可得

$$\frac{\rho_{\mathrm{th}}}{\rho_0} = \left\{ \frac{1}{1+[(k-1)/2]Ma_{\mathrm{th}}^2} \right\}^{1/(k-1)} \tag{10-88}$$

标准大气的滞止密度 ρ_0 为 $1.23\mathrm{kg/m}^3$，k 为 1.4。为了确定喉部 Ma_{th}，可以使用式（10-64），

$$\frac{p_{th}}{p_0} = \left\{ \frac{1}{1+[(k-1)/2]Ma_{th}^2} \right\}^{k/(k-1)} \tag{10-89}$$

临界压强 p^* 由式（10-66）得到

$$p^* = 0.528p_0 = 0.528p_{atm}$$
$$= (0.528)[101kPa(abs)] = 53.3kPa(abs)$$

如果直管道内压强 $p_{re} \geqslant p^*$，则 $p_{th} = p_{re}$。如果 $p_{re} < p^*$，则 $p_{th} = p^*$，形成壅塞流。当 p_{th}、p_0、k 已知时，由式（6-89）和式（6-88）可分别确定 Ma_{th} 和 ρ_{th}。

喉部处流速可由式（10-46）和式（10-76）得

$$V_{th} = Ma_{th}c_{th} = Ma_{th}\sqrt{RT_{th}k} \tag{10-90}$$

喉部温度 T_{th} 可由式（10-64）计算

$$\frac{T_{th}}{T_0} = \frac{1}{1+[(k-1)/2]Ma_{th}^2} \tag{10-91}$$

因为假定通过收缩管道的流动是等熵流动，在标准大气值 $T_0 = 15K + 273K = 288K$ 时，滞止温度认为是恒定的。注意，这里使用的是热力学温标。

（a）对于 $p_{re} = 80kPa(abs) > 53.3kPa(abs) = p^*$，则 $p_{th} = 80kPa(abs)$。然后由式（10-89）

$$\frac{80kPa(abs)}{101kPa(abs)} = \left\{ \frac{1}{1+[(1.4-1)/2]Ma_{th}^2} \right\}^{1.4/(1.4-1)}$$

即

$$Ma_{th} = 0.587$$

由式（10-88）

$$\frac{\rho_{th}}{1.23kg/m^3} = \left\{ \frac{1}{1+[(1.4-1)/2]Ma_{th}^2} \right\}^{1/(1.4-1)}$$

即

$$\rho_{th} = 1.04kg/m^3$$

由式（10-91）

$$\frac{T_{th}}{288K} = \frac{1}{1+[(1.4-1)/2](0.587)^2}$$

即

$$T_{th} = 269K$$

将 $Ma_{th} = 0.587$，$T_{th} = 269K$ 代入式（10-90），可得

$$V_{th} = 0.587\sqrt{[286.9J/(kg \cdot K)](269K)(1.4)}$$
$$= 193(J/kg)^{1/2}$$

由 $1J/kg = 1N \cdot m/kg = 1(kg \cdot m/s^2) \cdot m/kg = 1(m/s)^2$，得到

$$V_{th} = 193m/s$$

利用式（10-87）可得

$$\dot{m} = (1.04\text{kg/m}^3)(1\times10^{-4}\,\text{m}^2)(193\text{m/s})$$
$$= 0.0201\text{kg/s}$$

（b）对于 $p_{\text{re}} = 40\text{kPa(abs)} < 53.3\text{kPa(abs)} = p^*$，则 $p_{\text{th}} = p^* = 53.3\text{kPa(abs)}$，$Ma = 1$。收缩管出现壅塞流。利用式（10-88）

$$\frac{\rho_{\text{th}}}{1.23\text{kg/m}^3} = \left\{\frac{1}{1+[(1.4-1)/2]\times1^2}\right\}^{1/(1.4-1)}$$

即

$$\rho_{\text{th}} = 0.780\text{kg/m}^3$$

由式（10-91）可得

$$\frac{T_{\text{th}}}{288\text{K}} = \frac{1}{1+[(1.4-1)/2]\times1^2}$$

即

$$T_{\text{th}} = 240\text{K}$$

由式（10-90）

$$V_{\text{th}} = (1)\sqrt{[286.9\text{J/(kg·K)}](240\text{K})(1.4)}$$
$$= 310(\text{J/kg})^{1/2} = 310\text{m/s}$$

由 $1\text{J/kg} = 1\text{N·m/kg} = 1(\text{kg·m/s}^2)·(\text{m/kg}) = 1(\text{m/s})^2$，得到

$$\dot{m} = (0.780\text{kg/m}^3)(1\times10^{-4}\,\text{m}^2)(310\text{m/s})$$
$$= 0.0242\text{kg/s}$$

根据上面计算两种流动情况的喉部温度和喉部压强，可以绘制 $T\text{-}s$ 图，如图 10-14（b）所示。

讨论：当直管道压强 p_{re} 大于或等于 p^*，流体进入直管道时，此过程是等熵的。经验表明，当 $p_{\text{re}} < p^*$ 时，这种流动是三维、非等熵的，压强从 p_{th} 下降到 p_{re} 时，温度下降，熵增加，如图 10-14（c）所示。

用等熵流方程（10-64）构造附录 D 中空气（$k = 1.4$）的图 D-1，这是有关 T/T_0、p/p_0 和 ρ/ρ_0 与 Ma 的曲线图。例 10.6 和例 10.7 利用曲线图求解可压缩流动问题。

例 10.6 可压缩流动问题。

已知：考虑例 10.5 中描述的流动。

问题：使用附录 D 中的图 D-1 求解例 10.5。

解：已知空气的密度和速度，可求解管道喉部的质量流量

$$\dot{m} = \rho_{\text{th}}A_{\text{th}}V_{\text{th}} \tag{10-92}$$

（a）由于 $p_{\text{re}} = 80\text{kPa(abs)}$ 大于 $p^* = 53.3\text{kPa(abs)}$，喉部压强 p_{th} 等于直管道压强，因此

$$\frac{p_{\text{th}}}{p_0} = \frac{80\text{kPa(abs)}}{101\text{kPa(abs)}} = 0.792$$

从图 D-1 查得对于 $p/p_0 = 0.79$，

$$Ma_{\text{th}} = 0.59$$

$$\frac{T_{th}}{T_0} = 0.94 \tag{10-93}$$

$$\frac{\rho_{th}}{\rho_0} = 0.85 \tag{10-94}$$

由式（10-93）和式（10-94）可知

$$T_{th} = (0.94)(288\,\text{K}) = 271\,\text{K}$$

$$\rho_{th} = (0.85)(1.23\,\text{kg/m}^3) = 1.04\,\text{kg/m}^3$$

此外，利用式（10-46）和式（10-76），得到

$$V_{th} = Ma_{th}\sqrt{RT_{th}k}$$
$$= (0.59)\sqrt{[286.9\,\text{J/(kg·K)}(269\,\text{K})(1.4)]}$$
$$= 194(\text{J/kg})^{1/2} = 194\,\text{m/s}$$

因此，由 $1\text{J/kg} = 1\text{N·m/kg} = 1(\text{kg·m/s}^2)\cdot\text{m/kg} = 1(\text{m/s})^2$，得到

$$\dot{m} = (1.04\,\text{kg/m}^3)(1\times10^{-4}\,\text{m}^2)(194\,\text{m/s})$$
$$= 0.0202\,\text{kg/s}$$

（b）当 $p_{re} = 40\,\text{kPa(abs)} < 3.3\,\text{kPa(abs)} = p^*$ 时，喉部压强为 $53.3\,\text{kPa(abs)}$，此时 $Ma_{th} = 1$，形成壅塞流。由图 D-1 可知，当 $Ma = 1$ 时

$$\frac{T_{th}}{T_0} = 0.83 \tag{10-95}$$

$$\frac{\rho_{th}}{\rho_0} = 0.64 \tag{10-96}$$

由式（10-95）和式（10-96）得到

$$T_{th} = (0.83)(288\,\text{K}) = 239\,\text{K}$$

$$\rho_{th} = (0.64)(1.23\,\text{kg/m}^3) = 0.79\,\text{kg/m}^3$$

同样，从式（10-46）和式（10-76）中，得出

$$V_{th} = Ma_{th}\sqrt{RT_{th}k}$$
$$= 1\times\sqrt{[286.9\,\text{J/(kg·K)}(239\,\text{K})(1.4)]}$$
$$= 310(\text{J/kg})^{1/2} = 310\,\text{m/s}$$

然后可得

$$\dot{m} = (0.79\,\text{kg/m}^3)(1\times10^{-4}\,\text{m}^2)(310\,\text{m/s})$$
$$= 0.024\,\text{kg/s}$$

讨论：用图 D-1 计算的质量流量与使用理想气体方程计算的质量流量很接近，其 $T\text{-}s$ 图与例 10.5 中的图相同。

例 10.7　静压强与滞止压强比。

已知：用皮托管（图 3-17）测量流体中某一点的静压强与滞止压强之比，其值为 0.82。流体滞止温度为 20℃。

问题：假设流体分别是（a）空气和（b）氦气时，求流体的流速。

解：假定空气和氦气都是具有恒定比热的理想气体，可以使用本章推导的理想气体关系式。为了确定流速，结合式（10-46）和式（10-76）得到

$$V = Ma\sqrt{RTk} \qquad (10\text{-}97)$$

通过 p/p_0 和 k，可以利用式（10-64）得到相应的马赫数。对于空气，根据马赫数，从图 D-1 可以查得相关变量关系式。但是图 D-1 不能用于氦气，因为氦气的 k 值是 1.66，而图 D-1 仅适用于 $k = 1.4$。已知 Ma、k 和 T_0 后，温度可以由式（10-64）确定。

（a）对于空气，$p/p_0 = 0.82$，由图 D-1 可知

$$Ma = 0.54 \qquad (10\text{-}98)$$

$$\frac{T}{T_0} = 0.94 \qquad (10\text{-}99)$$

由式（10-99）

$$T = (0.94)(20\text{K}+274\text{K}) = 276\text{K} \qquad (10\text{-}100)$$

结合式（10-97）、式（10-98）和式（10-100），得到

$$V = (0.54)\sqrt{[286.9\text{J/(kg·K)}](294\text{K})(1.4)}$$
$$= 180\text{m/s}$$

（b）对于氦气，$p/p_0 = 0.82$，$k = 1.66$。将这些值代入式（10-64），得到

$$0.82 = \left\{\frac{1}{1+[(1.66-1)/2]Ma_{\text{th}}^2}\right\}^{1.66/(1.66-1)}$$

即

$$Ma = 0.499$$

由式（10-64）可得

$$\frac{T}{T_0} = \frac{1}{1+[(k-1)/2]Ma^2}$$

因此

$$T = \left\{\frac{1}{1+[(1.66-1)/2](0.499)^2}\right\}[(20+274)\text{K}]$$
$$= 272\text{K}$$

由式（10-97）可得

$$V = (0.499)\sqrt{[286.9\text{J/(kg·K)}](272\text{K})(1.66)}$$
$$= 180\text{m/s}$$

讨论：由一维管道流动推导得到的等熵流方程，也可以用来描述其他无摩擦等熵流动过程。

例 10.8　收缩-扩张管的等熵壅塞流。

已知：空气（标准大气压）进入收缩-扩张管中做等熵壅塞流，该管道的圆形截面积 A 随距离喉部的轴向距离 x 变化

$$A = 0.1 + x^2$$

A 的单位是 m^2，x 的单位是 m。管道 x 范围为 $-0.5m$ 到 $+0.5m$。

问题：画出上述管道的侧视图，并画出马赫数、静温与滞止温度比 T/T_0、静压强与滞止压强比 p/p_0 在管道 $x=-0.5m$ 到 $x=+0.5m$ 之间的变化曲线图。同时用 $T\text{-}s$ 坐标示出 $x=-0.5m$、0 m 和 $+0.5m$ 处可能的流体状态。

解：收缩-扩张管的侧视图是距离管道轴半径 r 与轴向距离的函数图。对于圆形流动截面，有

$$A = \pi r^2 \tag{10-101}$$

且

$$A = 0.1 + x^2 \tag{10-102}$$

因此，结合式（10-101）和式（10-102），有

$$r = \left(\frac{0.1 + x^2}{\pi} \right)^{1/2} \tag{10-103}$$

可以画出半径随轴向距离变化的曲线图（见图 10-15（a））。由于本例中的收缩-扩张管壅塞，因此喉部区域 A^* 也是临界区域。从式（10-102）可以看出

$$A^* = 0.1 m^2 \tag{10-104}$$

对于任意轴向位置，从方程（10-102）和方程（10-104）可以得到

$$\frac{A}{A^*} = \frac{0.1 + x^2}{0.1} \tag{10-105}$$

式中，A/A^* 可用于式（10-86）中计算相应的 Ma。对于 $k=1.4$ 的空气，可以根据 A/A^* 值由图 D-1 读出马赫数的值。当马赫数确定后，可用式（10-64）计算 T/T_0 和 p/p_0 的相关值。对于 $k=1.4$ 的空气，结合 A/A^* 或 Ma 可以得到 T/T_0 和 p/p_0 的值。

根据式（10-103）、式（10-105）和图 D-1 绘制出表 10-1。

表 10-1 气动函数表 1

x/m	r/m	A/A^*	Ma	T/T_0	p/p_0	状态
	亚声速					
-0.5	0.334	3.5	0.17	0.99	0.98	a
-0.4	0.288	2.6	0.23	0.99	0.97	
-0.3	0.246	1.9	0.32	0.98	0.93	
-0.2	0.211	1.4	0.47	0.96	0.86	
-0.1	0.187	1.1	0.69	0.91	0.73	
0	0.178	1	1.00	0.83	0.53	b
$+0.1$	0.187	1.1	0.69	0.91	0.73	
$+0.2$	0.211	1.4	0.47	0.96	0.86	
$+0.3$	0.246	1.9	0.32	0.98	0.93	
$+0.4$	0.288	2.6	0.23	0.99	0.97	
$+0.5$	0.344	3.5	0.17	0.99	0.98	c

续表

x/m	r/m	A/A^*	Ma	T/T_0	p/p_0	状态
	超声速					
+ 0.1	0.187	1.1	1.37	0.73	0.33	
+ 0.2	0.211	1.4	1.76	0.62	0.18	
+ 0.3	0.246	1.9	2.14	0.52	0.10	
+ 0.4	0.288	2.6	2.48	0.45	0.06	
+ 0.5	0.334	3.5	2.80	0.39	0.04	d

当空气以亚声速进入壅塞的收缩-扩张管时，只存在一种等熵解。对于扩张管道，有两种可能的等熵流解——一种是亚声速的，另一种是超声速的。如果将 $x = +0.5m$（出口）处的压强比 p/p_0 设为 0.98，就会产生亚声速流。如果当 $x = +0.5m$ 时将 p/p_0 设为 0.04，则产生超声速流，如图 10-15 所示。

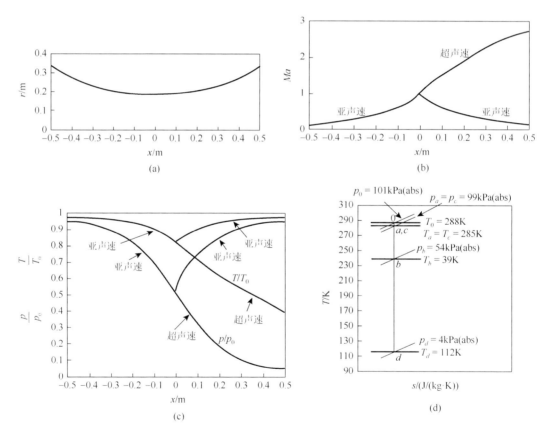

图 10-15　例 10.8 图

讨论：如果扩张管道延长，则可以获得较大的 A/A^* 和 Ma 值。从图 D-1 中可以看到，A/A^* 逐步增加。当 $A/A^* > 10$ 时，Ma 变化较小，p/p_0 变化也非常小，达到流动极限值。

例 10.9 收缩-扩张管中的等熵无壅塞流动。

已知：空气通过例 10.8 的收缩-扩张管，做亚声速等熵流动。

问题：

（1）从 $x = -0.5$m 变化到 $x = +0.5$m 时，绘制 Ma 与 T/T_0 和 p/p_0 的关系曲线图。

（2）利用 T-s 图标示 $x = -0.5$m、0m 和 $+0.5$m 处可能的流体状态。

解：当 $x = 0$m 时 $Ma = 0.48$，说明收缩-扩张管内为亚声速等熵流，不会出现壅塞现象。利用图 D-1，$Ma = 0.48$，可读出 $p/p_0 = 0.85$，$T/T_0 = 0.96$，$A/A^* = 1.4$。虽然管道内为无壅塞流动，A^* 不存在，但它仍然是一个有用的参考值。对于等熵流，p_0、T_0 和 A^* 是常数。在 $x = 0$m 处，A 等于 0.10m^2（由上例得出）。

A^* 可由下式计算得出

$$A^* = \frac{A}{A/A^*} = \frac{0.10\text{m}^2}{1.4} = 0.07\text{m}^2 \tag{10-106}$$

已知管道截面积，可以计算出相应的面积比 A/A^*。利用图 D-1 可查得 Ma、T/T_0 和 p/p_0 的数值，见表 10-2，并绘制成关系曲线，见图 10-16。

表 10-2　气动函数表 2

x/m	计算可得	从表 D-1 可得			状态
	A/A^*	Ma	T/T_0	p/p_0	
−0.5	5.0	0.12	0.99	0.99	a
−0.4	3.7	0.16	0.99	0.98	
−0.3	2.7	0.23	0.99	0.96	
−0.2	2.0	0.31	0.98	0.94	
−0.1	1.6	0.40	0.97	0.89	
0	1.4	0.48	0.96	0.85	b
+0.1	1.6	0.40	0.97	0.89	
+0.2	2.0	0.31	0.98	0.94	
+0.3	2.7	0.23	0.99	0.96	
+0.4	3.7	0.16	0.99	0.98	
+0.5	5.0	0.12	0.99	0.99	c

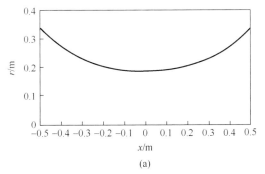

(a)

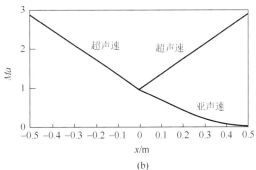

(b)

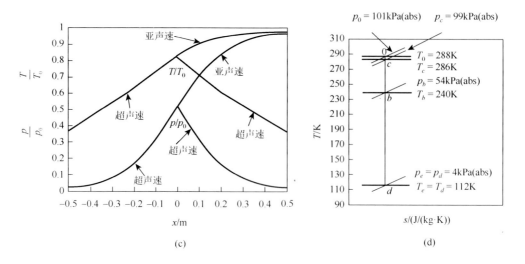

图 10-16　例 10.9 图

对于类似问题，可按照下面列出的步骤得到精确解。

（1）已知 k 和 Ma，利用式（10-64）得到 p/p_0（$x=0$）。

（2）利用式（10-86），可以得到 A/A^*（$x=0$）。

（3）已知在 $x=0$ 处的 A 和 A/A^*，求 A^*。

（4）确定不同位置的 A/A^*。

（5）利用式（10-86）和 A/A^* 值，计算 Ma。

（6）利用式（10-64）和 Ma 值，计算 T/T_0 和 p/p_0。

讨论：本例中的收缩-扩张管有无数个亚声速等熵流解。

流体故事

　　液体刀，利用超声速液氮流切割钢铁和混凝土等工程材料。最早由爱达荷国家工程实验室（Idaho National Egineering Laboratory）应用于切割废弃桶。现在这项技术已被广泛应用。高速流动的液氮进入被切割材料的裂缝，然后快速扩张，最后破坏固定表面。当工作完成后，它们会转化为氮气，成为空气的一部分。这项技术也可广泛用于各种精细表面的涂层去除。

　　图 10-17 所示的 A/A^*-Ma 曲线展示了例 10.8、例 10.9 和例 10.10 中讨论的收缩-扩张管的等熵流动特性。点 a、b 和 c 分别表示轴向距离 $x=-0.5m$、$0m$ 和 $+0.5m$ 时的状态。在图 10-17（a）中，通过收缩-扩张管的等熵流是亚声速的，在喉部没有壅塞。这种情况在例 10.10 中讨论过。图 10-17（b）为亚声速到亚声速的壅塞流（例 10.8），图 10-17（c）为亚声速到超声速的壅塞流（例 10.8）。图 10-17（d）与例 10.9 的超声速到超声速壅塞流动有关，图 10-17（e）为例 10.9 的超声速到亚声速壅塞流。图 10-17（f）所示无壅塞的超声速至超声速等熵流动，本书中并没有举例。这六类情况代表了理想气体等熵通过收缩-扩张管时可能的流动状态。

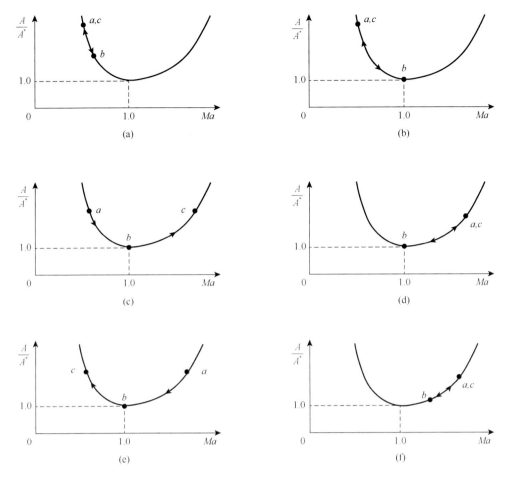

图 10-17　（a）亚声速到亚声速等熵流（无壅塞）；（b）亚声速到亚声速等熵流（壅塞）；（c）亚声速到超声速等熵流（壅塞）；（d）超声速到超声速等熵流（壅塞）；（e）超声速到亚声速等熵流（壅塞）；（f）超声速到超声速等熵流（无壅塞）

对于理想气体（$k =$ 常数）在收缩-扩张管流动时，存在无穷多个等熵亚声速到亚声速（无壅塞）和超声速到超声速（无壅塞）的流动解。相比之下，亚声速到超声速（壅塞）、亚声速到亚声速（壅塞）、超声速到亚声速（壅塞）、超声速到超声速（壅塞）等熵流动各有其特殊性。

流体故事

500 吨级液氧煤油火箭发动机：2021 年 3 月 5 日，由中国航天科技集团有限公司第六研究院研制的 500 吨级液氧煤油火箭发动机全工况半系统试车成功，标志着我国 500 吨级重型运载火箭发动机关键技术攻关取得了重要突破，为后续重型运载火箭工程研制打下坚实基础。此次试验为除推力装置外，发动机组件配套完整的系统试车，也是该型发动机首次全工况试车，试车启动、转级、变工况与关机过程工作平稳，验证了发动机设计、制造和试验方案，为下一步进行发动机整机试车等研制工作奠定了基础。该发动机是目前世界上推力最大的双管推力室发动机，采用全数字化设计与管理，相比 120 吨级液氧煤油高压补燃发动机，推力增大了 3 倍，比冲提高了 3%，推质比提高了 25%，发动机综合性能指标达到世界先进水平。该发动机是目前世界上推力最大的双管推力室发动机，采用全数字化设计与管理，相比 120t级液氧煤油高压补燃发动机，推力增大了 3 倍，比冲提高了 3%，推质比提高了 25%，发动机综合性能指标达到世界先进水平。（李妮，张平. 我国 500 吨级重型运载火箭发动机关键技术获重要突破 发动机综合性能指标达到世界先进水平[N].陕西日报，2021-03-08（002）. DOI：10.28762/n.cnki.nsxrB-2021.001492.）

10.4.3 等截面管道流动

等截面管道理想气体稳态、一维等熵流动，如果 $dV = 0$ 或流速保持恒定（式（10-80）），结合能量方程（5-84），可以得出：焓和温度也是恒定的。式（10-46）和式（10-76）表明，此时马赫数也是恒定的。式（10-64）表明流体压强和密度也保持不变。因此，如果流动截面积不发生变化，可以看到理想气体的稳定、一维等熵流动不涉及速度或流体性质的改变。

在 10.5 节中，将要讨论理想气体通过等截面管道的非等熵、稳定、一维流动以及正激波。实际的流体流动通常是非等熵的。在本节中，将分析理想气体通过无摩擦的等截面管道中的非绝热流动（瑞利流）和通过带摩擦的等截面管道的绝热流动（范诺（Fanno）流）。

10.5 等截面摩擦管流

实际的流体流动通常是非等熵的，其中一个重要例子是有摩擦的绝热流动。具有热传递的流动通常也是非等熵的。在本节中，考虑理想气体在有摩擦的等面积管道中的绝热流动，通常被称为范诺流，同时还分析了理想气体在无摩擦的等面积管道中的非绝热流动，称为瑞利（Rayleigh）流。范诺流和瑞利流的相关概念导致了对正常激波的进一步讨论。

10.5.1 范诺流

理想气体通过等截面的稳定、一维绝热流动管道称为范诺流，如图 10-18 所示。

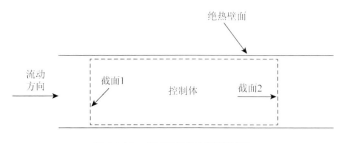

图 10-18 绝热等截面管道流动

对于图 10-18 中的控制体，由能量方程（式（5-84））得出

$$\dot{m}\left[\breve{h}_2 - \breve{h}_1 + \frac{V_2^2 - V_1^2}{2}\right] + g(z_2 - z_1) = \dot{Q} + \dot{W}$$

0（流动是绝热的）　0（整个流动过程稳定）

0（气体流量小到可以忽略不计）

或

$$\breve{h} + \frac{V^2}{2} = \breve{h}_0 = 常数 \tag{10-107}$$

其中，h_0 是滞止焓。对于理想气体，从式（10-9）中得出

$$\breve{h} - \breve{h}_0 = c_p(T - T_0) \tag{10-108}$$

因此，通过结合式（10-107）和式（10-108），可以得到

$$T + \frac{(\rho V)^2}{2 c_p \rho^2} = T_0 = 常数 \tag{10-109}$$

通过将理想气体状态方程（式（10-1））代入上式，可得

$$T + \frac{(\rho T)^2 T^2}{2 c_p (p^2 / R^2)} = T_0 = 常数 \tag{10-110}$$

依据连续性方程（式（10-70）），当面积 A 恒定时，密度-速度乘积 ρV 是恒定的。对于范诺流，滞止温度 T_0 是常数。已知流体压强，利用式（10-110）可计算流体温度。

与本章前面的讨论一样，可以用温熵图描述范诺流。从热力学第二定律可以得出熵变的表达式（式（10-28））。设入口处参数为温度 T_1、压强 p_1 和熵 s_1，式（10-28）可改写为

$$s - s_1 = c_p \ln \frac{T}{T_1} - R \ln \frac{p}{p_1} \tag{10-111}$$

通过式（10-110）和式（10-111）可以画出 T-s 图，如图 10-19 所示。该曲线与 c_p、R、T、ρV、p 和 s 有关，称为范诺线。

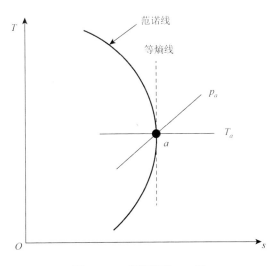

图 10-19　范诺流的 T-s 图

例 10.10 摩擦可压缩流（范诺流）。

已知：空气（$k = 1.4$）进恒定截面积管道，入口处参数为

$$T_0 = 288\text{K} , \quad T_1 = 286\text{K} , \quad p_1 = 99\text{kPa}$$

问题：试绘制范诺线（T-s 图）。

解：要绘制范诺线，可以使用式（10-110）和式（10-111），即

$$T + \frac{(\rho V)^2 T^2}{2 c_p (p^2 / R^2)} = T_0 = 常数 \tag{10-112}$$

$$s - s_1 = c_p \ln \frac{T}{T_1} - R \ln \frac{p}{p_1} \tag{10-113}$$

查附录表 B-2 中，可得 $R = 286.9\text{J/(kg} \cdot \text{K)} = 1004\text{J/(kg} \cdot \text{K)}$，从式（10-14）得到

$$c_p = \frac{Rk}{k-1} \tag{10-114}$$

即

$$c_p = \frac{(286.9)(1.4)}{1.4 - 1} = 1004\text{J/(kg} \cdot \text{K)}$$

从式（10-1）和式（10-84）得到

$$\rho V = \frac{p}{RT} Ma \sqrt{RTk}$$

ρV 的乘积是常数，即

$$\rho V = \rho_1 V_1 = \frac{p_1}{RT_1} Ma \sqrt{RTk} \tag{10-115}$$

由于

$$\frac{T_1}{T_0} = \frac{286\text{K}}{288\text{K}} = 0.993$$

从式（10-64）可知，

$$Ma_1 = \{(T_0 / T_1 - 1) / [(k-1) / 2]\}^{1/2}$$

即

$$Ma_1 = \sqrt{\left(\frac{1}{0.993} - 1 \right) / 0.2} = 0.2$$

因此

$$\sqrt{RT_1 k} = \sqrt{1.4 \times 286.9 \times 286} = 339(\text{m/s})$$

代入式（10-115）中

$$\rho V = \frac{(99 \times 10^3)(0.2 \times 339)}{(286.9)(286)} = 81.8(\text{kg/(m}^2 \cdot \text{s)})$$

将 $p = 48\text{kPa}$ 代入式（10-112），得

$$T + \frac{(81.8)^2 T^2}{(2 \times 1004) \dfrac{(48 \times 10^3)^2}{286.9}} = 288(\text{K})$$

化简为

$$0.12\times10^{-3}T^2 + T - 288 = 0$$

解得

$$T = 278.7\text{K}$$

从式（10-113），得到

$$s - s_1 = (1004)\ln\left(\frac{278.7}{286}\right) - (289.6)\ln\left(\frac{48\times10^3}{99\times10^3}\right)$$

即

$$s - s_1 = 183.7\text{J/(kg·K)}$$

　　根据以上计算数值，绘制表 10-3，并在图 10-20 中绘制范诺线。最大熵差出现在 18kPa 的压强下，温度为 239.4K。

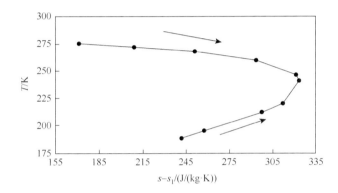

图 10-20　例 10.10 图

表 10-3　气动函数表 3

p/kPa	T/K	$s-s_1/(\text{J/(kg·K)})$
48	278.7	181.7
41	275.5	215.7
34	270.6	251.0
28	264.0	282.0
21	249.3	307.0
18	239.4	310.5
14	220.0	297.8
12	206.8	279.9
10	190.0	247.0
9.6	185.6	235.3

　　讨论：对于范诺流，熵必定沿着流动的方向增加，因此流速可以从亚声速变为声速或从超声速变为声速。图 10-17 中的箭头表示范诺流流动的方向。

　　热力学第二定律

$$T\mathrm{d}s = \mathrm{d}\breve{h} - \frac{\mathrm{d}p}{p}$$

对于理想气体

$$\mathrm{d}\breve{h} = c_\mathrm{p}\mathrm{d}T$$

并且满足

$$\rho = \frac{p}{RT}$$

将上式写为

$$\frac{\mathrm{d}p}{p} = \frac{\mathrm{d}\rho}{\rho} + \frac{\mathrm{d}T}{T} \tag{10-116}$$

通过式（10-1）、式（10-7）、式（10-24）和式（10-116）得到

$$T\mathrm{d}s = c_\mathrm{p}\mathrm{d}T - RT\left(\frac{\mathrm{d}\rho}{\rho} + \frac{\mathrm{d}T}{T}\right) \tag{10-117}$$

从式（10-70）中，可得范诺流 $\rho V = $ 常数，或者写为

$$\frac{\mathrm{d}p}{p} = -\frac{\mathrm{d}V}{V} \tag{10-118}$$

将式（10-118）代入式（10-117）中得到

$$T\mathrm{d}s = c_\mathrm{p}\mathrm{d}T - RT\left(-\frac{\mathrm{d}V}{V} + \frac{\mathrm{d}T}{T}\right)$$

或写为

$$\frac{\mathrm{d}s}{\mathrm{d}T} = \frac{c_\mathrm{p}}{T} - R\left(-\frac{1}{V}\frac{\mathrm{d}V}{\mathrm{d}T} + \frac{1}{T}\right) \tag{10-119}$$

通过式（10-109），可以得到

$$\frac{\mathrm{d}V}{\mathrm{d}T} = -\frac{c_\mathrm{p}}{V} \tag{10-120}$$

代入式（10-119）中可得

$$\frac{\mathrm{d}s}{\mathrm{d}T} = \frac{c_\mathrm{p}}{T} - R\left(\frac{c_\mathrm{p}}{V^2} + \frac{1}{T}\right) \tag{10-121}$$

　　图 10-19 中的范诺线经过 $\mathrm{d}s/\mathrm{d}T=0$ 的状态（标记为状态 a），利用式（10-14）和式（10-8）得出

$$V_a = \sqrt{RT_a k} \tag{10-122}$$

　　通过比较式（10-122）和式（10-46），可知状态 a 对应的马赫数为1。对于范诺线上的所有点，滞止温度都相同［参考能量方程（式（10-109））］，a 点的温度是整个范诺流的临界温度，记为 T^*。因此，温度高于 T^* 是亚声速流，低于 T^* 是超声速流。

　　热力学第二定律指出：对于绝热流，熵只能保持不变或增加。为了符合热力学第二定律，则流动只能沿着范诺线流向状态 a，此时流动不一定会达到临界状态。图 10-21 总结了范诺流的一些示例。在图 10-21（a）是亚声速范诺流摩擦加速到更高的马赫数，最

大 $Ma = 1$。图 10-21（b）是超声速流摩擦降低到较低的马赫数，最小 $Ma = 1$。在图 10-21（c）中，由于激波，范诺流突然从超声速变为亚声速，这部分将在 10.5.3 节中详细介绍。范诺流流动规律如表 10-4 和图 10-22 所示。

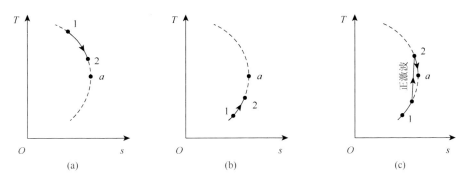

图 10-21　（a）亚声速范诺流；（b）超声速范诺流；（c）范诺流中的正激波

表 10-4　范诺流流动规律

参数	流动类型	
	亚声速流动	超声速流动
滞止温度	常数	常数
马赫数	增加（最大为 1）	减少（最小为 1）
摩擦力	加速流动	减速流动
压力	减少	增加
温度	减少	增加

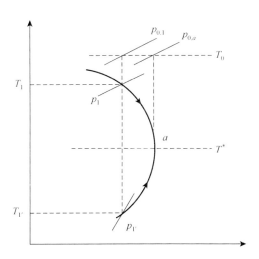

图 10-22　范诺流流动规律曲线图

对于图 10-23（a）所示控制体，利用线性动量方程（式（5-40））可得

$$p_1 A_1 - p_2 A_2 - R_x = \dot{m}(V_2 - V_1)$$

其中，R_x 是内管壁在流体上施加的摩擦力。由于 $A_1 = A_2 = A$ 并且 $m = \rho A V = $ 常数（即 $\rho V = \rho_1 V_1 = \rho_2 V_2$），从而得到

$$p_1 - p_2 - \frac{R_x}{A} = \rho V(V_2 - V_1) \tag{10-123}$$

对于图 10-23（b）所示的微元控制体，上式取微分可得

$$-\mathrm{d}p - \frac{\tau_w \pi D \mathrm{d}x}{A} = \rho V \mathrm{d}V \tag{10-124}$$

壁面剪应力 τ_w 与壁面摩擦系数 f 有关，由式（8-20）可得

$$f = \frac{8\tau_w}{\rho V^2} \tag{10-125}$$

将式（10-125）和 $A = \pi D^2 / 4$ 代入式（10-124）中，可以得到

$$-\mathrm{d}p - f\rho \frac{V^2}{2} \frac{\mathrm{d}x}{D} = \rho V \mathrm{d}V \tag{10-126}$$

或写成

$$\frac{\mathrm{d}p}{p} + \frac{f}{p} \frac{\rho V^2}{2} \frac{\mathrm{d}x}{D} + \frac{\rho}{p} \frac{\mathrm{d}(V^2)}{2} = 0 \tag{10-127}$$

将式（10-1）、式（10-46）、式（10-76）和式（10-127）结合，得到

$$\frac{\mathrm{d}p}{p} + \frac{fk}{2} Ma^2 \frac{\mathrm{d}x}{D} + k \frac{Ma^2}{2} \frac{\mathrm{d}(V^2)}{V^2} = 0 \tag{10-128}$$

因为

$$V = Mac = Ma\sqrt{RTk}$$

所以

$$V^2 = Ma^2 RTk$$

或

$$\frac{\mathrm{d}(V^2)}{V^2} = \frac{\mathrm{d}(Ma^2)}{Ma^2} + \frac{\mathrm{d}T}{T} \tag{10-129}$$

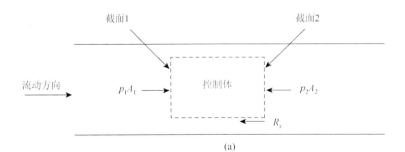

(a)

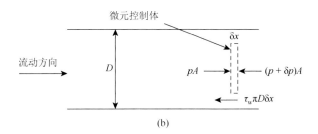

图 10-23　（a）完整控制体；（b）微元控制体

对式（10-109）进行微分并除以温度，则结果化为

$$\frac{\mathrm{d}T}{T} + \frac{\mathrm{d}(V^2)}{2c_\mathrm{p}V^2T} = 0 \tag{10-130}$$

将式（10-14）、式（10-46）和式（10-76）代入式（10-130）中，得到

$$\frac{\mathrm{d}T}{T} + \frac{k-1}{2}Ma^2\frac{\mathrm{d}(V^2)}{V^2} = 0 \tag{10-131}$$

并和式（10-130）合并，得到

$$\frac{\mathrm{d}(V^2)}{V^2} = \frac{\mathrm{d}(Ma^2)/(Ma^2)}{1 + [(k-1)/2]Ma^2} \tag{10-132}$$

合并式（10-116）、式（10-118）和式（10-129）得到

$$\frac{\mathrm{d}p}{p} = \frac{1}{2}\frac{\mathrm{d}(V^2)}{V^2} - \frac{\mathrm{d}(Ma^2)}{Ma^2} \tag{10-133}$$

结合式（10-133）和式（10-128）可得

$$\frac{1}{2}(1 + kMa^2)\frac{\mathrm{d}(V^2)}{V^2} - \frac{\mathrm{d}(Ma^2)}{Ma^2} + \frac{fk}{2}Ma^2\frac{\mathrm{d}x}{D} = 0 \tag{10-134}$$

结合式（10-132）和式（10-134）可得

$$\frac{(1 - Ma^2)\mathrm{d}(Ma^2)}{\{1 + [(k-1)/2]Ma^2\}kMa^4} = f\frac{\mathrm{d}x}{D} \tag{10-135}$$

选择使用临界（＊）状态作为参考，并将式（10-135）转换为从某一入口状态流动至临界状态，从而得到

$$\int_{Ma}^{Ma^*=1}\frac{(1 - Ma^2)\mathrm{d}(Ma^2)}{\{1 + [(k-1)/2]Ma^2\}kMa^4} = \int_l^{l^*} f\frac{\mathrm{d}x}{D} \tag{10-136}$$

其中，l 为范诺流中任意位置到入口处的长度。为了得到一个近似解，可以假设摩擦系数在积分长度 $l^* - l$ 可取到一个平均值，还需要引入常数 k，式（10-136）变为

$$\frac{1}{k}\frac{1 - Ma^2}{Ma^2} + \frac{k+1}{2k}\ln\left(\frac{\dfrac{k+1}{2}Ma^2}{1 + \dfrac{k+1}{2}Ma^2}\right) = \frac{f(l^* - l)}{D} \tag{10-137}$$

对于范诺流流动，参数 $f(l^* - l)/D$ 和 Ma 的函数关系可查附录 D 中的图 D-2（$k = 1.4$）。注意，实际范诺流中不一定存在临界状态，对于范诺流中的任何两个状态都满足

$$\frac{f(l^* - l_2)}{D} - \frac{f(l^* - l_1)}{D} = \frac{f}{D}(l_1 - l_2) \tag{10-138}$$

图 10-24 表述了等式（10-138）的物理含义。

范诺流流动管道长度可以根据式（10-137）和式（10-138）或图 D-2 来确定。

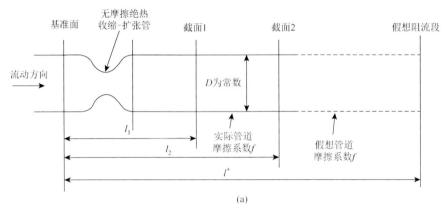

(a)

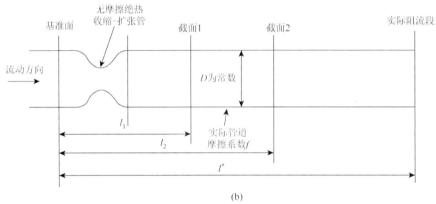

(b)

图 10-24　范诺流流动示意图

（a）假想阻流段；（b）实际阻流段

通过联立式（10-129）和式（10-131），可以得到

$$\frac{\mathrm{d}T}{T} = -\frac{k-1}{2\{1 + [(k-1)/2]Ma^2\}}\mathrm{d}(Ma^2) \tag{10-139}$$

将上式转换可得

$$\frac{T}{T^*} = \frac{(k+1)/2}{1 + [(k-1)/2]Ma^2} \tag{10-140}$$

由式（10-83）和式（10-84）可得

$$\frac{V}{V^*} = \frac{Ma\sqrt{RTk}}{\sqrt{RT^*k}} = Ma\sqrt{\frac{T}{T^*}} \tag{10-141}$$

将式（10-141）代入式（10-140）中，得到

$$\frac{V}{V^*} = \left\{ \frac{[(k+1)/2]Ma^2}{1+[(k-1)/2]Ma^2} \right\}^{1/2} \qquad (10\text{-}142)$$

从式（10-70）中，可得

$$\frac{\rho}{\rho^*} = \frac{V^*}{V} \qquad (10\text{-}143)$$

结合式（10-143）和式（10-142）可得

$$\frac{\rho}{\rho^*} = \left\{ \frac{1+[(k-1)/2]Ma^2}{[(k+1)/2]Ma^2} \right\}^{1/2} \qquad (10\text{-}144)$$

由式（10-1）得

$$\frac{p}{p^*} = \frac{\rho}{\rho^*} \frac{T}{T^*} \qquad (10\text{-}145)$$

结合式（10-145）、式（10-144）和式（10-140）可得

$$\frac{p}{p^*} = \frac{1}{Ma} \left\{ \frac{(k+1)/2}{1+[(k-1)/2]Ma^2} \right\}^{1/2} \qquad (10\text{-}146)$$

滞止状态压强比可以写成

$$\frac{p_0}{p_0^*} = \left(\frac{p_0}{p} \right)\left(\frac{p}{p^*} \right)\left(\frac{p^*}{p_0^*} \right) \qquad (10\text{-}147)$$

通过结合式（10-74）和式（10-146）得出

$$\frac{p_0}{p_0^*} = \frac{1}{Ma} \left[\left(\frac{2}{k+1} \right)\left(1 + \frac{k-1}{2}Ma^2 \right) \right]^{\{(k+1)/[2(k-1)]\}} \qquad (10\text{-}148)$$

　　附录 D 的图 D-2 中绘制了范诺流（$k=1.4$）的 $(l^*-l)D$、T/T^*、V/V^* 和 p_0/p_0^* 关于马赫数的函数（使用式（10-138）、式（10-140）、式（10-142）、式（10-146）和式（10-148）等式）。

　　例 10.11　壅塞的范诺流。

　　已知：标准大气 $[T_0=288\text{K}，p_0=101\text{kPa(abs)}]$ 通过无摩擦绝热的收缩管和直管道，直管道面积恒定，如图 10-25（a）所示。管道长 2m，内径为 0.1m。管道的平均摩擦系数为 0.02。

　　问题：求通过管道的最大质量流量，确定管道入口和出口处的温度、压强和速度，并绘制此范诺流的 T-s 图。

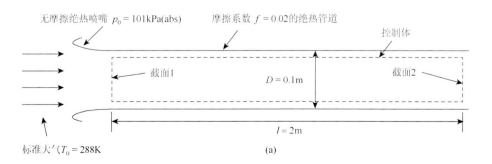

无摩擦绝热喷嘴 $p_0 = 101\text{kPa(abs)}$　　摩擦系数 $f=0.02$ 的绝热管道　　控制体

截面1　　　　$D=0.1\text{m}$　　　　截面2

标准大气 $T_0 = 288\text{K}$　　　　$l=2\text{m}$

(a)

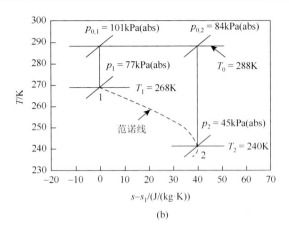

图 10-25 例 10.11 图

解：收缩管内流体流动是等熵流，直管道内流动是范诺流。直管道出口处的压强（背压）降低会导致喷嘴和管道的质量流量增加。当背压降低到 Ma 等于 1 时，将出现最大质量流量，此后背压的降低都不会影响通过喷嘴和管道的流体流量。

为了获得最大流量，直管道发生壅塞。已知

$$\frac{f(l^* - l_1)}{D} = \frac{f(l_2 - l_1)}{D} = \frac{(0.02)(2)}{0.1} = 0.4 \tag{10-149}$$

使用式（10-137）确定直管道入口处的马赫数（状态 1）。使用式（10-140）、式（10-142）、式（10-146）和式（10-148），或使用图 D-2 的 $(l^* - l) / D = 0.4$，可求得 T_1 / T^*、V_1 / V^*、p_1 / p^* 和 $p_{0,1} / p_0^*$。

直管道入口的马赫数 Ma_1 等于收缩管出口处的马赫数，因此，利用图 D-1 并获得 T_1 / T_0、p_1 / p_0 和 ρ_1 / ρ_0 的值。通过等熵管道，T_0、p_0 和 ρ_0 的值都是恒定的，因此可以容易地获得 T_1、p_1 和 ρ_1 的值。

由于 T_0 在直管道中保持恒定（请参见式（10-110）），因此可以使用式（10-65）得到 T^*，从而得到

$$\frac{T^*}{T_0} = \frac{2}{k+1} = \frac{2}{1.4+1} = 0.8333 \tag{10-150}$$

因为 $T_0 = 288K$，从式（10-150）中可以计算得到

$$T^* = (0.8333)(288) = 240(K) = T_2 \tag{10-151}$$

得到 T^* 后，通过式（10-46）计算出 V^* 为

$$V^* = \sqrt{RT^* k} = \sqrt{(286.9)(240)(1.4)} = 310(J/kg)^{1/2}$$

因此，从 $1J/kg = 1N \cdot m/kg = 1(kg \cdot m/s^2) \cdot m/kg = 1(m/s)^2$，可以得到

$$V^* = 310m/s = V_2 \tag{10-152}$$

V_1 可以从 V^* 和 V_1 / V^* 两个值计算得到，利用 A_1、ρ_1 和 V_1 三个值，可以得到质量流量

$$\dot{m} = \rho_1 A_1 V_1 \tag{10-153}$$

从图 D-2 可查得

$$Ma_1 = 0.63 \tag{10-154}$$

$$\frac{T_1}{T^*} = 1.1 \tag{10-155}$$

$$\frac{V_1}{V^*} = 0.66 \tag{10-156}$$

$$\frac{p_1}{p^*} = 1.7 \tag{10-157}$$

$$\frac{p_{0,1}}{p_0^*} = 1.16 \tag{10-158}$$

当 $Ma_1 = 0.63$ 时，从图 D-1 得出

$$\frac{T_1}{T_0} = 0.93 \tag{10-159}$$

$$\frac{p_1}{p_{0,1}} = 0.76 \tag{10-160}$$

$$\frac{\rho_1}{\rho_{0,1}} = 0.83 \tag{10-161}$$

利用式（10-152）和式（10-156）计算出

$$V_1 = (0.66)(310) = 205\text{m/s}$$

利用式（10-161）得到

$$\rho_1 = 0.83\rho_{0,1} = (0.83)(1.23) = 1.02(\text{kg/m}^3)$$

利用式（10-153）可得

$$\dot{m} = (1.02)\left[\frac{\pi(0.1)^2}{4}\right](206) = 1.65\text{kg/s}$$

利用式（10-159）可得

$$T_1 = (0.93)(288) = 268\text{K}$$

代入式（10-160）中可得

$$p_1 = (0.76)(101) = 77\text{kPa(abs)}$$

绝热流中，滞止温度 T_0 保持恒定，即

$$T_{0,1} = T_{0,2} = 288\text{K}$$

直管道入口处的滞止压强 p_0 与等熵管道的滞止压强相同。从而得到

$$p_{0,1} = 1.1\text{kPa(abs)}$$

为了获得管道出口压强（$p_2 = p^*$），可以使用式（10-157）和式（10-160）。得到

$$p_2 = \left(\frac{p^*}{p_1}\right)\left(\frac{p_1}{p_{0,1}}\right)(p_{0,1}) = \left(\frac{1}{1.7}\right)(0.76)(101) = 45(\text{kPa})(\text{abs})$$

对于管道出口滞止压强（$p_{0,2} = p_0^*$），可以使用式（10-158）计算

$$p_{0,2} = \left(\frac{p_0^*}{p_{0,1}} \right)(p_{0,1}) = \left(\frac{1}{1.16} \right)(101) = 87.1(\text{kPa})(\text{abs})$$

由于存在摩擦，滞止压强 p_0 在范诺流中减小。

讨论：解决范诺流流动问题常常需要查图 D-1 和图 D-2。如图 10-25（b）所示为该流动的 $T\text{-}s$ 图，其中的熵差（$s_1 - s_2$）可利用式（10-28）计算得出。

例 10.12 管道长度对壅塞范诺流的影响。

已知：假设例 10.11 中的直管缩短了 50%，但出口压强不变，即

$$p_{\text{d}} = 45\text{kPa}(\text{abs})$$

问题：此时直管道内质量流量增加还是减少？假定管道的平均摩擦系数 $f = 0.02$，保持恒定。

解：假设管道仍会壅塞，如果 $p_{\text{d}} < p^*$，则流动受阻；如果不是，则必须做出另一个假设。对于受阻的流动，可以像例 10.11 一样计算质量流量。对于无壅塞流动，则需要选择其他计算方法。

对于壅塞流

$$\frac{f(l^* - l_1)}{D} = \frac{(0.02)(1)}{0.1} = 0.2$$

从图 D-2 可以查得 $Ma_1 = 0.70$ 以及 $p_1 / p^* = 1.5$。当 $Ma_1 = 0.70$ 时，从图 D-1 可查得

$$\frac{p_1}{p_0} = 0.72$$

然后可得管道出口压强（$p_2 = p^*$）为

$$p_2 = p^* = \left(\frac{p^*}{p_1} \right) \left(\frac{p_1}{p_{0,1}} \right)(p_{0,1}) = \left(\frac{1}{1.5} \right)(0.72)(101) = 48.5(\text{kPa})(\text{abs})$$

得到 $p_{\text{d}} < p^*$，即假设流动受阻是正确的。出口处压强从 48.5kPa(abs)下降到 45kPa(abs)。

为了确定质量流量，利用公式

$$\dot{m} = \rho_1 A_1 V_1 \tag{10-162}$$

状态 1 的密度处密度可得

$$\frac{\rho_1}{\rho_{0,1}} = 0.79 \tag{10-163}$$

从图 D-1 中查得 $Ma_1 = 0.7$，得到

$$\rho_1 = (0.79)(1.23) = 0.97\text{kg/m}^3 \tag{10-164}$$

可计算得到 V_1 为

$$\frac{V_1}{V^*} = 0.73 \tag{10-165}$$

从图 D-2 查得 $Ma_1 = 0.7$。已知 V^* 的值与例 10.11 中的相同，即

$$V^* = 310\text{m/s} \tag{10-166}$$

因此，利用式（10-165）和式（10-166）计算得到

$$V_1 = (0.73)(310) = 226\text{m/s} \tag{10-167}$$

同样利用式（10-162）、式（10-164）和式（10-167）计算得出

$$\dot{m} = (0.97)\frac{\pi(0.1)^2}{4}(226) = 1.73(\text{kg/s})$$

可知短管的质量流量大于长管的质量流量（ $\dot{m} = 1.65\text{kg/s}$ ）。对于亚声速范诺流，这是普遍的规律。

讨论：对于相同的滞止状态和出口压强，范诺流的质量流量将随着亚声速流的管道长度的增加而减小。如果管道长度保持不变，但壁面摩擦系数增大，则质量流量将减小。

例 10.13　无壅塞范诺流。

已知：假设通过例 10.12 的短直管道（ $l_2 - l_1 = 1\text{m}$ ）得到与例 10.11 中相同的流量（ $\dot{m} = 1.65\text{kg/s}$ ）， f 保持恒定为 0.02。

问题：确定管道出口处的 Ma_2 和背压 p_2 。

解：由于本例与例 10.11 的质量流量相同，因此直管道入口处的马赫数和其他特性仍采用在例 10.11 中确定的值。在例 10.11 中， $Ma_1 = 0.63$ 并从图 D-2 中可读出

$$\frac{f(l^* - l_1)}{D} = 0.4$$

对于此例题

$$\frac{f(l_2 - l_1)}{D} = \frac{f(l^* - l_1)}{D} - \frac{f(l^* - l_2)}{D}$$

即

$$\frac{(0.02)(1)}{0.1} = 0.4 - \frac{l^* - l_2}{D}$$

计算得出

$$\frac{f(l^* - l_2)}{D} = 0.4 \tag{10-168}$$

利用式（10-168）和图 D-2，得到

$$Ma_2 = 0.70$$

和

$$\frac{p_2}{p^*} = 1.5 \tag{10-169}$$

可以计算出 p_2 为

$$p_2 = \left(\frac{p_2}{p^*}\right)\left(\frac{p^*}{p_1}\right)\left(\frac{p_1}{p_{0,1}}\right)(p_{0,1})$$

其中， p_2/p^* 从式（10-169）中得到， p^*/p_1 、 $p_1/p_{0,1}$ 和 $p_{0,1}$ 的值与例 10.11 相同，因此

$$p_2 = (1.5)\left(\frac{1}{1.7}\right)(0.76)(101) = 67.7(\text{kPa})(\text{abs})$$

讨论：相同摩擦系数下，较大背压（68kPa）、短管道无壅塞范诺流流量与较小背压（45kPa）、长管道壅塞范诺流流量是相同的。在相同摩擦系数下，当背压发生变化时，要保证相同流量，有壅塞范诺流管道比无壅塞范诺流管道长度短。

10.5.2 瑞利流

一维无摩擦热交换理想气体通过等截面管道流动称为瑞利流，如图 10-26 所示。利用有限控制体积法写出线性动量方程（式（5-40）），得到

$$p_1 A_1 + \dot{m} V_1 = p_2 A_2 + \dot{m} V_2 + \underset{0（无摩擦流动）}{R_x}$$

或

$$p + \frac{(\rho V)^2}{\rho} = 常数 \qquad （10\text{-}170）$$

利用理想气体方程（式（10-1））代入式（10-170）可得出

$$p + \frac{(\rho V)^2 RT}{p} = 常数 \qquad （10\text{-}171）$$

因此根据连续性方程（式（10-70））和等截面管道，可以得出

$$\rho V = 常数$$

利用式（10-111）和式（10-171）可以绘制瑞利流的 $T\text{-}s$ 图，如图 10-27 所示，图中曲线称为瑞利线。

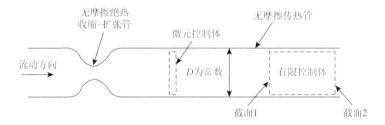

图 10-26　瑞利流

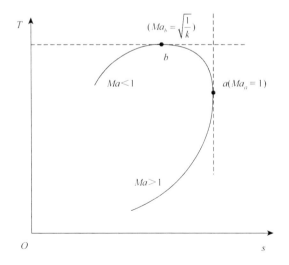

图 10-27　瑞利线

例 10.14　无摩擦热交换可压缩流动（瑞利流）。

已知：空气（$k=1.4$）进入无摩擦等截面管道中的截面 1，此截面空气状态参数如下（与例 10.10 相同）：$T_0 = 288\text{K}$，$T_1 = 286\text{K}$，$p_1 = 99\text{kPa}$。

问题：求出不同出口压力下的流体温度和熵变值，并绘制瑞利线。

解：利用式（10-171）

$$p + \frac{(\rho V)^2 RT}{p} = 常数 \qquad (10\text{-}172)$$

以及式（10-111）

$$s - s_1 = c_\text{p}\ln\frac{T}{T_1} - R\ln\frac{p}{p_1} \qquad (10\text{-}173)$$

查附录表 B-2 中空气的理想气体常数为

$$R = 286.9\text{J/(kg}\cdot\text{K)}$$

以及例 10.10 中空气的恒压比热值，即

$$c_\text{p} = 1004\text{J/(kg}\cdot\text{K)}$$

同样，根据示例 10.10，$\rho V = 81.8\text{kg/(m}^2\cdot\text{s)}$，对于入口（截面 1）条件，得到

$$\frac{RT_1}{p_1} = \frac{(286.9)(286)}{99\times10^3} = 0.8\,(\text{m}^3/\text{kg})$$

代入式（10-172）中可以得出

$$p + \frac{(\rho V)^2 RT}{p} = 99 + (81.8)^2(0.8) = 99\text{kPa} + 5353\text{kg/(m}\cdot\text{s}^2) = 常数$$

因为 $1\text{kg/(m}\cdot\text{s}^2) = 1\text{N/m}^2$，即

$$p + \frac{(\rho V)^2 RT}{p} = (99\times10^3\text{kPa}) + (5.353\times10^3\text{kPa}) = 104\text{kPa} = 常数 \qquad (10\text{-}174)$$

当出口压力为 $p = 93\text{kPa}$ 时，代入式（10-174）可得

$$\frac{(\rho V)^2 R}{p} = \frac{(81.8)^2(286.9)}{93\times10^3} = 20.6\,((\text{N/m}^2)/\text{K})$$

$$93\times10^3 + 20.6T = 104\times10^3$$

解得 $T = 534\text{K}$。

当出口压力为 93kPa 时，温度为 534K，利用式（10-173）可以解得

$$s - s_1 = (1004)\ln\left(\frac{534}{286}\right) - (286.9)\ln\left(\frac{93\times10^3}{99\times10^3}\right) = 645\,(\text{J/(kg}\cdot\text{K)})$$

通过上面的步骤，可以列出表 10-5，并绘制瑞利线，如图 10-28 所示。

表 10-5　气动函数表 4

p/kPa	T/K	$s-s_1/(\text{J/(kg}\cdot\text{K)})$
93	534	645
86	807	1082
79	1028	1349

续表

p/kPa	T/K	$s-s_1/(\text{J}/(\text{kg}\cdot\text{K}))$
72	1199	1530
62	1356	1697
55	1404	1766
52	1409	1786
51.5	1409	1789
48	1400	1802
43	1366	1809
41	1346	1808
38	1306	1800
34	1240	1799
31	1179	1755
28	1109	1723
14	656	1395
7	354	974

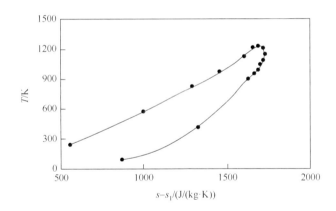

图 10-28　例 10.14 图

讨论：曲线方向是向上还是向下，取决于流体是否被加热或冷却。

如图 10-27 所示，瑞利线上的点 a 满足 $\mathrm{d}s/\mathrm{d}T=0$。利用微分形式的线性动量方程（式（10-170）），可以得到

$$\mathrm{d}p = -\rho V\mathrm{d}V$$

或改写为

$$\frac{\mathrm{d}p}{p} = -V\mathrm{d}V \tag{10-175}$$

结合式（10-24）与式（10-175），可以得出

$$T\mathrm{d}s = \mathrm{d}\breve{h} + V\mathrm{d}V \tag{10-176}$$

对于理想气体 $\mathrm{d}\breve{h} = c_{\mathrm{p}}\mathrm{d}T$，结合式（10-7）和式（10-176）可得

$$T\mathrm{d}s = c_{\mathrm{p}}\mathrm{d}T + V\mathrm{d}V$$

或写为

$$\frac{\mathrm{d}s}{\mathrm{d}T} = \frac{c_{\mathrm{p}}}{T} + \frac{V}{T}\frac{\mathrm{d}V}{\mathrm{d}T} \tag{10-177}$$

结合式（10-1）、式（10-116）、式（10-118）、式（10-175）和式（10-177）可得

$$\frac{\mathrm{d}s}{\mathrm{d}T} = \frac{c_{\mathrm{p}}}{T} + \frac{V}{T}\frac{1}{[(T/V) - (V/R)]} \tag{10-178}$$

当 $\mathrm{d}s/\mathrm{d}T = 0$ 时，式（10-178）转化为

$$V_a = \sqrt{RT_a k} \tag{10-179}$$

比较式（10-179）和式（10-46），可得

$$Ma_a = 1 \tag{10-180}$$

图 10-27 中瑞利线上的 b 点，$\mathrm{d}T/\mathrm{d}s = 0$。从式（10-178）可得

$$\frac{\mathrm{d}T}{\mathrm{d}s} = \frac{1}{\mathrm{d}s/\mathrm{d}T} = \frac{1}{(c_{\mathrm{p}}/T) + (V/T)[(T/V) - (V/R)]^{-1}}$$

当 $\mathrm{d}T/\mathrm{d}s = 0$（$b$ 点）时，可得出

$$Ma_b = \sqrt{\frac{1}{k}} \tag{10-181}$$

对应于 $k > 1$ 的任意气体，b 点处都为亚声速流（$Ma_b < 1$）。

由能量方程（式（5-84））可得

$$\dot{m}\left[\breve{h}_2 - \breve{h}_1 + \frac{V_2^2 - V_1^2}{2} + g(z_2 - z_1)\right] = \dot{Q}_{\substack{\text{net}\\\text{in}}} + W_{\substack{\text{shaft}\\\text{netn}}}$$

0（气体流量小到可以忽略不计） 0（整个过程稳定）

其微分形式可表示为

$$\mathrm{d}\breve{h} + V\mathrm{d}V = \delta q \tag{10-182}$$

将 $\mathrm{d}\breve{h} = c_{\mathrm{p}}\mathrm{d}T = RkdT/(k-1)$ 代入式（10-182），可以得到

$$\frac{\mathrm{d}V}{V} = \frac{\delta q}{c_{\mathrm{p}}T}\left[\frac{V}{T}\frac{\mathrm{d}T}{\mathrm{d}V} + \frac{V^2(k-1)}{kRT}\right]^{-1} \tag{10-183}$$

利用式（10-1）、式（10-46）、式（10-76）、式（10-116）、式（10-118）、式（10-175）与式（10-183）可得

$$\frac{\mathrm{d}V}{V} = \frac{\delta q}{c_{\mathrm{p}}T}\frac{1}{(1 - Ma^2)} \tag{10-184}$$

通过式（10-184），由表 10-6 可以看出：当瑞利流为亚声速（$Ma < 1$）时，流体加热（$\delta q > 0$）会增加流体速度，最多加速到 $Ma = 1$（顺时针方向沿瑞利线上半支），而流体冷却（$\delta q < 0$）会降低流体速度；当瑞利流为超声速（$Ma > 1$）时，流体加热会降低流体速度，而流体冷却会提高流体速度（顺时针方向沿瑞利线下半支）。

表 10-6　瑞利流流动特性

	加热	冷却
$Ma < 1$	加速	减速
$Ma > 1$	减速	加速

对于无摩擦等截面管流，加热促使气流趋向临界状态，过多的加热将造成壅塞现象。这是因为在临界状态时，气流已达最大流量，继续加热使总压进一步下降，原来的流量就通不过，造成壅塞。对于亚声速流，壅塞造成的影响与绝热摩擦管流动相似，压强扰动逆向传至进口截面，造成溢流，使进口流量减小；对于超声速流，壅塞在管中产生激波，使总压损失更大，激波向上游推移，这个过程直至进口截面前才停止。超声速气流先通过激波变成亚声速流，然后再造成溢流，减小流量后才能通过管道。

如图 10-29 所示，选择瑞利线中 a 点状态作为参考状态。a 点处 $Ma = 1$。

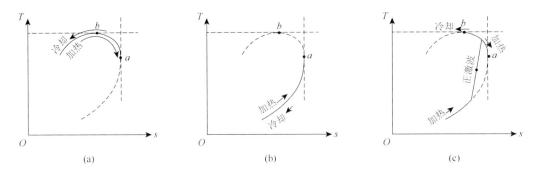

图 10-29　（a）亚声速瑞利流；（b）超声速瑞利流；（c）瑞利流中的正激波

将线性动量方程（式（10-170））沿瑞利线应用于任一状态到状态 a，则满足以下方程

$$p + \rho V^2 = p_a + \rho_a V_a^2$$

或写为

$$\frac{p}{p_a} + \frac{\rho V^2}{p_a} = 1 + \frac{\rho_a}{p_a} V_a^2 \tag{10-185}$$

将式（10-1）代入式（10-185），结合式（10-46）和式（10-76），得到

$$\frac{p}{p_a} = \frac{1+k}{1+kMa^2} \tag{10-186}$$

由式（10-1）可得

$$\frac{T}{T_a} = \frac{p}{p_a} \frac{\rho_a}{\rho} \tag{10-187}$$

利用式（10-70）可以得出

$$\frac{\rho_a}{\rho} = \frac{V}{V_a} \tag{10-188}$$

结合式（10-46）和式（10-76）时，可得

$$\frac{\rho_a}{\rho} = Ma\sqrt{\frac{T}{T_a}} \tag{10-189}$$

结合式（10-187）和式（10-189）可以得出

$$\frac{T}{T_a} = \left(\frac{p}{p_a} Ma\right)^2 \tag{10-190}$$

与式（10-186）结合，可以得到

$$\frac{T}{T_a} = \left[\frac{(1+k)+kMa}{1+kMa^2}\right]^2 \tag{10-191}$$

利用式（10-188）、式（10-189）和式（10-191）可得

$$\frac{\rho_a}{\rho} = \frac{V}{V_a} = Ma\left[\frac{(1+k)Ma}{1+Ma^2}\right] \tag{10-192}$$

由能量方程（式（5-84））可知，由于瑞利流中涉及热传递，滞止温度会发生变化，因此可得

$$\frac{T_0}{T_{0,a}} = \left(\frac{T_0}{T}\right)\left(\frac{T}{T_a}\right)\left(\frac{T_a}{T_{0,a}}\right) \tag{10-193}$$

可以使用式（10-64）求解 T_0 / T 和 $T_a / T_{0,a}$。利用式（10-64）、式（10-191）和式（10-193），得到

$$\frac{T_0}{T_{0,a}} = \frac{2(k+1)Ma^2\left(1+\dfrac{k-1}{2}Ma^2\right)}{(1+kMa^2)^2} \tag{10-194}$$

$$\frac{p_0}{p_{0,a}} = \left(\frac{p_0}{p}\right)\left(\frac{p}{p_a}\right)\left(\frac{p_a}{p_{0,a}}\right) \tag{10-195}$$

可以使用式（10-74）求解 p_0 / p 和 $p_a / p_{0,a}$。利用式（10-64）、式（10-186）和式（10-195），得到

$$\frac{p_0}{p_{0,a}} = \frac{1+k}{1+kMa^2}\left[\left(\frac{2}{k+1}\right)\left(1+\frac{k-1}{2}Ma^2\right)\right]^{k/(k-1)} \tag{10-196}$$

附录 D-3 中绘制了瑞利流（$k=1.4$）的空气流动参数 p / p_a、T / T_a、ρ / ρ_a 或 V / V_a、$T_0 / T_{0,a}$ 和 $p_0 / p_{0,a}$（使用式（10-186）、式（10-191）、式（10-192）、式（10-194）和式（10-196）等式）。

例 10.15　加热/冷却对瑞利流的影响。

已知：如表 10-6 中所示，亚声速瑞利流在加热时会加速，在冷却时会减速。超声速瑞利流的流动规律恰好与亚声速瑞利流相反，其加热时减速，冷却时加速。

问题：使用图 D-3，试说明加热（a）或冷却（b）时对瑞利流参数（Ma、T_0、T、p_0 和 P）的影响。

解：由图 D-3 可知：V / V_a 增加时加速，V / V_a 减小时减速。瑞利流流动特性如表 10-7 所示。

表 10-7　瑞利流流动特性表

	加热		冷却	
	亚声速	超声速	亚声速	超声速
V	增加	减少	减少	增加
Ma	增加	减少	减少	增加
T	$0 \leqslant Ma \leqslant \sqrt{1/k}$ 时增加 $\sqrt{1/k} \leqslant Ma \leqslant 1$ 减少	增加	$0 \leqslant Ma \leqslant \sqrt{1/k}$ 减少 在 $\sqrt{1/k} \leqslant Ma \leqslant 1$ 时增加	减少
T_0	增加	增加	减少	减少
p	减少	增加	增加	减少
p_0	减少	减少	增加	增加

　　加热对瑞利流的影响与摩擦对范诺流的影响非常相似。加热和摩擦都会加速亚声速流动，并减慢超声速流动。更重要的是，加热和摩擦都会导致滞止压力降低。

　　讨论：对于小范围的马赫数，冷却实际上导致温度 T 升高。

10.5.3　正激波

　　如前所述，流体通过收缩-扩张管的扩张段时会产生正激波。经验表明，正激波的产生会使超声速流减速为亚声速流、压强上升、熵增。利用热力学第一定律，取一控制体包含正激波，如图 10-30 所示。利用质量守恒定律可得

$$\rho V = 常数 \tag{10-197}$$

控制体所受摩擦力很小，可以忽略不计。对于理想气体流动，重力影响也可以忽略。

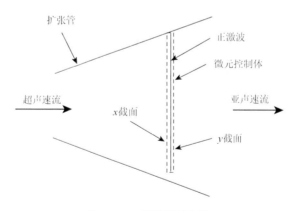

图 10-30　正激波控制体

　　因此，线性动量方程（式（5-40））可改写为

$$p + \rho V^2 = 常数$$

对于理想气体有 $p = \rho RT$，代入得

$$p + \frac{(\rho V)^2 RT}{p} = 常数 \tag{10-198}$$

此式与瑞利流一维动量方程（式（10-174））相同。

对于正激波，不涉及轴功，且传热可忽略不计。因此，利用能量方程（式（5-84））可得

$$\breve{h} + \frac{V^2}{2} = \breve{h}_0 = 常数$$

对于理想气体，$\breve{h} - \breve{h}_0 = c_p(T - T_0)$ 以及 $p = \rho RT$，代入上式可得

$$T + \frac{(\rho V)^2 T^2}{2c_p(p^2 / R^2)} = T_0 = 常数 \tag{10-199}$$

式（10-199）与范诺流的能量公式相同（式（10-138））。

由式（10-28）推得的理想气体 T-s 关系同样适用于正激波。

从前面分析可知，用于范诺流的能量方程和瑞利流的动量方程同样可应用于正激波的稳定流动情况。因此，对于一定的密度-速度乘积（ρV）、气体特性（R、k）和入口条件（T_x、p_x 和 s_x），出口条件（状态 y），正激波、瑞利线和范诺线都会经过状态 x，如图 10-31 所示。为了遵循惯例，用 x 和 y 分别代替数字 1 和 2 来指定正激波的入口和出口状态。当涉及实际的瑞利流和范诺流时，瑞利流和范诺流描述的流场可使用图 10-32（a）、（b）和（c）中的虚线，来解决正激波的相关问题。

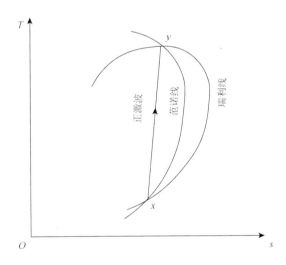

图 10-31　正激波、范诺流和瑞利流之间的关系

根据热力学第二定律，由于流过激波的流动参数发生突变，过程是不可逆的，有熵增。如图 10-31 和图 10-32 所示，可知正激波发生时，流体只能是从超声速流向亚声速流转变。

由于正激波的入口和出口状态是由实际或想象的瑞利线和范诺线的超声速段和亚声速段的交点表示，因此可以使用求解瑞利流和范诺流的控制方程来分析正激波。例如，对于图 10-32（a）所示瑞利线

$$\frac{p_y}{p_x} = \left(\frac{p_y}{p_a}\right)\left(\frac{p_a}{p_x}\right) \tag{10-200}$$

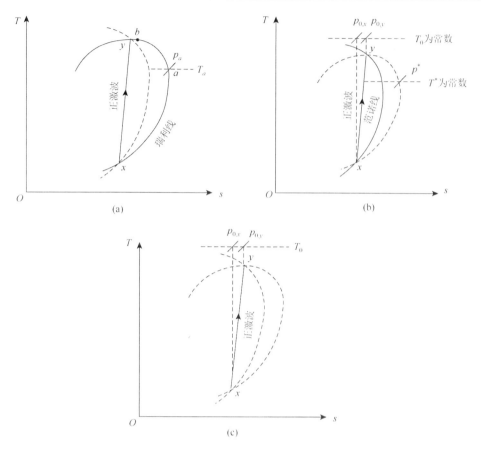

图 10-32　（a）瑞利流中正激波；（b）范诺流中正激波；（c）无摩擦绝热流动中正激波

利用式（10-148）可得

$$\frac{p_y}{p_a} = \frac{1+k}{1+kMa_y^2}$$

（10-201）

$$\frac{p_x}{p_a} = \frac{1+k}{1+kMa_x^2}$$

（10-202）

结合式（10-200）、式（10-201）和式（10-202）可得

$$\frac{p_y}{p_x} = \frac{1+kMa_x^2}{1+kMa_y^2}$$

（10-203）

式（10-203）可改写为

$$\frac{p_y}{p_x} = \left(\frac{p_y}{p^*}\right)\left(\frac{p^*}{p_x}\right)$$

上式代入式（10-194）

$$\frac{p}{p^*} = \frac{1}{Ma} \left\{ \frac{(k+1)/2}{1+[(k-1)/2]Ma^2} \right\}^{1/2}$$

利用线性动量方程，改写式（10-203）可得

$$p_x + \rho_x V_y^2 = p_y + \rho_y V_y^2$$

结合

$$\rho V^2 / p = V^2 / (RT) = kV^2 / (RTk) = kMa^2$$

可得

$$\frac{T_y}{T_x} = \left(\frac{T_y}{T^*} \right) \left(\frac{T^*}{T_x} \right) \tag{10-204}$$

利用式（10-188）可得

$$\frac{T_y}{T^*} = \frac{(k+1)/2}{1+[(k-1)/2]Ma_y^2} \tag{10-205}$$

以及

$$\frac{T_x}{T^*} = \frac{(k+1)/2}{1+[(k-1)/2]Ma_x^2} \tag{10-206}$$

联立式（10-141）、式（10-205）和式（10-206）可得

$$\frac{T_y}{T_x} = \frac{1+[(k-1)/2]Ma_x^2}{1+[(k-1)/2]Ma_y^2} \tag{10-207}$$

若已知正激波入口 Ma_x，则上式可确定正激波出口 Ma_y。根据理想气体状态方程（式（10-1）），可得

$$\frac{p_y}{p_x} = \left(\frac{T_y}{T_x} \right) \left(\frac{\rho_y}{\rho_x} \right) \tag{10-208}$$

连续性方程

$$\rho_x V_x = \rho_y V_y$$

将上式代入式（10-208）可得

$$\frac{p_y}{p_x} = \left(\frac{T_y}{T_x} \right) \left(\frac{V_x}{V_y} \right) \tag{10-209}$$

将式（10-76）和式（10-46）代入，上式变为

$$\frac{p_y}{p_x} = \left(\frac{T_y}{T_x} \right)^{1/2} \left(\frac{Ma_x}{Ma_y} \right) \tag{10-210}$$

将式（10-210）与式（10-207）合并可得

$$\frac{p_y}{p_x} = \left\{ \frac{1+[(k-1)/2]Ma_x^2}{1+[(k-1)/2]Ma_y^2} \right\}^{1/2} \frac{Ma_x}{Ma_y} \tag{10-211}$$

并与式（10-203）结合可得

$$Ma_y^2 = \frac{Ma_x^2 + [2/(k-1)]}{[2k/(k-1)]Ma_x^2 - 1}$$ （10-212）

如图 10-32 所示，要产生正激波，必须使 $Ma_x > 1$。从式（10-212）中可以发现 $Ma_y < 1$。合并式（10-212）和式（10-203），可得

$$\frac{p_y}{p_x} = \frac{2k}{k+1}Ma_x^2 - \frac{k-1}{k+1}$$ （10-213）

根据已知的入口马赫数，利用该式可计算正激波的压强比。同样，将式（10-212）和式（10-207）结合起来，得到

$$\frac{T_y}{T_x} = \frac{\{1+[(k-1)/2]Ma_x^2\}\{[2k/(k-1)]Ma_x^2 - 1\}}{\{(k+1)^2/[2(k-1)]\}Ma_x^2}$$ （10-214）

利用式（10-55），可得

$$\frac{\rho_y}{\rho_x} = \frac{V_x}{V_y}$$ （10-215）

由式（10-1）可得

$$\frac{\rho_y}{\rho_x} = \left(\frac{p_y}{p_x}\right)\left(\frac{T_x}{T_y}\right)$$ （10-216）

结合式（10-213）、式（10-214）、式（10-215）和式（10-216），可得

$$\frac{\rho_y}{\rho_x} = \frac{V_x}{V_y} = \frac{(k+1)Ma_x^2}{(k-1)Ma_x^2 + 2}$$ （10-217）

正激波的滞止压强比可以利用式（10-74）、式（10-212）和式（10-213）得

$$\frac{p_{0,y}}{p_{0,x}} = \left(\frac{p_{0,y}}{p_y}\right)\left(\frac{p_y}{p_x}\right)\left(\frac{p_x}{p_{0,x}}\right)$$ （10-218）

$$\frac{p_{0,y}}{p_{0,x}} = \frac{\left(\frac{k+1}{2}Ma_x^2\right)^{k/(k-1)}\left(1+\frac{k-1}{2}Ma_x^2\right)^{k/(1-k)}}{\left(\frac{2k}{k+1}Ma_x^2 - \frac{k-1}{k+1}\right)^{1/(k-1)}}$$ （10-219）

附录 D 中的图 D-4 绘制了流体通过正激波（$k=1.4$）后的各种参数变化曲线（使用式（10-212）、式（10-213）、式（10-214）、式（10-217）和式（10-219）等式）。表 10-8 总结流体通过正激波后的状态参数变化规律。

表 10-8　流体通过正激波后的状态参数变化规律

参数	经过正激波后
马赫数	减小
静压力	增大
滞止压力	减小

续表

参数	经过正激波后
静温度	增大
滞止温度	不变
压力	增大
速度	减小

例 10.16　正激波中的滞止压降。

已知：设计人员努力减少能量损失。绝热、无摩擦流动不会损失能量。这种理想化的流动是等熵流动。带有摩擦的绝热流会使得能量损失和熵增。通常，熵增较大意味着损失较大。

问题：对于正激波，马赫数越高，滞止压降越大，损失越大。

解：假设流体为理想气体，对于空气（ $k = 1.4$ ），利用图 D-4 来求解此题。

$$1 - \frac{p_{0,y}}{p_{0,x}} = \frac{p_{0,x} - p_{0,y}}{p_{0,x}}$$

通过上式以及图 D-4 中的 $p_{0,y}/p_{0,x}$ 值绘制表 10-9 和表 10-10。

表 10-9　马赫数和滞止压降的关系

Ma_x	$p_{0,y}/p_{0,x}$	$\dfrac{p_{0,y} - p_{0,x}}{p_{0,x}}$
1.0	1.0	0
1.2	0.99	0.01
1.5	0.93	0.77
2.0	0.72	0.28
2.5	0.50	0.50
3.0	0.33	0.67
3.5	0.21	0.79
4.0	0.13	0.86
5.0	0.06	0.94

表 10-10　马赫数和静压比的关系

Ma_x	p_y/p_x
1.0	1.0
1.2	1.5
1.5	2.5
2.0	4.5
3.0	10
4.0	18
5.0	29

·620·　　　　　　　　　　工程流体力学

讨论：当发生正激波时，如果流体流动的马赫数很低（例如，$Ma_x = 1.2$），则流体流动过程几乎是等熵的，并且滞止压力损失也很小。如图 10-33 所示，如果马赫数很大，通过正激波的熵变急剧上升，并且正激波中的滞止压力下降是巨大的。如果 $Ma_x = 2.5$，则大约损失 50% 的入口滞止压力。

对于发生超声速流动的设备（例如高性能飞机发动机进气道和高速风洞）中，设计人员试图防止产生正激波。如果必须产生正激波，他们会将正激波产生在影响微弱的地方（Ma 较小的地方）。

同样值得注意的是，正激波过程中，静压上升。查图 D-4，可得静压比 p_y / p_x。由于压力梯度的改变对边界层分离影响很大，因此高速流动设备的设计者非常关心正激波边界层的相互作用。

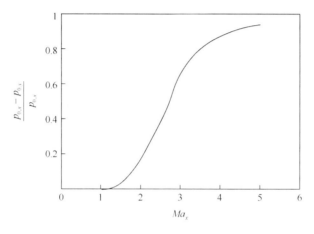

图 10-33　例 10.16 图

例 10.17　超声速皮托管。

已知：将总压力探头插入超声速气流中，如图 10-34 所示，在冲击孔和冲击头的入口形成冲击波，探头测得的总压力为 414kPa，探头的滞止温度为 555K，测得壁面静压力为 82kPa。

问题：确定马赫数和流速。

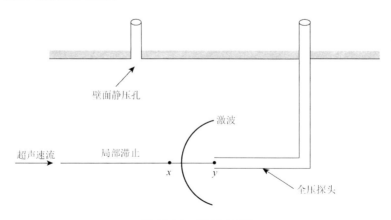

图 10-34　例 10.17 图

解：假设流动是等熵的，冲击波视为正激波，可得

$$\frac{p_{0,y}}{p_x} = \left(\frac{p_{0,y}}{p_{0,x}}\right)\left(\frac{p_{0,x}}{p_x}\right) \tag{10-220}$$

其中，$p_{0,y}$ 是探针测得的滞止压力；p_x 是测得的壁面静压力。正激波入口的滞止压力是 $p_{0,x}$。

结合式（10-220）、式（10-64）和式（10-219）可得

$$\frac{p_{0,y}}{p_x} = \frac{\left\{[(k+1)/2]Ma_x^2\right\}^{k/(k-1)}}{\left\{[2k/(k+1)]Ma_x^2 - [(k-1)/(k+1)]\right\}^{1/(k-1)}} \tag{10-221}$$

这就是瑞利皮托管计算公式。式（10-221）中 $p_{0,y}/p_x$ 值十分重要，在图 D-4 中可查到相关数值，并代入 $k=1.4$ 可得

$$\frac{p_{0,y}}{p_x} = \frac{414}{82} = 5$$

查图 D-4（或式（10-221））可得

$$Ma_x = 1.9$$

确定正激波入口温度，可以使用式（10-46）和式（10-76）得出

$$V_x = Ma_x c_x = Ma_x \sqrt{RT_x k} \tag{10-222}$$

则正激波出口滞止温度为

$$T_{0,y} = 555\text{K}$$

因为滞止温度在正激波中保持恒定（式（10-199））即

$$T_{0,x} = T_{0,y} = 555\text{K}$$

对于穿过正激波的等熵流，可以使用式（10-64）或图 D-1。

对于 $Ma_x = 1.9$

$$\frac{T_x}{T_{0,x}} = 0.59$$

即

$$T_x = (0.59)(555) = 327(\text{K})$$

结合式（10-222）可得

$$V_x = 1.87\sqrt{(286.9)(327)(1.4)} = 678(\text{m/s})$$

讨论：当测量的压力和密度变化较大时，使用皮托管测量不可压缩流体流动（参考 3.5 节）会产生非常不准确的结果。

例 10.18　收缩-扩张管中的正激波。

已知：参考例 10.8 的收缩-扩张管。

问题：确定 $p_{\text{III}}/p_{0,x}$，见图 10-35，使得在管道出口（$x = +0.5\text{m}$）处产生正激波。将正激波定位在 $x = +0.3\text{m}$ 处时，请确定背压与入口滞止压力的比值，绘制相关 T-s 图。

解：对于超声速等熵流，管道出口处（$x = +0.5\text{m}$）产生正激波，可以从例 10.8 的表 10-1 中得到

$$Ma_x = 2.8$$

$$\frac{p_x}{p_{0,x}} = 0.04$$

在图 D-4 中可查得

$$\frac{p_y}{p_x} = 9.0$$

因此可得

$$\frac{p_y}{p_{0,x}} = \left(\frac{p_y}{p_x}\right)\left(\frac{p_x}{p_{0,x}}\right) = (9.0)(0.04) = 0.36 = \frac{p_{\text{III}}}{p_{0,x}}$$

当管道背压与入口滞止压力之比 $p_{\text{III}} / p_{0,x}$ 等于 0.36，空气加速至管道出口时，$Ma = 2.8$。空气通过管道出口处的正激波后减速为亚声速流。正激波的滞止压力比 $p_{0,y} / p_{0,x}$ 为 0.38（对应最大 $Ma_x = 2.8$，图 D-4）。可见穿过正激波后损失大量能量。

若要将正激波定位 $x = +0.3\text{m}$，则从例 10.8 的表 10-1 中可查得 $Ma_x = 2.14$ 和

$$\frac{p_x}{p_{0,x}} = 0.10 \tag{10-223}$$

已知 $Ma_x = 2.14$，查图 D-4 得到 $p_y / p_x = 5.2$，$Ma_y = 0.56$ 以及

$$\frac{p_{0,y}}{p_{0,x}} = 0.66 \tag{10-224}$$

当 $Ma_y = 0.56$ 时查图 D-1 可得

$$\frac{A_y}{A^*} = 1.24 \tag{10-225}$$

对于 $x = +0.3\text{m}$，使用例 10.8 中的面积公式计算可得

$$\frac{A_2}{A_y} = \frac{0.1 + (0.5)^2}{0.1 + (0.3)^2} = 1.842 \tag{10-226}$$

利用式（10-225）和式（10-226）可得

$$\frac{A_2}{A^*} = \left(\frac{A_y}{A^*}\right)\left(\frac{A_2}{A_y}\right) = (1.24)(1.842) = 2.28$$

对于正激波入口的等熵流，$A^* = 0.10\text{m}^2$（实际喉部面积），而对于正激波出口的等熵流，$A^* = A_2 / 2.28 = 0.35\text{m}^2 / 2.28 = 0.15\text{m}^2$。当 $A_2 / A^* = 2.28$ 时，查图 D-1 得到 $Ma_2 = 0.26$ 以及

$$\frac{p_2}{p_{0,y}} = 0.95 \tag{10-227}$$

结合式（10-224）和式（10-227）可得

$$\frac{p_2}{p_{0,x}} = \left(\frac{p_2}{p_{0,y}}\right)\left(\frac{p_{0,y}}{p_{0,x}}\right) = (0.95)(0.66) = 0.63$$

当背压 p_2 等于入口滞止压力 $p_{0,x}$ 的 0.63 倍时，正激波将位于 $x = +0.3\text{m}$。相应的 $T\text{-}s$ 图在图 10-35（a）和（b）中显示。

讨论：对于流经收缩-扩张管的亚声速等熵流 $p_2 / p_{0,x} = 0.63$ 小于例 10.8 中的 $p_2 / p_0 = 0.98$，大于正激波产生于出口处时（见图 10-35）的 $p_{\text{III}} / p_{0,x} = 0.36$。同样，当正激波发生在管道出口（$x = +0.5\text{m}$）时，滞止压力比为 0.38。在 $x = +0.3\text{m}$ 滞止压力比 $p_2 / p_{0,x} = 0.66$，远远大于 0.38。

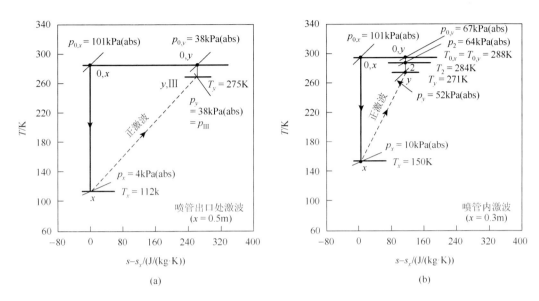

(a)   (b)

图 10-35　例 10.18 图

10.6　二维超声速流动

此处简要介绍二维超声速流，设超声速气流沿一有微小内折角（凹角）的二维壁面流动，如图 10-36 所示。弯折点对气流产生一微弱压缩扰动，在超声速流场中这种微弱扰动不能影响上游区域，只能影响压缩马赫波后的下游区域。当气流经过压缩马赫波后，流动方向向内偏射，相当于沿收缩管流动，流动时速度减小，压强、密度、温度增大。

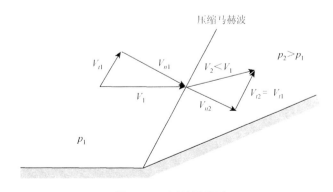

图 10-36　压缩马赫波

当壁面内折角为有限值或为一凹曲面时，可将其看成由无数个微小角度组成，每个微小内折角，均产生一压缩马赫波（图 10-37），无数马赫波叠加起来形成一个有限强度的压缩扰动间断面，就是斜激波（图 10-38）。

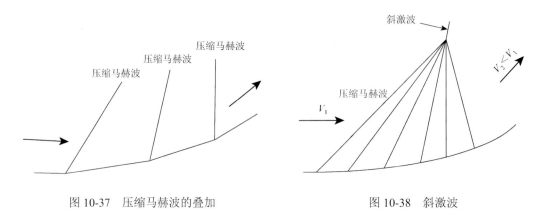

图 10-37　压缩马赫波的叠加　　　　　　　　　　　　图 10-38　斜激波

超声速流绕二维尖劈流动相当于绕两个对称的、内折角为尖劈一半的壁面流动，如图 10-39 所示。角点在上下两边均发出一道斜激波，这种现象称为尖劈绕流。当内折角过大或流动 Ma 过低时，由尖劈引起的激波仍然存在，只是不再附壁于尖角，而是被推离到前方，形成脱体激波，如图 10-40 所示。钝形物体相当于内折角很大的尖劈。在超声速钝体绕流流场中更容易形成脱体激波，在大折角尖劈或钝体前方的脱体激波段相当于正激波情况，正激波后的压强比相同来流马赫数下的斜激波高，因此对绕流体来说阻力将增大，称为激波阻力。对于超声速飞机，为避免激波阻力机翼前缘应越尖越好，这就是超声速飞机机翼前缘均设计为折角很小的尖劈形的原因。

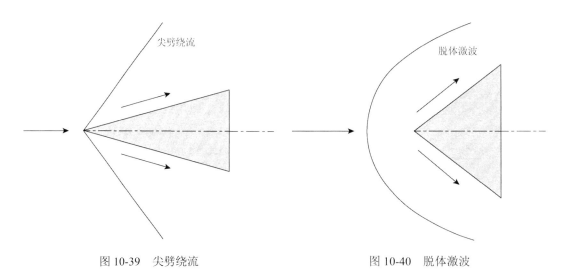

图 10-39　尖劈绕流　　　　　　　　　　　　　　　图 10-40　脱体激波

当超声速气流流经一有微小外折角（凸角）的壁面时，弯折点对气流产生一微弱膨胀扰动，形成一道膨胀马赫波，如图 10-41 所示。气流经过膨胀马赫波后，方向向外偏射，流速略微增大。气流沿外折斜壁的流动，相当于沿面积扩张通道的流动，超声速流将随截面面积增大而得到加速，压强、密度、温度则减小。

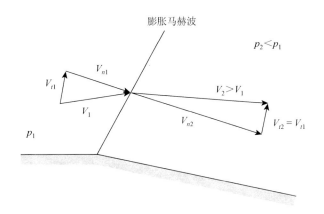

图 10-41 膨胀马赫波

当壁面外折角为有限值或为一凹曲面时，可将其看成由无数个微小角度组成，每个微小外折角，均产生一膨胀马赫波，如图 10-42 所示，无数多条膨胀马赫波形成一扇形区域，如图 10-43 所示。气流经过该区域时得到连续膨胀，气流方向不断偏射并加速，直至与斜壁平行。这种绕外折角（凸角）流动形成的扇形膨胀波常被称为普朗特-迈耶（Prandtl-Mayer）膨胀波。

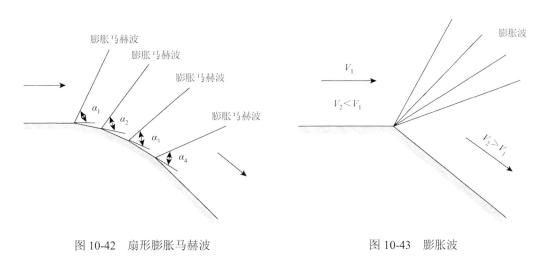

图 10-42 扇形膨胀马赫波　　　　　　　图 10-43 膨胀波

10.7 本 章 总 结

本章中考虑了主要由高速引起的流体密度的实质性变化的气体流动。液体的流动通常被认为是密度恒定的，或者在很宽的速度范围内是不可压缩的，而气体和蒸气的流动则是不可压缩的。在较高的速度下，流体密度可能发生较大的变化。在较低速度下，气体和蒸气密度变化是不明显的，此时这些流动可以被视为不可压缩的。

在本章中，主要考虑了流体密度发生变化的流动现象。虽然多数情况下流体可认为是恒定密度或不可压缩的，但是高速流动的气体密度会发生显著变化，低流速下气体密度变化是可以忽略的，这类流动被称为不可压缩流体流动。

马赫数是可压缩流动理论中的一个重要准则数，可理解为流动流体中局部流速与声速之比，它是衡量流体可压缩或不可压缩程度的指标，也用于定义可压缩流动的类别，范围从亚声速（马赫数小于 1）到超声速（马赫数大于 1）。真正不可压缩的流体中的声速是无限的，此时与液体流动相关的马赫数很低。

此外，本章中考虑了三种主要的非各向同性可压缩流，分别是范诺流、瑞利流和正激波。有一些反直觉的结论，比如摩擦会加速亚声速范诺流，而加热会导致亚声速瑞利流中的流体温度降低，并且流动可以在很短距离内从超声速流突然减速到亚声速流，产生流动参数的间断面。总之，可压缩流动比不可压缩流动更为复杂。

本章中的一些重要方程如下。

理想气体状态方程：

$$\rho = \frac{p}{RT} \tag{10-1}$$

内部能量变化：

$$\breve{u}_2 - \breve{u}_1 = c_v(T_2 - T_1) \tag{10-5}$$

焓值：

$$\breve{h} = \breve{u} + \frac{p}{\rho} \tag{10-6}$$

焓变：

$$\breve{h}_2 - \breve{h}_1 = c_p(T_2 - T_1) \tag{10-9}$$

比热差：

$$c_p - c_v = R \tag{10-12}$$

比热比：

$$k = \frac{c_p}{c_v} \tag{10-13}$$

恒压比热：

$$c_p = \frac{k}{k-1}R \tag{10-14}$$

恒定体积的比热：

$$c_v = \frac{R}{k-1} \tag{10-15}$$

热力学第一定律：

$$Tds = d\breve{u} + pd\left(\frac{1}{\rho}\right) \tag{10-22}$$

热力学第二定律：

$$Tds = d\breve{h} - \left(\frac{1}{\rho}\right)dp \tag{10-24}$$

熵变：

$$s_2 - s_1 = c_v \ln \frac{T_2}{T_1} + R\ln \frac{\rho_1}{\rho_2} \tag{10-27}$$

熵变：

$$s_2 - s_1 = c_p \ln \frac{T_2}{T_1} - R\ln \frac{p_2}{p_1} \tag{10-28}$$

等熵流：

$$\frac{p}{\rho^k} = 常数 \tag{10-35}$$

声速：

$$c = \sqrt{\left(\frac{\delta p}{\delta \rho}\right)_s} \tag{10-44}$$

气体中声速：

$$c = \sqrt{RTk} \tag{10-46}$$

液体中声速：

$$c = \sqrt{\frac{E_v}{\rho}} \tag{10-48}$$

马赫角：

$$\sin\alpha = \frac{c}{V} = \frac{1}{Ma} \tag{10-50}$$

等熵流：

$$\begin{cases} \dfrac{T}{T_0} = \left(1 + \dfrac{k-1}{2}Ma^2\right)^{-1} \\[2mm] \dfrac{p}{p_0} = \left(1 + \dfrac{k-1}{2}Ma^2\right)^{-\frac{k}{k-1}} \\[2mm] \dfrac{\rho}{\rho_0} = \left(1 + \dfrac{k-1}{2}Ma^2\right)^{-\frac{1}{k-1}} \\[2mm] \dfrac{c}{c_0} = \left(1 + \dfrac{k-1}{2}Ma^2\right)^{-\frac{1}{2}} \end{cases} \tag{10-64}$$

等熵流:

$$\begin{cases} \dfrac{T^*}{T_0} = \dfrac{2}{k+1} \\[3mm] \dfrac{p^*}{p_0} = \left(\dfrac{2}{k+1}\right)^{\frac{k}{k-1}} \\[3mm] \dfrac{\rho^*}{\rho_0} = \left(\dfrac{2}{k+1}\right)^{\frac{1}{k-1}} \\[3mm] \dfrac{c^*}{c_0} = \left(\dfrac{2}{k+1}\right)^{\frac{1}{2}} \end{cases} \tag{10-65}$$

马赫数:

$$Ma = \frac{V}{c} \tag{10-76}$$

等熵流:

$$\frac{\mathrm{d}V}{V} = -\frac{\mathrm{d}A}{A}\frac{Ma^2}{1-Ma^2} \tag{10-78}$$

等熵流:

$$\frac{A}{A^*} = \frac{1}{Ma}\left\{\frac{1+[(k-1)/2]Ma^2}{1+[(k-1)/2]}\right\}^{(k+1)/[2(k-1)]} \tag{10-86}$$

范诺流:

$$\frac{1}{k}\frac{1-Ma^2}{Ma^2} + \frac{k+1}{2k}\ln\left[\frac{\left(\dfrac{k+1}{2}\right)Ma^2}{1+\left(\dfrac{k+1}{2}\right)Ma^2}\right] = \frac{f(l^*-l)}{D} \tag{10-137}$$

范诺流:

$$\frac{T}{T^*} = \frac{(k+1)/2}{1+[(k-1)/2]Ma^2} \tag{10-140}$$

范诺流:

$$\frac{V}{V^*} = \left\{\frac{[(k+1)/2]Ma^2}{1+[(k-1)/2]Ma^2}\right\}^{1/2} \tag{10-142}$$

范诺流:

$$\frac{p}{p^*} = \frac{1}{Ma}\left\{\frac{(k+1)/2}{1+[(k-1)/2]Ma^2}\right\}^{1/2} \tag{10-146}$$

范诺流：

$$\frac{p_0}{p_0^*} = \frac{1}{Ma}\left[\left(\frac{2}{k+1}\right)\left(1+\frac{k-1}{2}Ma^2\right)\right]^{[(k+1)/2(k-1)]} \qquad （10\text{-}148）$$

瑞利流：

$$\frac{p}{p_a} = \frac{1+k}{1+kMa^2} \qquad （10\text{-}186）$$

瑞利流：

$$\frac{T}{T_a} = \left[\frac{(1+k)Ma}{1+kMa^2}\right]^2 \qquad （10\text{-}191）$$

瑞利流：

$$\frac{\rho_a}{\rho} = \frac{V}{V_a} = Ma\left[\frac{(1+k)Ma}{1+Ma^2}\right] \qquad （10\text{-}192）$$

瑞利流：

$$\frac{T_0}{T_{0,a}} = \frac{2(k+1)Ma^2\left(1+\dfrac{k-1}{2}Ma^2\right)}{(1+kMa^2)^2} \qquad （10\text{-}194）$$

瑞利流：

$$\frac{p_0}{p_{0,a}} = \frac{1+k}{1+kMa^2}\left[\left(\frac{2}{k+1}\right)\left(1+\frac{k-1}{2}Ma^2\right)\right]^{k/(k-1)} \qquad （10\text{-}196）$$

正激波：

$$Ma_y^2 = \frac{Ma_x^2+[2/(k-1)]}{[2k/(k-1)]Ma_x^2-1} \qquad （10\text{-}212）$$

正激波：

$$\frac{p_y}{p_x} = \frac{2k}{k+1}Ma_x^2 - \frac{k-1}{k+1} \qquad （10\text{-}213）$$

正激波：

$$\frac{T_y}{T_x} = \frac{\left\{1+[(k-1)/2]Ma_x^2\right\}\left\{[2k/(k-1)]Ma_x^2-1\right\}}{\left\{(k+1)^2/[2(k-1)]\right\}Ma_x^2} \qquad （10\text{-}214）$$

正激波：

$$\frac{\rho_y}{\rho_x} = \frac{V_x}{V_y} = \frac{(k+1)Ma_x^2}{(k-1)Ma_x^2+2} \qquad （10\text{-}215）$$

正激波：

$$\frac{p_{0,y}}{p_{0,x}} = \frac{\left(\dfrac{k+1}{2}Ma_x^2\right)^{k/(k-1)}\left(1+\dfrac{k-1}{2}Ma_x^2\right)^{k/(1-k)}}{\left(\dfrac{2k}{k+1}Ma_x^2-\dfrac{k-1}{k+1}\right)^{1/(k-1)}} \tag{10-216}$$

习　　题

10-1　2kg 的空气在一个封闭的刚性容器中从 25℃，103kPa 加热到 260kPa，请估计空气的最终压力和熵增。

10-2　空气在管道的两个截面之间稳定流动。在截面（1），温度和压力为 $T_1 = 80℃$，$p_1 = 301kPa(abs)$，在截面（2），$T_2 = 180℃$，$p_2 = 181kPa$（abs）。计算：

（1）截面（1）和（2）之间的内能变化；

（2）截面（1）和（2）之间的焓变化；

（3）截面（1）和（2）之间的密度变化。

并说明如何计算有效能损失。

10-3　将未成型密封容器中的 3kg 氢气从 400℃，400kPa(abs)冷却至 100kPa(abs)，计算与冷却过程相关的内能、焓和熵的变化。

10-4　比较下列气体在 20℃时的声速值，单位为 m/s：（1）空气，（2）二氧化碳，（3）氦气。

10-5　确定汽车在标准空气中以（1）40km/h，（2）90km/h 和（3）160km/h 的速度行驶的马赫数。

10-6　在给定的时刻，由静止流体中匀速运动的点源发出的两个压力波，每一个都以声速运动，如题图 10-6 所示。请确定所涉及的马赫数，并用草图表示点源的瞬时位置。

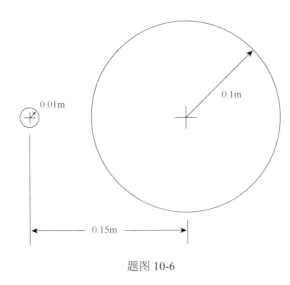

题图 10-6

10-7　在海边观察到一架高速飞机在海拔 3048m 的高空飞行。飞机从头顶正上方飞过，8s 后可以听到飞机的声音。使用 4.4℃的标称空气温度，请估算飞机的马赫数和速度。

10-8　确定与标准空气中以下运动相关的静压与滞止压之比：

（1）以 16km/h 速度运动的人；

（2）以 64km/h 速度运动的自行车手；

（3）以 104km/h 速度行驶的汽车；

（4）以 800km/h 速度运动的飞机。

10-9 流经探头的空气滞止压力和温度分别为 120kPa(abs)和 273K，空气压力为 80kPa(abs)。考虑到气流是（1）不可压缩的，（2）可压缩的。请确定空速和马赫数。

10-10 在 20℃和 101.3kPa 的温度下，大罐中的氢气稳定等熵地通过一个收缩喷嘴流向接收管。汇流通道喉部的截面积为 $4.6 \times 10^{-3} m^2$。如果接收压力为（1）68kPa，（2）34kPa，则确定通过导管的质量流量。绘制情况（1）和（2）的温熵图。

10-11 理想气体定向流过收缩-扩张管。在管道收缩部分的一个截面上，$A_1 = 0.1m^2$，$p_1 = 600kPa$（abs），$T_1 = 20℃$，$Ma_1 = 0.6$。对于管道扩张部分的截面（2），已知 $Ma_2 = 3.0$，确定 A_2、p_2 和 T_2。气体为空气。

10-12 标况下（$T_0 = 15℃$，$p_0 = 101.3kPa$）空气通过无摩擦绝热收缩管道进入一个无摩擦绝热等截面管道。管道长 1.5m，内径 0.15m。直管的平均摩擦系数为 0.03。请确定管道质量流量。

10-13 如果希望通过问题 10-12 的导管中获得相同质量的空气流量，请确定所需的背压 p_2。假设平均摩擦系数为 0.03。

10-14 如果题 10-12 的恒定面积导管的长度为（a）1m 或（b）3m，并且问题陈述中的所有其他规格保持不变，则确定与每个新长度相关的通过导管的最大空气质量流量；与题 10-12 的最大质量流量进行比较。

10-15 题 10-12 的导管延长了 50%。如果导管排放压力设置为 $p_d = 46.2kPa(abs)$，请确定通过加长导管的空气质量流量。管道的平均摩擦系数保持恒定在 0.02。

10-16 空气进入内径为 0.15m 的管道，$p_1 = 138kPa$，$T_1 = 27℃$，$V_1 = 60m/s$。当出口气体温度 $T_2 = 815℃$时，计算无摩擦加热速率（J/s），并确定 p_2、V_2 和 Ma_2。

10-17 空气（$T_0 = 300K$）进入一根直径为 $d = 10mm$ 的绝热光滑管，入口处 $T_1 = 298.3K$，$p_1 = 98kPa(abs)$；经过有摩擦的流动到达截面（2）时，$Ma_2 = 0.4$。求入口处 Ma_1 与截面（2）处 T_2，p_2，ρ_2，V_2。

10-18 空气绝热无摩擦地进入直径为 $d = 50mm$ 的绝热钢管（截面（1）处）；$T_0 = 127℃$，$p_0 = 1.0MPa$，$p_1 = 843kPa$；出口截面（2）$T_2 = 59℃$。求截面（1）到截面（2）间的长度 L_{12}。

10-19 空气在一等截面加热管中做无摩擦流动，质流量 $m = 1.83kg/s$，管截面 $A = 0.02m^2$。在上游截面（1）处 $T_1 = 533K$，$p_1 = 126kPa(abs)$，在下游截面（2）为亚声速流，$p_2 = 101.3kPa$。

求 Ma_2，T_2，T_{02} 以及热交换率 Q。

10-20 空气进入一段 $p_1 = 200kPa(abs)$，$T_1 = 500K$，$V_1 = 400m/s$ 的等截面积管。如果截面（1）和截面（2）段之间的无摩擦传热使 500kJ/kg 的能量从空气中移走，确定 p_2、T_2 和 V_2。

10-21 空气通过等截面管道。上游段 $p_1 = 101kPa$，$T_1 = 294K$，$V_1 = 60m/s$。下游段 $p_2 = 68kPa$，$T_2 = 977K$。请确定滞止温度比和压力比，以及截面（1）和截面（2）之间流动的单位质量空气的换热。

10-22 气流中正常激波上游的 $Ma = 3.0$，$T = 333K$，$p = 206kPa$。计算正激波下游 Ma，T_0，T，p_0，p 和 V 的估计值。

10-23 空气以亚声速从标准大气中进入，并等熵地通过一个被阻塞的收缩-扩张管，该管道具有圆形截面积 A，其大小随到喉部的轴向距离 x 的变化而变化：

$$A = 0.1 + x^2$$

其中，A 的单位是 m^2，x 的单位是 m。管道从 $x = -0.5m$ 延伸到 $x = +0.5m$。已知该气体在管道各处参数如表 10-1 所示，计算在 $x = +0.5m$ 管道出口压力与管道进口滞止压力之比。

10-24　炸弹在静止大气中爆炸，引起的爆震波以 $V_s = 1736m/s$ 的速度沿地面行进，可将其近似为正激波。大气状态参数为 $p = 100kPa(abs)$，$T = 300K$。求：

（1）激波行进时的马赫数 Ma_s；

（2）激波后状态参数 p_2，T_2，V。

第11章 流 体 机 械

通用流体机械是国民经济各个部门都广泛应用的设备。从能量转换观点看，流体机械是将发动机的机械能与流体的能量（动能、压力能和位能）相互转换的一种机械。由于流体机械应用极为广泛，各种不同应用场合流体机械的结构形式和工作特点有很大差别。为便于研究，应该对其进行分类。

根据能量传递方向不同，可以将流体机械分为"原动机"和"工作机械"。"原动机"将流体的能量转换为机械能，用于驱动其他的机械设备，例如水轮机、汽轮机、燃气轮机、风力机、液压马达和气动工具等。"工作机械"则将机械能转换为流体的能量，以便将流体输送到高处或有更高压力的空间，或克服管路阻力将流体输送到远处，如泵、风机和压缩机等。这两种机械装置都建立在牛顿第二定律和欧拉能量方程两个基础原理之上。

流体机械在日常生活中有大量的应用，在现代社会中也发挥着重要作用。生活中常见的工作机械包括风扇、轮船或飞机上的螺旋桨、家用炉子上的风机、轴流式水泵、深井中的水泵和汽车涡轮增压器中的压缩机。原动机包括飞机燃气涡轮发动机，发电站蒸汽涡轮发电机，以及牙医钻孔用的小型高速涡轮电钻等。

11.1 引 言

流体机械中的能量转换是在旋转叶轮及连续绕流流体介质之间进行的。叶轮与流体介质间的相互作用力是惯性力，该力作用在转动的叶轮上因而产生了功，此功即为流体介质与叶轮之间的能量增量。显然，能量转换功率等于作用于叶轮上的力对叶轮轴心线的力矩与叶轮转动角速度的乘积。

带有叶片的转子在工作机械中习惯称为叶轮（impeller），而在原动机中习惯称为转轮（runner），也称为涡轮，因此叶轮式原动机也称为涡轮机（turbine）或透平机械。叶轮式流体机械的主要特征是：①具有一个带有叶片的转子（叶轮或转轮）；②工作时介质对叶轮连续绕流；③介质作用于叶片的力是惯性力。叶轮式流体机械最简单的例子是电风扇。电机带动叶轮旋转，经过叶轮的流体介质获得一个圆周方向的速度分量。根据动量矩守恒定律，该圆周方向的速度分量会产生一个与旋转方向相反的力矩，引起能量损失。为消除或减少能量损失，将叶轮置于封闭壳体中，使来流和出流均在管道或特制流道中流动。为了消除介质圆周分速度，引入了静止叶栅，这就是流体机械的第 4 个特征。转动的叶片称为动叶，简称为叶片。静止的叶栅称为静叶，也称为导叶或导向器。

涡轮机分为轴流式、混流式或径流式，具体取决于当流体通过转子时，流体相对于转子轴线的主要运动方向。

11.2　基础能量方程

由于叶轮是旋转的，故流体质点相对于静坐标系的绝对运动与相对于叶轮的运动是不同的。图 11-1 为一径流式叶轮的叶片中流体的运动情况，a 为叶轮不动时流体在叶片中的流线，b 为叶轮转动时叶片上固体质点运动的轨迹，c 为叶轮中流体绝对运动的流线。图 11-2 则是轴流式叶轮内的相对运动与绝对运动，图中各符号意义同前。根据速度合成定律，绝对运动是相对运动与圆周运动的矢量和

$$c = w + u \qquad\qquad (11\text{-}1)$$

式中，c 为绝对速度；w 为流体质点相对于叶轮的速度，称为相对速度；u 为圆周速度（$u = w \cdot r$）。

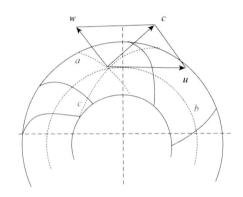

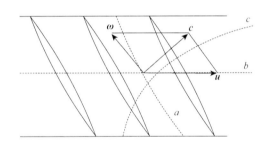

图 11-1　径流式叶轮的叶片中流体的相对运动与　　　图 11-2　轴流式叶轮内的相对运动与绝对运动
　　　　　　绝对运动

应注意，使用式（11-1）时三个量必须是同一空间点上的数值。式（11-1）的关系可用一个三角形表示，称为速度三角形（图 11-3），c 和 w 两个矢量都可以分解为圆周分量与轴面分量。由图 11-3 可知

$$c_{\mathrm{m}} = w_{\mathrm{m}} \qquad\qquad (11\text{-}2)$$

$$u = c_{\mathrm{u}} - w_{\mathrm{u}} \qquad\qquad (11\text{-}3)$$

对叶轮内的每一空间点，都可以作出上述速度三角形，但叶片进、出口处的速度三角形特别重要。w 和 $-u$ 的夹角 β 称为相对流动角，c 与 u 的夹角 α 称为绝对流动角。叶片沿相对流线方向的切线与 $-u$ 方向的夹角称为叶片安装角，记为 β_{b}。

当流面为可展开曲面时，展开后可得一直列（轴流式）或环列（纯径流式）叶栅；当流面为不可展曲面时，可用近似圆锥面代替，展开成环列叶栅。上述速度三角形及叶片角都可以在展开面上度量。若不加说明，以后所有的讨论均在这些展开面上进行。

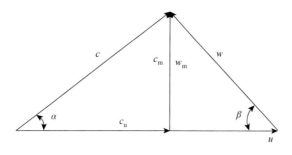

图 11-3 速度三角形

例 11.1 泵和涡轮机的基本区别。

已知：图 11-4（a）所示叶轮以恒定角速度 $\omega = 100\text{rad/s}$ 旋转，流体沿轴向流进叶轮，沿径向流出叶轮。测量表明，入口和出口处的绝对速度分别为 $V_1 = 12\text{m/s}$ 和 $V_2 = 15\text{m/s}$。

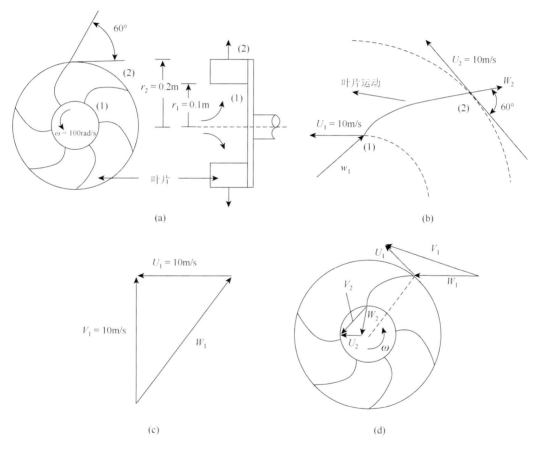

图 11-4 例 11.1 图

问题：这个装置是泵还是涡轮机？

解：首先需要确定叶片作用在流体上的力的切向分量与叶片运动方向的关系，相同为泵，相反为涡轮机。假设入口处和出口处的相对速度与叶片的型线重合，如图 11-4（b）

所示，计算入口和出口叶片圆周速度为

$$U_1 = \omega r_1 = (100\,\text{rad/s})(0.1\text{m}) = 10\,\text{m/s}$$

$$U_1 = \omega r_2 = (100\,\text{rad/s})(0.2\text{m}) = 20\,\text{m/s}$$

已知绝对速度和圆周速度，可以画出速度三角形，如图 11-4（c）所示为式（11-1）的图形表示。叶片进口处绝对速度是轴向的（即流动方向是轴向）。叶片出口处，有圆周速度 U_2、绝对速度 V_2 和相对流动角 β_2。通过比较入口和出口处的速度三角形，可以看出当流体流过叶片时，绝对速度矢量方向转向叶片运动的方向。在入口处，绝对速度在圆周方向没有分量；在出口处，绝对速度在圆周方向的分量大于零。也就是说，叶片推动转轮带动流体运动，从而对流体做功，使流体能量增加。因此，这个装置是泵。

讨论：当流动方向发生改变时，这个装置是径流式涡轮机（图 11-4（d））。与图 11-4（a）、（b）和（c）相比，流动方向是相反的，速度三角形如图 11-4（d）所示。请注意，叶片绝对速度圆周方向上的分量是出口处比入口处小。流体推动叶片沿圆周方向旋转，从而对叶片做功。功从流体传递到叶片，这种装置属于涡轮机。

11.3　离　心　泵

11.3.1　离心泵的性能参数

1. 流量

泵的流量以 q_v 表示，指泵出口处的流量，单位为 m^3/s。

$$q_v = q_{v,1} - q_{v,a} \tag{11-4}$$

式中，$q_{v,a}$ 是损失流量，包括内泄漏 $q_{v,a1}$ 和外泄漏 $q_{v,a2}$，在正常、良好工作的情况下，$q_{v,a2}$ 很小，可以忽略。内泄漏是指从压出室中高压液体通过叶轮进口的密封间隙流回叶轮的循环流动，主要影响泵的实际流量。

2. 扬程

泵的实际扬程 $H = H_{th} - \sum h_s$，单位为 m。

3. 有效功率

有效功率是指对外直接输出的功率，以 P_e 表示，单位为 kW。

$$P_e = \rho g q_v H / 10^3 \tag{11-5}$$

4. 转速

泵的转速 $n(\text{r/mim})$ 即是叶轮的转速，多数情况下叶轮与电机直接相连，与配用电机转速相等，$n = n_M$，n_M 为电机转速。

5. 转矩

泵的转矩 M 是指叶轮轴上的外输入转矩。当 $n = n_{\mathrm{M}}$ 时，$M = M_{\mathrm{M}}$。如中间有增减速传动装置，则还应考虑速比关系及机械效率。泵的外输入转矩 M 与泵内的机械摩擦损失转矩 $M_{\mathrm{j,m}}$ 之差等于有效转矩 $M_{\mathrm{L\text{-}y}}$。

$$M_{\mathrm{L\text{-}y}} = M - M_{\mathrm{j,m}} \tag{11-6}$$

$M_{\mathrm{j,m}}$ 包括两部分，一部分是消耗于轴承密封等机械损失的转矩，以 $M_{\mathrm{j,m1}}$ 表示，它是定值，与转速无关；另一部分是叶轮外侧面与壳体间的液体对叶轮形成的摩擦转矩，称为圆盘摩擦损失转矩，以 $M_{\mathrm{j,m2}}$ 表示，可表示为

$$M_{\mathrm{j,m2}} = f_{\mathrm{yp}} \cdot \rho \cdot \omega^2 \cdot R^5 \tag{11-7}$$

式中，f_{yp} 为圆盘摩擦系数，与叶轮前、后盖板的表面质量及液体的相对运动状态有关，这种相对运动可用特征雷诺数 $Re = \dfrac{R^2 \omega}{v}$ 来衡量；ρ 为液体密度；ω 为叶轮角速度，$\omega = 2\pi n/60$；R 为叶轮半径。

$M_{\mathrm{L\text{-}y}}$ 表示的是叶轮对流体做功产生的转矩，它的物理本质在于提高叶轮液体的速度矩或速度环量，前提是 $q_{\mathrm{v,l}} \neq 0$，这是宏观结果。从微观上讲，其形成原因是叶片工作面和背面的压力差。由于流道中液体的轴向涡流影响，总流的叠加速度如图 11-5 那样，即每个叶片的工作面和背面在同一半径位置，速度是不等的。比如，在 A 和 B 两点，$\omega_A < \omega_B$。若分别在工作面和背面流线上列 0-A 和 0-B 相对运动伯努利方程，有

$$z_0 + \frac{p_0}{\rho g} + \frac{\omega_0^2}{2g} - \frac{u_0^2}{2g} = z_A + \frac{p_A}{\rho g} + \frac{\omega_A^2}{2g} - \frac{u_A^2}{2g}$$
$$z_0 + \frac{p_0}{\rho g} + \frac{\omega_0^2}{2g} - \frac{u_0^2}{2g} = z_B + \frac{p_B}{\rho g} + \frac{\omega_B^2}{2g} - \frac{u_B^2}{2g} \tag{11-8}$$

两个等式左边是相等的。等式右边 $u_A = u_B$，$z_A = z_B$，而 $\omega_A < \omega_B$，所以必定有 $p_A > p_B$。这种压力差在进口至出口间是不断变化的，造成的结果便是在每个叶片上有一个数量为 $M_{\mathrm{L\text{-}y}}/z$ 的指向（$-\omega$）方向的单元力矩，其中 z 为叶片数。$M_{\mathrm{L\text{-}y}}$ 就是克服这一液力矩的叶轮对液流总作用的转矩。

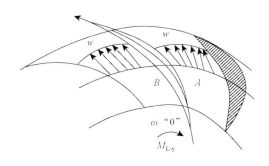

图 11-5　叶片工作面与背面的压差

6. 轴功率

泵的输入功率，也称轴功率，以 P 表示

$$P = M \cdot \omega = \frac{2\pi M n}{60} \qquad (11\text{-}9)$$

如果转矩以有效转矩 $M_{L\text{-}y}$ 计，那就是有效功率 $P_{L\text{-}y}$，有

$$P_{L\text{-}y} = M_{L\text{-}y} \cdot \omega = H_{th} \cdot q_{V,L} \cdot \rho g \qquad (11\text{-}10)$$

7. 泵的效率 η

$$\eta = \frac{Pe}{P} = \frac{\rho g \cdot H \cdot q_v}{2\pi M n / 60} \qquad (11\text{-}11)$$

泵的总效率是由机械效率 η_j、流动（液力，水力）效率 η_l 和流量效率（习惯上常称容积效率）η_{qv} 三部分组成的，各部分的含义是：

$$\eta_j = \frac{M_{L\text{-}y} \cdot \omega}{M \cdot \omega} = \frac{M_{L\text{-}y}}{M} \quad 或 \quad \eta_j = \frac{P_{L\text{-}y}}{M}$$

$$\eta_l = \frac{H}{H_{th}}$$

$$\eta_{qv} = \frac{q_v}{q_{V,L}} \qquad (11\text{-}12)$$

$$\eta = \eta_j \times \eta_l \times \eta_{qv}$$

以上关于各种功和能量的转换关系可用图 11-6 加以直观表示。这种关系所遵循的原则对其他形式流体机械也是适用的。

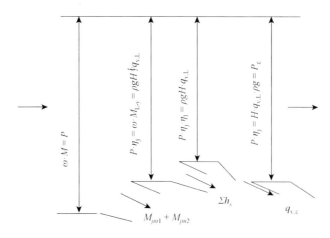

图 11-6　功和能量的转换关系图

离心式是流体机械中应用最为广泛的形式。流体在离心式叶轮子午平面上沿径向流动。根据流体沿径向流动方向，可分为离心式和向心式流体机械。离心式流体机械通常可用于提高流体压力（特殊情况下也有向心式），如离心泵。泵的过流部件，包括叶轮、吸入室和压水室等，是影响其工作性能的关键性部件。如果把叶轮视为离心泵的核心部分，那么压水室和吸水室便是叶轮与泵外部管道系统间的"接口"，对保证叶轮功能的充分发挥和与外部系统的良好"对接"起到十分重要的作用。

根据串联在同一轴上的叶轮数目，离心泵可分为单级与多级。仅有一个叶轮时叫单级离心泵；有两个或两个以上叶轮串联在同一轴上时叫多级离心泵。通常排水或供水所需扬程较高时，采用多级离心泵。例如矿井排水或供水等大多采用多级离心泵。中国目前生产的 D 型多级离心泵从二级到九级，其扬程从 31m 到 407.7m，流量从 $37.6m^3/t$ 到 $346m^3/t$，效率达 80%。工程上泵的结构形式多种多样，例如，放置方式是卧式还是立式，吸水室是单吸还是双吸，压水室是蜗壳式还是导叶式等。泵是通过叶轮与流体相互作用而传递能量的，叶轮传递能量的大小和传递效率是主要关注的问题。流动状态也影响到泵的效率，必须引起足够重视。下面将围绕离心泵性能的理论展开详细描述。

11.3.2　基本理论

图 11-7 所示为离心式泵的叶轮示意图。叶轮进口直径为 D_0，叶片进口直径为 D_1，叶轮外径（叶片的出口直径）为 D_2，叶片进口宽度为 b_1，出口宽度为 b_2。

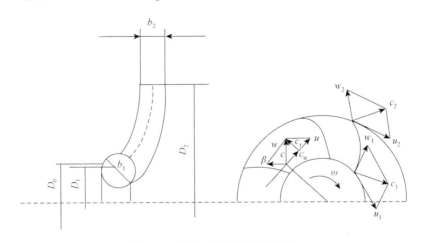

图 11-7　离心式泵的叶轮示意图

对于能头和流量的分析，需要用到叶片进口与出口处流体运动的速度三角形，分别称为进口速度三角形和出口速度三角形，用下标"1"和"2"来区别。例如 c_1 表示进口绝对速度，c_2 表示出口绝对速度，β_1 表示叶轮进口流动角，β_2 表示叶轮出口流动角等。

理论流量是指不考虑容器泄漏时的流量。以叶轮出口处的参数表示：

$$q_\mathrm{T} = \psi \pi D_2 b_2 c_{2\mathrm{r}} \tag{11-13}$$

式中，ψ 为叶片排挤系数，表示叶轮出口处，实际出口截面积与不计叶片厚度的出口截面积之比值；D_2 为叶轮外径；b_2 为叶片出口宽度；c_{2r} 为叶轮出口处的径向速度。

流体在叶轮内的流动十分复杂，用数学方法准确求解是很困难的，只能采用近似方法。因此，在推导中假定：

（1）流过叶轮的流体是理想流体，不考虑能量损失；

（2）叶轮有无限多叶片；

（3）流体不可压缩且流动是定常的。

如图 11-7 所示，取叶片进、出口轮缘（圆柱面）及叶轮前后盘为控制面，根据动量矩定理，叶轮进口、出口间流体动量矩变化为

$$M = \rho q_T = (R_2 c_{2u} - R_1 c_{1u}) \tag{11-14}$$

式中，R_1、R_2 分别为叶片进口、出口处半径；C_{1u}、C_{2u} 分别为叶片进口、出口处流体的绝对速度在圆周速度方向的投影，称为旋绕速度；ρ 为流体密度。

设离心泵叶轮轴上的力矩为 M，叶轮的角速度为 ω，则原动机的输出功率为

$$N_1 = M\omega \tag{11-15}$$

设单位重量的流体通过叶轮后获得的能量为 H_T，则单位时间内流体所获得的能量为

$$N = \rho g H_T q_T \tag{11-16}$$

根据假设（1）应有 $N_1 = N$，所以

$$T = \rho g H_T q_T / \omega \tag{11-17}$$

将上式整理得

$$H_T = \frac{u_2 c_{2u} - u_1 c_{1u}}{g} \tag{11-18}$$

此式称为叶片的理论能量基本方程。其中，u_1、u_2 分别为叶道进、出口处的圆周速度，下标 T 表示未计入能量损失的理论值。

由式（11-18）可见：

（1）流体所获得的能量，仅与流体在叶片进口及出口处的速度有关，而与流动过程无关。

（2）流体所获得的能量与被输送流体的种类无关。无论被输送的流体是液体还是气体，只要叶片进口和出口处的速度三角形相同，都可以得到相同的能量。

（3）能量与叶轮外缘圆周速度 u_2 成正比，而 $u_2 = \pi D_2 n / 60$。所以，当其他条件相同时，叶轮外径 D_2 越大，转速 n 越高，能量就越高。

由速度三角形（图 11-3），根据余弦定理可得

$$\omega_2^2 = u_2^2 + c_2^2 - 2u_2 c_2 \cos a_2 = u_2^2 + c_2^2 - 2u_2 c_{2u}$$
$$\omega_1^2 = u_1^2 + c_1^2 - 2u_1 c_1 \cos a_1 = u_1^2 + c_1^2 - 2u_1 c_{1u} \tag{11-19}$$

两式移项后得

$$u_2 c_{2u} = \frac{1}{2}\left(u_2^2 + c_2^2 - \omega_2^2\right)$$
$$u_1 c_{1u} = \frac{1}{2}\left(u_1^2 + c_1^2 - \omega_1^2\right) \tag{11-20}$$

把以上两式代入式（11-18），可得出理论能量方程的另一种形式：

$$H_{\mathrm{T}} = \frac{u_2^2 - u_1^2}{2g} + \frac{\omega_1^2 - \omega_2^2}{2g} + \frac{c_2^2 - c_1^2}{2g} \tag{11-21}$$

不计位能时，流体的总能量可分为动能和压力能两部分。从式（11-21）中可以看出，第三项为动能增量，若用 H_{Td} 表示，则

$$H_{\mathrm{Td}} = \frac{c_2^2 - c_1^2}{2g} \tag{11-22}$$

其余两项为压力能增量，用 H_{Tj} 表示，则

$$H_{\mathrm{Tj}} = \frac{u_2^2 - u_1^2}{2g} + \frac{\omega_1^2 - \omega_2^2}{2g} \tag{11-23}$$

式中，第一项是由于叶轮旋转的圆周速度所产生的离心力引起的压力能增量；第二项是流体的相对速度下降转化为压力能增量。由此可见，离心式泵不但使流体的压力能增加，而且使流体的动能增加。

为了讨论方便，令进口切向速度为零（以后均按此条件进行讨论），即 $c_{1\mathrm{u}} = c_1 \cos a = 0$，则式（11-22）变为

$$H_{\mathrm{T}} = \frac{u_2 c_{2\mathrm{u}}}{g} \tag{11-24}$$

由出口速度三角形知：

$$c_{2\mathrm{u}} = u_2 - c_{2\mathrm{r}} \cot \beta_2 \tag{11-25}$$

代入式（11-23）得

$$H_{\mathrm{T}} = \frac{u_2^2 - u_2 c_{2\mathrm{r}} \cot \beta_2}{g} = \frac{u_2 c_{2\mathrm{u}}}{g} \tag{11-26}$$

若在同一转速下，叶轮外径固定不变，则从式（11-26）中可发现，叶片出口安装角 β_2 的大小对理论能量的影响。

当 $\beta_2 = 90°$时，$\cot\beta_2 = 0$，由式（11-24）得 $H_{\mathrm{T}} = \frac{u_2^2}{g}$。因叶片出口方向为径向，这种叶轮称为径向式叶轮，如图 11-8（b）所示。

当 $\beta_2 < 90°$时，$\cot\beta_2 > 0$，由式（11-23）得 $H_{\mathrm{T}} < \frac{u_2^2}{g}$。因叶片出口方向与叶轮旋转方向相反，这种叶轮称为后弯式叶轮，如图 11-8（a）所示。

当 $\beta_2 > 90°$时，$\cot\beta_2 < 0$，由式（11-23）得 $H_{\mathrm{T}} > \frac{u_2^2}{g}$。因叶片出口方向和叶轮旋转方向相同，这种叶轮称为前弯式叶轮，如图 11-8（c）所示。

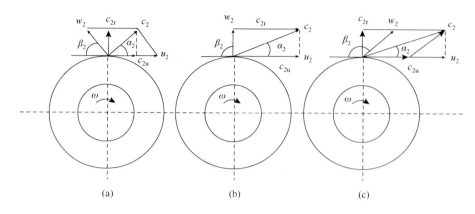

图 11-8　三种不同安装角的叶轮示意图

（a）后弯式叶轮；（b）径向式叶轮；（c）前弯式叶轮

根据以上分析可知，前弯式叶轮获得的理论能量最大，径向式叶轮其次，而后弯式叶轮获得的能量最小。反过来说，对同一转速，产生同样的理论能量，前弯式叶轮直径最小。

前面的讨论均是在理想条件下进行的。离心泵工作时有各种损失，按其产生原因不同，可分为水力损失、容积损失和机械损失三种。

1）水力损失

流体流经泵时，用于克服沿程阻力和转弯、流道断面收缩及扩大、冲击叶片等局部阻力所消耗的能量称为水力损失。水力损失的大小与过流部件的几何形状、壁面粗糙程度以及流体的黏性有关。按其损失形式的不同又可分为摩擦损失和冲击损失。

（1）摩擦损失 ΔH_f：指流体在叶轮和其他通流部件中的沿程损失和流经叶轮叶道入口、出口流道拐弯或流道截面扩大或缩小处等局部阻力损失，根据流体力学阻力公式，可用下式计算：

$$\Delta H_f = \lambda \frac{l}{d} \frac{1}{2g} \left(\frac{q}{A} \right)^2 + \frac{\sum \varsigma_i}{2g} \left(\frac{q}{A} \right)^2 = Rq^2 \qquad （11\text{-}27）$$

从上式可知，摩擦损失的大小基本上正比于流量的平方，流量为零时损失也为零。

（2）冲击损失 ΔH_d：指流体流经叶轮的叶片入口时，对叶片冲击引起的涡流损失。当流体进入叶道的速度方向和叶片入口方向不一致时，就会出现这种损失。当实际流量等于设计的额定流量 q 时，流速方向和叶片入口角方向一致，这时无冲击损失。当实际流量大于或小于 q_e 时，由于 ω 方向和叶片入口方向不同，就会出现冲击损失。当 $q < q_e$ 时液体冲击叶片迎面，在背面产生涡流。实验证明，冲击损失的大小和流量差 $(q-q_e)^2$ 成正比。

由理论能量减去相应流量下的水力损失得到离心式泵的实际能量，即

$$H = H_T - \Delta H_f - \Delta H_d \qquad （11\text{-}28）$$

水力损失还可用水力效率 η_h 来表示。实际能量与理论能量的比值称水力效率，即

$$\eta_h = \frac{H}{H_T} = 1 - \frac{\Delta H_f + \Delta H_d}{H_T} \qquad （11\text{-}29）$$

2）容积损失

叶轮工作时，离心式泵内总存在压力较高的区域和压力较低的区域。同时由于结构上有运动件和固定件，这两种部件之间必然存在缝隙，就使部分流体从高压区通过缝隙泄漏到低压区或大气中。这部分回流到低压区（或大气）的流体在流经叶轮时，显然也已从叶轮中获得能量，但未能有效利用。因此，把这部分回流的流体称为容积损失。容积损失的大小取决于固定部件与运动部件间的密封性能和缝隙的几何形状，所以实际流量可用下式计算：

$$q = q_T - q_s \tag{11-30}$$

式中，q_s 为所有的容积损失，一般与能量的平方根成正比。

容积损失可用容积效率来表示，实际流量与理论流量的比值称为容积效率，即

$$\eta_v = \frac{q}{q_T} = \frac{q_T - q_s}{q_T} \tag{11-31}$$

3）机械损失

泵的机械损失包括轴承和轴封的摩擦损失以及叶轮转动时其外表与机壳内流体之间发生的所谓圆盘摩擦损失，这些损失使传给泵的输入功率减少，即轴功率不能全部通过叶轮传给流体。机械损失的大小可用机械效率 η_m 表示，即

$$\eta_m = \frac{N_T}{N} = 1 - \frac{\Delta N_m}{N} \tag{11-32}$$

式中，N 为轴功率；N_T 为传给流体所需的理论功率，$N_T = \gamma q_T H_T$；ΔN_m 为机械损失。

由上式得泵的全效率为

$$\eta = \frac{N_a}{N} = \frac{N_a}{N_T} \cdot \frac{N_T}{N} = \frac{\gamma q H}{\gamma q_T H_T} \eta_m = \eta_v \eta_h \eta_m \tag{11-33}$$

由此可见，泵与风机的全效率等于水力效率、容积效率、机械效率的乘积。

例 11.2 计算泵的流量。

已知：有一离心式水泵，其叶轮尺寸如下：$b_1 = 35mm$，$b_2 = 19mm$，$D_1 = 178mm$，$D_2 = 381mm$，$\beta_{1a} = 18°$，$\beta_{2a} = 20°$。设流体径向流入叶轮，$n = 1450r/min$。

问题：试计算理论流量 $q_{v,T}$。

解：由题知：流体径向流入叶轮，因为 $\alpha_1 = 90°$，所以

$$u_1 = \frac{\pi D_1 n}{60} = \frac{(\pi\,rad/rev)(178/1000\,m)(1450r/min)}{(60s/min)} = 13.51m/s$$

$$V_1 = V_{1m} = u_1 \tan\beta_{1a} = (13.51m/s)\tan 18° = 4.39m/s$$

$$q_{1V} = \pi D_1 b_1 V_{1m} = \pi(0.178m)(0.035m)(4.39m/s) = 0.086m^3/s$$

例 11.3 基于入口/出口速度的离心泵性能。

已知：假设水以 5300L/min 的速度进入离心泵，离心泵转速为 1750rpm。叶轮叶片均匀分布，宽度 $b = 5cm$，$r_1 = 4cm$，$r_2 = 18cm$，出口叶片角度 β_2 为 23°（见图 11-9）。假设流体径向流入叶轮（$\alpha_1 = 90°$）。

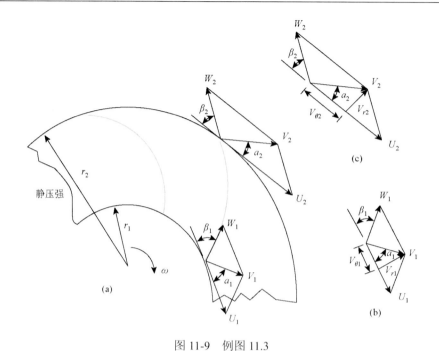

图 11-9　例图 11.3

问题：（a）出口处圆周速度 $V_{\theta2}$，（b）流体获得的理想能头 h_i，（c）计算轴功率，并讨论理想和实际情况下，能头和轴功率的区别。

解：

（a）在出口处的速度图如图 11-9（c）所示，其中 V_2 是流体的绝对速度，W_2 是相对速度，U_2 是叶轮的叶尖速度

$$U_2 = r_2\omega = (18/100\,\text{m})(2\pi\,\text{rad/rev})\frac{1750\,\text{rpm}}{60\,\text{s/min}} = 33\,\text{m/s}$$

如果流量已知，则

$$Q = 2\pi r_2 b_2 V$$

$$V_{r2} = \frac{Q}{2\pi r_2 b_2} = \frac{5300\,\text{L/min}}{2\pi(1000\,\text{L/m}^3)(60\,\text{s/min})(18/100\,\text{m})(5/100\,\text{m})} = 1.6\,\text{m/s}$$

从图中可以看出

$$\cot\beta_2 = \frac{U_2 - V_{\theta2}}{V_{r2}}$$

所以

$$V_{\theta2} = U_2 - V_{r2}\cot\beta_2 = (33 - 1.6\cot(23°))\,\text{m/s} = 29\,\text{m/s}$$

（b）代入式（11-16），理想能头由下式给出：

$$h_i = \frac{U_2 V_{\theta2}}{g} = \frac{(33\,\text{m/s})(29\,\text{m/s})}{9.8\,\text{m/s}^2} = 98\,\text{m}$$

或者，根据式（11-17），理想能头为

$$h_i = \frac{U_2^2}{g} - \frac{U_2 V_{r2}\cot\beta_2}{g} = \frac{(33\,\text{m/s})^2}{9.8\,\text{m/s}^2} - \frac{(33\,\text{m/s})(1.6\,\text{m/s})(\cot 23°)}{9.8\,\text{m/s}^2} = 98\,\text{m}$$

（c）从式（11-12）可得，$V_{\theta1}=0$ 时，传递到流体的功率由下式给出：

$$\dot{W}_{\text{shaft}} = \rho Q U_2 V_{\theta2} = \frac{(1000\,\text{kg/m}^3)(5300\,\text{L/min})(33\,\text{m/s})(29\,\text{m/s})}{[(\text{kg}\cdot\text{m/s}^2)/\text{N}](1000\,\text{L/m}^3)(60\,\text{s/min})}$$
$$= (84535\,\text{m}\cdot\text{N/s})(1\,\text{W/N}\cdot\text{m/s})$$
$$= 84.5\,\text{kW}$$

流体所获理想能头与电机输出轴功率相等，可得

$$\dot{W}_{\text{shaft}} = \rho g Q h_i$$

讨论：应该强调的是，前面讨论的公式都是在理想情况下。实际情况泵的能头通常是由实验室测量确定，由于流体流动过程中流动损失不可避免，实际能头总是小于理想能头。此外，需要注意的是在式（11-26）中使用了 U_2 和 V_{r2} 来计算理想能头。这里假设出口流动角等于出口安装角，如果是实际情况下出口流动角不等于出口安装角，也可以用式（11-26）计算理想能头。

本例计算了当叶片速度为 33m/s，流量为 5300L/min 时，泵的实际轴功率 $\dot{W}_{\text{shaft}}$。如果泵内各项损失可以减少到零，则实际和理想能头（98m）是相同的，但是考虑损失的情况下实际能头会稍小一些。

由于离心泵内流体流动的复杂性，泵的实际性能不能用理论方法准确预测，实际泵的性能曲线是通过试验来确定的。

11.3.3 泵性能特征

流体是有黏性的，流体流经叶轮时要产生各种损失。因此，为了求得实际能头与实际流量的性能曲线，必须考虑上述因素对 $H\text{-}q_V$ 的影响。下面以后弯式叶轮为例，说明 $H\text{-}q_V$ 性能曲线的分析方法。

在图 11-10 所示的直角坐标系中，横坐标表示 q_V，纵坐标表示能头 H。

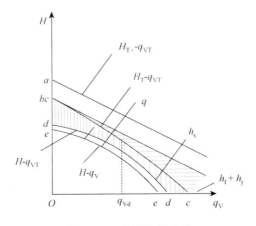

图 11-10 实际性能曲线

由前文分析可知，流动损失使得能头降低，容积损失使得流量减小，而机械损失使得轴功率增加。因此，为了得到 $H\text{-}q_v$ 性能曲线，在 $H_T\text{-}q_{v,T}$ 曲线中，只需考虑流动损失和容积损失的影响即可。流动损失中的沿程损失和局部损失与流量的平方成正比，在各流量下，从 $H_T\text{-}q_{v,T}$ 中减去相应的这部分损失，即得图 11-10 中的 c 线；流动损失中的冲击损失在设计工况（H_d, q_{vd}）时为零，在偏离设计工况时则按二次抛物线增加，在各流量下，再从 c 线上减去相应的冲击损失，即得图 11-10 中的 d 线（即 $H\text{-}q_{vT}$ 曲线）；由于容积损失随能头的增大而略有所增加（如图 11-10 中的 $H\text{-}q_v$），因此，在 d 线上的各点减去相应的容积损失即得到实际能头与实际流量性能曲线，即 $H\text{-}q_v$ 曲线，如图 11-10 中的 e 线。

在工程实际中，离心泵的实际能头、实际流量和实际功率（简称能头、流量、功率）都是通过实验求出的。根据实验数据绘制的能头、功率、效率与流量之间的关系曲线称为实际特性曲线。这三条曲线是泵在一定转速下的基本特性曲线，其中最重要的是能头-流量曲线，揭示了泵的两个最重要、最有意义的性能参数之间的关系。另外，在离心式泵特性曲线中还有真空度和流量之间的关系曲线。

图 11-11 所示为某转速下的离心泵的一组特性曲线。图中 $Q\text{-}\eta$ 曲线的最高点表明在这点工作效率最高，对应的参数 Q_e 称为额定参数。

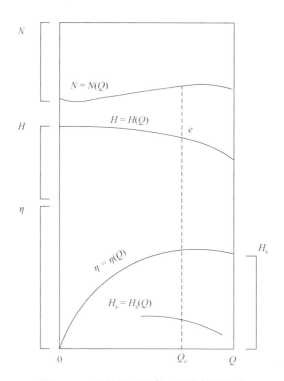

图 11-11　某转速下的离心泵的特性曲线

由以上不难看出：在一定转速下，每一个流量均对应着一定的扬程（全压）、轴功率及效率，这一组参数反映了泵的某种工作状态，简称工况。泵是按照需要的一组参数进行设计的，由这一组参数组成的工况称为设计工况，而对应于最佳效率的工况称为最佳工况。从理论上讲，一般设计工况应位于最高效率点上，实际上，由于叶轮内流体流动的复杂性，设计工况并不一定和最佳工况重合。因此，在选择泵时往往把它的运行工况点（简称工作点）控制在性能曲线的高效区内，以期获得较好的经济性。

11.3.4　汽蚀余量

汽蚀现象又称空蚀现象或空泡现象，是水力机械和某些与液体流有关的机械中特有的一种破坏性现象。当叶片泵产生严重汽蚀时，动力特性严重恶化，扬程和效率降低，伴有噪声、振动等非正常运行情况，发生汽蚀的部位金属颗粒剥落、损坏，形成海绵状表面区，直至机器无法工作。汽蚀的产生是随着近代机械高速化而出现的一种水力现象。

汽蚀余量（net positive suction head，NPSH，可直译为"净正吸入水头"）也可称有效的汽蚀余量。对一台具体的泵而言，它是是否产生汽蚀的一个客观条件。汽蚀余量又分为有效汽蚀余量和必须汽蚀余量。

1. 有效汽蚀余量

在实际工作中，常遇到这种情况，对同一台泵来说，在某种吸入装置的条件下运行时，会发生汽蚀，而当改变吸入装置条件后，则可能不发生汽蚀，这说明泵在运行中是否发生汽蚀与泵的吸入装置情况有关。按照泵的吸入装置情况所确定的汽蚀余量称有效汽蚀余量或装置汽蚀余量，用 $(NPSH)_a$ 表示。

有效汽蚀余量是指在泵吸入口处单位重量的液体所具有的超过汽化压强的富余能量，也就是指液体具有的避免泵发生汽蚀的能量。有效汽蚀余量可用下式表示：

$$(NPSH)_a = \frac{p_B}{\gamma} + \frac{v_x^2}{2g} - \frac{p_n}{\gamma} \tag{11-34}$$

由前式得

$$\frac{p_B}{\gamma} + \frac{v_x^2}{2g} = \frac{p_0}{\gamma} - H_x - \Delta h_x \tag{11-35}$$

将上式代入（11-34）得

$$(NPSH)_a = \frac{p_0}{\gamma} - \frac{p_n}{\gamma} - H_x - \Delta h_x \tag{11-36}$$

从式（11-36）可以看出，有效汽蚀余量 $(NPSH)_a$ 就是指吸水面上的能头 p_0/γ 在克服吸水管路装置中的阻力损失 Δh_x，并把水提高到 H_x 高度后，所剩余的超过汽化压强的能量。从式（11-36）可以看出：

（1）只要吸入系统的装置确定了，有效汽蚀余量也就相对确定了。因此，有效汽蚀余量的大小仅与吸入系统的装置情况有关，而与泵本身无关。

（2）在 p_0/γ 和 ΔH_x 不变的情况下，当泵的流量增加时，由于吸入管路中的阻力损失增加，所以 $(NPSH)_a$ 减小，因而使泵发生汽蚀的可能性增加。

（3）泵所输送的水温越高，对应的汽化压强越大，(NPSH)ₐ 也要减小，泵发生汽蚀的可能性也就越大。

2. 必需汽蚀余量

在实际工作中，可能还会遇到另一种情况，即如果某台泵在运行中发生了汽蚀，而在完全相同的使用条件下更换为另一种型号的泵，则可能不发生汽蚀，这说明泵在运行中是否发生汽蚀还与泵本身的汽蚀性能有关。泵本身的汽蚀性能通常用必需汽蚀余量 $((NPSH)_r)$ 表示，又称泵汽蚀余量。

从图 11-12 中可以看出，水的压强从吸入口随着向叶轮的流动而减小，到叶轮流道内紧靠叶片进口边缘偏向前盖板处压强最小。此后，由于叶片对水的作用，水的压强就又很快上升。造成压强下降的原因有：

（1）水从吸入口 *B-B* 断面流向包括 *K* 点在内的 *k-k* 断面时，有阻力损失。另外，一般从吸入管到叶轮进口断面稍有收缩，因而流速有所增加，损失加大。

（2）从 *B-B* 断面流向 *k-k* 时，由于水流速度的方向和大小都发生了变化，引起速度分布的不均匀，从而引起压强下降。

（3）由于水流进入叶轮流道时要绕到叶片的进口边，从而造成相对速度的增大和分布不均，同样也会引起压强下降。

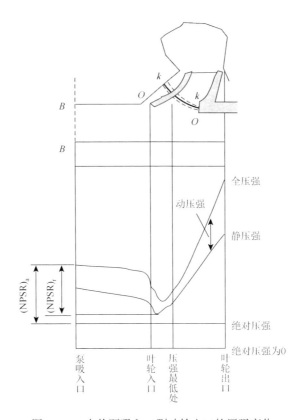

图 11-12　水从泵吸入口到叶轮出口的压强变化

在上述的三因素中，第一种阻力损失很难准确计算，并且和后面两种因素相比较，其值很小，因而可以忽略不计。因此，只要考虑后两种因素即可。

利用伯努利方程经过推导后，可得从 B-B 断面到压强最低点 k-k 断面间的压强降值。

$$\frac{p_B}{\gamma} + \frac{v_x^2}{2g} - \frac{p_k}{\gamma} = \frac{v_1^2}{2g} + \frac{\lambda_2 v_{1r}^2}{2g} \tag{11-37}$$

式中，v_1 为叶片入口前的流速，m/s；v_{1r} 为叶片入口前的相对流速，m/s；λ_2 为动压降系数 $\lambda_2 < 1$；p_B 为泵入口处水的压强，Pa；V_x 为泵入口处的水流速度，m/s；P_k 为叶片入口处最低点 k 的压强，Pa。

要使泵内不发生汽蚀，必须使叶片入口 k 点压强 P_k 大于汽化压强 P_n。当 P_k 等于或小于 P_n 时，则会发生汽蚀。当 $P_k = P_n$ 时，式（11-37）可写成

$$\frac{p_B}{\gamma} + \frac{v_x^2}{2g} - \frac{p_n}{\gamma} = \frac{v_1^2}{2g} + \frac{\lambda_2 \omega_1^2}{2g} \tag{11-38}$$

式（11-38）左边是前面介绍的有效汽蚀余量，右边则是必需汽蚀余量。

$$(\text{NPSH})_r = \frac{v_1^2}{2g} + \frac{\lambda_2 \omega_1^2}{2g} \tag{11-39}$$

考虑到绝对速度分布不均匀，应乘以一系数 λ_1，于是

$$(\text{NPSH})_r = \frac{\lambda_1 v_1^2}{2g} + \frac{\lambda_2 \omega_1^2}{2g} \tag{11-40}$$

式（11-40）称为汽蚀基本方程。式中的 $(\text{NPSH})_r$ 只与 λ_1、λ_2、v_1、ω_1 有关，影响这些参数的因素主要是吸入室和叶轮入口几何形状，以及泵的转速和流量等，而与液体重度、汽化压强、吸水管阻力损失等无关。这说明必须汽蚀余量仅仅是表示泵本身汽蚀性能的一个参数。$(\text{NPSH})_r$ 越小，点 k 处压强越高，工作越安全，泵的汽浊性能越好。

因 λ_1 和 λ_2 还不能用计算的方法得到准确的数据，因而必需汽蚀余量也不能用计算方法来确定，只能通过泵的汽蚀试验来确定。通过试验可得：

$\lambda_1 = 1.2 \sim 1.4$，低比转数的泵取大值；

$\lambda_2 = 0.15 \sim 0.4$，低比转数的泵取小值。

有效汽蚀余量是标志泵使用时的吸入装置汽蚀性能，为了避免发生汽蚀，就应该提高。只要吸入装置确定后，有效汽蚀余量就可以很容易地计算出来，而必需汽蚀余量只与叶轮进口部分的吸入室几何形状有关，因此是由设计决定的。

前面已经分析过，有效汽蚀余量随流量的增加而下降，而必需汽蚀余量则随流量的增加而增加，从式（11-38）可看出这一点。如图 11-13 所示，当 $(\text{NPSH})_a = (\text{NPSH})_r$ 时，就是前面讲的汽蚀的临界点。要使泵不发生汽蚀，必须使有效汽蚀余量大于必需汽蚀余量，即满足 $(\text{NPSH})_a > (\text{NPSH})_r$。因为在 $(\text{NPSH})_a > (\text{NPSH})_r$ 时，叶轮内的最低压强 $P_k > P_n$，这时泵就不会发生汽蚀。

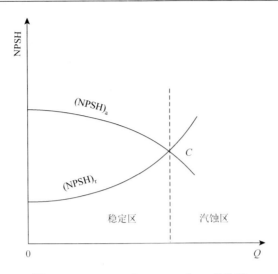

图 11-13　$(NPSH)_a$ 和 $(NPSH)_r$ 与 Q 的关系

例 11.4　汽蚀余量。

已知：如图 11-14 所示，将离心泵放置在一个大的开放式水箱上方，并以 $1.4 \times 10^{-2}\mathrm{m}^3/\mathrm{s}$ 的速度抽水。在此流速下，根据泵制造商的规定，$(NPSH)_r$ 为 4.5m。水温为 30℃，大气压为 101.3kPa。假设管道入口处有过滤器，其损失系数为 $K_L = 20$。其他损失可以忽略不计。泵吸入侧的管道直径为 10cm。

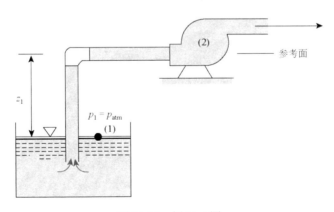

图 11-14　例 11.4 图

问题：确定泵不发生气蚀时，最大安装高度 z_1。如果需要在管路中放置一个阀门，是放在泵的入口处还是出口处？为什么？

解：根据式（11-40），可用有效汽蚀余量由下式给出：

$$(NPSH)_a = \frac{p_{atm}}{\gamma} - z_1 - \sum h_L - \frac{p_v}{\gamma} \tag{11-41}$$

考虑水头损失

$$\sum h_L = K_L \frac{V^2}{2g} \tag{11-42}$$

可得

$$V = \frac{Q}{A} = \frac{1.4 \times 10^{-2}\,\text{m}^3/\text{s}}{(\pi/4)(10/100\,\text{cm})^2} = 1.8\,\text{m/s} \tag{11-43}$$

$$\sum h_L = \frac{(20)(1.8\,\text{m/s})}{2(\pi 9.8\,\text{m/s}^2)} = 0.58\,\text{m} \tag{11-44}$$

根据表 B-3 查得，30℃时水蒸气压力为 4.243kPa，以及 $\gamma = 9.765\text{N/m}^3$。式（11-41）可以写成

$$(z_1)_{\text{max}} = \frac{101.3\,\text{kPa}}{9.765\,\text{N/m}^3} - 0.58\,\text{m} - \frac{4.243\,\text{kPa}}{9.765\,\text{N/m}^3} - 4.5\,\text{m} = 4.9\,\text{m} \tag{11-45}$$

z_1 的最大值出现在(NPSH)$_a$ = (NPSH)$_r$ 时，可得

$$(z_1)_{\text{max}} = \frac{p_{\text{atm}}}{\gamma} - \sum h_L - \frac{p_v}{\gamma} - (\text{NPSH})_r$$

因此，要防止出现汽蚀现象，泵的安装高度应小于 4.9m。

讨论：如果阀门位于泵的入口处，泵的入口压力降低，有效汽蚀余量减少，因此发生汽蚀的可能性增大。如果阀门是放置在泵的出口处，则对泵入口压力无影响。通常，即使背压较高，泵也是稳定的。所以，将阀门放置在泵的下游通常是更好的选择。

11.3.5　泵的选择

由于泵的用途和使用条件千变万化，而泵的种类又较多，因而合理地选择泵的类型和规格，以满足实际工程所需是十分重要的。在选择时应同时满足使用与经济两方面的要求。现以工厂常用离心泵为例，介绍其选择计算，具体方法与步骤如下。

A. 选择依据。

（1）输送液体的性质，是清水还是砂浆，浓度、重度及酸碱性等；

（2）输送的流量，包括正常流量及最大、最小流量；

（3）水位高度、运输距离以及管道布置情况等。

B. 选择泵的类型。

根据输送液体的性质、流量及最大扬程来选择泵的类型。如输送中性的清水，可采用清水泵，流量小、扬程低时采用 IS 型，流量较大则常用 Sh 型，扬程较高时，可采用多级泵。

C. 确定管路系统并绘制管道布置简图。

管道直径由流量和流速来决定

$$d' = \sqrt{\frac{4q}{3600\pi v'}} \tag{11-46}$$

式中，d' 为管道大致直径，m；q 为流量，m^3/h；v' 为管道流速，m/s。

由于流速对设备的经济性影响较大，当流量一定时，流速取得小一些，管道阻力损失小，效率高，可节约电费，但管径增大，管网造价增加。相反，流速取得大一些，管径减小，管网造价低，但管道阻力增大，效率降低，电费增加。因此，应按一定年限内（投资偿还期）管网造价和管理费用之和为最小时的经济流速来确定管径。合理的经济流速 $v' = 1.5 \sim 2.2m/s$，根据式（11-46）的计算结果选择标准管径，吸水管径可比排水管取得稍大一些。

当管道直径确定后，要绘制管道布置图，并根据实际确定管道长度及所需的弯管、阀门（闸阀、底阀、逆止阀）及其他管件。

离心泵的扬程可按下式计算：

$$H = H_g + \Delta h + (1 \sim 2) \tag{11-47}$$

式中，H_g 为测地高度，m；Δh 为吸、排水管中的水头损失总和，m；$1 \sim 2$ 为保证安全供水而附加的能头余量，m。

如果管路中管径不同，一般吸水管较排水管径大，则需分段计算阻力损失。若管路使用年限超过 15 年，则管道损失将会大大增加。为了安全，需要乘以一个安全系数，一般安全系数的范围为 $1.4 \sim 1.8$。

根据计算的扬程和流量，查阅泵的样本或手册，选择合适的型号和转速。注意工作点应落在工作区内。

在选择水泵时，为防止发生汽蚀，需要从样本上查出泵在标准状态下的允许吸上真空高度或临界汽蚀余量，计算泵允许安装高度或吸水高度。

$$H_x < [H_x] = H_{sa} - \frac{v_x^2}{2g} - \Delta h_x \tag{11-48}$$

或

$$H_x < [H_x] = \frac{p_a}{\gamma} - \frac{p_n}{\gamma} - [NPSH] - \Delta h_x \tag{11-49}$$

若上式中各参数与规定的条件不符合，应按照对应的关系进行修正。

例 11.5 泵性能曲线的应用。

已知：如图 11-15（a）所示，水泵将水从（1）号大型开放式水箱送到（2）号大型开放式水箱。管道直径为 15cm，管道总长度为 60m。图中显示了入口、出口和弯管的损失系数，管道摩擦系数为 0.02。离心泵的性能曲线如图 11-15（b）所示。

问题：这个水泵输送流量是多少？这个泵选择合理吗？

解：列出点（1）到点（2）的伯努利方程

$$\frac{p_1}{\gamma} + \frac{V_1^2}{2g} + z_1 + h_a = \frac{p_2}{\gamma} + \frac{V_2^2}{2g} + z_2 + f \frac{l}{D} \frac{V^2}{2g} + \sum K_L \frac{V^2}{2g} \tag{11-50}$$

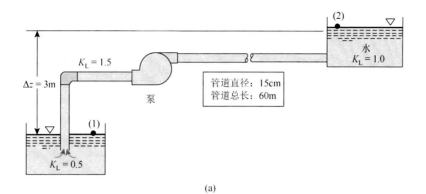

(a)

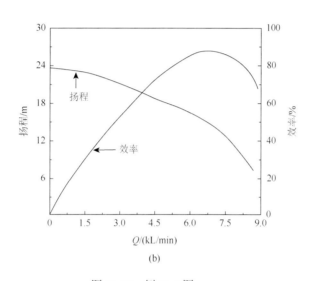

(b)

图 11-15　例 11.5 图

因此，当 $p_1 = p_2 = 0$ ， $V_1 = V_2 = 0$ ， $\Delta z = z_2 - z_1 = 3\,\mathrm{m}$ ， $f = 0.02$ ， $D = 15/100\,\mathrm{m}$ ， $l = 60\,\mathrm{m}$ 时，式（11-50）变为

$$h_a = 3\,\mathrm{m} + \left[0.02 \times \frac{60\,\mathrm{m}}{15/100\,\mathrm{m}} + (0.5 + 1.5 + 1.0) \right] \frac{V^2}{2 \times (9.8\,\mathrm{m/s^2})} \qquad (11\text{-}51)$$

$$V = \frac{Q}{A} = \frac{Q(\mathrm{m^3/s})}{(\pi/4)(15/100\,\mathrm{m})^2} \qquad (11\text{-}52)$$

将已知条件代入式（11-51），可得

$$h_a = 3 + 1795Q^2 \qquad (11\text{-}53)$$

其中 Q 以 $\mathrm{m^3/s}$ 为单位，或以 L/min 为单位

$$h_a = 3 + 5 \times 10^{-7} Q^2 \qquad (11\text{-}54)$$

式（11-53）或式（11-54）代表了能头-流量性能曲线关系。图 11-15（b）所示数据表明，当泵以一定流量运行时，流体可从泵获得能量，即扬程。因此，将式（11-54）与管路性能曲线绘制在同一图表上，两条曲线的交点代表泵和管路系统的工作点。这种组合如图 11-16 所示，交点为

$$Q = 6\,\text{kL/min}$$

实际能头为 21m。

　　另一个问题是考察泵是否能在高效工作区工作。从图 11-16 可知,最高效率约为 86%,但本题水泵工作效率约为 84%。因此,该泵选择合理。

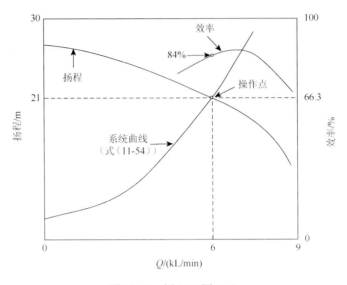

图 11-16　例 11.5 图（c）

泵轴所需的泵能头为 21m/0.84 = 25m。驱动泵所需的功率为

$$\dot{W}_{\text{shaft}} = \frac{\gamma Q h_{\text{a}}}{\eta} = \frac{(9800\,\text{N/m}^3)[(6\,\text{kL/min})(1000\,\text{L/m}^3)(60\,\text{s/min})](21\text{m})}{0.84}$$

$$= 88200000000\,\text{m} \cdot \text{N/s}$$

$$= 8.82 \times 10^7\,\text{kW}$$

　　讨论:通过重复计算 $\Delta z = z_2 - z_1 = 24\text{m}$ 和 30m（而不是 3m）,得到图 11-17 所示的结果。虽然泵可以在 $\Delta z = 30\text{m}$ 的情况下工作,但它不是理想情况,因为此时效率只有 36%。另外,泵在 $\Delta z = 30\text{m}$ 时根本不能工作,因为它的最大扬程（当 $q = 0$ 时, $h_{\text{a}} = 26.8\text{m}$）不能将水提升 30m,更不用说克服水头损失。

　　对于工况为 $\Delta z = 30\text{m}$,管路系统性能曲线和泵性能曲线不相交。泵可以串联或并联布置,以提供额外的扬程或流量。

　　如图 11-18（a）所示,与一台泵单独运行时相比,串联运行时的总扬程并非成倍增加,而流量却要增加一些。这是因为泵串联后扬程的增加大于管路阻力的增加,富裕的扬程促使流量增加;而流量的增加又使阻力增大,从而抑制了总扬程的升高。同时,管路系统性能曲线及泵性能曲线的不同陡度对泵串联后的运行效果影响极大。管路系统性能曲线越平坦,串联后的总扬程越小于两台泵单独运行时扬程的两倍;同样,泵的性能曲线越陡,则串联后的总扬程与两台泵单独运行时扬程的差值越小。因此,为达到串联后增加扬程的目的,串联运行方式宜适用于管路系统性能曲线较陡而泵性能曲线较平坦的场合。

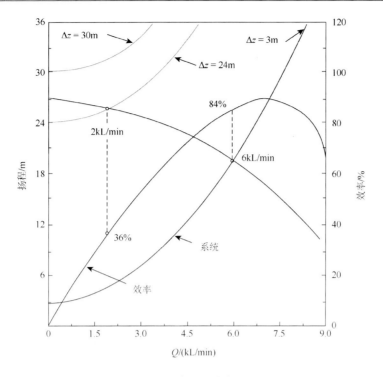

图 11-17　例 11.5 图（d）

由此，如图 11-18（b）所示，与一台泵单独运行时相比，并联运行时的总流量并非成倍增加，而扬程却要升高一些。这是由于并联后通过共用管段的流量增大，管路阻力也增大，这就需要每台泵都提高它的扬程来克服这个增加的阻力损失，相应地每台泵的流量就要减小。另外，管路系统性能曲线及泵性能曲线的不同陡度对泵并联后的运行效果影响极大：管路系统性能曲线越陡，并联后的总流量与两台泵单独运行时流量之差值越小；同样，泵的性能曲线越平坦，并联后的总流量越小于两台泵单独运行时流量的 2 倍。因此，为达到并联后增加流量的目的，并联运行方式适用于管路系统性能曲线较平坦而泵的性能曲线较陡的场合。

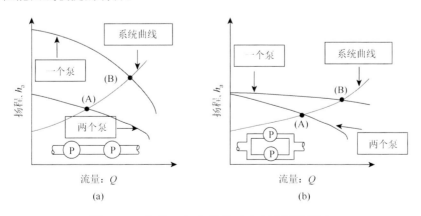

图 11-18　串联（a）和并联（b）运行泵的影响

11.4　相　似　定　律

在模型与实型的尺寸和转速相差不大时，相似的泵运行时的各种效率相等，总效率也相等，即

$$\begin{cases} 流体效率\ \eta_h = \eta_{hm} \\ 容积效率\ \eta_v = \eta_{vm} \\ 机械效率\ \eta_m = \eta_{mm} \\ 总效率\ \eta = \eta_m \end{cases}$$

根据上述的相似条件，结合流量、能头（压力）、功率的理论计算公式，推导出同系列的泵的相应工况的相似关系，即相似定律。

1）流量相似定律

已知

$$q = \pi D_2 b_2 C_{2r} \psi_2 \eta_v \tag{11-55}$$

若两台泵相似，则因为几何相似 $\psi_2 = \psi_{2m}$，$\dfrac{D_2}{D_{2m}} = \dfrac{b_2}{b_{2m}}$，运动相似，$\dfrac{C_{2r}}{C_{2rm}} = \dfrac{D_2 n}{C_{2m} n_m}$，另有 $\eta_v = \eta_{vm}$，代入流量相似式中可得

$$\frac{q}{q_m} = \left(\frac{D_2}{D_{2m}}\right)^2 \frac{n}{n_m} \tag{11-56}$$

上式称为流量相似定律，说明相似泵或风机的流量之比，等于其叶轮外径之比的平方乘以叶轮转速比。

2）能头相似定律

已知

$$H = K\eta_h \frac{u_2 c_{2u}}{g} \tag{11-57}$$

因为几何相似 $K = K_m$，运动相似 $\dfrac{u_2}{u_{2m}} = \dfrac{c_{2u}}{c_{2um}} = \left(\dfrac{D_2}{D_{2m}}\right)\dfrac{n}{n_m}$，另有 $\eta_h = \eta_{hm}$，代入可得

$$\frac{H}{H_m} = \left(\frac{D_2}{D_{2m}}\right)^2 \frac{n}{n_m} \tag{11-58}$$

式（11-58）称为能头相似定律，说明相似泵的能头之比等于其叶轮外径之比的平方乘以叶轮转速比。

3）功率相似定律

已知

$$P_a = \frac{\gamma q H}{1000\eta} \tag{11-59}$$

因为动力相似 $\eta = \eta_m$，将上述式子代入式（11-56）可得相似泵的功率相似定律为

$$\frac{P_\text{a}}{P_\text{am}} = \left(\frac{D_2}{D_\text{2m}}\right)^5 \left(\frac{n}{n_\text{m}}\right)^3 \frac{\gamma}{\gamma_\text{m}} \qquad (11\text{-}60\text{a})$$

或写为

$$\frac{P_\text{a}}{P_\text{am}} = \left(\frac{D_2}{D_\text{2m}}\right)^5 \left(\frac{n}{n_\text{m}}\right)^3 \frac{\rho}{\rho_\text{m}} \qquad (11\text{-}60\text{b})$$

功率相似定律说明，相似泵的轴功率之比等于其叶轮外径之比的五次方、叶轮转速之比的三次方与流体重度或密度比的乘积。

例 11.6 泵相似定律的使用。

已知：以 1200rad/min 运行的 20cm 直径的离心泵在几何上类似于以 1000rad/min 运行的具有性能特征的 30cm 直径的泵。工作流体是 15℃的水。

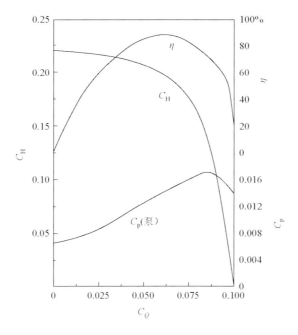

图 11-19 例 11.6 图

问题：为这个较小的泵计算峰值效率、预测流量、实际上升扬程和轴功率（kW）。

解：对于一定的效率，流量系数对于一定的泵系列具有相同的值。从图 11-19 中可以看到峰值效率 $C_Q = 0.0625$。因此，对于 20cm 泵：

$$Q = C_Q \omega D^3 = (0.0625)(1200/60\,\text{rev/s})(2\pi\,\text{rad/rev})(20/100\,\text{m})^3 = 0.063\,\text{m}^3/\text{s}$$

或转换为单位 kL/min：

$$Q = (0.063\,\text{m}^3/\text{s})(1000\,\text{L/m}^3)(60\,\text{s/min}) = 4\,\text{kL/min}$$

实际能头上升和轴功率（kW）可以以类似的方式确定，因为在峰值效率 $C_H = 0.19$ 和 $C_p = 0.014$ 时，$\omega = 1200\,\text{rad/min}$，而且

$$\dot{W}_{\text{shaft}} = C_{\wp}\rho\omega^3 D^5 = (0.014)(1000\,\text{kg/m}^3)(126\,\text{rad/s})^3(20/100\,\text{m})^5 = 9.0\,\text{kN}\cdot\text{m/s}$$

$$\dot{W}_{\text{shaft}} = \frac{9.0\,\text{kN}\cdot\text{m/s}}{1.0\,\text{kN}\cdot\text{m/s}} = 9.0\,\text{kW}$$

讨论：最后一个结果给出了轴功率（kW），即提供给泵轴的功率。流体实际获得的功率等于 $\gamma Q h_a$，在本例中为 $\wp_f = \gamma Q h_a = (9800\,\text{N/m}^3)(0.063\,\text{m}^3/\text{s})(12.3\,\text{m}) = 7.6\,\text{kN}\cdot\text{m/s}$。因此，效率 η 为

$$\eta = \frac{\wp_f}{\dot{W}_{\text{shaft}}} = \frac{7.6}{9} = 84\%$$

11.4.1　比例定律

比例定律是相似定律的特例，也就是当两台相似泵或风机的叶轮外径相等时，输送同种流体，参数随转速变化的关系，由式（11-55）、式（11-57）、式（11-59）可得比例定律为

$$\left.\begin{array}{l}
\dfrac{q}{q_{\text{m}}} = \dfrac{n}{n_{\text{m}}} \\[3mm]
\dfrac{H}{H_{\text{m}}} = \left(\dfrac{n}{n_{\text{m}}}\right)^2 \\[3mm]
\dfrac{p}{p_{\text{m}}} = \left(\dfrac{n}{n_{\text{m}}}\right)^2 \\[3mm]
\dfrac{p_{\text{a}}}{p_{\text{am}}} = \left(\dfrac{n}{n_{\text{m}}}\right)^3
\end{array}\right\} \tag{11-61}$$

比例定律给出了同一台泵在不同转速下各性能参数与转速的比例关系。比例定律指出：在同一台泵中，流量与转速成正比，能头或压力与转速的二次方成正比，功率与转速的三次成正比。

由式（11-61）可得

$$\left.\begin{array}{l}
\dfrac{H}{q^2} = \dfrac{H_{\text{m}}}{q_{\text{m}}^2} = 常数 = C,即 H = Cq^2 \\[3mm]
\dfrac{p}{q^2} = \dfrac{p_{\text{m}}}{q_{\text{m}}^2} = 常数 = D,即 H = Dq^2 \\[3mm]
\dfrac{P_{\text{a}}}{q^2} = \dfrac{P_{\text{am}}}{q_{\text{m}}^2} = 常数 = G,即 H = Gq^2
\end{array}\right\} \tag{11-62}$$

式（11-62）称为比例曲线方程，符合工况相似的工况点，当转速变化时，H 或 p 与 q 按二次抛物线规律变化，P_a 与 q 按三次抛物线规律变化，而且这两个抛物线的顶点都在坐标原点。由式（11-58）绘出泵的比例曲线，即如图 11-20 所示的曲线。

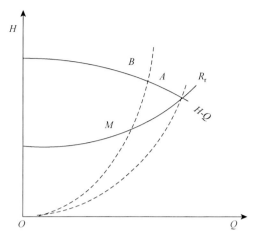

图 11-20 泵的比例曲线

在同一比例曲线上的各点，为相似工况点，可用比例定律进行换算。不在同一条比例曲线上的各点，不存在相似关系，不能用比例定律换算。由于相似工况认为是等效率的，因此比例曲线也就是等效率曲线。但实验证明，当转速变化不大时，比例曲线与效率曲线重合，而当转速较低，或转速变化范围较大时，比例曲线将不再与等效率曲线重合。

例 11.7 泵的功率计算。

已知：设一台水泵流量 $q_V = 25\text{L/s}$，出口压力表读数为 323730Pa，入口真空表读数为 39240Pa，两表位差为 0.8m（压力表高，真空表低），吸水管和排水管直径分别为 1000mm 和 750mm，电动机功率表读数为 12.5kW，电动机效率 $\eta_g = 0.95$。

问题：求轴功率、有效功率、泵的总功率（泵与电动机用联轴器直接连接）。

解：由题知：

$$P_{2e} = 323730\,\text{Pa} \ , \quad P_{1v} = 39240\,\text{Pa} \ , \quad P_{1e} = -P_{1v} = -39240\,\text{Pa}$$

$$z_2 - z_1 = 0.8\,\text{m} \ , \quad d_1 = 1000\,\text{mm} = 1\,\text{m} \ , \quad d_2 = 750\,\text{mm} = 0.75\,\text{m}$$

$$P_g' = 12.5\,\text{kW} \ , \quad \eta_g = 0.95 \ , \quad \eta_{tm} = 0.98$$

$$v_1 = \frac{4q_v}{\pi d_1^2} = \frac{4 \times (25/1000\,\text{m}^3/\text{s})}{3.14 \times (1\text{m})^2} = 0.032\,\text{m/s}$$

$$v_2 = \frac{4q_v}{\pi d_2^2} = \frac{4 \times (25/1000\,\text{m}^3/\text{s})}{3.14 \times (0.75\text{m})^2} = 0.057\,\text{m/s}$$

$$z_1 + \frac{p_1}{\rho g} + \frac{v_1^2}{2g} + H = z_2 + \frac{p_2}{\rho g} + \frac{v_2^2}{2g}$$

得

$$H = z_2 - z_1 + \frac{p_2 - p_1}{\rho g} + \frac{v_2^2 - v_1^2}{2g} = 0.8\,\text{m} + \frac{(323730 - (-39240))\,\text{Pa}}{(1000\,\text{kg/m}^3)(9.8\,\text{m/s}^2)} + \frac{(0.057^2 - 0.032^2)\,\text{m}^2/\text{s}^2}{2 \times (9.8\,\text{m/s}^2)}$$

$$= 37.84\,\text{m}$$

$$P_e = \frac{\rho g q_v H}{1000} = \frac{(1000\,\text{kg/m}^3)(9.8\,\text{m/s}^2)(0.025\,\text{m}^3/\text{s})(37.84\,\text{m})}{1000} = 9.27\,\text{kW}$$

$$P = P_g' \eta_{tm} \eta_g = (12.5\,\text{kW}) \times 0.98 \times 0.95 = 11.64\,\text{kW}$$

$$\eta = \frac{P_e}{P} \times 100\% = \frac{9.3\,\text{kW}}{11.64\,\text{kW}} \times 100\% = 79.9\%$$

11.4.2　比转速

　　本节前面部分已经提出，可以借助相似原理用相似换算的方法设计新的泵，为此需首先挑选一个模型。这就提出了一个问题，模型应该怎样找？因而，引进这样一个综合性特征参数：既可以反映泵的几何形状，又可以用已知设计参数计算出来。这样，可以根据计算的这个综合性特征参数选择满足需要的模型。这个综合性特征参数就是比转速。

　　当两台泵相似时，其流量、扬程的换算关系满足

$$\frac{q_{Vp}}{q_{Vm}} = \left(\frac{D_{2p}}{D_{2m}}\right)^2 \cdot \frac{n_p}{n_m} \tag{11-63}$$

$$\frac{H_p}{H_m} = \left(\frac{D_{2p}}{D_{2m}}\right)^2 \cdot \left(\frac{n_p}{n_m}\right)^2 \tag{11-64}$$

将式（11-63）两边平方，式（11-64）两边立方，联立消去线性尺寸 $\dfrac{D_{2p}}{D_{2m}}$，得

$$\left(\frac{q_{Vp}}{q_{Vm}}\right)^2 \Big/ \left(\frac{n_p}{n_m}\right)^2 = \left(\frac{H_p}{H_m}\right)^2 \Big/ \left(\frac{n_p}{n_m}\right)^6 \tag{11-65}$$

$$\frac{n_p^4 q_{Vp}^2}{H_p^3} = \frac{n_m^4 q_{Vm}^2}{H_m^3} = \frac{n^4 q_V^2}{H^3} \tag{11-66}$$

将上式开四次方得

$$\frac{n_p \sqrt{q_{Vp}}}{H_p^{3/4}} = \frac{n_m \sqrt{q_{Vp}}}{H_m^{3/4}} = \frac{n \sqrt{q_V}}{H^{3/4}} = 常数 \tag{11-67}$$

式（11-67）表明，几何相似的两台泵在相似的运行工况下，其比值 $\dfrac{n\sqrt{q_V}}{H^{3/4}}$ 必然相等。因此，它反映了相似泵的特征，称为泵的比转速，用 n_q 表示，即

$$n_q = \frac{n\sqrt{q_V}}{H^{3/4}} \tag{11-68}$$

将上式同乘 3.65，并令 $n_s = 3.65 n_q$，则

$$n_s = \frac{3.65 n \sqrt{q_V}}{H^{3/4}} \tag{11-69}$$

式（11-66）为欧美一些国家常用的计算泵的比转速公式，而式（11-69）则是目前中国常用的，称为实用比转速公式。

　　对于比转速还需作以下几点补充说明：

　　（1）由式（11-67）可以看出，比转速是工况的函数，而一台泵有无数个工况，因

此，由同一台泵可以计算出一系列不同的比转速值。通常只用最佳工况点的比转速来表示泵的特征。这样式（11-67）中的各参数均是指最佳工况点的参数，一台泵也就只有一个比转速。

（2）比转速是由相似定律引出的一个综合性相似特征数，不应当被理解为转速的概念，而应当理解为比较泵形式的一个相似准则数，且与转速无关。比转速大的泵，其转速不一定高；而比转速小的泵，其转速不一定低。

（3）由于比转速公式是由相似定律推得的，因此，它不是相似条件，而是相似的泵的必然结果，即两台几何相似的泵比转速必然相等；相反，比转速相等的泵或风机不一定相似。

11.5 轴 流 泵

前面已经大致地介绍过轴流泵的结构，也知道它属于低扬程、大流量、高比转速的一般性能特点，这里将简要地讨论轴流泵的工作理论。

关于泵内的液体运动及圆柱层无关性假设的叙述如下。

在轴流泵中，液流依次通过叶轮和导叶，流向基本上是轴向的，液体通过叶轮后能量增加，并且有一定圆周方向分速度，如图 11-21 所示。导叶将消除这一旋转分量，使液体轴向流出泵体，同时将一部分速度能头转换成压力能头，提高泵的工作效率。因此，导叶段常常也是泵体的一个扩散段。导叶数一般为 5～10。因为导叶是静止的，顾名思义，主要起到"导流"功能，因此，分析轴流泵中的液体运动应该着重于叶轮中的流动情况。

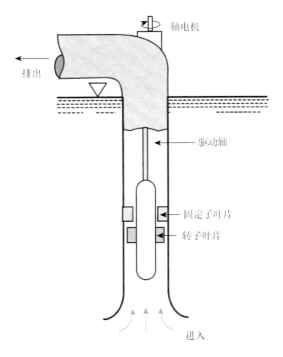

图 11-21　轴流泵示意图

轴流泵叶轮一般有 3~6 个叶片。在叶轮的轮毂与壳体之间，可以作无数个同心的圆柱面，作为一种简化分析的假定，可以认为这些圆柱面都是一些流面，液体质点都在各自的所在圆柱面上运动而没有圆柱面的层间干扰，这就是所谓"圆柱层无关性假设"。因为圆柱面是可以展开成平面的，所以每个流面上的流动分析可以在平面图形上真实地进行，在展开平面上叶片的切面图形称"翼型"，分别联结各翼型首部和尾部端点的两条平行直线称列线，列线可视为两条无限长直线，在列线上规则地排列着的"无数"单个翼型组成"翼栅"。所以，在圆柱层面上的液流可以视为一个平面翼栅流动，整个泵内的流动是无数个这种平面翼栅流动的总和。

显然，轴流泵中的流动与离心泵中和混流泵中的流动是大有差别的：液流没有径向分速度，只有圆周方向和轴向两个运动分量，速度三角形可以在翼栅展开平面上比较真实地反映该层面上的液流情况。当然，叶轮中也会有轴向旋涡造成的径向分量，不过在一般分析中可以不予考虑。

离心泵的定义和广义概念也适用于轴流泵。然而，其实际的流动特性却大不相同。如图 11-22 所示，比较离心泵和轴流泵的典型扬程、功率和效率特性。注意，在设计容量（最大效率）下，能头和功率对于所选的两个泵是相同的。但是随着流量的减少，离心泵的功率输入在关闭时下降到 134kW，而轴流泵的功率输入增加，在关闭时达到 388kW。轴流泵的这种特性会导致，如果流量明显低于设计容量，就会驱动过载。还要注意的是，

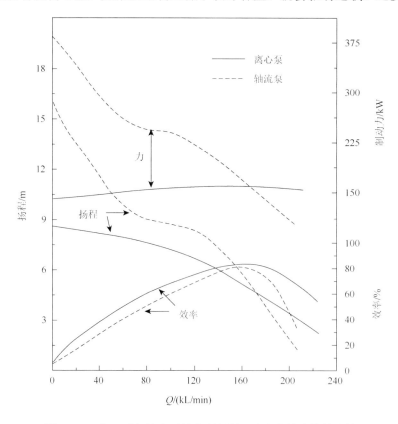

图 11-22 离心泵和轴流泵的典型扬程、功率和效率特性比较

水头轴流泵的曲线比离心泵的曲线陡得多。因此，轴流泵的扬程会有很大的变化，而流量会有很小的变化。而离心泵具有相对平坦的扬程曲线，扬程只有很小的变化，流量变化很大，除了在设计时容量轴流泵的效率低于离心泵。为了改善运行特性，一些轴流泵的构造具备可调节叶片。

混流泵中的流量既有径向分量，也有轴向分量。

在前文中讲述的无量参数和标度关系适用于三种类型的泵——离心泵、混流泵和轴流泵。

例 11.8

已知：有一单级轴流式水泵，转速为 375r/min，在直径为 980mm 处，水以速度 $v_1 = 4.01 \text{m/s}$ 轴向流入叶轮，在出口以 $v_2 = 4.48 \text{m/s}$ 的速度流出。

问题：试求叶轮进出口相对速度的角度变化值（$\beta_2 - \beta_1$）。

解：

$$u = \frac{\pi D n}{60} = \frac{\pi (0.98 \,\text{m})(375 \,\text{r/min})}{60 \,\text{s/min}} = 19.23 \,\text{m/s}$$

水轴向流入

$$v_{1u} = 0$$

$$v_{2u} = \sqrt{v_2^2 - v_a^2} = \sqrt{v_2^2 - v_1^2} = \sqrt{4.48^2 - 4.01^2} \,\text{m/s} = 2 \,\text{m/s}$$

由速度三角形可知：

$$\tan \beta_1 = \frac{v_a}{u} = \frac{v_1}{u} = \frac{4.01}{19.23} == 0.2085$$

得

$$\beta_1 = 11.78°$$

由

$$\tan \beta_2 = \frac{v_a}{u - v_{2u}} = \frac{v_1}{u - v_{2u}} = \frac{4.01}{19.23 - 2} = 0.2327$$

得

$$\beta_2 = 13.10°$$

$$\beta_2 - \beta_1 = 13.10° - 11.78° = 1.32°$$

11.6　风　　机

风机因为按 $p = \text{const}$（常数）的假定进行分析，所以与泵的情况十分相似，只需在叶片泵理论的基础上作适当的延伸就可以说明它的工作理论，并且把它们与泵不同的特点作一些叙述就可以了。

离心式通风机的结构简介如下。

由于 $p_{空气} < p_{水}$，而且转速也不高，一般 $n < 3000 \text{r/min}$，所以在结构上通风机不像叶片泵那样紧凑，在大体上与离心泵基本一致。

叶轮是风机的核心部件，与离心泵相比，其主要特点有：

（1）出口角 β 可大于、等于或小于 90；

（2）叶轮多为单曲率的柱面叶片结构，其轴向视图呈重合的投影线形；

（3）有的叶片选用平板形；

（4）相当于离心泵叶轮前后盖板的结构称前后轮盘。

风机叶轮间结构形式区别主要是：叶片的轴向视图形状是弧形、直线形还是机翼形；叶片出口角属前向型（$\beta>90°$）、径向型还是后向型（$\beta<90°$）；前轮盘采用平直前盘、锥形前盘还是弧形前盘。前向叶轮一般采用弧形叶片，后向叶轮大中型通风机多用机翼形叶片，以提高效率，中小型风机则多用直线形或弧形叶片。平直前盘因为入口气流急剧拐弯时形成较大分离区而效率较低，但工艺简单。弧形前盘效率较高，但工艺较复杂，锥形前盘则居中。前、后盘与叶片的联结可采用焊、铆工艺，较小型的也可采用铝合金铸造叶轮，此时叶轮与离心泵一样成为整体式的结构。叶片数 Z 一般比离心泵多，对后向型的弧形叶片和机翼形叶片，$Z=8\sim12$，后向的直线形叶片 $Z=12\sim16$，前向叶轮的 Z 则可达 $12\sim36$。

流体故事

高科技吊扇：如果将空调室内的恒温器调高几度，可节省高达 25% 的能源。这可以通过使用吊扇加速空气在皮肤上流动带来的明显冷却来实现。如果可以减少风扇运行的功率，就可以实现节约额外的能源。大多数吊扇采用平坦、固定螺距、弦长均匀的非空气动力叶片。由于桨叶顶端在空气中的移动速度比桨叶根部快，因此这种风扇叶片上的气流在轮毂附近最低，在桨叶顶端最高。通过使风扇叶片更像螺旋桨，就有可能实现更均匀、更高效的分布。不过，由于吊扇受法律限制，转速不能超过 200 转，普通飞机的螺旋桨设计就不合适了。经过相当大的设计努力，一种高效的吊扇被成功开发并推向市场，这种吊扇的功率仅为传统设计的一半，却能提供与传统设计相同的气流。这种风扇叶片是基于 1979 年飞越英吉利海峡的人力飞机 Gossamer Albatross 上使用的缓慢转动的螺旋桨设计的。

11.7　水　轮　机

如第 11.2 节所述，涡轮机是从流动的流体中获得能量的装置。涡轮机的几何形状使得流体在转子的旋转方向上对转子施加扭矩，产生的轴功率可用于驱动发电机或其他设备。已经知道，涡轮机和水泵的工作机制本质上只是流体机械在不同工况下的两种不同功-能转换形式而已，它们可以用相同的基本方程进行数学描述。不过，这只是在"本质上"，是矛盾的共同性一面。实际上，由于运行条件的差异和工作任务不同，它们在结构形式和具体的工作理论上还有很大的区别，需要作具体的讨论，这是矛盾的特殊性一面。深入研究特殊性问题，可以推进技术的进步和理论的发展，而关注事物的共同性方面，则有利于加深对事物本质性的认识，便于学科间的交叉、借鉴和渗透，迸发技术创新的思想火花。比如，抽水蓄能电站的建设和"水泵水轮机"的成功实践，大大地推动了电力工业的发展。

在下文中，将主要讨论水轮机（工作流体是水）。

　　虽然有许多种类的水轮机设计，但大多数水轮机可以分为两种基本类型——冲击式水轮机（图 11-23）和反击式水轮机。

　　另外，对于反击式水轮机，转子由外壳（或蜗壳）包围，外壳完全被工作流体所覆盖，既有压降也有流体相对速度转子上的变化。导流叶片作为喷嘴加速流动，并在流体进入转子时将其转向适当的方向。因此，部分压降发生在导向叶片上，部分压降发生在转子上。在许多方面，反击式水涡轮的运行类似于"反向流动"的泵，尽管这种过于简单化可能会产生很大的误导。

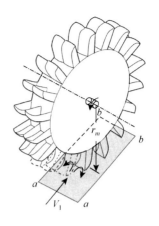

图 11-23 冲击式水轮机

11.7.1 水轮机的工作参数

　　各种水轮机的工作参数都包括水头、流量、水流功率等水力参数和转速、出力、效率等动力参数两类。

　　1. 能头

　　在水轮机行业，重力能头称"水头"。水轮机的水头表示受单位重力作用的水体通过水轮机时的机械能量降低值。这样水头就是正值，而不是理想叶轮定义的负值。

　　（a）电站装置水头 H_z（m）。它是指水电站上、下游间的水位差。

　　（b）水轮机的工作水头（净水头）H（m）。净水头是指扣除引水管道中损失 h_x 后，水轮机进口断面 I 和出口断面 II 之间的水流重力能头差。 I 是蜗壳的进口处，II 应该是机后壅水的最高位置处，而不是尾水管出口断面 II′，因为尾水管形状和水轮机的工作状态都要影响到尾水管出口的液流速度分布状态，从而影响 II-II′这一段上的损失能头值，因此将 II-II′段也计入水轮机作用范围。尾水管出口的动能头为 $\dfrac{C^2 w}{2g}$，去掉损失 h_x 后，II-II′转化为位能头而使 II 处的水位得以抬高。

　　在工作水头中有以下一些代表性的指标。

　　最大水头 $H_{\max}$：水轮机运行范围内允许出现的最大净水头；

　　最小水头 $H_{\min}$：水轮机运行范围内允许出现的最小净水头；

　　平均水头 H_{mv}：如果按可能出现的最大和最小水头的平均值等，则是算术平均水头。对水轮机工作更有意义的是加权平均水头，其计算式是

$$H_{\mathrm{mv}} = \frac{\sum H_i q_{\mathrm{v}i} T_i}{\sum q_{\mathrm{v}i} T_i} \tag{11-70}$$

加权平均水头是水轮机转速计算的依据。设计（计算）水头 H_{d}，即水轮机以额定出力工作的最小水头，可用它计算确定发电机功率及尺寸。

2. 流量 q（m³/s）

水轮机的流量是指单位时间内通过水轮机的水体体积。

3. 功率 P_w（kW）

水轮机运行中单位时间内消耗的水流能量为水流功率

$$P_w = \rho g q_v H \times 10^{-3} = g q_v H \tag{11-71}$$

4. 转速 n（r/min）

水轮机的转速是指其转轮的运行转速。水轮机是低转速的动力机，最低的不足每分钟 100 转。一般转轮主轴与发电机转轴直接联结。因此，在机组设计时必须选用适当的发电机磁极对数 p 与转轮转速 n，以保证所发的动力电具有标准的频率，其关系为 $np = 3000$。

5. 功率 P（kW）

水轮机的转轮主轴上的输出功率，以 kW 为单位。

$$P = \frac{2\pi M n}{60} \times 10^{-3} \tag{11-72}$$

式中，M 为轴上转矩（N·m）；n 为水轮机转速（r/min）。

6. 效率 η

效率 $\eta = \dfrac{P}{P_w}$，是指水轮机的总效率。现代水轮机的效率一般在 90%～95%之间。与泵一样，水轮机的总效率也包括流量（容积）效率 η_{qv}、流动（水力）效率或机械效率 η_l、机械效率 η_j、圆盘效率 η_{yp} 等，即 $\eta = \eta_{qv} \eta_l \eta_j \eta_{yp}$。

设通过转轮与固定件间密封间隙中的漏损流量为 $q_{v,s}$，则

$$\eta_{qv} = \frac{q_v - q_{v,s}}{q_v} \tag{11-73}$$

流动效率 η_l 是考虑蜗壳、转轮、尾水管及其后延伸段中各种水力损失的效率。$H \cdot \eta_l$ 称为有效工作水头，这个量与叶片泵中"理论扬程"相对应，可称为理论水头，并以 H_{th} 表示，而 H 则相当于泵的实际扬程。这里 $H = H_{th}/\eta_l$，与泵恰好相反，应该注意。机械效率考虑轴承、密封中的机械摩擦，四盘效率则考虑上冠和下环与固定件间液体的摩擦损失，二者也可一起计入机械效率的影响中。

11.7.2　水轮机工作的基本方程

水轮机工作的基本方程是指水轮机的有效工作能头（理论水头）的计算表达式。根据水头的定义，采用相同的推导方法，在以 q_v 和 n 为正向的定义坐标系中，可以得到以

下基本方程:

$$H \cdot \eta_1 = e_0 - e_2 = \frac{1}{g}(u_0 c_{u0} - u_2 c_{u2})\tag{11-74}$$

或写成

$$H \cdot \eta_1 = \frac{\omega}{g}(r_0 \cdot c_{u0} - r_2 \cdot c_{u2}) = \frac{\omega}{2\pi g}(\Gamma_0 - \Gamma_2)\tag{11-75}$$

式中，ω 为水轮机的转轮角速度；u_0, u_2 为转轮平均流线上进、出口点的圆周速度；C_{u0}, C_{u2} 为平均流线上进、出口点处的绝对速度圆周分量。

与离心泵的理论扬程表达式一样，有效水头也可表示为

$$H \cdot \eta_1 = \frac{u_0^2 - u_2^2}{2g} + \frac{c_0^2 - c_2^2}{2g} - \frac{\omega_0^2 - \omega_2^2}{2g}\tag{11-76}$$

在水轮机的设计工况下，一般按出口液流无圆周分量来考虑，此时

$$H_d \cdot \eta_{1,d} = \frac{1}{g} u_0 c_{u0}\tag{11-77}$$

11.7.3 反击式水轮机

如前所述，冲击式水轮机最适合（即最有效）低流量和高水头运行。另外，反击式水涡轮机最适合高流量和低水头的情况，如经常遇到的水力发电厂与拦河大坝。

在反击式水轮机中，工作流体完全充满它所通过的通道流动（不像脉冲涡轮机，它包含一个或多个单独的无约束流体射流）。当流体流经涡轮转子时，流体的角动量、压力和速度都减小，转子从流体中获得能量。

和泵一样，水轮机也有各种不同的结构，即径流式、混流和轴流式。典型的径流式和混流式水轮机称为弗朗西斯水轮机，是以美国工程师弗朗西斯的名字命名的。在非常低的水头上最有效的水轮机是轴流式或螺旋桨式水轮机。卡普兰水轮机，源自德国教授卡普兰，是一种高效轴流式水轮机，具有可调叶片。

反击式水轮机的叶轮称为"转轮"。"反击式"意指水轮机的转轮是借助于通过转轮的水流对转轮的"反作用"力驱动的。其另一层意思，也是与基于另一种作用原理的水轮机——冲击式水轮机相对而言的。

反击式水轮机包括混流式、斜流式和轴流式三种基本形式，但这都是以水流在转轮中的基本流动方向而言的。从总体来说，水轮机中水流基本方向都是由向心方向转向轴流方向的。工程上没有作离心流动的水轮机。图 11-24 是布置在水电站厂房中的反击式水轮发电机组的情况，水轮机的转轮通过主轴与发电机转子轴相连。

电站上、下游的水位差，称为水电站的装置水头或"毛水头"。上游水面相对于下游水面的液体位能，以较小的损失转换成水轮机进口处的压力能和动能，并在水轮机中转换成转轮的旋转机械能，以一定的转矩和转速形式驱动发电机工作，所以它是一种水能动力机械，而发电机则是一种用来生产电力的工作机械。

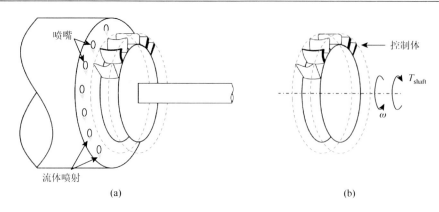

图 11-24　反击式水轮机

由于现代水轮机是直接利用通过筑坝形成水库面积聚起来的上游来流的位能工作的，与仅能利用能质较低的水流动能来推动做功的古代水库，具有较高的水力资源利用率，这就为人类充分利用大自然的资源开辟了一条康庄大道。

一般来说，冲击式水轮机不属于叶片式机械，它的叶轮与一般叶轮相差较大，而且不具有叶片式流体机械工作机与动力机可逆工作的机制，将它与反击式水轮机放在一起讨论，只是为了便于联系比较。不过冲击式水轮机也可使用叶轮机械分析中的欧拉方程，从这一点来说其也具有叶片式流体机械的某种基本特点，放在一起讨论也是合理的。与水泵一样，汽蚀也是水轮机工作中的一个重要问题。关于汽蚀机制，无须赘述，它与泵大致是相同的。

例 11.9

已知：冲击轮直径为 2m，以 180rpm 的速度旋转时产生 500kW 的能量。

问题：水对叶片的平均作用力是多少？如果涡轮机在最大效率下运行，确定喷嘴喷水的速度和质量流量。

解：由题意知 $W = 500\text{kW}$，$\omega = 180\text{rpm}$，$R = 1\text{m}$，

$$W = FV$$
$$V = \omega r$$

得 $F = 26600\,\text{N}$。

若涡轮机在最大效率下运行，即在冲击轮的速度三角形中 $U = V_1 / 2 = W_1$，如果黏性效应可以忽略不计，那么 $W_1 = W_2$，将有 $U = W_2$，给出

$$V_2 = 0$$

即最大功率输出出现在流体离开涡轮机的绝对速度为零时，则代入公式有

$$\dot{W}_{\text{shaft}} = \rho Q U (U - V_1)(1 - \cos\beta) = 2\rho Q(U^2 - V_1 U)$$

$$U = V_1 / 2 = W_1$$

$$\dot{m} = \rho Q$$

代入数值得

$$V_1 = 37.6\text{m/s}$$

$$m = 707\text{kg/s}$$

11.8 压 缩 机

当移动的流体是空气蒸气或其他气体时，通常使用风机。风机类型有：用于冷却台式计算机的小风机；在工业中使用的大风机，例如大型建筑物的通风机。风机通常以相对较低的转速运行，能够输送大量气体。虽然主要的流体是气体，通过风机的气体密度变化通常不超过 7%，这对于空气来说仅有约 7kPa 的压力变化。因此，在处理风机时，将气体密度视为常数，流动分析是基于不可压缩流动概念。由于低压上升，风机通常由轻质金属板制成。根据在系统内的位置，风叶可称为鼓风机（位于系统入口处）、排气器（位于系统出口处）和增压器（位于系统的中间位置）。用于产生比风机更大的气体密度和压力变化的涡轮机称为压缩机，如图 11-25 所示为带中间冷却器的两级离心式压缩机。

压缩机在许多方面类似于本章前面部分所描述的泵和水轮机，主要区别在于流体（气体或蒸汽）的密度从可压缩流体机的入口到出口有很大的变化。

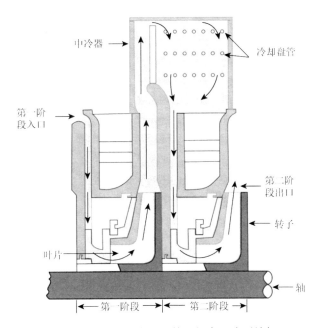

图 11-25 带中间冷却器的两级离心式压缩机

一方面，压缩机是向流体提供能量，导致流体压力显著升高以及相应的密度显著增加。另一方面，压缩机从流体中重新获得能量，导致出口处的压力和密度比入口处低。空压机是空气压缩机的简称，它将自由空气压缩到所需的压力，这时的空气变为压缩空气。由于压缩空气是冶金厂矿所采用的原动力之一，所以空压机一直得到广泛的应用。正如第 10 章所讨论的，研究可压缩流体需要了解热力学的基本原理。同样，深入分析可压缩流涡轮机需要使用各种热力学概念。在本节中简要讨论压缩机和可压缩流涡轮机的一些一般特性。

空气通过空气滤清器被吸入压缩机，在压缩机中经过压缩，达到规定压力后，沿排气管进入风包，然后由排气管路送往使用地点。压缩机按照压缩气体方式的不同，可分为容积型和速度型两大类。容积型空压机通过气缸内做往复运动的活塞或做回转运动的转子来改变工作容积，从而压缩气体，提高气体压力；速度型压缩机则是借助于高速旋转叶轮的作用，使气体得到很高的速度，然后又在扩压器中急剧降速，使气体的动能变为压力能。

11.8.1　离心式压缩机

离心式压缩机由转子及定子两大部分组成。转子主要由主轴、叶轮、平衡盘、推力盘和定距套等元件组成。定子则包含气缸、气封、定位于缸体上的各种隔板及轴承等零部件。隔板之间有扩压器、弯道和回流器等固定元件。

离心式压缩机的基本工作原理是在原动机的驱动下，轴和轴上带有叶片的工作轮（叶轮）做高速旋转，此时，由于叶片与气体之间力的相互作用主要是离心力的作用，气体从叶轮中心处吸入，沿着叶道（叶片之间通道）流向叶轮外缘。当气体流过离心式压缩机的叶道时，其压力和速度都极大增加，即叶轮对气体做功，将原动机的机械能转变为气体的静压能和动能。然后，气体流经扩压器等通道，流道截面逐渐增大，速度降低，前面的气体分子流速降低，后面的气体分子不断涌流向前，使气体的绝大部分动能又转变为静压能，压力进一步提高，即动能转变为压力能。由扩压器流出的气体进入蜗室输送出去，或者经过弯道和回流器进入下一级继续压缩。由于压缩过程中不可避免的摩擦造成能量损失，气体的温度会增加，导致后续压缩需要消耗更多能量。为提高工作效率，多级离心式压缩机通常采用中间冷却，温度较高的压缩气体排入中间冷却器，经冷却后再进入下一段继续压缩。只有一个叶轮的离心式压缩机称为单级离心式压缩机，有两个以上叶轮的称为多级离心式压缩机。经过多级组合，也可以有中间冷却的多段组合，甚至多缸组合进行压缩获得气体所需要的最终压力。

离心式压缩机的优点：

（1）在相同冷量的情况下，特别是在大容量时，与往复式压缩机组相比，省去了庞大的油分装置，机组的重量及尺寸较小，占地面积小；

（2）离心式压缩机结构简单紧凑，运动件少，工作可靠，经久耐用，运行费用低；

（3）容易实现多级压缩和多种蒸发温度，且容易实现中间冷却，功耗较低；

（4）离心机组中混入的润滑油极少，对换热器的传热效果影响较小，机组具有较高的效率。

离心式压缩机的缺点：

（1）转子转速较高，为了保证叶轮一定的宽度，离心式压缩机必须用于大中流量场合，不适合于小流量场合；

（2）离心式压缩机的效率一般低于活塞式压缩机；

（3）离心式压缩机同一台机组工况不能有大的变动，适用范围比较窄。

11.8.2 轴流式压缩机

轴流式压缩机主要由两大基本部分组成：一是转子，即由转鼓及其上所安装的动叶片等可以旋转的零部件组成；二是定子，机壳及其上所安装的静叶片等固定的零部件组成。轴流压缩机一般是多级的，由一排动叶与紧跟其后的一排静叶构成一个级，是轴流压缩机的最基本工作单元。多级压缩机是由多个级串联组成的。

工作时气流首先通过进气导叶使流动均匀并以一定的速度和方向进入第一级动叶和后面的通流部分，当气流通过最后一级动叶和最后一级静叶后进入扩压器。扩压器的作用是将大部分动能进一步转化为压力能，提升压力。从扩压器出来的高压气体进入排气蜗室，改变方向流至排气管处，通过与排气法兰连接的管道送入工艺系统供风。

轴流式压缩机的优点：

（1）与离心式压缩机相比，由于气体在压缩机中的流动，不是沿半径方向，而是沿轴向，所以轴流式压缩机的最大特点在于：单位面积的气体通流能力大，在相同加工气体量的前提条件下，径向尺寸小，特别适用于要求大流量的场合。

（2）轴流压缩机适于实现多级压缩，其工作时无须急剧改变气流方向，所以在大流量下设计工况的效率高于离心式压缩机。

轴流式压缩机的缺点：

（1）稳定工况区较窄，性能曲线较陡，在定转速下流量调节范围小等方面则明显不及离心式压缩机；

（2）容易受到杂质影响：轴流式压缩机的设计使其叶片紧密排列，容易受到杂质的影响，影响其效率和寿命；

（3）叶片型线复杂，制造工艺要求高。

11.9　本　章　总　结

本章考虑了涡轮机流动的各个方面。其中，流体之间角动量变化和轴扭矩的联系是理解涡轮泵和涡轮机如何工作的关键。

当流体流经泵或涡轮时，根据入口和出口速度三角形图表进行描述，此类图表显示了绝对速度、相对速度和圆周速度之间的关系，并讨论了离心泵的性能特点。

对标准无量纲泵参数、相似定律和比转速的概念在泵中使用进行了分析，例如，如何使用泵性能曲线和系统曲线来正确选择泵，并简要讨论了轴流泵和混流泵。

另外，对冲击式涡轮机进行了分析，重点是冲击式叶轮涡轮机。

本章重点内容如下：

（1）写出各名词的含义，并理解相关概念，如涡轮机；轴向流、混合流和径向流，速度三角形，角动量，轴扭矩，欧拉涡轮机方程，轴功率，离心泵，泵性能曲线，系统方程，流量系数，泵标度规律，比转速。

（2）为某台泵或涡轮机绘制进出口速度三角形。

（3）当离心泵扬程变化时，估算实际轴扭矩和轴功率。

（4）使用泵性能曲线和系统曲线来预测给定系统中的泵的性能。

（5）利用泵标度定律，根据同一种类的另一种泵的性能，预测一种泵的性能特征。

（6）通过脉冲涡轮配置估计实际轴扭矩和实际轴功率的流量。

本章的一些重要方程如下。

速度三角形：

$$u = c_u - w_u \tag{11-3}$$

有效功率：

$$P_e = \rho g q_v H / 10^3 \tag{11-5}$$

转矩：

$$M_{L\text{-}y} = M - M_{j,m} \tag{11-6}$$

轴功率：

$$P = M \cdot \omega = \frac{2\pi M n}{60} \tag{11-7}$$

泵的效率：

$$\eta = \frac{P_e}{P} = \frac{\rho g \cdot H \cdot q_v}{(2\pi M n / 60)} \tag{11-11}$$

叶片的理论能量基本方程：

$$H_T = \frac{u_2 c_{2u} - u_1 c_{1u}}{g} \tag{11-18}$$

有效汽蚀余量：

$$(\text{NPSH})_a = \frac{p_B}{\gamma} + \frac{v_x^2}{2g} - \frac{p_n}{\gamma} \tag{11-34}$$

必须汽蚀余量：

$$(\text{NPSH})_r = \frac{\lambda_1 v_1^2}{2g} + \frac{\lambda_2 \omega_1^2}{2g} \tag{11-40}$$

离心泵的扬程：

$$H = H_g + \Delta h + (1\sim 2) \tag{11-47}$$

泵功率相似定律：

$$\frac{P_a}{P_{am}} = \left(\frac{D_2}{D_{2m}}\right)^5 \left(\frac{n}{n_m}\right)^3 \frac{\gamma}{\gamma_m} \tag{11-60a}$$

比转速：

$$n_s = \frac{3.65 n \sqrt{q_v}}{H^{3/4}} \tag{11-69}$$

习 题

11-1 某台离心泵的转速为 1450r/min 时，水的流量为 18m³/h，扬程为 20m。

（1）水的密度为 1000kg/m³，求泵的有效功率；

（2）若将泵的转速调节到 1250r/min，泵的流量与扬程将变为多少?

11-2 叶轮直径为 0.5m 的离心水泵以 900r/min 的速度运行。水平行于泵轴进入泵。如果出口叶片角度（见题图 11-2）为 25°，当通过泵的流量为 0.16m³/s 时，确定转动叶轮所需的轴功率。统一刀片高度为 50mm。

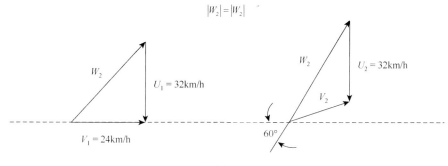

题图 11-2

11-3 离心泵叶轮以 1200r/min 的速度沿题图 11-3 所示的方向旋转。气流平行于旋转轴进入，并与径向方向成 30°角离开。绝对出口速度 V_2 为 28m/s。

（a）画出叶轮出口流的速度三角形。

（b）如果流体是水，估算转动叶轮所需的扭矩。如果轴断裂，轴承转速会变成多少?

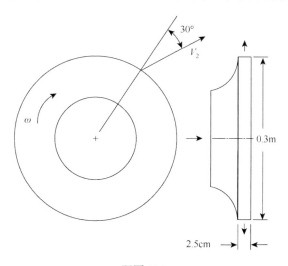

题图 11-3

11-4 用离心泵抽水，在泵上进行的测量表明，在 1kL/min 的流速下，所需的输入功率为 4476W。如果泵效率为 62%，则泵的扬程是多少?

11-5　如题图 11-5 所示，涡轮机上测量到的轴转矩为 60N·m。确定质量流量，轴功率的大小是 1800N·m/s。如果（a）水温升至 48℃，或（b）液体在 15℃时从水变为汽油，泵位于水面上方的最大高度将如何变化？

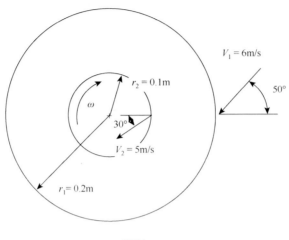

题图 11-5

11-6　如题图 11-6 所示，温度为 40℃的水通过长度为 200m、直径为 50mm 的光滑水平管道从敞口水箱中抽出，并以 3m/s 的速度排入大气。微小的损失可以忽略不计。（1）如果泵的效率为 70%，泵的功率是多少？（2）泵入口的(NPSH)$_A$ 是多少？忽略将泵连接到储罐的短管道段的损失。假设标准大气压力。

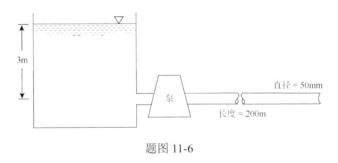

题图 11-6

11-7　在实验室中对一个小型泵进行测试，发现其在峰值效率下运行时的比转速 N_{sd} 为 1000。请预测一台较大的几何相似泵的流量，该泵以 1800r/min 的速度以峰值效率运行，实际扬程上升 60m。

11-8　一个离心泵，其扬程-容量关系由 $h_a = 54 - 1.2 \times 10^{-5} Q^2$ 给出。当 Q 以 L/min 为单位时，将与题图 11-3 所示的系统一起使用。对于 $z_2 - z_1 = 15$m，如果恒定直径管道的总长度为 182m，流体为水，则预期流速是多少？假设管径为 10cm，摩擦系数为 0.02。忽略所有小损失。

11-9　叶轮直径为 1m 的离心泵，应确保其在转速为 1200r/min 时，为 4.1m³/s 水柱的流量提供 200m 的扬程。为了研究这种泵的特性，需要在实验室中建立一个 1/5 比例、几何形状相似、以相同速度运行的模型，请确定所需的模型流量和扬程。假设模型和原型以相同的效率运行（因此流量系数相同）。

11-10　直径为 30cm 的离心泵需要 44760W 的功率输入，当流量为 12kL/min 时，压头为 18m。改为直径为 25cm 的叶轮，如果泵速保持不变，请确定预期流量、扬程和输入功率。

11-11 当在 60m 水头下以 1750rpm 的速度运行时，离心泵提供 2kL/min 的流速。如果泵速增加到 3500rpm，请确定泵的流量和水头。

11-12 在特定应用中，当以 1200rpm 的速度运行时，要求泵在 90m 的压头下输送 19kL/min 的流量。你会推荐什么类型的泵？

11-13 某轴流泵的比转速为 5.0。如果泵在 4.5m 的压头下运行时预计输出 11340L/min，泵的运行速度（rpm）是多少？

11-14 以 11.7 节中流体故事"高科技吊扇"中的流体为例，试解释为什么反转吊扇的旋转方向会导致气流方向相反。

11-15 如题图 11-15 所示，冲击式水轮机的水流从水头开始，流经压力管道。压力管道、控制阀等的有效摩擦系数为 0.032，射流直径为 0.20m。请确定最大功率输出。

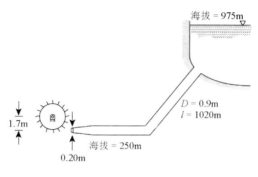

题图 11-15

11-16 冲击轮直径为 2m，以 180rpm 的速度旋转时产生 500kW 的能量。水对叶片的平均作用力是多少？如果涡轮机在最大效率下运行，请确定喷嘴喷水的速度和质量流量。

11-17 如题图 11-17 所示，空气（假设不可压缩）流经转子，绝对速度的大小从 15m/s 增加到 25m/s。测量结果表明，入口的绝对速度方向与所示方向一致。如果流体不对转子施加扭矩，试确定出口处绝对速度的方向是顺时针还是逆时针？这个装置是泵还是涡轮？

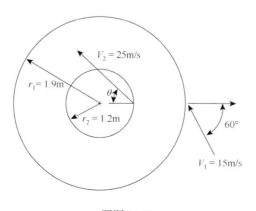

题图 11-17

11-18 如题图 11-18 所示，水流过旋转洒水喷头臂，试估算 120r/min 的转速所需的最小水压。这是涡轮机还是泵？

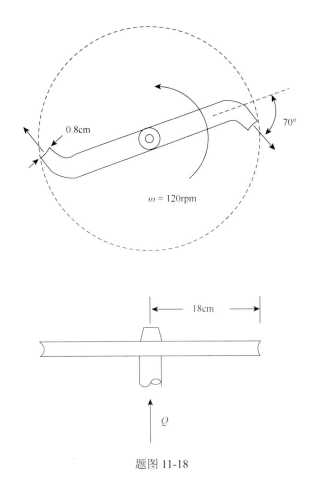

题图 11-18

11-19 如题图 11-19 所示，旋转管汇上的缝隙中流出厚度为 3mm 的均匀水平水幕。相对于臂的速度沿每个缝隙恒定为 3m/s，请确定保持歧管静止所需的扭矩。如果忽略阻力矩，流形的角速度是多少？

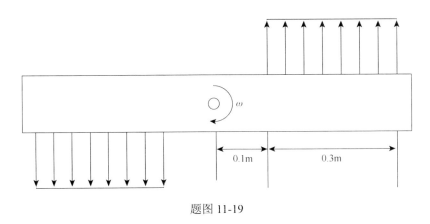

题图 11-19

11-20   如题图 11-20 所示，离开离心泵的水的速度的径向分量为 14m/s，泵出口处的绝对速度为 28m/s。流体径向识别泵转子。计算流经泵的单位质量所需的轴功。

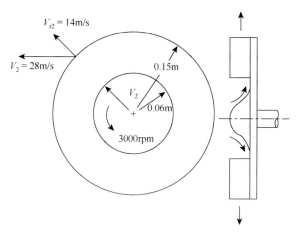

题图 11-20

主要参考文献

安连锁. 2008. 泵与风机. 北京：中国电力出版社.

丁祖荣. 2003. 流体力学（上册）. 北京：高等教育出版社.

丁祖荣. 2003. 流体力学（中册）. 北京：高等教育出版社.

归柯庭，汪军，王秋颖. 2020. 工程流体力学. 3 版. 北京：高等教育出版社.

孔珑. 1992. 工程流体力学. 北京：水利电力出版社.

刘高联，王甲升. 1980. 叶轮机械气动力学基础. 北京：机械工业出版社.

罗惕乾. 2022. 流体力学. 4 版. 北京：机械工业出版社.

屠长环. 2014. 泵与风机的运行及节能改造. 北京：化学工业出版社.

吴望一. 1983. 流体力学. 北京：北京大学出版社.

吴玉林. 2003. 流体机械及工程. 北京：机械工业出版社.

夏泰淳. 2006. 工程流体力学. 上海：上海交通大学出版社.

邢国清. 2009. 流体力学泵与风机. 北京：中国电力出版社.

Anderson J D. 2003. Modern Compressible Flow with Historical Perspective. 3rd ed. New York：McGraw-Hill.

Benedict R P. 1984. Fundamentals of Temperature，Pressure，and Flow Measurements. 3rd ed. New York：Wiley.

Brenner M P，Eggens J，Josepl K，et al. 1997. Breakdoun of scalius in droplet fission at high Reynolds number. Physics of Fluid，9：1573.

Coles D. 1972. Channel Flow of a Compressible Fluid. SumMary description of film in Illustrated Experiments in Fluid Mechanics，The NCFMF Book of Film Notes. Cambridge：MIT Press.

Finnemore E J，Franzini J R. 2002. Fluid Mechanics. 10th ed. New York：McGraw-Hill.

Goldstein R J. 1983. Fluid Mechanics Measurements. New York：Hemisphere.

Greitzer E M，Tan C S，Graf M B. 2004. Internal Flow Concepts and Applications. Cambridge：Cambridge University Press.

Greitzer E M，Tan C S，Graf M B. 2004. Internal Flow Concepts and Applications. Cambridge：Cambridge University Press.

Keenan J H，Chao J，Kaye J. 1980. Gas Tables. 2nd ed. New York：Wiley.

LiepMann H W，Roshko A. 2002. Elements of Gasdynamics. Dover Publications.

Magarvey R H，MacLatchy C S. 1964. The formation and structure of vortex rings. Canadian Journal of Physics，42：678-683.

Moran M J，Shapiro H N. 2008. Fundamentals of Engineering Thermodynamics. 6th ed. New York：Wiley.

Munson B R，Okiishi T H，Huebsch W W，et al. 2013. Fluid Mechanics. 7th ed. New York：Wiley.

Panton R L. 2005. Incompressible Flow. 3rd ed. New York：Wiley.

Reid R C，Prausnitz J M，Sherwood T K. 1977. The Properties of Gases and Liquids. 3rd ed. New York：McGraw-Hill.

Saravanamuttoo H I H，Rogers G F C，Cohen H. 2001. Gas Turbine Theory. 5th ed. Saddle River：Prentice Hall.

Schlichting H. 2000. Boundary-Layer Theory. 8th ed. New York：McGraw-Hill.

Shapiro A H. 1953. The Dynamics and Thermodynamics of Compressible Fluid Flow. New York：Wiley.

Streeter V L，Wylie E B. 1985. Fluid Mechanics. 8th ed. New York：McGraw-Hill.

Taylor E S. 1974. Dimensional Analysis for Engineers. Oxford：Clarendon Press.

White F M. 2003. Fluid Mechanics. 5th ed. New York：McGraw-Hill.

附录 A　计算流体力学简介

引　言

计算流体动力学（computational fluid dynamics，CFD）是流体力学研究的一个分支学科。20 世纪 50 年代以来，CFD 随着计算机的发展而产生，通过计算机和数值方法来求解流体力学的控制方程，对流体力学问题进行模拟和分析。

流体运动的复杂性主要表现为控制方程的高度非线性和流动区域几何形状的不规则性，绝大多数流动问题无法得到解析解。CFD 的主要思想是把空间和时间上连续分布的流动物理量用一系列有限个离散点上的值表示，通过一定的方法建立起这些离散点上变量值之间的代数方程组，从而得到所求解变量的近似值。CFD 的一般步骤包括构建物理模型、建立数学模型、进行网格划分并设定边界条件、使用数值方法进行方程离散并求解、计算结果后处理等。

A.1　离散

离散过程是指根据计算域中的离散点确定一套代数方程来代替偏微分方程。常见的离散化方法包括有限差分法、有限体积法和有限元法。在每一种方法中，连续的物理场都用规定位置的离散值来描述，从而在计算机上求解。

有限体积法将计算区域划分为一系列不重复的单元，每一个单元都有一个节点作代表，将待求的微分形式守恒方程在任一单元及一定时间间隔内对空间与时间作积分。单元的数量、大小和形状取决于问题的几何和流动条件。随着单元数量的增加，同步求解的代数方程的数量迅速增加。

有限差分法将流场划分成一组网格点，连续函数（速度、压力等）由这些函数在网格点上计算的离散值进行近似得到。函数的导数用局部网格点函数值的差值除以网格间距，通过泰勒级数展开将偏微分方程转换为代数方程。

有限元法的基本思想是把计算域划分为有限个互相不重叠的单元，在每个单元内选择一些合适的节点作为求解函数的插值点，将微分方程中的变量改写成由各变量或者其导数的节点值与所选用的插值函数组成的线性表达式，借助于变分原理或加权余量法，将微分方程离散求解。采用不同的权函数和插值函数形式，便构成了不同的有限元方法。

A.2　网格划分

离散点的排列被称为网格。对于一个给定的问题，网格类型会对模拟结果产生很大的影响。网格必须正确、准确地表示几何形状，否则会影响解的精确性。一般来说，网格的类型分为结构化和非结构化两类，区别于网格点与其邻点是否存在系统的连接模式。结构化网格的网格布局具有某种规律性、连贯性的结构，可以用数学方法定义。最简单的结构化网格是均匀的矩形网格，但是结构化网格并不限于矩形几何体。

非结构化网格单元的排列是不规则的。对于二维问题，网格单元的几何形状通常由不同大小的三角形组成，对于三维网格，则由四面体组成。与结构化网格不同的是，非结构化网格的每个网格单元和连接处都有不同的功能，对相邻单元的信息分别进行定义，由此增加了计算机代码的复杂性，同时对计算机提出大量的存储需求。非结构化网格比结构化网格更适用于复杂的几何形状。有限差分法通常局限于结构化的网格，而有限体积法或有限元法可以使用结构化或非结构化网格。

其他网格包括混合网格、移动网格和自适应网格。混合网格是指由不同单元（矩形、三角形等）组成的网格。移动网格适合随时间变化几何体的流动。例如，模拟心脏内的血液流动或扇动翅膀周围的空气流动。自适应网格能够在模拟过程中自行进行调整。

A.3　边界条件

同样的控制方程，比如纳维-斯托克斯方程，对所有不可压缩的牛顿流体流动问题都有效。那么对于不同类型的流动，涉及不同的流动几何形状，如何实现不同的解决方案？答案在于问题的边界条件。边界条件是控制方程有确定解的前提，因此，对于任何问题，都需要给定边界条件。对于给定的流动几何体，边界条件是唯一的。指定正确的边界条件对于 CFD 是非常重要的，边界条件定义不当会影响解的精度。

A.4　模型验证

任何一个 CFD 模拟都需要完成几个层次的验证才能确保计算结果的准确性。首先是网格无关性验证，即证明网格的进一步细化不会改变最终的计算结果。其他验证包括收敛准则是否合适，时间步长是否适合问题的时间尺度，以及 CFD 计算结果与现有理论或实验数据的比较。即便是使用已经在许多问题上得到验证的商业 CFD 代码，仍然需要进行网格无关性验证来确保计算结果的可靠性。

A.5　CFD 算法

大多数 CFD 算例都采用几乎相同的基本方法，可能出现的差异包括问题的复杂性、可用的计算机资源、现有的 CFD 专业技术以及是否使用了商业 CFD 软件包，或者是为特定问题开发的 CFD 算法。如今市场上有许多商业 CFD 代码可以用来解决各种问题。但是对特定的流体流动问题进行彻底的研究，仍然需要花费时间开发一个特定问题的算法。图 A-1 给出了大多数 CFD 应用的一般方法。

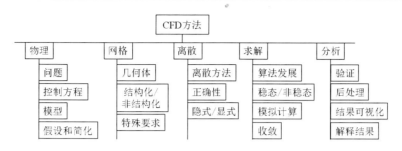

图 A-1   CFD 应用的一般方法

A.6   CFD 的应用

　　CFD 早期主要应用于航空航天领域，随着计算机的不断发展，CFD 被广泛应用于工业界，包括汽车、工业、暖通空调、舰船、民用、化工、生物等。各行业都在使用 CFD 作为附加的工程工具，补充流体力学的实验和理论工作。CFD 与传统实验研究相比，最大的优势是节省工程设计的时间和成本。过去一个新的工程设计在最终确定之前，需要建立和测试多个原型，应用 CFD 则省掉了这些环节。但是，CFD 并不能取代实验测试，而是要与之配合。CFD 的优势还包括：①在实验难以测试的区域获得流动信息；②模拟真实的流动条件；③在较短的时间内对新设计进行大规模的参数测试；④增强复杂流动现象的可视化。

　　CFD 应用中，不同的数值解法和网格技术各有利弊。CFD 是一种工具，适当地使用才能产生有意义的结果。计算流体力学一般是将计算机和数值分析结合起来解决流体流动问题，它代表了先进流体力学中一个极其重要的学科领域，在过去相对较短的时间内取得了一些进展，但仍有许多工作要做。

A.7   代表性算例

　　近年来航空运输业发展迅速，随着运输量的增加，提高机场容量与机场运行效率的问题亟待解决。缩短尾流间隔是提高机场容量与机场运行效率的有效措施之一。研究尾涡的输运特性与耗散规律进而建立一套尾流间隔的动态咨询系统，对缩短飞机起飞间隔、增加起飞频率具有现实意义。本算例针对飞机起飞滑行阶段，利用大涡模拟（large eddy simulation，LES）与雷诺时均（Reynolds Average Navier-Stokes，RANS）湍流模型，对机身周围流场和涡系结构的演变与消散特性进行研究。

　　大涡模拟是将包括脉动运动在内的湍流瞬时运动通过滤波方法分解成可解尺度运动（大尺度运动）和不可解尺度运动（小尺度运动），其中可解尺度运动通过数值求解流体运动微分方程直接求解，不可解尺度运动通过构建亚格子应力数学模型进行数值求解。

　　1. 大涡模拟

　　1）滤波

　　大涡模拟方法的第一步就是通过滤波函数把湍流运动中的小尺度脉动过滤掉。目前，主要采用的滤波方法有谱空间的低通滤波器、物理空间的盒式滤波器和高斯过滤器。

在物理空间中，可以通过积分运算过滤掉湍流中的小尺度脉动，积分过滤过程公式为

$$\bar{u}_i(\boldsymbol{x},t) = \frac{1}{\Delta^3}\int_{-\Delta/2}^{\Delta/2}\int_{-\Delta/2}^{\Delta/2}\int_{-\Delta/2}^{\Delta/2}u_i(\boldsymbol{\xi},t)G(\boldsymbol{x}-\boldsymbol{\xi})\mathrm{d}\xi_1\mathrm{d}\xi_2\mathrm{d}\xi_3 \tag{A-1}$$

式中，$G(\boldsymbol{x}-\boldsymbol{\xi})$ 是过滤函数，对于边长为 Δ 的立方体的积分过滤函数为

$$G(\boldsymbol{\eta})=\begin{cases}1, & |\eta| \leqslant \Delta/2 \\ 0, & |\eta| > \Delta/2\end{cases} \tag{A-2}$$

低通过滤后，湍流流速为平均速度 $\bar{u}_i$ 和脉动速度 u_i'' 之和：

$$u_i = \bar{u}_i + u_i'' \tag{A-3}$$

低通脉动为可解尺度脉动，可以直接解出；剩余脉动为不可解尺度脉动或小尺度脉动或亚格子尺度脉动，需要构建亚格子应力数学模型解出。

2）大涡模拟控制方程

将 N-S 方程进行过滤后得到湍流的大涡的控制方程为

$$\frac{\partial \bar{u}_i}{\partial t} + \frac{\partial \overline{u_i u_j}}{\partial x_j} = -\frac{1}{\rho}\frac{\partial \bar{p}}{\partial x_i} + \upsilon\frac{\partial^2 \bar{u}_i}{\partial x_i \partial x_j} \tag{A-4}$$

$$\frac{\partial \bar{u}_i}{\partial t} = 0 \tag{A-5}$$

滤波函数将湍流样本流动分解为大尺度运动和小尺度运动，即

$$u_i(\boldsymbol{x},t) = \bar{u}_i(\boldsymbol{x},t) + u_i''(\boldsymbol{x},t) \tag{A-6}$$

式中，$\bar{u}_i(\boldsymbol{x},t)$ 为可解尺度运动，即大尺度运动部分；$u_i''(\boldsymbol{x},t)$ 为小尺度运动，即不可解尺度运动部分。

根据式（A-6），未知量 $\overline{u_i u_j}$ 的表达式可以整理为

$$\overline{u_i u_j} = \overline{\left[\bar{u}_i(\boldsymbol{x},t) + u_i''(\boldsymbol{x},t)\right]\left[\bar{u}_j(\boldsymbol{x},t) + u_j''(\boldsymbol{x},t)\right]} \tag{A-7}$$

进一步运算可得

$$\overline{u_i u_j} = \overline{\bar{u}_i(\boldsymbol{x},t)\bar{u}_j(\boldsymbol{x},t)} + \overline{\bar{u}_i(\boldsymbol{x},t)u_j''(\boldsymbol{x},t)} + \overline{\bar{u}_j(\boldsymbol{x},t)u_i''(\boldsymbol{x},t)} + \overline{u_i''(\boldsymbol{x},t)u_j''(\boldsymbol{x},t)} \tag{A-8}$$

上式中右端第一项可以由大尺度项直接数值解；而右端第二、三、四项含有小尺度脉动项，在大涡模拟方法中需要模型封闭才可以求解，即需要构建亚格子尺度模型。

3）亚格子模型

亚格子模型是为了求解大涡控制方程中的小尺度脉动而建立的模型。唯象论的亚格子涡黏性模型是在湍流统计理论和量纲分析的基础上构造亚格子涡黏公式，相关常数由实验或者经验确定。

Smagorinsky-Lilly 模式假定小尺度脉动是局部平衡的，即由可解尺度向不可解尺度的能量传输率等于湍动能耗散率，则可用涡黏形式的亚格子尺度雷诺应力模型：

$$\bar{\tau}_{ij} = \left(\bar{u}_i\bar{u}_j - \overline{u_i u_j}\right) = \left(C_s\Delta\right)^2\overline{S_{ij}}\left(2\overline{S_{ij}S_{ij}}\right)^{1/2} - \frac{1}{3}\bar{\tau}_{kk}\sigma_{ij} \tag{A-9}$$

式中，$C_s\Delta$ 为混合长度的涡黏模式；C_s 为 Smagorinsky 常数。

根据高雷诺数各向同性湍流能谱可以确定 Smagorinsky 常数。根据惯性子区中的能量传递处于局部平衡状态，即小尺度湍动能平均耗散率等于大尺度湍流向亚格子尺度湍流传递的能量，即

$$\tilde{\varepsilon} = 2\langle \upsilon_t \overline{S}_{ij}\overline{S}_{ij}\rangle = 2(C_s\Delta)^2 \langle 2(\overline{S}_{ij}\overline{S}_{ij})^{3/2}\rangle \tag{A-10}$$

式中，涡黏性系数为

$$\langle \upsilon_t \rangle = (C_s\Delta)^2 (\overline{S}_{ij}\overline{S}_{ij})^{1/2} \tag{A-11}$$

根据湍动能谱的 $-5/3$ 次方规律，并假定 $\langle(\overline{S}_{ij}\overline{S}_{ij})^{3/2}\rangle = \langle\overline{S}_{ij}\overline{S}_{ij}\rangle^{3/2}$，得出 Smagorinsky 系数：

$$C_s = \frac{1}{\pi}\left(\frac{2}{3C_k}\right)^{3/4} \tag{A-12}$$

式中，C_k 为 Kolmogorov 常数，$C_k = 1.4$，由此 $C_s \approx 0.18$。

Smagorinsky 涡黏模式是耗散型的涡黏模式。Smagorinsky 涡黏模式虽然和黏性流体运动的数值计算吻合得很好，但是 Smagorinsky 涡黏模式在计算中耗散过大。这个问题可以通过近壁阻尼函数进行修正，即用 l_s 代替 $C_s\Delta$：

$$l_s = C_s\Delta[1 - \exp(-y^+ / A^+)] \tag{A-13}$$

式中，$y^+ = yu_* / \upsilon$，y 为离壁面的距离，剪切速度 $u_* = \sqrt{\tau_0 / \rho}$；常数 $A^+ = 26$。

目前，气象和工程湍流数值模拟计算中广泛使用 Smagorinsky 涡黏模式，但是该涡黏模式在近壁面区域和层流到湍流的转捩阶段耗散过大。Smagorinsky 涡黏模式与其他模式同样不能考虑到能量从小尺度涡向大尺度涡的逆向传输。

2. 雷诺时均湍流模型

标准 k-ε 模型是运用最广泛的模型之一。各种尺度的脉动成分的平均值是湍流脉动的特征长度。可以根据湍动能 k 和湍动能耗散率 ε 对湍流脉动的特征长度进行估计。这种估计方法是根据能量串级理论得出的，能量串级理论认为能量和涡量不断从大尺度涡向小尺度涡传递，在惯性区湍动能几乎没有耗散，在小尺度脉动区小涡团中会有大的速度梯度和流体黏性应力使湍动能耗散为热量。

根据量纲分析可以得出湍流黏度为

$$\mu_t = \rho C_\mu \frac{k^2}{\varepsilon} \tag{A-14}$$

式中，$C_\mu = 0.09$。

因为引入了湍动能 k 和湍动能耗散率 ε 两个湍流标量，所以为使方程封闭，要添加两个附加的微分方程，即附加湍动能 k 和湍动能耗散率 ε 的输运方程。

湍动能的输运方程为

$$\frac{\partial k}{\partial t} + U_j\frac{\partial k}{\partial x_j} = p - \varepsilon + D \tag{A-15}$$

式中，脉动动能平均量即湍动能为

$$k = \frac{1}{2}\overline{u_i'u_i'} \qquad\qquad (\text{A-16})$$

湍动能的生成项：

$$p = -\overline{u_i'u_i'}S_{ij} \qquad\qquad (\text{A-17})$$

湍动能的耗散项：

$$\varepsilon = 2\upsilon\overline{s_i's_i'} \qquad\qquad (\text{A-18})$$

湍动能的扩散项：

$$D = \frac{\partial}{\partial x_j}\left(-\frac{1}{\rho}\overline{u_j'p'} - \frac{1}{2}\overline{u_i'u_i'u_j'} + \upsilon\frac{\partial k}{\partial x_j}\right) \qquad\qquad (\text{A-19})$$

需要对湍动能输运方程中的湍动能的生成项、耗散项与扩散项进行模化。下面对湍动能生成项进行模化，根据 Boussinesq 涡黏性假设可得生成项的模化方程：

$$p = \frac{2}{\rho}\mu_t S_{ij}S_{ij} - \frac{2}{3}k\frac{\partial U_i}{\partial x_i} \qquad\qquad (\text{A-20})$$

飞机起飞滑行阶段的机身周围的流体流动速度还未超过 $Ma = 0.3$，可以根据不可压缩流体理论进行研究。对于不可压缩流动 $\frac{\partial U_i}{\partial x_i} = 0$，因此生成项为

$$p = \frac{1}{\rho}\mu_t S^2 \qquad\qquad (\text{A-21})$$

式中，$S = \sqrt{2S_{ij}S_{ij}}$。

下面对扩散项进行模化，假设扩散项与湍动能的梯度呈线性关系，假设湍动能的扩散系数正比于 μ_t，因此扩散项的梯度模型为

$$-\frac{1}{\rho}\overline{u_j'p'} - \frac{1}{2}\overline{u_i'u_i'u_j'} = \frac{1}{\rho}\frac{\mu_t}{\sigma_k}\frac{\partial k}{\partial x_j} \qquad\qquad (\text{A-22})$$

式中，σ_k 为经验常数。将式（A-21）、式（A-22）代入湍动能的输运方程（A-15）中得到湍动能的输运方程为

$$\frac{\partial k}{\partial t} + U_j\frac{\partial k}{\partial x_j} = \frac{1}{\rho}\mu_t S^2 - \varepsilon + \frac{1}{\rho}\frac{\partial}{\partial x_j}\left[\left(\mu + \frac{\mu_t}{\sigma_k}\right)\frac{\partial k}{\partial x_j}\right] \qquad\qquad (\text{A-23})$$

根据湍流脉动方程可以将湍动能耗散率 ε 的输运方程导出，湍动能耗散率 ε 的输运方程为

$$\frac{\partial \varepsilon}{\partial t} + U_k\frac{\partial \varepsilon}{\partial x_k} = -2\upsilon\left[\overline{\frac{\partial u_i'}{\partial x_j}\frac{\partial u_k'}{\partial x_j}} + \overline{\frac{\partial u_j'}{\partial x_i}\frac{\partial u_j'}{\partial x_k}}\right]\frac{\partial U_i}{\partial x_k} - 2\upsilon\overline{u_k'\frac{\partial u_i'}{\partial x_j}}\frac{\partial^2 U_i}{\partial x_k\partial x_j} - 2\upsilon\overline{\frac{\partial u_i'}{\partial x_k}\frac{\partial u_i'}{\partial x_j}\frac{\partial u_k'}{\partial x_j}}$$

$$-2\upsilon^2\overline{\frac{\partial^2 u_i'}{\partial x_j\partial x_k}\frac{\partial^2 u_i'}{\partial x_j\partial x_k}} - \upsilon\frac{\partial}{\partial x_k}\left[\overline{u_k'\frac{\partial u_i'}{\partial x_j}\frac{\partial u_i'}{\partial x_j}} + 2\overline{\frac{\partial p'}{\partial x_j}\frac{\partial u_k'}{\partial x_j}}\right] - \upsilon\frac{\partial^2 \varepsilon}{\partial x_i\partial x_i} \qquad\qquad (\text{A-24})$$

　　湍动能耗散率 ε 的输运方程右端包含三个部分。第一部分是湍动能耗散率的生成项，主要反映大涡拉伸和小涡拉伸的作用；第二部分为湍动能耗散率的耗散项；第三部分为湍动能耗散率的扩散项，主要包含由湍流扩散与压强产生的扩散项与分子黏性引起的扩散项。这个方程过于复杂，目前采用类比方法对湍动能耗散率的输运方程进行处理，使用此方法得出的湍动能耗散率的模化方程为

$$\frac{\partial \varepsilon}{\partial t}+U_j\frac{\partial \varepsilon}{\partial x_j}=C_{\varepsilon_1}\frac{\varepsilon}{k}\left(\frac{1}{\rho}\mu_t S^2\right)-C_{\varepsilon_2}\frac{\varepsilon^2}{k}+\frac{1}{\rho}\frac{\partial}{\partial x_j}\left[\left(\mu+\frac{\mu_t}{\sigma_\varepsilon}\right)\frac{\partial \varepsilon}{\partial x_j}\right] \tag{A-25}$$

式中，经验常数通常取：$\sigma_k=1.0$，$\sigma_\varepsilon=1.3$，$C_{\varepsilon_1}=1.41\sim1.45$，$C_{\varepsilon_2}=1.91\sim1.92$。

　　由标准 $k\text{-}\varepsilon$ 方程可以计算复杂的湍流流动，但是该模型还是有一些缺陷，比如在计算有旋流的流体运动方面还需要对该湍流模型进行修正。

　　3. 计算结果——尾涡的卷起

　　从飞机尾缘处拖出的平直面涡在向下游运动的过程中会逐渐卷成一对集中涡。机翼下方的压力高、上方的压力低，所以气流从机翼下方绕过翼尖流向机翼上方从而形成一对反向旋转的旋涡。飞行器尾涡的强度由飞行器的参数（重量、翼展、翼型）、速度和大气运动情况决定。这些涡旋最终合并为一个简单的涡系。图 A-2（a）、（b）分别为基于 LES 与 RANS 方法计算的正风 102m/s（$Ma=0.3$）的飞机滑行阶段机身周围涡系结构图。

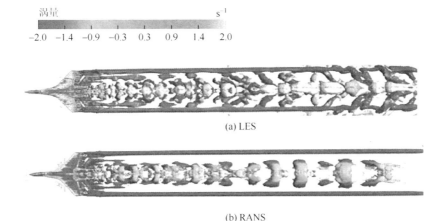

图 A-2　飞机的近场尾涡

　　尾涡面的演化大致分成三个阶段：平直面涡生成的初始阶段、面涡的卷起过程、远下游集中涡的形成。从机翼后缘平直面涡到远下游集中涡的形成，即尾涡的形成过程经历了面涡卷起的过程，尾涡面卷起的形状近似为螺线，即 Kaden 螺线。面涡在卷起过程中会被拉长，然后通过面涡卷成一对反向旋转的集中涡。

图 A-3 为半飞机模型在 $Ma = 0.3$ 匀速前行的工况下翼弦根部 4 个截面的流线图，4 个截面依次是从翼根弦前端点到翼根弦后端点均匀长度截得的垂直飞机中轴线的截面。从图 A-3 可以得出，飞机翼尖涡的形成是由于飞机机翼下方的压力大、上方的压力小，从而气流从机翼下方绕过机翼尖部流向机翼上部，进而形成翼尖涡流。

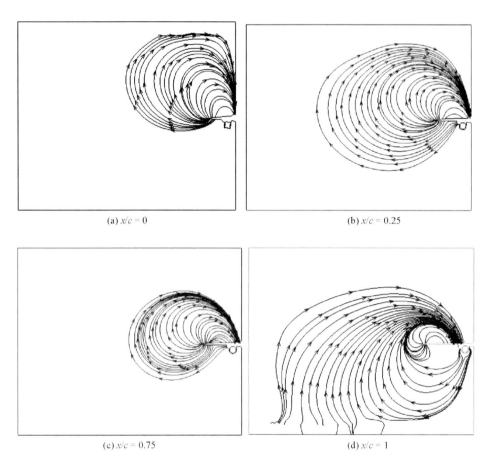

(a) $x/c = 0$　　　　　　　　　　　　　(b) $x/c = 0.25$

(c) $x/c = 0.75$　　　　　　　　　　　　(d) $x/c = 1$

图 A-3　飞机机翼尾涡面流线图

图 A-4 为基于大涡模拟湍流模型计算的正风 102m/s 工况下飞机机翼翼尖涡三维等值涡量随时间的变化情况。通过该图可以观察到在初始阶段翼尖涡向下游发展的情形。初始阶段翼尖涡由附着涡、启动涡与翼尖涡组成机翼涡系。通过对比图 A-4 中 0.005s、0.01s、0.02s 与 0.03s 这 4 个时刻的三维翼尖涡等值涡量图，可以发现在翼尖涡生成的最开始阶段是由于附着涡从机翼表面脱落与分离，形成一排轴向涡系。由于涡旋是成对出现的，故在等值涡量图中显现出红蓝相间的正负涡量值现象。随着时间的推移，脱落的涡系向下游移动，可以发现涡旋的形态逐渐表现出不稳定的行为，即出现涡系的缠绕与涡旋的破裂。在 0.03s 时刻，启动涡出现了断裂现象。翼尖涡逐渐向下游运动最终形成一对反向旋转的涡旋。

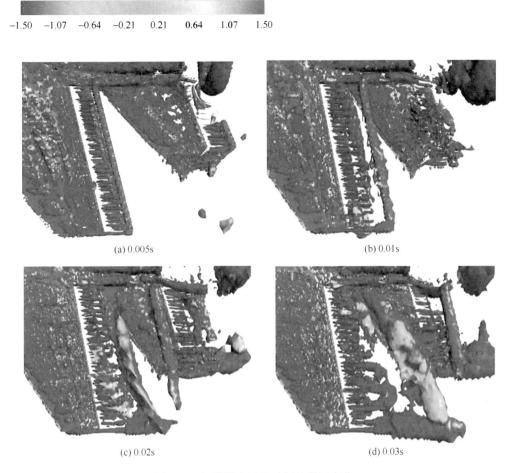

涡量　　　　　　　　　　　　　　　s^{-1}

−1.50　−1.07　−0.64　−0.21　0.21　0.64　1.07　1.50

(a) 0.005s　　　　　　　　　　　　　　(b) 0.01s

(c) 0.02s　　　　　　　　　　　　　　(d) 0.03s

图 A-4　机翼翼尖涡随时间的发展变化

附录 B　常用流体的物理性质

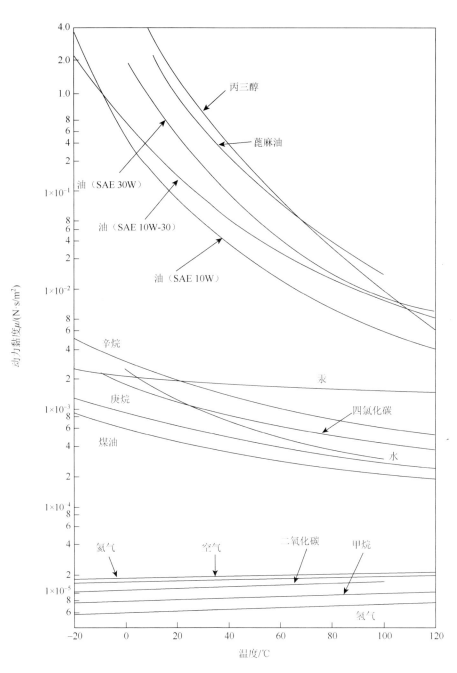

图 B-1　常见流体的动力黏度随温度变化曲线

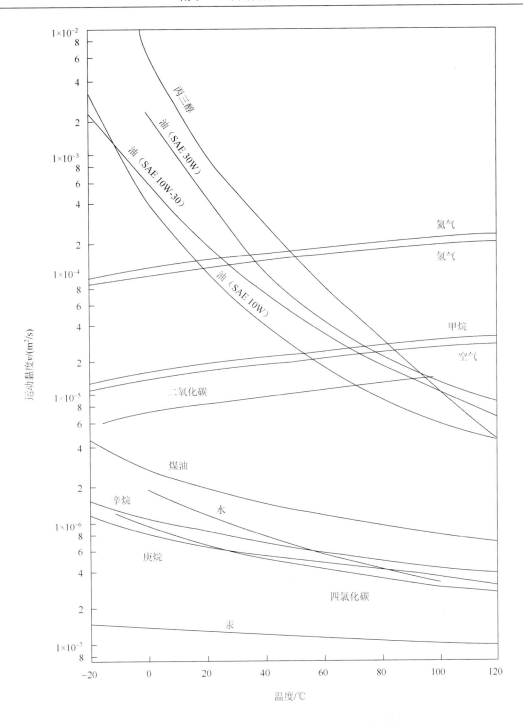

图 B-2 常见流体的运动黏度（常压）随温度变化曲线

表 B-1　一些常见液体的物理性质

液体	温度 $T/℃$	密度 $\rho/(kg/m^3)$	重度 $\gamma/(kN/m^3)$	动力黏度 $\mu/(N·s/m^2)$	运动黏度 $\nu/(m^2/s)$	表面张力 $\sigma/(N/m)$	蒸气压 $p_\surd/(N/m^2)$	体积模量 $E_\surd/(N/m^2)$
四氯化碳	20	1590	15.6	$9.58×10^{-4}$	$6.03×10^{-7}$	$2.69×10^{-2}$	$1.3×10^4$	$1.31×10^9$
乙醇	20	789	7.74	$1.19×10^{-3}$	$1.51×10^{-6}$	$2.28×10^{-2}$	$5.9×10^3$	$1.06×10^9$
汽油	15.6	680	6.67	$3.1×10^{-4}$	$4.6×10^{-7}$	$2.2×10^{-2}$	$5.5×10^4$	$1.3×10^9$
甘油	20	1260	12.4	1.50	$1.19×10^{-3}$	$6.33×10^{-2}$	$1.4×10^{-2}$	$4.52×10^9$
水银	20	13600	133	$1.57×10^{-3}$	$1.15×10^{-7}$	$4.66×10^{-1}$	$1.6×10^{-1}$	$2.85×10^{10}$
海水	15.6	1030	10.1	$1.20×10^{-3}$	$1.17×10^{-6}$	$7.34×10^{-2}$	$1.77×10^3$	$2.34×10^9$
水	15.6	999	9.80	$1.12×10^{-3}$	$1.12×10^{-6}$	$7.34×10^{-2}$	$1.77×10^3$	$2.15×10^9$

表 B-2　一些常见气体的物理性质

气体	温度 $T/℃$	密度 $\rho/(kg/m^3)$	重度 $\gamma/(kN/m^3)$	动力黏度 $\mu/(N·s/m^2)$	运动黏度 $\nu/(m^2/s)$	气体常数 $R/(J/(kg·K))$	比热比 k
空气	15	1.23	$1.20×10^1$	$1.79×10^{-5}$	$1.46×10^{-5}$	$2.869×10^2$	1.4
二氧化碳	20	1.83	$1.80×10^1$	$1.47×10^{-5}$	$8.03×10^{-6}$	$1.889×10^2$	1.3
氦气	20	$1.66×10^{-1}$	1.63	$1.94×10^{-5}$	$1.15×10^{-4}$	$2.077×10^3$	1.66
氢气	20	$8.38×10^{-2}$	$8.22×10^{-1}$	$8.84×10^{-6}$	$1.05×10^{-4}$	$4.124×10^3$	1.41
甲烷	20	$6.67×10^{-1}$	6.54	$1.10×10^{-5}$	$1.65×10^{-5}$	$5.183×10^2$	1.31
氮气	20	1.16	$1.14×10^1$	$1.76×10^{-5}$	$1.52×10^{-5}$	$2.968×10^2$	1.40
氧气	20	1.33	$1.30×10^1$	$2.04×10^{-5}$	$1.53×10^{-5}$	$2.598×10^2$	1.40

表 B-3　水的物理性质

温度 $T/℃$	密度 $\rho/(kg/m^3)$	重度 $\gamma/(kN/m^3)$	动力黏度 $\mu/(N·s/m^2)$	运动黏度 $\nu/(m^2/s)$	声速 $c/(m/s)$	表面张力系数(空气) $\sigma/(N/m)$	蒸气压 $p_\surd/(N/m^2)$
0	999.9	9.806	$1.787×10^{-3}$	$1.787×10^{-6}$	1403	0.0757	$6.105×10^2$
10	999.7	9.804	$1.307×10^{-3}$	$1.307×10^{-6}$	1447	0.0742	$1.228×10^2$
20	998.2	9.789	$1.002×10^{-3}$	$1.004×10^{-6}$	1481	0.0728	$2.338×10^3$
30	995.7	9.765	$7.975×10^{-4}$	$8.009×10^{-7}$	1507	0.0712	$4.243×10^3$
40	992.2	9.731	$6.529×10^{-4}$	$6.580×10^{-7}$	1526	0.0696	$7.376×10^3$
50	988.1	9.690	$5.468×10^{-4}$	$5.534×10^{-7}$	1541	0.0679	$1.233×10^3$
60	983.2	9.642	$4.665×10^{-4}$	$4.745×10^{-7}$	1552	0.0662	$1.992×10^4$
70	977.8	9.589	$4.042×10^{-4}$	$4.134×10^{-7}$	1555	0.0645	$3.116×10^4$
80	971.8	9.530	$3.547×10^{-4}$	$3.650×10^{-7}$	1555	0.0627	$4.734×10^4$
90	965.3	9.467	$3.147×10^{-4}$	$3.260×10^{-7}$	1550	0.0608	$7.010×10^4$
100	958.4	9.399	$2.818×10^{-4}$	$2.940×10^{-7}$	1543	0.0589	$1.013×10^5$

表 B-4 空气的物理性质（标准大气压强）

温度 $T/℃$	密度 $\rho/(kg/m^3)$	重度 $\gamma/(kN/m^3)$	动力黏度 $\mu/(N\cdot s/m^2)$	运动黏度 $\nu/(m^2/s)$	比热比 k	声速 $c/(m/s)$
−40	1.514	14.85	1.57×10^{-5}	1.04×10^{-5}	1.401	306.2
−20	1.395	13.68	1.63×10^{-5}	1.17×10^{-5}	1.401	319.1
0	1.292	12.67	1.71×10^{-5}	1.32×10^{-5}	1.401	331.4
5	1.269	12.45	1.73×10^{-5}	1.36×10^{-5}	1.401	334.4
10	1.247	12.23	1.76×10^{-5}	1.41×10^{-5}	1.401	337.4
15	1.225	12.01	1.80×10^{-5}	1.47×10^{-5}	1.401	340.4
20	1.204	11.81	1.82×10^{-5}	1.51×10^{-5}	1.401	343.3
25	1.184	11.61	1.85×10^{-5}	1.56×10^{-5}	1.401	346.3
30	1.165	11.43	1.86×10^{-5}	1.60×10^{-5}	1.400	349.1
40	1.127	11.05	1.87×10^{-5}	1.66×10^{-5}	1.400	354.7
50	1.109	10.88	1.95×10^{-5}	1.76×10^{-5}	1.400	360.3
60	1.060	10.40	1.97×10^{-5}	1.86×10^{-5}	1.399	365.7
70	1.029	10.09	2.03×10^{-5}	1.97×10^{-5}	1.399	371.2
80	0.9996	9.803	2.07×10^{-5}	2.07×10^{-5}	1.399	376.6
90	0.9721	9.533	2.14×10^{-5}	2.20×10^{-5}	1.398	381.7
100	0.9461	9.278	2.17×10^{-5}	2.29×10^{-5}	1.397	386.9
200	0.7461	7.317	2.53×10^{-5}	3.39×10^{-5}	1.390	434.5
300	0.6159	6.040	2.98×10^{-5}	4.84×10^{-5}	1.379	476.3
400	0.5243	5.142	3.32×10^{-5}	6.43×10^{-5}	1.368	514.1
500	0.4565	4.477	3.64×10^{-5}	7.97×10^{-5}	1.357	548.8
1000	0.2772	2.719	5.04×10^{-5}	1.82×10^{-4}	1.321	694.8

附录 C 平板边界层数据

表 C-1 零攻角平板层流边界层精确解

$\eta = y\sqrt{\dfrac{U}{vx}}$	f	$f' = \dfrac{u}{U}$	f''
0	0	0	0.33206
0.2	0.00664	0.06641	0.33199
0.4	0.02656	0.13277	0.33147
0.6	0.05974	0.19894	0.33008
0.8	0.10611	0.26471	0.32739
1.0	0.16557	0.32979	0.32301
1.2	0.23795	0.39378	0.31659
1.4	0.32298	0.45627	0.30787
1.6	0.42032	0.51676	0.29667
1.8	0.52952	0.57477	0.28293
2.0	0.65003	0.62977	0.26675
2.2	0.78102	0.68132	0.24835
2.4	0.92230	0.72899	0.22809
2.6	1.07252	0.77246	0.20646
2.8	1.23099	0.81152	0.18401
3.0	1.39682	0.84605	0.1636
3.2	1.56911	0.87609	0.13913
3.4	1.74696	0.90177	0.11788
3.6	1.92954	0.92333	0.09809
3.8	2.11605	0.94112	0.08013
4.0	2.30576	0.95552	0.06424
4.2	2.49806	0.96696	0.05052
4.4	2.69238	0.97587	0.03897
4.6	2.88826	0.98269	0.02948
4.8	3.08534	0.98779	0.02187
5.0	3.28329	0.99155	0.01591
5.2	3.48189	0.99425	0.01133
5.4	3.68094	0.99616	0.00793
5.6	3.88031	0.99748	0.00543
5.8	4.07990	0.99838	0.00365
6.0	4.27964	0.99898	0.00240
6.2	4.47948	0.99937	0.00155

$\eta = y\sqrt{\dfrac{U}{vx}}$	f	$f' = \dfrac{u}{U}$	f''
6.4	4.67938	0.99961	0.00098
6.6	4.87931	0.99977	0.00061
6.8	5.07928	0.99987	0.00037
7.0	5.27926	0.99992	0.00022
7.2	5.47925	0.99996	0.00013
7.4	5.67924	0.99998	0.00007
7.6	5.87924	0.99999	0.00004
7.8	6.07923	1.00000	0.00002
8.0	6.27923	1.00000	0.00001
8.2	6.47923	1.00000	0.00001
8.4	6.67923	1.00000	0.00000
8.6	6.87923	1.00000	0.00000
8.8	7.07923	1.00000	0.00000

附录 D 理想气体可压缩性

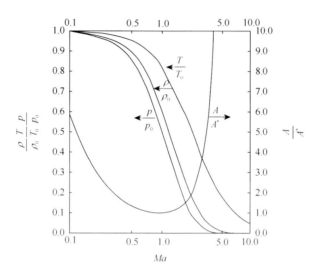

图 D-1 理想气体的等熵流，$k = 1.4$

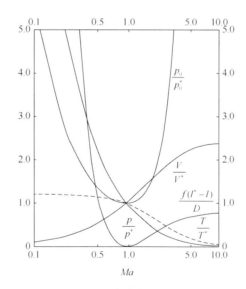

图 D-2 理想气体的范诺流

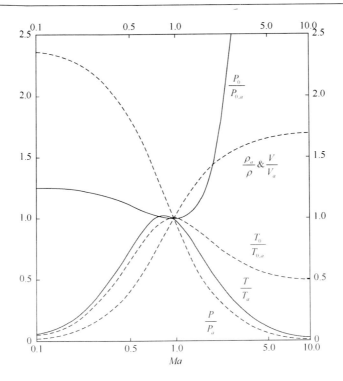

图 D-3 理想气体的瑞利流

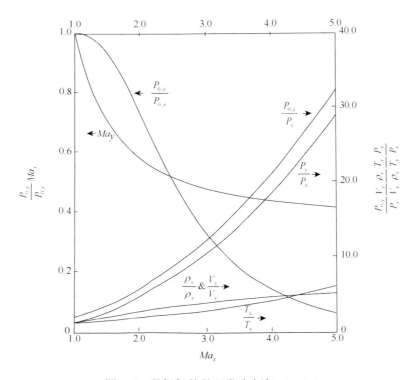

图 D-4 理想气体的正常冲击流，$k = 1.4$